普通高等教育“十一五”国家级规划教材
住房城乡建设部土建类学科专业“十三五”规划教材
高等学校城乡规划学科专业指导委员会规划推荐教材

# 城乡规划管理与法规（第二版）

耿慧志　主编

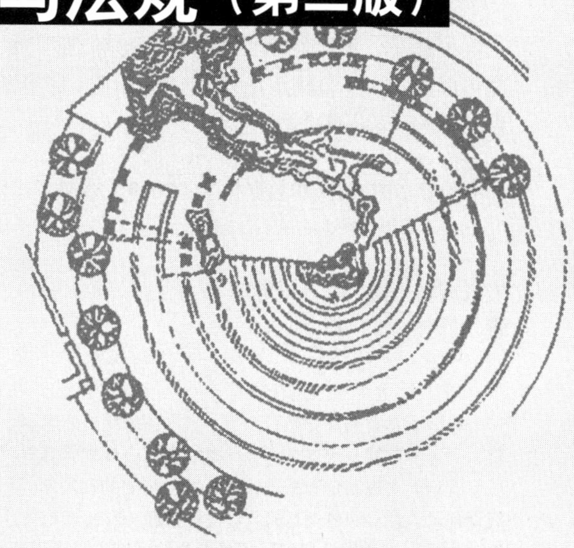

中国建筑工业出版社

**图书在版编目（CIP）数据**

城乡规划管理与法规 / 耿慧志主编. —2版. —北京：中国建筑工业出版社，2019.10（2024.8重印）
普通高等教育“十一五”国家级规划教材　住房城乡建设部土建类学科专业“十三五”规划教材　高等学校城乡规划学科专业指导委员会规划推荐教材
ISBN 978-7-112-24497-3

Ⅰ.①城…　Ⅱ.①耿…　Ⅲ.①城乡规划-城市管理-中国-高等学校-教材②城乡规划-法规-中国-高等学校-教材
Ⅳ.①TU984.2②D922.297

中国版本图书馆CIP数据核字（2019）第283770号

责任编辑：杨　虹　牟琳琳
责任校对：王　瑞

本教材是普通高等教育“十一五”国家级规划教材、住房城乡建设部土建类学科专业“十三五”规划教材、高等学校城乡规划学科专业指导委员会规划推荐教材。教材主要内容包括行政管理的基础理论和知识、城乡规划的法规制定和法规体系、城乡规划的管理部门和行业管理、城镇规划的编制管理、城镇建设项目的规划许可管理、城乡规划的监督检查管理、乡村规划管理与法规、国外城乡规划管理与法规等内容。

本书可作为城乡规划及相关专业学生进入专业课程学习阶段的教材和教学辅导，也可以为城市规划及管理等相关专业人员提供参考借鉴。

为更好地支持本课程的教学，我们向使用本书的教师免费提供教学课件，有需要者请与出版社联系，邮箱：jgcabpbeijing@163.com。

普通高等教育“十一五”国家级规划教材
住房城乡建设部土建类学科专业“十三五”规划教材
高等学校城乡规划学科专业指导委员会规划推荐教材
**城乡规划管理与法规（第二版）**
耿慧志　主编
*
中国建筑工业出版社出版、发行（北京海淀三里河路9号）
各地新华书店、建筑书店经销
北京雅盈中佳图文设计公司制版
建工社（河北）印刷有限公司印刷
*
开本：787毫米×1092 毫米　1/16　印张：$27^1/_2$　字数：619千字
2019年12月第二版　2024年 8 月第十五次印刷
定价：56.00元（赠教师课件）
ISBN 978-7-112-24497-3
（34961）

# 第二版前言

## —— Preface ——

国家自然资源部的设立整合了城乡规划、土地利用规划以及主体功能区规划等多种类型的空间规划编制和管理职责,《中共中央国务院关于建立国土空间规划体系并监督实施的若干意见》提出建立“多规合一”的国土空间规划体系,本次教材修订是在空间规划转型和改革的大背景下进行的。

对非建设用地空间实施与建设用地空间相类似的全域、全覆盖精细化管控是国土空间规划管理的新要求,这将极大拓展城乡规划管理的工作内涵。城乡规划管理可以概括为五个方面:①城乡规划的法规制定;②城乡规划的编制管理;③城乡规划的实施管理;④城乡规划的监督检查;⑤城乡规划的行业管理。这五个方面都面临新的机遇和挑战。

本次教材在第一版的基础上,主要做了如下修改:第一章“行政管理的基础理论和知识”做了适当精简,其中第二节“行政法和行政法律关系”改为“行政法和行政主体”,部分数据更新至2018年。第二章“城乡规划的法规制定和法规体系”增加了国土空间规划体系的内容,修改了“城乡规划技术标准的法规层次和规范效力”的内容。第三章“城乡规划的行政机关和行业管理”改为“城乡规划的管理部门和行业管理”,并对内容做了较多的调整,“城乡的行政体制变迁”的部分数据更新至2018年,“城乡规划的行政机关”根据各省级自然资源厅(或规划和自然资源局、规划和自然资源委)、市县级自然资源局(或自然资源和规划局、规划和自然资源局)等的设置情况进行了更新和调整。第四章“城镇规划的编制管理”做了较大的调整,删除了第一节“省域城镇体系规划的编制管理”、第二节“城市总体规划的编制管理”、第三节“近期建设规划的编制管理”,增加了一节“国土空间总体规划的编制管理”,后面三节的内容有所删减和修改。第五章“城市建设项目的规划许可管理”改为“城镇建设项目的规划许可管理”,扩展了覆盖面,具体内容有一些修改。第六章"城乡规划的监督检查管理"做了少量修改。第七章"乡村规划管理与法规"的第二节"乡村规划的编制管理"做了较多修改。第八章"国外城乡规划管理与法规"做了少量修改。

在新的国土空间规划体系持续完善的过程中，城乡规划法规体系和管理体制也将不断调整，本教材的内容需要进行阶段性地更新。限于笔者的认识局限和本教材内容的庞杂，一定存在不成熟和错误之处，恳请读者批评指正和提出改进意见。

编者

2019 年 8 月

# 第一版前言（序）

## —— Preface ——

本书的编写建立在笔者编著的《城市规划管理教程》基础之上，同时整合了《城乡规划法规概论》的内容。

城乡规划管理可以概括为五个方面：①城乡规划的行业管理；②城乡规划的法规制定；③城乡规划的编制管理；④建设项目的规划许可管理；⑤城乡规划实施的监督检查。国家、省（自治区）的城乡规划管理职能主要是前三个方面，直辖市城乡规划管理职能涵盖了全部的五个方面，市、县城乡规划管理职能集中在后四个方面。本书围绕这五个方面安排了八个章节的内容。

第一章行政管理的基础理论和知识，增加了国家缘起和政府理论的介绍，精简了行政法律关系和行政责任等方面的内容；第二章城乡规划的法规制定和法规体系，国家法规体系增加了国家层面技术标准和规划政策等方面的内容，地方法规体系增加了地方规划法规的构成和特征、地方规划法规的历史发展、地方法规文件的构成举例、地方规划技术标准以及《城市规划管理技术规定》等方面的内容；第三章城乡规划的行政机关和行业管理，增加了乡村行政体制变迁、大城市规划分级管理、城市规划委员会职能等方面内容，更新了《城市规划编制单位资质管理规定》的内容；第四章城镇规划的编制管理，增加了省域城镇体系规划编制管理、大城市规划编制体系等方面的内容，对城市总体规划和近期建设规划的编制内容部分进行了精简；第五章城市建设项目的规划许可管理，是扩展内容后的新增章节，对建设项目选址许可、规划设计条件核定、建设用地规划许可、规划设计方案审核、建设工程规划许可、规划许可的变更等方面内容进行了扩充和增加；第六章城乡规划的监督检查管理，增加了规划编制、规划审批程序、规划执行情况监督检查的内容，增加了建设工程开工放样复验、建设工程规划验收的内容，扩充了违法建设行政处罚的内容；第七章乡村规划管理与法规，是新增章节，增加了乡村规划法规概述、乡村规划编制管理、乡村规划实施管理、地方乡村规划管理与法规等方面的内容。第八章国外城乡规划管理与法规，增加了英国、美国和法国城乡规划法规与管理的内容。

本书的编写基于笔者设定的结构框架，但书中的很多内容源自相关的参考文献。限于笔者的认识局限和本书内容的庞杂，一定存在不成熟和错误之处，恳请读者批评指正和提出改进意见。

编者

2015 年 6 月

# 目　录

—Contents—

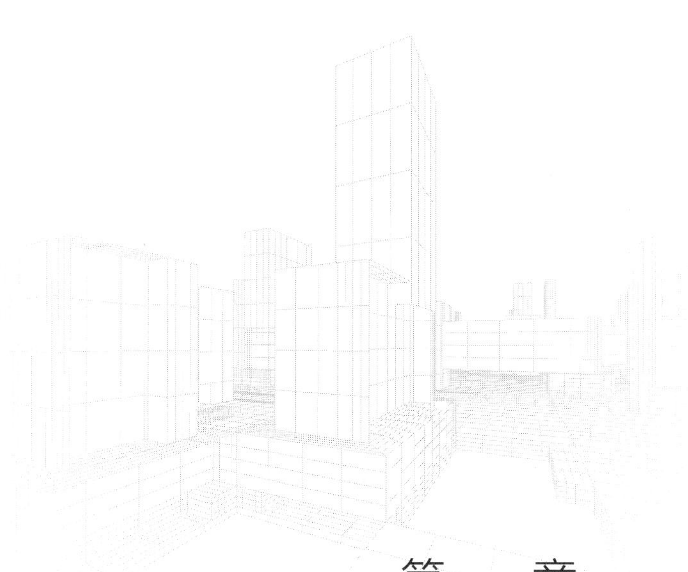

# 第一章 行政管理的基础理论和知识

本章要点

①国家的缘起和政府的组成；

②中国共产党的领导和组织体系；

③全国人民代表大会的职权；

④行政法的实质和依法行政的要求；

⑤行政主体和行政相对人的内涵；

⑥中国行政机关的结构；

⑦公务员的义务、权利和责任；

⑧行政行为的分类；

⑨行政许可的概念和特征；

⑩行政救济的概念和类型。

# 第一节　我国的政府体制[1]

## 一、国家、政府、政府体制

### （一）国家和政府

国家一词的出现同它所指代实体的产生相比要晚得多。在古希腊，国家一词用于指城邦，在古罗马，则指一个城市的主体居民。在我国的春秋战国时代，诸侯统治的疆域称国，大夫统治的疆域称家，后来便统称国家。

国家的定义和起源问题是所有国家观的基础，它直接影响到从哪个角度去认识国家的本质[2]。马克斯·韦伯认为："国家者，就是一个在某固定疆域内肯定了自身对武力之正当使用的垄断权力的人类共同体。"就现代来说，特别的乃是："只有在国家所允许的范围内，其他一切团体或个人，才有使用武力的权利。因此，国家乃是使用武力的'权利'的唯一来源。"[3]

美国政治学者乔纳森·哈斯在《史前国家的演进》一书中，概括和提出了四种国家起源模式。

（1）融合论的中心思想即社会契约理论，霍布斯是最早论述社会契约的学者之一。在自然状态下，人类的生活是"孤独的，贫穷的，险恶的，野蛮的和不稳定的"。为了逃避这种生活和控制人类竞争本性带来的混乱，人们需要政府。国家的出现是社会协作的需要。

（2）冲突论是一种与融合论相对立的观点，代表人物是卢梭，他假设，由于精耕细作的农业和冶金技术的发展，经济和政治上的不平等便开始了。人口数量不平等同时增长。然而，一个人财富的增加就意味着另一个人财富的减少，于是一些人完全丧失了土地和财富，乞丐和偷盗者增加了，社会的混乱也便增多了。在这种混乱状态下，富人意识到了正规地管理社会的重要性，并最终想出了建立一个有严格法律机构的正规政府制度的方案。

（3）折中论是一种调和融合论与冲突论的国家起源观。国家的起源是基于融合利益和普遍同意的，然而，国家的维持却是武力的。

（4）权力中心论是乔纳森·哈斯在总结分析了启蒙学者关于国家起源理论并对美洲国家进行了系统分析后提出来的。所有国家形成的理论的中心点，都是由社会首领发展了一个新的经济权力基础。早期国家中最初的经济权力基础支持着武装和意识形态权力基础，三者合一形成坚固的统治权力结构。

在现代政治学里"国家的理论"分为三种：马克思主义、多元论和制度主义（Institutionalism）。

马克思揭示了国家的本质：国家是阶级统治的政治形式。恩格斯在《家庭、私有制和国家的起源》中，发展了马克思关于社会物质条件、社会结构与国家之间关系的基本观点，指出"国家是社会在一定发展阶段上的产物，国家是表示：这个社会陷入了不可解决的自我矛盾，分裂为不可调和的对立而又无力摆脱这些对立面"，"现代的代议制的国家是资本剥削雇佣劳动的工具"、"随着阶级的消失，国家也不可避免地要消失"。[4]

多元论作为西方政治科学的主流理论，兴起于对国家的批判性分析。第一个使用“多元主义”的英国政治学家拉斯基认为国家的主权实际与教会或工会等社会组织所行使的权力并无差别。强调国家不能依靠强力来贯彻自己的意志，只能依靠成员的同意。美国多元主义政治理论的集大成者达尔对于多元主义国家理论的概括是：“重要的政府政策是在政治系统的许多不同的场合——白宫、行政部门、国会的众多委员会、联邦和州法院、州立法机构和行政机构、地方政府——通过谈判、协商、说服和压力得以达成的。没有任何单一的政治利益、政党、阶级、地区或种族群体能控制所有这些场合。”[5]

近年来产生较大影响的新制度经济主义的代表人物诺思则提出“暴力潜能”分配论。即国家带有“契约”和“掠夺”的双重属性。若暴力潜能在公民之间进行平等分配，便产生契约性的国家；若这样的分配是不平等的，便产生了掠夺性（或剥削性）的国家。由国家具有经济人的人格特征决定了国家行为的悖论，即“诺思悖论”。国家一方面要使统治者的租金最大化，另一方面要降低交易费用以使全社会总产出最大化，从而增加国家税收。然而，这两个方面之间存在着持久的冲突。这种冲突是使社会不能实现持续经济增长的根源。“诺思悖论”描述了国家与社会经济相互联系、相互矛盾的关系，即“国家的存在是经济增长的关键，然而国家又是人为经济衰退的根源”。[6]

政府是国家的具体表现形式，是统治阶级行使统治权力的具体组织形式。通常，我们讲到的国家，是由土地、人口、政府和主权构成的统一体。其中，政府是国家必不可少的结构要素，是国家整体的一个最重要部分。国家包含了政府，但政府却不能包含国家。这两者之间是一种隶属关系，而不是平行的关系。

现代西方政府理论以权利与权力之间的关系为核心，围绕相互关联的三个问题，即政府起源、权力配置以及政府与社会的关系，对政府运作进行了深入的分析，形成了大量的流派。[7]

如何在维持政府权力运转与保护个人权利之间寻找到均衡点就是近现代政府理论要回答的核心问题。现代的契约政府理论、理性主义政府理论和功利主义政府理论先后提出了自己的方案。

洛克认为起源于社会契约的政府，其目的和职能在于保护个人权利，去除自然状态带来的不便。政府的这一特定目的要求政府在行使有限的权力时，必须基于组成社会的人们的同意，在这里，政府权力的性质实质上是一种委托权。理性主义者黑格尔对契约理论进行了全盘否定。他认为，经验的东西是要消失的，是没有意义的，因而政府理论中不能有经验的东西，应该完全以理性主义的原则建立。功利主义理论家边沁主张用功利主义学说取代契约政府理论，将政府建立在最大多数人的幸福之上。

政府与社会之间的关系用两个维度来衡量：政府对社会的干预和社会对政府的制约。从政府对社会干预的维度看，理论上有两个极端的观点。第一个极端观点是无政府主义理论，另一个极端观点则是政治全能主义即极权主义政府理论。由此政府理论可划分为四种类型：不干预的政府、消极干预的政府、积极干预的政府和全面干预的政府。

衡量政府与社会关系的第二个维度是社会对政府的制约程度。社会对政府的制约包括多种因素，围绕这些因素就形成了不同的理论。第一种理论是麦迪逊的社会权力制约政府权力理论。这个理论是建立在这种假设之上：一个社会不存在着控制政府的社会宗派团体；即使存在这种宗派，在行动上也难以统一。针对上述理论的假设存在的问题，托克维尔、韦伯和熊彼特等人提出了精英制约精英的民主理论，将民主看成是选拔优秀人才即精英的过程，精英之间的竞争就会形成对政府权力的制约。但是，这种理论并没有提出详细的措施，于是，达尔提出了第三种权力制约理论——多元主义的权力制约理论。其思路是，通过不同利益集团对不同问题的不同主张来制约政府。

如果说上述政府理论都是从社会权力的角度来制约政府权力的，那么另一种方式的思路就是试图通过政治观念来制约政府权力。在当代的政府理论中，罗尔斯和诺齐克的契约理论就属于这种类型。这种理论认为，在成立政府之前，人们应该接受这种观念——某些基本自由权利优先于其他权利。这些基本自由权利不能因为功利主义等因素而受到任何侵害。于是，人人享有的平等的基本自由权利就形成了对政府权力的有效约束。与功利主义理论比较接近，哈耶克则从自生自发秩序优于人类理性的角度来制约政府权力。也就是说，政府权力要受制于这种自生自发的秩序。此外，当代的德性理论和神学理论也都以人的道德和神学教义作为政府的制约力量。

政府的组成可以从广义和狭义上区分。广义上泛指行使国家权力的各类部门，包括从中央到地方的立法、行政和司法机关。狭义上只指国家机构中行使行政权力、履行行政职能的行政机关。习惯上，人们将政府一词用以描述行政机关。

立法机关是行使国家立法权力的机关，其称谓如议会、代表大会、议院等。在一些国家如中国、英国、日本等还是国家权力机关。在国际社会中，有些国家的立法机关是一个部门独自承担立法职能，有的是两个部门共同承担立法职能，分别被称为一院制和两院制。一院制如丹麦、希腊、新加坡等；两院制如英国、美国、法国、日本、澳大利亚等。立法机关的主要职能包括制定、修改宪法和法律；审议和批准政府提出的财政法案；选举、决定和罢免国家、行政机关的重要职位人选；决定战争与和平问题；批准国际条约；监督政府的政策、活动以及政府成员的行为等。

行政机关是行使国家行政权力的机关。在任何国家中，行政体系都是一种金字塔形的层级结构体系，各个层级之间存在着严格的领导与服从关系，追求效率、理性、统一的原则。其主要职能有：执行国家法律，参与国家立法活动；决定并实施国家内政外交政策，任免政府主要官员；组织和管理国家公共事务；掌管国家的军队、警察、监狱等暴力工具；编制政府年度预算，调节和干预社会经济发展等。

司法机关是行使国家司法权的机关。司法机关不隶属于立法机关或行政机关。其主要职能为行使审判权、法律监督权等。法院是行使司法权的主要部门，主要活动包括解释宪法或法律，受理诉讼案件，进行司法审判。一些国家还专门设立检察机关行使专门的法律监督权力。

**（二）政府体制**[8]

1. 议会内阁制

议会内阁制最初产生于英国，是指由政府内阁行使国家行政权力并向议会负责的一种国家政权组织形式。许多国家如英国、德国、意大利、加拿大、日本、澳大利亚、北欧诸国等实行议会内阁制。在议会内阁制中，包括议会君主立宪政体，也包括议会共和政体。在内阁政府中，政府首脑为总理或首相，通常由在议会中占多数的政党或政党联盟的领袖担任。首相或总理负责组成内阁，包括外交、财政、国防、内政等重要部门的部长或大臣。

内阁掌握行政权力，在政府首脑的领导下，决定并执行国家的内政外交政策。由于内阁是由议会选举产生的，因而内阁必须向议会负责，定期向议会报告工作，接受议会的监督。议会和议员有权对内阁和内阁成员提出质询、弹劾，可以对内阁提出不信任案。当议会提出对内阁的不信任案时，内阁必须集体辞职，或者由首相或总理提请国家元首解散议会，重新举行议会选举，由新议会决定内阁的去留。新议会如果经过表决仍对内阁表示不信任，内阁必须全体辞职，由国家元首任命新的政府首脑，组成新的内阁政府，这就是议会的倒阁权。尽管内阁由议会产生并对其负责，但议会并没有对内阁的绝对领导权，两者之间存在着互相制约的关系。

2. 总统制

总统制最早诞生于美国，是指由总统担任国家元首和政府首脑，并掌握国家最高行政权力的一种政体形式。与议会内阁制中的政府首脑不同的是，总统并不依赖于议会或向议会负责，而是由选民直接选举产生，向选民负责，有固定的任期，因此议会不能投票选举或罢免总统。总统独立掌握国家行政权，在有些国家，总统还是武装力量的领导者。在总统制国家中，总统是国家政治生活的中心。总统的权力非常广泛，可以组织政府内阁，直接领导政府活动，政府内阁向总统负责，总统有权任命内阁成员，接受内阁成员的辞职或解除其职务。作为国家元首，总统具有象征性的权力如接见外国大使、同外国缔结条约、发布赦免令、签署议会通过的法律等；作为政府首脑，总统具有任免权、监督执行法律权、宣布紧急状态权、主持内阁会议权等；作为武装力量的总司令，总统可以具有对内使用武力权、发动战争权。在外交方面，总统几乎具有全面的外交决策权，可以承认外国政府，进行商业谈判，达成行政协定等。当然，重要的国际条约必须得到议会的批准。另外，作为政府首脑，总统还可以行使特定的立法权，如立法倡议权、立法否决权、委托立法权等。

在一些国家如法国、俄罗斯，还存在着一种以总统为国家权力中心，以总理为政府首脑的政权组织形式，介于总统制和内阁制之间，有时被称为半总统制。这种体制下总统是国家的保证人和仲裁人，保证公共权力机构的正常活动和国家的稳定，是国家独立、领土完整和遵守共同体协定和条约的保证人。总统由选民选举产生，是国家元首，同时又可以任免总理和组织政府，可以签署法令、解散议会、统帅武装力量、举行公民投票、宣布紧急状态等。总理作为政府首脑，虽然由总统任命，对总统负责，但同时也必须对议会负责，议会可以通过对政府的不信任案，迫使政府向总统提出集体辞职。总统作为国家的保证人和仲裁人，不需要承担政治和法律的责任，议会无权弹劾总统，总统只向全体公民负责。实际上，总统成了凌驾于立法、行政、司法等权力之上的真正权力中心。

3. 人民代表大会制

人民代表大会制是由选民或选民代表按照民主集中制的原则，依法选举产生人民代表，由人民代表组成全国和地方的各级人民代表大会，行使国家权力的一种政体。

人民代表大会制是中国人民经过长期的革命和建设的实践后作出的选择，是适合中国社会的基本政治制度。人民代表大会是国家的权力机关，统一行使国家权力。各级人民代表大会都是由选民通过民主选举产生，人民代表对选民负责，受选民监督。人民代表大会集体行使职权，在制定法律、法规和决定国家的重大问题上，必须经过人民代表大会充分讨论，按照少数服从多数的原则进行表决，最终形成一种统一的决议。全国人民代表大会及其常委会按照宪法和法律的规定行使立法权、决定权、任免权、监督权等。地方各级人民代表大会及其常委会在各自辖区内行使立法权力。国家的行政机关、司法机关、军事机关等都由人民代表大会选举产生，对其负责，接受其监督。

4. 我国政府体制

中国共产党活动体制是中国政府体制中的最重要部分，我国政府体制的基本逻辑为：中国共产党组织负责国家政治生活中各个层次的重大方针、战略的决策，负责领导国家机关体系；人民代表大会负责制定与社会公共生活有着密切联系的法律、法规和决议，人民代表大会是国家的权力机关，由人民代表大会产生同级的行政机关和司法机关；行政机关负责执行中国共产党的方针、政策，执行人民代表大会制定的法律、法规和决议；司法机关负责按照法律、法规的规范保护和调整社会关系，维护社会的正常运行。上述政治结构的整合组成了当代中国政府体制的主要部分（图 1–1）。

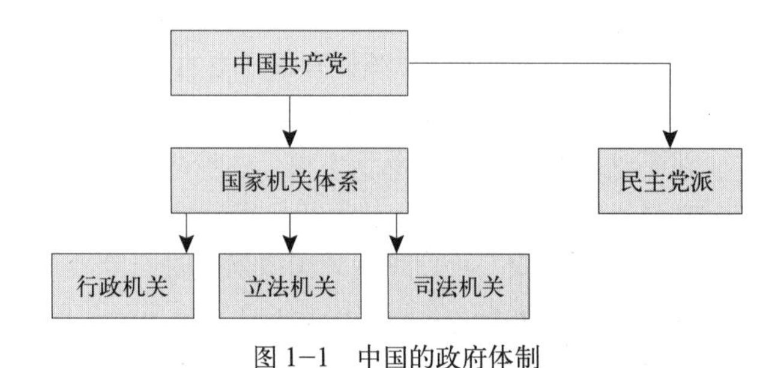


图 1–1　中国的政府体制

引自：陈尧著《当代中国政府体制》，上海：上海交通大学出版社，2005：3.

## 二、我国党的领导和组织体系

在中国的政治生活中，中国共产党扮演了政治决策的核心角色，特别是在关于国家的经济发展、政治发展、社会发展等重大问题上，将政治决策活动与立法活动分为两个部分和前后过程，基本上由中国共产党和全国人民代表大会分别承担。这一体制成功地实现了中国共产党对国家政治生活的领导，具有明显的中国特色。

从组织结构上看，中国共产党的整个组织系统分为三个部分：一是以行政区域为基础的地方党组织系统；二是以政府职能部门为基础的党组织系统；三是军队的党组织系统。地方党组织系统和政府职能部门的党组织系统存在一定的交叉，政府职能部门的党组织一方面接受上级职能部门的党组织领导，另一方面接受同级地方党委的领导。从纵向上看，党的组织系统可分为中央、高层

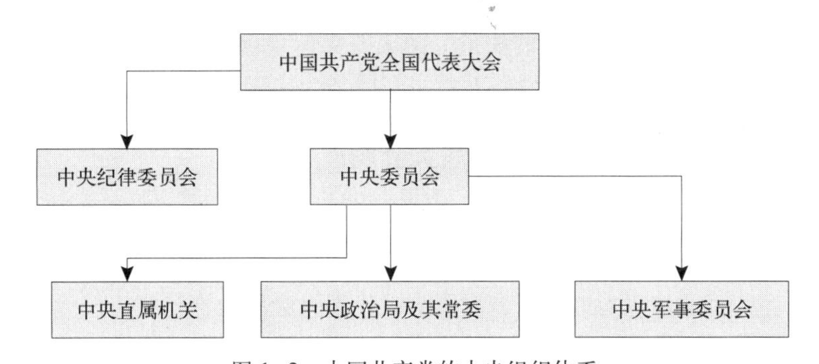


图 1–2 中国共产党的中央组织体系
引自：陈尧著《当代中国政府体制》，上海：上海交通大学出版社，2005：45.

（省、部、军区和集团军级）、中层（市、县、厅、局、师、团级）和基层（乡、镇、村、分局、营、连级）。

党的中央组织体系包括中国共产党全国代表大会、中央委员会、中央政治局及其常务委员会、中央委员会总书记、中央书记处、中央军事委员会、中央纪律检查委员会、中央各部（如组织部、宣传部）和中央工作领导小组（如全面深化改革领导小组）等，如图 1–2 所示。

按照党章的规定，党的最高领导机关，是党的全国代表大会和它所产生的中央委员会。

党的全国代表大会是由普通党员选举产生的党员代表所组成的。一般根据各省、自治区、直辖市、中央直属机关、中央国家机关、人民解放军以及武警部队等选举单位分别召开党的代表大会或代表会议选举产生。从"十二大"以来，每届大会的代表人数呈逐年递增趋势，从"十二大"到"十九大"，代表人数分别为 1545 人、1936 人、2035 人、2048 人、2120 人、2217 人、2270 人、2287 人。党的全国代表大会的职权是：听取和审查中央委员会的报告；听取和审查中央纪律检查委员会的报告；讨论并决定党的重大问题；修改党的章程；选举中央委员会；选举中央纪律检查委员会。党的全国代表大会每 5 年举行一次。

中央委员会是党的全国代表大会闭会期间党的最高领导机关，由党的全国代表大会选举产生。按照党章的规定，党的中央委员会在全国代表大会闭会期间，执行全国代表大会的决议，领导党的全部工作，对外代表中国共产党。实际上，党的中央委员会至少每年召开一次全体会议，而且其人数较少，经济、社会、内政、外交领域的许多重大决策，最高国家机关领导人选的推荐，对国家机关的政治领导，基本上主要由中央委员会承担。

中央政治局及其常委会。尽管中央委员会至少每年召开一次会议，但在大多数时间内，党的日常领导工作由中央政治局及其常务委员会负责。政治局委员一般人数在 20 名左右，常委会委员为 5—9 名。中央政治局及其常委会由中央委员会全体会议选举产生，在中央委员会闭会期间，行使中央委员会的职权。因而，可以说，政治局及其常委会是中国共产党日常工作的最高领导机关。这也就意味着，中央政治局及其常委会在中国政治生活中的实际地位更为重要。对于党和国家的一般性决策，一般都是由中央政治局及其常委会作出，对于具有方针路线性的或战略性的决策，则由中央委员会进行讨论和通过。而对于少数特别重大的决策，则需要党的全国代表大会审议通过。因此，中央政治局、政治局常委会以及总书记就成为中国共产党事实上的最高领导机构。

## 三、我国人民代表大会制度

人民代表大会制度是当代中国的根本政治制度，人民代表大会是国家的权力机关。按照宪法的规定，中华人民共和国的一切权力属于人民，人民行使国家权力的机关是全国人民代表大会和地方各级人民代表大会，全国人民代表大会和地方各级人民代表大会都由民主选举产生，对人民负责，受人民监督。国家行政机关、审判机关、检察机关都由人民代表大会产生，对它负责，受它监督。从这一点上看，人民代表大会制度是中国的政府组织形式，是中国的根本政治制度，国家的行政制度、选举制度、司法制度、政治协商制度都是以人民代表大会制度为基础，或者是在人民代表大会制度的基础上产生，或者是人民代表大会制度的补充，如图 1–3 所示。

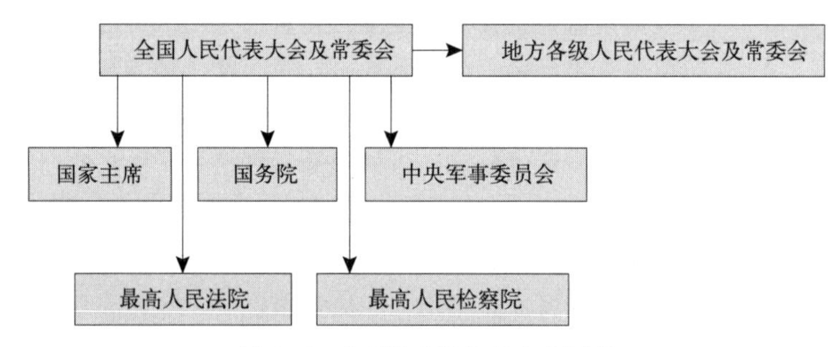


图 1–3　中国的人民代表大会制度

引自：陈尧著《当代中国政府体制》，上海，上海交通大学出版社，2005：63.

按照宪法的规定，中国只有一个立法机关行使国家的立法权，即人民代表大会。总体上，中国的人民代表大会组织体系分为全国人民代表大会，省、自治区、直辖市的人民代表大会，地级市的人民代表大会，县、县级市、市辖区的人民代表大会，乡镇人民代表大会五个层次。

宪法规定，全国人民代表大会（简称“全国人大”）是最高国家权力机关。其最高性表现为，从纵向而言，全国人大在所有的国家权力系统中处于最高一级，它是在全国人民普选的基础上产生的，代表了全国人民的利益和意志，行使着国家的最高权力。只有全国人大可以制定国家的根本性大法即宪法，并负责监督宪法的实施，其他国家机关都由全国人大产生，接受全国人大的领导和监督。全国人大还有权决定国家中的一切重大问题。同其他国家的立法机关相比，中国的全国人大的职权要广泛得多。就横向而言，与其他中央国家机关比较，全国人大作为最高权力机关也是处于最高的、首位的地位，不管是中央人民政府还是最高人民法院、最高人民检察院，都由全国人民代表大会产生，接受其领导和监督。

按照宪法的规定，在整个中国社会，没有哪个国家机关的权力超越于全国人民代表大会，均在全国人大的领导之下。

目前全国人大代表的组成，从规范上，按照 1979 年通过的《全国人民代表大会和地方各级人民代表大会选举法》，以及 1982 年、1986 年、1995 年三次修正，具体规定是：①全国人大由省、自治区、直辖市人大和特别行政区以及人民解放军选出的代表所组成。②全国人大代表的名额不得超过 3000 人，名额的分配由全国人民代表大会常务委员会根据情况决定。③农村每一人大代表所代表的人口数 4 倍于城市每一人大代表所代表的人口数。④少数民族的代表人数，由全国人大常委会参照各少数民族的人口数和分布等情况，分配给各省、自治区、直辖市的人民代表大会选出。人口特少的民族，至少应有代表一人。

根据宪法和有关的法律规定，全国人民代表大会的职权主要有：

1. 最高的立法权

作为国家最高权力机关，全国人大首要的权力就是立法权。这种立法权是所有国家立法权中最高的权力，高于任何其他国家机关的立法权。全国人大最高立法权表现在：首先，全国人大有权修改宪法，并有权监督宪法的实施。宪法是国家的根本性法律，是一般法律制定的依据，具有最高的法律效力，国家内部所有的个人、组织、团体、国家机关均服从于宪法的约束，在宪法规定的范围内活动。其次，全国人大有权制定和修改刑事、民事、国家机构的和其他的基本法律。基本法律是指地位次于宪法的主要的带有根本性的法律，是除宪法以外对国家政治、经济和社会生活中某一领域的重大和事关全局的问题进行规范的法律，如刑法、民法、刑事诉讼法、民事诉讼法等；有关国家机构的如选举法、国家机构组织法、特别行政区基本法等；有关公民基本权利和义务的法律如教育法；重要的经济类法律如合同法、劳动法等。基本法律依据宪法而制定，即任何一部基本法律的效力来源只能是宪法，不以其他法律为制定的依据，基本法律的制定和实施不能违背宪法的规定和原则。基本法律只能由全国人民代表大会制定，其他任何国家机关、包括全国人大常委会均无权制定基本法律。而在全国人大闭会期间，全国人大常委会对基本法律可以进行部分的补充和修改，但不得同该基本法律的基本原则相抵触。

2. 最高的任免权

宪法规定，最重要的国家机关的领导人只能由全国人大通过选举产生，并受其罢免。全国人大有权选举中华人民共和国主席和副主席、中央军事委员会主席、最高人民法院院长、最高人民检察院检察长，有权选举全国人大常委会的组成人员，包括全国人民代表大会常务委员会委员长、副委员长、秘书长、委员。全国人大有权根据中华人民共和国主席的提名，决定国务院总理的人选；根据国务院总理的提名，决定国务院副总理、国务委员、各部部长、各委员会主任、审计长、秘书长的人选。根据中央军事委员会主席的提名，决定中央军事委员会其他组成人员的人选。根据全国人大主席团的提名，决定全国人大各专门委员会主任委员、副主任委员和委员的人选。

根据宪法的规定，全国人大在有权选举产生上述人员的同时，也有权罢免上述人员。

3. 最高的决定权

全国人大有权审查和批准国民经济和社会发展规划以及规划执行情况的报告；审查和批准国家的预算和预算执行情况的报告；改变或者撤销全国人大常委会不适当的决定；批准省、自治区和直辖市的建置；决定特别行政区的设立及其制度；决定战争与和平的问题。

4. 最高的监督权

全国人大有权监督宪法的实施，有权监督其他最高国家机关的工作，包括听取和审查全国人大常委会、国务院、最高人民法院、最高人民检察院的工作报告，有权依照法律规定的程序提出对国务院或者国务院各部、各委员会的质询案，改变或者撤销全国人大常委会不适当的决定。

## 四、我国的司法体制

司法制度是国家司法体系中司法机构内部的权力关系、组织体系及其运作的各种具体制度的总称，包括审判制度、检察制度、侦查制度、律师制度、公证制度等。

### （一）人民法院的组成和职权

与其他国家机关相比，法院的活动具有明显的特殊性。从国家权力的管理角度来看，法院具有被动性管辖的特征，即“不告不理”，不像行政机关那样主动去管理社会公共事务。法院按照法律的规定，以裁判的方式实现其职能，法院的上下级之间存在的是审级关系、审判监督关系，而不是领导关系。法官服从的是法律，只能依法办理案件。

人民法院是中国国家的审判机关，行使国家的审判权。根据法院组织法的规定，人民法院的任务主要是审判刑事案件和民事案件，惩办罪犯，保障人权，解决纠纷，维护社会秩序，调解社会关系，保护国家制度和国家利益，保护公民、法人的合法权益，保障国家的稳定和社会经济的顺利发展。具体包括：①审判刑事案件，惩办一切犯罪分子，保卫国家，保障人权，维护社会秩序。②审判民事案件，解决民事纠纷，调解社会关系，维护社会和经济秩序，发挥法院的调解功能。③审判行政诉讼案件，保护公民、法人和其他组织的合法权益，维护和监督行政机关依法行政，推进依法治国。④依法行使国家赋予的司法执行权。⑤法院的教育任务，即教育公民遵守宪法和法律，与犯罪行为做斗争。

目前，中国的法院组织体系中，设立地方各级人民法院、专门人民法院和最高人民法院，实行四级两审终审制。地方各级法院在其管辖区内行使审判权。最高法院管辖全国性的案件，并监督地方各级法院和专门法院的工作。此外，还有专门法院，审判特定部门的案件或特定的案件。

中国人民法院的组织体系如图 1-4 所示。

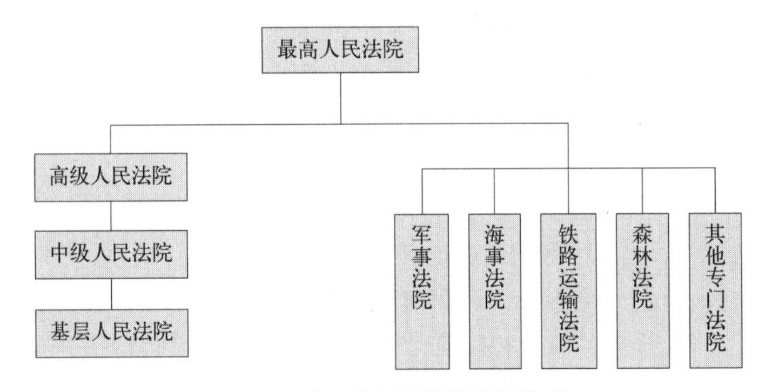


图 1-4 中国人民法院的组织体系

引自：陈尧著《当代中国政府体制》，上海：上海交通大学出版社，2005：233.

### （二）人民检察院的组成和职权

根据《宪法》和《人民检察院组织法》的规定，人民检察院是国家的法律监督机关，行使国家的检查权。检察机关与审判机关同属于国家的司法机关，但两者有着明显的不同，法院是被动的管辖，检察机关则是主动管辖，主动追诉罪犯，纠正违法行为。检察机关的工作专门性更强，以法律的监督为专门职责，独立行使检察权。

检察院与政府、法院都是由同级人民代表大会选举产生，对人大及其常委会负责，三者是平行的机关。地方各级检察院对上级检察院负责，实行的是双重领导体制。最高人民检察院和地方各级人民检察院对本级人大及其常委会负责并报告工作。同时，最高人民检察院领导地方各级人民检察院和专门人民检察院的工作，上级检察院领导下级检察院的工作。既接受本级人大及其常委会的领导，又接受上级检察机关的领导。

作为国家的法律监督机关，检察院的主要任务是：通过行使检察权，追诉危害国家安全的犯罪分子，保卫国家安全，维护国家制度；追诉危害公共安全的严重刑事犯罪分子，保障公共安全，维护社会秩序；追诉破坏社会主义市场经济秩序的各种犯罪分子，保护国有财产、集体财产和公民私人所有的财产，维护经济秩序；追诉侵犯公民人身权利、民主权利和其他权利的犯罪分子，维护公民、法人的合法权益。

另外，检察院通过检察活动，教育公民忠于国家、自觉遵守宪法和法律，预防和减少犯罪，维护社会道德。

根据宪法和法律规定，中国的检察机关系统设立最高人民检察院、地方各级人民检察院和军事检察院等专门检察院。检察院系统内部上下级之间是领导和被领导的关系，这与法院系统的监督、指导关系不同。为了维护国家法律的统一，检察院系统必须具有很强的集中性。

目前，中国的检察机关体系主要包括：

最高人民检察院。是国家的最高检察机关，领导地方各级人民检察院和专门检察院的工作。它对全国人民代表大会及其常委会负责并报告工作。

地方各级人民检察院。包括省、自治区、直辖市人民检察院；省、自治区、直辖市人民检察院分院，自治州和省辖市人民检察院；县、市、自治县和市辖区人民检察院。省一级人民检察院和县一级人民检察院，可以根据工作需要，提请本级人大常委会批准，可以在工矿区、林区等设立人民检察院的派出机构。

专门人民检察院主要包括军事检察院、铁路运输检察院。

各级人民检察院都是与各级人民法院相对应而设置的，以便依照刑事诉讼法规定的程序办案。

## 第二节　行政法和行政主体[9]

### 一、行政法和依法行政

行政法是调整行政关系以及在此基础上产生的监督行政关系的法律规范

的总称。行政法是法律部门中的一个类别。所谓法律部门，又称部门法，是指一个国家根据一定的原则和标准划分的本国同类法律的总称。法律是调整社会关系的，每个法律规范的制定都是对于某一社会关系的规定。例如，调整财产关系和人身关系的划归民法，调整商业关系的划归商法，调整劳动关系的划归劳动法等。同时，还要考虑社会关系的法律调整的方法等其他因素，例如，刑法就是利用刑罚的方法对于许多个社会关系的法律调整。又如，区分调整的都是经济关系的民法和经济法部门，就需要加入一个法律所调整的法律关系主体之间的地位和关系，如果他们之间是平等的主体之间的财产关系的，就划归为民法部门，非平等关系即有某种在国民经济系统中有着管理和被管理关系的，就划归为经济法。

从目前我国城乡规划的特点来看，《城乡规划法》主要是对行政主体在城乡规划各项管理活动中所产生的社会关系进行调整和规范，无论是从城乡规划的编制管理，还是城乡规划的实施管理（以“一书三证”为核心）来看，对行政关系、行政程序、行政职责、行政手段的调整和规范是《城乡规划法》的主要方面，《城乡规划法》归属行政法部门。

行政法的调整对象是行政关系。所谓行政关系，是指行政权力在获得、行使与受监督过程中与相关各方所产生的各种关系。主要包括：①行政权力在获得过程中与权力机关所产生的关系。②行政权力在行使过程中与行政管理的相对一方即公民、法人或者其他组织之间所产生的各种关系。③对行政权力进行监督过程中所产生的关系。④行政机关对其内部进行管理所产生的行政关系。

行政法的实质是对行政权的规范和控制。随着政府的职能从早期的仅限于处理国防、外交、治安、税收等较少领域的事务而增加到社会生活的各个领域，并由原来的仅限于执行、管理的职能发展为不断侵入立法和司法领域，行政权不断扩张和膨胀，这虽然是社会经济发展对秩序保障的必然要求，但也会带来负面影响，即对公民权利和自由的威胁增加。因此，必须对行政权加以控制和规范，行政法主要通过行政组织法、行政程序法和行政救济法等形式来实现对行政权的控制和规范。

1999 年 11 月国务院发布了《关于全面推进依法行政的决定》。2004 年 4 月，国务院发布了《全面推进依法行政实施纲要》，提出了实施依法行政的若干措施和要求。2008 年 05 月 20 日国务院发布了《国务院关于加强市县政府依法行政的决定》。2010 年 10 月 10 日国务院又发布了《国务院关于加强法治政府建设的意见》。行政法的基本原则是行政法治原则，它对行政主体的基本要求为依法行政。

行政权的存在、行使必须依据法律，符合法律，不得与法律相抵触。行政机关进行行政管理时不仅应遵循宪法、法律，还应遵循行政法规、地方性法规、行政规章、自治条例和单行条例等。行政合法不仅指合乎实体法，也指合乎程序法。

## 二、行政主体和行政相对人

### （一）行政主体

1. 行政主体的概念内涵

行政主体，是指享有国家行政权力，能以自己的名义从事行政管理活动，并独立承担由此产生的法律责任的组织。行政主体的概念可以从以下几个层面来理解：

（1）行政主体是享有国家行政权力，从事行政管理活动的组织

这一特征将行政主体与其他国家机关、组织区别开来。如行使立法权的国家权力机关、行使审判权的人民法院、行使检察权的人民检察院以及一般的企事业单位和社会团体，由于这些组织不享有宪法和法律赋予的行政权力，因而不能成为行政主体。行政机关依法享有国家行政权力，是最重要的行政主体，但不是唯一的行政主体；某些行政机构、企事业组织和社会团体基于法律法规的特别授权也可以享有部分行政权，从而成为行政主体。

（2）行政主体是能够以自己的名义行使行政权的组织

这主要是指行政主体应当具有独立的法律资格，能独立地对外发布决定和命令，独立采取行政措施等。这一特征将行政主体与行政机关内部的各种组成机构和受行政机关委托执行某些行政管理任务的组织区别开来。另外，受行政机关委托执行某些行政管理任务的组织，如城市的治安联防组织，由于其不能以自己的名义作出行政决定，而只能以委托的行政机关的名义作出，因此不具有行政主体资格。

（3）行政主体是能够独立对外承担其行为所产生的法律责任的组织

能否独立承担法律责任，是判断行政机关及其他组织能否具备行政主体资格的关键性条件。如果某一组织仅仅行使国家行政权，实施国家行政管理活动，但并不承担因此产生的法律责任，则不是行政主体。要成为行政主体，必须能够独立参加行政复议和行政诉讼活动，独立承担因实施行政权而产生的法律责任。因此，行政机关的内部工作机构和受国家行政机关委托的组织或个人不能成为行政主体。

（4）行政主体是行政法律关系中的一方特殊主体

行政主体是与行政相对人相对应的概念。在行政法律关系中，行政主体是享有行政权、行使行政权，并能独立承担法律责任的一方当事人，是一方特殊的主体。一般说来，行政主体处于管理者、命令者的地位，同时，随着现代参与型行政理念的发展和普及，行政主体往往也是行政指导者，乃至行政合同的缔结者。行政相对人接受行政主体的管理，服从行政主体的命令，履行法律规范所规定的或者行政主体作出的行政行为规定的义务。在现代参与型行政中，行政相对人往往也是行政管理中的积极参与者，对行政主体的意识形成发挥着越来越重要的作用。

综上所述，国家行政机关是最主要的行政主体，但行政主体不以行政机关为限。除行政机关外，那些依照法律、法规授权而取得行政权的组织，也可以成为行政主体。此外，能够成为行政主体的行政机关和法律、法规授权的组织，也不是在任何情况下都能以行政主体的资格出现。判断某一组织是否是行政主

体，主要看其是否享有国家行政权，是否能以自己的名义对外独立承担法律责任。只有那些享有国家行政权，在国家行政管理活动中以自己的名义行使行政权，并能够对外独立承担因此而产生的法律责任的组织，才是行政主体。

2. 行政主体与行政机关、公务员

（1）行政主体与行政机关

国家行政机关是指国家根据其统治意志设立的，依法享有并运用国家行政权，负责组织、管理、监督和指挥国家行政事务的国家机关。但在实际运用行政机关这一名称时较为混乱，对行政机关内部的或临时性的工作机构以及其他行政性的组织有时也称为行政机关。但这种“行政机关”却不是行政主体。国家行政机关作为最重要的行政主体，还需要在不同性质的法律关系中考察：在民事法律关系中，行政机关可以成为民事法律关系的主体；在行政法律关系中，行政机关既可以是行政主体，也可以是行政相对人。换言之，当行政机关行使国家行政权时，则为行政主体；当行政机关以本机关的名义从事民事活动时，或以被管理者的身份参加行政法律关系时，其身份是民事法律关系主体或行政相对人。

（2）行政主体与公务员

公务员是代表行政主体执行公务的工作人员。行政主体与公务员联系紧密，不可分割，但二者又不能等同。行政主体是组织，无法自行实施行政管理活动，而必须由其内部的工作人员即公务员来完成。没有公务员，行政主体就成为毫无意义的空壳，而公务员也不能离开行政主体而存在。离开行政主体，公务员就成为一个普通的公民，而不能代表行政主体执行公务，否则他就要承担相应的法律责任。但公务员并不是行政主体，不能以自己的名义，而只能以其所在的行政机关的名义作出行政行为，并由行政机关来承担行为的后果。

**（二）行政相对人**

1. 行政相对人的概念和内涵

行政相对人，是指行政管理法律关系中与行政主体相对应的另一方当事人，即行政主体行政行为影响其权益的个人、组织。

首先，行政相对人是指处在行政管理法律关系中的个人、组织。行政管理法律关系包括整体行政管理法律关系和单个具体的行政管理法律关系。在整体行政管理法律关系中，所有处于国家行政管理之下的个人、组织均为行政相对人；而在单个的具体行政管理法律关系中，只有其权益受到行政主体相应行政行为影响的个人、组织，才在该行政法律关系中具有行政相对人的地位。

其次，行政相对人是指行政管理法律关系中作为与行政主体相对应的另一方当事人的个人、组织。行政管理法律关系不同于民事法律关系，双方当事人的法律地位是不平等的：一方享有国家行政权，能依法对对方当事人实施管理，作出影响对方当事人权益的行政行为；而另一方当事人则有义务服从管理，依法履行相应行政行为确定的义务。有权实施行政管理行为的一方当事人在行政法学中谓之“行政主体”，而接受行政主体行政管理的一方当事人在行政法学中则谓之“行政相对人”。作为行政主体的一方当事人是行政机关和法律、法规授权的组织，作为行政相对人的一方当事人是个人、组织。行政机关和法律法规授权的组织在整体行政管理法律关系中虽然恒定地作为行政主体，但在具体的法律关系中，有时也会处于被其他行政主体管理的地位，成为行政相对人。

2. 行政相对人的法律地位

行政相对人的法律地位主要表现在下述三个方面：

首先，行政相对人是行政主体行政管理的对象。行政相对人必须服从行政主体的管理，履行行政主体行政行为为之确定的义务，遵守行政管理秩序，否则，行政主体可以对之实施行政强制或行政制裁。

其次，行政相对人也是行政管理的参与人。在现代社会，行政相对人不只是被动的管理对象，同时也要通过各种途径、各种形式，积极地参与行政管理，如通过批评、建议、信访、听证会、意见征求会等形式参与行政立法和其他各种行政规范性文件的制定；通过告知、听取意见陈述、申辩、提供证据、听证、辩论等行政程序参与具体行政行为的实施。行政相对人对行政管理的参与是现代民主的重要体现。

此外，行政相对人在行政救济法律关系可以转化为救济对象。行政相对人在其合法权益受到行政主体侵犯后，可以依法申请法律救济，成为行政救济法律关系的一方主体。

在现代国家，正是在对行政相对人前述属性把握的基础上，法律对行政相对人的实体法上的地位予以相应的规定。当违法或者不当地行使行政权，给公民的财产和自由带来侵害时，或者行政主体怠慢于行政权的行使，没有给公民带来法定的给付和保护时，公民有权请求排除行政权的违法或者不当侵害，有权请求行政主体依法行使行政权。

（1）财产和自由不受侵害，依法享受给付与保护的权利行政活动是由法律规定的，一切行政活动都必须依法实施。公民的财产和自由，除法律有明文规定以外，不受任何侵害，并且，享受依法行政所产生的给付与保护，是现代国家公民的基本权利。保障公民在行政法律关系中的这种地位，是法治行政原理的内在要求。只有从实体法上确立公民的这种权利和地位，才能确保法治行政原理的贯彻和实施，才能确保人民在现代行政中的主体地位。

（2）排除违法或者不当行政的请求权与行政介入请求权。在现代法治国家中，人民享有不受违法或者不当的公权力侵害的自由，同时也享有公平地受到依法行政的给付与保护的权利。以此广泛的自由权和全面的社会权为前提，只要公民因行政主体的违法或者不当的作为或者不作为而受到侵害时，作为实体法上的权利，原则上应当承认其对行政的违法或者不当的作为享有排除违法或者不当行政的请求权，对行政的违法或者不当的不作为有行政介入请求权。无论是否存在法律的明文规定，尤其是对于因行政的违法作为或者不作为使个人生活利益受到实质且具体的侵害的，都必须广泛地保障其请求救济的机会。

## 三、我国的行政机关[10]

### （一）行政机关的类型

在中国政府体制中，行政机关基本上分为下列几种类型：

（1）领导与决策机关

领导与决策机关是各级政府领导和统辖全局的决策核心机关，它是各级行政组织的中枢，是本行政区域内的最高行政领导机关，负责对本行政区域的重大事务做出决策，并领导决策的执行。领导与决策机关统一领导下级行政机关和本级政府的各个职能部门，具有综合性、协调性的功能。如国务院和各级人民政府。

（2）职能机关

它是各级政府中负责管理某一个专门领域行政事务的执行机关。通常，职能机关在领导机关的领导下进行工作，具体执行领导机关的有关决策、命令，在本机关管辖的范围内进行管理和提供服务，并接受领导机关或上级同一职能部门的监督或指导。如国务院的各个部委、地方政府的各个委员会、厅或局。

（3）监督机关

这类机关实际上也是政府的一个职能部门，不过在职能领域上比较特殊，是负责对各类行政机关及其公务人员的公务活动进行监督检查的执法性机关，例如审计机关、监察机关等。监督机关是促使行政机关及其工作人员依法行政、廉洁奉公、有效行政的重要保障。

（4）辅助机关

这类行政机关是为行政领导机关（以及行政首长）或职能机关实现行政目标，而在行政机关内部设立的辅助性工作机构。一般又可以分为综合性辅助机关，如各级政府的办公厅（室）；政策性辅助机关如政策研究室；专业性的辅助机关如机关事务管理局等。另外还有一类辅助性机关，往往被称为咨询参谋机关，通常由专家学者和政府官员组成，为政府决策提供信息咨询、拟订方案等功能，如决策咨询委员会等。这类机构大多数为临时性的机构，甚至不属于政府的正式机构。

（5）派出机关

派出机关是上级领导机关按照地区划分的授权委派的代表部门。由于管理的幅度较大或过于分散，领导机关在无法进行正常的管理时，往往会设置派出机关，由派出机关代表领导机关对一定的区域进行综合性管理。例如，许多城市中区政府所设立的街道办事处，是代表区政府对社区居民、单位进行管理的派出机关。

**（二）行政机关的结构**

中国政府设置了各类行政机关，这些机构的不同组合大体形成了三种结构：金字塔形的整体结构、职能部门内部的垂直结构、横向上的并列结构。

中国国家的行政体系在单一制国家结构形式的要求下，基本上呈现出一种金字塔形的等级结构。在金字塔顶尖的为中央人民政府即国务院，国务院下为34个省（包括台湾地区）、自治区、直辖市和香港、澳门特别行政区政府。同时，国务院下设25个部委及若干直属机构等。省级政府下设地级市、县（区）、乡镇政府。在各级地方政府内部又分别设立各自的数十个职能部门。这样，在中国的行政等级制构架下，最通常的组织结构分为五级：国务院—省（自治区、直辖市）人民政府—地（市、州）人民政府—县（区）人民政府—乡（镇）人

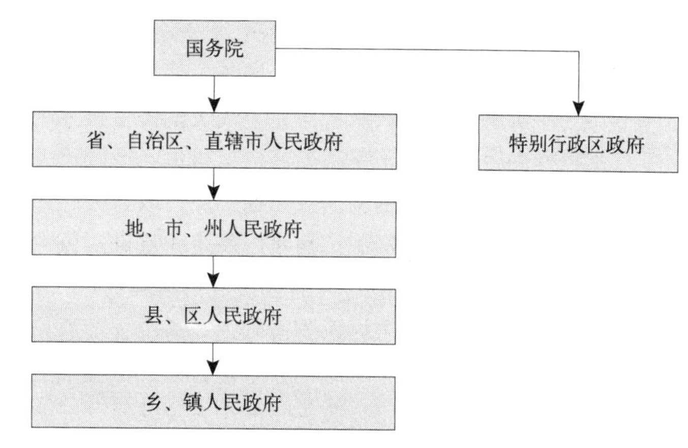


图 1–5　中国的行政机关体系（垂直结构）
引自：陈尧著《当代中国政府体制》，上海：上海交通大学出版社，2005：139.

民政府，如图 1–5 所示。

在各级政府之间、政府与职能部门之间，遵循着层次管理的原则，下级政府严格服从上级政府，职能部门服从综合性领导机关，体现中央和上级政府的权威。同时，在遵循中央统一领导的原则下，充分发挥地方的自主性和积极性，特别是在经济、社会管理领域。基本上，金字塔形的行政组织结构体现了中国行政体制相对集权的特点。

在中央及地方各级政府的职能部门体系内部，实行纵向分工的垂直结构。这种结构形式往往被称为直线——职能式结构。政府职能部门的垂直结构，一方面体现为政府职能部门内部的纵向结构，如国务院的部（委）—司—处，地方则为厅（局）—处，或者局—处（科）。另一方面，体现为上级政府的职能部门与下一级政府的对口职能部门之间的纵向结构。例如，在公安、海关、审计、监察等独立性较强的部门之间，上下级政府同一职能部门之间存在着领导与被领导关系；在经济、社会、文化、教育等上下级政府同一职能部门之间，则存在着指导与被指导关系。这样，对于某些职能部门如审计、监察、公安等，存在着双重领导的现象，这些部门既接受同级政府的领导，又接受上级同一职能部门的领导。而教育、文化、经济管理等部门，接受同级政府的领导，同时接受上级同一职能部门的指导。另外，海关等少数职能部门，只存在上下级同一职能部门之间的领导关系，并不接受同级政府的领导。

横向并列结构是横向分工所形成的行政组织体制，是同级政府机关之间和政府机关内部各职能部门之间的组合方式。一般地，横向并列关系结构包括两种：①不同行政区域的同级政府之间的关系，如各省、自治区、直辖市政府之间的关系，地级市政府之间的关系，县级政府之间的关系，乡镇政府之间的关系等；②同一级政府内部各个职能部门之间的关系，如国务院各个部委之间的关系、省级政府各个厅局之间的关系等。这些横向的政府或部门之间的关系是分工协作，互相之间不存在上下级关系，而是一种并列、平等的关系。

**（三）行政机关的首长负责制**

按照宪法和有关组织法的规定，在中国的行政体制中实行首长负责制的领导体制。国务院实行总理负责制，地方各级政府实行省长、市长、县长、乡（镇）长负责制，部门则实行部长、局长、处长、科长负责制。

中国的行政首长制，与宪法规定的民主集中制是一致的。民主集中制是国家机构的组织原则，包括国家权力机关与行政机关、司法机关之间的关系，也包括各个国家机关内部的组织原则。行政机关内部实行的民主集中制，并不是简单的民主制或集中制，而是以民主为基础的集中。在行政机关决定有关的重大事务时，一般先由有关的会议进行集体讨论，充分论证，体现民主的原则，然后行政首长在民主讨论的基础上，集中正确意见，作出最终的决策，体现为集中。这里的民主集中制，并不是在民主的基础上按照少数服从多数的原则作出决策，而是发挥了行政首长的个人决断权，充分体现了行政机关对效率的要求。因此，可以说，首长负责制是体现了以民主为基础的个人负责制。而且，行政首长必须在宪法和法律的范围内活动，必须接受上级行政机关和同级权力机关的领导和监督，这也决定了中国行政体制中首长负责制的有限性。

**（四）行政机关的组成**

1. 国务院的组成

中国实行单一制的国家结构形式，中央行政机关与地方各级行政机关形成了一个具有行政隶属关系的体系。国务院作为中央国家行政机关，在整个行政体系中位于最高的地位，统一领导国务院各个部委的工作和全国性的行政工作，统一领导全国范围内地方各级政府的工作，地方各级政府必须服从国务院的统一领导。

按照现行的《宪法》和《国务院组织法》规定，国务院由总理、副总理、国务委员、各部部长、各委员会主任、审计长、秘书长组成。国务院实行总理负责制。总理领导国务院的工作。副总理、国务委员协助总理工作。各部部长、各委员会主任负责各部、委员会的工作。

从国务院组成人员的产生来看，按照宪法的规定，国务院总理由国家主席提名，全国人大决定，国家主席任免。副总理、国务委员、各部部长、各委员会主任、审计长、秘书长的人选由总理提名，全国人大决定，国家主席任免。在全国人大闭会期间，根据总理的提名，全国人大常委会有权决定部长、委员会主任、审计长、秘书长的人选，由国家主席任免。

与全国人大的任期一致，国务院每届的任期为5年，总理、副总理和国务委员的任期不得超过两届。

国务院的工作主要通过会议活动进行。国务院的活动分为国务院全体会议和国务院常务会议。国务院全体会议由国务院全体成员组成。全体会议一般三个月或两个月召开一次，讨论国务院所面临的重大问题，或者是关系到全国性行政工作的事务。国务院常务会议由总理、副总理、国务委员、秘书长组成，主要讨论国务院工作中的重要事项，讨论提请全国人大常委会的议案，国务院发布的行政法规草案，各部门、各地方政府请示国务院的重要事项。国务院的常务会议一般一个月召开一次。总理召集和主持国务院全体会议和国务院常务会议。另外，国务院的会议中还有一种总理办公会议，由总理定期主持召开，通常处理国务院日常工作中的重要问题。

2. 地方政府的组成

中国的地方政府体系包括省级政府、地级政府、县（或区）政府、乡（或镇）政府。

（1）省级政府

省级政府包括省、自治区、直辖市人民政府，是地方最高一级行政机关。截至 2018 年底，全国共有省级行政区划单位 34 个，其中直辖市 4 个、省 23 个、自治区 5 个、特别行政区 2 个[11]。省级政府具有双重的性质，既是省级国家权力机关的执行机关，又是地方国家行政机关。

作为省级国家权力机关的执行机关，省级政府必须执行宪法、法律、行政法规以及全国人大及其常委会、国务院通过的决议、决定，必须执行本级人大及其常委会的地方性法规和决议，向本级人大及其常委会负责并报告工作。省级人大及其常委会有权监督本级政府的工作，有权改变或撤销本级政府的不适当的决定、命令。

作为地方国家行政机关，省级政府是中央政府在地方的代表，是中央政府的下级机关，必须服从国务院的统一领导。省级政府必须严格执行国务院的行政法规、决定和命令，向国务院负责并报告工作。国务院有权改变或撤销省级政府不适当的决定和命令。在地方政府体系中，省级政府又是地方最高一级的国家行政机关，统一领导本行政区域范围内的各级政府的工作，统一管理本行政区域范围内的经济、社会、文化事务，省级以下的各级地方政府必须服从作为上级机关的省级政府。

按照《地方组织法》的规定，省、自治区、直辖市的人民政府每届任期 5 年。

（2）地级政府

截至 2018 年底，地级行政区划单位 333 个，其中地级市 293 个。[12]

从地级市政府的地位来看，它是地级市人大的执行机关，同时又是地方国家行政机关。作为地方人大的执行机关，地级市政府由本级人大选举产生，对本级人大负责并接受其领导和监督。作为地方国家行政机关，地级市政府直接接受省级政府的领导和监督，执行省级政府的有关决定，同时又接受国务院的统一领导。作为地方行政机关，地级市政府承担着管理城市的功能，市领导县的地级市政府还承担着对辖区内经济社会发展事务的领导，承担着对下属各县政府的领导工作。

与省级政府类似，地级政府每届任期为 5 年。

（3）县级政府

中国的县级政府，主要指县、自治县、县级市、市辖区、旗、自治旗以及林区、特区政府。县一般指农业为主的行政区域，以城市为主要辖区的县级行政单位，通常改称为市或者市辖的区。自治县、旗是少数民族聚居的地方的县级行政单位。

截至 2018 年底，县级行政区划单位 2851 个，其中市辖区 970 个、县级市 375 个、县 1335 个、自治县 117 个。[13]

从县级政府的地位来看，它是县级人大的执行机关，同时又是地方国家行政机关。作为地方人大的执行机关，县级政府由本级人大选举产生，对本级人大负责，并接受其领导和监督。作为地方的国家行政机关，县级政府直接接受上一级政府的领导和监督，同时又接受国务院的统一领导。作为地方行政机关，县级政府承担着对下属乡、镇政府的领导工作，以及对街道等派出机构的指导工作。县级政府的每届任期 5 年。

县级政府的机构设置，与上一级政府有所区别，即县级政府主要是一种执行性的政府，因而在县级政府的机构设置方面，一些宏观的、综合性的部门没有或者较少，而执行性的机构相对较多。

街道办事处是中国城市政府中十分普遍的机构设置，而且，随着城市的发展和县改市的趋势，街道的数量日益增多。2009 年《全国人民代表大会常务委员会关于废止部分法律的决定》，决定废止《城市街道办事处组织条例》。根据 2004 年 10 月 27 日第十届全国人民代表大会常务委员会第十二次会议修正的《中华人民共和国地方各级人民代表大会和地方各级人民政府组织法》第六十八条规定：市辖区、不设区的市的人民政府，经上一级人民政府批准，可以设立若干个街道，管理机构为街道办事处，作为市辖区、不设区的市的派出机关。

近年来，随着城市的发展，在许多大城市中，街道办事处在城市政府管理中承担了重要的职能，特别是一些地方如上海，将街道纳入“两级政府，三级管理”的体系，街道成为城市政府管理体系中的一个重要环节，管辖着从数万到十多万的人口，数百至上千家的企业、单位，在社区的经济、社会发展中发挥着重要的管理功能。

（4）乡级政府

乡级政府是中国政府体系中的基层政府，是政府对社会进行管理的末梢，与社会居民、组织发生直接交往的一级政府，在中国的政府体系中具有十分重要的意义。乡级政府包括乡、民族乡和镇。其中，乡、民族乡属于农村地区的基层政府，镇属于城市基层政府，但也广泛分布于农村地区，通常是县的下一级政府。乡级政府与市辖区、不设乡镇的县级市（这种情况目前已经很少）的政府一起构成了中国的基层政府体系。

2008 年 7 月，国务院批复了国家统计局与民政部、住房城乡建设部、公安部、财政部、国土资源部、农业部共同制定的《关于统计上划分城乡的规定》（国函［2008］60 号）（以下简称《规定》）。

《规定》确定城镇包括城区和镇区。城区是指在市辖区和不设区的市，区、市政府驻地的实际建设连接到的居民委员会和其他区域。镇区是指在城区以外的县人民政府驻地和其他镇，政府驻地的实际建设连接到的居民委员会和其他区域。

与政府驻地的实际建设不连接，且常住人口在 3000 人以上的独立的工矿区、开发区、科研单位、大专院校等特殊区域及农场、林场的场部驻地视为镇区。

乡村是指《规定》划定的城镇以外的区域。

截至 2018 年底，乡级行政区划单位 39945 个，其中镇 21297 个、乡 10253 个、街道办事处 8393 个[14]。

乡级政府在中国农村地区具有重要的作用。乡级政府是乡级人大的执行机关，是中国的基层行政机关。作为乡级人大的执行机关，乡级政府对本级人大负责并报告工作，接受其监督；作为基层的行政机关，乡级政府必须接受上一级政府的领导和监督，完成上级政府交办的各项工作，并接受国务院的统一领导。同时，作为基层政权机关，乡级政府还负责指导辖区内的村民委员会和居民委员会的工作。2004 年修改宪法以后，乡级政府的任期与乡镇人大一样，均为 5 年。

## 四、被授权组织和受委托组织

### （一）被授权组织

1. 被授权组织的含义

被授权组织是指依照法律、法规授权而行使特定行政职能的非国家机关组织。

（1）被授权组织是指非国家机关的组织，与行政机关不同。其只有在行使法律、法规授权的行政职能时才能成为行政主体，承担相应的法律责任。在其非行使法律法规授权的行政职能时，则不是行政主体，而只是一般的民事主体，享有民事权利，承担民事义务。

（2）被授权组织行使的是特定的行政职能，而不是一般的行政职能，其所能行使的行政权的范围很窄，仅限于法律法规的特别规定。

2. 被授权组织的范围

（1）行政机构

行政机关，是指从中央到地方的各级人民政府及其他具有法人资格，能以自己的名义行使行政权并承担因此而产生的法律责任的行政单位。行政机构是行政机关的内部组织，协助行政机关处理各项行政事务和机关内部事务。在通常情况下，行政机构不能以自己的名义独立对外行使行政权。但是在特定的情况下，行政机构可以根据法律、法规的授权，成为行政主体。根据我国现行法律、法规的有关规定，行政机构成为行政主体的情形主要包括：①按照法律、法规的授权规定而直接设立的专门行政机构。例如，《专利法》第四十一条规定：国务院专利行政部门设立专利复审委员会，其作为行使专利复审权的专门机构，专门审查专利申请人对国务院专利行政部门驳回申请的决定不服的复审申请。②行政机关的内部机构。行政机关的内部机构在得到法定授权的情况下可以成为行政主体。例如，《消防条例》第二十五条、第二十六条，对县以上公安机关内设立的消防监督机构的职能作了规定，使其具有行政主体资格。③政府职能部门的派出机构。政府中的职能部门根据工作需要在一定区域内设立的工作机构，代表该职能部门从事一定范围内的某些行政事项的管理工作，原则上其自身没有独立的法律地位。但派出机构获得法律法规授权，就可在授权范围内取得行政主体资格。例如《治安管理处罚法》第九十一条规定："警告、五百元以下的罚款可以由公安派出所决定。"这是法律以列举的方式授权公安派出所在"警告、五百元以下罚款"事项上取得行政主体资格，超出上述事项的范围就不再具有行政主体资格。

（2）企业

我国体制转轨过程中，一些原政府主管部门转变或改建而成的行政性公司大量出现，例如自来水公司、燃气公司等。法律、法规往往授权其行使原行政机关行使的某些行政管理职能，而使其成为行政主体。

（3）事业单位

例如《教育法》授权公立学校及其他公立教育机构招收学生，并对其进行处分，这种权力也属于行政性权力。

（4）社会团体、群众性组织等

在行政管理活动中，经法律、法规授权，社会团体如工会、共青团、妇联等，群众性组织如城市居民委员会、农村村民委员会等，都属于社会团体，都可以从事一定行政职能活动，成为行政主体。

**（二）受委托组织**

1. 受委托组织的含义

受委托组织是指受行政机关委托行使一定行政职能的组织。受委托组织行使一定的行政职能是基于行政机关的委托，而不是基于法律法规的授权，因此，其行使职能时只能以委托行政机关的名义，而不能以自己的名义进行，所产生的法律责任也要由受委托的行政机关承担。受委托组织只能根据行政机关的委托行使特定的行政职能，而不是一般的行政职能。

2. 受委托组织的范围及其法律地位

从现行法律法规的规定来看，受委托组织的范围大致与被授权组织的范围相似。受委托组织不是行政主体，不能以自己的名义行使行政职权，行为所产生的法律责任也只能由委托的行政机关承担。

## 五、公务员

**（一）公务员的概念、职务、级别**

根据《公务员法》的规定，公务员是指依法履行公职、纳入国家行政编制、由国家财政负担工资福利的工作人员（第二条）。此外，法律、法规授权的具有公共事务管理职能的事业单位中除工勤人员以外的工作人员，经批准参照公务员法进行管理（第一百零六条）。所谓工勤人员，是指如打字员、清洁工、修理工等从事后勤杂务的人员。根据《公务员法》的限定，公务员必须具备我国国籍，外籍人士无缘公务员职位。

公务员职位类别按照公务员职位的性质、特点和管理需要，划分为综合管理类、专业技术类和行政执法类等类别。

公务员职务分为领导职务和非领导职务。领导职务层次分为：国家级正职、国家级副职、省部级正职、省部级副职、厅局级正职、厅局级副职、县处级正职、县处级副职、乡科级正职、乡科级副职。非领导职务层次在厅局级以下设置。

综合管理类的领导职务根据宪法、有关法律、职务层次和机构规格设置确定综合管理类的非领导职务分为：巡视员、副巡视员、调研员、副调研员、主任科员、副主任科员、科员、办事员。

公务员的职务应当对应相应的级别。公务员的职务与级别是确定公务员工资及其他待遇的依据。公务员的级别根据所任职务及其德才表现、工作实绩和资历确定。公务员在同一职务上，可以按照国家规定晋升级别。这意味着，公务员在职务晋升受到限制时，可以在级别晋升的同时享受工资和待遇的提高。

**（二）公务员的录用、任免、聘任**

录用担任主任科员以下及其他相当职务层次的非领导职务公务员，采取公开考试、严格考察、平等竞争、择优录取的办法。曾因犯罪受过刑事处罚的、曾被开除公职的人员以及法律规定不得录用为公务员其他情形的人员不得录用为公务员。

公务员录用考试采取笔试和面试的方式进行，考试内容根据公务员应当具备的基本能力和不同职位类别分别设置。新录用的公务员试用期为一年。试用期满合格的，予以任职；不合格的，取消录用。

公务员职务实行选任制和委任制。选任，即由权力机关通过选举任命公务员。例如，《宪法》第一百零一条规定，地方各级人民代表大会分别选举并且有权罢免本级人民政府的省长和副省长、市长和副市长、县长和副县长、区长和副区长、乡长和副乡长、镇长和副镇长。委任，即有权机关不通过选举方式而直接任命公民担任行政公职。委任可以由权力机关委任，也可以由国家行政机关委任。例如，《宪法》第六十二条第（五）项规定，全国人民代表大会根据中华人民共和国主席的提名，决定国务院总理的人选；根据国务院总理的提名，决定国务院副总理、国务委员、各部部长、各委员会主任、审计长、秘书长的人选。

行政机关根据工作需要，经省级以上公务员主管部门批准，可以对专业性较强的职位和辅助性职位实行聘任制。专业性较强的职位如金融、财会、法律、信息技术等方面，辅助性职位如书记员、资料管理员、数据录入员和勤杂事务等方面。聘任合同期限为一年至五年。

**（三）公务员的义务、权利和责任**

公务员应当履行下列义务：①模范遵守宪法和法律；②按照规定的权限和程序认真履行职责，努力提高工作效率；③全心全意为人民服务，接受人民监督；④维护国家的安全、荣誉和利益；⑤忠于职守，勤勉尽责，服从和执行上级依法作出的决定和命令；⑥保守国家秘密和工作秘密；⑦遵守纪律，恪守职业道德，模范遵守社会公德；⑧清正廉洁，公道正派；⑨法律规定的其他义务。

公务员享有下列权利：①获得履行职责应当具有的工作条件；②非因法定事由、非经法定程序，不被免职、降职、辞退或者处分；③获得工资报酬，享受福利、保险待遇；④参加培训；⑤对机关工作和领导人员提出批评和建议；⑥提出申诉和控告；⑦申请辞职；⑧法律规定的其他权利。

公务员的责任是指当公务员不依法履行或不能履行其法定义务时，所必须承担的法律后果。公务员的责任一般包括接受行政处分、引咎辞职、承担行政赔偿责任和刑事责任四种。①行政处分。公务员有法定的违纪行为，尚未构成犯罪，或者虽然构成犯罪但依法不追究刑事责任的，应当给予行政处分；违纪行为情节轻微，经过批评教育后改正的，也可免予行政处分。行政处分分为警告、记过、记大过、降级、撤职和开除六种。②引咎辞职。首先，担任领导职务的公务员，因个人或者其他原因，可以自愿提出辞去领导职务。这是引咎辞职的前提性基础。其次，领导成员因工作严重失误、失职造成重大损失或者恶劣社会影响的，或者对重大事故负有领导责任的，应当引咎辞去领导职务。最后，领导成员应当引咎辞职或者因其他原因不再适合担任现任领导职务，本人不提出辞职的，应当责令其辞去领导职务。③行政赔偿责任。公务员因故意或重大过错、违法或不当的执行职务的行为给行政相对人带来损害时所应承担的赔偿责任。一般情况下，行政赔偿责任往往先由国家行政机关直接承担，然后再由国家行政机关依照公务员主观过错的程度向其行使求偿权。④刑事责任。公务员对其职务犯罪必须依法承担刑事责任。对公务员刑事责任的追究，适用刑法的有关规定处理。

**（四）公务员的职务升降**

晋升是指公务员由低层级职位转移到高层级职位。公务员晋升职务，应当具备拟任职务所要求的思想政治素质、工作能力、文化程度和任职经历等方面的条件和资格。公务员晋升职务，应当逐级晋升。特别优秀的或者工作特殊需要的，可以按照规定破格或者越一级晋升职务。

公务员晋升领导职务，按照下列程序办理：①民主推荐，确定考察对象；②组织考察，研究提出任职建议方案，并根据需要在一定范围内进行酝酿；③按照管理权限讨论决定；④按照规定履行任职手续。公务员晋升领导职务的，应当按照有关规定实行任职前公示制度和任职试用期制度。

降职是指公务员由高层级职位转移到低层级职位。随着降职的实施，公务员的职务和责任关系也发生变更。这种变更的原因不是惩戒，而是由于公务员的能力等原因引起的。公务员在定期考核中被确定为不称职的，按照规定程序降低一个职务层次任职。

**（五）公务员的交流**

公务员交流的方式包括调任、转任和挂职锻炼。公务员可以在公务员队伍内部交流，也可以与国有企业事业单位、人民团体和群众团体中从事公务的人员交流。交流的方式包括调任、转任和挂职锻炼。

国有企业事业单位、人民团体和群众团体中从事公务的人员可以调入机关担任领导职务或者副调研员以上及其他相当职务层次的非领导职务。

转任是指公务员因工作需要或者其他正当理由在国家行政机关内部的平级调动，包括跨地区、跨部门调动。公务员在不同职位之间转任应当具备拟任职位所要求的资格条件，在规定的编制限额和职数内进行。对省部级正职以下的领导成员应当有计划、有重点地实行跨地区、跨部门转任。对担任机关内设机构领导职务和工作性质特殊的非领导职务的公务员，应当有计划地在本机关内转任。

根据培养锻炼公务员的需要，可以选派公务员到下级机关或者上级机关、其他地区机关以及国有企业事业单位挂职锻炼。公务员在挂职锻炼期间，不改变与原机关的人事关系。

**（六）公务员的辞职和辞退**

公务员辞去公职，应当向任免机关提出书面申请。任免机关应当自接到申请之日起 30 日内予以审批，其中对领导成员辞去公职的申请，应当自接到申请之日起 90 日内予以审批。

公务员有下列情形之一的，不得辞去公职：①未满国家规定的最低服务年限的；②在涉及国家秘密等特殊职位任职或者离开上述职位不满国家规定的脱密期限的；③重要公务尚未处理完毕，且须由本人继续处理的；④正在接受审计、纪律审查，或者涉嫌犯罪，司法程序尚未终结的；⑤法律、行政法规规定的其他不得辞去公职的情形。

担任领导职务的公务员，因工作变动依照法律规定需要辞去现任职务的，应当履行辞职手续。担任领导职务的公务员，因个人或者其他原因，可以自愿提出辞去领导职务。

领导成员因工作严重失误、失职造成重大损失或者恶劣社会影响的，或者对重大事故负有领导责任的，应当引咎辞去领导职务。领导成员应当引咎辞职或者因其他原因不再适合担任现任领导职务，本人不提出辞职的，应当责令其辞去领导职务。

公务员有下列情形之一的，予以辞退：①在年度考核中，连续两年被确定为不称职的；②不胜任现职工作，又不接受其他安排的；③因所在机关调整、撤销、合并或者缩减编制员额需要调整工作，本人拒绝合理安排的；④不履行公务员义务，不遵守公务员纪律，经教育仍无转变，不适合继续在机关工作，又不宜给予开除处分的；⑤旷工或者因公外出、请假期满无正当理由逾期不归连续超过 15 日，或者一年内累计超过 30 日的。

对有下列情形之一的公务员，不得辞退：①因公致残，被确认丧失或者部分丧失工作能力的；②患病或者负伤，在规定的医疗期内的；③女性公务员在孕期、产假、哺乳期内的；④法律、行政法规规定的其他不得辞退的情形。

公务员辞去公职或者退休的，原系领导成员的公务员在离职三年内，其他公务员在离职两年内，不得到与原工作业务直接相关的企业或者其他营利性组织任职，不得从事与原工作业务直接相关的营利性活动。

**（七）公务员下级对上级命令的执行**

公务员执行公务时，认为上级的决定或者命令有错误的，可以向上级提出改正或者撤销该决定或者命令的意见；上级不改变该决定或者命令，或者要求立即执行的，公务员应当执行该决定或命令，执行的后果由上级负责，公务员不承担责任；但是，公务员执行明显违法的决定或者命令的，应当依法承担相应的责任。

## 第三节　行政行为[15]

行政机关所作出的行为是否为行政行为，是否为合法有效的行政行为，无论对行政主体还是相对方都具有十分重要的意义。因为，它涉及对行政主体行为的最终评判，同时也涉及相对方的权益问题。

## 一、行政行为的概念、分类和合法要件

### （一）行政行为的概念

行政行为，是指行政主体在实施行政管理活动、行使行政职权过程中所作出的具有法律意义的行为。行政行为包含了下列几层含义：

（1）行政行为是行政主体所作出的行为

这是行政行为的主体要素。行政行为只能由行政主体作出，至于是行政主体直接作出，还是行政主体通过公务员或其他工作人员或依法委托其他社会组织作出，均不影响行政行为的性质。但是，如果是行政主体以外的其他国家机关或其他社会组织，在无行政主体依法委托下所作出的行为，不能认为是行政行为。

（2）行政行为是行政主体行使行政职权、履行行政职责的行为

这是行政行为的职权、职责要素。行政主体的任务不是为了从事民事活动或别的活动，而是为了实现国家行政管理的职能才从事的活动。但需要特别注意的是，能够成为行政主体的各个社会组织，并非任何情况下都是行政主体，其所从事的活动行为也不都是行政行为，如行政机关购买办公用品或租用办公用房的行为，就不是行政行为。

（3）行政行为是具有法律意义的行为

这是行政行为作为法律概念的法律要素。当然，这里的法律要素，是指行政行为具有行政法律意义和产生行政法律效果，而不是其他法律性质。在行政主体所从事的行政活动中，有些具有行政法律意义，如行政许可行为、行政处罚行为；有些就不具有行政法律意义，如气象预报、发布统计数字等行为；可以说，行政行为的法律要素，在于强调行政主体要为自己的行为承担法律责任，至于这种行为是否合法，并不影响行政行为的存在。

### （二）行政行为的分类

1. 内部行政行为与外部行政行为

行政行为以其适用与效力作用的对象的范围为标准，可分为内部行政行为与外部行政行为。所谓内部行政行为，是指行政主体在内部行政组织管理过程中所作的只对行政组织内部产生法律效力的行政行为，如行政处分及上级机关对下级机关所下达的行政命令等。所谓外部行政行为，是指行政主体在对社会实施行政管理活动过程中针对公民、法人或其他组织所作出的行政行为，如行政许可行为、行政处罚行为等。

划分内部行政行为与外部行政行为的意义在于：第一，内部行政行为适用内部行政规范，因而也只能用法定的内部手段和方式去进行；而外部行政行为适用于社会行政等外部行政法规范，因而能够采用相应的法律、法规所规定的各种手段和方式去进行。就此可以看出，内部行为与外部行为的内容与方式是不同的，两者不能任意交叉适用。第二，对于内部行政行为的主体资格，法律没有严格要求，而外部行政行为的主体资格，法律则有严格的要求。所以，某些具有内部行政行为主体资格的组织，不一定具有外部行政行为主体资格。第

三，内部行政行为一般不适用行政复议程序和提起行政诉讼，而外部行政行为在符合法定条件的情况下，可以适用行政复议程序和行政诉讼程序。

2. 抽象行政行为与具体行政行为

行政行为以其对象是否特定可分为抽象行政行为与具体行政行为。所谓抽象行政行为，是指以不特定的人或事为管理对象，制定具有普遍约束力的规范性文件的行为，如制定行政法规和行政规章的行为。抽象行政行为相对于具体行政行为而存在，其核心的特征就在于行为对象的不特定性或普遍性，即行为对象具有抽象性，属于不确定的某一类人或某一类事项并具有反复适用的效力。抽象行政行为包括两类：一类是行政立法行为，即行政机关制定行政法规和行政规章的行为；另一类是制定不具有法源性的规范文件的行为，即行政机关制定或规定除行政法规和规章以外的具有普遍约束力的行政规范性文件的行为。

所谓具体行政行为，是指在行政管理过程中，针对特定的人或事所采取具体措施的行为，其行为的内容和结果将直接影响某一个人或组织的权益，具体行政行为最突出的特点，就是行为对象的特定性和具体化，属于某个个人或组织，或者某一具体社会事项。具体行政行为一般包括行政许可与确认行为、行政奖励与行政给付行为、行政征收行为、行政处罚行为、行政强制行为、行政监督行为、行政裁决行为等。例如，城市规划行政机关核发城市规划编制单位资质证书，建设项目“一书两证”，对违法建设实施处罚等。

抽象行政行为与具体行政行为是法律制度所采用和确认的一种划分方法。我国《行政诉讼法》和《行政复议条例》就是以“具体行政行为”为标准来规定行政诉讼和行政复议的对象的。只有具体行政行为才有可能进行复议和诉讼，而抽象行政行为就不属于复议和诉讼的受案范围。

3. 羁束行政行为与自由裁量行政行为

行政行为以受法律规范拘束的程度为标准，可分为羁束行政行为和自由裁量行政行为。

羁束行政行为，是指法律规范对其范围、条件、标准、形式、程序等作了较详细、具体、明确规定的行政行为。行政主体实施羁束行政行为，必须严格依法定范围、条件、标准、形式、程序等进行，没有自行斟酌、选择、裁量的余地。例如，税务机关征税，只能根据法律、法规规定的征税范围、征税对象以及税种、税率征税，在这些方面，税务机关没有选择、裁量的余地。行政主体违反羁束规定，就构成违法行为，承担违法的后果。

自由裁量行政行为，是指法律规范仅对行为目的、行为范围等作原则性规定，而将行为的具体条件、标准、幅度、方式等留给行政机关自行选择、决定的行政行为。例如，城市规划实施管理中对设计方案的审批便有一定的自由裁量权限。

对行政行为作羁束行为和自由裁量行为的划分并不是绝对的。羁束行为通常也存在一定的自由裁量成分，法律、法规不可能对行政行为在所有情况下的所有处置方法都作出详细、具体、明确的规定，行政主体实施自由裁量也不是无限制地自由裁量，自由裁量行为也存在一定的羁束因素。法律授权行政主体实施某种行为，即使未为之规定任何一种具体方式、程序、限度，但法律授权时有着明确的授权目的，并通常为之规定了自由裁量的范围，行政主体在实施自由裁量行为时，不能违反授权法的目的和超越法律规定的自由裁量范围。行政裁量偏轻偏重或者畸轻畸重，属于不当或严重不当的行政行为，而非违法行为。但是，行使自由裁量权时如果在表现形式上不违法，而动机目的却是为了私利，则构成滥用裁量权，属于违法行为。

如果说抽象行政行为与具体行政行为的划分决定了人民法院监督行政行为的范围，那么羁束行政行为与自由裁量行政行为的划分则决定了在此范围内人民法院监督行政行为的程度和深度。人民法院审理行政案件是对具体行政行为的合法性进行审查，对行政行为是否适当原则上不予审理。对于羁束行为，相对方不服，可以向法院提起行政诉讼；而对于自由裁量行为，如果不是显失公正，人民法院不予受理。

4. 依职权的行政行为与依申请的行政行为

以行政机关是否可以主动作出行政行为为标准，行政行为可分为依职权的行政行为和依申请的行政行为。

依职权的行政行为，指行政机关依据法律赋予的职权，无需相对方的请求而主动实施的行政行为。如征收税款、对违法行为的处罚等。行政行为大部分是依职权进行的。例如，组织编制城市规划、制定城市规划管理的规范性文件、对城市规划实施进行监督检查和作出处罚。

依申请的行政行为，是指行政机关必须有相对方的申请才能实施的行政行为。此时，相对方的申请是行政行为开始的先行程序和必要条件，非经相对方的请求，行政机关不能主动作出行政行为。例如，根据建设单位的申请，规划管理部门提出规划设计要求、核发建设工程规划许可证等。

5. 单方行政行为与双方行政行为

以决定行政行为成立时参与意思表示的当事人的数目为标准，将行政行为分为单方行政行为与双方行政行为。

单方行政行为指依行政机关单方意思表示，无需征得相对方同意即可成立的行政行为，如行政处罚行为、行政监督行为等。行政机关实施的行政行为大多数是单方行政行为。有些行政行为，如颁发许可证，虽需相对方的申请，但颁发与否则仍由行政机关单方决定，仍属单方行政行为。

双方行政行为指行政机关为实现公务目的，与相对方协商达成一致而成立的行政行为，如行政合同行为。这种行为的基本特征，在于行政行为必须经相对方同意才能成立，即相对方的最后同意是行政行为有效成立的必备条件。例如，地方人民政府与法人或其他组织签订国有土地有偿转让合同。

划分单方与双方行政行为有利于确认行政复议的被申请人和行政诉讼的被告，并有利于认定和追究行政法律责任。当两个以上的行政主体联合作出某项行政行为时，它们是共同被申请人或共同被告并共同承担责任；当行政主体和非行政主体联合作出某项行政行为时，由行政主体作为被申请人或被告并承担主要责任。在行政合同行为中，虽然是双方意思表示一致而成立，但由于行政合同行为的特征，其被告只能是行政主体一方。

6. 要式行政行为与非要式行政行为

以行政行为是否应当具备一定的法定形式为标准，行政行为可分为要式行政行为与非要式行政行为。

所谓要式行政行为，是指必须具备某种法定的形式或遵守法定的程序才能成立生效的行政行为。例如，行政处罚必须以书面形式并加盖公章才能有效。所谓非要式行政行为，是指不需一定方式和程序，无论采取何种形式都可以成立的行政行为，例如，公安机关对醉酒的人采取强制约束的行为；消防机关为救火灾而对毗连火场的建筑物进行部分拆除的行为。城乡规划管理中的行政行为绝大多数都是要式行政行为。

划分要式行政行为与非要式行政行为的意义在于：要式行政行为就其形式而言是一种羁束性要求，若不具备相应的形式，就会因形式违法而被宣布无效；而非要式行政行为就其形式上讲，是一种自由裁量性规定，采取哪种方式或形式，行政主体有选择余地，原则上不发生因形式而违法的问题，但同样可能发生不公正或不合理的问题。同时，由于行政行为的职权性特点，采取非要式行政行为应受到严格控制，一般只在情况紧急或不影响相对方权利的情况下，才能采取。

**（三）行政行为的合法要件**

行政行为的合法要件，是指行政行为合法成立生效所应具备的基本要素，或者说是应当符合的条件。从法律对行政行为的规定和要求来看，各类行政行为有它们共同应当符合的要件。

1. 行政行为的主体应当合法

所谓主体合法，是指实施行政行为的组织必须具有行政主体资格，能以自己的名义独立承担法律责任。只有具备行政主体资格的组织所为的行政行为才是有效的行为。从行为的主体方面看，一般而言，行政行为是由行政机关实施，但并非所有的行政机关都具有行政主体资格，而且，行政机关都是由具体的公务员组成，行政行为都是由公务员代表行政机关行使职权具体实施的。有时行政机关还会委托一定的机关或组织行使职权。行政行为实施主体的这种复杂状况，必然在主体上产生许多要求。据此，行为主体的合法应包括以下几项具体要求：

(1) 行政机关合法。指实施行政行为的行政机关必须依法成立，并具有行政主体资格。如果行政机关不是依法成立，或虽依法成立，但并不具有行政主体资格，其所为的行为无效。也就是说，行政行为因其实施者失去合法的行为主体资格而不能合法有效成立。

(2) 人员合法。行政行为总是通过行政主体的工作人员具体实施，这些人员必须具备一定的资格和条件，所实施的行政行为方能有效。人员合法，主要是指实施行政行为的人员必须是在行政机关具有法定职务、法定的资格，并能代表行政机关对外行使职权的工作人员，即必须具备合法的公职身份。

(3) 委托合法。委托合法是指作为行政主体的行政机关基于实施行政管理活动的需要，依法委托具有一定条件的社会团体或群众组织、公民个人代表行政机关实施某种行政活动。一般而言，行政活动应由行政机关自己独立实施，但在某些情况下，行政机关可以委托他人实施。主体合法要求行政机关的委托必须合法，所委托的行政行为才能有效。委托的合法性表现在以下三个方面：委托的行政机关必须具有合法的委托权限；接受委托者必须具备从事某项行政活动的能力；被委托者必须在委托权限内实施行政行为。法律对行政机关活动的要求同样适用于受委托者，因此，受委托者实施行政行为同样不能超越委托权限。

2. 行政行为应当符合行政主体的权限范围

所谓权限合法，是指行政行为主体必须在法定的职权范围内实施行政行为，必须符合一定的权限规则。这是行政行为合法有效的权限方面的要件。法律针对不同的行政主体或其不同的职能确定了相应的职责、权限。行政主体只能依据法定职权实施行政行为，否则无效。同时，任何行政职权都有一定的限度，法律在确定行政主体的职权时，往往在地域、时间等方面设定了各种限度，这些限度是行政主体作出行政行为时所不能超越的。综合起来，行政职权的限制表现在以下几个方面：

（1）行政事项管辖权的限制。国家行政机关是根据宪法和法律分门别类地层层设置的，每一个行政机关只能对某些行政事项享有管辖权。因此，行政机关只能就其管辖范围内的行政事项实施行政行为，所实施的行政行为才能合法有效。否则，就构成事项上的越权，该行政行为因越权而无效。我国《行政处罚法》第十五条规定：行政处罚由具有行政处罚权的行政机关在法定职权范围内实施。第三条第二款进一步明确规定：没有法定依据或者不遵守法定程序的，行政处罚无效。

（2）行政地域管辖权的限制。每一个行政机关只能对一定地域内的行政事务享有管辖权。也就是说，行政职权的运用都有着地域上的限制。行政机关在一定的地域范围内，对自己有管辖权的行政事务实施的行政行为，才能合法有效的成立。如我国《行政处罚法》第二十条规定：行政处罚由违法行为发生地的县级及以上地方人民政府具有行政处罚权的行政机关管辖。法律、法规另有规定的除外。

（3）时间管辖权的限制。依法设立的行政机关，只能在自身合法存在的时间内才能有某些行政事务的管辖权，才可实施行政行为。行政机关只有在其自身合法存在的时间内所实施的行政行为，才能合法有效。如我国《行政处罚法》第二十九条规定：违法行为在二年内未被发现的，不再给予行政处罚。法律另有规定的除外。我国《治安管理处罚法》第二十二条、《税收征收管理法》第八十六条都有类似的规定。

（4）手段上的限制。行政机关行使行政职权不得在法定手段外自设手段，否则即构成手段上的越权，权限合法当然就包括行政机关在法定手段范围内行使职权。

（5）程度上的限制。行政职权的运用要受到程度上的约束。行政机关超越法定程度的限制运用行政职权，就构成程度上的越权，该行政行为同样是不能合法有效的。

（6）条件上的限制。行政机关必须按照法定条件运用行政职权，只有在符合法定条件的情况下行使职权所作出的行政行为才能生效。如果行政机关不依照法律法规所设定的条件行使行政职权，或者在条件不充分或不具备的情况下行使职权，即构成条件上的越权，该行政行为同样不能合法有效。

(7) 委托权限的限制。作为受委托的非行政机关，只能在委托权限内，对委托的行政事项实施行政行为，而不能超越委托权限实施行政行为。否则，该行政行为是违法的、无效的行为。同时，如果委托是附有一定的条件或期限的，则受委托者也必须在附加条件客观存在或委托的有效期限内实施行政行为，该行政行为才能合法、有效。否则，受委托者所实施的行政行为亦属违法、无效。

3. 行政行为内容应当合法、适当

所谓行政行为的内容合法，是指行政行为所涉及的权利、义务，以及对这些权利、义务的影响或处理，均应符合法律、法规的规定和社会公共利益等。如果行政行为的内容违反法律的规定和要求，或者行政行为明显违背法律的目的或公共利益，均应属于无效行政行为。所谓行政行为的内容适当，是指行政行为的内容要明确、适当，而且应当公正、合理。具体说来，行政行为内容合法、适当包括以下几项要求：

(1) 符合法律、法规的规定。对于受法律、法规羁束的行政行为来说，其内容必须完全符合法律、法规的规定，即无论是从目的、原则，还是从具体内容、条件上都不得与法律、法规的规定相违背，否则，该行政行为将不能合法有效。

(2) 符合法定幅度、范围。对于自由裁量行为而言，行政行为的内容必须在法定的范围和幅度之内，不得超越法定的范围、幅度和特定的限制。超越裁量的限制范围的行政行为都不能合法有效。

(3) 行政行为的内容必须明确具体。行政行为的内容必须符合实际，切实可行。

(4) 行政行为必须公正、合理。行政机关实施行政活动时，有法律、法规规定时，要符合法律、法规的规定；无法律、法规规定时，也必须考虑公平、合理，应公平行政，一视同仁。

4. 行政行为应当符合法定行政程序

所谓行政程序，是指行政主体实施行政行为时所采取的方式、方法和步骤、时限等。行政程序是行政行为的基本要素，因为任何行政行为的实施都要经过一定的程序表现出来，没有脱离行政程序而存在的行政行为。行政主体实施行政行为，必须按照法定的程序进行，不得违反法定行政程序，任意作出某种行为。

行政行为应当符合法定程序有两项具体要求：其一，必须符合与该种行政行为性质相适应的程序要求。例如，行政法规、规章的制定程序应当符合《立法法》《行政法规制定程序条例》《规章制定程序条例》的要求；行政处罚的实施程序应该符合《行政处罚法》关于决定程序和执行程序的要求；行政许可的实施程序应当符合《行政许可法》关于行政许可实施程序的要求；行政复议程序应当符合《行政复议法》的相关规定等。这些都是相应行政行为的法定程序。其二，必须符合一般性的程序规则要求，如表明身份规则、说明理由规则、听取意见规则等涉及最低行政程序的标准。行政机关若违反法律、法规、规章等明确规定的程序，其行为则属无效或应当予以撤销。

## 二、行政许可

### （一）行政许可的概念及特征

行政许可，是指行政机关根据公民、法人或者其他组织的申请，经依法审查，准予其从事特定活动的行为。

对于行政许可的概念可以从以下几方面把握：

（1）行政许可的主体为特定主体。行政许可的行为主体是行政主体，而不是处于行政相对方地位的公民、法人和其他组织。只有基于行政管辖职权，行使对行政相对方申请的审核和批准权的行政机关或法律、法规授权的组织，才是行政许可的主体。一般的社会团体、自治协会向其成员颁发资格证书及许可性问价的行为不是行政许可行为。公民、法人或其他组织允许对方从事某种活动的行为也不能称之为行政许可。

（2）行政许可是一种依申请的具体行政行为。一般来说，行政许可只能依当事人的申请而发生，行政主体不能主动作出。无申请，即无行政许可。

（3）行政许可原则上是一种授益性行政行为。行政许可准予申请人从事特定活动，申请人从而获得了从事特定活动的权利并获得相关利益。但是，这种授益性并不绝对排除在许可的同时附加一定的条件和义务。

（4）行政许可具有多样性。行政许可既可能表现为肯定性的行为，也可能表现为否定性行为。对于行政主体既不作肯定表示也不作否定表示的，则表现为不作为的状态。

（5）行政许可一般为要式行政行为。行政许可应遵循相应的法定程序，并应以正规的文书、格式、日期、印章等形式予以批准、认可和证明，必要时还应附加相应的辅助性文件。

（6）行政许可作为一种法律制度是指许可的申请、审查、批准以及监督管理等一系列制度的总和。

### （二）行政许可的设定

我国《行政许可法》将可以设定行政许可的事项概括为下列六项：

（1）直接涉及国家安全、公共安全、经济宏观调控、生态环境保护以及直接关系人身健康、生命财产安全等特定活动，需要按照法定条件予以批准的事项；

（2）有限自然资源开发利用、公共资源配置以及直接关系公共利益的特定行业的市场准入等，需要赋予特定权利的事项；

（3）提供公众服务并且直接关系公共利益的职业、行业，需要确定具备特殊信誉、特殊条件或者特殊技能等资格、资质的事项；

（4）直接关系公共安全、人身健康、生命财产安全的重要设备、设施、产品、物品，需要按照技术标准、技术规范，通过检验、检测、检疫等方式进行审定的事项；

（5）企业或者其他组织的设立等，需要确定主体资格的事项；

（6）法律、行政法规规定可以设定行政许可的其他事项。

一般来说，不得设定行政许可的事项主要有：

（1）与公共利益无关，可以由自然人、法人或者其他组织自行决定，不损害国家、社会、集体利益和他人合法权益的事项。只有当自然人、法人或者其他组织行使这些权利可能对公共利益或者他人利益造成损害，并且这种损害难以通过事后补救加以补救时，才能设定行政许可。

（2）市场竞争机制可以有效调节的事项。市场竞争机制最具有活力，在市场经济体制下，要求充分发挥市场在资源配置中的基础性作用，凡是市场竞争机制可以有效调节的事项，均不得设定行政许可。

（3）社会可以调节的事项，即行业组织或者中介机构能够自律管理的事项。自律管理的较之政府管理成本低而效率高，具有自律性、服务性和公正性。在行业组织和中介组织发育成熟的领域，应该这些行业协会进行自我管理，不适用行政许可。

（4）行政机关采用事后监督等其他行政管理方式能够解决的事项。行政管理方式多种多样，针对不同的事项可以采用不同的管理手段，而且事后监督方式比行政许可的成本要低。因此，凡是采用事后监督等其他行政管理方式能够解决的事项，尽量不要设定行政许可。

根据《行政许可法》的规定，法律可以对行政许可法规定能够设定行政许可的各类事项设定行政许可。在可以设定行政许可的事项尚未制定法律的情况下，行政法规可以设定行政许可。必要时，国务院可以采用发布决定的方式设定行政许可。实施后，除临时性行政许可事项外，国务院应当及时提请全国人民代表大会及其常务委员会制定法律，或者自行制定行政法规。

尚未制定法律、行政法规的，地方性法规可以设定行政许可；尚未制定法律、行政法规和地方性法规的，因行政管理的需要，确需立即实施行政许可的，省、自治区、直辖市人民政府规章可以设定临时性的行政许可。临时性的行政许可实施满一年需要继续实施的，应当提请本级人民代表大会及其常务委员会制定地方性法规。

**（三）行政许可的程序**

行政许可的程序指行政许可的实施机关从受理行政许可申请到作出准予、拒绝、中止、变更、撤回、撤销、注销等行政许可等决定的步骤、方式和时限的总称。行政许可程序是规范行政许可行为。防止滥用权力、保证正确行使权力的重要环节。

行政许可程序一般规定有四个步骤：申请、受理、审查和决定，变更与延续是适用于获得许可之后的两个后续程序。此外，关于行政许可的听证程序也是行政许可程序中的一个重要内容。

（1）申请程序

行政许可的申请程序因申请人行使自己的申请权而开始。行政许可的申请是指自然人、法人或者其他组织等行政许可申请人向行政机关提出从事依法需要取得行政许可的活动的意思表示。申请行为必须符合以下要件：第一，申请行为必须向有行政许可权的行政机关提出。第二，申请人有明确的意思表示行为。公民、法人或者其他组织从事特定活动，依法需要取得行政许可的，应当向行政机关提出明确的申请。这种申请可以是书面的，也可以是口头的。第三，申请人必须提交所需的有关材料。申请人申请行政许可，应当如实向行政机关提交有关材料和反映真实情况，并对其申请材料实质内容的真实性负责。

（2）受理程序

申请人的申请行为只要符合申请行为的有效构成要件，申请人的行为就是合法有效的，并引起行政许可机关的受理义务。一般行政许可申请自行政机关收到之日即为受理。但是，申请人的合法有效的申请行为并不代表申请人完全符合许可的条件和标准，并不必然导致行政许可机关必须发给申请人许可证。行政机关收到申请人提出的许可申请后，可以根据不同的情形分别作出以下几种处理：①予以受理。对于申请事项属于行政机关职权范围，申请材料齐全、符合法定形式，或者申请人按照本行政机关的要求提交全部补正申请材料的，受理行政许可申请。②要求当场更正。申请材料存在可以当场更正的错误的，应当允许申请人当场更正。③限期补正。申请材料不齐全或者不符合法定形式的，应当当场或者在确定的时间内一次告知申请人需要补正的全部内容，逾期不告知的，自收到申请材料之日起即为受理。④不予受理。它要求有两种情况：一是申请事项依法不需要取得行政许可；二是申请事项依法不属于受理行政机关职权范围，此时行政机关应当即时做出不予受理的决定，并告知申请人向有关行政机关申请。

（3）审查程序

审查程序包括形式性审查和实质性审查。形式性审查，是指行政机关对申请人提交的申请材料是否齐全、是否符合法定形式进行审查。审查合格后，行政机关能够当场作出决定的，当场就作出书面的行政许可决定。实质性审查则要审查以下几个方面的内容：①申请人是否具有相应的权利能力。例如，申请律师执业证的申请人只能是参加司法考试合格的人员以及法律规定的其他人员。②申请人是否具有相应的行为能力。③申请是否符合法定的程序和形式。④授予申请人许可证是否会损害公共利益和利害关系人利益。⑤申请人的申请是否符合法律、法规规定的其他条件。

实践中一般有以下几种实质性审查的方式：①核查，它是指根据法定条件和程序对有关申请材料的实质内容核实是否符合实际情况；②上级机关书面复查；③听证核查，这是西方国家许可证制度经常采用的一种方式，通常在行政许可决定前召开公众听证会。我国目前的行政许可法也采用了这一方式。行政机关对行政许可申请进行审查时，发现行政许可事项直接关系他人重大利益的，应当告知利害关系人。申请人、利害关系人有权进行陈述和申辩。行政机关应当听取申请人、利害关系人的意见。对于重大事项也规定了听证程序。

（4）听证程序

作为一种授益行政行为，是否给予行政许可，事关公民、法人和其他组织的切身利益，因而世界各国大都在行政许可程序中规定了重大的行政许可必须经过严格的程序，为所有具有利害关系的当事人提供表达其意见的权利，行政许可机关在实施许可行为时应听取当事人和利害关系人的意见，允许他们就受到的影响陈述其观点和理由，出具有关证据，就对方当事人提供的证据进行质证，或者就适用标准问题进行辩论。听证程序适用于行政相对方或其他利害关系人认为是否核发许可、变更许可、终止许可等将对其产生不利影响的许可行为。

我国《行政许可法》也相应规定了行政许可听证程序的适用范围和程序环节。适用听证程序的许可事项有：法律、法规、规章规定实施行政许可应当听证的事项，或者行政机关认为需要听证的其他涉及公共利益的重大行政许可事项。

听证的具体程序步骤一般分为：①告知。行政许可直接涉及申请人与他人之间重大利益关系的，行政机关在作出行政许可决定前，应当告知申请人、利害关系人享有要求听证的权利。②申请。由申请人或利害关系人要求听证并在被告知有权要求听证之日起 5 日内提出听证申请。③组织听证。行政机关应当自收到申请人或者利害关系人听证申请之日起 20 日内组织听证。④通知有关事项。行政机关应当于举行听证前将举行听证的时间、地点通知申请人、利害关系人，必要时予以公告。⑤举行听证。行政机关应当指定审查该行政许可申请的工作人员以外的人员为听证主持人，审查行政许可申请的工作人员应当提供审查意见的证据、理由，申请人、利害关系人可以提出证据，并进行申辩和质证。⑥决定。行政机关应当根据听证笔录，并在法定的许可决定期限内作出是否准予行政许可的决定。

（5）决定程序

行政许可通常有三种决定程序：①当场决定程序。如果申请人提交的申请材料齐全、符合法定形式，行政机关能够当场作出决定的，应当当场作出书面的行政许可决定。②上级机关决定程序。对于某些依法应当先经下级行政机关审查后报上级行政机关决定的行政许可事项，下级行政机关在法定期限内将初步审查意见和全部申请材料报送上级行政机关，由上级机关作出许可决定。③限期作出决定程序。这是最常见的决定程序。行政机关对行政许可申请进行审查后，除当场作出行政许可决定的外，应当在法定期限内按照规定程序作出行政许可决定。许可决定的期限一般都由相应法律作出明确规定。

（6）期限

行政许可期限是许可程序中一个很重要的问题，一般涉及以下几方面的规定：一是许可决定的作出期限；二是上级机关书面复查审查程序中下级机关的审查期限；三是颁发送达许可证件的期限；四是关于许可决定期限的计算。

例如，我国行政许可法规定，除可以当场作出行政许可决定的外，行政机关应当自受理行政许可申请之日起 20 日内作出行政许可决定。20 日内不能作出决定的，经本行政机关负责人批准，可以延长 10 日，并应当将延长期限的理由告知申请人。但是，法律、法规另有规定的，依照其规定。

（7）变更和延续

变更和延续是行政许可决定的后续程序。被许可人在获得行政许可后，可能因为各种原因又要求变更行政许可事项，这种情况下应当向作出行政许可决定的行政机关提出申请。行政机关审查后，认为符合法定条件、标准的，即可以依法办理变更手续。如果被许可人需要延续依法取得的行政许可的有效期，也必须在该行政许可有效期届满前一定期限内向作出行政许可决定的行政机关提出申请，由行政机关决定是否予以延期。

## 三、行政监督检查

### （一）行政监督检查的概念与特征

行政监督检查是指行政主体依法定职权，对相对方遵守法律、法规、规章，执行行政命令、决定的情况进行检查、了解、监督的行政行为。

其特征为：

（1）行政监督检查的主体是享有某项行政监督权的国家行政机关和法律、法规授权的组织。前者如实施税务检查的税务机关，后者如实施食品卫生监督检查的卫生防疫站。

（2）行政监督检查的对象是作为行政相对方的公民、法人或其他组织。不过当行政机关以被管理者的身份，从事某项活动时，也可以成为相关行政机关行政监督检查的对象。

（3）行政监督检查的内容是相对方遵守法律、法规、规章，执行行政机关的决定、命令的情况。

（4）行政监督检查的性质是一种依职权的单方具体行政行为，是一种独立的法律行为。行政监督检查的法律意义就在于它虽然不直接改变相对方的实体权利与义务，但它可以对相对方设定某些程序性义务和对其权利进行一定的限制。所以，它与行政立法、行政许可、行政处罚、行政强制措施等行为密切相连，成为行政职能管理过程中不可或缺的环节。行政监督检查的实施，可能会引起行政处罚，也可能引起行政奖励，还可能不引起任何其他行政行为，但均不影响行政监督行为的独立存在，也不影响其法律后果的产生。

（5）行政监督检查的目的是为了防止和纠正相对方的违法行为，保障法律、法规、规章的执行和行政目标的实现。

### （二）行政监督检查的程序

由于我国尚未制定行政程序法典，故至今没有关于行政监督程序的系统规定，而只是散见于单行法律、法规之中。行政监督检查的程序规则应当包括：表明身份、说明理由、提取证据、告知权利等。

（1）表明身份。行政主体的工作人员在实施行政监督检查时，应佩带公务标志或出示相关证件，以表明自己有权执法的身份。对不表明身份的人员要求进行的检查、调查等，相对方有权予以拒绝。目前，在我国的税务、公安、计量、统计、进出口动植物检疫、卫生、物价等有关法律、法规中，已明确规定了行政检查主体实施检查时应明示公务身份。

（2）除法律、行政法规另有规定外，对有关实物、场所实施监督检查时，应当通知当事人到场，进行公开检查。当事人无正当理由拒不到场的，不影响检查的进行。但行政监督检查人员有为相对方保守技术秘密和商业秘密的义务。如果行政主体违反规定，必须对因泄密而给相对方造成的损失承担赔偿责任。

（3）行政监督检查必须按照法定时间或正常时间及时进行，不得拖延而超过正常检查所需时间，应坚决杜绝变相拘禁或扣押，否则，应承担相应的法律责任。

（4）对涉及公民基本权利的某些特别检查，必须有法律的明确授权，应当符合法定的特别要件和方式。例如，进入公民住宅内进行检查时，必须持有特别检查证等。

(5) 说明理由。在作出不利于相对方的检查结论前要允许相对方陈述和申辩，并说明作出监督检查结论的理由。

(6) 告知权利。行政主体应在作出不利于相对方的监督检查结论后，告知相对方相应的救济手段（补救手段）。

## 四、行政处罚

### (一) 行政处罚的概念及其特征

行政处罚是指行政机关或其他行政主体依照法定权限和程序对违反行政法律规范尚未构成犯罪的相对方给予行政制裁的具体行政行为。

行政处罚的特征有：

(1) 行政处罚的主体是行政机关或法律、法规授权的其他行政主体。应当注意两点：①某一特定行政机关是否拥有处罚权和拥有何种、多大范围内的处罚权，都由法律、法规予以明确的规定；②虽然行政处罚权主要是属于行政机关的，但如果经由法律授权或行政机关委托，行政处罚权的实施权亦可由被授权、被委托的组织行使。

(2) 行政处罚的对象是作为相对方的公民、法人或其他组织。这一点使之区别于行政机关基于行政隶属关系或监察机关依职权对其公务员所作出的行政处分。

(3)行政处罚的前提是相对方实施了违反行政法律规范的行为。也就是说，只有相对方实施了违反行政法律规范的行为，才能给予行政处罚；再则，只有法律、法规规定必须处罚的行为才可以处罚，法律、法规没有规定的不能处罚。

(4) 行政处罚的性质是一种以惩戒违法为目的具有制裁性的具体行政行为。这种制裁性体现在：对违法相对方权益的限制、剥夺，或对其科以新的义务。这点使之既区别于刑事制裁、民事制裁，又区别于授益性的行政奖励行为或赋权性的行政许可行为。

### (二) 行政处罚的原则

(1) 处罚法定原则

处罚法定原则包含：①实施处罚的主体必须是法定的行政主体。②处罚的依据是法定的。即实施处罚必须有法律、法规、规章的明确规定。③行政处罚的程序合法。

(2) 处罚与教育相结合的原则

它是指行政处罚不仅是制裁行政违法行为的手段，而且也起教育的作用，是教育人们遵守法律的一种形式。行政处罚的目的不仅是“惩”已然的违法行为，而且是“戒”未然的违法行为。通过惩罚与教育，使人们认识到违法行为的危害，从而培养自觉守法的意识。

(3) 公正、公开原则

公正原则是处罚法定原则的必要补充，是指在实施行政处罚时不仅要求形式是合法的，是在自由裁量的法定幅度的范围内实施的，而且要求在内容上合法，符合立法目的。所谓公开就是处罚过程要公开，要有相对方的参与和了解，以提高公民对行政机关及其实施的行政处罚的信任度，同时监督行政机关及其公务员依法、公正地行使职权，保障相对方的合法权益。

（4）处罚救济原则

该原则又称法律救济原则或无救济即无处罚原则。指行政主体对相对方实施行政处罚时，必须保证相对方取得救济途径，否则不能实施行政处罚。处罚救济原则是保证行政处罚合法、公正行使的事后补救措施。

（5）一事不再罚原则

指对相对方的某一违法行为，不得给予两次以上同类（如罚款）处罚。或者说相对方的一个行为违反一种行政法律规范时，只能由一个行政机关作出一次处罚，一事不再罚原则解决的是行政实践中多头处罚与重复处罚的问题。

（6）过罚相当原则

过罚相当原则是指行政主体对违法行为人适用行政处罚，所科罚种和处罚幅度要与违法行为人的违法过错程度相适应，既不轻过重罚，也不重过轻罚，避免畸轻畸重的不合理、不公正的情况。

## 第四节 行政救济

### 一、行政救济[16]

#### （一）行政救济的概念

行政救济，是指当事人的权益因国家行政机关及其工作人员的违法或不当行政而直接受到损害时，请求国家采取措施，使自己受到损害的权益得到维护的制度。

（1）行政救济起因于行政相对人的合法权益受到违法或不当行政行为的侵害。国家行政机关及其工作人员的行政违法侵权行为是引起行政救济的根源，也是行政救济存在的前提条件。

（2）行政救济是多种救济手段、方法和制度的总称。如在救济途径上，可以有行政复议、行政诉讼、行政赔偿、申诉等；在方法上，实施救济的国家机关可以采取撤销、变更、责令赔偿损失或补偿等。

（3）行政救济是对违法或不当行使行政权的消极后果的补救。它通过有关国家机关纠正、制止和矫正业已发生的并造成损害的行政侵权行为。国家行政机关自动纠正违法行政行为的，属于行政监督性质，不属于行政救济范围。行政救济必须是行政相对人为维护自己的合法权益，请求有关国家机关被动采取措施补救。

（4）行政救济既包括通过行政途径获得的救济，也包括通过司法途径获得的救济。行政救济并不与司法救济相对应，而是与民事救济相对称的一种法律救济。

#### （二）行政救济的特征

行政救济作为一种法律制度，可以从多角度来理解。对于被侵害人而言，可以说是一种权利；对于国家行政机关而言，又可以说是一种监督。它是依法行政的保障机制，包括多种救济手段和方法等。行政救济主要具有下列特征：

（1）权利性。行政救济是在公民或组织的合法权益受到侵害的情况下发生的，它是对公民或组织的合法权益的保障。但行政救济对公民或组织而言，本身就是一种权利，这种权利性质表现为一种救济权。

（2）法定性。行政救济是一种法律救济制度，它的权利性质、途径、方法等，都有法律的明文规定。行政救济的法定性具体表现在以下几个方面：其一，权利法定；其二，实施行政救济的主体法定；其三，行政救济的途径法定。

（3）弥补性。行政救济的存在，旨在纠正、制止或矫正行政侵权行为，使受侵害的公民或组织的权利得到恢复或使损害的利益得到补救。弥补因行政违法行为及其所带来的损害，是行政救济的主要目的和直接表现。

（4）监督性与责任性。行政救济对受侵害人而言是一种权利，而对实施行政侵权行为的国家行政机关而言，则又是一种监督和义务。行政复议和行政诉讼等制度，既具有救济的功能，同时又具有监督国家行政机关依法行政的功能。而行政救济又是通过行政复议和行政诉讼等具体方式实现的。因此，具体的行政救济制度必然具有监督性。依法行政是国家行政机关进行活动的基本原则，必须严格遵循。行政救济的实现，同时也要求国家行政机关必须为其行政违法侵权行为承担相应的法律责任，国家行政机关有义务对其违法侵权行为予以纠正以及赔偿由此而造成的损害。这种事后的救济与监督，有利于防止国家行政机关实施行政违法行为，保证和促进其在合法范围内行使行政权力。

## 二、行政复议

### （一）行政复议的概念

行政复议是指公民、法人或其他组织以行政机关的具体行政行为侵害其合法权益为理由，依法向有复议权的行政机关申请复议，行政复议机关依照法定程序对被申请的具体行政行为进行合法性、适当性审查，并作出行政复议决定的一种法律制度。

（1）行政复议只能由作为行政相对人的公民、法人或其他组织提起，而作出具体行政行为的行政机关只能作为被申请人。

（2）行政复议只能由法定机关行使，是由有复议权的行政机关主持的活动。即行政复议原则上只能由作出行政行为的上一级行政机关进行，这是因为如果由原行政机关对自己作出的行政行为重新审查就难以达到复议的最终目的，不利于保护复议申请人的利益，行政复议就不能切实成为申请人寻求救济维护自身利益的有效途径。

（3）行政复议对于公民、法人或其他组织而言是维护其合法权益的一种程序性权利，除因法律规定不得被剥夺，但这种权利也是公民等申请人可以自行处分的权利，公民、法人或其他组织可以凭自己的意愿行使提起复议或放弃复议的权利。但对于法律、法规规定行政复议作为行政诉讼的前置程序时，如果公民、法人或其他组织放弃申请复议，那么也就失去提起行政诉讼的权利。

（4）行政复议原则上以引起争议的具体行政行为为处理对象，这就包括一方面行政复议的对象特指行政争议，而不是其他性质的争议如民事争议，这也是行政复议对象的特征；另一方面行政复议只处理有争议的具体行政行为，对于有争议的抽象行政行为如行政法规、规章，在现阶段是不属于我国行政复议的对象的。如果行政相对人确实对行政机关制定的行政规范性文件不服，也只能在对该规范性文件涉及的具体行政行为提起复议申请时一并附带提出，而不能单独对抽象行政行为提起行政复议。而且，对抽象行政行为的附带审查要求，也只能是针对某些特定的规范性文件而不是全部。

**（二）行政复议的受案范围**

行政复议的受案范围是指行政复议机关依照行政复议法律规范的规定可以受理的行政争议案件的范围。

我国《行政复议法》第六条根据行政争议的标准的不同，将行政复议所审查的行政争议案件分为若干种类，具体内容包括：

（1）对行政机关作出的警告、罚款、没收违法所得、没收非法财物、责令停产停业、暂扣或者吊销许可证、暂扣或者吊销执照、行政拘留等行政处罚决定不服的；

（2）对行政机关作出的限制人身自由或者查封、扣押、冻结财产等行政强制措施决定不服的；

（3）对行政机关作出的有关许可证、执照、资质证、资格证等证书变更、中止、撤销的决定不服的；

（4）对行政机关作出的关于确认土地、矿藏、水流、森林、山岭、草原、荒地、滩涂、海域等自然资源的所有权或者使用权的决定不服的；

（5）认为行政机关侵犯合法的经营自主权的；

（6）认为行政机关变更或者废止农业承包合同，侵犯其合法权益的；

（7）认为行政机关违法集资、征收财物、摊派费用或者违法要求履行其他义务的；

（8）认为符合法定条件，申请行政机关颁发许可证、执照、资质证、资格证等证书，或者申请行政机关审批、登记有关事项，行政机关没有依法办理的；

（9）申请行政机关履行保护人身权利、财产权利、受教育权利的法定职责，行政机关没有依法履行的；

（10）申请行政机关依法发放抚恤金、社会保险金或者最低生活保障费，行政机关没有依法发放的；

（11）认为行政机关的其他具体行政行为侵犯其合法权益的。

行政复议申请有下列情形之一的，行政复议机关应裁决不予受理并告知理由：①具体行政行为不涉及复议申请人权益，或者没有具体的复议请求和法律、法规、规章依据及事实依据的；②没有明确的被申请人的；③不属于申请复议范围和不属于受理复议机关管辖的；④复议申请超过法定期限，且无正当理由的；⑤复议申请提出之前，已向人民法院起诉的。如复议申请书不符合要求，或者应提供的证据材料不充足的，应把复议申请书发还给复议申请人，限期补正。过期未补正的，视为未申请。

## 三、行政诉讼

**（一）行政诉讼的概念和特征**

行政诉讼是指公民、法人或者其他组织认为行政机关的具体行政行为侵犯其合法权益时，依法向人民法院提起诉讼，由人民法院进行审理并作出裁判的司法活动。

行政诉讼与刑事诉讼、民事诉讼一起构成我国三大基本诉讼制度，同为诉讼制度，它们具有很多共性。但是，行政诉讼作为一项独立的诉讼制度，又有其特殊性，主要表现为以下几个方面：

（1）行政诉讼是解决一定范围内的行政争议的活动。《行政诉讼法》规定："公民、法人和其他组织认为行政机关和行政机关工作人员的具体行政行为侵犯其合法权益，有权依照本法向人民法院提起行政诉讼。"这表明我国行政诉讼解决行政争议的范围限定为因不服具体行政行为而产生的争议，并非所有的行政争议。

（2）行政诉讼的核心是审查具体行政行为的合法性。在行政诉讼中，直接审查的对象是具体行政行为，且对具体行政行为的审查限于合法性范围，一般不包括对具体行政行为的合理或适当性进行审查。

（3）行政诉讼是法院运用国家审判权来监督行政机关依法行使职权和履行职责，保护公民、法人和其他组织的合法权益不受行政机关违法行政行为侵害的一种司法活动。行政诉讼具有司法监督性质，是国家审判机关通过审判程序对国家行政机关的行政活动实行监督，是以国家审判机关的司法权来督促国家行政机关行政权的合法、正确行使。

（4）行政诉讼中的原告、被告具有恒定性。行政诉讼中能够成为原告、享有起诉权的，只能是作为相对一方当事人的公民、法人或其他组织，做出具体行政行为的行政机关没有起诉权，也没有反诉权，只能作为被告应诉。

**（二）行政诉讼受案范围**

行政诉讼受案范围，也称人民法院的主管范围，要解决的是人民法院依法受理哪些行政案件，或者说公民、法人或者其他组织对哪些行政争议可以依法向人民法院提起行政诉讼。

《行政诉讼法》第十二条规定，人民法院受理公民、法人或者其他组织提起的下列诉讼：

（1）对行政拘留、暂扣或者吊销许可证和执照、责令停产停业、没收违法所得、没收非法财物、罚款、警告等行政处罚不服的；

（2）对限制人身自由或者对财产的查封、扣押、冻结等行政强制措施和行政强制执行不服的；

（3）申请行政许可，行政机关拒绝或者在法定期限内不予答复，或者对行政机关作出的有关行政许可的其他决定不服的；

（4）对行政机关作出的关于确认土地、矿藏、水流、森林、山岭、草原、荒地、滩涂、海域等自然资源的所有权或者使用权的决定不服的；

（5）对征收、征用决定及其补偿决定不服的；

（6）申请行政机关履行保护人身权、财产权等合法权益的法定职责，行政机关拒绝履行或者不予答复的；

（7）认为行政机关侵犯其经营自主权或者农村土地承包经营权、农村土地经营权的；

（8）认为行政机关滥用行政权力排除或者限制竞争的；

（9）认为行政机关违法集资、摊派费用或者违法要求履行其他义务的；

（10）认为行政机关没有依法支付抚恤金、最低生活保障待遇或者社会保险待遇的；

（11）认为行政机关不依法履行、未按照约定履行或者违法变更、解除政府特许经营协议、土地房屋征收补偿协议等协议的；

（12）认为行政机关侵犯其他人身权、财产权等合法权益的。

此外，还包括法律、法规规定可以提起诉讼的其他行政案件。

根据《行政诉讼法》和最高人民法院《关于执行〈行政诉讼法〉若干问题的解释》，人民法院不受理公民、法人或者其他组织对下列事项提起的诉讼：

（1）国防、外交等国家行为；

（2）行政法规、规章或者行政机关制定、发布的具有普遍约束力的决定、命令；

（3）行政机关对行政机关工作人员的奖惩、任免等决定；

（4）法律规定由行政机关最终裁决的具体行政行为；

（5）公安、国家安全等机关依照刑事诉讼法的明确授权实施的行为；

（6）调解行为以及法律规定的仲裁行为；

（7）不具有强制力的行政指导行为；

（8）驳回当事人对行政行为提起申诉的重复处理行为；

（9）对公民、法人或者其他组织权利义务不产生实际影响的行为。

## 四、行政赔偿和行政补偿

### （一）行政赔偿

行政赔偿是指国家行政机关及其工作人员在行使职权过程中违法侵犯公民、法人或其他组织的合法权益并造成损害，国家对此承担的赔偿责任。

1. 行政赔偿的归责原则和构成要件

（1）行政赔偿的归责原则

从世界各国的立法规定来看，行政赔偿的归责原则主要有：过错加违法或不法原则、过错归责原则和违法归责原则。我国《国家赔偿法》第二条规定："国家机关和国家机关工作人员行使职权，有本法规定的侵犯公民、法人和其他组织合法权益的情形，造成损害的，受害人有依照本法取得国家赔偿的权利。"《国家赔偿法》确立了包括违反归责原则和结果归责原则在内的多元归责原则，意味着即便国家机关及其工作人员的行为并不违法，但有过错或者从结果上看已经造成损害的，国家仍需承担赔偿责任。这将有利于处理事实行为和刑事司法行为造成的伤害赔偿问题。

（2）行政赔偿责任的构成要件

1）主体要件。国家赔偿责任主体要件是指国家承担赔偿责任必须具备的主体条件，即国家对哪些组织和个人的侵权行为负责赔偿。

2）行为要件。所谓国家赔偿责任中的行为要件是指，国家承担赔偿责任必须具备的行为条件，换言之，国家对侵权主体实施的何种行为承担赔偿责任。

3）损害结果要件。国家是否承担侵权责任，要看该行为是否造成特定人的损害。没有损害结果或遭受损害的是普遍对象，国家就不必负责赔偿。因此，损害时构成国家赔偿责任的必要条件之一。所为损害，指对财产和人身造成的不利。

4）法律要件。构成国家赔偿责任还必须满足“有法律规定”这一要件，如果法律没有规定国家赔偿责任，即使公民受到国家机关违法侵害，国家也可能不承担责任。

2. 行政赔偿请求人与赔偿义务机关

（1）行政赔偿请求人

行政赔偿请求人是指依法享有取得国家赔偿的权利，请求赔偿义务机关确认和履行国家赔偿责任的公民、法人或者其他组织。

1）受害的公民、法人和其他组织有权要求赔偿。如果受害的公民是无民事行为能力人或者限制民事行为能力人的，他们的监护人为其法定代理人，赔偿请求人仍然是受害的公民。

2）受害的公民死亡，其继承人和其他有扶养关系的亲属有权要求赔偿。

3）受害的法人或者其他组织终止，承受其权利的法人或者其他组织有权要求赔偿。

实践中的特殊情形：

1）法人或者其他组织被行政机关违法吊销许可证或执照，该法人或者组织仍有权以自己的名义提出赔偿请求。

2）法人或其他组织破产，在破产程序尚未终结时，破产企业仍有权就此前的行政侵权损害要求国家赔偿。

3）法人或者其他组织被主管行政机关违法决定撤销的，仍有权以自己的名义提出赔偿请求。

赔偿请求人请求国家赔偿的时效为两年，自国家机关及其工作人员行使职权时的行为被依法确认为违法之日起计算，但被羁押期间不计算在内。赔偿请求人在赔偿请求时效的最后六个月内，因不可抗力或者其他障碍不能行使请求权的，时效中止。从中止时效的原因消除之日起，赔偿请求时效期间继续计算。

（2）行政赔偿义务机关

行政赔偿义务机关是指代表国家处理赔偿请求，参加赔偿诉讼，支付赔偿费用的行政机关。

关于行政赔偿义务机关的确认，我国《国家赔偿法》第七条和第八条规定：

1）行政机关及其工作人员行使行政职权侵犯公民、法人和其他组织的合法权益造成损害的，该行政机关为赔偿义务机关。

2）两个以上行政机关共同行使行政职权时侵犯公民、法人和其他组织的合法权益造成损害的，共同行使行政职权的行政机关为共同赔偿义务机关。

3）法律、法规授权的组织在行使授予的行政权力时侵犯公民、法人和其他组织的合法权益造成损害的，被授权的组织为赔偿义务机关。

4）受行政机关委托的组织或者个人在行使受委托的行政权力时侵犯公民、法人和其他组织的合法权益造成损害的，委托的行政机关为赔偿义务机关。

5）赔偿义务机关被撤销的，继续行使其职权的行政机关为赔偿义务机关；没有继续行使其职权的行政机关的，撤销该赔偿义务机关的行政机关为赔偿义务机关。

6）经复议机关复议的，最初造成侵权行为的行政机关为赔偿义务机关，但复议机关的复议决定加重损害的，复议机关对加重的部分履行赔偿义务。

3. 行政赔偿方式

《国家赔偿法》第三十二条规定："国家赔偿以支付赔偿金为主要方式。能够返还财产或者恢复原状的，予以返还财产或者恢复原状。"根据这一规定，我国的国家赔偿是以金钱赔偿为主要方式，以返还财产、恢复原状为补充。

**（二）行政补偿**

1. 行政补偿的概念

行政补偿，是指行政主体合法行政行为造成相对人损失而对相对人实行救济的一种制度。从严格意义上讲，行政补偿不属于行政责任，因为行政责任是违法、不当的行政行为引起的法律后果，而行政补偿责任却是以合法行政行为为前提。但是，行政补偿既然是法律规定的一种义务，对补偿主体来说，它当然也是一种责任。

2. 行政补偿与行政赔偿的异同

（1）行政补偿和行政赔偿的主体都是国家，行政补偿义务机关和行政赔偿义务机关都是国家行政机关或者其他行政主体。

（2）行政补偿与行政赔偿的区别表现在：

引起行政补偿的行为是合法行为，是国家行政主体及其工作人员依法履行职责、执行公务的行为导致特定个人、组织的合法权益受到损害；而引起行政赔偿的行为是违法行为，是国家行政主体及其工作人员违法履行职责、执行公务的行为导致行政相对人的合法权益受到损害。

行政补偿的依据不限于法律、法规，还包括各种政策；而行政赔偿的依据一般都是法律、法规。

行政补偿既可以在实际损失发生之后，也可以在实际损失发生之前；而行政赔偿只能发生在实际损失发生之后。

在实践中，行政补偿的额度往往小于直接损失额，行政补偿的方式也多种多样，既包括金钱补偿，也包括各种生产生活方面的优待或者优惠。

## 注　释

[1] 本节主要内容源自陈尧著《当代中国政府体制》，上海：上海交通大学出版社，2005。

[2] 参见王振海《关于国家起源本质与特性的再思考》，《文史哲》1999年第3期，第111-116页。

[3] 参见马克思·韦伯《政治作为一种志业》，钱永祥译，桂林：广西师范大学出版社，2010，第196页。

[4] 参见郁建兴《论全球化时代的马克思主义国家理论》，《中国社会科学》2007年第2期，第43-55页。

[5] 参见严荣，程全军《论多元主义的国家理论》，《社会科学论坛》2008年第9期，第56-60页。

[6] 参见高萍《新制度经济学的国家理论及其启示》，《中南财经大学学报》2000年第6期，第27-30页。

[7] 参见胡叔宝《现代西方政府理论研究及其反思》，《河南师范大学学报（哲学社会科学版）》

2008 年 06 期，第 29−32 页。
[8] 参见陈尧《当代中国政府体制》，上海：上海交通大学出版社，2005，第 9−10 页。
[9] 本节主要内容源自李季主编，《依法行政案例教程》，北京：中共中央党校出版社，2005 年。罗豪才主编，湛中乐副主编，《行政法学》，北京：北京大学出版社，2012 年。
[10] 本条主要内容源自陈尧著《当代中国政府体制》，上海交通大学出版社，2005，第 133−171 页。
[11] 数据来源：国家统计局国家数据库 http://data.stats.gov.cn/
[12] 数据来源：国家统计局国家数据库 http://data.stats.gov.cn/
[13] 数据来源：国家统计局国家数据库 http://data.stats.gov.cn/
[14] 数据来源：国家统计局国家数据库 http://data.stats.gov.cn/
[15] 本节主要内容源自李季主编，《依法行政案例教程》，北京：中共中央党校出版社，2005 年。罗豪才主编，湛中乐副主编，《行政法学》，北京：北京大学出版社，2012 年。
[16] 主要内容源自耿毓修、黄均德主编，《城市规划行政与法制》，上海：上海科学技术文献出版社，2002 年。

## 复习思考题

1. 如何理解国家和政府的关系？政府的广义概念和狭义概念是如何区分的？
2. 全国人民代表大会的主要职权有哪些？
3. 中国人民法院和人民检察院都有追诉违法犯罪行为的权力，两者的差异在哪里？
4. 如何理解行政主体和行政相对人的不对等地位？
5. 中国行政机关的主要类型有哪些？
6. 如何理解中国行政机关的首长负责制？
7. 被授权组织和受委托组织分别有哪些？
8. 公务员的级别有哪些？职务变动的程序和要求？
9. 行政行为的类型有哪些？各自有怎样的特点？
10. 如何判断行政行为是否合法？
11. 行政许可的概念及特征是什么？
12. 行政处罚的原则有哪些？
13. 行政复议和行政诉讼的区别在哪里？
14. 行政赔偿和行政补偿的差异有哪些？

## 深度思考题

1. 如何理解《城乡规划法》归属行政法部门？
2. 如何理解法治政府的建设？如何实现“依法行政”？
3. 如何理解公务员与行政机关的关系？
4. 行政许可的事项设定应受到怎样的限制？哪些事项不能设定行政许可？
5. 如何理解行政救济的必要性？

# 第二章

# 城乡规划的法规制定和法规体系

**本章要点**

①法律和法规的概念；

②城乡规划立法形式和行政规范性文件；

③城乡规划法规体系发展历程；

④国家和地方城乡规划法规体系的构成与特征；

⑤《中华人民共和国城乡规划法》的主要内容；

⑥国家城乡规划技术标准的组成；

⑦《自然资源部关于全面开展国土空间规划工作的通知》的主要内容；

⑧直辖市、省、市的城乡规划法规文件构成特点；

⑨地方城乡规划技术标准的构成特点；

⑩《城市规划管理技术规定》的内容设置。

# 第一节 法规概述

## 一、法律、法规[1]

“法律”一词有广义和狭义两种用法。广义上的“法律”是指法律的整体。就我国现有的法律而言，它包括作为根本法的宪法、全国人大及其常委会制定的法律、国务院制定的行政法规、某些地方国家机关制定的地方性法规等。狭义上仅指全国人大和人大常委会制定的法律。我国《宪法》第三十三条规定：“中华人民共和国公民在法律面前一律平等”。这一条中讲的“法律”，就是广义用法。第六十二条和六十七条分别规定全国人大及其常委会有权制定法律。这两条中所讲的“法律”，就是狭义用法。为区别起见，一般将广义的“法律”称为“法”。但在很多场合下，由于约定俗成的原因，也会统称为法律，即有时作广义解，有时作狭义解。

“法规”是相关文献中常用的一个名词，一般也可以分为狭义和广义两种解释：狭义上是指在法的层次中处于法律之下的法的形式或其总称，如行政法规、地方性法规等；广义上是指包括法律、行政法规、地方性法规、自治条例和单行条例、部门规章和政府规章以及其他行政规范性文件的总称。因此，从广义上来看，“法律”和“法规”的内涵基本上是一致的。

## 二、法系

“法系”是西方法学家经常使用的一个概念。是指根据各国法律的特点和历史传统的特征，通常将具有一定特点的一国的法律以及有类似或仿效这一特点的其他国家的法律，划归为统一法系。当今西方国家最有影响的两大法系是大陆法系和英美法系（也称民法法系和普通法法系）。

大陆法系是以罗马法为基础发展起来的法律的总称。属于民法法系的国家和地区，主要是以法国、德国为代表的欧洲大陆国家，包括意大利、比利时、西班牙、葡萄牙、荷兰、瑞士、奥地利等。它的影响扩展到世界上广大地区，其中主要是以前法国、西班牙、荷兰、葡萄牙四国的殖民地国家和地区，还包括日本、泰国、土耳其、埃塞俄比亚等国。

英美法系是以英国普通法为基础发展起来的法律的总称。英美法系的国家和地区，除英国（不包括苏格兰）外，主要曾是英国的殖民地和附属国，包括美国、加拿大、印度、巴基斯坦、孟加拉、缅甸、马来西亚、新加坡、澳大利亚、新西兰以及非洲的个别国家和地区。

有些国家或地区，例如菲律宾、南非、英国的苏格兰、美国的路易斯安那州和加拿大的魁北克省等国家和地区，由于历史的原因，它们的法律兼有西方两大法系的特点。

两大法系的主要区别体现在对判例的遵循不同。在英美法系中，法院以前的判例尤其是上级法院的判例对下级法院在审判类似案件时是有法律上的约束力的。也就是说，法院遇到与以前类似的案例时，必须遵循以前判决中适用的原则和规则，即“遵循先例”的原则。而在大陆法系中，法官审理案件时，首先是考虑有关成文法是如何规定的，尽管判例有重要的参考作用，但是判例不能作为判决的法律依据。可以看出，大陆法系倾向于理性主义，英美法系倾向于经验主义。

## 三、立法形式

### （一）立法的法规规定

我国关于立法活动的现行法规规定主要包括：

（1）宪法的规定。我国现行宪法关于立法有着具体的规定，例如，《宪法》第六十二条规定了全国人民代表大会有修改宪法、制定和修改刑事、民事、国家机构的和其他的基本法律的权力。《宪法》第八十九条规定了国务院有根据宪法和法律，规定行政措施，制定行政法规，发布决定和命令的权力。

（2）法律的规定。我国涉及立法方面的法律主要有：《全国人民代表大会组织法》《国务院组织法》《地方各级人民代表大会和地方各级人民政府组织法》《民族区域自治法》《香港特别行政区基本法》《澳门特别行政区基本法》《全国人民代表大会议事规则》《全国人民代表大会常务委员会议事规则》和《立法法》等。

（3）行政法规和规章的规定。主要有：《行政法规制定程序条例》《法规汇编编辑出版管理规定》《国务院办公厅关于地方政府和国务院各部门规章备案工作的通知》和《国务院办公厅关于改进行政法规发布工作的通知》等。

### （二）立法形式

我国主要的立法形式，也称法的渊源，包括：

（1）中华人民共和国宪法。宪法规定国家的根本制度和根本任务，具有最高的法律地位和法律效力，是制定一切法律、法规的依据。

（2）法律。由全国人民代表大会及其常务委员会制定，由国家主席令发布。法律又分为基本法律和非基本法律。基本法律是指由全国人民代表大会制定和修改的，规定或调整国家和社会生活中，在某一方面具有根本性和全面性关系的法律，包括刑事、民事、国家机构和其他的基本法律。非基本法律是指由全国人民代表大会常务委员会制定和修改的，规定和调整除基本法律调整以外的，关于国家和社会生活某一方面具体问题的关系的法律。法律适用于全国，但其法律效力低于宪法。

（3）行政法规。行政法规是国务院根据并且为实施宪法和法律而制定的关于国家行政管理活动方面的规范性文件。行政法规的法律效力次于宪法和法律，它是国家通过行政权行使国家行政管理的一种重要形式，在全国范围内具有普遍的约束力。

（4）地方性法规。地方性法规是指地方人民代表大会及其常务委员会为保证宪法、法律和行政法规的遵守和执行，结合本行政区内的具体情况和实际需要，依照法律规定的权限通过和发布的规范性文件。根据最新修订的《立法法》的规定"省、自治区、直辖市的人民代表大会及其常务委员会根据本行政区域的具体情况和实际需要，在不同宪法、法律、行政法规相抵触的前提下，可以制定地方性法规。""设区的市的人民代表大会及其常务委员会根据本市的具体情况和实际需要，在不同宪法、法律、行政法规和本省、自治区的地方性法规相抵触的前提下，可以对城乡建设与管理、环境保护、历史文化保护等方面的事项制定地方性法规”，地方性法规的效力低于宪法、法律和行政法规，并且只在本行政区域内具有法律效力。

（5）部门规章和地方政府规章。部门规章是指国务院各部、各委员会、中国人民银行、审计署和具有行政管理职能的直属机构根据法律和国务院的行政法规、决定、命令，在本部门的权限范围内制定的规范性文件。部门规章一方面可以将法律、行政法规具体化，以便贯彻执行；另一方面，作为法律、法规的补充，为有关政府部门的行为提供依据。部门规章应当经部务会议或者委员会会议决定。

地方政府规章是指地方国家行政机关根据和为保证法律、行政法规和本行政区的地方性法规的遵守和执行，制定的规范性文件。根据《立法法》的规定，“省、自治区、直辖市和设区的市、自治州的人民政府，可以根据法律、行政法规和本省、自治区、直辖市的地方性法规，制定规章。”地方政府规章只在本行政区域内具有法律效力，其法律效力低于地方性法规。地方政府规章应当经政府常务会议或者全体会议决定。

部门规章之间、部门规章与地方政府规章之间具有同等效力，在各自的权限范围内施行。

此外，全国人民代表大会常务委员会有权对法律进行解释，中央军事委员会可以制定军事法规，民族自治地方的自治机关可以制定自治条例和单行条例，经济特区可以制定经济特区法规。全国人民代表大会常务委员会的法律解释同法律具有同等效力，军事法规的法律效力与行政法规相当，自治条例、单行条例、经济特区法规的法律效力与地方性法规相当。

## 四、行政规范性文件[2]

行政规范性文件，是指除行政法规和政府规章外，行政机关依据法定职权或者法律、法规、规章的授权制定的涉及公民、法人或者其他组织权利、义务，具有普遍约束力，在一定期限内可以反复适用的文件。

我国各级政府和行政机关可以在自己的权限范围内制定行政规范性文件。享有行政立法权的行政机关也会制定行政规范性文件，如国务院，除制定行政法规外，还可以制定其他具有普遍约束力的行政规范性文件。两者虽然主体相同，但它们的制定程序、形式等不同，行政立法在制定程序、形式上非常严格。制定行政规范性文件是行政行为，但不是立法活动，所以效力等级上低于法律、法规、规章。

制定行政规范性文件与行政立法有着密不可分的联系，制定行政规范性文件要以法律、行政法规和行政规章作为依据。从表现形式看，行政规范性文件与行政立法亦有着某种相似之处。例如，都具有规范性、重复适用性等。但二者间也存在着以下主要区别：

（1）制定主体范围不同。前者具有极其广泛性，几乎所有的国家行政机关都可以成为制定行政规范性文件的主体；而后者只是由宪法和法律规定的特定的行政机关，即享有行政法规和行政规章制定权的国家行政机关。前者的主体范围较后者要广得多。

（2）效力大小不同。行政法规和行政规章的效力大于行政规范性文件的效力。亦即制定行政规范性文件不能与行政法规、行政规章相抵触、相违背。

（3）可予规范的内容不同。两者最重要的区别在于行政规范性文件无权作出涉及公民、法人或者其他组织的权利义务的规定，即无权直接为相对方设定权利或义务。例如，行政规范性文件无权设定行政处罚，而行政法规和行政规章可以在法定权限内对相对方设定某些权利与义务。

（4）制定的程序不同。制定行政规范性文件的程序较为简易，而行政立法则要遵循较为严格、较为正式的行政立法程序，相对于制定行政规范性文件而言，手续要求齐全和完备，程序也相对复杂。

### 五、法规文件的名称和公布方式

全国人民代表大会及其常务委员会制定的法律，称“法”。例如：《中华人民共和国物权法》（2007）、《中华人民共和国土地管理法》（2019）等。法律以中华人民共和国主席令的形式公布。

国务院制定的行政法规，对某一方面的行政工作比较全面、系统的规定，称“条例”；对某一方面的行政工作作部分的规定，称“规定”；对某一项行政工作作比较具体的规定，称“办法”。例如：《风景名胜区条例》（2016）、《国务院关于特大安全事故行政责任追究的规定》（2001）、《无照经营查处取缔办法》（2011）等。行政法规须经国务院常务会议或全体讨论通过，由国务院总理签署，以中华人民共和国国务院令的形式公布。

地方人大及其常务委员会制定的地方性法规，称“条例”、“规定”、“办法”，例如：《南京市住房公积金管理条例》（2006）、《广州市房地产开发办法》（2003）等。地方性法规以地方人大及其常委会的公告形式公布。

国务院各部门和地方人民政府制定的规章，称“规定”或“办法”，但不得称“条例”。例如：《城市供水水质管理规定》（2007）、《天津市户外广告设置管理规定》（2007）、《无锡市建设工程质量监督管理办法》（2013）等。部门规章由部门首长签署，以部门令的形式公布；地方政府规章由地方首长签署，以地方政府令的形式公布。

国务院、国务院各部门、地方人民政府及其工作部门制定的行政规范性文件，称“规定”“办法”“通知”“意见”“批复”“决定”“函”“通告”“公告”“细则”“规则”等。

## 第二节 城乡规划的法规制定

### 一、城乡规划立法工作

#### （一）城乡规划立法形式

1. 法律

作为城乡规划核心主干法的《城乡规划法》是由全国人大常委会制定的。与城乡规划密切相关的法律包括《土地管理法》《城市房地产管理法》《环境保护法》《森林法》《海域使用管理法》《农业法》以及已有立法计划的《国土空间开发保护法》等。

2. 行政法规

《村庄和集镇规划建设管理条例》《风景名胜区条例》和《历史文化名城名镇名村保护条例》是已经颁布的三部城乡规划领域的专门行政法规。

与城乡规划密切相关的行政法规包括:《基本农田保护条例》《自然保护区条例》《河道管理条例》等。

3. 地方性法规

地方性法规是由享有立法权的地方人大及其常委会[3]制定的,如各省(自治区)、直辖市的《城乡规划条例》(或称《〈城乡规划法〉实施办法》)。

4. 部门规章

部门规章主要是由国家规划管理部委制定、部门首长签署命令发布的,如2011年施行的《城市、镇控制性详细规划编制审批办法》。

与城乡规划密切相关的部门规章包括:《湿地保护管理规定》《地质遗迹保护管理规定》《森林公园管理办法》等。

5. 地方政府规章

地方政府规章是由享有立法权的地方人民政府制定、政府首长签署命令发布的,如《上海市城市规划管理技术规定(土地使用建筑管理)》。

**(二)城乡规划立法程序**

所谓立法程序,是指按照宪法和法律规定的具有立法权的国家机关创制、认可、修改和废止法律、法规、规章的程序或步骤。

1. 法律的立法程序

我国最高国家权力机关和它的常设机关的立法程序包括以下三个阶段:

第一阶段,立法的准备阶段。其中包括国家立法机关接受立法建议和意见,进行立法的预测,立法规划的制定,立法参与人员的选择,立法议案的形成和拟订、法律草案拟订和论证等,还包括对于新的重大问题的探索、试验等。在立法工作中,它是一个打基础的阶段,直接关系到立法的质量。

第二阶段,法的形成或者法的确立阶段。其中,包括法律草案的提出,法律草案的审议,法律草案的通过和公布法律,这是立法工作的核心阶段。

(1)法律草案的提出

法律草案的提出,是指法定的国家机关对于具有立法提案权的机关或人员提出的法律草案,决定是否列入会议议程。

法律草案的提出必须是有一定资格的,也就是说,不是任何人和任何机关都有权提出法律草案的。法律草案不同于一般的立法建议,它是有法定的机关和人员提出的,被法定机关讨论决定是否列入会议议程的法律草案。非法定的人员或机关提出的立法建议或倡议,只有被有立法提案权的机关或人员采纳并被他们提出之后,才能成为法律草案。

(2)法律草案的审议

法律草案的审议,是立法机关对于已被列入议程的法律草案,按照会议的安排进行审查和讨论。

就我国立法实践来看，一般法律草案的审议要经过两个阶段。第一，是先由全国人民代表大会的各个专门委员会，按照职能分工，对于属于自己范围内的法律草案进行审议。第二，立法机关全体会议的审议。根据《全国人民代表大会议事规则》第二十五条规定，全国人民代表大会举行前，全国人民代表大会常务委员会对准备提请会议审议的重要的基本法律案，可以将草案公布，广泛征求意见，并将意见整理印发会议。例如，《物权法》在制定的过程中，全国人大将其草案向社会公布，进行广泛地征求意见。

按照我国《立法法》的规定，列入全国人民代表大会会议议程的法律草案，先由各代表团和有关的专门委员会审议，再由法律委员会根据各个代表团和有关的专门委员会的审议意见，对法律草案进行统一审议，向主席团提出审议结果报告和法律草案修改稿，对重要的不同意见应当在审议结果报告中予以说明，经主席团会议审议通过后，印发给会议。

（3）法律草案的表决

法律草案的通过，是指立法机关对于法律草案作出是否同意的决定，把它是否确定为法律的步骤，这是立法的关键性阶段。

在我国，根据《全国人民代表大会议事规则》第五十二条规定，大会全体会议表决议案，由全体代表的过半数通过。宪法的修改，由全体代表的三分之二以上的多数通过。表决结果由会议主持人当场宣布。第五十三条规定，会议表决议案采用投票方式、举手方式或其他方式，由主席团决定。宪法的修改，采用投票方式表决。

（4）公布法律

公布法律是立法机关或者国家元首就已经通过的法律，为使公民知晓和遵守，而予以公布。它是法律确立的最后阶段。

在我国，按照《立法法》规定，法律的公布在全国人民代表大会常务委员会公报和在全国范围内发行的报纸上刊登，在常务委员会公报上刊登的法律文本为标准文本。《宪法》第八十条规定："中华人民共和国主席根据全国人民代表大会的决定和全国人民代表大会常务委员会的决定，公布法律。"

关于法律生效的问题。已经公布的法律，可以分为如下情形：可以立即生效，即法律公布之日起即生效；法律规定一个确定的日期，从该日起生效。

第三个阶段，法律的完备阶段。其中，包括法的修改、废除，法的解释，法律规范性文件的清理、法律汇编和法律编纂等。

2. 行政法规的立法程序

国家行政法规的制定、修改或废止所应当遵循的法定步骤和方法，根据国务院批准颁布的《行政法规制定程序条例》执行，这一程序可分为四个阶段：

（1）立项

由国务院各有关部门按五年规划和年度计划提出建议，经国务院法制局综合平衡，拟定草案，报国务院批准，指导各部门的法规制定。

（2）起草

列入规划需要制定的法规，由有关部门负责起草。一些重要的法规或是跨部门的法规，则需要组成各有关部门参加的起草小组，由国务院法制局或主要部门负责。

（3）审查

完成法规草案的起草工作后，由起草部门的主要负责人签署，送国务院审批。国务院法制局审查后，写出审查结果的报告，再经国务院常务会议或总理审批，决定是否通过或批准。

（4）决定与公布

由总理签署国务院令发布。行政法规的公布，在国务院公报和在全国范围内发行的报纸上刊登，在国务院公报上刊登的行政法规文本为标准文本。

3. 地方性法规和规章的制定程序

我国各地的《地方性法规制定条例》对地方性法规的制定程序有明确的规定，与法律的制定程序相类似。地方性法规的公布，在本级人民代表大会常务委员会公报和在本行政区范围内发行的报纸上刊登；在常务委员会公报上刊登的地方性法规文本为标准文本。

依据《规章制定程序条例》，规章的制定也分为立项、起草、审查、决定和公布 4 个阶段。部门规章在国务院公报或者部门公报和在全国范围内的报纸上刊登，地方政府规章在本级人民政府公报和在本行政区域范围内发行的报纸上刊登；在国务院公报或者部门公报和地方人民政府公报上刊登的规章文本为标准文本。

## 二、城乡规划行政规范性文件的制定

### （一）城乡规划行政规范性文件的形式

实际上，在我国的城乡规划领域，由于规划行为的政策性很强，除法律、行政法规和规章外，更加大量的行政规范性文件发挥着至关重要的作用。虽然《行政诉讼法》并未确认其可作为法律依据，也没有明确可以列为“参照”标准，但从政府法制工作的角度讲，行政规范性文件的制定对于行政法规和规章起到了必要的和有效的执行作用，在某些特殊情况下，经有权机关批准也有某些补充作用，其功能效用不可低估。制定行政规范性文件是行政机关实施行政法规、行政规章和政策的重要手段和方式。

城乡规划行政规范性文件根据发布主体的不同可以分为：

（1）国务院发布的行政规范性文件：如《国务院关于促进乡村产业振兴的指导意见》（国发〔2019〕12 号）等。

（2）国务院各部委发布的行政规范性文件：如自然资源部颁发的《关于全面开展国土空间规划工作的通知》（自然资发〔2019〕87 号）等。

（3）各级地方政府发布的行政规范性文件：如《上海市人民政府办公厅关于调整上海市规划委员会组成人员的通知》（沪府办〔2019〕73 号），广州市人民政府发布的《广州市人民政府办公厅关于印发广州市建设健康城市规划（2011—2020 年）的通知》（穗府办〔2013〕1 号）等。

（4）各级地方政府城乡规划主管机关发布的行政规范性文件：如上海市规划和自然资源局颁布的关于印发《关于落实〈关于深化城市有机更新促进历史风貌保护工作的若干意见〉的规划土地管理实施细则》的通知等。

在制定城乡规划行政规范性文件的过程中，国务院及地方人民政府的城乡规划主管机关负责主要条文的起草，大量的城乡规划行政规范性文件是由城乡规划主管机关直接发布的。

**（二）城乡规划行政规范性文件的制定程序**

以上海为例，《上海市行政规范性文件管理规定》（2019）做出如下规定：

行政规范性文件的定义。行政规范性文件是指除政府规章外，由行政机关依照法定权限、程序制定并公开发布，涉及公民、法人和其他组织权利义务，具有普遍约束力，在一定期限内可以反复适用的公文。行政机关内部执行的管理规范、工作制度、机构编制、会议纪要、工作要点、请示报告、表彰奖惩、人事任免等文件，以及规划类文件和专业技术标准类文件，不纳入规范性文件管理范围。

制定主体。下列行政机关根据履行职责需要，有权制定行政规范性文件：①市、区和镇（乡）人民政府；②市、区人民政府工作部门；③依据法律、法规、规章的授权实施行政管理的市人民政府派出机构；④街道办事处。行政机关的内设机构以及临时性机构、议事协调机构不得以自己名义制定、发布行政规范性文件。

禁止事项。禁止行政规范性文件规定下列内容：①增加法律、法规、规章规定之外的行政权力事项或者减少法定职责；②增设行政许可、行政处罚、行政强制、行政征收、行政收费等事项；③增加办理行政许可事项的条件，规定出具循环证明、重复证明等内容；④违法减损公民、法人和其他组织的合法权益或者增加其义务，侵犯公民人身权、财产权、劳动权等基本权利；⑤超越职权规定应当由市场调节、企业和社会自律、公民自我管理的事项；⑥违法设置排除或者限制公平竞争、干预或者影响市场主体正常生产经营活动的措施，违法设置市场准入和退出条件；⑦制约创新的事项；⑧法律、法规、规章、国家或者本市政策禁止规范性文件规定的其他事项。

建议和启动。有行政规范性文件制定权的行政机关（以下统称"制定机关"）可以根据本机关的工作部门或者下一级人民政府的建议，决定制定相关行政规范性文件；也可以根据公民、法人或者其他组织的建议，对制定相关行政规范性文件进行立项调研。法律、法规、规章规定制定行政规范性文件的，制定机关应当在规定的期限内，制定行政规范性文件。

组织起草。规范性文件应当由制定机关组织起草。其中，专业性、技术性较强的规范性文件，制定机关可以吸收相关领域的专家参与起草工作，也可以委托相关领域专家、研究机构、其他社会组织起草。两个或者两个以上的制定机关，根据履行职责的需要，可以联合起草规范性文件；联合起草时，应当由一个制定机关主办，其他制定机关配合。

调研评估论证。起草规范性文件，应当对制定规范性文件的必要性、可行性和合理性进行全面论证，并对规范性文件涉及的管理领域现状，所要解决的问题，拟设定的主要政策、措施或者制度的合法性、合理性及其预期效果和可能产生的影响等内容进行调研和评估论证。需要对现行有效的相关规范性文件进行修改的，应当提出整合修改意见。规范性文件涉及重大行政决策事项或者重大公共利益和公众权益，容易引发社会稳定问题的，起草部门应当依据相关规定，进行社会稳定风险评估。评估论证结论应当在规范性文件起草说明中载明。

听取意见。制定机关组织起草规范性文件的，应当听取有关组织和行政相对人或者专家的意见；起草涉及企业权利义务的规范性文件，应当充分听取相关企业和行业协会商会的意见。区人民政府及其工作部门起草规范性文件，一般应当听取市有关主管部门的意见；市人民政府工作部门起草规范性文件，可以根据需要，听取有关区人民政府的意见。起草部门可以根据制定规范性文件的需要，专项听取人大代表、政协委员等的意见和建议。起草部门听取意见，可以采取召开座谈会、论证会、听证会和实地走访等方式，或者采取书面征求相关单位意见的方式。

公开征询社会公众意见。除依法需要保密的外，对涉及群众切身利益或者对公民、法人和其他组织权利义务有重大影响的规范性文件，应当通过政府网站或者其他有利于公众知晓的方式向社会公示，公布规范性文件草案及其说明等材料，征询公众意见。征询意见的期限自公告之日起一般不少于 30 日；确有特殊情况的，征询意见的期限可以缩短，但最短不少于 7 日。

合法性审核机制。制定机关应当建立程序完备、权责一致、相互衔接、运行高效的规范性文件合法性审核机制，明确承担合法性审核工作的部门或者机构（审核机构）。区人民政府工作部门、镇（乡）人民政府及街道办事处制定规范性文件，已明确专门审核机构或者专门审核人员的，由本单位审核机构或者审核人员进行审核；未明确专门审核机构或者专门审核人员的，区人民政府应当确定统一的审核机构进行审核。制定机关不得以征求意见、会签、参加审议等方式代替合法性审核。

合法性审核的主要内容。规范性文件的合法性审核，主要包括下列内容：①是否属于规范性文件；②制定主体是否合法；③是否超越制定机关法定职权或者法律、法规、规章的授权范围；④是否与宪法、法律、法规、规章、国家或者本市政策相抵触；⑤是否违反本规定第十二条的禁止性规定；⑥是否违反规范性文件制定程序；⑦是否与相关的规范性文件存在冲突；⑧其他需要审核的内容。

专家咨询。规范性文件草案内容技术性、专业性较强或者涉及疑难法律问题的，审核机构可以通过召开论证会、书面征求意见等方式，向相关领域的专家、专业组织进行咨询。

## 第三节　城乡规划的法规体系

我国城乡规划的法规体系可以分为国家体系和地方体系。对国家体系而言，包括四个层次的法规文件：全国人民代表大会及其常务委员会制定的法律；国务院制定的行政法规；国务院各部（委、局）制定的部门规章；国务院及国务院各部（委、局）制定的行政规范性文件。对地方体系而言，包括三个层次的法规文件：地方性法规、地方政府规章、地方政府及其工作部门制定的行政规范性文件。其中，只有省（自治区、直辖市）和设区的市的人民代表大会及其常务委员会可以制定地方性法规，也只有省（自治区、直辖市）和设区的市的人民政府可以制定地方政府规章。

## 一、我国城乡规划法规体系的发展历程[4]

### （一）国民经济恢复时期（1949—1952 年）

1949 年 10 月，中华人民共和国成立。成立之初，城市面临着医治战争创伤，消除旧社会腐朽恶习，建设新的社会秩序，恢复生产，安定人民生活等重要问题，百业待兴。为了适应城市经济的恢复和发展，城市建设工作被提上了议事日程。当时，主要是整治城市环境、改善劳动人民居住条件、整修道路、增设城市公共交通和给水排水设施等。同时，增加建制市，建立城市建设管理机构，加强城市的统一管理。

1951 年 2 月，中共中央在《政治局扩大会议决议要点》中指出："在城市建设计划中，应贯彻为生产、为工人阶级服务的观点。"明确规定了城市建设的基本方针。当年，主管全国基本建设和城市建设工作的中央财政经济委员会还发布了《基本建设工作程序暂行办法》，对基本建设的范围、组织机构、设计施工以及计划的编制与批准等都做了明文规定。

1952 年 9 月，为使城市建设工作适应国家经济由恢复向发展的转变，为大规模经济建设做好准备，中央财政经济委员会召开了中华人民共和国成立以来第一次城市建设座谈会，提出城市建设要根据国家长期计划，分别在不同城市有计划、有步骤地进行新建或改造，加强规划设计工作，加强统一领导，克服盲目性。会议决定：第一，从中央到地方建立和健全城市建设管理机构，统一管理城市建设工作。第二，开展城市规划工作，要求编制城市远景发展的总体规划，在城市总体规划的指导下，有条不紊地建设城市。城市规划的内容，要求参照苏联专家帮助起草的《中华人民共和国编制城市规划设计与修建设计程序（初稿）》进行。各城市都要建立城市规划工作。第三，划定城市建设范围。第四，对城市进行分类排队。按性质与工业建设比重分为四类：第一类，重工业城市：北京、包头、西安、大同、兰州、成都等 8 个城市；第二类，工业比重较大的改建城市：吉林、鞍山、抚顺、沈阳、哈尔滨、太原、武汉、洛阳等 14 个城市；第三类，工业比重不大的旧城市：天津、上海、大连、广州等 17 个城市；第四类，除上述 39 个城市外的一般城市，采取维持的方针。会后，中央财政经济委员会计划局基本建设处会同建筑工程部城建处组成了工作组，到各地检查会议的执行情况，促进了重点城市的城市规划和城市建设工作的开展。从此，中国的城市建设工作进入了统一领导、按规划进行建设的新阶段。

### （二）第一个五年计划时期（1953—1957 年）

经过三年国民经济恢复，自 1953 年起，我国进入第一个五年计划时期，第一次由国家组织有计划的大规模经济建设。城市建设事业作为国民经济的重要组成部分，为保证社会与经济的发展，服务于生产建设和人民生活，也由历史上无计划、分散建设进入有计划、有步骤建设的新时期。

"一五"时期，国家的基本任务是，集中主要力量进行以苏联援助的 156 个建设项目为中心的、由 694 个建设单位组成的工业建设，以建立社会主义工业化的初步基础。随着社会主义工业建设的迅速发展，在中国辽阔的国土上，出现了许多新工业城市、新的工业区和工业镇。由于国家财力有限，城市建设资金主要用于重点城市和有些新工业区的建设。大多数城市的旧城区建设，只能按照“充分利用、逐步改造”的方针，充分利用原有房屋和市政公用设施，进行维修养护和局部的改建或扩建。

这一时期的城市规划和建设工作，一是加强和健全城市建设机构，加强对城市规划和建设工作的领导。1953 年 3 月，在建筑工程部设城市建设局，主管全国的城市建设工作。1953 年 5 月，中共中央发出通知，要求建立和健全各大区财委的城市建设局（处）及工业建设比重较大的城市的城市建设委员会。1956 年，国务院撤销城市建设总局，成立国家城建部，内设城市规划局等城市建设方面的职能局，分别负责城建方面的政策研究及城市规划设计等业务工作的领导。二是加强城市规划和建设方针政策研究和规范的制定。1954 年 6 月，建筑工程部在北京召开了第一次城市建设会议。会议着重研究了城市建设的方针任务、组织机构和管理制度，明确了城市建设必须贯彻国家过渡时期的总路线和总任务，为国家社会主义工业化，为生产、为劳动人民服务。并按照国家统一计划，采取与工业建设相适应的“重点建设、稳步前进”的方针。1955 年 11 月，为适应市、镇建制的调整，国务院公布了城乡划分标准。1956 年，国家建委颁发《城市规划编制暂行办法》，这是中华人民共和国第一部重要的城市规划立法。该《办法》分 7 章 44 条，包括城市、规划基础资料、规划设计阶段、总体规划和详细规划等方面的内容以及设计文件及协议的编订办法。它以苏联《城市规划编制办法》为蓝本，内容与苏联的大体一致。这一时期，政务院还颁布了《国家基本建设征用土地办法》。三是根据工业建设的需要，开展联合选择厂址工作，并组织编制城市规划。1953 年 9 月中共中央指示：“重要的工业城市规划必须加紧进行，对于工业建设比重较大的城市更应迅速组织力量，加强城市规划设计工作，争取尽可能迅速地拟定城市总体规划草案，报中央审查。”1954 年 6 月第一次全国城市建设会议决定，完全新建的城市与建设项目较多的扩建城市，应在 1954 年完成城市总体规划设计，其中新建工业特别多的城市还应完成详细规划设计。到 1957 年，国家先后批准了西安、兰州、太原、洛阳、包头、成都、郑州、哈尔滨、吉林、沈阳、抚顺等 15 个城市的总体规划和部分详细规划，使城市建设能够按照规划，有计划按比例地进行。加强生产设施、生活设施和配套设施建设，是“一五”时期新工业城市建设的一个显著特点。

**（三）“大跃进”和调整时期（1958—1965 年）**

从 1958 年开始，进入“二五”计划时期。1958 年 5 月，中共第八届全国代表大会第二次会议确定了“鼓足干劲、力争上游、多快好省地建设社会主义”的总路线。会后，迅速掀起了“大跃进”运动和人民公社化运动，高指标、瞎指挥、浮夸风等错误严重泛滥开来，以致造成国民经济比例失调和严重困难。

在“大跃进”的形势下，1958 年建工部提出了“用城市建设的‘大跃进’来适应工业建设的‘大跃进’”的号召，城市建设也出现了“大跃进”的局面。1960 年 4 月，建工部在广西桂林市召开了第二次全国城市规划工作座谈会。座谈会提出，要在十年到十五年间，把我国的城市基本建设成为社会主义的现代化的新城市。对于旧城市，也要求“在十年到十五年内基本上改建成为社会主义的现代化的新城市”。当时，城市人民公社正在蓬勃兴起。座谈会要求，要根据它的组织形式和发展前途来编制城市规划，要体现工、农、兵、学、商五位一体的原则。在“大跃进”高潮中，许多省、自治区对省会和部分大中城市在“一五”期间编制的城市总体规划重新进行修订。这次修订是根据工业“大跃进”的指标进行的。城市规模过大、建设标准过高，城市人口迅速膨胀，住房和市政公用设施紧张。同时，征用了大量土地，造成很大的浪费，城市发展失控，打乱了城市布局，恶化了城市环境。对于这些问题，本应该让各城市认真总结经验教训，通过修改规划，实事求是地予以补救，但在 1960 年 11 月召开的第九次全国计划会议上，却草率地宣布了“三年不搞城市规划”。这一决策是一个重大失误，不仅对“大跃进”中形成的不切实际的城市规划无从补救，而且导致各地纷纷撤销城市规划机构，大量精简规划人员，使城市建设失去了规划的指导，造成了难以弥补的损失。

1961 年 1 月，中共中央提出了“调整、巩固、充实、提高”的“八字”方针，作出了调整城市工业建设项目、压缩城市人口、撤销不够条件的市镇建制，以及加强城市设施养护维修等一系列重大决策。经过几年调整，城市设施的运转有所好转，城市建设中的其他紧张问题也有所缓解。1962 年 10 月，中共中央国务院联合发布《关于当前城市工作若干问题的指示》规定，今后凡是人口在 10 万人以下的城镇，没有必要设立市建制。今后一个长时期内，对于城市，特别是大城市人口的增长，应当严加控制。计划中新建的工厂，应当尽可能分散在中小城市。1962 年和 1963 年，中共中央和国务院召开了两次城市工作会议，比较全面地研究了调整期间的城市经济工作。1962 年国务院颁发的《关于编制和审批基本建设设计任务书的规定（草案）》，强调指出“厂址的确定，对工业布局和城市的发展有深远的影响”，必须进行调查研究，提出比较方案。1964 年国务院发布了《关于严格禁止楼堂馆所建设的规定》，严格控制国家基本建设规模。

经过几年调整，城市建设刚有一些起色，但是，“左”的指导思想对城市建设决策上产生的错误，并未得到纠正，甚至在某些方面还有进一步的发展。1964 年和 1965 年，城市建设工作又连续遭受了几次挫折。这主要表现在：一是，不建集中的城市。1959 年，在国家经济困难的条件下，大庆油田在一片荒原上建设矿区，提出建设“干打垒”房屋，“先生产、后生活”“不搞集中的城市”，这是符合当地、当时条件的。但在 1964 年 2 月全国开展“学大庆”运动之后，机械地将大庆油田建设经验作为城市建设方针，城市房屋搞“干打垒”。二是，1964 年的“设计革命”，除批判设计工作存在贪大求全，片面追求建筑高标准外，还批判城市规划只考虑远景，不照顾现实等。实际上是对城市规划的又一次否定。1965 年 3 月成立国家基本建设委员会时，便没有设立城市规划局。三是，取消国家计划中城市建设户头，城市建设资金急剧减少，使城市建设陷入无米之炊的困境。这些“左”的指导思想对城市规划和建设的健康发展，带来了极为严重的负面影响。

**（四）“文化大革命”时期（1966—1976 年）**

1966 年 5 月开始的“文化大革命”，无政府主义大肆泛滥，城市建设受到更大的冲击，造成了一场历史性的浩劫。

1966 年下半年至 1971 年，是城市建设遭受破坏最严重的时期。“文化大革命”一开始，国家主管城市规划和建设的工作机构即停止了工作，各城市也纷纷撤销城市规划和建设管理机构，下放工作人员，大量销毁城市建设的档案资料，使城市建设和城市管理陷入了极为混乱的无政府状态。城市建设各行业在“文化大革命”中，遭受严厉批判的是城市规划。这一时期，由于城市建设处于无人管理的状态，到处呈现乱拆乱建、乱挤乱占的局面。园林、文物遭到大规模破坏；私人住房被挤占；工厂进山、入洞，不建城市，给城市规划和建设事业造成了极大的危害，影响深远。

“文化大革命”后期，各方面工作进行了整顿，城市规划工作有所转机。1972 年，国务院批转国家计委、国家建委、财政部《关于加强基本建设管理的几项意见》，其中规定“城市的改建和扩建，要做好规划”，重新肯定了城市规划的地位。1973 年国家建委城建局在合肥市召开了部分省市城市规划座谈会，讨论了当时城市规划工作面临的形势和任务，并对《关于加强城市规划工作的意见》《关于编制与审批城市规划工作的暂行规定》《城市规划居住区用地控制指标》等几个文件草案进行了讨论。这次会议对全国恢复和开展城市规划工作是一次有力的推动。1974 年，国家建委下发《关于城市规划编制和审批意见》和《城市规划居住区用地控制指标》试行，终于使十几年来被废止的城市规划有了一个编制和审批的依据。“文革”后期，城市规划虽然有了一定的转机，但下发的文件很多并未得到真正执行，城市规划工作仍未摆脱困境。总之，“文革”十年，城市规划工作所遭受的空前浩劫，造成了许多难以挽救的损失。

**（五）社会主义现代化建设新时期（1977 年—）**

结束了“文化大革命”的十年动乱，中国进入了一个新的历史发展时期。1978 年 12 月，中共十一届三中全会作出了把党的工作重点转移到社会主义现代化建设上来的战略决策。以这次会议为标志，我国进入了改革开放的新阶段。1992 年 10 月，党的十四大根据邓小平同志南方谈话的重要精神，正式提出我国经济改革的目标是建立社会主义市场经济体制，并把这一目标写进了我国宪法。中国经济社会发生了深刻的变化，城市规划和建设工作也步入了崭新的时期。城市规划工作经历了长期的曲折，越来越深刻地认识到城市规划法制建设的重要性，只有法制才能从根本上保证城市规划工作走上一条科学制定、依法实施高效管理的良性轨道。因此，这一时期规划法制建设呈现出蓬勃发展的局面。

1. 第一阶段（1977—1989 年）

1978 年 3 月，针对“文化大革命”对城市建设各方面造成的严重破坏，国务院召开了全国第三次城市工作会议，会议制定的《关于加强城市建设工作的意见》，对城市规划和建设制定了一系列方针政策，解决了几个关键问题：一是强调了城市在国民经济发展中的重要地位和作用，要求城市建设适应国民经济发展的需要。并指出要控制大城市规模，多搞小城镇，城市建设要为实现新时期的总任务作出贡献。二是强调了城市规划工作的重要性。要求全国各城市，包括新建城镇，都要根据国民经济发展计划和各地区的具体条件，认真编制和修订城市的总体规划、近期规划和详细规划，以适应城市建设和发展的需要。明确“城市规划一经批准，必须认真执行，不得随意改变”，并对规划的审批程序作出了规定。三是解决了城市维护和建设资金来源。为缓和城市住房的紧张状况，在对城市现有住房加强维修养护的同时，要新建一批住宅。这次会议对城市规划工作的恢复和发展起到了重要的作用。1979 年 3 月，国务院成立国家城市建设总局。一些主要城市的城市规划管理机构也相继恢复和建立。国家建委和城建总局，在总结城市规划历史经验教训的基础上，经过调查研究，开始起草《城市规划法》。

1980 年 10 月，国家建委召开全国城市规划工作会议，会议要求城市规划工作要有一个新的发展。同年 12 月，国务院批转《全国城市规划工作会议纪要》下发全国实施。第一次提出要尽快建立我国的城市规划法制，改变只有人治、没有法治的局面；也第一次提出"城市市长的主要职责，是把城市规划、建设和管理好"。《全国城市规划工作会议纪要》对城市规划的"龙头"地位、城市发展的指导方针、规划编制的内容、方法和规划管理等内容都作了重要阐述。这次会议系统地总结了城市规划的历史经验，批判了不要城市规划和忽视城市建设的错误，在城市规划事业的发展历程中，占有重要的地位。

全国城市规划工作会议之后，为适应编制城市规划的需要，国家建委于 1980 年 12 月正式颁发了《城市规划编制审批暂行办法》和《城市规划定额指标暂行规定》两个部门规章。这两个规章的施行，为城市规划的编制和审批提供了法律和技术规范的依据。1980 年颁发的《城市规划编制审批暂行办法》与 1956 年制订的《城市规划编制暂行办法》相比，在城市规划的理论和方法上都有很大变化，反映了中国城市规划和管理工作的发展。首先，对城市规划的概念有所发展，总体规划已不被认为是最终的设计蓝图，而是城市发展战略；其次，明确规定了城市政府制定规划的责任，界定了城市政府和规划设计部门的关系；第三，强调了城市规划审批的重要性，提高了审批的层次，把城市总体规划审批权限提高到国家和省、自治区两级；还规定了城市总体规划送审之前要征求有关部门和人民群众的意见，要提请同级人民代表大会及其常委会审议通过；第四，强调了城市环境问题的重要性，加强了对环境质量的调查分析和保护；第五，在处理有关部门的关系方面，强调了政府的协调作用，放弃了 20 世纪 50 年代签订协议的办法。《城市规划定额指标暂行规定》是由城市规划设计研究部门在广泛调查研究的基础上提出的，它对详细规划需要的各类用地、人口和公共建筑面积的定额，以及总体规划所需的城市分类、不同类型城市人口的构成比例、城市生活居住用地主要项目的指标、城市干道的分类等，都作了规定。全国各地城市在这两个规章的指导下，开展了城市总体规划的编制工作。

1984 年国务院颁布了《城市规划条例》。这是中华人民共和国成立以来，城市规划专业领域第一部基本法规，是对我国三十多年来城市规划工作正反两方面经验的总结，标志着我国的城市规划步入法制管理的轨道。《城市规划条例》共分 7 章 55 条，从城市分类标准到城市规划的任务、基本原则，从城市规划的编制和审批程序到实施管理与有关部门的责任和义务，都作了较详细的规定。《城市规划条例》深刻地反映了我国城市规划工作的新变化、新发展。首先，根据经济体制的转变，明确提出城市规划的任务不仅是组织土地使用和空间的手段，也具有"综合布置城市经济、文化、公共事业"的调节社会经济和生活的重要职能。从而跳出了城市规划是"国民经济计划的继续和具体化”的框子，使城市规划真正起到参与决策、综合指导的职能，推动经济社会的全面发展。其次，确立了集中统一的规划管理体制，保证了规划的正确实施。第三，首次将规划管理摆上重要位置，改变了过去“重规划，轻管理”的倾向，明确了“城市土地使用的规划管理”“城市各项建设的规划管理”的职责，并对不服从规划管理的“处罚”作出了规定。1987 年 10 月，建设部在山东省威海市召开了全国首次城市规划管理工作会议，充分讨论研究了规划管理中的若干问题。

1988 年建设部在吉林市召开了第一次全国城市规划法规体系研讨会，提出建立我国包括有关法律、行政法规、部门规章、地方性法规和地方规章在内的城市规划法规体系。这次会议对推动我国城市规划立法工作，制定城市规划立法规划和计划奠定了基础。事实上，在《城市规划条例》颁布实施后，许多省、直辖市、自治区相继制定和颁发了相应的条例、细则或管理办法。例如北京市发布了《北京市城市建设规划管理暂行办法》、天津市发布了《天津市城市建设规划管理暂行办法》、上海市发布了《上海市城市建设规划管理条例》、湖北省颁发了《湖北省城市建设管理条例（试行）》等。这些法规文件的制定，有效地保证了在我国经济体制改革时期城市建设按规划有序进行。

2. 第二阶段（1990—1999 年）

1990 年 4 月 1 日，中华人民共和国第一部城市规划专业法律《中华人民共和国城市规划法》正式施行。这是我国城市规划史上的一座里程碑，标志着国家在规划法制建设上又迈进了一大步。它科学地总结了中华人民共和国成立 40 年来在城市规划和建设正反两方面的经验，并吸取了国外城市规划的先进经验，凝聚了一代城市规划工作者的心智。与《城市规划条例》相比，更加科学地定义了城市规划的性质、规划编制的基本原则、城市规划区的概念、新区开发和旧城改建的基本方针，增加了城市规划实施的“一书二证”、规划实施的监督管理、法律责任等方面的内容，明确了城市规划的法律地位，强调了依法实施城市规划，是一部符合我国国情、比较完备的法律，为我国城市科学合理地建设和发展提供了法律保障。

在《城市规划法》颁布前后，还颁布实施了一系列与之相关的国家法律，如《土地管理法》《环境保护法》《城市房地产管理法》《文物保护法》等，共同担负起规范城市土地利用、保护和改善生态环境，保护历史文化遗产等的责任。

20 世纪 90 年代的城市规划法制建设，以《城市规划法》为核心，形成了多层次、全方位的特点。包括以下几个方面：

一是关于城市规划编制管理的法律规范。建设部发布的有：《城市规划编制办法》（1991 年）、《城镇体系规划编制审批办法》（1994 年）、《历史文化名城保护规划编制要求》（1995 年）等。为加强与规划编制相关的行业管理，建设部于 1993 年发布了《城市规划设计单位资格管理办法》，于 1999 年发布了《注册城市规划师执业资格制度暂行规定》。

二是关于城市规划实施管理的法律规范。1993 年国务院发布《村庄和集镇规划建设管理条例》。建设部发布的部门规章有：《城市国有土地使用权出让规划管理办法》（1992 年）、《建制镇规划建设管理办法》（1995 年）、《开发区规划管理办法》（1995年）、《城市地下空间开发利用管理规定》（1997年）等。1991年，建设部和国家计委共同发布了《建设项目选址规划管理办法》。为加强城市规划实施的监督检查管理，1996年建设部发布了《城建监察规定》。

为加强对城市规划工作的领导和规范管理，1996年国务院《关于加强城市规划工作的通知》，重申要充分认识城市规划的重要性，加强对城市规划工作的领导。规划管理权必须由城市人民政府统一行使，不得下放管理权，保证城市规划的统一实施、统一规范。

三是关于城市规划技术标准和规范。这一阶段制定的城市规划技术标准和规范数量最多，内容最丰富，填补了城市规划技术管理的空白，主要有：《城市用地分类与建设用地标准》（1990年）、《城市用地分类代码》（1991年）、《城市居住区规划设计规范》（1993年）、《城市规划工程地质勘察规范》（1994年）、《防洪标准》（1994年）、《村镇规划标准》（1994年）、《城市道路交通规划设计规范》（1995年）、《城市道路绿化规划与设计规范》（1997年）、《城市给水工程规划规范》（1998年）、《城市工程管线综合规划规范》（1998年）、《城市规划基本术语标准》（1998年）、《城市用地竖向规划规范》（1999年）、《城市电力规划规范》（1999年）、《风景名胜区规划规范》（1999年）等。

这一阶段，各省、市、自治区也围绕《城市规划法》的实施，结合本地具体情况，依法制定了若干地方性法规、政府规章等法律规范。

经过这一时期城市规划法制建设，初步形成了城市规划法规体系框架，在内容上总结以往经验，并适应经济体制改革的需要，具有一定的开创性。

3. 第三阶段（2000年以后）

进入21世纪，2000年第九届全国人大第三次会议通过并颁布了《立法法》，进一步规范了我国的立法工作。2003年第十届全国人大常务委员会第四次会议通过并颁布了《行政许可法》，进一步规范了行政许可的设定和实施。2005年第十届全国人大常务委员会第十五次会议通过并颁布了《公务员法》，进一步规范了公务员的管理。2007年第十届全国人民代表大会第五次会议通过了《中华人民共和国物权法》，填补了规范财产关系民事基本法律的空白。上述法律的颁布实施，促进了城市规划法制建设规范化，城市规划立法工作，在原有基础上得到进一步提高。

首先，《中华人民共和国城乡规划法》由中华人民共和国第十届全国人民代表大会常务委员会第三十次会议于2007年10月28日通过，自2008年1月1日起施行，这标志着我国进入城乡规划的新时代。

其次，加强城乡规划立法力度，增强城市规划综合调控作用。2000年，国务院办公厅发布《关于加强和改进城乡规划工作的通知》，再次强调城市规划的重要性。要求切实加强和改进城市规划编制工作，严格规范审批和修改程序，推进城市规划法制化，加强对城市规划工作的领导。2002年，国务院《关于加强城乡规划监督管理的通知》，要求大力加强城乡规划的综合调控，严格控制建设项目建设规模和占地规模，加强城乡规划管理监督检查。同年，建设部印发了《近期建设规划工作暂行办法》和《城市规划强制性内容暂行规定》，并继续加强城市规划部门规章的制定，先后发布了《村镇规划编制办法（试行)》(2000 年)、《城市绿线管理办法》(2002 年)、《城市防震抗灾规划管理规定》(2003 年)、《城市紫线管理办法》(2004 年)、《城市黄线管理办法》(2005 年)、《城市蓝线管理办法》(2005 年)、《风景名胜区条例》(2006 年)。2008 年,国务院发布了《历史文化名城名镇名村保护条例》(2008 年),之后,住建部印发了《城市总体规划实施评估办法(试行)》(2009 年)、《城市、镇控制性详细规划编制审批办法》(2010 年)、《省域城镇体系规划编制审批办法》(2010 年)、《城乡规划编制单位资质管理规定》(2012 年)、《建设用地容积率管理办法》(2012 年)、《乡村建设规划许可实施意见》(2014 年)等。

第三,适时修订相关城乡规划法律规范和技术标准。这一阶段建设部总结了现有城市规划法律规范和技术标准的实施情况,对于不适应形势发展要求的,适时地进行了修订并发布。主要有:《城市居住区规划设计规范》(2002 年)、《城市绿地分类标准》(2002 年)、《城市规划制图标准》(2003 年)、《城市规划编制办法》(2005 年)、《历史文化名城保护规划规范》(2005 年)、《城乡用地评定标准》(2009 年)、《城市水系规划规范》(2009 年)、《城市用地分类与规划建设用地标准》(2011 年)、《镇(乡)村绿地分类标准》(2011 年)、《城市规划基础资料搜集规范》(2012 年)、《乡村规划用地分类指南》(2014 年)。

4. 第四阶段(2018 年以后)

2018 年,自然资源部成立。其内设机构国土空间规划局负责:拟订国土空间规划相关政策,承担建立空间规划体系工作并监督实施;组织编制全国国土空间规划和相关专项规划并监督实施;承担报国务院审批的地方国土空间规划的审核、报批工作,指导和审核涉及国土空间开发利用的国家重大专项规划;开展国土空间开发适宜性评价,建立国土空间规划实施监测、评估和预警体系。国土空间用途管制司负责:拟订国土空间用途管制制度规范和技术标准;提出土地、海洋年度利用计划并组织实施;组织拟订耕地、林地、草地、湿地、海域、海岛等国土空间用途转用政策,指导建设项目用地预审工作;承担报国务院审批的各类土地用途转用的审核、报批工作;拟订开展城乡规划管理等用途管制政策并监督实施。

2019 年,《中共中央 国务院关于建立国土空间规划体系并监督实施的若干意见》发布,提出"国土空间规划是国家空间发展的指南、可持续发展的空间蓝图,是各类开发保护建设活动的基本依据。建立国土空间规划体系并监督实施,将主体功能区规划、土地利用规划、城乡规划等空间规划融合为统一的国土空间规划,实现"多规合一",强化国土空间规划对各专项规划的指导约束作用"。"完善法规政策体系。研究制定国土空间开发保护法,加快国土空间规划相关法律法规建设。梳理与国土空间规划相关的现行法律法规和部门规章,对"多规合一"改革涉及突破现行法律法规规定的内容和条款,按程序报批,取得授权后施行,并做好过渡时期的法律法规衔接。完善适应主体功能区要求的配套政策,保障国土空间规划有效实施。"随后,自然资源部发布了《关于全面开展国土空间规划工作的通知》。

在新的国土空间规划体系下,城乡规划法规体系建设必将迎来新的发展阶段。

## 二、我国城乡规划法规体系的基本框架

### （一）纵向体系和横向体系

按照法规文件的构成特点，我国的城乡规划法规体系可以分为纵向体系和横向体系。

城乡规划法规的纵向体系，是由各级人大和政府按其立法职权制定的法律、行政法规、地方性法规、部门规章和地方政府规章、行政规范性文件构成。其特点是，纵向体系各个层面的法规文件构成与国家各个层次组织的构成相吻合。

从城乡规划法规制定的角度，我国的人民代表大会和政府可以分为如下几个层次：全国人民代表大会、国务院及各部委；省（自治区、直辖市）人民代表大会、政府及其组成部门；享有立法权的城市人民代表大会、政府及其组成部门；一般城市（县）政府及其组成部门；镇（乡）人民政府及其组成部门。

相应地，城乡规划法规体系也由这几个层次的法规文件组成：全国人民代表大会及其常务委员会制定的法律；国务院制定的行政法规；省（自治区、直辖市）人民代表大会及其常务委员会制定的地方性法规；享有立法权的城市人民代表大会及其常务委员会制定的地方性法规；国务院各部（委、局）制定的部门规章；省（自治区、直辖市）人民政府制定的地方政府规章；享有立法权的城市政府制定的地方政府规章；行政规范性文件。

我国城乡规划法规的横向体系包括：城乡规划核心主干法、城乡规划配套辅助法规、与城乡规划关系密切的其他领域的相关法规。核心主干法是城乡规划法规体系的核心，具有纲领性和原则性的特征，不可能对一些实施操作细节进行全覆盖的规定，需要各项配套辅助法规作进一步的补充、细化和完善。同时，城乡规划也需要土地、资源、环境等多个密切相关领域的共同协作，这些领域的相关法规也是城乡规划法规体系的重要组成部分。城乡规划核心主干法在法律效力上仅次于宪法，其确定的规范和原则是不容违背的，各项配套辅助法规的内容不能与之相抵触。同时，它确定的规范和原则又必须根据地方的实际情况，通过各层次的地方立法加以充实和具体化。

### （二）国家体系和地方体系

按照法规文件的法律效力和规范层次，我国的城乡规划法规体系可以分为国家体系和地方体系。

《中华人民共和国行政诉讼法》第六十三条规定："人民法院审理行政案件，以法律和行政法规、地方性法规为依据。地方性法规适用于本行政区域内发生的行政案件。人民法院审理民族自治地方的行政案件，并以该民族自治地方的自治条例和单行条例为依据。人民法院审理行政案件，参照规章。"第六十四条规定："人民法院在审理行政案件中，经审查认为本法第五十三条规定的规范性文件不合法的，不作为认定行政行为合法的依据，并向制定机关提出处理建议。"由此可以清晰地看出各个层次城乡规划法规的法律效力：法律、行政法规、地方性法规是法院进行司法审查的依据；规章是司法审查的参照，人民法院进行司法审查时，既不是无条件地适用规章，也不是一律拒绝适用规章，

人民法院没有必须适用规章的责任，并对规章有一定限度的审查和评价权；其他行政规范性文件则没有列入司法审查的依据或参照。

对国家体系而言，城乡规划法规的制定机构如下：全国人民代表大会及其常务委员会、国务院、国务院各部（委、局）。城乡规划法规体系包括四个层次的法规文件：全国人民代表大会及其常务委员会制定的法律；国务院制定的行政法规；国务院各部（委、局）制定的部门规章；国务院及国务院各部（委、局）制定的行政规范性文件。

对地方体系而言，城乡规划法规体系包括三个层次的法规文件：地方性法规、地方政府规章、地方政府及其组成部门制定的行政规范性文件。省（自治区、直辖市）和享有立法权的城市的人大和政府可以制定法规和规章，不享有立法权的城市的人大或政府只能制定行政规范性文件。

**（三）城乡规划技术标准的法规层次和规范效力**

城乡规划的技术性很强，我国除了通常意义上的法规之外，还有大量技术标准为城乡规划工作所必须遵守、实施，它们也具有强制性和规范性。

我国《标准化法》（2017 年修订）规定，标准包括国家标准、行业标准、地方标准和团体标准、企业标准。国家标准分为强制性标准、推荐性标准，行业标准、地方标准是推荐性标准。强制性标准必须执行。国家鼓励采用推荐性标准（第二条）。这条内容明确了城乡规划国家标准的法律效力，即强制性国家标准是具有法律效力的，是必须执行的。

由此可以看出，城乡规划技术标准中的国家强制性标准被国家法律赋予了强制执行的规范效力。城乡规划技术标准中的推荐性标准则缺少了国家法律的条文保障，其规范效力更多是建议性的，是可供选择的，而非强制性的。

**（四）城乡规划编制成果的法规层次和规范效力**

按照《城乡规划法》的规定，我国的全国城镇体系规划、省域城镇体系规划和一些重要城市的总体规划由国务院进行审批，这些规划通过审批之后，国务院发布审批意见。例如：《国务院关于杭州市城市总体规划的批复》（国函[2007] 19 号）等。这些审批意见是国务院发布的行政规范性文件，与之相关的规划编制成果可以看作是规范性文件的组成部分。

同时，地方各级人民政府及其组成机构负责审批一些城市的总体规划和详细规划，审批机关也会发布审批文件。例如：《上海市人民政府关于原则同意〈苏州河滨河景观规划〉的批复》（沪府 [2002] 80 号）、《关于〈临港新城环湖西三路行政办公区控制性详细规划（调整）〉的批复》（沪规划 [2007] 62 号）等。这些审批意见是地方政府及其下属机关发布的行政规范性文件，相关的规划编制成果也可以认为是这些规范性文件的组成部分。

因此，特定城乡规划编制成果的法规层次定位是和其批复文件联系在一起的，其规范效力取决于相应的批复文件。

但是，需要指出的是，《城乡规划法》赋予了控制性详细规划编制成果很高的法定地位，第三十八条规定，“在城市、镇规划区内以出让方式提供国有土地使用权的，在国有土地使用权出让前，城市、县人民政府城乡规划主管部门应当依据控制性详细规划，提出出让地块的位置、使用性质、开发强度等规划条件，作为国有土地使用权出让合同的组成部分。未确定规划条件的地块，不得出让国有土地使用权。”

## 三、国家城乡规划法规体系[5]

### （一）法律

1. 城乡规划核心主干法

《中华人民共和国城乡规划法》是我国社会主义现代化建设新时期，适应新形势需要，为加强城乡规划管理，协调城乡空间布局，改善人居环境，涉及城乡建设和发展全局，促进城乡经济社会全面、协调、可持续发展而制定的一部城乡规划领域的核心主干法。该法经 2007 年 10 月 28 日第十届全国人民代表大会常务委员会第三十次会议通过并颁布，自 2008 年 1 月 1 日起施行。2015 年对第二十四条第二款第二项做了修订，2019 年对第三十八条第三款做了修订。

（1）立法指导思想、背景和重要意义

1）立法指导思想

制定《城乡规划法》的指导思想是：按照贯彻落实科学发展观和构建社会主义和谐社会的要求，统筹城乡建设和发展，确立科学的规划体系和严格的规划实施制度，正确处理近期建设与长远发展、局部利益与整体利益、经济发展与环境保护、现代化建设与历史文化保护等关系，促进合理布局，节约资源，保护环境，体现特色，充分发挥城乡规划在引导城镇化健康发展、促进城乡经济社会可持续发展中的统筹协调和综合调控作用。

2）立法背景

在总结 1990 年 4 月 1 日起施行的《城市规划法》和 1993 年 11 月 1 日起施行的《村庄和集镇规划建设管理条例》的实施经验的基础上，结合我国城镇化发展战略实行以来城市经济社会发展中城乡规划管理遇到的一些新问题和建设社会主义新农村的客观需要，形成《城乡规划法（修订送审稿）》，提请国务院审议。

国务院法制办收到《城市规划法（修订送审稿）》后，反复征求国家发展改革委员会、国土资源部等部门和北京、上海等地方人民政府以及清华大学、同济大学、中国城市规划设计研究院等科研机构的意见，到陕西、江苏、北京、上海、广东等地进行调研，并专门召开了专家论证会和有关部门的协调会。国务院法制办会同住房和城乡建设部和有关部门多次进行研究、论证、协调、修改，并按照党的十六届三中全会、五中全会提出的统筹城乡发展和建设社会主义新农村的要求，进一步对有关内容作了补充、完善，形成了《城乡规划法（草案）》，经过国务院常务会议讨论通过，报全国人民代表大会常务委员会审议。

2007 年 4 月 24 日，第十届全国人民代表大会常务委员会第二十七次会议对《城乡规划法（草案）》进行了初次审议。会后，法制工作委员会将草案印发各省（区、市）和中央有关部门等单位征求意见，法律、财经和法制工作委员会联合召开座谈会，听取意见，还到一些地方调研，并就有关问题同有关部门交换意见，反复研究。2007 年 8 月 10 日法律委员会召开会议，根据常委会组成人员的审议意见和各方面的意见，对草案进行了逐条审议。8 月 21 日再次审议后，8 月 24 日将修改情况提交常委会第二十九次会议进行第二次审议。之后，法制工作委员会就进一步修改草案，同有关部门交换意见，9月27日和10月22日法律委员会召开会议再次审议。经常务会两次审议修改，认为比较成熟，于2007年10月24日将草案第三次审议稿提交第十届全国人民代表大会常务委员会第三十次会议分组审议，会议建议进一步修改后提交本次会议表决通过。法制委员会10月25日召开会议，再次逐条审议和进行修改，10月27日会议对建议表决稿进行审议，于10月28日通过并公布。

3）制定《城乡规划法》的重要意义

制定《城乡规划法》的根本目的，在于依靠法律的权威，运用法律的手段，保证科学、合理地制定和实施城乡规划，统筹城乡建设和发展，实现我国城乡的经济和社会发展目标，建设具有中国特色的社会主义现代化城市和社会主义新农村，从而推动我国整个经济社会全面、协调、可持续发展。

城乡的建设和协调发展是一项庞大的系统工程，城乡规划涉及很多领域，而且随着经济社会的发展，出现了许多新情况、新问题、新经验，在新的形势下，以城市论城市、以乡村论乡村的规划制定与实施管理模式，已经不能适应现实的需要和时代的要求，必须充分考虑统筹城乡建设和发展，加强统一的城市与乡村的规划，建设与管理，强化城乡规划的有效调控、引导、综合、协调职能，才能保证城市与乡村的科学合理的发展建设。制定《城乡规划法》的重要意义，就在于与时俱进，通过新立法来提高城乡规划的权威性和约束力，进一步确立城乡规划的法律地位与法律效力，以适应我国社会主义现代化城市建设与社会主义新农村建设和发展的需要，使各级政府能够对城乡发展建设更加有效地依法行使规划、建设、管理的职能，从而进一步促进我国城乡经济社会全面协调可持续地健康发展。

（2）《城乡规划法》基本框架

《城乡规划法》共七章、七十条，对制定和实施城乡规划的重要原则和全过程的主要环节作出了基本的法律规定，成为我国各级政府和城乡规划主管部门工作的法律依据，也是人们在城乡发展建设活动中必须遵守的行为准则。

第一章总则。共十一条，主要对本法的立法目的和宗旨，适用范围、调整对象、城乡规划制定和实施的原则、城乡规划与其他规划的关系、城乡规划编制和管理的经费来源保障，以及城乡规划组织编制和管理与监督管理体制等作出了明确的规定。

第二章城乡规划的制定。共十六条，主要对城乡规划的组织编制和审批机构、权限、审批程序，各层级规划应当包括的内容，以及对城乡规划编制单位应当具备的资格条件和基础资料，城乡规划草案的公告和公众、专家和有关部门参与等作了明确的规定。

第三章城乡规划的实施。共十八条，主要对地方各级人民政府实施城乡规划时应遵守的基本原则，城市、镇、乡和村庄各项规划、建设和发展实施规划时应遵守的原则，近期建设规划，建设项目选址规划管理、建设用地规划管理、建设工程规划管理、乡村建设规划管理、临时建设和临时用地规划管理等及其建设项目选址意见书、建设用地规划许可证、建设工程规划许可证、乡村建设规划许可证的核发，以及规划条件的变更，建设工程竣工验收和有关竣工验收资料的报送等作了明确的规定。

第四章城乡规划的修改。共五条，主要对各层级规划的修改组织编制与审批机关、权限、条件、程序、要求，建设项目选址意见书、建设用地规划许可证、建设工程规划许可证或乡村建设规划许可证发放后城乡规划的修改，修建性详细规划、建设工程设计方案总平面的修改要求等作了明确的规定。

第五章监督检查。共七条，主要对城乡规划编制、审批、实施、修改的监督检查机构、权限、措施、程序、处理结果以及行政处分、行政处罚等作出了明确的规定。

第六章法律责任。共十二条，主要对有关人民政府及其负责人和其他直接责任人，在城乡规划编制、审批、实施、修改中所发生的违法行为，城乡规划编制单位所出现的违法行为，建设单位或者个人所产生的违法建设行为的具体行政处分、行政处罚等作出了明确的规定。

第七章附则。共一条，规定了本法自 2008 年 1 月 1 日起施行，《中华人民共和国城市规划法》同时废止。

(3)《城乡规划法》的主要内容

《城乡规划法》第一条阐明：为了加强城乡规划管理，协调城乡空间布局，改善人居环境，促进城乡经济社会全面协调可持续发展，制定本法。第二条强调：制定和实施城乡规划，在规划区内进行建设活动，必须遵守本法。该法针对城乡规划的制定与实施一系列工作内容作了比较全面的规定。

1）城乡规划的体系、原则和管理体制

A. 城乡规划体系

《城乡规划法》第二条规定，本法所称城乡规划，包括城镇体系规划、城市规划、镇规划、乡规划和村庄规划。城市规划、镇规划分为总体规划和详细规划。详细规划分为控制性详细规划和修建性详细规划。

B. 城乡规划原则

制定和实施城乡规划应遵循的基本原则：应当遵循城乡统筹、合理布局、节约土地、集约发展和先规划后建设的原则，改善生态环境，促进资源、能源节约和综合利用，保护耕地等自然资源和历史文化遗产，保持地方特色、民族特色和传统风貌，防止污染和其他公害，并符合区域人口发展、国防建设、防灾减灾和公共卫生、公共安全的需要。

①城乡统筹、合理布局、节约土地、集约发展的原则。就是要以科学发展观统筹城乡区域协调发展，在充分发挥城市中心辐射带动作用，促进大中小城市和小城镇协调发展的同时，合理安排城市、镇、乡村空间布局，贯彻科学用地、合理用地、节约用地的方针，不浪费每一寸土地资源，走集约型可持续的具有中国特色的城镇化和城乡健康发展道路。

②先规划后建设的原则。城乡规划是对一定时期内城乡的经济和社会发展、土地利用、空间布局以及各项建设的综合部署、具体安排和实施管理。它对于城乡建设、管理、发展具有指导、调整、综合和科学合理安排的重要作用，是城乡各项建设发展和管理的依据。因此，必须坚持先规划、后建设的原则，同时要杜绝边建设边规划、先建设后规划、无规划乱建设的现象发生，以保证

城乡建设科学、合理、有序、可持续性进行和健康发展。

③环保节能，保护耕地的原则。就是要高度重视对自然资源的保护，切实考虑城乡环境保护问题，努力改善生态环境和生活环境，加强对环境污染的防治，促进各种资源、能源的节约和综合利用，落实节能减排、节地、节水等措施，防止污染和其他公害的发生，确保我国 18 亿亩的耕田数量不能减少、质量不能下降，绝不能以任何借口侵蚀，以保障城乡规划建设能够获得最大的经济效益、社会效益和环境效益。

④保护历史文化遗产和城乡特色风貌的原则。这就要切实加强对世界自然和文化遗产、历史文化名城、名镇、名村的保护，以及对历史文化街区、文物古迹和风景名胜区的保护，包括对非物质文化遗产的保护，努力保护和保持城乡的地方特色、民族特色和传统风貌，维护历史文化遗产的真实性和完整性，正确处理经济社会发展与文化遗产保护的关系，不搞城乡建设形象的千篇一律，体现城乡风貌的各具特色，提倡在继承的基础上发展创新，以实际行动来继承、弘扬和发展中华民族的优秀传统文化和城乡发展建设成就。

⑤公共安全、防灾减灾的原则。城乡是人们赖以生存、生活居住和工作就业，即安身立命、安居乐业的地方，公共安全极其重要。这就要充分考虑区域人口发展，合理确定城乡发展规模和建设标准，努力满足防火、防爆、防震抗震、防洪防涝、防泥石流、防暴风雪、防沙漠侵袭等防灾减灾的需要，以及社会治安、交通安全、卫生防疫和国防建设、人民防空建设等各方面的保障安全要求，以及考虑相应的公共卫生、公共安全预警救助措施，创造条件以保障城乡人民群众生命财产安全和社会的和谐安定。

C. 城乡规划管理体制

各级政府城乡规划主管部门的职责：国务院城乡规划主管部门负责全国的城乡规划管理工作。县级以上地方人民政府城乡规划主管部门负责本行政区域内的城乡规划管理工作。

①国务院城乡规划主管部门主要负责：

a. 全国城镇体系规划的组织编制和报批；

b. 部门规章的制定，规划编制单位资质等级的审查和许可；

c. 报国务院审批的省域城镇体系规划和城市总体规划的报批有关工作；

d. 对举报或控告的受理、核查和处理；

e. 对全国城乡规划编制、审批、实施、修改的监督检查和实施行政措施等。

②省、自治区城乡规划主管部门。主要负责：

a. 省域城镇体系规划和本行政区内城市总体规划、县人民政府所在地镇总体规划的报批有关工作；

b. 规划编制单位资质等级的审查和许可；

c. 对举报或控告的受理、核查和处理；

d. 对区域内城乡规划编制、审批、实施、修改的监督检查和实施行政措施等。

③城市、县人民政府城乡规划主管部门。主要负责：

a. 城市、镇总体规划以及乡规划和村庄规划的报批有关工作；

b．城市、镇控制性详细规划的组织编制和报批；

c．重要地块修建性详细规划的组织编制；

d．建设项目选址意见书、建设用地规划许可证、建设工程规划许可证、乡村建设规划许可证的核发；

e．对举报或控告的受理、核查和处理；

f．对区域内城乡规划编制、审批、实施、修改的监督检查和实施行政措施等。

直辖市人民政府城乡规划主管部门还负责对规划编制单位资质等级的审查和许可工作。

④乡、镇人民政府。《城乡规划法》没有授权乡、镇人民政府设立城乡规划主管部门。主要负责：

a．乡、镇人民政府负责乡规划、村庄规划的组织编制；

b．镇人民政府负责镇总体规划的组织编制，还负责镇的控制性详细规划的组织编制；

c．乡、镇人民政府对乡、村庄规划区内的违法建设实施行政处罚。

2）城乡规划的制定

A．城乡规划的内容

《城乡规划法》对城乡规划的主要规划内容作了明确的规定。

①省域城镇体系规划。应当包括城镇空间布局和规模控制，重大基础设施的布局，为保护生态环境、资源等需要严格控制的区域等。

②城市、镇总体规划。应当包括城市、镇的发展布局，功能分区，用地布局，综合交通体系，禁止、限制和适宜建设的地域范围，各类专项规划等。其中，规划区范围、规划区内建设用地规模、基础设施和公共服务设施用地、水源地和水系，基本农田和绿化用地、环境保护、自然与历史文化遗产保护以及防灾减灾等内容，属于强制性内容。城市总体规划还应对城市更长远的发展作出预测性安排。

③乡规划和村庄规划。应当包括规划区范围，住宅、道路、供水、排水、供电、垃圾收集、畜禽养殖场所等农村生产、生活服务设施、公益事业等各项建设的用地布局、建设要求，以及对耕地等自然资源和历史文化遗产保护、防灾减灾等的具体安排。乡规划还应当包括本行政区域内的村庄发展布局。

B．城乡规划编制和审批程序

《城乡规划法》对城乡规划的编制和审批程序作了明确的规定。

①直辖市城市总体规划。由直辖市人民政府组织编制，经本级人民代表大会常务委员会审议后附审议意见及修改情况一并报送国务院审批。

②城市总体规划。省、自治区人民政府所在地的城市以及国务院确定的城市的总体规划，由城市人民政府组织编制，经本级人民代表大会常务委员会审议后附审议意见及修改的情况，并由省、自治区人民政府审查同意后，报送国务院审批。其他城市的总体规划，由城市人民政府组织编制，经本级人民代表大会常务委员会审议后附审议意见及修改情况一并报送省、自治区人民政府审批。

③镇总体规划。县人民政府所在地镇的总体规划，由县人民政府组织编制，经本级人民代表大会常务委员会审议后附审议意见及修改情况一并报送上一级

人民政府审批。其他镇的总体规划，由镇人民政府组织编制，经镇人民代表大会审议后附审议意见及修改情况一并报送上一级人民政府审批。

④乡规划、村庄规划。由乡、镇人民政府组织编制，报上一级人民政府审批。村庄规划应经村民会议或者村民代表会议同意后报上一级人民政府审批。

⑤城市控制性详细规划。由城市人民政府城乡规划主管部门组织编制，经本级人民政府批准后，报本级人民代表大会常务委员会和上一级人民政府备案。

⑥镇的控制性详细规划。县人民政府所在地镇的控制性详细规划，由县人民政府城乡规划主管部门组织编制，经县人民政府批准后，报本级人民代表大会常务委员会和上一级人民政府备案。其他镇的控制性详细规划，由镇人民政府组织编制，报上一级人民政府审批。

⑦修建性详细规划。城市、镇重要地块的修建性详细规划，由城市、县人民政府城乡规划主管部门和镇人民政府组织编制。

C. 科学、民主制定规划的要求

《城乡规划法》为依法科学、民主地制定城乡规划作出了明确的规定。

①城乡规划组织编制机关，应当委托具有相应资质等级的单位承担城乡规划的具体编制工作。编制城乡规划应当遵守有关法律、行政法规和国务院的规定，必须遵守国家有关标准。

②编制城乡规划，应当具备国家规定的勘察、测绘、气象、地震、水文、环境等基础资料。国家鼓励采用先进的科学技术，增强城乡规划的科学性。

③城乡规划报送审批前，应当依法将规划草案予以公告，并采取论证会、听证会或者其他方式征求专家和公众的意见。省域城镇体系规划、城市总体规划、镇总体规划批准前，应当组织专家和有关部门进行审查。

3）城乡规划的实施

A. 城乡规划实施的原则

①地方各级人民政府组织实施城乡规划时应遵循的原则。即应当根据当地经济社会发展水平，量力而行，尊重群众意愿，有计划、分步骤地组织实施城乡规划。

②在城市建设和发展过程中实施规划时应遵循的原则。即应当优先安排基础设施以及公共服务设施的建设，妥善处理新区开发与旧区改建的关系，统筹兼顾进城务工人员生活和周边农村经济社会发展、村民生产与生活的需要。

城市新区的开发和建设，应当合理确定建设规模和时序，充分利用现有市政基础设施和公共服务设施，严格保护自然资源和生态环境，体现地方特色。

旧城区的改建，应当保护历史文化遗产和传统风俗，合理确定拆迁和建设规模，有计划地对危房集中、基础设施落后等地段进行改建。

城市地下空间的开发利用，应当与经济和技术发展水平相适应，遵循统筹安排、综合开发、合理利用的原则，充分考虑防灾减灾、人民防空和通信等需要，并符合城市规划，履行规划审批手续。

③在镇的建设和发展过程中实施规划时应遵循的原则。即应当结合农村经济社会发展和产业结构调整，优先安排供水、排水、供电、供气、道路、通信、广播电视等基础设施和学校、卫生院、文化站、幼儿园、福利院等公共服务设

施的建设，为周边农村提供服务。

④在乡、村庄的建设和发展过程中实施规划应遵循的原则是：应当因地制宜、节约用地，发挥村民自治组织的作用，引导村民合理进行建设，改善农村生产、生活条件。

⑤城乡规划确定的用地在规划实施过程中禁止擅自改变用途的原则。这些用地是指城乡规划所确定的铁路、公路、港口、机场、道路、绿地、输配电设施及输电线路走廊、通信设施、广播电视设施、管道设施、河道、水库、水源地、自然保护区、防洪通道、消防通道、核电站、垃圾填埋场及焚烧场、污水处理厂和公共服务设施的用地以及其他需要依法律保护的用地。

⑥在城乡规划确定的建设用地以外不得作出规划许可的原则。

B. 城乡规划实施管理制度

《城乡规划法》对建设项目选址、建设用地、建设工程、乡村建设的行政审批和许可作出了以核发选址意见书、建设用地规划许可证、建设工程规划许可证、乡村建设规划许可证为法律凭证来实施城乡规划、建立规划管理制度的明确规定。

①建设项目选址规划管理。按照国家规定需要有关部门批准或者核准的建设项目，以划拨方式提供国有土地使用权的，建设单位在报送有关部门批准或者核准前，应当向城乡规划主管部门申请核发选址意见书。

②建设用地规划管理。在城市、镇规划区内以划拨方式提供国有土地使用权的建设项目，经有关部门批准、核准、备案后，建设单位应当向城市、县人民政府城乡规划主管部门提出建设用地规划许可申请，由城市、县人民政府城乡规划主管部门核发建设用地规划许可证。以出让方式取得国有土地使用权的建设项目，建设单位在取得建设项目的批准、核准、备案文件和签订国有土地使用权出让合同后，向城市、县人民政府城乡规划主管部门领取建设用地规划许可证。

③建设工程规划管理。在城市、镇规划区内进行建筑物、构筑物、道路、管线和其他工程建设的，建设单位或者个人应当向城市、县人民政府城乡规划主管部门或者省、自治区、直辖市人民政府确定的镇人民政府申请办理建设工程规划许可证。对符合控制性详细规划和规划条件的，由城市、县人民政府城乡规划主管部门或者省、自治区、直辖市人民政府确定的镇人民政府核发建设工程规划许可证。

④乡村建设规划管理。在乡、村庄规划区内进行乡镇企业、乡村公共设施和公益事业建设的，建设单位或者个人应当向乡、镇人民政府提出申请，由乡、镇人民政府报城市、县人民政府城乡规划主管部门核发乡村建设规划许可证。进行乡镇企业、乡村公共设施和公益事业建设以及农村村民住宅建设，确需占用农用地的，应当办理农用地转用审批手续后，由城市、县人民政府城乡规划主管部门核发乡村建设规划许可证。建设单位或者个人在取得乡村建设规划许可证后，方可办理用地审批手续。

⑤临时建设和临时用地规划管理。在城市、镇规划区内进行临时建设，应当经城市、县人民政府城乡规划主管部门批准。临时建设应当在批准的使用期

限内自行拆除。

4）城乡规划的修改

A. 规划修改的前提条件

《城乡规划法》对各层级规划修改的前提条件作了明确的规定。

①城市总体规划、镇总体规划的修改，必须符合下列情况之一：

a. 上级人民政府制定的城乡规划发生变更，提出修改规划要求的；

b. 行政区划调整确需修改规划的；

c. 因国务院批准重大建设工程确需修改规划的；

d. 经评估确需修改规划的；

e. 城乡规划的审批机关认为应当修改规划的其他情形。

修改前，应当对原规划的实施情况进行总结，并向原审批机关报告。修改涉及总体规划强制性内容的，应当先向原审批机关提出专题报告，经同意后方可编制修改方案。

②控制性详细规划的修改，应当对修改的必要性进行论证，征求规划地段内利害关系人的意见，并向原审批机关提出专题报告，经原审批机关同意后，方可编制修改方案。控制性详细规划的修改涉及总体规划的强制性内容的，应当先修改总体规划。

③修建性详细规划的修改，确需修改的，应当采取听证会等形式，听取利害关系人的意见。因修改给利害关系人合法权益造成的损失的，应当依法给予补偿。

④乡规划、村庄规划的修改，应当依照本法第二十二条规定，经村民会议或者村民代表会议讨论同意。

B. 规划修改的报审程序

《城乡规划法》对各层级规划修改的报审程序作了明确的规定。

①城市总体规划、镇总体规划修改后，应当依照本法第十三条、第十四条、第十五条、第十六条规定的审批程序报批。实际上就是要求按照原规划的审批程序重新报批。

②控制性详细规划修改后，应当依照本法第十九条、第二十条规定的审批程序报批。同样是要求按照原规划的审批程序重新报批。

③乡规划、村庄规划修改后，应当依照本法第二十二条规定的审批程序报批。

C. 规划修改的补偿

①在选址意见书、建设用地规划许可证、建设工程规划许可证或者乡村建设规划许可证发放后，因依法修改城乡规划对许可合法权益造成损失的，应当依法给予补偿。

②修建性详细规划、建设工程设计方案的总平面图，因修改后给利害关系人合法权益造成损失的，应当依法给予补偿。

5）城乡规划的监督检查和法律责任

A. 城乡规划的监督检查

《城乡规划法》对城乡规划工作的监督检查作了明确的规定。

①行政监督检查。包括县级人民政府及其城乡规划主管部门对下级政府及其城乡规划主管部门执行城乡规划编制、审批、实施、修改情况的监督检查。也包括县级以上地方人民政府城乡规划主管部门对城乡规划实施情况进行的监督检查，并对有权采取的措施作了明确规定。

②人大对城乡规划工作的监督。人民代表大会对政府的工作具有监督职能，地方各级人民政府应当向本级人民代表大会常务委员会或者乡、镇人民代表大会报告城乡规划的实施情况，并接受监督。

③公众对城乡规划工作的监督。县级以上人民政府及其城乡规划主管部门的监督检查，县级以上地方各级人民代表大会常务委员会或者乡、镇人民代表大会对城乡规划工作的监督检查，其监督检查情况和处理结果应当依法公开，以便公众查阅和监督。

B. 法律责任

《城乡规划法》对违反《城乡规划法》的行为所应承担的行政法律责任作出了明确的规定。

①对有关人民政府违反《城乡规划法》的行为所应承担的法律责任，按照第五十七条、第五十八条的规定，包括责令改正、通报批评和行政处分。

②对城乡规划行政主管部门违反《城乡规划法》的行为所应承担的法律责任，按照第六十条的规定，包括责令改正、通报批评和行政处分。

③对县级以上人民政府有关部门违反《城乡规划法》的行为所应承担的法律责任，按照第六十一条的规定，包括责令改正、通报批评和行政处分。

④对城乡规划编制单位违反《城乡规划法》的行为所应承担的法律责任按照第六十二条、第六十三条的规定，包括责令限期改正、罚款、责令停业整顿、降低资质等级、吊销资质证书、依法赔偿等。

⑤对于城镇违法建设行为所应承担的法律责任，按照第六十四条的规定，包括责令停止建设、限期改正并处罚款、限期拆除、没收实物或者违法收入亦可以并处罚款等。

⑥对乡村建设的违法行为所应承担的法律责任，按照第六十五条规定，包括责令停止建设、限期改正和拆除。

⑦对建设单位或者个人临时建设违法所应承担的法律责任，按照第六十六条的规定，包括责令限期拆除、并处罚款。

⑧对建设单位未依法报送有关竣工验收资料所应承担的责任，按照第六十七条的规定，包括责令限期补报、罚款等。

⑨强制措施。城乡规划主管部门作出责令停止建设或者限期拆除的决定后，当事人不停止建设或者逾期不拆除的，建设工程所在地县级以上地方人民政府可以责成有关部门采取查封施工现场、强制拆除等措施。

⑩对违反《城乡规划法》规定，构成犯罪行为的，按照第六十九条的规定，依法追究刑事责任。

2. 城乡规划相关法律

由于我国城乡规划综合性强的特点，与城乡规划相关的法律众多，可以分成如下 3 类：①与城乡规划密切相关的法律；②城乡规划行政管理监督方面的法律；③城乡规划工作中涉及土地使用协议及土地房产权的法律。

与城乡规划密切相关的法律主要包括：《土地管理法》《环境保护法》《城市房地产管理法》《建筑法》《文物保护法》《森林法》《水法》《草原法》《水土保持法》《矿山安全法》《军事设施保护法》《公路法》《港口法》《道路交通安全法》《消防法》《防洪法》《人民防空法》《防震减灾法》《环境影响评价法》《固体废物污染环境防治法》《节约能源法》《测绘法》《广告法》《立法法》《预算法》《保守国家秘密法》等。

城乡规划行政管理监督方面的法律主要包括：《公务员法》《行政许可法》《行政复议法》《行政处罚法》《国家赔偿法》《行政诉讼法》等。

城乡规划工作中涉及土地使用协议及土地房产权的法律主要包括：《物权法》《农村土地承包法》《招标投标法》《合同法》《标准化法》等。

**（二）行政法规**

1. 三部条例

《村庄和集镇规划建设管理条例》（1993，国务院令第116号）、《风景名胜区条例》（2006，国务院令第474号）、《历史文化名城名镇名村保护条例》（2008，国务院令第524号）是我国城乡规划法规体系中三部重要的专门行政法规。

（1）《村庄和集镇规划建设管理条例》

1993年6月国务院发布《村庄和集镇规划建设管理条例》（国务院令第116号）。《城乡规划法》施行后，该条例已经启动修改程序。

条例的适用范围。制定和实施村庄、集镇规划，在村庄、集镇规划区内进行居民住宅、乡（镇）村企业、乡（镇）村公共设施和公益事业等的建设。国家征用集体所有的土地进行的建设除外。在城市规划区的村庄、集镇规划的制定和实施，依照城市规划法及其实施条例执行。

村庄、集镇和两者规划区的界定。村庄是指农村村民居住和从事各种生产的聚居点。集镇是指乡、民族乡人民政府所在地和经县级人民政府确认由集市发展而成的作为农村一定区域经济、文化和生活服务中心的非建制镇。村庄、集镇规划区，是指村庄、集镇建成区和因村庄、集镇建设及发展需要实行规划控制的区域。村庄、集镇规划区的具体范围，在村庄、集镇总体规划中划定。

村庄和集镇规划的制定。村庄、集镇规划由乡级人民政府负责组织编制，并监督实施。村庄、集镇规划的编制，应当以县域规划、农业区划、土地利用总体规划为依据，并同有关部门的专业规划相协调。编制村庄、集镇规划，一般分为村庄、集镇总体规划和村庄、集镇建设规划两个阶段进行。村庄、集镇总体规划是乡级行政区域内村庄和集镇布点规划及相应的各项建设的整体部署。村庄、集镇总体规划的主要内容包括：乡级行政区域的村庄、集镇布点，村庄和集镇的位置、性质、规模和发展方向，村庄和集镇的交通、供水、供电、邮电、商业、绿化等生产和生活服务设施的配置。集镇建设规划，应当在村庄、集镇总体规划指导下，具体安排村庄、集镇的各项建设。集镇建设规划的主要内容包括：住宅、乡（镇）村企业、乡（镇）村公共设施、公益事业等各项建设的用地布局、用地规模，有关的技术经济指标，近期建设工程以及重点地段建设具体安排。村庄、集镇总体规划和集镇建设规划，须经乡级人民代表大会审查同意，由乡级人民政府报县级人民政府批准。村庄建设规划，须经村民会议讨论同意，由乡级人民政府报县级人民政府批准。根据社会经济发展需要，经乡级人民代表大会或者村民会议同意，乡级人民政府可以对村庄、集镇规划进行局部调整，并报县级人民政府备案。村庄、集镇规划经批准后，由乡级人民政府公布。

村庄和集镇规划的实施。农村村民在村庄、集镇规划区内建住宅的，应当先向村集体经济组织或者村民委员会提出建房申请，经村民会议讨论通过后，按照下列审批程序办理：①需要使用耕地的，经乡镇人民政府审核、县级人民政府建设行政主管部门审查同意并出具选址意见书后，方可依照《土地管理法》向县级人民政府土地管理部门申请用地，经县级人民政府批准后，由县级人民政府土地管理部门划拨土地；②使用原有宅基地、村内空闲地和其他土地的，由乡级人民政府根据村庄、集镇规划和土地利用规划批准。兴建乡（镇）村企业，必须持县级以上地方人民政府批准的设计任务书或者其他批准文件，向县级人民政府建设行政主管部门申请选址定点，县级人民政府建设行政主管部门审查同意并出具选址意见书后，建设单位方可依法向县级人民政府土地管理部门申请用地，经县级以上人民政府批准后，由土地管理部门划拨土地。乡（镇）村公共设施、公益事业建设，须经乡级人民政府审核、县级人民政府建设行政主管部门审查同意并出具选址意见书后，建设单位方可依法向县级人民政府土地管理部门申请用地，经县级以上人民政府批准后，由土地管理部门划拨土地。

村庄和集镇建设的设计、施工管理。在村庄、集镇规划区内、凡建筑跨度、跨径或者高度超出规定范围的乡（镇）村企业、乡（镇）村公共设施和公益事业的建筑工程，以及二层（含二层）以上的住宅，必须由取得相应设计资质证书的单位进行设计，或者选用通用设计、标准设计。承担村庄、集镇规划区内建筑工程施工任务的单位，必须具有相应的施工资质等级证书或者资质审查证书，并按照规定的经营范围承担施工任务。在村庄、集镇规划区内从事建筑施工的个体工匠，除承担房屋修缮外，须按有关规定办理施工资质审批手续。乡（镇）村企业、乡（镇）村公共设施、公益事业等建设，在开工前，建设单位和个人应当向县级以上人民政府建设行政主管部门提出开工申请，经县级以上人民政府建设行政主管部门对设计、施工条件予以审查批准后，方可开工。县级人民政府建设行政主管部门，应当对村庄、集镇建设的施工质量进行监督检查。村庄、集镇的建设工程竣工后，应当按照国家的有关规定，经有关部门竣工验收合格后，方可交付使用。

房屋、公共设施、村容镇貌和环境卫生管理。县级以上人民政府建设行政主管部门，应当加强对村庄、集镇房屋的产权、产籍的管理，依法保护房屋所有人对房屋的所有权。任何单位和个人都应当遵守国家和地方有关村庄、集镇的房屋、公共设施的管理规定，保证房屋的使用安全和公共设施的正常使用，不得破坏或者损毁村庄、集镇的道路、桥梁、供水、排水、供电、邮电、绿化等设施。从集镇收取的城市维护建设税，应当用于集镇公共设施的维护和建设，不得挪作他用。乡级人民政府应当采取措施，保护村庄、集镇饮用水源；有条件的地方，可以集中供水，使水质逐步达到国家规定的生活饮用水卫生标准。未经乡镇人民政府批准，任何单位和个人不得擅自在村庄、集镇规划区的街道、广场、市场和车站等场所修建临时建筑物、构筑物和其他设施。任何单位和个人都有义务保护村庄、集镇内的文物古迹、古树名木和风景名胜、军事设施、防汛设施，以及国家邮电、通信、输变电、输油管道等设施，不得损坏。

违法建设行为的处罚。在村庄、集镇规划区内，未按规划审批程序批准而取得建设用地批准文件，占用土地的批准文件无效，占用的土地由乡级以上人民政府责令退回。在村庄、集镇规划区内，未按规划审批程序批准或者违反规划的规定进行建设，严重影响村庄、集镇规划的，由县级人民政府建设行政主管部门责令停止建设，限期拆除或者没收违法建筑物、构筑物和其他设施；影响村庄、集镇规划，尚可采取改正措施的，由县级人民政府建设行政主管部门责令限期改正，处以罚款。有下列行为之一的，由乡级人民政府责令停止侵害，可以处以罚款；造成损失的，并应当赔偿：①损坏村庄和集镇的房屋、公共设施的；②乱堆粪便、垃圾、柴草，破坏村容镇貌和环境卫生的。擅自在村庄、集镇规划区内的街道、广场、市场和车站等场所修建临时建筑物、构筑物和其他设施的，由乡级人民政府责令限期拆除，并可处以罚款。损坏村庄、集镇内的文物古迹、古村名木和风景名胜、军事设施、防汛设施，以及国家邮电、通信、输变电、输油管道等设施的，依照有关法律、法规的规定处罚。

(2) 风景名胜区条例

2006 年 9 月国务院发布《风景名胜区条例》（国务院令第 474 号），该条例是在 1985 年 6 月国务院发布的《风景名胜区管理暂行条例》基础上修订而成的。《风景名胜区条例》全面规范了风景名胜区的设立、规划、保护、利用和管理。之后，于 2016 年对主管部门的相关条款做了修订（第二十八条、第四十二条）

风景名胜区的定义、施行原则和管理机构。风景名胜区是指具有观赏、文化或者科学价值，自然景观、人文景观比较集中，环境优美，可供人们游览或者进行科学、文化活动的区域。国家对风景名胜区实行科学规划、统一管理、严格保护、永续利用的原则。风景名胜区所在地县级以上地方人民政府设置的风景名胜区管理机构，负责风景名胜区的保护、利用和统一管理工作。

风景名胜区的设立。设立风景名胜区，应当有利于保护和合理利用风景名胜资源。新设立的风景名胜区与自然保护区不得重合或者交叉；已设立的风景名胜区与自然保护区重合或者交叉的，风景名胜区规划与自然保护区规划应当相协调。风景名胜区划分为国家级风景名胜区和省级风景名胜区。自然景观和人文景观能够反映重要自然变化过程和重大历史文化发展过程，基本处于自然状态或者保持历史原貌，具有国家代表性的，可以申请设立国家级风景名胜区；具有区域代表性的，可以申请设立省级风景名胜区。设立国家级风景名胜区，由省、自治区、直辖市人民政府提出申请，国务院建设主管部门会同国务院环境保护主管部门、林业主管部门、文物主管部门等有关部门组织论证，提出审查意见，报国务院批准公布。设立省级风景名胜区，由县级人民政府提出申请，省、自治区人民政府建设主管部门或者直辖市人民政府风景名胜区主管部门，会同其他有关部门组织论证，提出审查意见，报省、自治区、直辖市人民政府批准公布。风景名胜区内的土地、森林等自然资源和房屋等财产的所有权人、使用权人的合法权益受法律保护。申请设立风景名胜区的人民政府应当在报请审批前，与风景名胜区内的土地、森林等自然资源和房屋等财产的所有权人、使用权人充分协商。因设立风景名胜区对风景名胜区内的土地、森林等自然资源和房屋等财产的所有权人、使用权人造成损失的，应当依法给予补偿。

风景名胜区的规划。风景名胜区规划分为总体规划和详细规划。风景名胜区总体规划应当包括下列内容：①风景资源评价；②生态资源保护措施、重大建设项目布局、开发利用强度；③风景名胜区的功能结构和空间布局；④禁止开发和限制开发的范围；⑤风景名胜区的游客容量；⑥有关专项规划。风景名胜区应当自设立之日起 2 年内编制完成总体规划。总体规划的规划期一般为 20 年。风景名胜区详细规划应当根据核心景区和其他景区的不同要求编制，确定基础设施、旅游设施、文化设施等建设项目的选址、布局与规模，并明确建设用地范围和规划设计条件。风景名胜区详细规划，应当符合风景名胜区总体规划。国家级风景名胜区规划由省、自治区人民政府建设主管部门或者直辖市人民政府风景名胜区主管部门组织编制。省级风景名胜区规划由县级人民政府组织编制。编制风景名胜区规划，应当广泛征求有关部门、公众和专家的意见；必要时，应当进行听证。国家级风景名胜区的总体规划，由省、自治区、直辖市人民政府审查后，报国务院审批。国家级风景名胜区的详细规划，由省、自治区人民政府建设主管部门或者直辖市人民政府风景名胜区主管部门报国务院建设主管部门审批。省级风景名胜区的总体规划，由省、自治区、直辖市人民政府审批，报国务院建设主管部门备案。省级风景名胜区的详细规划，由省、自治区人民政府建设主管部门或者直辖市人民政府风景名胜区主管部门审批。风景名胜区规划经批准后，应当向社会公布，任何组织和个人有权查阅。风景名胜区规划未经批准的，不得在风景名胜区内进行各类建设活动。

风景名胜区的保护。风景名胜区内的景观和自然环境，应当根据可持续发展的原则，严格保护，不得破坏或者随意改变。风景名胜区内的居民和游览者应当保护风景名胜区的景物、水体、林草植被、野生动物和各项设施。在风景名胜区内禁止进行下列活动：①开山、采石、开矿、开荒、修坟立碑等破坏景观、植被和地形地貌的活动；②修建储存爆炸性、易燃性、放射性、毒害性、腐蚀性物品的设施；③在景物或者设施上刻划、涂污；④乱扔垃圾。禁止违反风景名胜区规划，在风景名胜区内设立各类开发区和在核心景区内建设宾馆、招待所、培训中心、疗养院以及与风景名胜资源保护无关的其他建筑物；已经建设的，应当按照风景名胜区规划，逐步迁出。在国家级风景名胜区内修建缆车、索道等重大建设工程，项目的选址方案应当报国务院建设主管部门核准。在风景名胜区内进行下列活动，应当经风景名胜区管理机构审核后，依照有关法律、法规的规定报有关主管部门批准：①设置、张贴商业广告；②举办大型游乐等活动；③改变水资源、水环境自然状态的活动；④其他影响生态和景观的活动。风景名胜区内的建设项目应当符合风景名胜区规划，并与景观相协调，不得破坏景观、污染环境、妨碍游览。在风景名胜区内进行建设活动的，建设单位、施工单位应当制定污染防治和水土保持方案，并采取有效措施，保护好周围景物、水体、林草植被、野生动物资源和地形地貌。

风景名胜区的利用和管理。风景名胜区管理机构应当根据风景名胜区的特点，保护民族民间传统文化，开展健康有益的游览观光和文化娱乐活动，普及历史文化和科学知识。应当根据风景名胜区规划，合理利用风景名胜资源，改善交通、服务设施和游览条件。风景名胜区管理机构应当在风景名胜区内设置风景名胜区标志和路标、安全警示等标牌。风景名胜区内宗教活动场所的管理，依照国家有关宗教活动场所管理的规定执行。国务院建设主管部门应当对国家级风景名胜区的规划实施情况、资源保护状况进行监督检查和评估。对发现的问题，应当及时纠正、处理。风景名胜区管理机构应当建立健全安全保障制度，加强安全管理，保障游览安全，并督促风景名胜区内的经营单位接受有关部门依据法律、法规进行的监督检查。禁止超过允许容量接纳游客和在没有安全保障的区域开展游览活动。进入风景名胜区的门票，由风景名胜区管理机构负责出售。门票价格依照有关价格的法律、法规的规定执行。风景名胜区管理机构不得从事以营利为目的的经营活动，不得将规划、管理和监督等行政管理职能委托给企业或者个人行使。风景名胜区管理机构的工作人员，不得在风景名胜区内的企业兼职。

与风景名胜区相关的法律责任。有下列行为之一的，由风景名胜区管理机构责令停止违法行为、恢复原状或者限期拆除，没收违法所得，并处 50 万元以上 100 万元以下的罚款：①在风景名胜区内进行开山、采石、开矿等破坏景观、植被、地形地貌的活动的；②在风景名胜区内修建储存爆炸性、易燃性、放射性、毒害性、腐蚀性物品的设施的；③在核心景区内建设宾馆、招待所、培训中心、疗养院以及与风景名胜资源保护无关的其他建筑物的。在风景名胜区内从事禁止范围以外的建设活动，未经风景名胜区管理机构审核的，由风景名胜区管理机构责令停止建设、限期拆除，对个人处 2 万元以上 5 万元以下的罚款，对单位处 20 万元以上 50 万元以下的罚款。在国家级风景名胜区内修建缆车、索道等重大建设工程，项目的选址方案未经国务院建设主管部门核准，县级以上地方人民政府有关部门核发选址意见书的，对直接负责的主管人员和其他直接责任人员依法给予处分；构成犯罪的，依法追究刑事责任。未经风景名胜区管理机构审核，在风景名胜区内进行下列活动的，由风景名胜区管理机构责令停止违法行为、限期恢复原状或者采取其他补救措施，没收违法所得，并处 5 万元以上 10 万元以下的罚款；情节严重的，并处 10 万元以上 20 万元以下的罚款：①设置、张贴商业广告的；②举办大型游乐等活动的；③改变水资源、水环境自然状态的活动的；④其他影响生态和景观的活动。施工单位在施工过程中，对周围景物、水体、林草植被、野生动物资源和地形地貌造成破坏的，由风景名胜区管理机构责令停止违法行为、限期恢复原状或者采取其他补救措施，并处 2 万元以上 10 万元以下的罚款；逾期未恢复原状或者采取有效措施的，由风景名胜区管理机构责令停止施工。国务院建设主管部门、县级以上地方人民政府及其有关主管部门有下列行为之一的，对直接负责的主管人员和其他直接责任人员依法给予处分；构成犯罪的，依法追究刑事责任：①违反风景名胜区规划在风景名胜区内设立各类开发区的；②风景名胜区自设立之日起未在2年内编制完成风景名胜区总体规划的；③选择不具有相应资质等级的单位编制风景名胜区规划的；④风景名胜区规划批准前批准在风景名胜区内进行建设活动的；⑤擅自修改风景名胜区规划的；⑥不依法履行监督管理职责的其他行为。风景名胜区管理机构有下列行为之一的，由设立该风景名胜区管理机构的县级以上地方人民政府责令改正；情节严重的，对直接负责的主管人员和其他直接责任人员给予降级或者撤职的处分；构成犯罪的，依法追究刑事责任：①超过允许容量接纳游客或者在没有安全保障的区域开展游览活动的；②未设置风景名胜区标志和路标、安全警示等标牌的；③从事以营利为目的的经营活动的；④将规划、管理和监督等行政管理职能委托给企业或者个人行使的；⑤允许风景名胜区管理机构的工作人员在风景名胜区内的企业兼职的；⑥审核同意在风景名胜区内进行不符合风景名胜区规划的建设活动的；⑦发现违法行为不予查处的。

(3)《历史文化名城名镇名村保护条例》

为了加强历史文化名城、名镇、名村的保护与管理，继承中华民族优秀历史文化遗产，2008年4月2日国务院以第524号令颁布了《历史文化名城名镇名村保护条例》，自2008年7月1日起施行。之后，于2017年做了少量修订（第二十五条、第三十九条、第四十三条）

1）适用范围

历史文化名城、名镇、名村的申报、批准、规划、保护，适用本条例（见第二条）。

2）保护原则和要求

历史文化名城、名镇、名村的保护应当遵循科学规划、严格保护的原则，保持和延续其传统格局和历史风貌，维护历史文化遗产的真实性和完整性，继承和弘扬中华民族优秀传统文化，正确处理经济社会发展和历史文化遗产保护的关系（见第三条）。

3）主管部门

国务院建设主管部门会同国务院文物主管部门负责全国历史文化名城、名镇、名村的保护和监督管理工作。

地方各级人民政府负责本行政区域历史文化名城、名镇、名村的保护和监督管理工作（见第五条）。

4）保护规划的基本要求

①历史文化名城批准公布后，历史文化名城人民政府应当组织编制历史文化名城保护规划。

②历史文化名镇、名村批准公布后，所在地县级人民政府应当组织编制历史文化名镇、名村保护规划。

③保护规划应当自历史文化名城、名镇、名村批准公布之日起1年内编制完成。

④历史文化名城、名镇保护规划的规划期限应当与城市、镇总体规划的规划期限相一致；历史文化名村保护规划的规划期限应当与村庄规划的规划期限

相一致。

⑤经依法批准的保护规划，不得擅自修改；确需修改的，保护规划的组织编制机关应当向原审批机关提出专题报告，经同意后，方可编制修改方案。修改后的保护规划，应当按照原审批程序报送审批（见第十三条、第十五条、第十九条）。

5）保护规划的内容

①保护原则、保护内容和保护范围；

②保护措施、开发强度和建设控制要求；

③传统格局和历史风貌保护要求；

④历史文化街区、名镇、名村的核心保护范围和建设控制地带；

⑤保护规划分期实施方案（见第十四条）。

6）保护范围内的建设活动

①历史文化名城、名镇、名村应当整体保护，保持传统格局、历史风貌和空间尺度，不得改变与其相互依存的自然景观和环境。

②在历史文化名城、名镇、名村保护范围内从事建设活动，应当符合保护规划的要求，不得损害历史文化遗产的真实性和完整性，不得对其传统格局和历史风貌构成破坏性影响。

③历史文化街区、名镇、名村建设控制地带内的新建建筑物、构筑物，应当符合保护规划确定的建设控制要求。

④在历史文化街区、名镇、名村核心保护范围内，不得进行新建、扩建活动。但是，有新建、扩建必要的基础设施和公共服务设施除外。

⑤禁止进行下列活动：

a. 开山、采石、开矿等破坏传统格局和历史风貌的活动；

b. 占用保护规划确定保留的园林绿地、河湖水系、道路等；

c. 修建生产、储存爆炸性、易燃性、放射性、毒害性、腐蚀性物品的工厂、仓库等；

d. 在历史建筑上刻画、涂污（见第二十条、第二十三条、第二十四条、第二十六条、第二十八条）。

7）在历史文化名城、名镇、名村保护范围内进行下列活动的规定

①改变园林绿地、河湖水系等自然状态的活动；

②在核心保护范围内进行影视摄制、举办大型群众性活动；

③其他影响传统格局、历史风貌或者历史建筑的活动（见第二十五条）。

应当保护其传统格局、历史风貌和历史建筑；制订保护方案，并依照有关法律、法规的规定办理相关手续。

《历史文化名城名镇名村保护条例》还对历史文化名城名镇名村的申报条件、申报资料、申报审批违反本条例的法律责任和处罚等作出了明确的规定。

2. 城乡规划相关行政法规

城乡规划相关行政法规可以分成如下 3 类：①与城乡规划密切相关部门的行政法规；②城乡规划涉及土地房产市场的行政法规；③城乡规划行政管理监督相关的行政法规。

与城乡规划密切相关部门的行政法规主要包括：《城镇排水与污水处理条例》《无障碍环境建设条例》《公共机构节能条例》《民用建筑节能条例》《汶川地震灾后恢复重建条例》《公共文化体育设施条例》《土地管理法实施条例》《基本农田保护条例》《土地复垦条例》《退耕还林条例》《城市道路管理条例》《城市供水条例》《自然保护区条例》《水土保持法实施条例》《取水许可证制度实施办法》《城市绿化条例》等。

城乡规划涉及土地房产市场的行政法规主要包括：《国有土地上房屋征收与补偿条例》《城镇土地使用税暂行条例》《城市房地产开发经营管理条例》《外商投资开发经营成片土地暂行管理办法》《城镇国有土地使用权出让和转让暂行条例》。

城乡规划管理相关的行政法规主要包括：《政府信息公开条例》《行政机关公务员处分条例》《行政复议法实施条例》《取水许可和水资源费征收管理条例》《测绘成果管理条例》《物业管理条例》《建设工程勘察设计管理条例》《建设工程质量管理条例》《建设项目环境保护管理条例》《城市道路管理条例》《城市市容和环境卫生管理条例》《标准化法实施条例》等。

### （三）部门规章

部门规章可以分为 4 类：①城乡规划综合管理；②城乡规划组织编制和审批管理；③城乡规划实施和监督检查管理；④城乡规划行业管理。

城乡规划综合管理的部门规章包括：《节约集约利用土地规定》《土地复垦条例实施办法》《闲置土地处置办法》《招标拍卖挂牌出让国有建设用地使用权规定》《建设项目环境影响评价资质管理办法》《建设项目用地预审管理办法》《国土资源听证规定》《文物保护工程管理办法》《建设项目水资源论证管理办法》《工程建设项目勘察设计招标投标办法》《工程建设项目施工招标投标办法》等。

城乡规划编制和审批管理的部门规章包括：《城市设计管理办法》《历史文化名城名镇名村街区保护规划编制审批办法》《城市镇控制性详细规划编制审批办法》等。

城乡规划实施和监督检查管理的部门规章主要包括：《城乡规划违法违纪行为处分办法》《房屋建筑工程抗震设防管理规定》《城市黄线管理办法》《城市蓝线管理办法》《城市地下管线工程档案管理办法》《房屋建筑和市政基础设施工程施工图设计文件审查管理办法》《城市紫线管理办法》《城市抗震防灾规划管理规定》《城市绿线管理办法》《城市地下空间开发利用管理规定》《城市建设档案管理规定》《建设工程抗御地震灾害管理规定》《城市地下水开发利用保护管理规定》等。

城乡规划行业管理的部门规章主要包括：《城乡规划编制单位资质管理规定》《建设工程勘察设计资质管理规定》《外商投资城市规划服务企业管理规定》等。

### （四）行政规范性文件

包括国务院发布的规范性文件、规划主管部门发布的规范性文件，包括：《村庄规划用地分类指南》（建村［2014］98 号）、《乡村建设规划许可实施意见》（建村［2014］21 号）、《自然资源部关于全面开展国土空间规划工作的通知》(自然资发〔2019〕87 号)、《自然资源部办公厅关于加强村庄规划促进乡村振兴的通知》(自然资办发〔2019〕35 号)等文件。

**(五)国家层面城乡规划技术标准** [6]

根据《标准化法》,标准划分为四个层次:国家标准、行业标准、地方标准、企业标准。在国家层面适用的城乡规划技术标准为国家标准、行业标准两类。

国家标准,对需要在全国范围内统一的技术要求,应当制定国家标准。国家标准是指对国民经济和技术发展有重大意义,需要在全国范围内统一的标准。城乡规划国家标准由住房和城乡建设部标准定额司组织草拟、审批,并联合国家质量监督检验检疫总局编号、发布。国家标准的代号为“GB”,其含义是“国标”两个汉字拼音的第一个字母“G”和“B”的组合。[7]

行业标准,对没有国家标准而又需要在全国某个行业范围内统一的技术要求,可以制定行业标准。行业标准不得与有关国家标准相抵触。有关行业标准之间应保持协调、统一,不得重复。行业标准在相应的国家标准实施后,即行废止。国家质量监督检验检疫总局(原为国家质量技术监督局)在《关于规范使用标准代号的通知》(1998 年)中划分了 57 个行业标准,城乡规划技术标准属于城镇建设行业标准,代码为“CJ”,其含义是“城镇”“建设”两个词语汉语拼音的第一个字母“C”和“J”的组合。[8]

《标准化法》将标准分为强制性标准和推荐性标准,其中第二条规定“强制性标准,必须执行”。

《城乡规划法》第二十四条规定“编制城乡规划必须遵守国家有关标准。”第六十二条规定“城乡规划编制单位违反国家有关标准编制城乡规划的,由所在地城市、县人民政府城乡规划主管部门责令限期改正,处合同约定的规划编制费一倍以上二倍以下的罚款;情节严重的,责令停业整顿,由原发证机关降低资质等级或者吊销资质证书;造成损失的,依法承担赔偿责任。”《城乡规划法》进一步明确了城乡规划技术标准在规划编制工作中的权威性,并详细地规定了罚则。

1. 城乡规划技术标准体系

城乡规划技术标准体系是通盘考虑城乡规划领域所有的技术依据与准则,运用系统分析的方法构建的由若干标准组成的层次清楚、分类明确、协调配套的系统。标准体系包括已编标准、在编标准、待编标准,标准体系是指导一定时期内标准制订、修订立项以及标准科学管理的依据。

我国 1993 年出台了《城市规划标准规范体系》,共包含 36 项标准。2003 年修订出台了《城乡规划技术标准体系》,共包含 60 项标准,补充和完善了村镇规划建设部分的标准。《城乡规划法》颁布实施后,住房和城乡建设部启动了《城乡规划技术标准体系》的修订工作,在国家工程建设标准化信息网曾发布的 2010 版《城乡规划技术标准体系》共包含 79 项标准(表 2-1)。

**2010 版《城乡规划技术标准体系》** **表 2-1**

[A1]1.0 综合标准

| 体系编码 | 标准名称 | 现行标准 |
|---|---|---|
| [A1]1.0 | 综合标准 | |
| [A1]1.0.1 | 城乡规划技术标准 | |

续表

[A1]1.1 基础标准

| 体系编码 | 标准名称 | 现行标准 |
| --- | --- | --- |
| [A1]1.1.1 | 术语标准 | |
| [A1]1.1.1.1 | 城乡规划基本术语标准 | GB/T 50280—1998 |
| [A1]1.1.2 | 用地分类和建设用地指标 | |
| [A1]1.1.2.1 | 城市用地分类与规划建设用地标准 | |
| [A1]1.1.2.2 | 镇（乡）规划用地分类与规划建设用地标准 | GB 50137—2011 |
| [A1]1.1.2.3 | 村规划用地分类与规划建设用地标准 | |
| [A1]1.1.3 | 制图标准 | |
| [A1]1.1.3.1 | 城乡规划制图标准 | CJJ/T 97—2003 |

[A1]1.2 通用标准

| 体系编码 | 标准名称 | 现行标准 |
| --- | --- | --- |
| [A1]1.2.1 | 专项用地标准 | |
| [A1]1.2.1.1 | 居住用地标准 | |
| [A1]1.2.1.2 | 公共服务设施用地标准 | GB 50442—2008 |
| [A1]1.2.1.3 | 工业、仓储用地标准 | |
| [A1]1.2.1.4 | 绿地标准 | |
| [A1]1.2.1.5 | 交通设施用地标准 | |
| [A1]1.2.1.6 | 市政设施用地标准 | |
| [A1]1.2.2 | 新技术运用 | |
| [A1]1.2.2.1 | 智慧城市规划模式规范 | |
| [A1]1.2.3 | 基础工作与基本方法标准 | |
| [A1]1.2.3.1 | 城乡用地评定标准 | CJJ 132—2009 |
| [A1]1.2.3.2 | 城乡规划基础资料搜集规范 | GB/T 50831—2012 |
| [A1]1.2.3.3 | 城乡建设用地竖向规划规范 | CJJ 83—2016 |

[A1]1.3 专用标准

| 体系编码 | 标准名称 | 现行标准 |
| --- | --- | --- |
| [A1]1.3.1 | 资源利用与保护规划标准 | |
| [A1]1.3.1.1 | 城市生态规划规范 | |
| [A1]1.3.1.2 | 城市环境规划规范 | |
| [A1]1.3.1.3 | 城市能源规划规范 | |
| [A1]1.3.2 | 公共服务设施规划标准 | |
| [A1]1.3.2.1 | 城镇老年人设施规划规范 | GB 50437—2007 |
| [A1]1.3.2.2 | 城市公共文化设施规划规范 | |
| [A1]1.3.2.3 | 城市体育设施规划规范 | |
| [A1]1.3.2.4 | 城市医疗卫生设施规划规范 | |
| [A1]1.3.2.5 | 城市教育设施规划规范 | |
| [A1]1.3.2.6 | 城市社会福利设施规划规范 | |
| [A1]1.3.3 | 交通规划标准 | |
| [A1]1.3.3.1 | 城市综合交通体系规划规范 | |
| [A1]1.3.3.2 | 城市轨道交通线网规划标准 | GB/T 50546—2018 |
| [A1]1.3.3.3 | 城市对外交通规划规范 | GB 50925—2013 |
| [A1]1.3.3.4 | 城市公共汽（电）车设施规划设计规范 | |
| [A1]1.3.3.5 | 城市综合交通枢纽规划设计规范 | |
| [A1]1.3.3.6 | 城市步行、自行车交通规划设计规范 | |
| [A1]1.3.3.7 | 城市道路交叉口规划规范 | GB/T 50647—2011 |
| [A1]1.3.3.8 | 城市停车规划设计规范 | |
| [A1]1.3.3.9 | 城市交通设计规划规程 | |
| [A1]1.3.3.10 | 建设项目交通影响评价技术标准 | CJJ/T 141—2010 |
| [A1]1.3.3.11 | 交通调查与数据分析规程 | |

续表

| 体系编码 | 标准名称 | 现行标准 |
|---|---|---|
| [A1]1.3.4 | 绿地规划标准 | |
| [A1]1.3.4.1 | 城市绿地系统规划规范 | |
| [A1]1.3.5 | 历史文化保护规划标准 | |
| [A1]1.3.5.1 | 历史文化遗产保护规划规程 | |
| [A1]1.3.5.2 | 历史文化名城保护规划标准 | GB 50357—2018 |
| [A1]1.3.6 | 市政公用工程规划标准 | |
| [A1]1.3.6.1 | 城市工程管线综合规划规范 | GB 50289—2016 |
| [A1]1.3.6.2 | 城市水系统综合规划规程 | GB 50513—2009 |
| [A1]1.3.6.3 | 城市给水工程规划规范 | GB 50282—2016 |
| [A1]1.3.6.4 | 城市排水工程规划规范 | GB 50318—2017 |
| [A1]1.3.6.5 | 城市再生水工程规划规范 | |
| [A1]1.3.6.6 | 城市电力规划规范 | GB 50293—2014 |
| [A1]1.3.6.7 | 城市通信工程规划规范 | GB/T 50853—2013 |
| [A1]1.3.6.8 | 城市供热工程规划规范 | |
| [A1]1.3.6.9 | 城市燃气工程规划规范 | |
| [A1]1.3.6.10 | 城市环境卫生设施规划规范 | GB 50337—2018 |
| [A1]1.3.6.11 | 城市照明工程规划规范 | |
| [A1]1.3.6.12 | 历史文化街区市政公用设施规划设计规范 | |
| [A1]1.3.7 | 防灾规划标准 | |
| [A1]1.3.7.1 | 城市综合防灾规划标准 | |
| [A1]1.3.7.2 | 城市防地质灾害规划规范 | GB 50413—2007 |
| [A1]1.3.7.3 | 城市抗震防灾规划标准 | |
| [A1]1.3.7.4 | 城市消防设施规划规范 | |
| [A1]1.3.7.5 | 城市防洪规划规范 | |
| [A1]1.3.7.6 | 城市内涝防治规划规范 | |
| [A1]1.3.7.7 | 城市居住区人民防空工程规划规范 | GB 50808—2013 |
| [A1]1.3.8 | 地下空间规划标准 | |
| [A1]1.3.8.1 | 城市地下空间规划规范 | |
| [A1]1.3.9 | 功能区规划标准 | |
| [A1]1.3.9.1 | 城市居住区规划设计标准 | GB 50180—2018 |
| [A1]1.3.9.2 | 城市物流园区规划设计规范 | |
| [A1]1.3.10 | 风景名胜区规划标准 | |
| [A1]1.3.10.1 | 风景名胜区总体规划标准 | GB/T 50298—2018 |
| [A1]1.3.10.2 | 风景名胜区详细规划规范 | |
| [A1]1.3.11 | 评价标准 | |
| [A1]1.3.11.1 | 城市总体规划实施评估规程 | |
| [A1]1.3.11.2 | 绿色生态城区评价标准 | |
| [A1]1.3.12 | 其他标准 | |
| [A1]1.3.12.1 | 建筑日照计算参数标准 | |
| [A1]1.3.12.2 | 城市人口规模预测规程 | |
| [A1]1.3.13 | 镇（乡）综合性规划标准 | |
| [A1]1.3.13.1 | 镇村体系规划规范 | |
| [A1]1.3.13.2 | 镇（乡）规划标准 | GB 50188—2007 |
| [A1]1.3.14 | 镇（乡）设施规划标准 | |
| [A1]1.3.14.1 | 镇（乡）公共服务设施规划规范 | |
| [A1]1.3.14.2 | 镇（乡）集贸市场规划设计标准 | CJJ/T 87—2000 |
| [A1]1.3.14.3 | 镇（乡）农业生产设施用地规划规范 | |
| [A1]1.3.14.4 | 镇（乡）道路交通规划设计规范 | |
| [A1]1.3.14.5 | 镇（乡）环境规划规范 | |
| [A1]1.3.14.6 | 镇（乡）能源工程规划规范 | |

续表

| 体系编码 | 标准名称 | 现行标准 |
| --- | --- | --- |
| [A1]1.3.15<br>[A1]1.3.15.1 | 镇（乡）防灾规划标准<br>镇（乡）防灾规划规范 | |
| [A1]1.3.16<br>[A1]1.3.16.1 | 镇（乡）历史文化保护规划标准<br>历史文化名镇、名村保护规划规范 | |
| [A1]1.3.17<br>[A1]1.3.17.1<br>[A1]1.3.17.2 | 村庄综合性规划标准<br>村庄规划标准<br>村庄整治技术标准 | <br><br>GB/T 50445—2019 |

资料来源：根据国家工程建设标准化信息网相关资料整理而成。

最新的《城乡规划技术标准体系》分为四个层次：综合标准、基础标准、通用标准、专用标准。

综合标准——涉及质量、安全、卫生、环保和公众利益等方面的目标要求或为达到这些目标而必需的技术要求和管理要求的标准。它对基础标准、通用标准、专业标准均具有制约和指导作用。

基础标准——作为其他标准的基础普遍使用，具有广泛指导意义的术语、符号、图形、基本分类等标准。基础标准分为术语标准、用地分类和建设用地指标、制图标准 3 类。

通用标准——针对某一类标准化对象制定的覆盖面较大的共性标准。它可作为制定专用标准的依据。如通用的用地、设施等要求。通用标准分为专项用地标准、新技术运用、基础工作与基本方法标准 3 类。

专业标准——针对某一具体标准化对象或作为通用标准的补充、延伸制定的专项标准。它的覆盖面一般不大，如某类规划的要求与方法。专用标准分为资源利用与保护规划标准、公共服务设施规划标准、交通规划标准、绿地规划标准、历史文化保护规划标准、市政公用工程规划标准、防灾规划标准、地下空间规划标准、功能区规划标准、风景名胜区规划标准、评价标准、其他标准、镇（乡）综合性规划标准、镇（乡）设施规划标准、镇（乡）防灾规划标准、镇（乡）历史文化保护规划标准、村庄综合性规划标准 17 类。

最新的《城乡规划技术标准体系》共包含技术标准 79 项，其中综合标准 1 项、基础标准 5 项、通用标准 10 项、专用标准 63 项；截至 2015 年 5 月，现行标准 27 项，待编标准 52 项。现行 27 项标准中，19 项为强制性标准，8 项为推荐性标准。

2. 城乡规划技术标准发展概况

中华人民共和国成立初期，我国经济社会发展缓慢，城市规划和建设没有得到足够的重视，城市规划的编制主要依靠原苏联的标准。"文化大革命"后期，在周恩来和邓小平同志主持工作期间，城市规划工作得到了一定重视，1974 年，国家建委下发了《城市规划居住区用地控制指标（试行）》，使得城市规划的关键领域居住区规划有了我国的标准。改革开放以后，党把工作重点转移到经济建设上来，城市建设与规划逐渐走上正轨，1980 年 12 月，国家建委颁发了部门规章《城市规划定额指标暂行规定》。《城市规划定额指标暂行规定》比《城市规划居住区用地控制指标（试行）》内容更为全面，涵盖总体规划和详细规划两个方面的标准。其对总体规划所需的城市分类、不同类型城市的人口构成比例、城市生活居住用地主要项目的指标、城市干道的分类等，以及详细规划需要的各类用地、人口和公共建筑面积的定额都作了明确的规定。

无论《城市规划居住区用地控制指标（试行）》还是《城市规划定额指标暂行规定》，都是以国家建委颁布的法规文件的形式出台的。1989 年 4 月 1 日起我国《标准化法》正式施行，确立了统筹各个领域技术依据与准则的标准化制度。应该说，我国城乡规划技术标准的发展起步于《标准化法》颁布之后，1990 年，我国发布了第一个城乡规划技术标准——《城市用地分类与规划建设用地标准》。之后共发布了近 30 项城乡规划技术标准（表 2–2）。

3. 城乡规划标准的强制性条文

2000 年之前，在城乡规划领域，共发布了 12 项标准，但是强制性条文概念的提出是在 2000 年，所以这 12 项标准在标准的制定中并未指定强制性标准中的强制性条文。在这个背景下，国家规划主管部门编制了《工程建设标准强

**国家层面城乡规划技术标准** **表 2–2**

| 分类 | 强制 / 推荐 | 标准名称 | 标准编号 |
|---|---|---|---|
| 国家标准（22） | 强制性标准（18） | 城市用地分类与规划建设用地标准 | GB 50137—2011 |
| | | 城市公共设施规划规范 | GB 50442—2008 |
| | | 城镇老年人设施规划规范 | GB 50437—2007 |
| | | 城市对外交通规划规范 | GB 50925—2013 |
| | | 历史文化名城保护规划标准 | GB 50357—2018 |
| | | 城市工程管线综合规划规范 | GB 50289—2016 |
| | | 城市道路交叉口规划规范 | GB 50647—2011 |
| | | 城市水系规划规范 | GB 50513—2009 |
| | | 城市给水工程规划规范 | GB 50282—2016 |
| | | 城市排水工程规划规范 | GB 50318—2017 |
| | | 城市电力规划规范 | GB/T 50293—2014 |
| | | 城市环境卫生设施规划标准 | GB/T 50337—2018 |
| | | 城市抗震防灾规划标准 | GB 50413—2007 |
| | | 城市居住区人民防空工程规划规范 | GB 50808—2013 |
| | | 城市居住区规划设计标准 | GB 50180—2018 |
| | | 风景名胜区总体规划标准 | GB/T 50298—2018 |
| | | 镇规划标准 | GB 50188—2007 |
| | | 村庄整治技术标准 | GB/T 50445—2019 |
| | 推荐性标准（4） | 城市规划基本术语标准 | GB/T 50280—1998 |
| | | 城市规划基础资料搜集规范 | GB/T 50831—2012 |
| | | 城市轨道交通线网规划标准 | GB/T 50546—2018 |
| | | 城市通信工程规划规范 | GB/T 50853—2013 |
| 行业标准（5） | 强制性标准（2） | 城乡建设用地竖向规划规范 | CJJ 83—2016 |
| | | 城乡用地评定标准 | CJJ 132—2009 |
| | 推荐性标准（3） | 城市规划制图标准 | CJJ/T 97—2003 |
| | | 建设项目交通影响评价技术标准 | CJJ/T 141—2010 |
| | | 乡镇集贸市场规划设计标准 | CJJ/T 87—2000 |

资料来源：根据国家工程建设标准化信息网相关资料整理而成。

制性条文（城乡规划部分）》（以下简称《强制性条文》（2000））。《强制性条文》（2000）的内容，是摘录 12 项城乡规划现行国家和行业标准中直接涉及人民生命财产安全、人身健康、环境保护和其他公众利益的、必须严格执行的强制性规定，并考虑了保护资源、节约投资、提高经济效益和社会效益等政策要求。

2013 年，对现行城乡规划国家标准、行业标准中的强制性条文进行了清理，编制了《强制性条文》（2013）。《强制性条文》（2013）在《强制性条文》（2000）的基础上，纳入了 2013 年 5 月 31 日前新发布的城乡规划国家标准和行业标准中涉及人民生命财产安全、人身健康、节能、节地、节水、节材、环境保护和公众利益方面的强制性条文。

《强制性条文》（2013）分为八类：用地规划、综合交通规划、居住区规划、公共服务设施规划、绿地系统规划、市政公用工程规划、防灾规划、历史文化保护规划，如表 2–3。每部分的内容分散在多个强制性标准中，以用地规划为例，强制性条文分散在《城市用地分类与规划建设用地标准》《城市居住区规划设计规范》《镇规划标准》《城乡用地评定标准》《城市用地竖向规划规范》5 个强制性标准中。整体来看，国家层面强制性条文分散在 19 项强制性标准中，见表 2–3。

**国家层面标准强制性条文的分类　　表 2–3**

| | 标准来源 | 数量（项） |
|---|---|---|
| 用地规划 | 《城市用地分类与规划建设用地标准》GB 50137—2011<br>《城市居住区规划设计标准》GB 50180—2018<br>《镇规划标准》GB 50188—2007<br>《城乡用地评定标准》CJJ 132—2009<br>《城乡建设用地竖向规划规范》CJJ 83—2016 | 5 |
| 综合交通规划 | 《镇规划标准》GB 50188—2007<br>《城市道路交叉口规划规范》GB 50647—2011<br>《城市居住区规划设计标准》GB 50180—2018<br>《城乡建设用地竖向规划规范》CJJ 83—2016 | 4 |
| 居住区规划 | 《城市居住区规划设计标准》GB 50180—2018<br>《镇规划标准》GB 50188—2007<br>《城市居住区人民防空工程规划规范》GB 50808—2013 | 3 |
| 公共服务设施规划 | 《城市公共设施规划规范》GB 50442—2008<br>《城市居住区规划设计标准》GB 50180—2018<br>《城镇老年人设施规划规范》GB 50437—2007<br>《镇规划标准》GB 50188—2007 | 4 |
| 绿地系统规划 | 《城市居住区规划设计标准》GB 50180—2018<br>《城镇老年人设施规划规范》GB 50437—2007 | 3 |
| 市政公用工程规划 | 《城市水系规划规范》GB 50513—2009<br>《城市给水工程规划规范》GB 50282—2016<br>《镇规划标准》GB 50188—2007<br>《城市电力规划规范》GB 50293—2014<br>《城市环境卫生设施规划标准》GB/T 50337—2018<br>《城市工程管线综合规划规范》GB 50289—2016 | 6 |
| 防灾规划 | 《镇规划标准》GB 50188—2007<br>《城市抗震防灾规划标准》GB 50413—2007 | 2 |
| 历史文化保护规划 | 《历史文化名城保护规划标准》GB/T 50357—2018<br>《镇规划标准》GB 50188—2007 | 2 |

资料来源：根据国家工程建设标准化信息网相关资料整理而成。

### （六）城乡规划的国家层面政策

“政策”是一系列的决定和行动以达到特定的目的，包括目标（Objectives）、手段（Strategies）和结果（Outcomes）[9]。“政策”与“法规”、“制度”联系紧密，有时很难严格且清晰地界定三者之间的界线。“法规”在狭义上可以被理解为固化的正式规则；“制度”可以被理解为系统化、常态化的正式规则，是通过一系列法规文件建构而成的；“政策”则相对灵活，其系统化和约束力弱于“制度”和“法规”，但时效性更强。

在国家层面上，城乡规划作为我国城乡建设和协调的重要组成部分，其各个阶段（编制、审批、实施）不仅受到上文中所述的城乡规划法规体系的羁束，也深受各个时期国家大政方针（即国家各个时期主要政策）的影响。

1.《中共中央关于全面深化改革若干重大问题的决定》[10]

十八届三中全会为贯彻落实党的十八大关于全面深化改革的战略部署，研究了全面深化改革的若干重大问题。全面深化改革的总目标是完善和发展中国特色社会主义制度，推进国家治理体系和治理能力现代化。必须更加注重改革的系统性、整体性、协同性，加快发展社会主义市场经济、民主政治、先进文化、和谐社会、生态文明，让一切劳动、知识、技术、管理、资本的活力竞相迸发，让一切创造社会财富的源泉充分涌流，让发展成果更多更公平惠及全体人民。

（1）坚持和完善基本经济制度

公有制为主体、多种所有制经济共同发展的基本经济制度，是中国特色社会主义制度的重要支柱，也是社会主义市场经济体制的根基。公有制经济和非公有制经济都是社会主义市场经济的重要组成部分，都是我国经济社会发展的重要基础。必须毫不动摇巩固和发展公有制经济，坚持公有制主体地位，发挥国有经济主导作用，不断增强国有经济活力、控制力、影响力。必须毫不动摇鼓励、支持、引导非公有制经济发展，激发非公有制经济活力和创造力。

（2）加快完善现代市场体系

建设统一开放、竞争有序的市场体系，是使市场在资源配置中起决定性作用的基础。必须加快形成企业自主经营、公平竞争，消费者自由选择、自主消费，商品和要素自由流动、平等交换的现代市场体系，着力清除市场壁垒，提高资源配置效率和公平性。

（3）加快转变政府职能

科学的宏观调控，有效的政府治理，是发挥社会主义市场经济体制优势的内在要求。必须切实转变政府职能，深化行政体制改革，创新行政管理方式，增强政府公信力和执行力，建设法治政府和服务型政府。

（4）深化财税体制改革

财政是国家治理的基础和重要支柱，科学的财税体制是优化资源配置、维护市场统一、促进社会公平、实现国家长治久安的制度保障。必须完善立法、明确事权、改革税制、稳定税负、透明预算、提高效率，建立现代财政制度，发挥中央和地方两个积极性。

（5）健全城乡发展一体化体制机制

城乡二元结构是制约城乡发展一体化的主要障碍。必须健全体制机制，形成以工促农、以城带乡、工农互惠、城乡一体的新型工农城乡关系，让广大农民平等参与现代化进程、共同分享现代化成果。

（6）推进法治中国建设

建设法治中国，必须坚持依法治国、依法执政、依法行政共同推进，坚持法治国家、法治政府、法治社会一体建设。深化司法体制改革，加快建设公正高效权威的社会主义司法制度，维护人民权益，让人民群众在每一个司法案件中都感受到公平正义。

2.《国家新型城镇化规划（2014—2020年）》[11]

"新型城镇化"一词由来已有10余年，公认最早是伴随党的十六大"新型工业化"战略提出，主要是依托产业融合推动城乡一体化。然而，"新型城镇化"被广大中国百姓熟知是在党的十八大，特别是2012年中央经济工作会议首次正式提出"把生态文明理念和原则全面融入城镇化全过程，走集约、智能、绿色、低碳的新型城镇化道路"，及其将之确立为未来中国经济发展新的增长动力和扩大内需的重要手段之后，才越来越受到各行业和学界人士的关注。

《国家新型城镇化规划（2014—2020年）》，根据中国共产党第十八次全国代表大会报告、《中共中央关于全面深化改革若干重大问题的决定》、中央城镇化工作会议精神、《中华人民共和国国民经济和社会发展第十二个五年规划纲要》和《全国主体功能区规划》编制，按照走中国特色新型城镇化道路、全面提高城镇化质量的新要求，明确未来城镇化的发展路径、主要目标和战略任务，统筹相关领域制度和政策创新，是指导全国城镇化健康发展的宏观性、战略性、基础性规划。

《国家新型城镇化规划（2014—2020年）》的主要发展目标如下：①城镇化水平和质量稳步提升。城镇化健康有序发展，常住人口城镇化率达到60%左右，户籍人口城镇化率达到45%左右。②"两横三纵"为主体的城镇化战略格局基本形成，城市群集聚经济、人口能力明显增强。城市规模结构更加完善，中心城市辐射带动作用更加突出，中小城市数量增加，小城镇服务功能增强。③城市发展模式科学合理。密度较高、功能混用和公交导向的集约紧凑型开发模式成为主导。绿色生产、绿色消费成为城市经济生活的主流，节能节水产品、再生利用产品和绿色建筑比例大幅提高。城市地下管网覆盖率明显提高。④城市生活和谐宜人。稳步推进义务教育、就业服务、基本养老、基本医疗卫生、保障性住房等城镇基本公共服务覆盖全部常住人口，基础设施和公共服务设施更加完善，消费环境更加便利，生态环境明显改善，空气质量逐步好转，饮用水安全得到保障。⑤城镇化体制机制不断完善。户籍管理、土地管理、社会保障、财税金融、行政管理、生态环境等制度改革取得重大进展，阻碍城镇化健康发展的体制机制障碍基本消除。其到达规划期末2020年的新型城镇化主要指标要求见表2-4。

新型城镇化主要指标表 表 2–4

| 指标 | 2012 年 | 2020 年 |
|---|---|---|
| 城镇化水平 | | |
| 常住人口城镇化率（%） | 52.6 | 60 左右 |
| 户籍人口城镇化率（%） | 35.3 | 45 左右 |
| 基本公共服务 | | |
| 农民工随迁子女接受义务教育比例（%） | | ≥ 99 |
| 城镇失业人员、农民工、新成长劳动力免费接受基本职业技能培训覆盖率（%） | | ≥ 95 |
| 城镇常住人口基本养老保险覆盖率（%） | 66.9 | ≥ 90 |
| 城镇常住人口基本医疗保险覆盖率（%） | 95 | 98 |
| 城镇常住人口保障性住房覆盖率（%） | 12.5 | ≥ 23 |
| 基础设施 | | |
| 百万以上人口城市公共交通占机动化出行比例（%） | 45* | 60 |
| 城镇公共供水普及率（%） | 81.7 | 90 |
| 城市污水处理率（%） | 87.3 | 95 |
| 城市生活垃圾无害化处理率（%） | 84.8 | 95 |
| 城市家庭宽带接入能力（Mbps） | 4 | ≥ 50 |
| 城市社区综合服务设施覆盖率（%） | 72.5 | 100 |
| 资源环境 | | |
| 人均城市建设用地（$m^2$） | | ≤ 100 |
| 城镇可再生能源消费比重（%） | 8.7 | 13 |
| 城镇绿色建筑占新建建筑比重（%） | 2 | 50 |
| 城市建成区绿地率（%） | 35.7 | 38.9 |
| 地级以上城市空气质量达到国家标准的比例（%） | 40.9 | 60 |

注：①带 * 为 2011 年数据。

②城镇常住人口基本养老保险覆盖率指标中，常住人口不含 16 周岁以下人员和在校学生。

③城镇保障性住房：包括公租房（含廉租房）、政策性商品住房和棚户区改造安置住房等。

④人均城市建设用地：国家《城市用地分类与规划建设用地标准》规定，人均城市建设用地标准为 65.5—115.0$m^2$，新建城市为 85.1—105.0$m^2$。

⑤城市空气质量国家标准：在 1996 年标准基础上，增设了 PM2.5 浓度限值和臭氧 8 小时平均浓度限值，调整了 PM10、二氧化氮、铅等浓度限值。

资料来源：《国家新型城镇化规划（2014—2020 年）》。

（1）有序推进农业转移人口市民化

按照尊重意愿、自主选择，因地制宜、分步推进，存量优先、带动增量的原则，以农业转移人口为重点，兼顾高校和职业技术院校毕业生、城镇间异地就业人员和城区城郊农业人口，统筹推进户籍制度改革和基本公共服务均等化。逐步使符合条件的农业转移人口落户城镇，不仅要放开小城镇落户限制，也要放宽大中城市落户条件。农村劳动力在城乡间流动就业是长期现象，按照保障基本、循序渐进的原则，积极推进城镇基本公共服务由主要对本地户籍人口提供向对常住人口提供转变，逐步解决在城镇就业居住但未落户的农业转移人口享有城镇基本公共服务问题。强化各级政府责任，合理分担公共成本，充分调动社会力量，构建政府主导、多方参与、成本共担、协同推进的农业转移人口市民化机制。

（2）优化城镇化布局和形态

根据土地、水资源、大气环流特征和生态环境承载能力，优化城镇化空间布局和城镇规模结构，在《全国主体功能区规划》确定的城镇化地区，按照统筹规划、合理布局、分工协作、以大带小的原则，发展集聚效率高、辐射作用大、城镇体系优、功能互补强的城市群，使之成为支撑全国经济增长、促进区域协调发展、参与国际竞争合作的重要平台。构建以陆桥通道、沿长江通道为两条横轴，以沿海、京哈京广、包昆通道为三条纵轴，以轴线上城市群和节点城市为依托、其他城镇化地区为重要组成部分，大中小城市和小城镇协调发展的“两横三纵”城镇化战略格局。

（3）推动城乡发展一体化

坚持工业反哺农业、城市支持农村和多予少取放活方针，加大统筹城乡发展力度，增强农村发展活力，逐步缩小城乡差距，促进城镇化和新农村建设协调推进。加快消除城乡二元结构的体制机制障碍，推进城乡要素平等交换和公共资源均衡配置，让广大农民平等参与现代化进程、共同分享现代化成果。坚持走中国特色新型农业现代化道路，加快转变农业发展方式，提高农业综合生产能力、抗风险能力、市场竞争能力和可持续发展能力。坚持遵循自然规律和城乡空间差异化发展原则，科学规划县域村镇体系，统筹安排农村基础设施建设和社会事业发展，建设农民幸福生活的美好家园。

（4）改革完善城镇化发展体制机制

加强制度顶层设计，尊重市场规律，统筹推进人口管理、土地管理、财税金融、城镇住房、行政管理、生态环境等重点领域和关键环节体制机制改革，形成有利于城镇化健康发展的制度环境。在加快改革户籍制度的同时，创新和完善人口服务和管理制度，逐步消除城乡区域间户籍壁垒，还原户籍的人口登记管理功能，促进人口有序流动、合理分布和社会融合。实行最严格的耕地保护制度和集约节约用地制度，按照管住总量、严控增量、盘活存量的原则，创新土地管理制度，优化土地利用结构，提高土地利用效率，合理满足城镇化用地需求。加快财税体制和投融资机制改革，创新金融服务，放开市场准入，逐步建立多元化、可持续的城镇化资金保障机制。建立市场配置和政府保障相结合的住房制度，推动形成总量基本平衡、结构基本合理、房价与消费能力基本适应的住房供需格局，有效保障城镇常住人口的合理住房需求。完善推动城镇化绿色循环低碳发展的体制机制，实行最严格的生态环境保护制度，形成节约资源和保护环境的空间格局、产业结构、生产方式和生活方式。

3. 中央城市工作会议

中央城市工作会议 2015 年 12 月 20 日至 21 日在北京举行。

会议指出，我国城市发展已经进入新的发展时期。改革开放以来，我国经历了世界历史上规模最大、速度最快的城镇化进程，城市发展波澜壮阔，取得了举世瞩目的成就。城市发展带动了整个经济社会发展，城市建设成为现代化建设的重要引擎。城市是我国经济、政治、文化、社会等方面活动的中心，在党和国家工作全局中具有举足轻重的地位。我们要深刻认识城市在我国经济社会发展、民生改善中的重要作用。

会议强调，当前和今后一个时期，我国城市工作的指导思想是：全面贯彻党的十八大和十八届三中、四中、五中全会精神，以邓小平理论、“三个代表”

重要思想、科学发展观为指导，贯彻创新、协调、绿色、开放、共享的发展理念，坚持以人为本、科学发展、改革创新、依法治市，转变城市发展方式，完善城市治理体系，提高城市治理能力，着力解决城市病等突出问题，不断提升城市环境质量、人民生活质量、城市竞争力，建设和谐宜居、富有活力、各具特色的现代化城市，提高新型城镇化水平，走出一条中国特色城市发展道路。

会议指出，城市工作是一个系统工程。做好城市工作，要顺应城市工作新形势、改革发展新要求、人民群众新期待，坚持以人民为中心的发展思想，坚持人民城市为人民。这是我们做好城市工作的出发点和落脚点。同时，要坚持集约发展，框定总量、限定容量、盘活存量、做优增量、提高质量，立足国情，尊重自然、顺应自然、保护自然，改善城市生态环境，在统筹上下功夫，在重点上求突破，着力提高城市发展持续性、宜居性。

第一，尊重城市发展规律。城市发展是一个自然历史过程，有其自身规律。城市和经济发展两者相辅相成、相互促进。城市发展是农村人口向城市集聚、农业用地按相应规模转化为城市建设用地的过程，人口和用地要匹配，城市规模要同资源环境承载能力相适应。必须认识、尊重、顺应城市发展规律，端正城市发展指导思想，切实做好城市工作。

第二，统筹空间、规模、产业三大结构，提高城市工作全局性。要在《全国主体功能区规划》《国家新型城镇化规划（2014—2020年）》的基础上，结合实施“一带一路”建设、京津冀协同发展、长江经济带建设等战略，明确我国城市发展空间布局、功能定位。要以城市群为主体形态，科学规划城市空间布局，实现紧凑集约、高效绿色发展。要优化提升东部城市群，在中西部地区培育发展一批城市群、区域性中心城市，促进边疆中心城市、口岸城市联动发展，让中西部地区广大群众在家门口也能分享城镇化成果。各城市要结合资源禀赋和区位优势，明确主导产业和特色产业，强化大中小城市和小城镇产业协作协同，逐步形成横向错位发展、纵向分工协作的发展格局。要加强创新合作机制建设，构建开放高效的创新资源共享网络，以协同创新牵引城市协同发展。我国城镇化必须同农业现代化同步发展，城市工作必须同“三农”工作一起推动，形成城乡发展一体化的新格局。

第三，统筹规划、建设、管理三大环节，提高城市工作的系统性。城市工作要树立系统思维，从构成城市诸多要素、结构、功能等方面入手，对事关城市发展的重大问题进行深入研究和周密部署，系统推进各方面工作。要综合考虑城市功能定位、文化特色、建设管理等多种因素来制定规划。规划编制要接地气，可邀请被规划企事业单位、建设方、管理方参与其中，还应该邀请市民共同参与。要在规划理念和方法上不断创新，增强规划科学性、指导性。要加强城市设计，提倡城市修补，加强控制性详细规划的公开性和强制性。要加强对城市的空间立体性、平面协调性、风貌整体性、文脉延续性等方面的规划和管控，留住城市特有的地域环境、文化特色、建筑风格等“基因”。规划经过批准后要严格执行，一茬接一茬干下去，防止出现换一届领导、改一次规划的现象。抓城市工作，一定要抓住城市管理和服务这个重点，不断完善城市管理和服务，彻底改变粗放型管理方式，让人民群众在城市生活得更方便、更舒心、更美好。要把安全放在第一位，把住安全关、质量关，并把安全工作落实到城市工作和城市发展各个环节各个领域。

第四，统筹改革、科技、文化三大动力，提高城市发展持续性。城市发展需要依靠改革、科技、文化三轮驱动，增强城市持续发展能力。要推进规划、建设、管理、户籍等方面的改革，以主体功能区规划为基础统筹各类空间性规划，推进"多规合一"。要深化城市管理体制改革，确定管理范围、权力清单、责任主体。推进城镇化要把促进有能力在城镇稳定就业和生活的常住人口有序实现市民化作为首要任务。要加强对农业转移人口市民化的战略研究，统筹推进土地、财政、教育、就业、医疗、养老、住房保障等领域配套改革。要推进城市科技、文化等诸多领域改革，优化创新创业生态链，让创新成为城市发展的主动力，释放城市发展新动能。要加强城市管理数字化平台建设和功能整合，建设综合性城市管理数据库，发展民生服务智慧应用。要保护弘扬中华优秀传统文化，延续城市历史文脉，保护好前人留下的文化遗产。要结合自己的历史传承、区域文化、时代要求，打造自己的城市精神，对外树立形象，对内凝聚人心。

第五，统筹生产、生活、生态三大布局，提高城市发展的宜居性。城市发展要把握好生产空间、生活空间、生态空间的内在联系，实现生产空间集约高效、生活空间宜居适度、生态空间山清水秀。城市工作要把创造优良人居环境作为中心目标，努力把城市建设成为人与人、人与自然和谐共处的美丽家园。要增强城市内部布局的合理性，提升城市的通透性和微循环能力。要深化城镇住房制度改革，继续完善住房保障体系，加快城镇棚户区和危房改造，加快老旧小区改造。要强化尊重自然、传承历史、绿色低碳等理念，将环境容量和城市综合承载能力作为确定城市定位和规模的基本依据。城市建设要以自然为美，把好山好水好风光融入城市。要大力开展生态修复，让城市再现绿水青山。要控制城市开发强度，划定水体保护线、绿地系统线、基础设施建设控制线、历史文化保护线、永久基本农田和生态保护红线，防止"摊大饼"式扩张，推动形成绿色低碳的生产生活方式和城市建设运营模式。要坚持集约发展，树立"精明增长""紧凑城市"理念，科学划定城市开发边界，推动城市发展由外延扩张式向内涵提升式转变。城市交通、能源、供排水、供热、污水、垃圾处理等基础设施，要按照绿色循环低碳的理念进行规划建设。

第六，统筹政府、社会、市民三大主体，提高各方推动城市发展的积极性。城市发展要善于调动各方面的积极性、主动性、创造性，集聚促进城市发展正能量。要坚持协调协同，尽最大可能推动政府、社会、市民同心同向行动，使政府有形之手、市场无形之手、市民勤劳之手同向发力。政府要创新城市治理方式，特别是要注意加强城市精细化管理。要提高市民文明素质，尊重市民对城市发展决策的知情权、参与权、监督权，鼓励企业和市民通过各种方式参与城市建设、管理，真正实现城市共治共管、共建共享。

会议强调，做好城市工作，必须加强和改善党的领导。各级党委要充分认识城市工作的重要地位和作用，主要领导要亲自抓，建立健全党委统一领导、党政齐抓共管的城市工作格局。要推进城市管理机构改革，创新城市工作体制机制。要加快培养一批懂城市、会管理的干部，用科学态度、先进理念、专业知识去规划、建设、管理城市。要全面贯彻依法治国方针，依法规划、建设、治理城市，促进城市治理体系和治理能力现代化。要健全依法决策的体制机制，把公众参与、专家论证、风险评估等确定为城市重大决策的法定程序。要深入推进城市管理和执法体制改革，确保严格规范公正文明执法。

会议指出，城市是我国各类要素资源和经济社会活动最集中的地方，全面建成小康社会、加快实现现代化，必须抓好城市这个“火车头”，把握发展规律，推动以人为核心的新型城镇化，发挥这一扩大内需的最大潜力，有效化解各种“城市病”。要提升规划水平，增强城市规划的科学性和权威性，促进“多规合一”，全面开展城市设计，完善新时期建筑方针，科学谋划城市“成长坐标”。要提升建设水平，加强城市地下和地上基础设施建设，建设海绵城市，加快棚户区和危房改造，有序推进老旧住宅小区综合整治，力争到2020年基本完成现有城镇棚户区、城中村和危房改造，推进城市绿色发展，提高建筑标准和工程质量，高度重视做好建筑节能。要提升管理水平，着力打造智慧城市，以实施居住证制度为抓手推动城镇常住人口基本公共服务均等化，加强城市公共管理，全面提升市民素质。推进改革创新，为城市发展提供有力的体制机制保障。

会议号召，城市工作任务艰巨、前景光明，我们要开拓创新、扎实工作，不断开创城市发展新局面，为实现全面建成小康社会奋斗目标、实现中华民族伟大复兴的中国梦作出新的更大贡献。

4.《自然资源部关于全面开展国土空间规划工作的通知》

(1) 全面启动国土空间规划编制，实现“多规合一”

各级自然资源主管部门要将思想和行动统一到党中央的决策部署上来，按照《若干意见》要求，主动履职尽责，建立“多规合一”的国土空间规划体系并监督实施。按照自上而下、上下联动、压茬推进的原则，抓紧启动编制全国、省级、市县和乡镇国土空间规划（规划期至2035年，展望至2050年），尽快形成规划成果。部将印发国土空间规划编制规程、相关技术标准，明确规划编制的工作要求、主要内容和完成时限。

各地不再新编和报批主体功能区规划、土地利用总体规划、城镇体系规划、城市（镇）总体规划、海洋功能区划等。已批准的规划期至2020年后的省级国土规划、城镇体系规划、主体功能区规划，城市（镇）总体规划，以及原省级空间规划试点和市县“多规合一”试点等，要按照新的规划编制要求，将既有规划成果融入新编制的同级国土空间规划中。

(2) 做好过渡期内现有空间规划的衔接协同

对现行土地利用总体规划、城市（镇）总体规划实施中存在矛盾的图斑，要结合国土空间基础信息平台的建设，按照国土空间规划“一张图”要求，作一致性处理，作为国土空间用途管制的基础。一致性处理不得突破土地利用总体规划确定的2020年建设用地和耕地保有量等约束性指标，不得突破生态保护红线和永久基本农田保护红线，不得突破土地利用总体规划和城市（镇）总体规划确定的禁止建设区和强制性内容，不得与新的国土空间规划管理要求矛盾冲突。今后工作中，主体功能区规划、土地利用总体规划、城乡规划、海洋功能区划等统称为“国土空间规划”。

(3) 明确国土空间规划报批审查的要点

按照“管什么就批什么”的原则，对省级和市县国土空间规划，侧重控制性审查，重点审查目标定位、底线约束、控制性指标、相邻关系等，并对规划程序和报批成果形式做合规性审查。其中：

省级国土空间规划审查要点包括：①国土空间开发保护目标；②国土空间开发强度、建设用地规模，生态保护红线控制面积、自然岸线保有率，耕地保有量及永久基本农田保护面积，用水总量和强度控制等指标的分解下达；③主体功能区划分，城镇开发边界、生态保护红线、永久基本农田的协调落实情况；④城镇体系布局，城市群、都市圈等区域协调重点地区的空间结构；⑤生态屏障、生态廊道和生态系统保护格局，重大基础设施网络布局，城乡公共服务设施配置要求；⑥体现地方特色的自然保护地体系和历史文化保护体系；⑦乡村空间布局，促进乡村振兴的原则和要求；⑧保障规划实施的政策措施；⑨对市县级规划的指导和约束要求等。

国务院审批的市级国土空间总体规划审查要点，除对省级国土空间规划审查要点的深化细化外，还包括：①市域国土空间规划分区和用途管制规则；②重大交通枢纽、重要线性工程网络、城市安全与综合防灾体系、地下空间、邻避设施等设施布局，城镇政策性住房和教育、卫生、养老、文化体育等城乡公共服务设施布局原则和标准；③城镇开发边界内，城市结构性绿地、水体等开敞空间的控制范围和均衡分布要求，各类历史文化遗存的保护范围和要求，通风廊道的格局和控制要求；城镇开发强度分区及容积率、密度等控制指标，高度、风貌等空间形态控制要求；④中心城区城市功能布局和用地结构等。

其他市、县、乡镇级国土空间规划的审查要点，由各省（自治区、直辖市）根据本地实际，参照上述审查要点制定。

(4) 改进规划报批审查方式

简化报批流程，取消规划大纲报批环节。压缩审查时间，省级国土空间规划和国务院审批的市级国土空间总体规划，自审批机关交办之日起，一般应在90天内完成审查工作，上报国务院审批。各省（自治区、直辖市）也要简化审批流程和时限。

(5) 做好近期相关工作

做好规划编制基础工作。本次规划编制统一采用第三次全国国土调查数据作为规划现状底数和底图基础，统一采用2000国家大地坐标系和1985国家高程基准作为空间定位基础，各地要按此要求尽快形成现状底数和底图基础。

开展双评价工作。各地要尽快完成资源环境承载能力和国土空间开发适宜性评价工作，在此基础上，确定生态、农业、城镇等不同开发保护利用方式的适宜程度。

开展重大问题研究。要在对国土空间开发保护现状评估和未来风险评估的基础上，专题分析对本地区未来可持续发展具有重大影响的问题，积极开展国土空间规划前期研究。

科学评估三条控制线。结合主体功能区划分，科学评估既有生态保护红线、永久基本农田、城镇开发边界等重要控制线划定情况，进行必要调整完善，并纳入规划成果。

各地要加强与正在编制的国民经济和社会发展五年规划的衔接，落实经济、社会、产业等发展目标和指标，为国家发展规划落地实施提供空间保障，促进经济社会发展格局、城镇空间布局、产业结构调整与资源环境承载能力相适应。

集中力量编制好“多规合一”的实用性村庄规划。结合县和乡镇级国土空间规划编制，通盘考虑农村土地利用、产业发展、居民点布局、人居环境整治、生态保护和历史文化传承等，落实乡村振兴战略，优化村庄布局，编制“多规合一”的实用性村庄规划，有条件、有需求的村庄应编尽编。

同步构建国土空间规划“一张图”实施监督信息系统。基于国土空间基础信息平台，整合各类空间关联数据，着手搭建从国家到市县级的国土空间规划“一张图”实施监督信息系统，形成覆盖全国、动态更新、权威统一的国土空间规划“一张图”。

各级自然资源部门要按照《若干意见》和本通知精神，结合本地区实际制定落实方案，把建立国土空间规划体系并监督实施作为当前工作的重中之重，抓紧、抓实、抓好。

5.《自然资源部办公厅关于加强村庄规划促进乡村振兴的通知》

（1）总体要求

1）规划定位。村庄规划是法定规划，是国土空间规划体系中乡村地区的详细规划，是开展国土空间开发保护活动、实施国土空间用途管制、核发乡村建设项目规划许可、进行各项建设等的法定依据。要整合村土地利用规划、村庄建设规划等乡村规划，实现土地利用规划、城乡规划等有机融合，编制“多规合一”的实用性村庄规划。村庄规划范围为村域全部国土空间，可以一个或几个行政村为单元编制。

2）工作原则。坚持先规划后建设，通盘考虑土地利用、产业发展、居民点布局、人居环境整治、生态保护和历史文化传承。坚持农民主体地位，尊重村民意愿，反映村民诉求。坚持节约优先、保护优先，实现绿色发展和高质量发展。坚持因地制宜、突出地域特色，防止乡村建设“千村一面”。坚持有序推进、务实规划，防止一哄而上，片面追求村庄规划快速全覆盖。

3）工作目标。力争到2020年底，结合国土空间规划编制在县域层面基本完成村庄布局工作，有条件、有需求的村庄应编尽编。暂时没有条件编制村庄规划的，应在县、乡镇国土空间规划中明确村庄国土空间用途管制规则和建设管控要求，作为实施国土空间用途管制、核发乡村建设项目规划许可的依据。对已经编制的原村庄规划、村土地利用规划，经评估符合要求的，可不再另行编制；需补充完善的，完善后再行报批。

（2）主要任务

1）统筹村庄发展目标。落实上位规划要求，充分考虑人口资源环境条件和经济社会发展、人居环境整治等要求，研究制定村庄发展、国土空间开发保护、人居环境整治目标，明确各项约束性指标。

2）统筹生态保护修复。落实生态保护红线划定成果，明确森林、河湖、草原等生态空间，尽可能多的保留乡村原有的地貌、自然形态等，系统保护好乡村自然风光和田园景观。加强生态环境系统修复和整治，慎砍树、禁挖山、不填湖，优化乡村水系、林网、绿道等生态空间格局。

3）统筹耕地和永久基本农田保护。落实永久基本农田和永久基本农田储备区划定成果，落实补充耕地任务，守好耕地红线。统筹安排农、林、牧、副、渔等农业发展空间，推动循环农业、生态农业发展。完善农田水利配套设施布局，保障设施农业和农业产业园发展合理空间，促进农业转型升级。

4）统筹历史文化传承与保护。深入挖掘乡村历史文化资源，划定乡村历史文化保护线，提出历史文化景观整体保护措施，保护好历史遗存的真实性。防止大拆大建，做到应保尽保。加强各类建设的风貌规划和引导，保护好村庄的特色风貌。

5）统筹基础设施和基本公共服务设施布局。在县域、乡镇域范围内统筹考虑村庄发展布局以及基础设施和公共服务设施用地布局，规划建立全域覆盖、普惠共享、城乡一体的基础设施和公共服务设施网络。以安全、经济、方便群众使用为原则，因地制宜提出村域基础设施和公共服务设施的选址、规模、标准等要求。

6）统筹产业发展空间。统筹城乡产业发展，优化城乡产业用地布局，引导工业向城镇产业空间集聚，合理保障农村新产业新业态发展用地，明确产业用地用途、强度等要求。除少量必需的农产品生产加工外，一般不在农村地区安排新增工业用地。

7）统筹农村住房布局。按照上位规划确定的农村居民点布局和建设用地管控要求，合理确定宅基地规模，划定宅基地建设范围，严格落实“一户一宅”。充分考虑当地建筑文化特色和居民生活习惯，因地制宜提出住宅的规划设计要求。

8）统筹村庄安全和防灾减灾。分析村域内地质灾害、洪涝等隐患，划定灾害影响范围和安全防护范围，提出综合防灾减灾的目标以及预防和应对各类灾害危害的措施。

9）明确规划近期实施项目。研究提出近期急需推进的生态修复整治、农田整理、补充耕地、产业发展、基础设施和公共服务设施建设、人居环境整治、历史文化保护等项目，明确资金规模及筹措方式、建设主体和方式等。

（3）政策支持

1）优化调整用地布局。允许在不改变县级国土空间规划主要控制指标的情况下，优化调整村庄各类用地布局。涉及永久基本农田和生态保护红线调整的，严格按国家有关规定执行，调整结果依法落实到村庄规划中。

2）探索规划“留白”机制。各地可在乡镇国土空间规划和村庄规划中预留不超过5%的建设用地机动指标，村民居住、农村公共公益设施、零星分散的乡村文旅设施及农村新产业新业态等用地可申请使用。对一时难以明确具体用途的建设用地，可暂不明确规划用地性质。建设项目规划审批时落地机动指标、明确规划用地性质，项目批准后更新数据库。机动指标使用不得占用永久基本农田和生态保护红线。

（4）编制要求

1）强化村民主体和村党组织、村民委员会主导。乡镇政府应引导村党组织和村民委员会认真研究审议村庄规划并动员、组织村民以主人翁的态度，在调研访谈、方案比选、公告公示等各个环节积极参与村庄规划编制，协商确定规划内容。村庄规划在报送审批前应在村内公示 30 日，报送审批时应附村民委员会审议意见和村民会议或村民代表会议讨论通过的决议。村民委员会要将规划主要内容纳入村规民约。

2）开门编规划。综合应用各有关单位、行业已有工作基础，鼓励引导大专院校和规划设计机构下乡提供志愿服务、规划师下乡蹲点，建立驻村、驻镇规划师制度。激励引导熟悉当地情况的乡贤、能人积极参与村庄规划编制。支持投资乡村建设的企业积极参与村庄规划工作，探索规划、建设、运营一体化。

3）因地制宜，分类编制。根据村庄定位和国土空间开发保护的实际需要，编制能用、管用、好用的实用性村庄规划。要抓住主要问题，聚焦重点，内容深度详略得当，不贪大求全。对于重点发展或需要进行较多开发建设、修复整治的村庄，编制实用的综合性规划。对于不进行开发建设或只进行简单的人居环境整治的村庄，可只规定国土空间用途管制规则、建设管控和人居环境整治要求作为村庄规划。对于综合性的村庄规划，可以分步编制，分步报批，先编制近期急需的人居环境整治等内容，后期逐步补充完善。对于紧邻城镇开发边界的村庄，可与城镇开发边界内的城镇建设用地统一编制详细规划。各地可结合实际，合理划分村庄类型，探索符合地方实际的规划方法。

4）简明成果表达。规划成果要吸引人、看得懂、记得住，能落地、好监督，鼓励采用“前图后则”（即规划图表 + 管制规则）的成果表达形式。规划批准之日起 20 个工作日内，规划成果应通过“上墙、上网”等多种方式公开，30 个工作日内，规划成果逐级汇交至省级自然资源主管部门，叠加到国土空间规划“一张图”上。

（5）组织实施

1）加强组织领导。村庄规划由乡镇政府组织编制，报上一级政府审批。地方各级党委政府要强化对村庄规划工作的领导，建立政府领导、自然资源主管部门牵头、多部门协同、村民参与、专业力量支撑的工作机制，充分保障规划工作经费。自然资源部门要做好技术指导、业务培训、基础数据和资料提供等工作，推动测绘“一村一图”“一乡一图”，构建“多规合一”的村庄规划数字化管理系统。

2）严格用途管制。村庄规划一经批准，必须严格执行。乡村建设等各类空间开发建设活动，必须按照法定村庄规划实施乡村建设规划许可管理。确需占用农用地的，应统筹农用地转用审批和规划许可，减少申请环节，优化办理流程。确需修改规划的，严格按程序报原规划审批机关批准。

3）加强监督检查。市、县自然资源主管部门要加强评估和监督检查，及时研究规划实施中的新情况，做好规划的动态完善。国家自然资源督察机构要加强对村庄规划编制和实施的督察，及时制止和纠正违反本意见的行为。鼓励各地探索研究村民自治监督机制，实施村民对规划编制、审批、实施全过程监督。

各省（区、市）可按照本意见要求，制定符合地方实际的技术标准、规范和管理要求，及时总结经验，适时开展典型案例宣传和经验交流，共同做好新时代的村庄规划编制和实施管理工作。

## 四、地方城乡规划法规体系

### （一）地方城乡规划法规的构成与特征

1. 地方城乡规划法规的构成

地方城乡规划法规体系包括三个层次的法规文件：地方性法规、地方政府规章和地方政府及其下属部门制定的行政规范性文件。

地方性法规是指省、自治区、直辖市以及有立法权的市的人民代表大会及其常务委员会为保证宪法、法律和行政法规的遵守和执行，结合本行政区域内的具体情况和实际需要，依照法律规定的权限通过和发布的规范性文件。其中，有立法权的市制定的地方性法规要报省、自治区的人民代表大会常务委员会批准后施行。[12]

就我国目前情况而言，城乡规划的地方性法规多数为《城乡规划法》的实施条例和办法，以及与城乡规划密切相关其他领域的法律、行政法规的实施条例和办法。

地方政府规章是指省、自治区、直辖市和有立法权的市的人民政府根据和为保证城乡规划法律、行政法规和本行政区的地方性法规的遵守和执行，制定的规范性法律文件。

地方政府及其下属部门制定的行政规范性文件是指地方各级行政机关依据法定职权制定的具有普遍约束力、可以反复适用的文件。制定行政规范性文件虽然不是立法活动，但由于规划的政策性很强，行政规范性文件的制定程序又较为简单，因而在地方规划工作中发挥着十分重要的作用。

地方城乡规划法规体系中，地方城乡规划条例（或称实施办法）为地方城乡规划法规体系的主干法，在地方城乡建设管理工作中占据核心地位，而其他与城乡规划相关的地方性法规、地方政府规章和行政规范性文件，均以地方城乡规划条例（实施办法）为依托，围绕其进行解释、细化、支撑、补充、修正等一系列工作，从而形成层级清晰的地方城乡规划法规体系。

2. 地方城乡规划法规与国家城乡规划法规的关系

作为国家立法的细化、补充。国家立法规定的是全局性、整体性和根本性的问题。这就需要地方立法结合地方的实际情况去细化充实，通过具体规定和补充规定，增强其可操作性。

在国家立法基础上具有一定的创新探索。国家立法作为我国全局性、根本性的立法，不可能事无巨细，对我国经济社会生活中的每一项内容都作出规定，这就需要地方立法根据地方实际形式和情况，有地方现行立法，做出一些创新性的探索，不断完善我国的法规体系。

3. 地方法规体系存在的问题

（1）法律效力有限

我国地方性法规作为上位（中央或省级单位）立法的下一层级，一方面要实施、细化上位立法，另一方面又要指导行政辖区范围内的地方的规范性文件制定，起到了关键的承上启下作用。

由于我国省（自治区、直辖市）及有立法权的市管理的范围较大，地方差异性较大，需要地方立法能制定完整有效的法规体系，来指导不同情况的社会经济发展。但存在地方法规体系的不健全的现象，地方法规和规章的规定不能适应地方发展的需要，反而是大量规范性文件来具体指导地方建设，大大降低的地方法规的法律效力。

（2）地方特色不明显

所谓地方特色，简单地说，就是地方固有的、客观存在的特殊性。地方立法中的地方特色，也就是在地方立法中体现出地方的这种特殊性。强调地方特色，并非指各地方的法规不能有相似之处，也不是指语言、文字风格的差别，而是指相对于法律和行政法规，地方性法规必须在本地方的具体情况和实际需要方面有显著的地方适用性。地方立法中的地方特色，是决定是否进行地方立法以及如何立法时应当考虑的重要方面。否则，一个无地方特色的地方立法，严格来说本身就欠缺地方性法规的本质特点。地方特色对于地方立法而言具有相当的重要性。

地方性法规具有本行政区域自己的特色，这是地方立法的生命力所在。总体而言，我国地方城乡规划法规的地方特色还有待加强，法规条文还存在很多简单套用上位法规的情况，基于地方特色的创制性规定不多。而在不与国家法律、行政法规相抵触的前提下，“地方性法规的地方特色越突出，其实用性、可操作性越强，越能解决本地的实际问题，法规的执行效果就越好，法规的质量也就越高”。

（3）配套文件不及时

地方立法是由地方法规、地方政府规章和行政规范性文件共同构成的一个体系，有些重要内容由于立法条件所限，难以做出具体规定，需要授权给政府或者相关部门制定更加详细的地方政府规章或者行政规范性文件，以保证其顺利实施。但实际情况往往是，地方性法规实施已经几年、十几年了，甚至有的已废止，与之配套的地方政府规章和行政规范性文件还没有出台，严重影响了法规的有效实施。

**（二）地方城乡规划法规的演变历程**[13]

以上海为例，对地方城乡规划法规立法的发展演变历程进行介绍。

1. 历史阶段划分

上海城乡规划立法的发展过程中，在不同阶段制定了一系列相应的核心重要的法规文件，如近代时期的《上海土地章程》和《上海市建筑规则》，中华人民共和国成立后的《上海市建筑管理办法》《上海市城市建设规划管理条例》等。这些法规文件对当时的上海市城乡规划法规体系构成发挥了重要作用，是上海规划行政管理的核心依据之一，这些法规文件的制定与变迁，也就构成了上海市城乡规划法规体系演变的大框架。

因此，虽然上海市城乡规划法规体系的发展演化是一个连续不断的历史过程，但根据不同时期制定的核心法规文件及规划法规体系自身的特点，划分为以下几个阶段的历史进程：

近代（1843—1949 年）：

从上海开埠至中华人民共和国成立为止，近代上海绝大部分时间都是处于租界和华界分割的状况，两者的城市规划法规文件的制定与发展相对独立而又互相联系，尽管其城市规划法制仍处于起步与摸索阶段，但都已初步建立起了具有现代化特征的规划法规体系。[14]

现代（1949 年至今）：

（1）第一阶段（1949—1988 年）

形成了以《上海市建筑管理办法》为核心的规划法规体系，尽管其内容以建筑管理为主，但已经开始逐步向制定和实施城市规划为主的方向发展。

（2）第二阶段（1989—1994 年）

1989 年上海市第一部城市规划专业的地方性法规文件——《上海市城市建设规划管理条例》颁布，标志着上海城市规划工作开始纳入法制轨道，并且该时期的上海城市规划法规体系的主要内容已经逐渐从建筑管理向规划管理过渡。

（3）第三阶段（1995—2009 年）

这段时期内，上海主要以国家城市规划主干法——《城市规划法》为依据，逐步形成了以《上海市城市规划条例》为核心的、以制定和实施城市规划为目的的地方城市规划法规体系。

（4）第四阶段（2010 年至今）

《城乡规划法》施行之后，2010 年 11 月上海市第十三届人民代表大会常务委员会第二十二次会议通过《上海市城乡规划条例》，标志着上海进入城乡统筹规划的新时期。

2. 近代上海市城市规划法规体系

自 1843 年开埠以来，上海的城市发展一直处于割裂的状态。上海被分为租界与华界，两边各自为政，不同的行政管理方式、城市规划建设理念和文化背景，造成了完全不同的城市发展水平和城市面貌，同时城市规划法规的制定与发展也呈现出了不同的发展特点。上海租界地区较早建立起了具有现代化特征的城市规划法规体系，而华界在租界城市规划法制的影响下，在 20 世纪 20 年代后也形成了相对完善的规划法规体系 [15]。

（1）公共租界城市规划法规

上海租界从 1845 年 11 月设立开始，1943 年结束，历时近百年，是近代中国出现的存在时间最长、面积最大、管理机构最庞大、发展最为充分的外国租界。由于城市建设发展迅速，上海租界很早就进行了城市规划法制的探索，建立起了具有现代化特征的城市规划法规体系 [16]。

从数量上看，近代公共租界制定的规划法规数量并不多，仅有 10 部主要的法规文件。从内容上看，一方面出于租界城市建设活动仍限于小规模的建筑建造活动，另一方面也由于在土地私有制的前提下，公共租界对于城市建设的管理也只能针对建筑营造管理，而无法开展大规模的城市规划建设活动。这个时期的《上海土地章程》确立了建筑营造管理的基本制度，而配套法规的制定则是对一般建筑及特定建筑的营造管理要求进行了补充。因此，近代上海租界的城市规划形成了以《上海土地章程》为核心、结合通用建筑管理和特定建筑管理的建筑营造管理法规体系（图 2–1）。

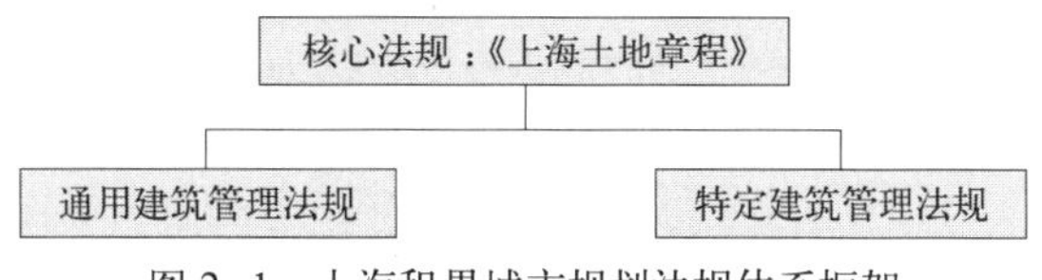


图 2–1 上海租界城市规划法规体系框架

资料来源：笔者整理。

而从具体的内容规定上看，尽管公共租界关于规划管理的法规的数量并不是很多，但是其已经形成了较为全面的建筑营造管理制度，对规划行政管理部门、规划管理制度、监督检查制度以及各类建筑营造的具体要求都进行了详细规定（表 2–5）。

**上海公共租界城市规划法规体系形成的建筑营造管理内容的规定　表 2–5**

| 分类 | | 具体内容 |
|---|---|---|
| 管理主体 | 工部局 | 赋予工部局全面的建筑管理权限，包括房屋图纸设计的审批权、执照发放权、建筑营造的监督管理权、违章建筑的取缔权 |
| 管理制度 | 建筑执照制度 | 执照申请手续、费用、建造要求 |
| 监督检查制度 | 工部局对城市建设行为的监督 | 规定了工部局查勘员监督检查建设行为和处罚违法行为的权力 |
| | 公众的监督 | 规定了公众的参与权和知情权，并且有权控告工部局 |
| 营造管理依据 | | 详细规定了中西式建筑、戏院、旅馆等建筑营造管理的要求 |

资料来源：笔者整理。

（2）华界城市规划法规体系

1927 年南京国民政府成立，同年 5 月 7 日，国民党中央政治会议第 89 次会议议决通过并公布《上海特别市暂行条例》[17]，其规定了上海为特别市，直隶南京政府，可以认为是当时上海地方城市管理的基本法。同时，《条例》批准成立工务局，对华界城市建设进行统一管理，规定其执掌事项为：①规划新街道；②建设及修理道路、桥梁、沟渠；③取缔房屋建筑；④经理公园并各种公共建筑；⑤其他关于土木工程事项。这种统一，使得近代上海城市建设可以建立在整体规划的基础之上，大大促进城市发展的同时也加快了城市规划立法的发展。

从法规制定的数量上看，尽管近代上海华界制定的城市规划法规数量也并不多，主要制定了 16 部规划法规文件。但是从内容上看，上海华界已经较公共租界增加了关于违章建筑管理及行业管理方面的法规文件，并且在《上海市建筑规则》的内容框架下，对城市规划管理制度进行了系统规定，建立了以建筑执照管理为基础的建筑营造管理制度。由此，近代上海华界也形成了以《上海市建筑规则》为核心，结合特定建筑管理、建筑执照管理、违章建筑管理和行业管理的城市规划法规体系（图 2–2）。

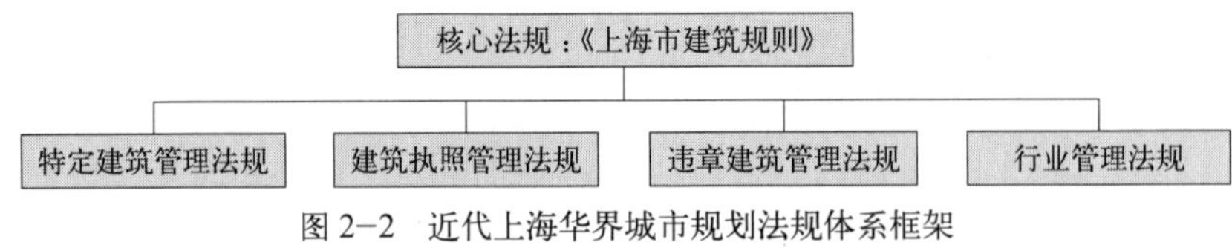


图 2-2 近代上海华界城市规划法规体系框架

资料来源：笔者整理。

从具体内容上看，该时期的规划法规，对建筑营造管理的内容也进行了比较详尽的规定，确立了以公务局为主体的规划管理部门体系、规划管理制度、监督检查制度、行业管理制度等内容（表 2-6）。

**上海华界城市规划法规的建筑营造管理内容** **表 2-6**

| 分类 | | 具体内容 |
|---|---|---|
| 管理主体 | 公务局 | 赋予公务局全面的建筑管理权限，包括房屋图纸设计的审批权、执照发放权、建筑营造的监督管理权、违章建筑的取缔权 |
| 管理制度 | 建筑执照制度 | 对请照事项范围、时间、程序、收费等方面做出了详细的规定 |
| 监督检查制度 | 公务局对城市建设行为的监督 | 规定了公务局对建设行为的行政监督以及违法行为的处罚 |
| | 公众的监督 | 初步规定了有条件限制的公众参与的途径 |
| 行业管理 | | 建筑师、工程师、营造厂等进行了规定 |
| 营造管理依据 | | 形成了一系列建筑营造的技术规定，包括通用建筑管理规定和特定建筑管理规定 |

资料来源：笔者整理。

（3）近代上海城市规划法规体系的特点

近代上海公共租界和华界的城市规划法规分别形成了以《土地章程》和《上海市建筑规则》为核心的法规体系，并确立了较为完善的建筑营造管理制度，从法律法规层面确立了行政管理部门的规划管理权限，并形成了以建筑执照管理为基础的城市规划管理制度和监督检查制度等，特别是公共租界的规划法规文件对公众监督内容的规定，更使其拥有了现代化法规的特征[18]。

这一时期的上海，城市规划法规是从无到有、逐步建立的过程，同时由于该时期的城市规划法制刚刚起步，因此其法制内容的核心内容还是停留在规划实施层面——建筑营造管理。但这个阶段城市规划法制的探索，结束了封建中国"礼法结合"的思想，使城市规划管理能够建立在现代城市规划法制的基础上。

3. 现代上海市城市规划法规体系

1949 年后，我国逐步确立了按照城市规划进行城市建设管理的思想，上海市城市规划法规也在沿袭历史形成的营造管理法规体系的基础上逐步发展健全。1955 年上海成立规划建筑管理局，将有关城市规划和管理工作集中到一个部门，并制定了《上海市建筑管理暂行办法》内部试行[19]，1980 年修订为《上海市建筑管理办法》，并颁布施行。1984 年，国务院颁布《城市规划条例》，1989 年 12 月第七届全国人大常委会第十一次会议通过《中华人民共和国城市规划法》。1989 年 6 月，上海市九届人大常委会第九次会议通过《上海市城市建设规划管理条例》，1989 年 8 月，市人民政府颁布了《上海市城市规划管理技术规定（土地使用、建筑管理）》，1995 年 6 月，市十届人大常委会第十九次会议通过《上海市城市规划条例》，城市规划管理技术规定也作了相应修改，至此，上海市初步建立起了以规划制定和规划实施为核心的规划法规体系。

2008 年 1 月 1 日《中华人民共和国城乡规划法》正式施行，随后，上海市于 2010 年 11 月 11 日通过了《上海市城乡规划条例》，由此，上海进入城乡规划法规体系建设的新阶段。

（1）第一阶段（1949—1988 年）

中华人民共和国成立至《上海市城市建设规划管理条例》颁布为止的这个时期，是上海市城市规划立法的起步阶段。

中华人民共和国成立初期，上海城市规划管理仍沿用原有的营造管理法令，原有业务照常进行。1955 年，上海市规划建筑管理局成立，将有关于结构审核、施工管理、营造厂建筑师资质等营造管理的职能划归建设管理部门，而城市规划管理的内容，则演变为在维护公共安全、公共卫生、公共交通、增进市容景观、保障建设单位和个人合法公益基础上的，以实施城市规划为主的建筑管理。

从数量上看，中华人民共和国成立以后一方面由于我国城市规划法制建设刚刚起步，另一方面也由于这个时期内很长一段时间上海并没有地方立法的权利，地方立法权的下放时间不长，因此该时期上海制定的规划法规文件仍较少。并且按照其法律位阶进行分类，地方性法规、政府规章和行政规范性文件的分布比例为 0 ：5 ：8（表 2–7）。

**上海市城市规划法规位阶分布统计表（1949—1988 年）　　表 2–7**

| 地方性法规 | 政府规章 | 行政规范性文件 |
|---|---|---|
| 0 | 5 | 8 |

资料来源：笔者整理。

从内容上而言，该时期的上海城市规划法规较近代，其制定的重点仍主要是针对建筑管理的内容，但同时又在此基础上又增加了建设用地管理、管线工程规划管理及档案管理的内容，并且还制定了部分针对规划编制与审批的法规文件，形成了以《上海市建筑管理办法》为核心法规，建筑管理为核心内容的，结合规划编制与审批管理、建设用地管理、管线工程规划管理和档案管理的地方规划法规体系（图 2–3）。

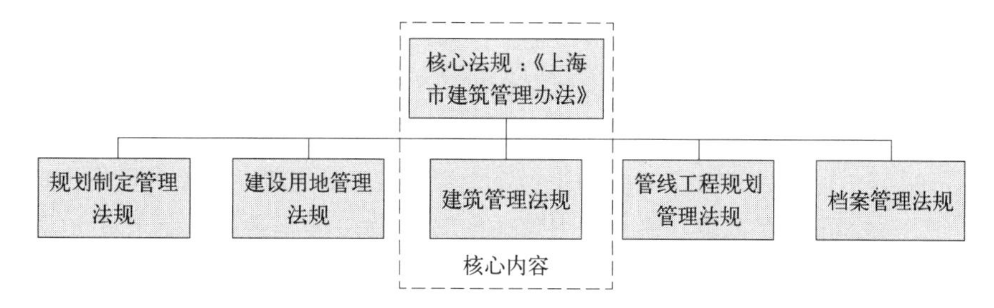


图 2–3　上海市城市规划法规体系内容框架（1949—1988 年）

资料来源：笔者整理。

从具体事项的规定上看，该时期的规划法规体系对规划管理主体、规划实施管理制度、监督检查制度等也都进行了规定，首次明确提出了进行市、区两级管理，对于规划实施则开始实行建设用地选址加建筑执照的管理制度，并且开始规定将城市规划作为规划实施的依据（表 2–8）。

上海市城市规划法规体系内容规定要览（1949—1988 年） 表 2–8

| 分类 | | 具体内容 |
|---|---|---|
| 管理主体 | | 规定了规划局负责详细规划编制与审批、建设用地选址、建筑执照核发、监督检查等事项，并规定了实行市、区分级负责 |
| 规划制定 | 规划编制单位 | 对规划编制单位的资质管理作出了规定 |
| | 规划审批程序 | 对城乡建设的系统规划、专业规划、中心城的分区规划和地区规划、县城和县属镇的总体规划、乡域规划、村镇建设规划等类型的规划的审批主体及审批程序 |
| 规划实施 | 规划实施管理制度 | 实行建设用地的规划选址制度，对不同情形的建设用地审批程序进行了详细规定；继续沿用执照管理制度，建筑工程须申请建筑执照，管线工程建设须申请管线工程执照 |
| | 实施管理依据 | 规定了应当符合城市规划的要求；另外对建筑设计要求、建筑施工要求等进行了详细规定，形成建筑管理依据 |
| | 监督检查制度 | 赋予了规划局对建设工程、建设用地以及管线工程的监督管理权 |
| | 档案管理 | 确立了城建档案管理制度，对档案管理机构、档案保管范围、竣工图纸的编制和报送等都做出了相应规定 |

资料来源：笔者整理。

该阶段的上海城市规划法规体系，已经不再对建筑营造进行规定，并且其所涉及的内容，也不仅仅局限于核心法规的框架，而是从不同的规划管理内容方面对其进行细化与补充。尤其是由于国家层面对规划制定的立法，也进一步促进了上海开始制定有关规划制定方面的法规文件，结合地方实际对此进行了初步探索与实践。

（2）第二阶段（1989—1994 年）

20 世纪 80 年代后，出于城市规划法制要求，国务院于 1984 年以行政法规的形式颁布了《城市规划条例》，是我国第一部城市规划专业领域的基本法规。《城市规划条例》共七章，分别为总则、城市规划的制定、旧城区的改建、城市土地使用的规划管理、城市各项建设的规划管理、处罚和附则。其明确了城市规划的任务，并且将城市规划划分为规划制定和规划实施（土地使用管理和建设工程管理）两个阶段，确立了城市规划制定的法律地位。《城市规划条例》的施行，标志着我国城市规划工作开始纳入法制轨道。

同时由于该时期我国地方立法权的逐步下放，上海也取得了地方立法权，地方人大及政府可以根据地方需要制定地方性法规及地方政府规章。由此，1989 年上海市也通过了上海市城市规划管理方面的第一个地方性法规——《上海市城市建设规划管理条例》，进一步推进了上海市城市规划法制建设，并在此基础上制定了一系列地方政府规章和行政规范性文件。

从数量上看，由于该阶段的时间跨度较短，因此规划法规制定的数量并不多。但又由于国家立法权限的下放，该阶段的上海已经取得了地方立法权，并制定了第一部城市规划专业的地方性法规文件，形成了由地方性法规、地方政府规章以及行政规范性文件组成的一系列规划法规文件。并且其三者的分布比例为 1：6：18（表 2–9）。

上海市城市规划法规位阶分布统计表（1989—1994 年） 表 2–9

| 地方性法规 | 政府规章 | 行政规范性文件 |
|---|---|---|
| 1 | 6 | 18 |

资料来源：笔者整理。

而从内容上看，这个阶段的上海城市规划法规体系较上一阶段，建筑管理已经不是其内容的核心，一方面明确了规划制定在法规体系中的地位，对其规定的内容也更加全面，另一方面则开始全面实行“一书两证”的规划许可制度，对建设用地、建设工程及管线工程进行统一管理，初步形成了以《上海市城市建设规划管理条例》为核心、由地方性法规、地方政府规章及一系列行政规范性文件构成的、以制定和实施城市规划为主要内容的法规体系（图 2–4）。

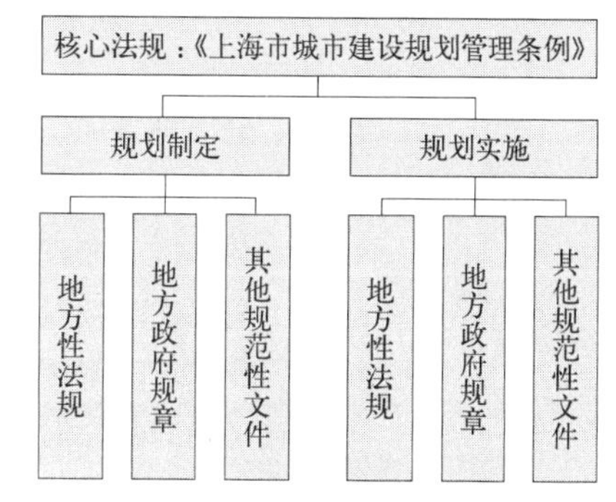


图 2–4 上海市城市规划法规体系内容框架（1989—1994 年）
资料来源：笔者整理。

而对于具体事项的规定，该阶段上海城市规划法规体系对规划制定内容、规划制定主体、规划实施主体、规划实施依据等内容都进行了规定（表 2–10）。

上海市城市规划法规体系内容规定要览（1989—1994 年） 表 2–10

| 分类 | | 涉及内容 |
|---|---|---|
| 规划制定 | 规划制定主体 | 规定了城乡建设各类规划的审批主体，并体现了两级政府的管理模式；对设计单位的等级类型、资格标准、发证条件以及证书申请进行了具体规定 |
| | 规划制定内容 | 规定了详细规划的编制内容 |
| | 规划审批程序 | 对城乡建设的各类规划的审批程序进行了规定 |
| 规划实施 | 规划实施主体 | 简政放权，实行市、区两级管理，对建设用地选址及建筑执照核发的市、区分工进行了规定 |
| | 规划实施依据 | 将详细规划和技术规定作为主要的规划实施的依据 |
| | 规划许可 | 核心法规规定了规划选址和建设用地规划许可证制度，并继续沿用建筑执照制度，《城市规划法》施行之后则开始采用“一书两证”制度，临时建设采用临时建设规划许可证制度 |
| | 竣工验收 | 规定对农村个人住房建设进行竣工验收 |
| | 建筑物使用性质变更 | 规定未经批准调整规划的，不得改变房屋使用性质 |
| | 档案管理 | 沿用了原有的档案管理制度 |
| | 监督检查 | 行政管理部门对行政对象的监督检查、行政管理部门自我监督检查以及公众的监督检查三方面内容，并规定了行政复议制度 |
| | 行政复议与诉讼 | 对不满行政处罚的核心法规规定了当事人可提起诉讼，而配套法规中则增加了可以申请行政复议的规定 |

资料来源：笔者整理。

从核心法规所涉及的内容上看，尽管其制定时已经有国家层面的《城市规划条例》对规划制定阶段的内容进行了明确规定，但其核心内容仍主要是面向规划实施管理，而未对规划制定的内容进行独立规定。因此，随着城市建设的发展以及城市规划制定在城市建设管理中日趋重要的地位，都要求上海市地方城市规划立法在核心法规层面对规划制定进行明确。

（3）第三阶段（1995—2009 年）

1989 年 12 月第七届全国人大常委会第十一次会议通过《中华人民共和国城市规划法》，是中华人民共和国第一部城市规划专业的法律。《城市规划法》共分为总则、城市规划的制定、城市新区开发和旧区改建、城市规划的实施、法律责任和附则六章，相比《城市规划条例》其更加明确地将城市规划划分为规划制定和规划实施两个阶段。1995 年，上海在施行并吸取《上海市城市建设规划管理条例》执行六年来的经验的基础上出台了《上海市城市规划条例》，其后又在 1997 年和 2003 年对其进行了必要的修订，使其对《城市规划法》进行了全面地落实。同时，结合配套法规的制定，上海逐步构建起了较为完善的以制定和实施城市规划为核心的城市规划法规体系。

该阶段上海相比上一阶段制定了大量的规划法规文件，据不完全统计，该阶段上海制定的城市规划法规文件共有 141 件，其中地方性法规、政府规章和行政规范性文件的分布比例为 3 ： 10 ： 128（表 2–11），较上一阶段，该阶段行政规范性文件的数量远远超过了地方性法规和政府规章。导致这个结果的原因主要是在快速城市建设的过程中，规范性文件由于其制定程序简单，能够及时解决新出现的问题及矛盾，同时其规范的内容也往往仅是针对具体的事项本身，而不像上位阶的法规文件具有较大的适用性，因此针对不同的问题又需要制定不同的文件。

**上海市城市规划法规位阶分布统计表（1995—2009 年）　　表 2–11**

| 地方性法规 | 政府规章 | 行政规范性文件 |
|---|---|---|
| 3 | 10 | 128 |

资料来源：笔者整理。

从内容上看，该阶段的城市规划法规体系对规划制定及规划实施的内容进行了详细规定，同时又新增加了对历史文化风貌区、户外广告以及道路规划红线的规划管理内容，将其纳入了城市规划制定与实施管理体系中。并且，其核心法规文件还明确规定了将国家城市规划法律——《城市规划法》作为其制定依据，而《上海市城市规划条例》作为地方城市规划法规体系的核心文件，又在国家城市规划法律和地方规划法规体系中起到了上传下达的作用，配套法规则是在地方核心法规的框架下对其进行了很好地细化与补充。由此，上海形成了以《上海市城市规划条例》为核心、由一系列地方性法规、地方政府规章及行政规范性文件组成的、对规划制定和规划实施进行了详细规定的城市规划法规体系（图 2–5）。

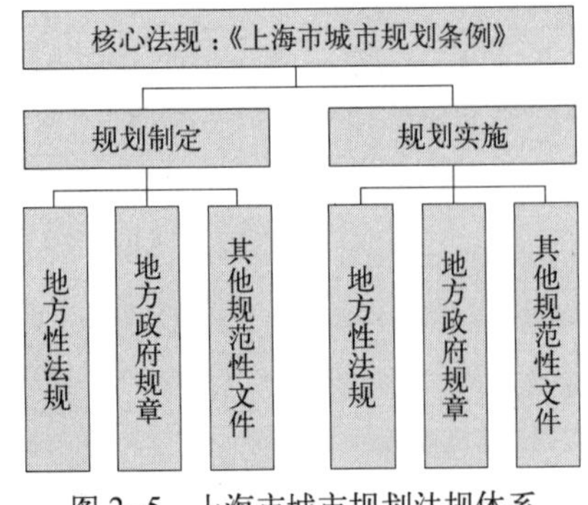


图 2–5　上海市城市规划法规体系内容框架（1995—2009 年）
资料来源：笔者整理。

该阶段上海市城市规划法规体系具体内容的规定（表 2-12）。

上海市城市规划法规体系内容规定要览（1995—2009 年） 表 2-12

| 分类 | | 涉及内容 |
|---|---|---|
| 规划制定 | 规划编制体系 | 形成了以中心城和郊区区县两条线的五个规划编制层次 |
| | 规划制定主体 | 规定了各个层次规划编制与审批的主体，进一步明确了两级政府的管理模式；对规划设计单位进行了原则规定，要求其应具备相应资质 |
| | 规划制定内容 | 对总体规划、控制性详细规划、历史文化风貌区保护规划、新农村实施规划等内容进行了规定 |
| | 规划制定依据 | 规定规划制定的依据应当包括上位规划、相邻规划及应当遵循的相关法律法规及技术规定 |
| | 规划制定程序 | 对各个层次的规划制定程序都进行了原则性的规定 |
| | 规划修改 | 明确了对于经批准的城市规划需要经法定程序才能修改，并主要对控规的调整进行了详细规定 |
| | 监督检查 | 形成了行政监督、人大监督及公众监督三方面的内容 |
| 规划实施 | 规划实施主体 | 对规划许可主体及监督检查主体进行了规定，形成了“两级政府，三级管理”的规划实施管理模式 |
| | 规划实施依据 | 将详细规划及规划管理技术规定作为规划实施的主要依据，另外还包括交通影响评价、日照分析等内容 |
| | 规划许可 | 对规划许可类型、审核依据及许可程序进行了相应规定 |
| | 竣工验收 | 在地方性法规层面明确了竣工验收为必须的规划实施程序 |
| | 建筑物使用性质变更 | 明确了建筑物使用性质符合建设工程规划许可证，并规定了其变更程序 |
| | 监督检查 | 形成了行政监督、人大监督及公众监督三方面的内容 |
| | 行政复议与诉讼 | 首次在地方性法规层面确立了城市规划行政复议制度，并规定当事人还可以提起行政诉讼 |
| | 档案管理 | 沿用原有的档案报送制度，但适当延长了档案报送期限 |

资料来源：笔者整理。

（4）第四阶段（2010 年至今）

2008 年《城乡规划法》开始正式实施，上海市城市规划法规体系在其规定的内容框架下，制定和修订一系列的法律法规文件，以符合其要求并更好地指导上海市的城乡规划与建设。上海在 2010 年 11 月 11 日经第十三届人大常委会第二十二次会议通过了《上海市城乡规划条例》，并于 2011 年 1 月 1 日起施行，此期间也相应制定和修订了一系列政府规章和行政规范性文件（包括原有法规宣布继续有效的），形成了现行的上海市城乡规划法规体系。

**（三）地方城乡规划法规体系的构成举例**

具有地方立法权的地方主体主要包括省（自治区、直辖市）与有立法权的市，下文选取直辖市、省各一例，以说明地方城乡规划法规体系的构成及其特征。

1. 直辖市的地方城乡规划法规体系——以上海市为例[20]

（1）上海市城乡规划法规体系概况

上海市规划法规文件包括地方性法规 3 件，地方政府规章 9 件，地方政府及其下属部门制定的行政规范性文件若干（表 2-13）。

上海市规划法规文件一览表　　表 2–13

| 类别 | 名称 | 颁布时间 | 发布单位／文件号 |
|---|---|---|---|
| 地方性法规 | 上海市地下空间规划建设条例 | 2013 | 上海市第十四届人民代表大会常务委员会第十次会议通过 |
| | 上海市城乡规划条例 | 2010 | 上海市第十三届人民代表大会常务委员会第二十二次会议通过 |
| | 上海市拆除违法建筑若干规定 | 2009 | 上海市第十三届人民代表大会常务委员会第十二次会议修订通过 |
| | 上海市历史文化风貌区和优秀历史建筑保护条例 | 2002 | 上海市第十一届人民代表大会常务委员会第四十一次会议通过 |
| 政府规章 | 上海市城市管理相对集中行政处罚权暂行办法 | 2012 | 上海市人民政府第 81 号令 |
| | 上海市城市规划管理技术规定（土地使用建筑管理） | 2010 | 上海市人民政府第 52 号令 |
| | 上海市黄浦江两岸开发建设管理办法 | 2010 | 上海市人民政府第 52 号令 |
| | 上海市城市详细规划编制审批办法 | 2010 | 上海市人民政府第 52 号令 |
| | 上海市城市建设档案管理暂行办法 | 2010 | 上海市人民政府第 52 号令 |
| | 上海市农村村民住房建设管理办法 | 2010 | 上海市人民政府第 52 号令 |
| | 上海市户外广告设施管理办法 | 2010 | 上海市人民政府第 56 号令 |
| | 上海市管线工程规划管理办法 | 2001 | 上海市人民政府第 107 号令 |
| | 上海市优秀近代建筑保护管理办法 | 1997 | 上海市人民政府第 53 号令 |

资料来源：笔者整理。

（2）上海市城乡规划法规体系特征

1）规划制定和修改

地方法规中，关于城乡规划制定与修改的法规主要包括《上海市城乡规划条例》及《上海市历史文化风貌区和优秀历史建筑保护条例》。前者对上海市城乡规划编制体系、编制及审批主体、规划编制内容、规划编制依据、规划制定程序、规划修改等内容进行了规定，后者则针对上海市历史文化风貌区和优秀历史建筑保护相关问题进行了进一步规定。

《上海市城乡规划条例》构建了四个层次的规划编制体系，并增加了对全市总体规划、分区规划、郊区区县总体规划需要明确的内容的规定，使各个层次的规划编制范围和要求能够更加有机地进行衔接。此外，《上海市城乡规划条例》还规定重要地区的控制性详细规划应附有城市设计的内容，并对近期建设规划的内容也做出了规定。对于村庄规划的内容，《上海市城乡规划条例》则并未涉及（表 2–14、表 2–15）。

《上海市历史文化风貌区和优秀历史建筑保护条例》则对历史文化风貌区保护规划的制定要求、编制内容、制定及修改程序等内容进行了进一步规定。

《上海市城乡规划条例》对城乡规划编制体系的规定　　表 2–14

| 规划层次 | 中心城区 | 郊区 |
|---|---|---|
| 第一层面 | 全市总体规划 | |
| 第二层面 | 分区规划 | 郊区区县总体规划 |
| 第三层面 | 单元规划 | 新城总体规划、新市镇总体规划 |
| 第四层面 | 详细规划 | 详细规划和村庄规划 |

资料来源：笔者整理。

《上海市城乡规划条例》对规划编制内容的规定　　表 2–15

| 规划层次和类型 | 规定的内容 |
|---|---|
| 全市总体规划 | 禁止和限制建设的地域范围列入了总规的强制性内容；明确中心城分区规划和郊区区县总体规划的编制范围和编制要求 |
| 分区规划 | 明确单元规划的编制范围和编制要求 |
| 郊区区县总体规划 | 明确城镇规划区和村庄规划区，划分新城、新市镇总体规划的范围，明确编制要求 |
| 重要地区控制性详细规划 | 应附有城市设计的内容 |
| 近期建设规划 | 重要基础设施、公共服务设施和保障性住房建设以及生态环境保护为重点内容，明确近期建设的时序、发展方向和空间布局 |
| 村庄规划 | 无 |

资料来源：笔者整理。

地方政府规章中，涉及城乡规划制定与修改的文件主要有《上海市城市详细规划编制审批办法》及《上海市黄浦江两岸开发建设管理办法》。前者对控制性详细规划及修建性详细规划的编制主体、详细编制内容、规划制定及修改程序进行了规定。后者则对针对黄浦江两岸的规划编制，规定了核心区和协调区的规划编制主体，并规定该地区规划统一由市政府审批，且控制性详细规划中应包括城市设计。

行政规范性文件中，涉及城乡规划制定与修改的主要有《上海市旧住房综合改造管理暂行办法》《关于进一步完善和规范本市城乡规划编制和审批工作的意见（试行）》《上海市管线综合规划编制与审批试行规定》及《上海市道路规划红线管理暂行规定》等。

以《上海市旧住房综合改造管理暂行办法》为例，文件针对上海市城镇旧住房综合改造，规定了建设单位应当向区县规划部门申请核提规划设计要求，并按照规划设计要求和消防、环保、卫生、民防等其他有关技术标准，编制改造项目规划设计方案。旧住房综合改造规划内容应包括改造项目的范围、建筑改造和环境改造内容、相关技术指标，并报区县规划部门审批。

2）建设项目的规划许可

规划许可主体方面，《上海市城乡规划条例》对市规划行政管理部门的许可范围做出了具体规定，除此之外均由区县规划行政部门管理，并且没有赋予乡、镇人民政府核发规划许可的权力（表 2–16）。

《上海市城乡规划条例》对规划行政管理部门许可管理范围的规定　表 2–16

| 主管部门 | 规划许可管理范围 |
|---|---|
| 市规划行政管理部门 | 1.《上海市历史文化风貌区和优秀历史建筑保护条例》规定由市规划行政管理部门审批的建设项目；<br>2.黄浦江和苏州河两岸（中心城内区段）、佘山国家旅游度假区、淀山湖风景区内的建设项目；<br>3.全市性、系统性的市政建设项目；<br>4.保密工程、军事工程等建设项目；<br>5.市人民政府指定的其他区域的建设项目 |
| 区、县规划行政管理部门 | 上述五项之外的规划许可 |
| 乡、镇人民政府 | 无直接发放规划许可的权利 |

资料来源：笔者整理。

除《上海市城乡规划条例》之外，其他一些法规文件对市区规划许可分工做出了规定，是对《上海市城乡规划条例》第二十八条的细化和补充。如地方性法规《上海市历史文化风貌区和优秀历史建筑保护条例》规定了历史文化风貌区范围内规划许可主体为市规划管理部门；地方政府规章《上海市农村村民住房建设管理办法》规定了镇（乡）人民政府受区（县）规划国土管理部门委托，审核发放个人建房的乡村建设规划许可证；行政规范性文件《本市市政建设项目规划管理分级审批的暂行规定》对市政建设项目规划许可职责范围进行了分工。

规划许可类型方面，在《城乡规划法》确立的“一书两证、乡村一证”规划许可制度基础上，《上海市城乡规划条例》增加了临时建设用地规划许可证和临时建设工程规划许可证制度，规定“需要临时使用国有建设用地进行建设的，建设单位应当申请临时建设用地规划许可证”“进行临时建筑物、构筑物、道路或者管线建设的，建设单位或者个人应当申请临时建设工程规划许可证”。《上海市零星建设工程规划管理办法》在此基础上，针对零星建设工程规划管理，新增了建设工程规划许可证（零星）的许可类型，并且对其适用范围进行了规定。另外，这两部法规还对许可证的自然失效期限做出了规定，进一步细化了《城乡规划法》的内容。由此，上海形成了“一书两证、乡村一证”外加“临时两证和零星一证”的规划许可体系。

规划许可依据方面，法规体系也作出了相应规定，既明确了经批准的城乡规划的依据作用，也强调其应当符合控制性详细规划、村庄规划以及规划管理技术规范和标准的要求。

规划许可程序方面，《上海市城乡规划条例》已经有比较详细的规定，配套法规在此基础上进行了有益的细化与补充，对不同地区和类型的规划许可程序做出规定的同时，对于特殊情况的规划许可还强调了部门协作的要求，既是对《城乡规划法》进行了细化与落实，也构成了上海进行城乡规划许可管理的法律依据。

3）规划监督检查

A. 规划制定与修改阶段的监督检查

上海市城乡规划法规体系从行政监督、人大监督和公共监督三个方面对此阶段的监督检查进行了规定。

行政监督方面，《上海市城乡规划条例》明确了行政自我监督检查的主体及对象，并明确了规划编制单位违法、违规编制城乡规划的处罚标准，其他法规文件如《关于加强本市规划督察工作的若干意见》则确立了督察员的监督检查制度。

人大监督方面，《上海市城乡规划条例》加强了人大监督机制，规定市和区县人民政府应当每年向本级人民代表大会或者其常务委员会报告城乡规划制定修改情况，遇有重要情况，应及时报告，其他法规文件如《上海市城市详细规划编制审批办法》还规定了组织编制城市详细规划过程中，也应当征求所在地的市、区、县、乡、镇人民代表对初步规划设计方案的意见。

公众监督方面，《上海市城乡规划条例》加强了草案公示的宣传规定，并增加了决策主体及公众参与的时间阶段，其他法规文件对该阶段的规划公示及征求公众意见等事项进行了进一步规定，增加了历史文化风貌区规划、管线综合规划等规划制定与修改阶段的公众监督规定，并且体现了部门合作的要求，如《上海市制定控制性详细规划听取公众意见的规定（试行）》对控规听取公众意见具体内容进行了详细规定，细化与丰富了《上海市城乡规划条例》所规定的内容。

B. 规划实施阶段的监督检查

行政监督方面，《上海市城乡规划条例》对该阶段的监督检查的主体、对象、内容等进行了明确。其他涉及该内容的法规文件则进一步细化了相关规定，并分别对历史文化风貌区、黄浦江两岸地区、零星建设工程、临时建设工程等特定的建设行为的监督检查事项进行了规定，形成了规划实施全过程监督检查规定。

人大监督和村民监督方面，《上海市城乡规划条例》明确了各级政府向本级人民代表大会或者其常务委员会报告城乡规划的实施及监督检查情况的周期为一年，具有了更好的可操作性。《上海市农村村民住房建设管理办法》则强调以村民会议或者村民代表会议的形式保证村民对规划实施的监督检查权。

公共监督方面，《上海市城乡规划条例》从规划的公开、公众查询权、公众参与方式几方面建立起了规划实施阶段的公众监督制度。其他规划法规则进一步确立了各项规划的公开制度，赋予公众举报和控告的权利，规定了公众查询的途径。如《上海市建设工程设计方案规划公示规定》等。

2. 省的地方城乡规划法规体系——以山东省为例[21]

（1）山东省城乡规划法规体系概况

据 2012 年不完全统计，山东省规划法规文件包括地方性法规 4 部、地方政府规章 5 部、省政府及其下属部门制定的行政规范性文件若干（表 2–17）。

山东省规划法规文件一览表　　表 2–17

| 文件类型 | 法规文件名称 | 颁布时间 | 发布单位 / 文件号 |
|---|---|---|---|
| 地方性法规 | 山东省城乡规划条例 | 2012 | 山东省第十一届人民代表大会常务委员会第三十二次会议通过 |
| | 山东省城市建设管理条例 | 2010 | 1996 年山东省第八届人民代表大会常务委员会第二十五次会议通过，2010 年山东省第十一届人民代表大会常务委员会第十九次会议第二次修正 |
| | 山东省城市国有土地使用权出让转让规划管理办法 | 2004 | 2004 年修订 |
| | 山东省历史文化名城保护条例 | 1997 | 山东省第八届人民代表大会常务委员会第三十一次会议通过 |
| 地方政府规章 | 山东省城镇控制性详细规划管理办法 | 2010 | 2002 省政府令第 144 号发布；2010 年省政府令第 228 号修改 |
| | 山东省城市临时建设、临时用地规划管理办法 | 2007 | 省政府 71 号令 |
| | 山东省城镇容貌和环境卫生管理办法 | 2010 | 省政府令第 218 号 |
| | 山东省开发区规划管理办法 | 1998 | 省政府 90 号令 |
| | 山东省实施《村庄和集镇规划建设管理条例》办法 | 1998 | 省政府 90 号令 |

资料来源：笔者查阅山东省政府网站相关资料整理绘制。

（2）山东省城乡规划法规体系特征

1）规划制定和修改

地方性法规中，涉及规划制定与修改的主要有《山东省城乡规划条例》及《山东省历史文化名城保护条例》。前者对山东省城乡规划编制体系、编制及审批主体、规划编制内容、规划编制依据、规划制定程序、规划修改等内容进行了规定，后者则针对山东省内历史文化名城保护的相关问题进行了进一步规定。

《山东省城乡规划条例》将城乡规划的编制体系划分为六个层次，包括城镇体系规划、城市规划、县城规划、镇规划、乡规划、村庄规划。县城规划是在《城乡规划法》的基础上进行的增设，并规定县城总体规划由县人民政府组织编制，报省人民政府审批；县城控制性详细规划由县城乡规划主管部门组织编制，经县人民政府批准后，报本级人民代表大会常务委员会和上一级人民政府备案。

《山东省历史文化名城保护条例》则对山东省内历史文化名城保护规划的制定要求、编制内容、制定及修改程序等内容进行了进一步规定。

地方政府规章中，《山东省城镇控制性详细规划管理办法》对控制性详细规划的编制要求、制定与修改程序、覆盖范围等内容进行了详细规定，《山东省开发区规划管理办法》则对各类开发区的选址、规划编制主体、规划制定与修改程序等内容进行了详细规定。

行政规范性文件中，涉及具体的规划制定和修改的文件包括《关于转发建设部〈关于加强城市总体规划修编和审批工作的通知〉的通知》《关于进一步规范城市总体规划正式印刷成果和备案工作的通知》《关于进一步规范城市总体规划送审和备案工作的通知》《关于进一步规范城乡规划编制工作提高规划设计水平的通知》《关于进一步规范全省城市规划设计市场大力提高规划设计水平的指导意见》《山东省关于城乡规划审批程序的调查报告》《关于城市规划区内建制镇规划编制、审批有关问题的答复意见》等，主要是对规划的审批、成果表达、备案等方面的规定，其中《关于城市规划区内建制镇规划编制、审批有关问题的答复意见》还涉及建制镇的规划编制内容规定。

2）建设项目的规划许可

地方性法规中，主干法《山东省城乡规划条例》对选址意见书、建设用地规划许可证及建设工程规划许可证的核发要求、载明内容及核发程序进行了具体规定，并在此基础上增设了临时建设工程规划许可证，对其时限要求进行了详细规定。此外，条例还对竣工验收管理、土地用途改变及乡村建设规划实施进行了进一步规定。

此外，《山东省城市国有土地使用权出让转让规划管理办法》对山东省内城市规划区范围内的国有土地使用权出让和转让的规划管理进行了进一步规定，《山东省历史文化名城保护条例》对历史文化名城城市规划区内的土地利用及各项建设进行了规定，《山东省城市建设管理条例》对城市市政工程、公用事业、园林绿化、市容环境卫生的建设管理及对城市维护建设资金的管理进行了规定。

地方政府规章中，《山东省城市临时建设、临时用地规划管理办法》对临时建设工程规划许可证的核发要求、核发程序及临时建设及临时用地的管理要求作出了规定，《山东省城镇容貌和环境卫生管理办法》对城乡规划区范围内影响城镇容貌和环境卫生的建设行为进行了规定，《山东省开发区规划管理办法》对开发区内的规划许可管理进行了详细规定。

部分其他规范性文件中涉及了规划许可部分的内容，主要分布在以下几个方面：

A. 规划建设用地许可

涉及规划建设用地许可的文件主要包括：《山东省人民政府关于进一步加强土地管理切实保护耕地的通知》《山东省人民政府关于加强和改进小城镇建设用地管理的通知》《山东省人民政府关于加强农村宅基地管理的通知》《山东省人民政府关于贯彻国发 [2004] 28 号文件深化改革严格土地管理的实施意见》《山东省人民政府办公厅关于做好〈山东省禁止、限制供地项目目录〉和〈山东省建设用地集约利用控制标准〉实施工作的通知》《关于转发铁道部〈关于请求控制好京沪高速铁路预留建设用地的函〉的通知》等。

有关建设用地许可的文件，主要是有关《城市规划法》中缺失的村镇建设用地管理的规定，对在下一步的山东省地方法规的制定中，可以吸收现有规范性文件的某些规定，充实到地方性法规中去。

B. 规划建设工程许可

涉及规划建设工程许可的文件主要包括：《转发建设部办公厅〈关于对住宅日照标准强制性条文执行的答复〉的通知》《关于严格控制城市建设中不良建设行为的通知》《关于转发建设部〈关于进一步加强与规范各类开发区规划建设管理的通知〉的通知》《关于转发〈关于清理和控制城市建设中脱离实际的宽马路、大广场建设的通知〉的通知》《关于报送2007年度城市雕塑建设管理情况的函》等。

有关建设工程许可的文件，基本属于针对实际管理过程中出现的问题所制定的有关文件，规范建设行为。

3）规划监督检查

地方性法规中，《山东省城乡规划条例》对城乡规划编制、审批、实施、修改等活动的监督检查均进行了细化规定，并提出了建立城乡规划督察员制度。

地方政府规章中，涉及规划监督检查的有《山东省城镇控制性详细规划管理办法》《山东省城市临时建设、临时用地规划管理办法》《山东省开发区规划管理办法》和《山东省实施〈村庄和集镇规划建设管理条例〉办法》。

其他规范性文件中，涉及规划监督检查的有《山东省人民政府办公厅关于印发〈山东省城乡规划督察工作规程〉和〈山东省城乡规划督察员管理办法〉的通知》《山东省人民政府关于实施省派驻城乡规划督察员制度的通知》《关于印发〈山东省城市建设用地性质和容积率调整规划管理办法〉的通知》《山东省人民政府办公厅转发省建设厅关于进一步加强城市总体规划工作的意见的通知》《山东省城市房地产开发企业资质管理规定》等。

以《山东省人民政府关于实施省派驻城乡规划督察员制度的通知》及《山东省人民政府办公厅关于印发〈山东省城乡规划督察工作规程〉和〈山东省城乡规划督察员管理办法〉的通知》为例，前者对建立城乡规划督察员制度的重要性、督查范围、督查原则、督查方法与程序等问题进行了阐述，后者则建立了城乡规划督察工作的规程及督察员管理办法，对城乡规划督察的重点内容、督察员主要工作方式、督察工作文书、发现问题后的办理程序等问题进行了详细规定，从而对城乡规划督查工作的进行提供了有力支撑。

以《济南市关于公布城市管理相对集中行政处罚规定的通告》为例，此地方政府规章中针对城市规划管理方面的行政处罚规定内容包括“违反建设工程规划许可管理规定的行政处罚、违反临时建设和临时规划用地管理的行政处罚、城乡规划编制单位违法行为的行政处罚”等内容。

**（四）地方层面城乡规划技术标准（不完全统计）**[23]

根据《标准化法》，对没有国家标准和行业标准而又需要在省、自治区、直辖市范围内统一的技术要求，可以制定地方标准。城乡规划地方标准在省、自治区、直辖市范围内由省、自治区、直辖市规划行政主管部门编制计划，组织草拟，统一审批、编号、发布，并报住房和城乡建设部备案。地方标准的代号为汉语拼音字母“DB”加上省、自治区、直辖市行政区划代码前两位数，如山西省地方标准代号为“DB14”。[24]

实际上，地方层面很多技术标准并没有统一的编号，也没有报住房和城乡建设部备案，编制形式上也不如《标准化法》中定义的地方标准严格，而是在国家标准化制度之外以政府规章或规范性文件的形式发布。

因此，根据技术标准的文件性质将“城乡规划技术标准”分为法定部门标准，规划部门标准。

法定部门标准由标准化部门授权规划管理部门制定，其管理的最终依据为《标准化法》，文件有统一的标准编号。如《城乡规划用地分类标准》DB11/996—2013由北京市规划委员会制定，并联合北京市质量技术监督局发布，文件有统一的编号“DB11/996—2013”。

规划部门标准直接由规划管理部门制定，其文件形式为政府规章或行政规范性文件，制定程序上不经过标准化部门的统一编号、发布和备案，形式上不及法定部门标准规范，但其内容同样为城乡规划编制、实施中的技术标准。如《北京地区建设工程规划设计通则（试行）》（市规发［2003］514号）由北京市规划委员会管理，制定的整个程序不涉及标准化部门；文件编号为“市规发［2003］514号”，其并不是标准的统一编号，而是政府规范性文件的统一编号；但是其内容为用地规划、建筑规划等技术标准化内容。

1. 地方层面城乡规划技术标准的概况

省级层面（不含直辖市）共查阅到制定了138项城乡规划技术标准（表2–18）。各个省层面标准的数量存在较大的差异，河北、广东、黑龙江分别制定了15、15、12项标准，辽宁、西藏没有制定标准。从区域分布来看，东部

省级地方标准的制定情况　　表2–18

| | 西部 | | | | | | | | | | | | 东北 | | | |
|---|---|---|---|---|---|---|---|---|---|---|---|---|---|---|---|---|
| 省 | 内蒙古 | 新疆 | 西藏 | 青海 | 甘肃 | 宁夏 | 陕西 | 四川 | 贵州 | 云南 | 广西 | 小计 | 黑龙江 | 吉林 | 辽宁 | 小计 |
| 法定部门标准（项） | 0 | 5 | 0 | 0 | 3 | 0 | 2 | 0 | 1 | 0 | 1 | 12 | 5 | 2 | 0 | 7 |
| 规划部门标准（项） | 4 | 0 | 0 | 3 | 2 | 2 | 4 | 5 | 3 | 1 | 3 | 27 | 7 | 2 | 0 | 9 |
| 合计（项） | 4 | 5 | 0 | 3 | 5 | 2 | 6 | 5 | 4 | 1 | 4 | 39 | 12 | 4 | 0 | 16 |
| | 东部 | | | | | | | | 中部 | | | | | | | 总计 |
| 省 | 河北 | 山东 | 江苏 | 浙江 | 福建 | 广东 | 海南 | 小计 | 山西 | 河南 | 安徽 | 湖北 | 湖南 | 江西 | 小计 | |
| 法定部门标准（项） | 0 | 1 | 1 | 1 | 1 | 2 | 0 | 6 | 0 | 0 | 2 | 2 | 0 | 0 | 4 | 29 |
| 规划部门标准（项） | 15 | 3 | 7 | 5 | 6 | 13 | 2 | 51 | 4 | 3 | 4 | 4 | 3 | 4 | 22 | 109 |
| 合计（项） | 15 | 4 | 8 | 6 | 7 | 15 | 2 | 57 | 4 | 3 | 6 | 6 | 3 | 4 | 26 | 138 |

资料来源：笔者统计。

各省份制定标准的数量整体要比中部、西部、东北各省份多。从标准的文件性质看，以规划部门标准为主，法定部门标准仅 29 项，内蒙古、辽宁、河北、山西等 13 个省份未制定法定部门标准。

北京、上海、天津、重庆 4 个直辖市共制定了 76 项标准，重庆制定的标准数量最多，共 33 项，其他 3 个直辖市制定的标准数量相当（表 2–19）。从标准的文件性质看，以规划部门标准为主，四个直辖市均有制定法定部门标准，上海制定的法定部门标准最多，有 11 项。

直辖市的标准制定情况　　表 2–19

| | 北京 | 上海 | 天津 | 重庆 | 合计 |
|---|---|---|---|---|---|
| 法定部门标准（项） | 6 | 11 | 3 | 3 | 23 |
| 规划部门标准（项） | 7 | 5 | 11 | 30 | 53 |
| 标准（项） | 13 | 16 | 14 | 33 | 76 |

资料来源：笔者统计。

地级层面选取了 15 个省会城市（或副省级城市）、15 个其他地级市进行标准的搜集，共搜集到 137 项标准（表 2–20）。省会城市（或副省级城市）制定标准的数量普遍比其他地级市多。制定标准最多的 3 个地级市为成都、武汉、长沙，分别制定了 16、13、12 项标准。地级市中仅武汉制定了 1 项法定部门标准，其他标准均为规划部门标准。

地级市的标准制定情况　　表 2–20

| 省会城市（或副省级城市） | | | | | | | | | | | | | | | | |
|---|---|---|---|---|---|---|---|---|---|---|---|---|---|---|---|---|
| 城市 | 广州 | 深圳 | 厦门 | 南京 | 青岛 | 武汉 | 合肥 | 长沙 | 南昌 | 成都 | 昆明 | 西安 | 呼和浩特 | 大连 | 哈尔滨 | 合计 |
| 法定部门标准（项） | 0 | 0 | 0 | 0 | 0 | 1 | 0 | 0 | 0 | 0 | 0 | 0 | 0 | 0 | 0 | 1 |
| 规划部门标准（项） | 8 | 4 | 11 | 9 | 3 | 12 | 5 | 12 | 5 | 16 | 3 | 2 | 2 | 5 | 5 | 102 |
| 标准（项） | 8 | 4 | 11 | 9 | 3 | 13 | 5 | 12 | 5 | 16 | 3 | 2 | 2 | 5 | 5 | 103 |
| 其他地级市 | | | | | | | | | | | | | | | | |
| 城市 | 嘉兴 | 盐城 | 德州 | 威海 | 唐山 | 邢台 | 安庆 | 安阳 | 宜春 | 张家界 | 宜昌 | 汉中 | 泸州 | 巴中 | 遵义 | 合计 |
| 法定部门标准（项） | 0 | 0 | 0 | 0 | 0 | 0 | 0 | 0 | 0 | 0 | 0 | 0 | 0 | 0 | 0 | 0 |
| 规划部门标准（项） | 3 | 2 | 1 | 2 | 5 | 2 | 1 | 2 | 1 | 1 | 1 | 4 | 6 | 2 | 1 | 34 |
| 标准（项） | 3 | 2 | 1 | 2 | 5 | 2 | 1 | 2 | 1 | 1 | 1 | 4 | 6 | 2 | 1 | 34 |

资料来源：笔者统计。

县级层面，大多数县级市并未制定标准，即使制定标准，也多为城乡规划管理技术规定，仅 10% 的县级市有自身的城乡规划管理技术规定。[25] 选择 20 个制定了标准的县级市进行标准的搜集，这 20 个县级市均只制定了 1 项标准。

总的来看，地方层面城乡规划技术标准的制定情况具有以下特点：

第一、地方层面标准主要由省、直辖市、地级市中的省会城市（或副省级城市）制定，其他地级市、县级市较少制定标准。

第二，法定部门标准主要出现在省、直辖市层面，地级市、县级市较少制定法定部门标准。

2. 地方层面城乡规划技术标准覆盖的专业领域

直辖市、地级市、县级市虽然行政级别不一样，但其负责的城乡规划管理事务具有相似性，均负责本级城市总体规划、详细规划的编制，规划实施的管理，即“一书三证”的发放；而省层面不直接负责城市规划的编制及规划实施，更多是贯彻国家城乡规划的新政策，指导各个城市的城乡规划编制、实施，发挥着承上启下的作用。因此，省、城市两个层面技术标准覆盖的专业领域存在差异。

地方层面标准与国家层面标准的关系分为三种，如图 2–6 所示：一是创设，国家标准体系中未列出，地方根据管理的需要创新制定；二是先行，国家标准体系中已列出但是未发布，地方层面标准先行发布；三是细化和调整，国家层面标准已发布，但是不能很好适用于地方，地方在国家层面标准的基础上进行细化和调整（图 2–6）。

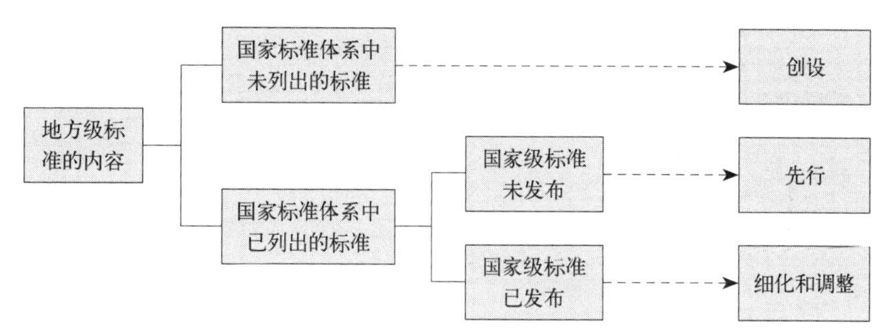


图 2–6　地方层面标准与国家层面标准的关系

资料来源：笔者自绘。

（1）省层面标准覆盖的专业领域

根据最新版《城乡规划技术标准体系》的分类方法，省层面标准涉及 3 个层次、11 个类别（表 2–21）。

省层面标准　表 2–21

| 层次 | 类别 | 地方层面标准名称 | 数量 | 列举 | 对应的国家层面标准名称 | 与国家层面标准的关系 |
|---|---|---|---|---|---|---|
| 基础标准 | 制图标准 | 电子成果数据标准 | 3 | 《江苏省城市总体规划成果数据标准》《新疆维吾尔自治区规划编制电子成果数据标准》 | 无 | 创设 |
| 通用标准 | 基础工作与基本方法标准 | 规划选址论证报告编制导则 | 2 | 《安徽省建设项目规划选址论证报告编制导则（试行）》 | 无 | 创设 |
| | | 城市开发边界划定导则 | 1 | 《四川省城市开发边界划定导则》 | 无 | 创设 |

续表

| 层次 | 类别 | 地方层面标准名称 | 数量 | 列举 | 对应的国家层面标准名称 | 与国家层面标准的关系 |
| --- | --- | --- | --- | --- | --- | --- |
| 专用标准 | 绿地规划标准 | 绿道规划设计技术导则 | 3 | 《广东省城市绿道规划设计指引》 | 无 | 创设 |
| | | 城市广场规划设计指引 | 1 | 《广东省城市规划指引－城市广场规划设计指引》 | 无 | 创设 |
| | | 城市滨水区规划指引 | 1 | 《黑龙江省城市滨水区规划指引》 | 无 | 创设 |
| | | 景观风貌专项规划导则 | 3 | 《黑龙江省城市景观风貌特色规划编制规范》 | 无 | 创设 |
| | 交通规划标准 | 城市综合交通规划导则 | 1 | 《江苏省城市综合交通规划导则》 | 《城市综合交通体系规划规范》（待编） | 先行 |
| | | TOD 综合开发规划编制技术指引 | 1 | 《珠三角城际轨道站场 TOD 综合开发规划编制技术指引（试行）》 | 无 | 创设 |
| | | 建设项目交通影响评价技术标准 | 2 | 《广西建设项目交通影响评价技术标准》 | 《建设项目交通影响评价技术标准》 | 细化和调整 |
| | | 城市建设项目配建停车位规范 | 3 | 《浙江省城市建筑工程停车场（库）设置规则和配建标准》<br>《河南省城市道路路内停车泊位设置导则（试行）》 | 《城市停车规划设计规范》（待编） | 先行 |
| | 功能区规划标准 | 开发区规划编制技术导则 | 2 | 《安徽省开发区规划编制技术导则（试行）》<br>《山西省城镇新区规划建设导则》 | 无 | 创设 |
| | | 城市综合体规划设计技术导则 | 1 | 《贵州省城市综合体规划设计技术导则》 | 无 | 创设 |
| | 地下空间规划标准 | 城市地下空间规划编制规范 | 2 | 《黑龙江省城市地下空间规划编制规范》 | 《城市地下空间规划规范》（待编） | 先行 |
| | 防灾规划标准 | 城市防灾规划 | 3 | 《四川省城市防灾避险绿地规划导则（试行）》 | 《城市抗震防灾规划标准》 | 细化和调整 |
| | | | | 《吉林省城市消防取水设施规划建设标准》 | 《城市消防设施规划规范》（待编） | 先行 |
| | 市政公用工程规划标准 | 基础设施专项规划编制导则 | 1 | 《甘肃省城市基础设施专项规划编制导则（试行）》 | 《城市给水工程规划规范》等 | 细化和调整 |
| | | 环境综合治理规划编制导则 | 1 | 《四川省城乡环境综合治理规划编制导则》 | 《城市环境卫生设施规划规范》 | 细化和调整 |
| | 村综合性规划标准 | 村庄规划标准 | 21 | 《陕西省村庄规划技术规范》<br>《陕西省新型农村社区建设规划编制技术导则》 | 《村庄规划标准》（待编） | 先行 |
| | | 村庄整治规划标准 | 10 | 《山东省村庄整治技术导则》 | 《村庄整治技术规范》 | 细化和调整 |
| 专用标准 | 镇乡综合标准 | 镇村体系规划标准 | 7 | 《广西县域镇村体系规划编制技术导则（试行）》<br>《安徽省村庄布点规划导则》 | 《镇村体系规划规范》（待编） | 先行 |
| | | 镇规划标准 | 11 | 《江西省重点镇规划编制技术导则》 | 《镇规划标准》 | 细化和调整 |
| | 其他 | 控制性详细规划标准 | 8 | 《江西省控制性详细规划技术准则》 | 《城市用地分类与规划建设用地标准》等 | 细化和调整 |
| | | 城乡规划管理技术规定 | 7 | 《江苏省城市规划管理技术规定》 | | |
| | | 修建性详细规划标准 | 3 | 《湖北省修建性详细规划编制技术规定》 | 《城市居住区规划设计规范》等 | 细化和调整 |
| | | 城市设计编制导则 | 2 | 《福建省城市设计导则（试行）》 | 无 | 创设 |

资料来源：笔者统计。

省层面制定的标准具有以下特点：

第一，较多省份制定了村综合性规划标准、镇乡综合性标准、控制性详细规划标准、城乡规划管理技术规定。其中，27 个省中，21 个省制定了村庄规划标准，10 个省制定了村庄整治规划标准，7 个省制定了镇村体系标准，11 个省制定了镇规划标准，8 个省制定了控制性详细规划标准，7 个省制定了城市规划管理技术规定。

第二，有些标准只有极少数省份制定，这些标准涉及 8 类别：制图标准、基础工作与基本方法标准、绿地规划标准、交通规划标准、功能区规划标准、地下空间规划标准、防灾规划标准、市政公用工程规划标准。

第三，从地方层面标准与国家层面标准的关系上看，创设、先行、细化和调整三种关系均存在（表 2–22）。

创设——省层面共创设了 11 项标准。例如，河北、新疆、江苏创设了电子成果数据标准；四川创设了城市开发边界划定导则；河北、广东、浙江创设了绿道规划设计技术导则；福建、四川、黑龙江创设了景观风貌专项规划导则。

先行——省层面共先行制定了 6 项标准。例如，在国家标准《村庄规划标准》《镇村体系规划规范》缺位的情况下，较多省份先行制定了的村庄规划标准、镇村体系规划标准；在国家层面标准《城市综合交通体系规划规范》缺位的情况下，江苏先行制定了城市综合交通规划导则；在国家层面标准《城市地下空间规划规范》缺位的情况下，黑龙江、广东先行制定了城市地下空间规划编制规范。

细化和调整——省层面对国家层面标准进行细化和调整的标准有 8 项。例如，较多省份对国家标准《村庄整治技术规范》《镇规划标准》进行细化和调整；较多省份制定的控制性详细规划标准、城乡规划管理技术规定中，对《城市用地分类与规划建设用地标准》等相关标准内容进行了细化和调整；湖北、广西对行业标准《建设项目交通影响评价技术标准》进行了细化和调整。

**省层面标准与国家层面标准的关系　　表 2–22**

| 与国家层面标准的关系 | 省层面标准 | 数量（项） |
|---|---|---|
| 创设 | 电子成果数据标准、规划选址论证报告编制导则、城市开发边界划定导则、绿道规划设计技术导则、城市广场规划设计指引、城市滨水区规划指引、景观风貌专项规划导则、TOD 综合开发规划编制技术指引、开发区规划编制技术导则、城市综合体规划设计技术导则、城市设计编制导则 | 11 |
| 先行 | 城城市综合交通规划导则、城市建设项目配建停车位规范、城市地下空间规划编制规范、城市消防取水设施规划建设标准、村庄规划标准、镇村体系规划标准 | 6 |
| 细化和调整 | 建设项目交通影响评价技术标准、城市防灾避险绿地规划导则、基础设施专项规划编制导则、环境综合治理规划编制导则、村庄整治规划标准、镇规划标准、控制性详细规划标准、城乡规划管理技术规定、修建性详细规划标准 | 8 |

资料来源：笔者统计。

（2）城市层面城乡规划技术标准覆盖的专业领域

以 4 个直辖市、选取的 30 个地级市、20 个县级市为样本，共收集到 233 项标准。根据最新版《城乡规划技术标准体系》的分类方法，城市层面标准涉及其中 3 个层次、16 个类别（表 2–23）。

城市层面标准 表 2–23

| 层次 | 类别 | 城市层面标准名称 | 数量 | 列举 | 对应的国家层面标准名称 | 与国家层面标准的关系 |
|---|---|---|---|---|---|---|
| 基础标准 | 用地分类和建设用地指标 | 用地分类标准 | 3 | 《北京市城乡规划用地分类标准》 | 《城市用地分类与规划建设用地标准》 | 细化和调整 |
| | 制图标准 | 计算机制图标准 | 4 | 《北京市城乡规划计算机辅助制图标准》 | 无 | 创设 |
| 通用标准 | 专项用地标准 | 工业用地标准 | 3 | 《重庆市工业用地规划导则》 | 《工业、仓储用地标准》（待编） | 先行 |
| 专用标准 | 公共空间规划设计指引 | 公共空间规划设计指引 | 3 | 《重庆市公共空间整治规划设计导则》 | 无 | 创设 |
| | 建筑设计指引 | 建筑色彩指引 | 2 | 《武汉城市建筑色彩技术导则》 | 无 | 创设 |
| | | 建筑规划设计指引 | 3 | 《成都市建筑规划设计导则（试行）》 | 无 | 创设 |
| | 历史文化保护标准 | 旧城更新标准 | 1 | 《深圳市城市更新单元规划编制技术规定（试行）》 | 无 | 创设 |
| | | 历史文化保护标准 | 2 | 《天津市历史文化街区保护规划编制技术标准》 | 《历史文化名城保护规划标准》 | 细化和调整 |
| | 交通规划标准 | 配建停车设施设置标准 | 15 | 《天津市建设项目配建停车场（库）标准》 | 《城市停车规划设计规范》（待编） | 先行 |
| | | 慢行交通规划标准 | 5 | 《北京城区行人和非机动车交通系统设计导则》 | 《城市步行、自行车交通规划设计规范》（待编） | 先行 |
| | | 交通规划编制标准 | 1 | 《上海市交通规划编制技术标准》 | 《城市综合防灾规划标准》 | 先行 |
| | | 快速公交规划标准 | 1 | 《北京市快速公交规划设计导则》 | 无 | 创设 |
| | | 交通影响评价标准 | 3 | 《天津市交通影响评价技术规程（试行）》 | 《建设项目交通影响评价技术标准》 | 细化和调整 |
| | | 道路交通规划标准 | 2 | 《重庆市城市道路交通规划及路线设计规范》 | 《城市综合交通体系规划标准》 | 细化和调整 |
| | 交通规划标准 | 居住区交通组织标准 | 1 | 《上海市城市居住区交通组织规划与设计规程》 | 《城市居住区规划设计标准》 | 细化和调整 |
| | | 城市道路交叉口规划标准 | 3 | 《上海市城市居住区交通组织规划与设计规程》 | 《城市道路交叉口规划规范》 | 细化和调整 |
| | | 道路空间规划标准 | 1 | 《北京市城市道路空间规划设计规范》 | 无 | 创设 |
| | 公共服务设施规划标准 | 社区公共服务设施配套标准 | 9 | 《天津市居住区公共服务设施配置标准》 | 《城市居住区规划设计标准》 | 细化和调整 |

续表

| 层次 | 类别 | 城市层面标准名称 | 数量 | 列举 | 对应的国家层面标准名称 | 与国家层面标准的关系 |
|---|---|---|---|---|---|---|
| 专用标准 | 功能区规划标准 | 工业园区规划标准 | 2 | 《天津市区县示范工业园区规划设计导则》 | 无 | 创设 |
| | | 居住社区规划标准 | 1 | 《上海大型居住社区规划设计导则》 | 《城市居住区规划设计标准》 | 细化和调整 |
| | | 幼儿园建设标准 | 1 | 《上海市普通幼儿园建设标准》 | 无 | 创设 |
| | | 中小学建设标准 | 1 | 《上海市普通中小学校建设标准》 | 无 | 创设 |
| | 地下空间规划标准 | 地下空间规划标准 | 1 | 《重庆市城乡规划地下空间利用规划导则（试行）》 | 《城市地下空间规划规范》（待编） | 先行 |
| | 市政公用工程规划标准 | 城市燃气工程规划标准 | 1 | 《重庆市燃气工程规划导则》 | 《城市燃气工程规划规范》（待编） | 补充 |
| | | 城市雨水工程规划标准 | 3 | 《武汉市排水防涝系统规划设计标准》 | 《城市排水工程规划规范》 | 细化和调整 |
| | | 城市工程管线综合规划标准 | 3 | 《北京市历史文化街区工程管线综合规划规范》 | 《城市工程管线综合规划规范》 | 细化和调整 |
| | | 环境卫生设施规划标准 | 2 | 《重庆市城乡规划环境卫生设施规划导则》 | 《城市环境卫生设施规划标准》 | 细化和调整 |
| | 防灾规划标准 | 综合防灾规划标准 | 1 | 《重庆市城乡规划防灾减灾规划导则》 | 《城市综合防灾规划标准》 | 先行 |
| | | 消防规划标准 | 1 | 《重庆市小城镇消防规划规范》 | 《城市消防设施规划规范》（待编） | 先行 |
| | | 抗震防灾规划标准 | 1 | 《北京市公园绿地应急避难功能设计规范》 | 《城市抗震防灾规划标准》 | 细化和调整 |
| | 评价标准 | 绿色低碳城区评价标准 | 1 | 《重庆市绿色低碳生态城区评价指标体系》（试行） | 《绿色生态城区评价标准》 | 先行 |
| | 镇综合性规划标准 | 镇规划标准 | 5 | 《成都市一般镇规划建设技术导则》 | 《镇规划标准》 | 细化和调整 |
| | 村庄综合性规划标准 | 村庄规划标准 | 13 | 《合肥市中心村村庄规划编制导则》 | 《村庄规划标准》（待编） | 先行 |
| | 其他 | 日照分析技术规程 | 7 | 《南京市高层建筑日照分析技术标准》 | 《建筑日照计算参数标准》（待编） | 先行 |
| | | 城市规划管理技术规定 | 46 | 《厦门市城市规划管理技术规定》 | 《城市用地分类与规划建设用地标准》等 | 细化和调整 |
| | | 控制性详细规划编制导则 | 12 | 《合肥市控制性详细规划通则（试行）》 | | 细化和调整 |
| | | 城市设计编制导则 | 9 | 《南京市城市设计导则（试行）》 | 无 | 创设 |

资料来源：笔者统计。

城市层面制定的标准具有以下特点：

第一，较多城市制定了城市规划管理技术规定、村庄规划标准、控制性详细规划编制导则、城市设计编制导则、配建停车设施设置标准、社区公共服务设施配套标准。作为研究对象的 54 个城市中，46 个城市制定了城市规划管理技术规定，13 个城市制定了村庄规划标准，12 个城市制定了控制性详细规划编制导则 15 个城市制定了配件停车设施设置标准，9 个城市制定了城市设计编制导则，9 个城市制定了社区公共服务设施配套标准。

城市层面标准更多地从规划编制、实施中某一具体事项进行考虑，如针对城市规划管理制定城市规划管理技术规定，针对村庄规划制定村庄规划标准；而国家层面标准更多是从某一专业内容进行考虑，如针对道路交通制定城市道路交通规划设计规范，针对排水工程制定城市排水工程规划规范。

第二，有些标准只有极少数城市制定，这些标准涉及 14 个类别：用地分类和建设用地指标、制图标准、专项用地标准、公共空间规划设计指引、建筑设计指引、历史文化保护标准、交通规划标准、公共服务设施规划标准、功能区规划标准、地下空间规划标准、市政公用工程规划标准、防灾规划标准、评价标准、镇综合性规划标准。

第三，从地方层面标准与国家层面标准的关系上看，创设、先行、细化和调整三种关系均存在（表 2–24）。

**城市层面标准与国家层面标准的关系　　表 2–24**

| 与国家层面标准的关系 | 城市层面标准 | 数量（项） |
|---|---|---|
| 创设 | 计算机制图标准、公共空间规划设计指引、建筑色彩指引、建筑规划设计指引、旧城更新标准、快速公交规划标准、道路空间规划标准、工业园区规划标准、幼儿园建设标准、中小学建设标准、城市设计编制导则 | 11 |
| 先行 | 工业用地标准、配建停车设施设置标准、慢行交通规划标准、交通规划编制标准、地下空间规划标准、综合防灾规划标准、消防规划标准、绿色低碳城区评价标准、村庄规划标准、日照分析技术规程 | 10 |
| 细化和调整 | 用地分类标准、历史文化保护标准、交通影响评价标准、道路交通规划标准、居住区交通组织标准、城市道路交叉口规划标准、社区公共服务设施配套标准、居住社区规划标准、城市雨水工程规划标准、城市工程管线综合规划标准、环境卫生设施规划标准、抗震防灾规划标准、镇规划标准、城市规划管理技术规定、控制性详细规划编制导则 | 15 |

资料来源：笔者统计。

创设——城市层面共创设了 11 项标准。例如，较多城市创设了城市设计编制导则；重庆、厦门创设了公共空间规划设计指引；武汉、昆明创设了建筑色彩指引；成都、大连、哈尔滨创设了建筑规划设计指引。

先行——城市层面共先行制定了 10 项标准。例如，在国家层面标准《城市停车规划设计规范》《村庄规划标准》缺位的情况下，较多城市先行制定了配建停车设施设置标准村庄规划标准；重庆在国家层面标准《城市地下空间规划规范》《城市燃气工程规划规范》缺位的情况下，先行制定了《重庆市城乡规划防灾减灾规划导则》《重庆市城乡规划地下空间利用规划导则（试行）》《重庆市燃气工程规划导则》。

细化和调整——城市层面对国家层面标准进行细化和调整的有15项。例如，较多城市对国家标准《镇规划标准》进行了细化和调整；北京、天津、南京对国家标准《城市用地分类与规划建设用地标准》GB 50137—2011进行了细化和调整。

3. 地方层面城乡规划技术标准的细化和调整

地方层面标准与国家层面标准的三种关系中，创设、先行不存在与国家层面标准冲突的情况，细化和调整可能存在与国家层面标准冲突的情况。根据2015年查阅结果选择规划编制最为常见的用地分类标准、社区公共服务设施配套标准进行考察。

（1）用地分类标准

国家标准《城市用地分类与规划建设用地标准》GB 50137—2011中，城乡用地共分为2大类、9中类、14小类。城市建设用地共分为8大类、35中类、43小类。八大类为：居住用地、公共管理与公共服务用地、商业服务业设施用地、工业用地、物流仓储用地、道路与交通设施用地、公用设施用地、绿地与广场用地。

在国家标准出台之后，北京、南京、深圳对其进行了细化和调整（表2–25），经过与国家标准的对比研究发现，其细化和调整具有以下特点：

第一，北京、南京在国家标准的基础上进行加法式调整，结合本地特点新增用地分类或细分用地分类，如北京新增保护区用地（P），即历史文化街区以及根据需要划定的、具有历史文化价值地区内的居住、商业、商务等用地。深圳在国家标准的基础上进行减法式调整，不设置小类用地，同时对中类用地进行合并，如将商业设施用地（B1）、商务设施用地（B2）合并为商业用地（C1）。

第二，新增的用地分类有工业研发用地、研发设计用地、生态景观绿地、混合用地、保护区用地、社区综合服务设施用地等。各个地方新增用地分类的名称、代码及内涵有一定区别，例如，针对用途以科技研发为主的用地，北京将以科技研发、设计等为主的企业办公用地定义为研发设计用地（B23），划归商务用地（B2），将以技术研发、中试为主，兼具小规模的生产、技术服务、管理等功能的用地定义为工业研发用地（M4），划归工业用地（M）；南京将科研设计用地，不包括科研事业单位用地定义为科研设计用地（B29a），划归商务用地（B2），将独立布局，为工业生产提供研究、开发、试验、孵化等服务的用地定义为生产研发用地（Ma），划归工业用地（M）；深圳将融合研发、创意、设计、中试、无污染生产等创新型产业功能以及相关配套服务活动的用地新型产业用地（M0），划归工业用地（M），不在商务用地中研发设计用地。

第三，细分的用地有行政办公用地、社会福利用地、城市道路用地、公园绿地等。例如北京作为国家首都，有大量中央行政单位，在规划编制和管理工作中需要区别对待，故将“行政办公用地”细分为“市属行政办公用地”（A11）、“非市属行政办公用地”（A12）。

地方层面用地分类标准的细化和调整　　表 2–25

| | 分类体系 | 细化和调整的内容 |
|---|---|---|
| 北京 | 城乡规划用地共分为65主类和78小类 | 行政办公用地（A1）细分为市属行政办公用地（A11）、非市属行政办公用地（A12）；<br>社会福利用地（A6）细分为机构养老设施用地（A61）、社区养老设施用地（A62）、儿童福利设施用地（A63）、残疾人福利设施用地（A64）、其他社会福利用地（A69）；<br>设置社区综合服务设施用地（A8）；<br>商务用地（B2）中增加研发设计用地（B23）；<br>设置混合用地，如综合性商业金融服务业用地（B4）、住宅混合公建用地（F1）、公建混合住宅用地（F2）、其他类多功能用地（F3）；<br>设置生态景观绿地（G4），包含景观游憩绿地（G41）、生态保护绿地（G42）；<br>设置工业研发用地（M4）；<br>设置保护区用地（P），即历史文化街区以及根据需要划定的、具有历史文化价值地区内的居住、商业、商务等用地；<br>城市道路用地（S1）细分为快速路用地（S11）、主干路用地 S12、次干路用地 S13、支路用地 S14、其他道路用地 S19；<br>公园绿地（G1）细分为公园（G11）、其他公园绿地（G12） |
| 南京 | 城乡规划用地共分为2大类、10中类、21小类、2小小类<br>城市建设用地共分为8大类、43中类、58小类、16小小类 | 增加郊野绿地（Eg）分为风景名胜区（Ega）、郊野公园（Egb）、其他绿地（Egc）；<br>增加其他居住用地（Ra）、基层社区中心（Rc）、商住混合用地（Rb）；<br>增加居住社区中心用地（Aa）、公建预留用地（Ak）；<br>增加其他商务用地（B29）、包括科研设计用地（B29a）、商务咨询用地（B29b）；<br>增加生产研发用地（Ma）；<br>公园绿地（G1）细分为综合公园（G1a）、专类公园（G1b）、街旁绿地（G1c） |
| 深圳 | 城市用地分为9大类、31中类 | 不设置小类用地；<br>增加四类居住用地（R4），即以原农村居民住宅聚集形成的屋村用地；<br>合并商业设施用地、商务设施用地为商业用地（C1）；<br>设置新型产业用地（M0），即融合研发、创意、设计、中试、无污染生产等创新型产业功能以及相关配套服务活动的用地 |

资料来源：笔者整理。

（2）公共服务设施配套标准

国家标准《城市居住区规划设计标准》GB 50180—2018 中，将居住区公共服务设施（也称配套设施）分为：公共管理与公共服务设施、交通站场设施、商业服务业设施、社区服务设施、便民服务设施五大类对建筑面积和用地面积进行了规定。

北京、上海、天津、重庆、广州、南京、青岛、武汉、成都针对配套公共服务设施制定了专门的标准（表 2–26）。

地方层面公共服务设施配套标准的细化和调整　　表 2–26

| 标准名称 | 细化和调整的内容 | | | |
|---|---|---|---|---|
| | 分级 | 分类及项目设置 | 具体要求 | 备注 |
| 《城市居住区规划设计标准》GB 50180—2018 | 分为15分钟生活圈居住区（5万—10万人）、10分钟生活圈居住区（1.5万—2.5万人）、5分钟生活圈居住区（0.5万—1.2万人）、居住街坊四级 | 公共管理与公共服务设施、交通站场设施、商业服务业设施、社区服务设施、便民服务设施五大类 | 建筑面积和用地面积 | |

续表

| 标准名称 | 细化和调整的内容 | | | |
|---|---|---|---|---|
| | 分级 | 分类及项目设置 | 具体要求 | 备注 |
| 《北京市居住公共服务设施规划设计指标》 | 分为3万—5万人、0.7万—2万人、0.3万—0.5万人、居住建设项目四级 | 分为教育、医疗卫生、文化体育、商业服务、社区管理服务、社会福利、交通和市政公用等八类；<br>3万—5万人涉及36个项目，0.7万—2万人涉及28个项目，0.3万—0.5万人涉及12个项目，居住建设项目涉及11个项目 | 千人指标、一般规模、配置规定、服务规模 | |
| 《上海市城市居住地区和居住区公共服务设施设置标准》 | 分为居住地区（20万人左右）、居住区（5万人左右）、居住小区（2.5万人左右）、街坊（0.4万人）四级 | 分为文化、体育、教育、医疗、商业、金融、福利、绿地、市政和其他等十一类；<br>居住地区级涉及27个项目，居住区级涉及67个项目 | 内容、最小规模、控制性指标、指导性指标 | 增加旧区改造公共服务设施差别配置原则、公益性设施实施原则 |
| 《天津市居住区公共服务设施配置标准》 | 分为居住区（5万—8万人）、小区（1万—1.5万人）、组团（0.1万—0.3万人）三级 | 分为教育、医疗卫生、文化体育绿地、社区服务、行政管理、商业服务金融、市政公用七大类；<br>共涉及56个项目 | 配置内容、一般规模、控制性指标、指导性指标、配置规定 | |
| 《重庆市居住区公共服务设施配套指标》 | 分为居住社区（7万—12万人）、居住区（4万—6万人）、居住小区（1万—2万人）三级 | 分为教育、医疗卫生、文化、体育、商业服务、金融邮电、社区服务、市政公用和行政管理等九类；<br>共涉及32个项目 | 一般规模、服务规模、服务半径、服务内容 | 增加旧城区公共服务设施配建标准 |
| 《广州市社区公共服务设施设置标准（修订）》 | 分为街道级（3.5万—10万人）和居委级（0.6万—0.75万人）两级 | 分为教育设施、行政管理设施、服务设施、医疗卫生设施、文化体育绿地、福利设施、市政公用设施、商业服务设施等八类；<br>街道级涉及23个项目，居委会级涉及19个项目 | 一般规模、服务规模、设置规定、设置要求及服务内容 | 增加区域统筹级公共服务设施设置标准 |
| 《南京新建地区公共设施配套标准规划指引》 | 分为市级、地区级（20万—30万人）、居住社区级（3万人左右）、基层社区级（0.5万—1万人）四级 | 分为教育设施、医疗卫生设施、文化娱乐设施、体育设施、社会福利与保障设施、行政管理与社区服务设施、商业金融服务设施、邮政电信设施八类；<br>居住社区级涉及11个项目，基层社区级涉及7个项目 | 内容、建筑规模、用地规模、设置要求 | |
| 《青岛市市区公共服务设施配套标准及规划导则（试行）》 | 分为市级、区级（20万—50万人）、居住区级、居住小区级、居住组团级五级 | 市、区级分为教育、医疗卫生、文化、体育、商业金融、社会福利、行政办公七类，居住区级以下分为教育、医疗卫生、文化娱乐、体育、商业金融服务、社会福利与保障、行政管理与社区服务、市政公用八类；<br>市、区级涉及22个项目，居住区级以下涉及34个项目 | 内容、建筑面积、用地面积、配置标准 | |
| 《武汉市新建地区公共设施配套标准指引》 | 分为市级、区级（15万—25万人）、居住区级（3万—5万人）、居住小区级（0.5万—1.2万人）四级 | 分为教育、医疗卫生、文化娱乐、体育、社会福利与保障、行政管理与社区服务、商业金融服务、邮政电信八类；<br>区级涉及26个项目，居住区级涉及28个项目，居住小区级涉及17个项目 | 建议标准、内容、设置规定 | |
| 《成都市公建配套设施规划导则》 | 分为城市级、大区级（约20万人）、居住区级（约5万人）、基层社区级（1万—1.5万人）四级 | 分为行政管理、社区服务、教育、医疗卫生、文化、体育、交通市政、绿地广场、商业服务业等九类；<br>居住区级采用“居住区服务中心（6项）”+“独立设置（8项）”，基层社区级采用“基层服务中心（包括4项）”+“独立设置（4项）”，服务中心项目宜以综合体方式叠建布置，独立设置项目宜结合服务中心相对集中设置 | 服务中心：设置项目及功能要求、建筑规模。独立设置项目：设置项目及功能要求、建筑规模、用地规模 | 增加商业街的设置要求 |

资料来源：笔者整理。

地方层面公共服务设施配套标准做了如下细化与调整：

第一，地方根据自身的行政建制特点，调整了公共服务设施分级及对应的人口规模。例如，北京增加了居住建设项目级，上海增加了居住地区级，广州删减了居住小区级，南京、青岛、武汉、成都增加了市级、区级。针对同一分级，不同的城市确定的人口规模不一样，例如，居住小区规模，国家标准定在 1 万—1.5 万人，上海定为 2.5 万人，南京定为 3 万人，武汉定为 0.5 万—1.2 万人，居住小区的规模是按一所小学服务范围内的人口规模、城市支路围合的街坊大小等来确定的，由于各个城市的居住人口密度、人口出生率存在差异，因此居住小区的规模也区别对待。

第二，地方公共服务设施的分类与国家标准基本一致，一般分为教育、医疗卫生、文化体育、商业服务、金融邮电、社区服务、市政公用和行政管理及其他八类设施；但是在具体项目的设置上各个城市有较大的差异，国家标准中共列出了 50 个项目，北京、上海、天津、武汉在国家标准的基础上增加了一定数量的项目，重庆、广州、南京、青岛、成都在国家标准的基础上删减或合并了一定数量的项目。例如，针对行政管理设施，国家标准提出了 4 个项目，即街道办事处、市政管理机构（所）派出所、其他管理用房；上海提出了街道办事处、派出所、城市管理监督、税务工商、房管办、社区事务受理服务中心、居民委员会、治安联防站、物业管理等 9 个项目。

第三，地方在公共服务设施的配建标准的具体要求上存在差异。首先，控制的方式存在差异，上海、天津提出“控制性指标”“指导性指标”的概念，“控制性指标”为必须执行的指标，“指导性指标”为可根据标准或市场需求确定的指标。北京、上海、天津提出了每个项目的千人指标。其次，具体项目的指标存在差异，例如，针对小学规模，国家标准仅提出用地规模，12 班 ≥ 6000m$^2$，18 班 ≥ 7000m$^2$，24 班 ≥ 8000m$^2$；上海市提出了一般规模和控制性指标，24 班小学用地面积一般为 13000—15000m$^2$，建筑面积一般为 9000m$^2$，并且建筑面积按 280m$^2$/ 千人，用地面积按 364—420m$^2$/ 千人进行控制；重庆提出 24 班小学建筑面积一般规模为 7000m$^2$，用地面积一般规模为 15000m$^2$；武汉提出 24 班小学的用地规模，主城旧区中为 11000m$^2$，主城新区中为 14000m$^2$，开发区及居住新城中为 20000m$^2$。各个城市的指标均高于国家标准，并且各个城市之间存在差异。

**（五）城市规划管理技术规定**[26]

1. 城市规划管理技术规定的含义与作用

城市规划管理技术规定是各地通过对城市规划主要控制要素做出具体化、强制性规定，进一步规范建筑、规划设计和管理行为，逐步建立城市规划法制化管理制度的具体措施，是当地城市规划建设必须遵循的通则。[27]

2012 年，通过广泛的搜索和筛选，查阅到全国各地的《技术规定》188 份[28]，其中 60% 以上的《技术规定》是 2008 年《城乡规划法》施行之后发布的。

(1)《技术规定》的文件名称

各地《技术规定》的文件名称多种多样，以《……技术规定》《……标准与准则》为主要代表（表 2–27）。

《技术规定》的文件名称 表 2–27

| 名称的类型 | 典型代表 |
| --- | --- |
| ×× 市城市规划管理技术规定 | 天津市城市规划管理技术规定（2009） |
| ×× 市城市规划技术标准与准则 | 深圳市城市规划技术标准与准则（2004） |
| ×× 市城市建筑规划管理技术规定 | 武汉市城市建筑规划管理技术规定（2003） |
| ×× 省城市规划管理技术规定<br>×× 市实施细则 | 江苏省城市规划管理技术规定苏州实施细则（2008） |
| 将规范对象放置于名称中 | 石家庄市城乡规划局城市土地使用与建筑管理技术规定（2012） |
| 将适用地域放置于名称中 | 枣庄市中心城城市规划管理技术导则（试行）（2011） |

资料来源：耿慧志，张乐，杨春侠．《城市规划管理技术规定》的综述分析和规范建议[J]. 城市规划学刊，2014（6）：95–101。

（2）《技术规定》的制定主体

全国有 6 个省 / 自治区（新疆、江西、江苏、福建、陕西、甘肃）有自身的《技术规定》。设市城市之中，4 个直辖市均有各自的《技术规定》，近半数的地级市有自身的《技术规定》，仅有 10% 左右的县级市有自身的《技术规定》，另有 3 个民族自治州[29]有自身的《技术规定》。从构成比例来看，地级市《技术规定》占据主导（表 2–28）。

《技术规定》的制订情况 表 2–28

| 行政单位 | 行政单位数量（个） | 《技术规定》数量（份） | 比例（%） |
| --- | --- | --- | --- |
| 省、自治区（不含港澳台） | 27 | 6 | 3.2 |
| 直辖市 | 4 | 4 | 2.1 |
| 地级市 | 296 | 138 | 73.4 |
| 地区、自治州、盟 | 49 | 3 | 1.6 |
| 县级市 | 324 | 37 | 19.7 |
| 合计 | — | 188 | 100 |

资料来源：笔者统计。

（3）《技术规定》的法规文件层级

省、自治区、直辖市及全国 49 个“较大的市”人大和政府拥有地方立法权[30]，可以制订地方性法规和地方政府规章，其余不具有立法权的城市和地区的《技术规定》只能以地方政府或规划主管部门的规范性文件的形式发布。

上海、天津、重庆 3 个直辖市的《技术规定》为地方政府规章，北京市的《技术规定》为规划主管部门的规范性文件，6 个省（自治区）的《技术规定》均为规划主管部门的规范性文件。

全国 49 个“较大的市”中，34 个城市有自身的《技术规定》[31]，其中，7 个城市《技术规定》为地方政府规章，20 个城市《技术规定》为地方政府或规划主管部门的规范性文件（表 2–29）。

"较大的市"《技术规定》法规文件层级　　表 2–29

| 法规文件层级 | 《技术规定》名称和文件号 |
|---|---|
| 地方政府规章（7 份） | 武汉市城市建筑规划管理技术规定（2003 年武汉市人民政府令 第 143 号）<br>南昌市城市规划管理技术规定（2004 年南昌市人民政府令 第 95 号）<br>…… |
| 政府规范性文件（10 份） | 乌鲁木齐市城市规划管理技术规定（乌政办［2009］306 号）<br>淄博市城市规划管理技术规定（淄政发［2005］106 号）<br>…… |
| 规划主管部门规范性文件（10 份） | 珠海市城市规划技术标准与准则（珠规验［2008］24 号）<br>兰州市城乡规划管理技术导则（试行）（兰规发［2007］1 号）<br>…… |

注：7 个城市《技术规定》的法规文件层级暂时无法获知。
资料来源：笔者统计。

不具有地方立法权的城市和地区的《技术规定》更多是由地方政府发布。需要指出的是，这类以"地方政府令"形式发布的《技术规定》在法规文件层级上仍属于其他规范性文件的范畴（表 2–30）。

不具有地方立法权的城市和地区《技术规定》的发布方式　　表 2–30

| 发布方式 | 数量（份） | 比例（%） |
|---|---|---|
| 地方政府令 | 9 | 6.3 |
| 政府规范性文件 | 50 | 34.7 |
| 规划主管部门规范性文件 | 15 | 10.4 |
| 暂不明 | 70 | 48.6 |
| 合计 | 144 | 100 |

资料来源：笔者统计。

总体而言，全国范围《技术规定》的法规文件层级尚未达成一致，少数以具有较高法律效力的地方政府规章的形式公布，大多数是以其他规范性文件的形式出现。

(4)《技术规定》的制订目的

各地《技术规定》往往将"制定目的"作为全篇第一项内容，以"为了……"的语言形式出现，大体上可分为两种类型。第一种类型，仅为加强规划实施管理。如上海市《技术规定》(2003) 的表述为"为了加强本市城市建设规划管理，保证城市规划的实施，提高城市环境质量……"。第二种类型，既为规范规划编制，又为加强规划实施管理。如广州市《技术规定》(2012) 的表述为"为加强城乡规划管理，实现城乡规划编制和规划管理的标准化、规范化和法制化，保障城乡规划实施……"。属于第一种类型"仅为加强规划实施管理"占绝大多数，约为 70%。

(5)《技术规定》的适用事项

各地《技术规定》的适用事项往往在总则部分明确表述，主要有两个特点：①几乎所有的《技术规定》都有作为"规划实施法规依据"的作用，指导"城市各项建设工程的设计和规划管理"。②约 80% 的《技术规定》有作为"规划编制法规依据"的作用，一些适用于指导所有层次城乡规划的编制，另一些仅适用于指导分区规划、详细规划、城市设计等的编制。可以划分为四种类型。第一种类型，适用于所有层次城乡规划的编制，以及各项建设工程的设计和规划管理。第二种类型，适用于分区规划、详细规划等规划的编制，以及各项建设工程的设计和规划管理。第三种类型，仅适用于各项建设工程的设计和规划管理。第四种类型，仅适用于分区规划、详细规划等规划的编制。

临时建筑和个人自建房的相关要求通常不纳入《技术规定》的适用事项，如上海市《技术规定》(2003) 总则中的表述："……本市旧住房综合改造、零星建设工程、临时建设、郊区村民建房等按有关规定执行。"

(6)《技术规定》的适用地域

省（自治区）《技术规定》的适用地域主要可分为两种类型。第一种类型，陕西、甘肃、福建省的《技术规定》适用于本省（自治区）内各城市、各县（市）、各建制镇（或有条件的建制镇）的规划区。第二种类型，江苏、新疆、江西省（自治区）的《技术规定》仅适用于本省（自治区）各城市、各县（市）的规划区。此外，仅江苏提及乡、村地区的规划建设可参照本规定执行。其余省（自治区）《技术规定》对于乡、村地区的适用与否未加提及。除江西省以外，其余省（自治区）均明确支持各城市、各县（市）参照制订自身的《技术规定》。

直辖市、地级市、县级市《技术规定》的适用地域有以下特点：①绝大多数的《技术规定》只适用于本市城市规划区或中心城区。②一部分《技术规定》适用于"整个行政辖区"，或适用于本市、各县（市、区）（或含建制镇）的规划区；③较少《技术规定》提及是否适用于乡、村庄。

2.《技术规定》的篇章结构与内容设置

(1)《技术规定》的篇章结构

各地《技术规定》的篇章设置通常与规划管理工作的内容保持逻辑一致，按照"规划编制与审批、建设项目规划许可、规划监督检查、违章建设查处"的顺序进行设置（表 2-31）。

《技术规定》的篇章结构　　表 2-31

| 章的常见设置 | 节的常见设置 | | 备注 |
|---|---|---|---|
| 总则 | 一般按照"制订目的—编制依据—适用事项—适用地域—在规划实施中与相关规划的适用关系—高程坐标—符合其他法规文件的规定"的顺序 | | 必备章 |
| 规划编制与审批 | 一般包括"规划体系、规划编制与审批组织、各类型规划的内容、原则"等。按照"总体规划—分区规划—控制性详细规划—修建性详细规划"的顺序 | | 较少出现 |
| 建设项目规划许可 | 土地使用 | 一般按照城市建设用地使用分类标准（或含建设用地混合使用适应性）—各项用地建设控制指标（容积率、建筑密度、绿地率等）的顺序 | 必备章 |
| | 建筑管理 | 一般按照建筑间距—建筑物退让—建筑高度和面宽—建筑基地停车—建筑景观色彩的顺序<br>其中，建筑间距和建筑物退让是重点 | |
| | 道路交通和市政工程 | 道路交通一般按照城市道路—城市轨道交通—公路—铁路—站场工程的逻辑顺序进行内容设置。<br>市政工程一般按照给水—排水—电力—电信—燃气—供热—管线综合的顺序 | 较灵活 |

续表

| 章的常见设置 | 节的常见设置 | 备注 |
|---|---|---|
| 规划监督检查 | 一般按照规划验线（施工中放线）—规划验收（竣工后复验）的顺序 | 较少出现 |
| 违章建设查处 | 违法建设的含义和认定、违法建设法律责任人、违法建设行政处罚 | 仅肇庆 |
| 乡村规划管理 | 乡村规划编制与审批、乡村规划许可 | 较少出现 |
| 特殊规定 | 一般包括特定区域、空域地下、防灾减灾、城市景观风貌等 | 较灵活 |
| 附则 | 一般包括名词解释、有关附件材料、文件的颁布和实施时间等 | 必备章 |

资料来源：耿慧志，张乐，杨春侠．《城市规划管理技术规定》的综述分析和规范建议[J]．城市规划学刊，2014（6）：95-101。

（2）《技术规定》的内容设置

《技术规定》的内容设置是与规划管理工作相匹配的，规划管理工作可划分为5大基本板块：①规划编制与审批；②建设项目规划许可；③规划监督检查；④违章建筑查处；⑤乡村规划管理。前4个板块对应城市的规划管理，由于目前各地的乡村规划管理尚处于探索完善阶段，未能形成与城市规划管理一样的整套操作范式，因此将乡村规划管理作为一个相对独立的板块。

根据各地《技术规定》内容板块的设置差异，可将其划分为“单一许可型”和“综合统筹型”两种类型。所有的《技术规定》都包含了“建设项目规划许可”板块的内容，其中70%以上的《技术规定》仅设置了该板块内容，此为“单一许可型”。其余不足30%的《技术规定》除了包含“建设项目规划许可”板块的内容，还设置了其他板块的内容，称为“综合统筹型”。“综合统筹型”的《技术规定》对其他板块的内容有选择地设置，还可细分为7个亚类（表2-32）。

**各地《技术规定》的内容板块设置　　表2-32**

| 类型 | | 代表城市 | 《技术规定》内容板块 | 份数 | |
|---|---|---|---|---|---|
| 单一许可型 | | 重庆市（2012） | 建设项目规划许可 | 150 | |
| 综合统筹型 | 亚类一 | 天津市（2009） | 规划编制与审批、建设项目规划许可、规划监督检查、违章建设查处、乡村规划管理 | 1 | 38 |
| | 亚类二 | 厦门市（2010） | 规划编制与审批、建设项目规划许可、规划监督检查、违章建设查处 | 6 | |
| | 亚类三 | 包头市（2011） | 规划编制与审批、建设项目规划许可、乡村规划管理 | 3 | |
| | 亚类四 | 自贡市（2009） | 规划编制与审批、建设项目规划许可 | 8 | |
| | 亚类五 | 成都市（2008） | 建设项目规划许可、规划监督检查、违章建设查处、乡村规划管理 | 4 | |
| | 亚类六 | 乌鲁木齐市（2009） | 建设项目规划许可、规划监督检查、违章建设查处 | 5 | |
| | 亚类七 | 银川市（2011） | 建设项目规划许可、乡村规划管理 | 11 | |
| 合计 | | | | 188 | |

资料来源：笔者统计。

板块一：规划编制与审批。该板块内容的设置可分为“行政规范性内容”与“技术规范性内容”两类。前者直接规范各方当事人，是各方主体的行为准则和权利义务的依据；后者通过规范城市规划文本、城市用地与建筑的规划要求等技术性内容，间接规范各方主体。“行政规范性内容”主要是对规划编制的组织与审批等程序性内容作出规定。如厦门市《技术规定》(2010) 第二章城市规划编制，对本市的规划编制体系（包括法定规划、非法定规划）、各层次规划编制组织及审批主体、各层次规划编制主要内容、规划实施过程中的修改及责任规划师制度等内容做了规定。“技术规范性内容”则主要是对本地各层次规划成果编制内容的指导，类似于地方的“规划编制办法”。如天津市《技术规定》(2009) 第二编规划编制，分为一般规定、总体规划、专业规划、近期建设规划、分区规划、控制性详细规划、修建性详细规划等内容。

板块二：建设项目规划许可。该板块内容的设置有以下特征：第一，带有浓厚的技术色彩，大量篇幅是关于“技术规范性内容”的规定，仅有极少数的《技术规定》对“行政规范性内容”作出了规定。第二，在大量的“技术规范性内容”中，“建设用地的分类及兼容性、用地建设容量控制、建筑间距、建筑退让”等城市土地使用、建筑工程管理方面的内容最为常见，“市政交通、市政工程、建筑物高度与面宽、建筑基地停车”也较为常见，而“户外广告、临时建设、私房建设”等方面的内容则较为少见。第三，“技术规范性内容”与规划及相关的技术标准联系紧密，如关于城市建设用地分类的内容主要是依据国家标准。第四，部分《技术规定》使用了图示、表格等辅助表达方式，更加清晰、直观。

板块三和板块四：规划监督检查和违章建筑查处。该 2 个板块的内容主要涉及建设工程规划条件核实的法律地位、工作依据，以及参考文件、具体内容、验收报告的成果形式等方面。如天津市《技术规定》(2009) 第七编（证后管理）第三十五章对证后管理（包括规划验线、施工过程查验和规划验收）的定义、依据（主要是建设工程规划许可证）进行了规定。第三十六章对规划验线的具体内容（建筑物、市政交通、市政管线等）及报告成果形式进行了规定。第三十七章对规划验收的具体内容及报告成果形式进行了规定。仅肇庆市《技术规定》(2011) 涉及“违章建筑查处”的内容，对违法建设的涵义、认定、违法建设法律责任人、违法建设行政处罚等内容进行了规定。

板块五：乡村规划管理。该板块内容可分为“乡村规划编制与审批”与“乡村建设规划许可”两个方面。“乡村规划编制与审批”的内容主要包括乡村规划的编制原则、主要内容、规划成果形式等。如天津市《技术规定》(2009) 第二编（规划编制）第八章对乡规划和村庄规划主要内容、村庄分类（中心村、基层村）、村庄建设各类用地标准、乡村公共设施（含市政）配置、道路系统、规划成果等内容进行了规定。“乡村建设规划许可”主要对乡村建设规划许可证的核发依据（已批村庄规划）进行规定，并在控制指标体系上效仿了城市建设项目规划许可管理的做法，对乡村建筑工程（居住、公建）、市政交通工程、市政设施工程等进行了规定。如成都市《技术规定》(2008)（集体建设用地规划许可管理分册）包括了集体建设用地规划控制要求（居住建筑用地规划控制要求、公共建筑用地规划控制要求），建筑控制要求（建筑间距、建筑退界、建筑高度及建筑色彩），道路、对外交通工程，公用设施（给水、排水、电力、电信、燃气、市政环卫），竖向规划，防洪抗灾体系（防洪、消防、抗震、防地质灾害、避灾疏散）等。

其他内容板块。除上述5大基本板块之外，各地会根据自身情况，在《技术规定》中灵活的设置一些规划管理的技术指导内容，如城市景观风貌、规划勘察测量、地下空间建设等（表2–33）。

各地《技术规定》的内容设置　　表2–33

| 内容板块 | 具体内容 | |
|---|---|---|
| | 行政规范性内容 | 技术规范性内容 |
| 规划编制与审批 | 规划编制组织及审批管理、规划编制单位资质管理、规划修改的条件和规范、规划报批（电子和纸质）、其他方面（规划信息维护、责任规划师制度）等 | 城市、镇规划（总体规划、近期建设规划、分区规划、控制性详细规划、修建性详细规划）等法定规划及城市设计等非法定规划的编制原则、编制依据、编制内容等 |
| 建设项目规划许可 | 建设项目规划选址 | 建设用地的分类及兼容性、建设容量控制（容积率、建筑密度、绿地率）、市政交通、市政工程（量的预测、设施选址、管网布设）、建筑间距、建筑物退让、建筑高度与面宽、建筑基地停车、户外广告（门面装修）、临时建设、私房建设（棚户简屋修建、建制镇个人建房）等 |
| | “一书两证”的涵义解释 | |
| | 城市国有土地出让规划条件 | |
| | 建设项目规划设计成果要求 | |
| | 方案报批（包括电子报批） | |
| 规划监督检查 | 规划监督检查（放线复验、竣工测量等）的法律地位、工作依据及参考文件、规划设计条件（容积率、建筑密度、绿地率、建筑间距、建筑退界、建筑高度、层数、配套设施用房、停车位等）、验收报告的成果形式等 | |
| 违法建筑查处 | 违法建设认定、处罚办法、违法建设责任人等 | |
| 乡村规划管理 | 乡、村庄规划的编制原则、主要内容（规划区范围、规模测算、村庄建设各类用地标准、公共设施配置、交通和市政设施等）、规划成果形式、乡村建设规划许可证的核发依据、内容体系（乡村居住建筑、公共设施配置、交通和市政设施等建设工程）等 | |
| 其他 | 规划勘察测量（地形图的勘查测量）、用地分类、公建设施配套（中小学、乡村公建等）、特定区域划分（大城市公共活动中心地区、历史文化名城、风景名胜区、旧城改造）、城市景观风貌（城市公共空间、城市风貌、城市色彩、景观照明、建筑形态）、空域、地下空间、防灾减灾等 | |

资料来源：笔者统计。

## 注　释

[1] “法律”的概念解释及本节的主要内容来源于沈宗灵：《法理学》，北京大学出版社，2003年。“法规”的概念解释参照张萍：《城市规划法的价值取向》，中国建筑工业出版社，2006年，第4页。

[2] 本部分的主要内容来源于罗豪才主编、湛中乐副主编，《行政法学》，北京大学出版社，2001年。

[3] 按照《立法法》（2000年3月15日第九届全国人民代表大会第三次会议通过根据2015年3月15日第十二届全国人民代表大会第三次会议《关于修改〈中华人民共和国立法法〉的决定》修正）的规定，省、自治区、直辖市以及设区的市的人民代表大会及其常务委员会有权制定地方性法规。

[4] 本部分内容源自耿毓修编著．《城市规划管理》．北京：中国建筑工业出版社，2007。

[5] 主要内容源自全国注册城市规划师执业资格考试参考用书之三《城市规划管理与法规》第三章城乡规划法，执笔人任致远。北京：中国计划出版社，2011。

[6] 本部分内容源自郭林《城乡规划技术标准的体系分析和完善策略》2014年同济大学硕

士学位论文，导师：耿慧志。

[7] 参见《标准化法》第六条，《国家标准管理办法》（1990 年发布）第二条。

[8] 参见《标准化法》第六条，《行业标准管理办法》（1990 年发布）第二条，《关于规范使用标准代号的通知》（1998 年发布）。

[9] 引自：梁鹤年．政策规划与评估方法 [M]. 北京：中国人民大学出版社，2009。

[10] 主要内容参考《中共中央关于全面深化改革若干重大问题的决定》全文（2013 年 11 月 12 日中国共产党第十八届中央委员会第三次全体会议通过）。

[11] 主要内容参考中共中央、国务院 2014 年印发的《国家新型城镇化规划（2014—2020 年）》全文。

[12] 参见《中华人民共和国立法法》（2000 年通过，2015 年修正）第七十二条。

[13] 本部分主要内容源自，邹叶枫《上海市城乡规划的演变研究》2013 年同济大学硕士论文，导师：耿慧志，也源自郦燕萍《基于〈城乡规划法〉的上海市规划法规体系分析和完善建议》，2009 年同济大学硕士学位论文，导师：耿慧志。

[14] 练育强．近代上海城市法制现代化研究——以城市规划法为主要视角 [J]. 社会科学，2010，第 153-162 页。

[15] 练育强．近代上海城市法制现代化研究——以城市规划法为主要视角 [J]. 社会科学，2010，第 153-162 页。

[16] 练育强，城市 · 规划 · 法制——以近代上海为个案的研究 [M]. 北京：法律出版社，2010。

[17] 尽管其后被国民政府 1928 年制定的《特别市组织法》所替代，但对于文中所述内容的规定仍与《上海特别市暂行条例》一致。

[18] 练育强（2010）认为，城市规划决策、实施过程中的民主化，公民权利和自由的扩大等是规划法制现代化的重要特征之一。

[19] 上海市人民委员会关于批转“上海市建筑管理暂行办法”在内部试行的通知，上海市档案馆藏，案卷号 A54-2-2-27。

[20] 本部分主要内容参考邹叶枫《上海市城乡规划的演变研究》2013 年同济大学硕士论文，导师：耿慧志。

[21] 本部分内容源自，殷昭昕《〈城乡规划法〉条件下我国省级城乡规划法规的体系特征和完善对策》2010 年同济大学硕士学位论文，导师：耿慧志。

[22] 本部分内容源自，贾晓韡《〈城乡规划法〉条件下的我国“较大的市”城乡规划法规的体系特征和完善对策》2010 年同济大学硕士学位论文，导师：耿慧志。

[23] 本部分内容源自，郭林《城乡规划技术标准的体系分析和完善策略》，2015 年同济大学硕士学位论文，导师：耿慧志。

[24] 参见《标准化法》第六条，《地方标准管理办法》（1990 年发布）第二、十条。

[25] 耿慧志，张乐，杨春侠．《城市规划管理技术规定》的综述分析和规范建议 [J]. 城市规划学刊，2014（6）：95-101。

[26] 本部分主要内容源自，耿慧志，张乐，杨春侠．《城市规划管理技术规定》的综述分析和规范建议 [J]. 城市规划学刊，2014（6）：95-101.

[27] 刘奇志，凌利．城市规划管理技术规定编制工作探析．规划师，2004，20（7）：53-55。

[28] 本节涉及文件为各地《技术规定》的现行版本（至 2013 年），包括 125 份正式版和 63

份试行版。评判一部法规文件是否是《技术规定》，除通过文件名称以外，主要依据其内容是否为综合性的“规划管理技术性内容”。根据这个原则，《沈阳市居住建筑间距和住宅日照管理规定》等专项型法规文件未被纳入《技术规定》的范畴。资料收集方式包括网站查询（政府部门网站、百度搜索）、直接联系当地规划行政主管部门（电话、email、信函）。文章未考察县（旗、区）《技术规定》的制订情况。

[29] 3个民族自治州为恩施土家族苗族自治州、湘西土家族苗族自治州和德宏傣族景颇族自治州。

[30]、[32] 此为2015年《立法法》修改之前的统计口径，《立法法》修改后全国设区的市人大和政府拥有地方立法权。自治州、自治县的人民代表大会及其常务委员会也拥有立法权。

[31] 2015年修正之前的《立法法》第六十三条规定：“本法所称较大的市是指省、自治区的人民政府所在地的市，经济特区所在的市和经国务院批准的较大的市。”目前，我国“较大的市”共有49个，其中15个较大的市（沈阳、大连、抚顺、青岛、本溪、长春、吉林、拉萨、无锡、邯郸、南京、齐齐哈尔、徐州、汕头、鞍山）未发布自身《技术规定》。

## 复习思考题

1. 城乡规划的立法形式有哪些？
2. 城乡规划行政规范性文件的制定主体和主要形式是什么？
3. 城乡规划国家法规体系和地方法规体系分别包括哪些层次的法规文件？
4. 《城乡规划法》规定的城乡规划编制体系由哪几部分构成？
5. 我国《城乡规划技术标准体系》分为哪几个层次？
6. 国土空间规划体系分级分类的总体框架？
7. 上海市城乡规划法规体系特征及演变特点？
8. 地方城乡规划技术标准的特点以及与国家层面标准的关系是什么？
9. 《城市规划管理技术规定》在城市规划管理中发挥的作用？

## 深度思考题

1. 如何看待行政规范性文件在城乡规划中的地位和作用？
2. 如何看待城乡规划部门的法规文件与其他部门的法规文件之间的关系？
3. 如何理解国家技术标准的规范和约束作用？
4. 如何看待城乡规划法规文件的修订周期？
5. 如何理解国土空间规划的法规体系建设？

# 城乡规划的管理部门和行业管理

本章要点

①城乡的行政分级；

②国家、省（自治区）、直辖市、市（县）、镇（乡）各级城乡规划管理部门设置情况；

③我国几个典型大城市的城市规划分级管理的机构设置和权限划分；

④城市规划委员会的职能；

⑤城市规划编制单位资质管理的主要内容；

⑥注册城乡规划师执业资格制度的相关规定。

# 第一节 城乡规划的管理部门

## 一、城乡的行政体制变迁

### （一）城市的行政体制变迁

国家统计数据显示，2018年我国共有设市城市672个，按行政等级可分为直辖市、地级市、县级市三级。

直辖市的行政级别与省、自治区相同，目前我国直辖市有4个：北京、上海、天津、重庆。

2018年，我国共有地级市293个[1]。地级市之中包括15个副省级城市：沈阳、长春、哈尔滨、南京、杭州、济南、武汉、广州、成都、西安、大连、宁波、厦门、青岛、深圳。

2018年我国共有县级市375个[2]。县级市是在行政等级上相当于县的市。县级市有两大类，一类是由镇升格而成，另一类是由县改制而成，我国大多数“市”都是以撤县设市的方式建立。

建制镇分为两种情况，一种是县政府所在地的镇，另一种是非县政府所在地的镇，县城所在地的镇通常称为“城关镇”。对县城所在地的镇而言，县城即镇区，县城城市规划区由县政府下属城乡规划主管机关负责管理，镇政府只有城市规划区外围地区建设的部分规划管理权限。2018年我国共有建制镇21297个[3]。

改革开放之前，除自治州辖市外，所谓“地级市”、“县级市”都属省辖市。在省辖市中按《宪法》规定只有设区的市和不设区的市之别，没有“地级市”和“县级市”之分。1978年宪法规定，直辖市和较大的市下面分为区、县，市领导县的体制被正式纳入政府体制，市领导县体制大范围推行后对省辖市产生了进行分类管理的需要，地级市和县级市的称谓在文件中的正式使用开始出现。1983年5月18日国家劳动人事部、民政部在《关于地市机构改革的几个主要问题的请示报告》中首次使用“地级市”和“县级市”，同年在国务院有关行政区划批复中正式使用地级市和县级市。此后，地级市和县级市之别广泛体现在机构编制、干部配置及工资待遇、经济和行政管理权限以及司法制度等各个方面。

20世纪80年代以前，与“地级市”行政地位相当的是“地区”，当时的“地区”均为省会城市和重要工业城市，其行政管辖地域以市辖区为主，农业人口很少，属于真正意义上的城市。地区行政专署属于省政府的派出机构，不属于一级政府。20世纪80年代以后，以地区为主的行政管理制度转变为较大城市直接管理县级行政区，开始成规模地进行“地市合并”、“撤地建市”和“地改市”。地级市领导县的体制主要包括三种情况：一是“地市合并”，即地级市和原来的地区行政公署合并，建立新的地级市来领导县。在合并前，地区只管县而不管城区，市只管城区而不管县。实行地市合并后，改变了两者互不相关、城乡分割的局面，推动了城乡经济与社会发展的一体化。同时，这一做法有利于统一管理，减少了一套地级行政管理机构，节约了政府成本，提高了行政效率。这种情况在20世纪80年代和20世纪90年代初较多。例如原来的温州地区与温州市合并组建新的温州市，领导周围的几个县。二是"撤地建市"或"地改市"，也就是将原来的地区撤销，将地区所在的县级市升级为地级市，或者将地区直接改为地级市政府，并领导几个县。如江苏省淮阴市升级为地级市，领导周围的11个县。浙江省在撤销金华地区后，直接设立新的金华市，管辖原金华地区的数个县。三是"划县入市"，一些地级市原来不领导县，在市领导县的体制改革中，这些市周围的县逐渐被纳入市领导的范围，从而建立起市领导县的体制。如武汉、长沙、无锡等市。

改革开放以前，县级市一般是从县域范围内分出一个或几个乡镇设市而来，也就是常说的"切块设市"。那时，我国县级市发展缓慢，一定时期内比地级市还少，如1975年全国有地级市96个，而县级市只有86个。1980年代，中国的行政制度中的一项重要改革，就是县改市（包括县改区、县级市升为地级市）。县改市做法最早在浙江兴起，1978年国务院批准了浙江绍兴、嘉兴、金华、湖州、衢州5个县改为市。随后在改革开放的背景下，撤县改市成为一股浪潮。县改市的目的与地市合并一样，都是为了打破城乡分割，推动城乡一体化发展。1986年国务院批准了民政部关于调整设市的标准，规定：总人口在50万以下的县、县政府所在地的镇的非农业人口10万人以上，常住人口中农业人口不超过40%、年国民生产总值3亿元以上的；总人口50万以上的县、县政府所在地的镇的非农业人口12万以上、年国民生产总值4亿元以上的；自治州政府或地区行政公署驻地所在镇，非农业人口虽不足10万、年国民生产总值不到3亿元，若有必要，可以撤县建市。1993年，国务院批准了民政部"关于调整设市标准的报告"，从人口密度、非农业人口以及产业的角度进一步规范了撤县建市的标准。从1978年到1997年，约有近400个县加入了市的行列。到1998年底全国共有437个县级市，比改革开放前的1977年增了347个，其中80%是撤县设市而来。

计划单列市出现于1980年代，让一些大城市在国家计划中实行单列，享有省一级的经济管理权限，而不是省一级行政级别。设立计划单列市之初，并未对行政级别做明确解释。计划单列市的设立是分批的，到1993年共先后设立计划单列市16个：沈阳、大连、长春、哈尔滨、南京、杭州、宁波、厦门、济南、青岛、武汉、广州、深圳、成都、重庆、西安。1993年，国务院决定撤销省会城市的计划单列，计划单列市只剩6个（大连、宁波、厦门、青岛、深圳、重庆）。同年，中央机构编制委员会宣布，原先16个计划单列市行政级别为副省级，包括10个副省级省会城市和6个计划单列市，而这些城市统称副省级城市。1997年，重庆设立直辖市，不再是计划单列市。

市领导县的体制以及地级市的发展，对中国的行政体制发展具有重要的意义。这一发展有利于打破城乡分割，协调城乡经济的发展，建立城乡一体化的发展进程。特别是对于农村的经济发展，更是起到推动了农村的工业化、城市化进程的作用。从政府体制的角度来看，地级市的发展和市领导县的体制，改变了中国政府体系中的层级结构，使中国的主要行政体系从四级变成五级，即国务院—省—地级市—县（区）—乡（镇）。从地级市本身而言，在领导县以后，地级市的功能发生了重要变化，从原来仅仅是城市政府转变为既承担城市职能，又承担农村和农业管理的职能，使地级市政府的管理活动日益复杂。这也使得地级市在发展中遇到了不少的问题。实行地级市领导县体制的初衷，是通过经济比较发达、工业化程度较高的城市来带动周围农村乡镇经济的发展，逐步实现城乡的一体化。但在实际运行中，一些地级市并没有充分发挥城市带动农村的作用，而是片面地发展工业，使农村的经济结构变得不合理，或者一些地级市并没有积极主动地带领农村消除城乡差异，反而成为县发展的束缚，导致城乡经济的对立。从管理活动的角度来看，地级市在中国政府体制中增加了一个管理层次，使得行政沟通变得更加复杂和困难，影响了信息的传递，降低了行政效率。由于实行市领导县的体制是为了消除城乡发展的差异，推动城乡一体化的发展，因而在农村城市化和工业化达到一定阶段后，市领导县的体制所反映出来的问题越来越多。

县改市运动对中国的行政体制产生了重要的影响，县级市的行政地位与县产生了一定的差异：与过去的市只领导城区不同，县级市不仅仅是城市政府，而且也是领导农村的政府。经过多年的发展，县改市地区的农村经济得到了进一步的发展，工业化、城市化程度发展迅速，各项社会事业得到了全面发展。但也遇到了许多问题，例如县改市后，县级市与上级地级市之间存在一定的冲突，地级市一定程度上压制、妨碍了县级市的发展；县级市的政府职能虽然得到了扩大，但在既管理城区又管理农村的任务下，县级市的管理面临着重重困难，一些地区城乡分割的局面并没有因为县改成了市而得到明显改善；县改市以后，在城市形态上造成了一定的混乱，中心城市与县级市在发展目标上存在一定的冲突，形成不合理的竞争关系等。

21 世纪初期，一个值得注意的行政区划改革趋向是“省管县”。2005 年 10 月 18 日发布的国家“十一五”规划中提出，“未来五年要推进财政税收体制改革，合理界定各级政府的事权……理顺省级以下财政管理体制，有条件的地方可实行省级对县的管理体制。”浙江通常被作为“省管县”的成功范例。2005 年“全国百强县”中，浙江有 30 个，将近 1/3。这也意味着，浙江省的 36 个县和 22 个县级市中的一半名列其中。在很多观察家眼中，浙江省强大的县域经济与“省管县”的体制密不可分。但浙江省很多官员与学者都认为，浙江省目前只是通过把经济发展快的县的财政管理权限拔高，以减少管理层次，虚化地级市的管理权限，但行政体制上并没有拿掉地级市的功能，因此和严格意义上的“省管县”不是一个概念。浙江成为很多省份效仿的对象，从 2003 年开始，山东、福建、湖北、广东、河南、河北、吉林、江苏等众多省份出台的加快发展县域经济的文件中，“强县扩权”成了制定相关政策的主基调。但在效仿过程中，大多数地方的进展并不大。对于省管县以后的格局和县的优势，有学者分析认为，有人事任命、财政分配、金融信贷、项目审批、项目建设优先权，而这些无不牵涉到地级市与县之间的博弈。其中项目审批是省直管的最大意义所在，也成为博弈最多的环节。正是这些博弈导致了改革的进程缓慢。例如 2003 年湖北省就下发文件，将 239 项审批权限下放到到大冶、汉川等县及县级市。但有调查显示，在 239 项事项中，落实较好的只有 87 项，未能落实的占 99 项，缺乏可操作性的 27 项。江苏最早成为“省管县”的试点，2006 年初，在江苏省人代会上曾明确要求推进省管县的改革，并采取了县级党委书记进入省委委员班子的行政手段，去推动省管县与“强县扩权”的改革。实行真正意义上的省管县目前还面临着很多的体制障碍，比如司法制度，中国是省、市、县三级法院制度，如果市、县平起平坐之后，势必面临公、检、法管理体制的相应变化。而对于一些人口众多、辖区广大的省和自治区而言，可能出现省一级政府管理幅度过宽、管理难度加大的问题。

近年来，“省管县”的体制作为国家全面深化改革中的加快转变政府职能的具体措施再次被强调。在 2013 年 11 月 12 日中国共产党第十八届中央委员会第三次全体会议通过的《中共中央关于全面深化改革若干重大问题的决定》中提出“优化行政区划设置，有条件的地方探索推进省直接管理县（市）体制改革。”

与此同时，与前者“强县扩权”的趋势一脉相承的“强镇扩权”的改革趋势近年来也方兴未艾。改革开放以来，随着我国各地经济实力的稳步增强，一些规模较小的城镇在各个方面开始具备成为城市的基本条件，但由于相应的行政权力不配套，这些小城镇仍然以乡镇模式进行管理，导致其发展受到了诸多限制。于是我国经济发达地区开始了探索乡镇行政体制改革，实行“强镇扩权”的道路。

这些地区中间，以浙江省最为突出。改革开放后，浙江省涌现了一大批人口多、规模大、经济实力强、设施功能全的“强镇”。这些“强镇”在推进新型城市化、促进城乡一体化发展中起到十分重要的作用。但在传统乡镇行政管理体制下，它们始终处于“责任大、权力小、功能弱”的境地。

而“强镇扩权”的实质是行政管理体制改革，有利于进一步调整理顺市、县、镇三级政府的权责关系，有利于提高镇级政府的行政管理水平。因此，浙江省一直走在“强镇扩权”改革的前列，并且已经进行了多年试点。其“强镇扩权”进程大致可概括如下：2006 年，浙江省绍兴市试行“强镇扩权”，作为最早实行的试点之一，绍兴市钱清镇一年的产值达 356 个亿，几乎可以与当时一个县的 GDP 持平。2007 年 5 月，浙江省下发《关于加快推进中心镇培育工程的若干意见》，首批选定 141 个省级中心镇，按照“依法下放、能放就放”的原则，赋予中心镇部分县级经济社会管理权限。2010 年底，浙江省选择 27 个中心镇启动了小城市培育试点，进行强镇扩权，给这些镇下放扩权事项 191 项、下放综合执法权 455 项。2014 年 4 月，浙江省又公布了新一轮 16 个小城市培育试点名单，包括建德市乾潭镇等 9 个中心镇和杭州市淳安县千岛湖镇等 7 个县城。同年 6 月，浙江省再次出台“强镇扩权”新政，根据《浙江省强镇扩权改革指导意见》的通知，浙江此前划定的 200 个中心镇，重点是 2010 年底、2014 年上半年两次确定的 43 个小城市培育试点镇，将被赋予与人口和经济规模相适应的县级管理权限。而且，强镇的落户制度全面放开，进城农民将继续保留土地承包权等权益。该《指导意见》同时提出了创新户籍管理制度和完善行政管理体制的改革任务，出台了 77 项经济管理事项扩权指导目录和 60 项社会管理事项扩权指导目录。[4]

在全国范围内，按行政级别的调整与否分类，“强镇扩权”的主要表现有“副县级镇”与“镇级市”两类。前者通过提高镇的行政级别来获得财权和事权，后者则不调整行政级别，将县市部分权力下放。前者的典型代表有安徽省巢湖市内的副县级镇桐炀、柘皋、黄麓、槐林。后者的典型代表有温州市下辖的乐清市柳市镇、瑞安市塘下镇、永嘉县瓯北镇、平阳县鳌江镇、苍南县龙港镇。

“副县级镇”主要负责人由副县级干部担任或者兼任，机构设置和人员编制较多，镇政府设若干科或办公室，由县政府直接领导。一般县政府所在地的镇为副县级，社会经济文化发达且人口众多的非县政府所在地也可以设副县级镇。“镇级市”进入公众视野是在 2010 年 2 月 22 日，时任浙江省温州市委书记邵占维在强镇党委书记座谈会上提出“要把乐清市柳市镇、瑞安市塘下镇、永嘉县瓯北镇、平阳县鳌江镇、苍南县龙港镇这 5 个试点强镇建设成为镇级市”。在全国“两会”期间，他又提出建设“镇级市”要简政放权，按照小城市的标准进行规划、建设和管理，同时把“镇级市”改革正式写入官方文件。因此，我国“镇级市”改革是以浙江省温州市“镇改”为标志的。

在十八大召开之后，“强镇扩权”作为“新型城镇化”的具体改革措施进一步贯彻实施。2014 年 3 月由中共中央、国务院印发的《国家新型城镇化规划（2014—2020 年）》中提出“对吸纳人口多、经济实力强的镇，可赋予同人口和经济规模相适应的管理权。”为贯彻落实中央部署，加快构建有利于小城镇发展的体制机制，2014 年 4 月 1 日，中央编办、民政部等 6 部委联合下发《关于开展经济发达镇行政管理体制改革试点工作的通知》，决定在河北、江苏、浙江、安徽、山东、湖北、广东等 13 个省选择 25 个经济发达镇进行改革试点，核心内容是将权力下放到镇级政府，正式开启镇级市“强镇扩权”改革。这些试点“镇级市”除交通便利、公共设施完备外，一般“远离县城，户籍人口不少于 3 万至 5 万，GDP 不少于 50 亿”，主要由所属的地级（或副省级）市委、市政府批准，省委、省政府核定，所在县（市、区）的党委、政府出台试点方案。

“强镇扩权”体制改革主要的两种类型“副县级镇”与“镇级市”的主要特征和典型代表如下：

1. 副县级镇

这一类型的改革通过提高镇的行政级别，来获得财权和事权，增强城镇自身的经济发展和建设能力，带动农村城镇化建设，引领城乡发展。以广东省佛山市南海区狮山镇为代表，包括安徽省巢湖市“桐炀、柘皋、黄麓、槐林”四镇，主要做法是将镇的级别升格为副县级。与此同时，缩减行政审批，执法等方面的环节，提高统筹协调、自主决策和公共服务能力；按照精简、统一、效能的要求，精简政府机构，高效服务基层；明确行政边界，推行“以钱养事”的政府购买服务形式，实行“以事定费”的事业单位改革方针等。

2. 镇级市

这一类型的改革不调整行政区划层级，只将县级部分财权和事权下放，增加经济强镇自由发展度，解决“责大、权小、功能弱”的问题，推进城镇现代化建设，统筹城乡发展。主要以浙江为代表，还包括山东青岛、安徽合肥、湖北荆门等地，主要做法是不调整行政级别，选取若干小城市培育试点镇赋予其与人口和经济规模相适应的县级管理权限。与此同时，强镇的落户制度将逐步放开，进城农民将继续保留土地承包权等权益。以这些措施来实现部分县级经济权力下放，增进城镇的自主发展潜力，核心要义是以一个城市的标准来建设和管理一个镇。

以上两类“强镇扩权”的共同点是管理重心下移和增强镇级基层政府的财政能力，与“省管县”理念上一致，都是我国近年来行政体制改革中权力中心下移，纵向权力结构扁平化趋势的具体表现。

**（二）乡村的行政体制变迁**

乡村可以分为乡和村两级。截至 2018 年底，全国共有乡 10253 个。[5]

乡为我国现行基层行政区划单位，区划层次介于县与村之间。“乡”为县、县级市的主要行政区划类型之一。我国行政区划史上，“乡”一直为县的行政区划单元，因此将处于同一层次的区划单位归入乡级行政区。乡级行政单位类型包括乡（及民族乡）、镇、县辖区、街道，内蒙古自治区还有苏木和民族苏木。其中乡（民族乡）、镇、苏木均设有政府，县辖区和街道属于准行政区划单位，另外存在少量特设的准乡级行政区划单位——乡级行政管理区（简称管区或管理区）。在乡级行政区划中，乡（包括镇）设有政府，属于基层政权；乡的行政区划单位为村（含民族村）。但很多乡设有社区，乡的区划单位设置与镇、街道看不出实质性差异。

村为我国农村中的居民点的名称。多由一个家族聚居而自然形成，居民在当地从事农林牧渔业或手工业生产。往往由几个村构成乡或镇。设置于农村的基层群众性自治组织为村民委员会，根据村民居住状况、人口多少和便于群众自治的原则设立。

1. 我国乡级行政区以下的农村基层行政管理体制变迁[6]

中华人民共和国成立之后，我国乡级行政区以下的农村基层行政体制的发展变化大致可以分为三个时期：

第一个时期是两种新的管理体制同时并存的社会主义改造时期（1949—1958 年）。这个时期，从 1949—1950 年，乡村社会的组织结构，在短期内仍旧保持着国民政府后期实行的“甲－保－乡”三级管理体制；但从 1951—1958 年，就在改造旧保甲的基础上，建立了新农会和村政权，实行“邻－村－乡”三级管理体制。当时全国的乡、镇总数，在最多时的 1952 年达到 27 万多个，在最少时的 1957 年也仍有 12 万多个。

与此同时，又在 1952 年开始的农业合作化运动中，逐步出现了从“互助组－初级社－高级社”的农业合作社组织。到 1957 年全面实现农业合作化时，在全国的 11000 万农户中，已有 96.3% 的农户（即 10742.2 万户）加入了农业合作社，使全国的初级社达到 268.5 万个，高级社达到 107 万个。这些合作社的产生和存在，又在一定程度上取代了当时存在的邻和村的行政职能。农村基层组织在农业合作化时的管理幅度和组织规模为互助组平均每组约为 8 户，初级社的组织规模平均每社最少时为 20 多户，最多时达到 40 余户，高级社的组织规模平均每社最少时为 50 多户，最多时达到 100 余户。

第二个时期是三种四级管理体制交替更迭的“政社合一”时期（1958—1983 年）。这个时期的行政区划几经调整，乡村社会的组织结构发生三次变化：第一次是人民公社化初期实行“生产队－生产大队－管理区－人民公社”虚四级管理体制；第二次是“大生产队”体制时期实行“作业组－生产队－生产大队－人民公社”虚四级管理体制；最后一次是 1980 年代初“小生产队”

体制时实行“生产小组－生产队－生产大队－人民公社”虚四级管理体制。我国乡村社会的公社、大队和生产队这三级基层组织，数量最少时有 23630 个公社、46 万多个生产大队和 500 余万个生产队，数量最多时有 80956 个公社和 73 万多个生产大队，生产队的数量长期稳定在 700 万个左右。同时这个时期长期坚持“一大二公”、“政社合一”、“以党代政”和“三级所有、队为基础”。从管理幅度和组织规模来讲，平均每个公社管辖的大队数量最少时 8 个最多时不超过 20 个，平均每个大队管辖的生产队数量最少时 7 个，最多时不超过 20 个；平均每个大队管辖的农户最少时 180 多户，最多时 250 多户，管辖的人口最少时 800 多人，最多时达到 1100 多人。

第三个时期是“实三级制”与“虚四级制”同时并存的“乡政村治”时期（1983 年至今）。这个时期，根据农村新形势要求和 1982 年新宪法规定，在废除人民公社体制的同时，重新恢复乡镇建制，并把乡镇人民政府作为我国的基层政权。但自 1983 年以来，农村基层组织的行政区划也几经变化。尤其是在撤区并乡之后，县、市以下农村基层组织的治理层次，大多数乡镇实行“村民小组－村民委员会－乡、镇人民政府”三级管理体制；但与此同时，也有不少乡镇在乡与村之间设置了一个乡镇的派出机构，又实行“村民小组－村民委员会－管理区－乡、镇人民政府”虚四级管理体制。从农村基层组织的管理幅度和空间范围来讲，我国乡、镇的总数从 1984 年的 91400 多个合并为 2014 年的 32683 个，我国村民委员会的总数从 1985 年的 94 万多个合并为 2014 年的 585451 个。[7]

经过中华人民共和国成立以后这三个历史时期的不断变化，我国乡级行政区以下的农村基层最终形成了“村民小组－村民委员会－乡、镇人民政府”三级管理体制，而在乡与村之间还存在着片区、管理区或办事处的地方，又实行“村民小组－村民委员会－管理区－乡、镇人民政府”虚四级管理体制。2018 年，全国共有个乡、镇人民政府 39945 个，2014 年村民委员会 585451 个。[8]

20 世纪 80 年代以后，“撤区并乡扩镇”成为我国乡级行政区划调整的主基调。撤区、扩镇、并乡就是撤销县市以下设置的区公所，适当扩大镇的规模，成建制地将小乡并入镇或合并为大乡。其目的在于切实把乡镇建设成为能有效地领导和管理本行政区域的政治、经济、文化和各项事务的一级政权。作为特定历史阶段的产物，县、区、乡三级管理的行政体制对推动地方经济社会发展作出了积极贡献。但十一届三中全会以后，随着农村商品经济的快速发展，这种三级管理行政体制的弊端也日益显现：大部分乡镇规模过小，不利于农村经济的更快发展；由于经济基础薄弱，农村各项社会事业的需求受到严重影响；区乡镇并存，管理层次增加，条块关系复杂，影响了乡镇政府的功能，不利于基层政权建设；小城镇形不成规模，发挥不了辐射功能，不利于城镇建设事业的发展。因此，“撤区并乡扩镇”成为我国长久以来乡级行政区划调整的主流。通过多年以来全国范围内的“撤区扩镇并乡”，进一步优化了乡镇的设置，扩大了小城镇总体规模，增强了其对周边地区的集聚和辐射力。

2. 我国行政村行政管理体制

我国农村现在实行村民自治体制，村民委员会为我国乡（镇）所辖的行政村的村民选举产生的群众性自治组织，村民委员会是村民自我管理、自我教育、自我服务的基层群众性自治组织，村民委员会由主任、副主任和委员三至七人组成。领导班子由民主选举产生，每三年选举一次，没有终身制，任何组织或者个人不得指定、委派或者撤换村民委员会成员。村委会成员不属于国家干部，其产生的依据为《中华人民共和国村民委员会组织法》。

村民委员会的出现始于广西宜山、罗城两县。1980年两县的农民自发组成了一种准政权性质的群众自治组织即村民委员会，至此标志着人民公社化以来的生产大队的行政管理体制开始解体，此时的村委会的功能在此只是协助政府维护社会的治安；之后河北、四川等省农村也出现了类似的群众性组织，并且越来越向经济、政治、文化等方面扩展。1982年我国宪法确认了村民委员会的法律地位，因此为村民自治提供了法律依据。1988年6月1日大陆《村民委员会组织法》开始试行，之后约有60%的行政村初步实行了村民自治，1998年《村民委员会组织法》修订稿正式颁布实施，从1988年村委会组织法试行至今，我国绝大部分农村进行了3至4次村委会选举。

2012年11月5日，民政部网站公布由中纪委、中组部和民政部等12个部委联合印发的《关于进一步加强村级民主监督工作的意见》。村委会成员任期和离任都须接受经济责任审计。农村除由村民投票选出村“两委”[9]外，还将设立村务监督委员会，制约并监督村干部处置村集体财产的权力。

## 二、城乡规划的管理部门

在我国行政体制框架下，城乡规划管理部门层级大致可分为：国家、省（自治区、直辖市）、市（县、州）和镇（乡）四级。其中自然资源部为国家城乡规划主管机关，各省（自治区、直辖市）人民政府下设自然资源厅（直辖市为规划和自然资源局），市（县、州）人民政府下设规划和自然资源局（或自然资源局），镇（乡）人民政府下设城建所（或建设办等）。

在省级城乡规划管理部门中，虽然省（自治区）与直辖市属于平级，但是省（自治区）城乡规划行政管理部门一般不涉及城乡规划的编制组织和建设项目的规划许可管理。而直辖市要承担大量具体的城乡规划实施管理职能，如建设项目“一书三证”的发放和城市详细规划的编制与审批。

### （一）国家城乡规划行政主管机关[10]

2018年，国家自然资源成立，旨在融合和统一国土空间规划管理职能，之前隶属住房和城乡建设部的城乡规划管理职能、国土资源部的土地利用管理职能、发改委的主体功能区规划管理职能以及林业、海洋、草原、水资源等的管理职能统一划归自然资源部统一管理。

自然资源部的内设机构包括：办公厅、综合司、法规司、自然资源调查监测司、自然资源确权登记局、自然资源所有者权益司、自然资源开发利用司、国土空间规划局、国土空间用途管制司、国土空间生态修复司、耕地保护监督司、地质勘查管理司、矿业权管理司、矿产资源保护监督司、海洋战略规划与经济司、海域海岛管理司、海洋预警监测司、国土测绘司、地理信息管理司、国家自然资源总督察办公室、执法局、科技发展司、国际合作司（海洋权益司）、财务与资金运用司和人事司。

1. 法规司

承担有关法律法规草案和规章起草工作；承担有关规范性文件合法性审查和清理工作；组织开展法治宣传教育；承担行政复议、行政应诉有关工作。

2. 国土空间规划局

拟订国土空间规划相关政策，承担建立空间规划体系工作并监督实施；组织编制全国国土空间规划和相关专项规划并监督实施；承担报国务院审批的地方国土空间规划的审核、报批工作，指导和审核涉及国土空间开发利用的国家重大专项规划；开展国土空间开发适宜性评价，建立国土空间规划实施监测、评估和预警体系。

3. 国土空间用途管制司

拟订国土空间用途管制制度规范和技术标准；提出土地、海洋年度利用计划并组织实施；组织拟订耕地、林地、草地、湿地、海域、海岛等国土空间用途转用政策，指导建设项目用地预审工作；承担报国务院审批的各类土地用途转用的审核、报批工作；拟订开展城乡规划管理等用途管制政策并监督实施。

4. 耕地保护监督司

拟订并实施耕地保护政策，组织实施耕地保护责任目标考核和永久基本农田特殊保护，负责永久基本农田划定、占用和补划的监督管理；承担耕地占补平衡管理工作；承担土地征收征用管理工作；负责耕地保护政策与林地、草地、湿地等土地资源保护政策的衔接。

5. 国土空间生态修复司

承担国土空间生态修复政策研究工作，拟订国土空间生态修复规划；承担国土空间综合整治、土地整理复垦、矿山地质环境恢复治理、海洋生态、海域海岸带和海岛修复等工作；承担生态保护补偿相关工作；指导地方国土空间生态修复工作。

**（二）省（自治区）城乡规划主管机关**

1. 省（自治区）城乡规划主管机关设置的特点

（1）省级（自治区）城乡规划管理职能归属于自然资源厅。省、自治区的城乡规划主管机关的管理职能主要集中于三大部分：①城乡规划政策法规和技术标准的制定；②城乡规划的编制审批管理；③城乡规划的编制资质和执业资格管理。

（2）省、自治区的城乡规划主管机关的管理职能一般不涉及具体的城市规划实施管理，这点与直辖市的城乡规划主管机关不同，直辖市城乡规划主管机关的管理职能包括了建设项目的规划许可管理、批后监督检查和违法建设的行政处罚等。

（3）省、自治区的城乡规划主管机关在规划编制审批方面主要集中于总体规划层面的规划编制审批，而直辖市还大量涉及详细规划层面的规划编制与审批。

2. 省级城乡规划主管机关的机构设置和主要职能

（1）实例 1：浙江省自然资源厅[11]

机构概况。根据《浙江省机构改革方案》组建省自然资源厅。将省国土资源厅、省海洋与渔业局的职责，省发展和改革委员会的组织编制主体功能区规划职责，省住房和城乡建设厅的城乡规划管理职责，省水利厅的水资源调查和确权登记管理职责，省林业厅的森林、湿地等资源调查和确权登记管理职责，省海洋港口发展委员会的海洋港口岸线统筹管理职责，省测绘与地理信息局的行政职能等整合，组建省自然资源厅，作为省政府组成部门，加挂省海洋局牌子。不再保留省国土资源厅、省海洋与渔业局。

职能转变。贯彻落实中央、省关于统一行使全民所有自然资源资产所有者职责，统一行使所有国土空间用途管制和生态保护修复职责的要求，强化制度设计，发挥国土空间规划的管控作用，推进“多规合一”，为保护和合理开发利用自然资源提供科学指引。进一步加强自然资源的调查监测和评价、确权和登记、保护和合理开发利用，建立健全源头保护和全过程修复治理相结合的工作机制，实现整体保护、系统修复、综合治理。创新激励约束并举的制度措施，推进自然资源节约集约利用。进一步精简下放有关行政审批事项、强化监管力度，深入推进“最多跑一次”改革，充分发挥市场对资源配置的决定性作用，更好发挥政府作用，强化自然资源管理规则、标准、制度的约束性作用，推进数字化转型，提升全省自然资源管理的现代化水平，推进服务便民高效。

与城乡规划管理关系密切主要职能如下：

1）履行全民所有土地、矿产、森林、草原、湿地、水、海洋等自然资源资产所有者职责和所有国土空间用途管制职责；贯彻执行国家和省有关自然资源管理、国土空间规划和测绘地理信息管理的方针政策和法律法规，起草相关地方性法规、规章草案。

2）负责自然资源统一确权登记工作；制定各类自然资源和不动产统一确权登记、权籍调查、不动产测绘、争议调处、成果应用的制度、标准、规范；建立健全全省自然资源和不动产登记信息管理基础平台；负责自然资源和不动产登记资料收集、整理、共享和汇交管理等；指导监督自然资源和不动产确权登记工作；负责省政府确定的自然资源和不动产确权登记等工作；会同有关部门调处全省重大自然资源权属和不动产权属争议。

3）负责自然资源资产有偿使用工作；建立全民所有自然资源资产统计制度，负责全民所有自然资源资产核算；编制全民所有自然资源资产负债表，拟订考核标准；制定全民所有自然资源资产划拨、出让、租赁、作价出资和土地储备政策，合理配置全民所有自然资源资产；负责自然资源资产价值评估管理，依法收缴相关资产收益。

4）负责自然资源的合理开发利用；组织拟订自然资源发展规划、战略和开发利用标准并组织实施；建立政府公示自然资源价格体系，组织开展自然资源分等定级价格评估，开展自然资源利用评价考核，指导节约集约利用；负责自然资源市场监管；组织研究自然资源管理涉及宏观调控、区域协调和城乡统筹的政策措施。

5）负责建立空间规划体系并监督实施；推进主体功能区战略和制度，组织编制并监督实施国土空间规划和相关专项规划；开展国土空间开发适宜性评价，建立国土空间规划实施监测、评估和预警体系；组织划定生态保护红线、永久基本农田、城镇开发边界等控制线，构建节约资源和保护环境的生产、生活、生态空间布局；建立健全国土空间用途管制制度，拟订城乡规划政策并监督实施；组织拟订并实施土地、海洋等自然资源年度利用计划；负责土地、海域、海岛等国土空间用途转用工作；负责土地征收征用管理。

6）负责统筹国土空间生态修复；牵头组织编制国土空间生态修复规划并实施有关生态修复重大工程；负责国土空间综合整治、土地整理复垦、矿山地质环境恢复治理、海域海岛海岸线（港口岸线除外）整治修复和海洋生态修复等工作；牵头建立和实施生态保护补偿制度，制定合理利用社会资金进行生态修复的政策措施，提出重大备选项目。

7）负责组织实施最严格的耕地保护制度；牵头拟订并实施耕地保护政策，负责耕地数量、质量、生态保护；组织实施耕地保护责任目标考核和永久基本农田特殊保护；完善耕地占补平衡制度，监督占用耕地补偿制度执行情况。

8）负责自然资源督察和行政执法工作；根据省委、省政府授权，对市县落实自然资源和国土空间规划的方针政策、决策部署及法律法规执行情况进行督察；查处自然资源开发利用和国土空间规划及测绘重大违法案件；指导市县有关行政执法工作。

（2）实例2：广西壮族自治区[12]

根据《广西壮族自治区机构改革方案》精神，将自治区国土资源厅的职责，自治区发展和改革委员会的组织编制主体功能区规划职责，自治区住房和城乡建设厅的城乡规划管理职责，自治区水利厅的水资源调查和确权登记管理职责，自治区农业厅的草原资源调查和确权登记管理职责，自治区林业厅的森林、湿地等资源调查和确权登记管理职责，自治区海洋和渔业厅的海洋自然资源调查和确权登记管理职责，自治区测绘地理信息局的职责等整合，组建自然资源厅，作为自治区人民政府的组成部门。统一领导和管理自治区林业局，管理自治区海洋局、自治区矿产勘查开发局。

自治区自然资源厅主要承担统一行使全区全民所有土地、矿产、森林、草原、湿地、水、海洋等自然资源资产所有者职责，统一行使所有国土空间用途管制和生态保护修复职责，着力解决自然资源所有者不到位、空间规划重叠等问题，实现自治区山水林田湖草整体保护、系统修复、综合治理和落实“多规合一”，构建自治区国土空间规划体系。

与城乡规划管理密切相关的职责包括：

1）履行全区全民所有土地、矿产、森林、草原、湿地、水、海洋等自然资源资产所有者职责和所有国土空间用途管制职责；贯彻执行国家自然资源和国土空间规划及测绘管理等方面法律法规规定，研究拟订相关地方性法规、地方性规章草案，制定相关政策并监督检查执行情况。

2）负责全区自然资源统一确权登记工作。拟订全区各类自然资源和不动产统一确权登记、权籍调查、不动产测绘、争议调处、成果应用的制度、标准、规范；建立健全全区自然资源和不动产登记信息管理基础平台；负责全区自然资源和不动产登记资料收集、整理、共享、汇交管理等工作；指导监督全区自然资源和不动产确权登记工作。

3）负责自然资源资产有偿使用工作；建立全区全民所有自然资源资产统计制度，负责全民所有自然资源资产核算；编制全民所有自然资源资产负债表，拟订考核标准；拟订全区全民所有自然资源资产划拨、出让、租赁、作价出资和土地储备政策，合理配置全民所有自然资源资产；负责全区自然资源资产价值评估管理，依法收缴相关资产收益。

4）负责全区自然资源的合理开发利用；组织实施国家提出的自然资源发展战略和规划；制定全区自然资源开发利用标准并组织实施；建立政府公示自然资源价格体系，组织开展自然资源分等定级价格评估；开展自然资源利用评价考核，指导节约集约利用；负责自然资源市场监管；组织实施自然资源管理涉及宏观调控、区域协调和城乡统筹的政策措施。

5）负责建立全区空间规划体系并监督实施；推进主体功能区战略和制度，组织编制并监督实施国土空间规划和相关专项规划；开展国土空间开发适宜性评价，建立国土空间规划实施监测、评估和预警体系；组织划定生态保护红线、永久基本农田、城镇开发边界等控制线，构建节约资源和保护环境的生产、生活、生态空间布局；建立健全国土空间用途管制制度，研究拟订城乡规划政策并监督实施；组织拟订并实施土地等自然资源年度利用计划；负责土地等国土空间用途转用工作；负责土地征收征用管理。

6）负责统筹全区国土空间生态修复工作；牵头组织编制国土空间生态修复规划并实施有关生态修复重大工程；负责国土空间综合整治、土地整理复垦和矿山地质环境恢复治理等工作，指导海洋生态、海域海岸线和海岛修复等工作；牵头建立和实施生态保护补偿制度，制定合理利用社会资金进行生态修复的政策措施，组织指导实施重大工程项目；组织开展矿业遗迹保护工作。

7）负责组织实施最严格的耕地保护制度；贯彻执行耕地保护政策，负责耕地数量、质量、生态保护工作；组织实施耕地保护责任目标考核和永久基本农田特殊保护；落实耕地占补平衡制度，监督占用耕地补偿制度执行情况。

8）推动全区自然资源领域科技发展；制定并实施自然资源领域科技创新发展和人才培养战略、规划和计划；组织制定技术标准、规程规范并监督实施。组织实施重大科技工程及创新能力建设，推进自然资源信息化和信息资料的公共服务。开展自然资源对外合作；组织拟订和实施自治区自然资源对外合作发展战略、规划、计划和政策；组织开展自然资源领域对外交流合作，组织履行有关国际公约、条约和协定。

9）根据授权，对市、县人民政府落实党中央、国务院和自治区党委、自治区人民政府关于自然资源和国土空间规划的重大方针政策、决策部署及法律法规规定执行情况进行督察；查处自然资源开发利用和国土空间规划及测绘重大违法案件；依法查处重大无证勘查开采、持勘查许可证采矿、超越批准的矿区范围采矿等违法违规行为；指导市、县有关行政执法工作。

### （三）直辖市城乡规划主管机关

直辖市城乡规划管理部门设置的特点：

与省（自治区）不同，直辖市的城乡规划主管机关的管理职能涵盖了城乡规划管理五大部分，包括了城乡规划实施管理和详细规划的编制与审批。

我国有 4 个直辖市：北京、上海、天津、重庆，城乡规划主管机关的设置情况有所不同。

北京市于 2003 年 3 月起，调整市区两级规划管理体制，将各区县规划局改为市规划委员会的派出机构。市规划委负责派出机构的业务领导，派出机构领导班子的正职和副职任免，由市规划委员会征求区县意见后确定。各个区县的"一书两证"通常由市规划委员会下发。从机构设置上看，设北京市规划和自然资源委员会、区分局两级机构；从规划管理权限上看，城市规划管理权基本集中在市一级机构，区分局只能负责檐口在 4m 以下或面积在 $300m^2$ 以下建筑的审批。

上海市实行"两级规划、两级管理"，将规划管理权部分下放到区一级政府。从机构设置上看，设上海市规划和自然资源管理局、区规划和自然资源局两级机构；从规划管理权限上看，上海市大多数的城市开发、房屋建设项目的许可申请由区一级规划管理部门批准，市规划管理部门不直接干预（但拥有否决权）。同时，区一级规划管理机构还可组织编制一般地区的详细规划。从财政权和人事权上看区一级规划管理部门的财政权和人事权基本上为区政府负责。上海虽然也有上海市城市规划委员会，但是只负责参与协调，缺乏实质性的管理权限。

天津施行"垂直为主、平行为辅"的规划管理体制：天津市内（外环以内）6 区及环城 4 区实行垂直管理体制，为市局的派出机构（处级），处级领导（包括处级非领导职务）主要由市局任免，其资产和经费由区政府负责。其他 2 个郊区、3 个县、1 个滨海新区的区局作为各区县政府的组成部门，其领导、人员及经费由相应的区县政府负责。在规划管理分工上，市局主要负责规划编制、审批和监督检查以及重要项目的会审，负责制定技术标准和工作规范。各分局、区县局主要负责规划的实施和建设项目的审批。

重庆的规划管理体制与天津很相似。市局在主城区设直属分局，在远郊区（县）设区（县）局，对主城区直属分局进行垂直管理，对远郊区（县）设区（县）局的规划管理工作进行业务指导。规划管理分工也和天津很相似。

（1）实例 1：北京市规划和自然资源委员会[13]

北京市规划和自然资源委员会的主要职责：

1）履行本市全民所有土地、矿产、森林、湿地、水等自然资源资产所有者职责和所有国土空间用途管制职责；贯彻落实国家关于自然资源和国土空间规划及测绘、勘察设计管理等方面的法律法规、规章和政策，起草相关地方性法规、政府规章草案，制定相关管理规范和技术标准并监督检查执行情况。

2）负责建立本市空间规划体系；推进主体功能区战略和制度，组织编制国土空间规划和北京历史文化名城保护、公共服务、公共安全设施、城市基础设施、城市地下空间等专项规划；组织划定生态保护红线、永久基本农田、城镇开发边界等控制线，构建节约资源和保护环境的生产、生活、生态空间布局；开展国土空间开发适宜性评价，建立国土空间规划实施监测、评估和预警体系及城市体检评估机制；负责城市设计工作；负责城市雕塑和公共空间景观风貌规划管理工作。

3）负责本市国土空间用途管制；建立健全国土空间用途管制制度，研究拟订城乡规划政策并监督实施；组织拟订并实施土地等自然资源年度利用计划；负责工程建设项目规划和用地管理相关工作；负责国土空间用途转用工作；负责土地征收征用管理。

4）负责本市自然资源调查监测评价；制定自然资源调查监测评价的指标体系和统计标准，建立统一规范的自然资源调查监测评价制度；实施自然资源基础调查、专项调查和监测；负责自然资源调查监测评价成果的监督管理和信息发布。

5）负责本市自然资源统一确权登记工作；制定各类自然资源和不动产统一确权登记、权籍调查、不动产测绘、争议调处、成果应用的制度和规范；建立健全自然资源和不动产登记信息管理基础平台；负责自然资源和不动产登记资料收集、整理、共享、汇交管理等；依法调处相关权属纠纷。

6）负责本市自然资源资产有偿使用工作；建立全民所有自然资源资产统计制度，负责全民所有自然资源资产核算；编制全民所有自然资源资产负债表，拟订考核标准；制定全民所有自然资源资产划拨、出让、租赁、作价出资和土地储备政策，合理配置全民所有自然资源资产；负责自然资源资产价值评估管理，依法收缴相关资产收益。

7）负责本市自然资源的合理开发利用。组织拟订自然资源发展规划和战略，制定自然资源开发利用标准并组织实施，建立政府公示自然资源价格体系，组织开展自然资源分等定级价格评估，开展自然资源利用评价考核，指导节约集约利用；负责自然资源市场监管；组织研究自然资源管理涉及宏观调控、区域协调和城乡统筹的政策措施。

8）负责统筹本市国土空间生态修复；牵头组织编制本市国土空间生态修复规划并实施有关生态修复工程；负责国土空间综合整治、土地整理复垦、矿山地质环境恢复治理等工作；牵头建立和实施生态保护补偿制度，制定合理利用社会资金进行生态修复的政策措施，提出备选项目。

9）负责组织实施最严格的耕地保护制度；牵头拟订并实施本市耕地保护政策，负责耕地数量、质量、生态保护；组织实施耕地保护责任目标考核和永久基本农田特殊保护；完善耕地占补平衡制度，监督占用耕地补偿制度执行情况。

10）负责本市地质灾害预防和治理；落实综合防灾减灾规划相关要求，组织编制地质灾害防治规划和防护标准并指导实施；组织指导协调和监督地质灾害调查评价及隐患的普查、详查、排查；指导开展群测群防、专业监测和预报预警等工作，指导开展地质灾害工程治理工作；承担地质灾害应急救援的技术支撑工作。

11）负责本市地质勘查和矿产资源管理工作；编制地质勘查规划并监督检查执行情况；管理地质勘查项目；监督管理地下水过量开采及引发的地面沉降等地质问题；负责古生物化石的监督管理；负责矿产资源储量管理；负责矿业权管理；监督矿产资源合理利用和保护。

12）负责本市勘察设计和测绘地理信息管理工作；负责勘察设计和基础测绘、测绘行业管理；负责勘察设计和测绘资质资格与信用管理，监督管理勘察设计科技促进、质量安全和市场秩序；监督管理测绘地理信息安全和市场秩序。负责地理信息公共服务管理；负责测量标志保护；负责地名管理。

13）推动本市自然资源领域科技发展；制定并实施自然资源领域科技创新发展规划和计划；推进自然资源信息化和信息资料的公共服务，统筹管理自然资源和国土空间规划相关数据；负责自然资源和国土空间规划相关档案的监督和管理工作。

14）承担首都规划建设委员会和北京历史文化名城保护委员会的具体工作；承担研究、论证本市城乡规划建设发展重大问题的基础工作；承担向党中央、国务院请示报告首都规划建设重大事项相关工作。

15）负责本市自然资源和国土空间规划管理的督察工作；依法承担工程建设项目的规划核验；查处自然资源开发利用和国土空间规划及勘察设计、测绘违法案件。

与规划管理密切相关的内设机构职能设置如下：

1）首规委办秘书处。承担首都规划建设委员会办公室的具体工作；承担首都规划建设专家咨询的组织、联络、协调工作；承担中央在京单位、驻京部队以及京津冀协同发展的相关对接联络工作，为重大工程建设项目提供相关综合协调服务。

2）研究室（宣传处）。组织开展本市自然资源和国土空间规划发展战略研究和重大问题的调查研究，承担重要文稿的起草工作；协调自然资源和国土空间规划领域改革有关工作，组织推进本系统全面深化改革工作；承担自然资源和国土空间规划管理方面的对外宣传、政策解读、新闻发布、舆情应对等工作；统筹本系统调查研究工作；承担有关地方志、年鉴的编纂工作。

3）法制处。承担本系统推进依法行政综合工作；开展本市自然资源和国土空间规划方面法制建设研究，组织起草有关地方性法规和政府规章草案；承担本系统规范性文件合法性审查、备案和清理工作；组织开展法治宣传教育；承担行政复议、行政应诉有关工作；承担行政审批的督查督导统筹工作。

4）总体规划处。拟订本市国土空间规划相关政策，承担建立空间规划体系工作；组织编制北京城市总体规划和相关专项规划并监督实施；开展国土空间开发适宜性评价，建立总体规划实时监测、评估和预警体系以及城市体检评估机制，承担城市体检评估、总体规划实施督察考评的相关工作；组织分区规划的审核、报批、维护工作；组织近期建设规划编制、审核、报批工作。

5）详细规划处（城市更新处）。承担本市控制性详细规划管理的相关政策研究工作；承担中心城区（核心区以外）、平原多点及生态涵养区的新城和镇（乡）的街区层面控制性详细规划的审查、报批、评估、维护工作；承担或会同相关区政府组织重点功能区规划的编制、审查、报批和维护等工作；研究拟订城市更新相关政策并指导实施。

6）乡村规划处。承担本市集中建设区以外的镇（乡）域空间规划管理的相关政策研究工作；承担镇（乡）域空间规划的审查、报批、评估、维护工作；指导相关区开展村庄规划的编制及相关报批工作。

7）城市设计处。承担本市城市特色景观风貌塑造和公共空间环境品质提升等城市设计工作，拟订相关政策；承担中轴线及其延长线、长安街及其延长线等重点地区、重要项目城市设计的编制、审查和报批；指导推动拟纳入土地入市交易项目的城市设计方案编制或条件拟定；承担城市雕塑的规划管理；参与组织无障碍设施建设和改造工作。

8）综合交通规划管理处。承担本市各类基础设施专项规划统筹和衔接工作；承担综合交通规划和交通专项规划的组织编制、审查、报批、备案和维护，以及规划实施的统筹协调和评估工作；承担交通、市政基础设施“多规合一”协同平台管理工作；承担跨区域、重点交通基础设施工程的规划和土地管理审批工作；指导、监督、协调各区交通基础设施工程的规划实施和审批工作。

9）轨道交通规划管理处。承担本市轨道交通线网规划、建设规划等专项规划的组织编制、审查、报批和维护以及规划实施的统筹协调和评估工作；参与京津冀城际铁路网、北京铁路枢纽等国家层面专项规划的组织编制、审查、报批工作；统筹协调交通站点及场站周边一体化的规划实施；承担铁路、轨道交通工程的规划和土地管理审批工作；指导、监督、协调各区轨道交通工程的规划实施和审批工作。

10）市政设施规划管理处。承担本市相关市政专项规划的组织编制、审查、报批和维护以及规划实施的统筹协调和评估工作；承担跨区域、重点市政基础设施工程的规划和土地管理审批工作；指导、监督、协调各区市政基础设施工程的规划实施和审批工作。

11）行政审批协调处（档案管理处）。承担本市自然资源和国土空间规划方面的有关行政许可等公共服务事项办理工作，规范服务窗口业务工作标准；统筹自然资源和国土空间规划相关档案、地质资料的监督和管理工作；组织协调本系统安全生产相关工作；承担综合统计分析工作。

12）历史文化名城保护处（名城委办秘书处）。统筹协调北京历史文化名城（镇、村）保护的规划管理工作；承担东城区、西城区控制性详细规划的编制、报批和维护，以及规划实施的统筹协调工作；承担重点建设项目的规划和土地管理审批工作；指导监督相关区规划实施和审批工作；承担北京历史文化名城保护委员会办公室的具体工作，承担北京历史文化名城保护委员会专家咨询的组织、联络、协调工作。

13）规划实施一处。承担朝阳区、海淀区、丰台区、石景山区规划实施相关政策研究，统筹协调规划实施工作；组织研究制定重点建设项目的规划综合实施方案；承担地块层面控制性详细规划的实施和维护；承担重点建设项目的规划和土地管理审批工作；指导监督相关区规划实施和审批工作。

14）规划实施二处。承担房山区、顺义区、大兴区、昌平区、北京经济技术开发区规划实施相关政策研究，统筹协调规划实施工作；组织研究制定重点建设项目的规划综合实施方案；承担地块层面控制性详细规划的实施和维护；承担重点建设项目的规划和土地管理审批工作；指导监督相关区规划实施和审批工作。

15）规划实施三处。承担门头沟区、平谷区、怀柔区、密云区、延庆区规划实施相关政策研究，统筹协调规划实施工作；组织研究制定重点建设项目的规划综合实施方案；承担地块层面控制性详细规划的实施和维护；承担重点建设项目的规划和土地管理审批工作；指导监督相关区规划实施和审批工作。

16）建设工程核验处。承担协调开展本市工程建设项目规划核验和土地核验相关工作；统筹推进项目建设的事中、事后服务和监管工作；指导监督各区工程建设项目的规划核验和土地核验工作。

17）勘察设计管理处。承担本市勘察设计行业管理；拟订勘察设计市场管理和质量安全监督管理政策；承担施工图设计文件审查管理工作；承担绿色建筑、节能、抗震等勘察设计专项管理工作；承担勘察设计招标投标备案和监督管理工作；监督勘察设计活动、质量安全，建立勘察设计行业信用体系，管理资质资格；指导勘察设计行业评优和技术标准创新工作。

18）建设工程消防设计审查处。依法承担本市建设工程消防设计审查工作；拟订消防设计地方性法规和政府规章草案及政策标准规范，并监督执行；组织建设工程特殊消防设计专家评审工作；参与建设工程重大火灾事故调查工作；指导、监督、协调各区建设工程消防设计审查工作。

19）规划与自然资源督察处。承担本市自然资源和国土空间规划的督察工作；根据授权，承担对自然资源和国土空间规划等法律法规执行情况的监督检查工作；协调对接国家和本市涉及自然资源和国土空间规划的监督考核工作；推动建立自然资源和国土空间规划监察员监督制度。

20）专项治理协调处。承担本市违法建设、违法占地专项治理协调联动工作；研究提出相关政策建议和计划安排；督促检查工作落实情况，协调解决联动工作中的问题。

21）科技与信息化处。拟订本市自然资源领域科技创新发展规划和计划；组织实施重大科技项目、科学技术普及创新工作；承担自然资源和国土空间规划数据库平台建设管理工作，统筹管理、综合分析利用自然资源和国土空间规划相关数据，推进数据开放和共享。

（2）实例 2：上海市规划和自然资源局[14]

上海市规划和自然资源局的主要职责：

1）履行全民所有自然资源资产所有者职责和所有国土空间用途管制职责；贯彻执行有关自然资源和国土空间规划、城乡规划的法律、法规、规章和方针、政策；研究起草有关国土空间规划及城乡规划的编制和实施、自然资源、测绘、地名等方面的地方性法规、规章草案，拟订相关政策，并组织实施和监督检查。

2）负责推进主体功能区战略和制度，组织编制并监督实施国土空间规划和相关专项规划；开展国土空间开发适宜性评价，建立国土空间规划实施监测、评估和预警体系；组织划定、实施和管理生态保护红线、永久基本农田、城镇开发边界、文化保护等控制线，构建节约资源和保护环境的生产、生活、生态空间布局；建立健全国土空间用途管制制度。

3）参与编制经济社会发展与城市建设中长期规划和年度计划，参与长江经济带国土空间规划、长江三角洲区域发展规划；根据国民经济和社会发展规划，组织编制城市总体规划、土地利用总体规划、单元规划、重要地区的详细规划及市政府其他指令性规划，对其他专业系统规划进行综合协调与平衡；指导各区编制职责范围内的各类规划；受市政府委托，依法审核、审批各类规划。

4）负责历史文化名城、历史文化风貌区、历史文化名镇、历史文化名村、优秀历史建筑和市级以上历史文物古迹的规划管理；负责城市地名、城乡规划设计、城市建设档案等管理工作；负责城乡规划、土地、地质矿产资源、测绘等行业资质资格与信用管理。

5）负责建设工程项目规划土地管理相关工作，对建设工程项目审批后到竣工验收前规划、土地执行情况实行跟踪监督。

6）统筹负责自然资源调查监测评价；依据国家自然资源调查监测评价指标体系和统计标准，建立统一规范的调查监测评价制度；统筹推进自然资源基础调查、专项调查和监测工作；组织落实自然资源调查监测评价成果的监督管理和信息发布；指导各区自然资源调查监测评价工作。

7）负责自然资源统一确权登记工作；制定各类自然资源和不动产统一确权登记、权籍调查、不动产测绘、争议调处、成果应用的制度、标准、规范；建立健全自然资源和不动产登记信息管理基础平台；负责自然资源和不动产登记资料收集、整理、共享、汇交管理等；指导监督自然资源和不动产确权登记工作。

8）组织拟订并实施土地等自然资源年度利用计划；负责城镇建设用地规模的总量控制和用途管制，并承担监管责任；负责土地等国土空间用途转用工作，负责土地征收征用管理，负责征收集体土地房屋补偿工作。

9）负责统筹国土空间生态修复；牵头组织编制国土空间生态修复规划并实施有关生态修复重大工程；负责国土空间综合整治、土地整理复垦、矿山地质环境恢复治理等工作；负责政府土地储备等各类建设用地的开垦、整理、复垦管理工作；牵头实施生态保护补偿制度。

10）负责组织落实最严格的耕地保护制度；牵头拟订并实施耕地保护政策，负责耕地数量、质量、生态保护；组织实施耕地保护责任目标考核和永久基本农田特殊保护；完善耕地占补平衡制度，监督占用耕地补偿制度执行情况。

11）负责有关自然资源资产有偿使用工作；依据国家有关全民所有自然资源资产统计制度，统筹全民所有自然资源资产核算，组织编制全民所有自然资源资产负债表；拟订有关全民所有自然资源资产划拨、出让、租赁、作价出资和土地储备政策；组织实施自然资源资产价值评估管理，依法收缴相关资产收益。

12）负责有关自然资源的合理开发利用。组织拟订有关自然资源发展规划和战略；拟订有关自然资源开发利用标准并组织实施；依据国家政府公示自然资源价格体系，组织开展有关自然资源分等定级价格评估；负责有关自然资源市场监管；依法负责各类建设用地管理和土地收回、土地储备相关工作。

13）负责地质勘查行业和地质、矿产资源管理工作；负责地质灾害预防和治理，监督管理地下水过量开采及引发的地面沉降等地质问题；负责落实综合防灾减灾规划相关要求，组织编制地质灾害防治规划和防护标准并指导实施，承担地质灾害应急救援的技术支撑工作。

14）负责测绘地理信息和基础测绘管理工作；监督管理地理信息安全和市

场秩序；负责地理信息公共服务管理；负责测量标志保护。

15）负责组织指导规划和有关自然资源行政执法工作，依法查处有关违法案件。

上海市规划和自然资源局与规划管理密切相关的内设机构：

1）政策研究与科技发展处。负责统筹协调和指导推进规划和自然资源相关政策研究及科技管理工作，承担重要报告和文稿的起草工作。

2）法规处。承担有关地方性法规、规章草案的起草工作，承担技术标准和规范管理工作。

3）总体规划管理处。拟订国土空间规划相关政策，组织编制国土空间规划和相关专项规划并监督实施；依法审核各类总体规划；拟订国土空间用途管制制度规范和技术标准。

4）详细规划管理处（城市更新处）。承担控制性详细规划管理工作，负责城市更新相关政策的研究、实施和指导工作。

5）乡村规划处。承担村庄规划以及集体建设用地管理等的政策研究、标准拟定和规范化管理工作；承担乡村建设工程规划和土地管理工作。

6）市政工程管理处。承担市管市政工程项目的规划土地管理工作。

7）建筑工程管理处。承担市管建设工程项目的规划土地管理工作。

8）风貌管理处（地名管理处）。承担历史文化风貌区范围和保护建筑建控范围内建设工程项目的规划土地管理工作；承担地名管理工作。

9）信息化建设处。承担规划和自然资源领域有关信息化工作，拟订相关信息化建设发展规划并组织实施；负责“多规合一”信息平台规划、建设、管理；负责规划和自然资源相关业务统计管理工作。

10）业务监督处。承办对机关及各区规划和自然资源部门的行政审批、行政执法等业务进行综合监管和专项检查工作；承担联系国家自然资源督察上海局的工作，牵头承担督察反馈问题的调查、处理以及督办落实。

（3）实例 3：天津市规划和自然资源局[15]

天津市规划和自然资源局的主要职责：

1）贯彻执行城乡规划、自然资源、测绘地理信息、地名、城建档案管理等法律法规、方针政策、决策部署，拟定有关地方法规规章草案和政策文件等，制定职责范围内的有关政策文件并监督检查。

2）履行全民所有土地、矿产、森林、草原、湿地、水、海洋等自然资源资产所有者职责和所有国土空间用途管制职责。

3）负责自然资源调查监测评价；贯彻执行自然资源调查监测评价制度、指标体系和统计标准；实施自然资源基础调查、专项调查和监测；负责自然资源调查监测评价成果的监督管理和信息发布；指导区自然资源调查监测评价工作。

4）负责自然资源统一确权登记工作；贯彻执行各类自然资源和不动产统一确权登记、权籍调查、不动产测绘、争议调处、成果应用的制度、标准、规范；建立健全自然资源和不动产登记信息管理基础平台；负责自然资源和不动产登记资料收集、整理、共享、汇交管理等；指导监督自然资源和不动产确权登记工作。

5）负责自然资源资产有偿使用工作；建立全民所有自然资源资产统计制度，负责全民所有自然资源资产核算；编制全民所有自然资源资产负债表，按照标准组织实施考核；指导全民所有自然资源资产划拨、出让、租赁、作价出资和土地储备政策落实，合理配置全民所有自然资源资产；负责自然资源资产价值评估管理，依法收缴相关资产收益。

6）负责自然资源的合理开发利用工作；组织拟订自然资源发展规划，按照自然资源开发利用标准组织实施，建立政府公示自然资源价格体系，组织开展自然资源分等定级价格评估，开展自然资源利用评价考核，指导节约集约利用；组织拟订并实施土地、海洋等自然资源年度利用计划；负责土地、海域、海岛等国土空间用途转用工作；负责土地征收征用管理；负责自然资源市场监管。

7）负责落实空间规划体系并监督实施；推动实施"一张蓝图、多规合一"，推进主体功能区战略和制度，组织编制、指导并监督实施国土空间规划、控制性详细规划、地下空间规划等重要专项规划；组织指导、综合平衡或者会同有关部门编制其他专项规划；组织编制、指导开展全市城市设计工作；指导乡镇、村庄规划的编制工作。

8）开展国土空间开发适宜性评价，建立国土空间规划实施监测、评估和预警体系；组织划定生态保护红线、永久基本农田、城镇开发边界等控制线，构建节约资源和保护环境的生产、生活、生态空间布局；建立健全国土空间用途管制制度，负责建设用地、建设工程的规划管理工作，负责土地许可、建设项目的规划管理。

9）承担历史文化名城和历史文化街区、名镇、名村的规划统筹和保护管理工作；负责地下管线工程信息管理工作；负责规划编制单位资质管理、城乡规划行业管理。

10）负责统筹国土空间和自然资源生态修复；牵头组织编制国土空间和自然资源生态修复规划并实施有关生态修复重点工程；负责国土空间综合整治、土地整理复垦、矿山地质环境恢复治理，林业、湿地、海洋生态、海域海岸线和海岛修复等工作，指导全市城市建成区以外造林绿化工作；牵头建立和实施生态保护补偿制度，制定合理利用社会资金进行生态修复的措施，提出重点备选项目。

11）负责组织实施最严格的耕地保护制度；牵头组织实施耕地保护政策，负责耕地数量、质量、生态保护；组织实施耕地保护责任目标考核和永久基本农田特殊保护；完善耕地占补平衡制度，监督占用耕地补偿制度执行情况。

12）负责管理地质勘查行业和全市地质工作；编制实施地质勘查规划并监督检查执行情况；管理全市地质矿产资源勘查项目；监督地质资料汇交、保护、利用；组织实施市级重大地质矿产勘查专项；负责古生物化石的监督管理。

13）负责落实综合防灾减灾规划相关要求，负责地质灾害预防和治理，组织编制地质灾害防治规划和防护标准并组织实施；组织指导协调和监督地质灾害调查评价及隐患的普查、详查、排查；指导开展群测群防、专业监测和预报预警等工作，指导开展地质灾害工程治理工作；承担地质灾害应急救援的技术支撑工作；监督管理地面沉降等地质问题，配合有关部门对地下水过量开采的监督管理。

14）负责矿产资源管理工作；负责矿产资源储量管理及压覆矿产资源审批；负责矿业权管理；会同有关部门监督指导矿产资源合理利用和保护。

15）负责监督实施海洋战略规划和发展海洋经济；组织编制海洋发展规划并组织实施；会同有关部门拟订海洋经济发展、海岸带综合保护利用等规划并组织实施；负责海洋经济运行监测评估工作。

16）负责海洋开发利用和保护的监督管理工作；负责海域使用管理；编制海域保护利用规划并组织实施；负责无居民海岛、海域、海底地形地名管理工作；负责海洋观测预报、预警监测和减灾工作；参与重大海洋灾害应急处置。

17）负责测绘地理信息管理工作；负责基础测绘和测绘行业管理；负责测绘资质资格与信用管理，监督管理地理信息安全和市场秩序；负责地理信息公共服务管理；负责测量标志保护。

18）推动规划和自然资源领域科技发展；编制并实施规划和自然资源领域科技创新发展和人才培养规划和计划；组织落实技术标准、规程规范；组织实施重大科技工程及创新能力建设，推进规划和自然资源信息化和信息资料的公共服务。

19）开展规划和自然资源合作交流；组织开展自然资源领域对外交流合作；配合开展维护国家海洋权益工作。

20）查处自然资源开发利用和国土空间规划及测绘重大违法案件；指导各区规划和自然资源行政执法工作。

21）负责地名、城建档案的管理和监督检查，依法查处各类违法行为。

22）负责林业的监督管理和推进林业改革相关工作；拟订集体林权制度、国有林场等重要改革意见并组织实施；拟订农村林业发展、维护林业经营者合法权益的政策措施，指导农村林地承包经营工作；组织实施林业资源优化配置及木材利用政策，组织、指导林产品质量监督；负责林业有害生物防治、检疫工作；承担林业应对气候变化的相关工作。

23）负责森林、湿地资源的监督管理；负责林地管理，拟订林地保护利用规划并组织实施，管理国有林场的国有森林资源；组织开展森林、湿地动态监测与评价；组织实施湿地保护规划和相关标准，组织、协调、指导和监督湿地保护工作。

24）负责陆生野生动植物资源监督管理；组织开展陆生野生动植物资源调查，指导陆生野生动植物的救护繁育、栖息地恢复发展、疫源疫病监测，监督管理陆生野生动植物猎捕或采集、驯养繁殖或培植、经营利用；组织开展陆生野生动植物资源动态监测与评价。

25）负责监督管理自然保护区、风景名胜区、自然遗产、地质公园等各类自然保护地；组织拟订实施各类自然保护地规划和相关标准；负责自然保护地的自然资源资产管理和国土空间用途管制；提出新建、调整各类自然保护地的审核建议并按程序报批；负责生物多样性保护相关工作。

26）指导国有林场基本建设和发展，组织林木种子、草种种质资源普查，组织建立种质资源库，负责良种选育推广，管理林木种苗、草种生产经营行为，监管林木种苗、草种质量；监督管理林业生物种质资源、转基因生物安全、植物新品种保护。

27）指导森林公安工作，监督管理森林公安队伍，指导林业重大违法案件的查处；监督管理林业市级资金和国有资产，提出林业预算内投资、财政性资金安排建议，组织实施林业生态补偿工作。

28）负责落实综合防灾减灾规划相关要求，组织编制森林火灾防治规划，指导实施防护标准，指导开展防火巡护、火源管理、防火设施建设等工作；组织指导国有林场开展宣传教育、监测预警、督促检查等防火工作；必要时，可以提请市应急管理局，以市应急指挥机构名义，部署相关防治工作。

29）负责规划和自然资源领域安全生产监督管理工作。

30）负责规划和自然资源领域人才队伍建设。

31）组织推动规划和自然资源领域招商引资工作。

与规划管理密切相关的内设机构职能如下：

1）政策法规处。组织拟定规划和自然资源地方性法规和政府规章草案；承担规划和自然资源有关政策文件的合法性审查工作；负责规范性文件管理工作；负责行政复议、行政应讼有关工作；负责推进法治政府建设、依法行政、法治宣传教育和普法依法治理工作，并监督检查；负责组织开展本市规划和自然资源发展前瞻性、战略性研究以及重大问题的调查研究。

2）总体规划管理处。负责落实空间规划体系并监督实施，推动实施“一张蓝图、多规合一”；参与京津冀协同发展规划相关工作；负责组织编制主体功能区规划并协调实施、监测评估；负责组织编制和指导国土空间规划；负责配合、协调、综合平衡各类市域专业（项）规划编制工作；负责组织、指导地下空间规划的编制工作；组织划定生态保护红线、永久基本农田、城镇开发边界等控制线；负责城乡建设用地增减挂钩管理的整体审批等相关工作。

3）详细规划管理处。负责组织和指导全市控制性详细规划管理工作；负责组织中心城区控制性详细规划的编制、报批和修改、维护工作；负责指导中心城区以外区域的控制性详细规划编制工作；负责组织对本市控制性详细规划的实施进行评估和监管。

4）城市设计处。负责全市城市设计管理工作；负责组织编制、审查中心城区重点地区的城市设计和城市设计导则；负责指导各区开展其他区域城市设计编制工作；组织推动和指导城市更新、城市修补规划工作；负责市政府主导城市更新重点项目的规划策划。

5）建筑规划管理处。负责全市建筑工程项目规划管理工作；负责组织并指导全市建筑工程项目的规划许可管理工作；负责组织审查市管范围内建筑工程项目的建设工程设计方案；组织编制、推动重点地块、重点项目供地前方案策划工作；组织修编动态维护规划设计导则，加强对建筑外檐的规划管理；负责全市城市雕塑规划管理工作。

6）交通与市政规划管理处。负责组织交通、市政、河道、综合管廊等专项规划的空间落位工作；负责组织市政管线综合规划、道路竖向高程规划的编制、审查报批和动态维护工作；负责组织并指导全市交通和市政工程项目的规划许可管理工作；负责组织审查市管范围内交通和市政工程项目的建设工程设计方案；负责组织、指导地下管线工程信息管理。

7）村镇规划管理处。负责组织推动全市镇、乡村规划编制工作；负责制订相关规划编制技术标准和导则；负责本市重点镇、示范镇总体规划的审核工作；指导各区做好镇、乡国土规划、控制性详细规划的编制和组织实施工作；负责乡村建设规划管理工作；指导村庄整治和农村基础设施、公共设施规划工作，指导乡村建设规划许可管理工作。

8）信息管理处。负责组织实施全市地理国情调查、监测评价、分析使用等工作；负责地理信息公共服务管理；负责监督管理地理信息安全；负责组织规划和自然资源系统数据资源整合和管理平台的建设、管理、运行维护等工作；负责"一张蓝图、多规合一"系统平台的建设、运行维护等工作；负责组织编制全市规划和自然资源信息化建设发展规划，并组织实施；组织并配合做好职责范围内相关智慧城市建设工作；负责局政务网建设、维护和安全等技术支撑工作。

9）执法监督处。负责组织规划和自然资源行政执法法律、法规、规章执行情况的监督检查工作；负责组织查处重大国土空间规划、自然资源开发利用、测绘地理信息、地名、城建档案管理等违法案件；指导各区规划和自然资源行政执法工作；负责建设工程规划、土地许可证后工作；负责组织推动建设项目施工过程"双随机、一公开"检查工作。

**（四）市（县）城乡规划主管机关**

1. 市（县）城乡规划主管机关的特点

（1）市（县）的城乡规划主管机关的称谓不完全统一，大多称"自然资源和规划局"或"规划和自然资源局"。

（2）对市（县）的城乡规划主管机关而言，城乡规划的实施和监督检查成为重要的管理职能。

（3）大城市的城乡规划主管机关往往设置直属分局或派出分局，依据城市行政分区进行分区域的、更加有针对性的管理。

（4）城市规模越大，城乡规划主管机关的内部机构设置愈加趋向于细化，市政、交通等往往会设置独立的管理机构。

2. 市（县）城乡规划主管机关的机构设置和主要职能

（1）实例1：武汉市自然资源和规划局[16]

武汉市自然资源和规划局与规划管理密切相关的内设机构及其职能如下：

1）政策法规处

负责全市自然资源、国土空间规划、房屋征收、测绘勘察的立法规划和政策研究；负责组织起草地方性法规、规章、规范性文件；负责业务部门文件合法性审查；负责组织行政复议、应诉和行政处罚的听证工作；负责依法行政、执法责任制、普法和法规宣传工作；负责组织协调或承办全局行政诉讼事项。

2）行政审批处

负责行政审批制度改革相关工作，组织拟订全局行政审批和服务事项的办理流程；承担以“一书三证”和土地使用权处置为核心的规划、土地管理类行政审批工作，并对各区行政审批工作进行指导；负责审批服务窗口运行和日常管理；承担市局“一书三证”发放的归口管理。

3）国土空间规划处

负责建立健全国土空间规划体系以及规划实施监测、评估和预警体系；组织编制并监督实施国土空间总体规划、详细规划以及综合交通、地下空间等专项规划；组织和指导村庄规划编制；参与编制国民经济和社会发展规划、区域规划及其他相关专项规划；负责全局自然资源和规划领域科技创新发展和对外合作交流工作；负责拟订相关规划编制技术规程、规定；负责城乡规划行业管理和编制单位资质管理；负责全局规划展示和“一张图”建设工作；负责市规划委员会办公室的日常工作。

4）交通市政处

负责全市交通和市政设施、地下空间项目的规划选址、规划条件、建设用地规划许可、建设工程规划许可的归口管理；参与拟订城市基础设施建设计划。

5）用地规划处

负责组织城市更新及“三旧”改造规划的编制，拟订年度实施计划；负责全市建设项目（交通市政项目除外）的规划选址、规划条件、建设用地规划许可的归口管理；参与拟订土地储备、供应和保障性住房建设等专项计划；指导、管理全市国有土地上房屋征收工作，组织协调解决全市国有土地上房屋征收工作中的重大问题；编制房屋征收年度实施计划并组织报批；组织实施由市人民政府作出房屋征收决定的征收与补偿工作。

6）建筑与城市设计处

拟订国土空间环境协调、卫生和安全防护、城市风貌管控政策措施并监督实施；负责城市设计管理和历史文化名城保护规划统筹工作，组织和指导城市设计及历史文化街区、名镇、名村规划编制工作；负责全市建设项目（交通市政项目除外）的建设工程规划许可归口管理。

7）自然资源和规划督察办公室

建立并实施自然资源和规划督察制度，拟订自然资源和规划督察相关政策措施和工作规则等；根据授权，承担对自然资源和国土空间规划等法律法规执行情况和重大专项的监督检查工作；承担国家自然资源督察武汉局对武汉市监督检查的联络、协调、督办工作。

（2）实例 2：无锡市自然资源和规划局[17]

无锡市自然资源和规划局与规划管理密切相关的内设机构及其职能如下：

1）政策法规处

组织起草有关地方性法规、规章草案，拟订并实施有关执法监督、案件查处的规定；负责有关规范性文件的合法性审查、备案和清理工作；负责行政复议、行政应诉、行政处罚、行政赔偿等工作；监督检查有关法律、法规执行情况；组织查处自然资源违法案件，负责综合执法相关协调工作；负责信访工作；

负责法制宣传教育工作。

2）行政审批处

负责本系统行政审批制度改革相关工作；承担部门行政许可服务有关工作；负责行政服务窗口运行管理工作；负责信用体系建设有关工作。

3）总体规划管理处

组织编制主体功能区规划并协调实施、监测评估；组织编制国土空间规划；组织编制公共服务设施、城市地下空间等专项规划及近期建设规划；承担其他涉及国土空间利用专项规划的统筹协调工作；承担国土空间开发适宜性评价、国土空间规划实施监测、评估工作；承担生态保护红线、城镇开发边界等控制线的划定并监督实施工作；拟定规划编制项目计划，下达和审核规划指令性计划；指导、协调市（县）国土空间规划编制工作。

4）详细规划管理处

负责控制性详细规划的组织编制、动态更新以及实施评估工作；组织编制和审查城市设计、乡村单元规划、村庄规划；承担市城乡规划委员会办公室日常工作。

5）建筑规划管理处

负责建设项目规划实施的规范化管理工作；负责国有土地出让规划条件（地块规划）的统筹协调和审查工作；负责建设用地、建设工程的规划管理工作；负责建设项目规划设计方案审查工作；负责重点地块修建性详细规划的组织编制、审查报批工作；负责建筑设计方案竞选和优秀建筑设计评选的相关工作。

6）市政交通规划管理处

负责城市基础设施专项规划的组织编制和审查管理工作；负责轨道交通规划编制相关工作；参与市域范围内国家、省重大基础设施项目的规划选址工作；负责跨区域和指定的城市基础设施建设项目规划管理工作；负责城市基础设施重要建设项目的前期规划研究、协调和规划设计方案的审查工作；负责城市基础设施、轨道交通建设项目的规划管理工作。

7）国土空间用途管制处

组织实施国土空间用途管制制度规范和技术标准；提出土地年度利用计划并组织实施；贯彻执行国土空间用途转用政策；承担并指导建设项目用地预审工作；承担各类土地用途转用的审查、汇总和报批工作；承担土地征收征用管理工作；负责城乡建设用地增减挂钩等工作的管理和组织实施。

8）风貌管理处

参与风景名胜区规划编制工作，负责风景名胜区内重大建设项目的前期协调工作；承担历史文化名城、名镇、名村规划以及城市风貌规划的组织编制工作；负责历史建筑普查、认定等工作。

9）风景名胜和绿化管理处（市绿化委员会办公室）

负责指导全市风景名胜资源和自然保护区的保护、利用和管理工作；负责全市风景名胜资源和自然保护区的调查、评价、等级审查和报批工作；承担古树名木普查、保护和管理工作；承担市级重点公益林的区划界定、保护和管理工作；组织编制并实施全民义务植树年度计划；组织开展全民义务植树和社会绿化宣传工作。

**（五）镇（乡）规划管理部门**

1. 镇（乡）规划管理机关的管理地域范围包括镇规划区，但不仅仅局限于镇的规划区，有的还扩展到镇规划区以外，包括镇规划区外村庄建设及居（村）民建房的审批管理。

2. 镇（乡）规划管理机关主要是执行国家、省、市发布的法规和规范性文件，很少制定规范性文件。

3. 比较而言，镇（乡）规划管理机关的规划管理权限有限，更多地需要市（县）上级主管机关的指导。

**（六）大城市的规划分级管理**

1. 市、区两级规划管理的权限划分

我国大城市规划管理模式大致可划分为三种类型：垂直型管理、分权型管理和半垂直型管理三种模式。市、区两级在规划管理权限划分上各有特点。

市、区两级采取“垂直型”管理模式的城市，由市级规划管理部门对各直属分局实行全面领导，直属分局作为市级规划管理部门的直属部门，能有效地贯彻市局的工作指令，而区政府对于各直属分局工作的干预较小，具有“市强区弱”的特点。

与“垂直型”管理模式相对应的是“分权型”的管理模式，即通过分权化的改革，将一些具体规划管理权限下放给区政府，区政府下的区规划管理部门作为承担规划管理职能的负责部门。在大多数采取“分权型”规划管理模式的城市中，市规划管理部门主要以负责宏观性战略规划、总体规划、分区规划以及重要地段详细规划的编制、跨区的大型道路、市政项目的审批等战略性、协调性工作为主，同时也包括一些重要地段建设项目的许可审批。区规划管理部门作为区政府的组成部门，在执行区政府发展目标的指导下开展工作。在“分权型”管理模式下，市规划管理部门对区规划管理部门没有上下级的行政隶属关系，仅有业务上的指导关系，区规划管理部门首先要对区政府负责。因此，在分权型规划管理体制下，区规划管理部门与市规划管理部门两者的工作目标常常是不完全一致的。

介于“垂直型”和“分权型”模式之间，我国还有很多城市采取的是“半垂直型”的规划管理模式，即区规划管理部门作为市规划管理部门的派出机构，受市规划管理部门和区政府的双重领导，权限分工主要以“事权划分”作为依据，总体说来，在半垂直型管理模式中，一般由市规划规划管理部门和区政府对各区规划分局的事权、主要干部的人事任免权和财政管理、资金保障等进行划分，按照权限实施管理。这种模式的出现很多都是源于平衡前期由于分权过度造成的市级规划控制力不足，在原有各区（或“县”改“区”）规划部门的职权上收的基础上，市、区两级政府对规划管理权限重新划分的结果，其中又由于每个城市的历史情况不同，有着不尽相同的事权划分内容。

2. 几个典型大城市的规划管理体制

下面以北京、上海、天津、深圳、南京、武汉、温州等几个大城市的规划管理体制为例，解析这些城市市、区两级规划管理部门之间的权限划分、机构设置和运行模式。

（1）北京市

北京市采取“半垂直型”的规划管理体制模式。2002 年，原各区（县）规划管理部门改为市规划管理部门的派出机构，更名为各分局，但实际上各分局在市规划管理部门和各区政府的双重领导下开展工作，业务受市规划管理部门领导，行政上只有各分局的局长和副局长由市规划管理部门征求各区意见后任命，而分局其他的人、财、物均由区政府负责管理；从规划管理职责权限分工来看，市规划管理部门主要负责全市空间发展战略研究及总体规划具体组织工作，会同各区（县）组织中心城和新城的总体规划和控制性详细规划，并总体负责全市城乡建设用地和建设工程的规划管理，而各分局则在市规划管理部门和各区政府的双重领导下按照分工和权限负责本辖区内的规划编制、审批和监管工作，区规划管理部门只能负责檐口在 4 米以下或面积在 300 平方米以下建筑的审批。

（2）上海市

上海市施行“分权型”规划管理体制模式，概括为“两级规划、两级管理”。《上海市城乡规划条例》对城市分级管理制定了明确的条文（第六条）：“城乡规划工作实行统一领导、统一规划、统一规范、分级管理”；“市人民政府领导全市城乡规划工作。区、县人民政府按照规定权限，负责本行政区域的城乡规划工作”；“市规划行政管理部门负责本市城乡规划管理工作。区、县规划行政管理部门按照规定权限，负责本行政区域的城乡规划管理工作，业务上受市规划行政管理部门领导”。下列建设项目的规划许可应由市规划管理部门负责实施：①《上海市历史文化风貌区和优秀历史建筑保护条例》规定由市规划行政管理部门审批的建设项目；②黄浦江和苏州河两岸（中心城内区段）、佘山国家旅游度假区、淀山湖风景区内的建设项目；③全市性、系统性的市政建设项目；④保密工程、军事工程等建设项目；⑤市人民政府指定的其他区域的建设项目。前款规定范围以外建设项目的规划许可，由所在区、县规划行政管理部门负责实施。

（3）天津市

2008 年，天津市进行了规划管理体制改革，将垂直管理与分级管理相结合，重心下移、事权下放。坚持放而不乱、管而有序的原则，以保证规划的统一性、前瞻性、可实施性。

天津的规划管理体制可以用“垂直为主、平行为辅”来概括：天津市内（外环以内）6 区及环城 4 区实行垂直管理体制，为市规划管理部门的派出机构（处级），处级领导（包括处级非领导职务）主要由市局任免，其资产和经费由区政府负责。其他 2 个郊区、3 个县、1 个滨海新区规划管理部门作为各区县政府的组成部门，其领导、人员及经费由相应的区县政府负责。

在规划管理分工上，市规划管理部门主要负责规划编制、审批和监督检查以及重要项目的会审，负责制定技术标准和工作规范。各分局、区县规划管理部门主要负责规划的实施和建设项目的审批。

这种管理模式将市规划管理部门原先的建设项目审批重心下移、事权的下放，调动了分局和区县规划管理部门的积极性，同时又通过对市内 6 区及环城

4 区的垂直管理体制，有效地保证了规划施行的统一性和有效性，并确保能够更好地集中精力进行宏观性、战略性、前瞻性的规划研究工作。

（4）深圳市

深圳市采取的是“半垂直型”管理模式。各区分局在业务上受市局领导，区政府予以配合；区分局主要干部实行垂直管理，由市规划管理部门与区政府协商后任命等。深圳市相关法规条例规定了深圳市区一级的规划管理部门是市规划管理部门的派出机构，负责辖区内城市规划的实施和管理。《深圳市城市规划条例》规定，深圳市人民政府规划管理部门是规划的主管部门，负责规划的实施和管理。市规划管理部门的派出机构依本条例及有关规定负责本辖区内城市规划的实施和管理（第五条）。然而，虽然深圳市区一级的规划管理部门是经由地方性法规授权的规划管理部门，在地方性法规的授权范围内有行政主体资格，但一旦超出了规划管理的授权范围，深圳市区一级的规划管理部门不可以独立承担责任，而要由市规划管理部门承担责任。

（5）南京市

南京市对 2002 年区划调整前的鼓楼、玄武、白下等区施行“垂直型”管理，在这些区设直属分局，分别负责相应辖区的规划管理工作，直属分局的地位和等级与规划局中机关处室相同，各分局行政和业务工作完全由市规划管理部门进行领导；从规划管理职责权限分工来看，市规划管理部门主要负责城乡规划的战略研究以及市域城镇体系规划、城市总体规划、控制性详细规划、重要地段修建性详细规划及城市设计等编制、修订和调整的组织工作，负责修建性详细规划的审批，并总体负责各类建设项目的规划实施和监督检查等工作，协调和处理跨分局间的区域性工作和重大基础设施项目管理，而各分局则是在市规划管理部门领导下具体负责各辖区内的规划编制组织工作，办理辖区范围内除跨区外的各类建设项目规划管理业务，包括核发《建设项目选址意见书》、《建设用地规划许可证》及《建设工程规划许可证》等具体业务工作。

除了采用“垂直型”管理模式，针对 2002 年区划调整后的江宁、六合、浦口三个新区，南京采取市、区两级“半垂直型”的规划管理模式，即由市规划管理部门派驻直属分局行使市级规划管理权限，受理各类建设项目的《选址意见书》和《建设用地规划许可证》的审批；各类建设项目的《建设工程规划许可证》的审批，则由市规划管理部门委托区政府受理，而具体负责执行的则是区政府下辖的区规划管理部门。因此，在江宁、六合、浦口三区，分别有区直属分局和区规划管理部门这样两个同级别的规划管理部门按照事权划分原则共同开展规划管理工作。

（6）武汉市

武汉市规划管理模式在各个区情况不同，“垂直型”“半垂直型”“分权型”皆有，具体情况为：在 7 个中心城区及东湖生态旅游风景区分别设置分局，即行政管理分支机构；2 个国家级开发区设立分局，委托开发区管理，市规划局负责业务指导；6 个远城区规划局隶属于各区政府，市规划管理部门负责业务指导。

（7）温州市

温州市规划管理模式是“垂直型”与“半垂直型”相结合。现有的 6 个规划分局的管理运作模式大致归为两类：一类是"垂直型"，分局是作为市局的派出机构；另一类是"半垂直型"，分局在业务上接受市局的指导，人事和财权更多的是由所在的区、县（市）管辖。

**（七）规划委员会的职能**

一些大城市设立了专门的规划委员会。以上海市为例进行介绍，上海市城市规划委员会的主要职能是协调工作。

（1）上海市规划委员会及其办公室的职责

《上海市城乡规划条例》第七条规定："市人民政府设立市规划委员会。市规划委员会为议事协调机构，负责审议，协调城乡规划制订和实施中的重大事项，为市人民政府提供规划决策的参考依据。"市规划委员会建立专家咨询机制，对重大决策进行先期研究，为决策提供重要依据。重要规划由专家咨询委员会先行审议，再提交市规划委员会审定，以提高规划决策的科学性和民主性。市规划委员会的职责以决策、协调、推进职能为主，重点发挥专家委员会的咨询职能，为市委、市政府在重大规划项目上的决策提供依据和参考。同时，贯彻依法行政的原则，增强规划决策的程序性和民主性。市规划委员会下设办公室，设在市规划局，负责市规划委员会的日常工作，包括市规划委员会全会、重要规划专题会和规划评审会等会务组织，定期规划信息通报、规划学术交流等。

（2）上海市规划委员会的组成

上海市规划委员会主任由市长兼任，副主任由相关副市长兼任，秘书长由市政府分管副秘书长兼任。

市规划委员会办公室主任由市规划局局长兼任，办公室副主任由市规划局副局长和总工程师兼任。

（3）上海市规划委员会的运作机制

按照市政府换届周期，市规划委员会每五年为一届，市规划委员会原则上每年至少召开一次全会。

1）市规划委员会全体会议

①对前一阶段市规划委员会工作进行总结，通报近期城市规划建设的情况和相关政策信息。

②对提交市规划委员会全会讨论的城市重大规划、重点地区规划进行审议或通报。

③对今后一段时期城市规划发展提出指导性意见。

④提出下一阶段市规划委员会工作重点。

2）重要规划专题会

结合城市规划建设的需要，由市规划委员会领导牵头，市规划委员会相关成员单位领导或专家咨询委员会成员以及其他有关专家参加，不定期地召开重要规划专题会，对重大规划和重要规划政策进行审议和协调。

3）规划评审会

《上海市城乡规划条例》第七条规定，"城市总体规划和市人民政府审批的其他城乡规划在报送审批前，其草案和意见听取、采纳情况应当经市规划委员会审议。"凡是报市政府审批的规划，事先都应由市规划委员会组织召开由专家咨询委员会成员、市规划委员会相关成员单位以及有关专家参加的规划评审会，为规划决策提供科学依据。

对由市规划局审批的规划，根据需要，可由市规划委员会办公室组织市规划委员会成员单位、专家咨询委员会成员或其他相关专家召开规划评审会，提出审议意见，作为规划决策依据。

（4）市规划委员会审议或讨论的规划内容

1）市规划委员会全体会议审议的规划内容

①上海市城市总体规划的编制或修编，由市政府组织编制，市规划委员会组织评议，经市人大或市人大常委会审议后，报国务院审批。

②涉及城市总体性、综合性和城市长远发展的重大规划，经市规划委员会讨论，并经市政府常务会议审议通过后，由市政府批复。如上海市城市近期建设规划以及需向市规划委员会全体会议汇报或通报的有关内容。

2）重要规划专题会审议的规划内容

涉及城市发展有重要影响或有特别要求、特殊规定的规划，由市规划局组织编制或提出审核意见，经市规划委员会重要规划专题会审议后，报市政府审批。包括：

①郊区区域总体规划（纲要），郊区新城总体规划、国家级产业园区总体规划。

②市政府确定的重点区域的总体规划，如：黄浦江两岸地区总体规划、苏州河沿岸地区总体规划、世博会地区总体规划、虹桥综合交通枢纽地区规划等。

③全市重要专业系统规划，包括：全市轨道交通网络专业系统规划；全市道路、公路专业系统规划；全市内河航道专业系统规划；全市地下空间专业系统规划；全市绿化专业系统规划；全市各城市安全专业系统规划（如消防、防汛、民防、防震抗灾、避难等）；全市各市政基础设施专业系统规划（如给水、排水、电力、燃气、环卫、交通等）；全市公共服务设施专业系统规划等（如文化、科技、教育、卫生、体育等）。

④市政府确定的重要地区规划，包括：中央商务区、市级中心、市级副中心地区总体规划；黄浦江两岸地区控制性详细规划；苏州河沿岸地区控制性详细规划；世博会地区控制性详细规划；中心城、郊区历史文化风貌区保护规划；佘山国家旅游度假区、淀山湖风景区总体规划；城市生态敏感区、建设敏感区和楔形公共绿地总体规划等。

3）规划评审会审议的规划内容

根据市政府批准的规划组织编制的深化、细化和实施性规划，经规划评审会审议后，由市规划局审批。必要时，报市政府备案。

①中心城控制性编制单元规划。

②郊区各区、县总体规划（实施方案）。

③郊区新城、国家级产业园区控制性详细规划。

④市政府确定的下列地区的控制性详细规划，包括：中央商务区、市级中心、市级副中心地区控制性详细规划；城市生态敏感区、建设敏感区和楔形公共绿地控制性详细规划等。

⑤市政府近期重点推进的有关地区和专项规划。

此外，对区域位置特别重要，建筑形态对城市景观环境有重大影响的项目。如世博会园区、CBD 地区、黄浦江沿岸地区的标志性建筑，建筑规模超大和高度超高的项目等，由市规划委员会办公室组织专家咨询委员会及相关专家进行审议。

## 第二节 城乡规划编制单位资质和执业资格管理

### 一、城市规划编制单位资质管理

2012 年 7 月，《城乡规划编制单位资质管理规定》发布，其目的在于加强城市规划编制单位的管理，规范城市规划编制工作，保证城市规划编制质量。之后，2015 年和 2016 年进行了三次修改。

在中华人民共和国境内申请城乡规划编制单位资质，实施对城乡规划编制单位资质监督管理，适用该《规定》。城乡规划组织编制机关应当委托具有相应资质等级的单位承担城乡规划的具体编制工作。从事城乡规划编制的单位，应当取得相应等级的资质证书，并在资质等级许可的范围内从事城乡规划编制工作。国务院城乡规划主管部门负责全国城乡规划编制单位的资质管理工作。县级以上地方人民政府城乡规划主管部门负责本行政区域内城乡规划编制单位的资质管理工作。

**（一）资质等级与标准**

城市规划编制单位资质分为甲、乙、丙三级。

1. 甲级城市规划编制单位资质标准

（1）有法人资格；

（2）专业技术人员不少于 40 人，其中具有城乡规划专业高级技术职称的不少于 4 人，具有其他专业高级技术职称的不少于 4 人（建筑、道路交通、给排水专业各不少于 1 人）；具有城乡规划专业中级技术职称的不少于 8 人，具有其他专业中级技术职称的不少于 15 人；

（3）注册规划师不少于 10 人；

（4）具备符合业务要求的计算机图形输入输出设备及软件；

（5）有 400 平方米以上的固定工作场所，以及完善的技术、质量、财务管理制度。

2. 乙级城市规划编制单位资质标准

（1）有法人资格；

（2）专业技术人员不少于 25 人，其中具有城乡规划专业高级技术职称的不少于 2 人，具有高级建筑师不少于 1 人、具有高级工程师不少于 1 人；具有城乡规划专业中级技术职称的不少于 5 人，具有其他专业中级技术职称的不少于 10 人；

（3）注册规划师不少于 4 人；

（4）具备符合业务要求的计算机图形输入输出设备；

（5）有 200 平方米以上的固定工作场所，以及完善的技术、质量、财务管理制度。

3. 丙级城市规划编制单位资质标准

（1）有法人资格；

（2）专业技术人员不少于 15 人，其中具有城乡规划专业中级技术职称的不少于 2 人，具有其他专业中级技术职称的不少于 4 人；

（3）注册规划师不少于 1 人；

（4）专业技术人员配备计算机达 80%；

（5）有 100 平方米以上的固定工作场所，以及完善的技术、质量、财务管理制度。

4. 城市规划编制单位技术人员年龄限制

城乡规划编制单位的高级职称技术人员或注册规划师年龄应当在 70 岁以下，其中，甲级城乡规划编制单位 60 岁以上高级职称技术人员或注册规划师不应超过 4 人，乙级城乡规划编制单位 60 岁以上高级职称技术人员或注册规划师不应超过 2 人。

城乡规划编制单位的其他专业技术人员年龄应当在 60 岁以下。

高等院校的城乡规划编制单位中专职从事城乡规划编制的人员不得低于技术人员总数的 70%。

**（二）编制单位的业务范围**

甲级城市规划编制单位承担城市规划编制任务的范围不受限制。

乙级城市规划编制单位可以在全国承担下列任务：

（1）镇、20 万现状人口以下城市总体规划的编制；

（2）镇、登记注册所在地城市和 100 万现状人口以下城市相关专项规划的编制；

（3）详细规划的编制；

（4）乡、村庄规划的编制；

（5）建设工程项目规划选址的可行性研究。

丙级城市规划编制单位可以在本省、自治区、直辖市承担下列任务：

（1）镇总体规划（县人民政府所在地镇除外）的编制；

（2）镇、登记注册所在地城市和 20 万现状人口以下城市的相关专项规划及控制性详细规划的编制；

（3）修建性详细规划的编制；

（4）乡、村庄规划的编制；

（5）中、小型建设工程项目规划选址的可行性研究。

省、自治区、直辖市人民政府城乡规划主管部门可以根据实际情况，设立专门从事乡和村庄规划编制单位的资质，并将资质标准报国务院城乡规划主管部门备案。

**（三）资质申请与审批**

1. 资质申请

申请资质证书应当提供以下材料：

（1）城乡规划编制单位资质申请表；

（2）法人资格证明材料；

（3）法定代表人和主要技术负责人的身份证明、任职文件、学历证书、职称证书等；

（4）专业技术人员的身份证明、执业资格证明、职称证书、劳动合同、社会保险缴纳证明等；

（5）完成城乡规划编制项目情况；

（6）技术装备和工作场所等证明材料；

（7）其他需要出具的证明或者资料。

2. 资质审批

城乡规划编制单位甲级资质许可，由国务院城乡规划主管部门实施。

城乡规划编制单位申请甲级资质的，可以向登记注册所在地省、自治区、直辖市人民政府城乡规划主管部门提交申请材料。省、自治区、直辖市人民政府城乡规划主管部门收到申请材料后，应当核对身份证、职称证、学历证等原件，在相应复印件上注明原件已核对，并于5日内将全部申请材料报国务院城乡规划主管部门。

国务院城乡规划主管部门在收到申请材料后，应当依法作出是否受理的决定，并出具凭证；申请材料不齐全或者不符合法定形式的，应当在5日内一次性告知申请人需要补正的全部内容。逾期不告知的，自收到申请材料之日起即为受理。

国务院城乡规划主管部门应当自受理申请材料之日起20日内作出审批决定。自作出决定之日起10日内公告审批结果。

组织专家评审所需时间不计算在上述时限内，但应当明确告知申请人。

城乡规划编制单位乙级、丙级资质许可，由登记注册所在地省、自治区、直辖市人民政府城乡规划主管部门实施。资质许可的实施办法由省、自治区、直辖市人民政府城乡规划主管部门依法确定。

省、自治区、直辖市人民政府城乡规划主管部门应当自作出决定之日起30日内，将准予资质许可的决定报国务院城乡规划主管部门备案。

资质许可机关作出准予资质许可的决定，应当予以公告，公众有权查阅。

城乡规划编制单位初次申请，其申请资质等级最高不超过乙级。

乙级、丙级城乡规划编制单位取得资质证书满2年后，可以申请高一级别的城乡规划编制单位资质。

3. 资质变更

在资质证书有效期内，单位名称、地址、法定代表人等发生变更的，应当在登记注册部门办理变更手续后30日内到原资质许可机关办理资质证书变更手续。

申请资质证书变更，应当提交以下材料：

（1）资质证书变更申请；

（2）法人资格证明材料；

（3）资质证书正、副本原件；

（4）与资质变更事项有关的证明材料。

城乡规划编制单位合并的，合并后存续或者新设立的编制单位可以承继合并前各方中较高的资质等级，但应当符合相应的资质等级条件。

城乡规划编制单位分立的，分立后资质等级，根据实际达到的资质条件，按照本规定的审批程序核定。

城乡规划编制单位改制的，改制后不再符合资质标准的，应按其实际达到的资质标准及本规定申请重新核定；资质条件不发生变化的，按上文规定办理。

4. 资质证书的补发、换发和法律效力

城乡规划编制单位资质证书分为正本和副本，正本一份，副本若干份，由国务院城乡规划主管部门统一印制，正本和副本具有同等法律效力。资质证书有效期为 5 年。

资质证书有效期届满，城乡规划编制单位需要延续资质证书有效期的，应当在资质证书有效期届满前 3 个月，申请办理资质延续手续。

对在资质证书有效期内遵守有关法律、法规、规章、技术标准，信用档案中无不良行为记录，满足资质标准要求的城乡规划编制单位，经资质许可机关同意，有效期延续 5 年。

城乡规划编制单位领取新的资质证书，应当将原资质证书交回资质许可机关予以注销。城乡规划编制单位遗失资质证书的，应当在公众媒体上发布遗失声明后，向资质许可机关申请补发。

**（四）监督管理**

1. 成果要求

编制城乡规划以及所提交的规划编制成果，应当符合国家有关城乡规划的法律、法规和规章，符合与城乡规划编制有关的标准、规范。

城乡规划编制单位提交的城乡规划编制成果，应当在文件扉页注明单位资质等级和证书编号。

2. 资质检查

城乡规划编制单位设立的分支机构中，具有独立法人资格的，应当按照本规定申请资质证书。非独立法人的机构，不得以分支机构名义承揽业务。

两个以上城乡规划编制单位合作编制城乡规划，资质等级较高的一方应对编制成果质量负责。

资质许可机关可以依法对城乡规划编制单位进行必要的检查，并有权采取下列措施：

（1）要求被检查单位提供资质证书，有关人员的职称证书、注册证书、学历证书、社会保险证明等，有关城乡规划编制成果及有关质量管理、档案管理、财务管理等企业内部管理制度的文件；

（2）进入被检查单位进行检查，查阅相关资料；

（3）纠正违反有关法律、法规和本规定及有关规范和标准的行为。

资质许可机关依法进行监督检查时，应当将监督检查情况和处理结果予以记录，由监督检查人员签字后归档。

3. 业务监管

资质许可机关在实施监督检查时，应当有两名以上监督检查人员参加，不得妨碍单位正常的生产经营活动，不得索取或者收受单位的财物，不得谋取其他利益。

有关单位和个人对依法进行的监督检查应当协助与配合，不得拒绝或者阻挠。

监督检查机关应当将监督检查的处理结果向社会公布。

城乡规划编制单位违法从事城乡规划编制活动的，违法行为发生地的县级以上地方人民政府城乡规划主管部门应当依法查处，并将违法事实、处理结果或者处理建议及时告知该城乡规划编制单位的资质许可机关。

城乡规划编制单位取得资质后，不再符合相应资质条件的，由原资质许可机关责令限期改正；逾期不改的，降低资质等级或者吊销资质证书。

有下列情形之一的，资质许可机关或者其上级机关，根据利害关系人的请求或者依据职权，可以撤销城乡规划编制单位资质：

（1）资质许可机关工作人员滥用职权、玩忽职守作出准予城乡规划编制单位资质许可的；

（2）超越法定职权作出准予城乡规划编制单位资质许可的；

（3）违反法定程序作出准予城乡规划编制单位资质许可的；

（4）对不符合许可条件的申请人作出准予城乡规划编制单位资质许可的；

（5）依法可以撤销资质证书的其他情形。

有下列情形之一的，资质许可机关应当依法注销城乡规划编制单位资质，并公告其资质证书作废，城乡规划编制单位应当及时将资质证书交回资质许可机关：

（1）资质证书有效期届满未延续的；

（2）城乡规划编制单位依法终止的；

（3）资质依法被撤销、吊销的；

（4）法律、法规规定的应当注销资质的其他情形。

城乡规划编制单位应当按照有关规定，向资质许可机关提供真实、准确、完整的信用档案信息。

城乡规划编制单位的信用档案应当包括单位基本情况、业绩、合同履约等情况。被投诉举报和处理、行政处罚等情况应当作为不良行为记入其信用档案。

城乡规划编制单位的信用档案信息按照有关规定向社会公示。

**（五）法律责任**

申请人隐瞒有关情况或者提供虚假材料申请城乡规划编制单位资质的，不予受理或者不予行政许可，并给予警告，申请人在1年内不得再次申请城乡规划编制单位资质。

以欺骗、贿赂等不正当手段取得城乡规划编制单位资质证书的，由县级以上地方人民政府城乡规划主管部门处3万元罚款，申请人在3年内不得再次申请城乡规划编制单位资质。

涂改、倒卖、出租、出借或者以其他形式非法转让资质证书的，由县级以上地方人民政府城乡规划主管部门给予警告，责令限期改正，并处3万元罚款；造成损失的，依法承担赔偿责任；构成犯罪的，依法追究刑事责任。

城乡规划编制单位有下列行为之一的，由所在地城市、县人民政府城乡规划主管部门责令限期改正，处以合同约定的规划编制费1倍以上2倍以下的罚款；情节严重的，责令停业整顿，由原资质许可机关降低资质等级或者吊销资质证书；造成损失的，依法承担赔偿责任：

（1）超越资质等级许可的范围承揽城乡规划编制工作的；

（2）违反国家有关标准编制城乡规划的。

未依法取得资质证书承揽城乡规划编制工作的，由县级以上地方人民政府城乡规划主管部门责令停止违法行为，依照前款规定处以罚款；造成损失的，依法承担赔偿责任。

以欺骗手段取得资质证书承揽城乡规划编制工作的，由原资质许可机关吊销资质证书，依照本条第一款规定处以罚款；造成损失的，依法承担赔偿责任。

城乡规划编制单位未按照本规定要求提供信用档案信息的，由县级以上地方人民政府城乡规划主管部门给予警告，责令限期改正；逾期未改正的，可处1000元以上1万元以下的罚款。

城乡规划主管部门及其工作人员，违反本规定，有下列情形之一的，由其上级管理部门或者监察机关责令改正；情节严重的，对直接负责的主管人员和其他直接责任人员，依法给予行政处分：

（1）对不符合条件的申请人准予城乡规划编制单位资质许可的；

（2）对符合条件的申请人不予城乡规划编制单位资质许可或者未在法定期限内作出准予许可决定的；

（3）对符合条件的申请不予受理或者未在法定期限内初审完毕的；

（4）利用职务上的便利，收受他人财物或者其他好处的；

（5）不依法履行监督职责或者监督不力，造成严重后果的。

**（六）附则**

外商投资企业可以依照本规定申请取得城乡规划编制单位资质证书，在相应资质等级许可范围内，承揽城市、镇总体规划服务以外的城乡规划编制工作。资质许可机关应当在外商投资企业的资质证书中注明“城市、镇总体规划服务除外”。

## 二、注册城乡规划师执业资格制度

### （一）《注册城乡规划师执业资格制度》

2017年5月，《注册城乡规划师执业资格制度》发布，其目的在于加强城乡规划师队伍建设，保障规划工作质量，维护国家、社会和公共利益。

注册城乡规划师，是指通过全国统一考试取得注册城乡规划师职业资格证书，并依法注册后，从事城乡规划编制及相关工作的专业人员。

从事城乡规划实施、管理、研究工作的国家工作人员及相关人员，可以通过考试取得注册城乡规划师职业资格证书。

1. 考试

凡中华人民共和国公民，遵守国家法律、法规，恪守职业道德，并符合下列条件之一的，均可申请参加注册城乡规划师职业资格考试：

（1）取得城乡规划专业大学专科学历，从事城乡规划业务工作满 6 年；

（2）取得城乡规划专业大学本科学历或学位，或取得建筑学学士学位（专业学位），从事城乡规划业务工作满 4 年；

（3）取得通过专业评估（认证）的城乡规划专业大学本科学历或学位，从事城乡规划业务工作满 3 年；

（4）取得城乡规划专业硕士学位，或取得建筑学硕士学位（专业学位），从事城乡规划业务工作满 2 年；

（5）取得通过专业评估（认证）的城乡规划专业硕士学位或城市规划硕士学位（专业学位），或取得城乡规划专业博士学位，从事城乡规划业务工作满 1 年。

除上述规定的情形外，取得其他专业的相应学历或者学位的人员，从事城乡规划业务工作年限相应增加 1 年。

注册城乡规划师职业资格考试合格，由各省、自治区、直辖市人力资源社会保障行政主管部门，颁发人力资源社会保障部统一印制，人力资源社会保障部、住房城乡建设部共同用印的《中华人民共和国注册城乡规划师职业资格证书》（以下简称注册城乡规划师职业资格证书）。该证书在全国范围内有效。

2. 注册

国家对注册城乡规划师职业资格实行注册执业管理制度。取得注册城乡规划师职业资格证书且从事城乡规划编制及相关工作的人员，经注册方可以注册城乡规划师名义执业。

中国城市规划协会负责注册城乡规划师注册及相关工作。

申请注册的人员必须同时具备以下条件：

（1）遵纪守法，恪守职业道德和从业规范；

（2）取得注册城乡规划师职业资格证书；

（3）受聘于一家城乡规划编制机构；

（4）注册管理机构规定的其他条件。

经批准注册的申请人，由中国城市规划协会核发该协会用印的《中华人民共和国注册城乡规划师注册证书》。

注册证书的每一注册有效期为 3 年。注册证书在有效期内是注册城乡规划师的执业凭证，由注册城乡规划师本人保管、使用。

申请初始注册的，应当自取得注册城乡规划师职业资格证书之日起 3 年内提出申请。逾期申请初始注册的，应符合继续教育有关要求。

中国城市规划协会应当及时向社会公告注册城乡规划师注册有关情况，并于每年年底将注册人员信息报住房城乡建设部备案。

继续教育是注册城乡规划师延续注册、重新注册和逾期初始注册的必备条件。在每个注册有效期内，注册城乡规划师应当按照规定完成相应的继续教育。

注册城乡规划师初始注册、延续注册、变更注册、重新注册、注销注册和不予注册等注册管理，以及继续教育的具体办法，由中国城市规划协会另行制定，并报住房城乡建设部备案。

3. 执业

注册城乡规划师的执业范围：

(1) 城乡规划编制；

(2) 城乡规划技术政策研究与咨询；

(3) 城乡规划技术分析；

(4) 住房城乡建设部规定的其他工作。

注册城乡规划师的执业能力：

(1) 熟悉相关法律、法规及规章；

(2) 熟悉我国城乡规划相关技术标准与规范体系，并能熟练运用；

(3) 具有良好的与社会公众、相关管理部门沟通协调的能力；

(4) 具有较强的科研和技术创新能力；

(5) 了解国际相关标准和技术规范，及时掌握技术前沿发展动态。

《中华人民共和国城乡规划法》要求编制的城镇体系规划、城市规划、镇规划、乡规划和村庄规划的成果应有注册城乡规划师签字。

注册城乡规划师在执业活动中，须对所签字的城乡规划编制成果中的图件、文本的图文一致、标准规范的落实等负责，并承担相应责任。

4. 权利和义务

注册城乡规划师享有下列权利：

(1) 使用注册城乡规划师称谓；

(2) 对违反相关法律、法规和技术规范的要求及决定提出劝告，并可在拒绝执行的同时向注册管理机构或者上级城乡规划主管部门报告；

(3) 接受继续教育；

(4) 获得与执业责任相应的劳动报酬；

(5) 对侵犯本人权利的行为进行申诉；

(6) 其他法定权利。

注册城乡规划师履行下列义务：

(1) 遵守法律、法规和有关管理规定，恪守职业道德和从业规范；

(2) 执行城乡规划相关法律、法规、规章及技术标准、规范；

(3) 履行岗位职责，保证执业活动质量，并承担相应责任；

(4) 不得同时受聘于两个或两个以上单位执业，不得允许他人以本人名义执业，严禁“证书挂靠”；

(5) 不断更新专业知识，提高技术能力；

(6) 保守在工作中知悉的国家秘密和聘用单位的商业、技术秘密；

(7) 协助城乡规划主管部门及注册管理机构开展相关工作。

**(二)《注册城乡规划师职业资格考试实施办法》**

注册城乡规划师职业资格考试设《城乡规划原理》《城乡规划管理与法规》《城乡规划相关知识》和《城乡规划实务》4 个科目。

注册城乡规划师职业资格考试分 4 个半天进行。《城乡规划实务》科目的考试时间为 3 小时，其他科目的考试时间均为 2.5 小时。

考试成绩实行 4 年为一个周期的滚动管理办法，在连续的 4 个考试年度内参加应试科目的考试并合格，方可取得注册城乡规划师资格证书。

通过全国统一考试取得一级注册建筑师资格证书并符合《注册城乡规划师职业资格制度规定》（以下简称《规定》）中注册城乡规划师职业资格考试报名条件的，可免试《城乡规划原理》和《城乡规划相关知识》科目，只参加《城乡规划管理与法规》和《城乡规划实务》2 个科目的考试。

在连续的 2 个考试年度内参加上述科目考试并合格，可取得注册城乡规划师职业资格证书。

在教育部颁布《普通高等学校本科专业目录（2012 年）》之前，高等学校颁发的“城市规划”专业大学本科学历或学位，与《规定》第八条的“城乡规划”专业大学本科学历或学位等同。

在国务院学位委员会、教育部颁布《学位授予和人才培养学科目录（2011 年）》之前，高等学校颁发的“城市规划”或“城市规划与设计”专业的硕士、博士层次相应学位，与《规定》第八条的“城乡规划”专业的硕士、博士层次相应学位等同。

“建筑学学士学位（专业学位）”和“建筑学硕士学位（专业学位）”，是指根据国务院学位委员会颁布的《建筑学专业学位设置方案》，由国务院学位委员会授权的高等学校，在授权期内颁发的建筑学专业相应层次的专业学位，包括“建筑学学士”和“建筑学硕士”两个层次，不包括建筑学专业的工学学士学位、工学硕士学位以及“建筑与土木工程领域”的工程硕士学位。

“城市规划硕士学位（专业学位）”是指由国务院学位委员会授权的高等学校，在授权期内颁发的“城市规划硕士”专业学位。

## 注 释

[1] 数据来源：国家统计局国家数据库 http：//data.stats.gov.cn/

[2] 数据来源：国家统计局国家数据库 http：//data.stats.gov.cn/

[3] 数据来源：国家统计局国家数据库 http：//data.stats.gov.cn/

[4] 本段数据源自城市中国网 www.ccud.org.cn/2014-07-23/114331529.html.

[5] 数据来源：国家统计局国家数据库 http：//data.stats.gov.cn/

[6] 主要内容参考柳成炎，略论我国农村基层行政区划的组织结构及其历史变迁．贵州大学学报 2006（06）：76-79；国家统计局农调队．全国农村基层组织情况和乡村户数人口 [Z]. 三农数据网；朱宇．中国乡域治理结构：回顾与前瞻 [M]. 黑龙江人民出版社，2006.；生成与重构:叶本乾．现代国家构建中的农村基层政权．华中师范大学．博士论文 .2007。

[7] 数据来源：国家统计局国家数据库 http：//data.stats.gov.cn/

[8] 数据来源：国家统计局国家数据库 http：//data.stats.gov.cn/

[9] 村两委是村共产党员支部委员会和村民自治委员会的简称，习惯上前者简称为村支部，后者简称村委会。村支部的职能是宣传共产党政策、帮助党的路线方针政策在基层的落实、带领广大基层人民在党的领导下发家致富奔小康。村委会是村民民主选举的自治组织，带领广大村民致富。协助乡镇政府工作。它不属于国家机关。

[10] 本部分内容源自住房和城乡建设部城乡规划司网站 http：//www.mohurd.gov.cn/

zcfg/jsbwj_0/jsbwjcsgh/
[11] 本部分内容源自浙江省自然资源厅官网 http://zrzyt.zj.gov.cn/
[12] 本部分内容源自广西壮族自治区自然资源厅官网 http://dnr.gxzf.gov.cn/
[13] 本部分内容源自北京市规划委员会官网 http://ghzrzyw.beijing.gov.cn/
[14] 本部分内容源自上海市规划和自然资源局官网 http://ghzyj.sh.gov.cn/
[15] 本部分内容源自天津市规划和自然资源局官网 http://gh.tj.gov.cn/
[16] 本部分内容源于武汉市自然资源和规划局官网 http://gtghj.wuhan.gov.cn/
[17] 本部分内容源自无锡市自然资源和规划局官网 http://zrzy.wuxi.gov.cn/
[18] 我国大城市规划管理体制典型模式及改革建议 - 卢道典，2011 年规划年会。
[19] 马文涵等．武汉市城乡规划统筹管理的改革与思考[J]，规划师，2010（12）：73-79.
[20] 高中岗．地方城乡规划管理制度的渐进改革和完善：以温州为案例的研究 [J]. 城市发展研究，2007（6）：113-118.
[21] 田莉．论我国城市规划管理的权限转变—对城市规划管理体制现状与改革的思索 [J]，城市规划，2001（12）：30-35.
[22] 上海市人民政府关于批转市规划委员会办公室制订的《上海市规划委员会运作规则》的通知 [ 沪府 [2007] 65 号 ] http：//www.shgtj.gov.cn/zcfg/zhl/201104/t20110413_437984.html/

## 复习思考题

1. 中国的城市与乡村在行政等级上是如何划分的?
2. 中国城市的行政等级是如何变迁的?
3. 直辖市的规划管理部门与地级市的规划管理部门的职能差异在哪里?
4. 我国大城市市区两级规划管理的权限划分分为哪几种类型? 并举例说明。
5. 城市规划委员会的职能是什么? 不同城市的城市规划委员会有什么区别? 并举例说明。
6. 甲级城市规划编制单位的标准有哪些?
7. 注册城乡规划师考试的申请资格是如何规定的?
8. 注册城乡规划师的执业范围是什么?
9. 注册城乡规划师的权利和义务是什么?
10. 注册城乡规划师的考试科目有哪些?

## 深度思考题

1. 如何理解近些年中国城市经常出现的行政区划调整?
2. 如何理解“强镇扩权”现象?
3. 境外城市规划设计事务所在中国所能承担的规划设计项目范围是怎样的?
4. 注册城乡规划师制度应如何进一步完善?

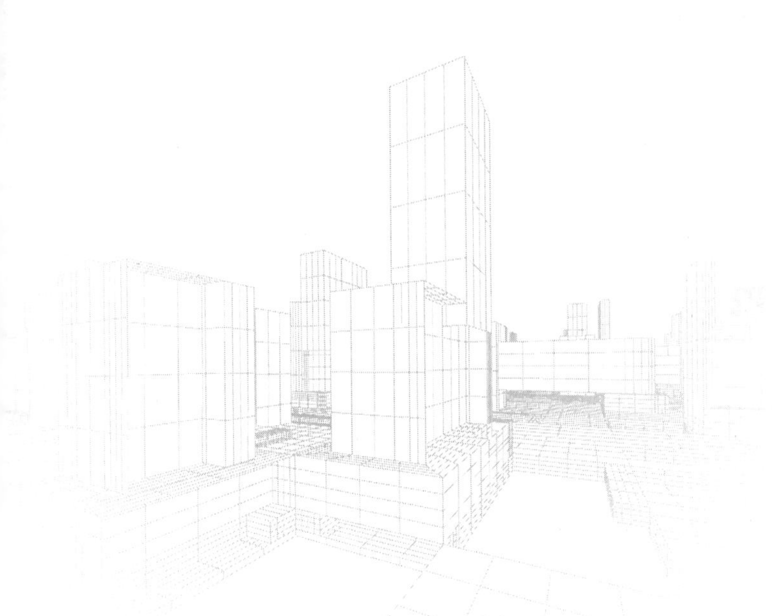

# 第四章

# 城镇规划的编制管理

**本章要点**

①国土空间总体规划的编制管理；

②城镇详细规划的编制管理；

③非法定规划的编制管理；

④我国典型大城市规划编制体系创新。

## 第一节 国土空间总体规划的编制管理[1]

按照《中共中央 国务院关于建立国土空间规划体系并监督实施的若干意见》，国土空间规划包括总体规划、详细规划和相关专项规划，国家、省、市、县编制国土空间总体规划。《自然资源部关于全面开展国土空间规划工作的通知》明确了国务院审批的市级国土空间总体规划审查要点和省级国土空间规划审查要点，这为国土空间总体规划的编制管理指明了方向。

国务院审批的市级国土空间总体规划审查要点，除对省级国土空间规划审查要点的深化细化外，还包括：①市域国土空间规划分区和用途管制规则；②重大交通枢纽、重要线性工程网络、城市安全与综合防灾体系、地下空间、邻避设施等设施布局，城镇政策性住房和教育、卫生、养老、文化体育等城乡公共服务设施布局原则和标准；③城镇开发边界内，城市结构性绿地、水体等开敞空间的控制范围和均衡分布要求，各类历史文化遗存的保护范围和要求，通风廊道的格局和控制要求；城镇开发强度分区及容积率、密度等控制指标，高度、风貌等空间形态控制要求；④中心城区城市功能布局和用地结构等。

省级国土空间规划审查要点包括：①国土空间开发保护目标；②国土空间开发强度、建设用地规模，生态保护红线控制面积、自然岸线保有率，耕地保有量及永久基本农田保护面积，用水总量和强度控制等指标的分解下达；③主体功能区划分，城镇开发边界、生态保护红线、永久基本农田的协调落实情况；④城镇体系布局，城市群、都市圈等区域协调重点地区的空间结构；⑤生态屏障、生态廊道和生态系统保护格局，重大基础设施网络布局，城乡公共服务设施配置要求；⑥体现地方特色的自然保护地体系和历史文化保护体系；⑦乡村空间布局，促进乡村振兴的原则和要求；⑧保障规划实施的政策措施；⑨对市县级规划的指导和约束要求等。

在自然资源部发布的《关于全面开展国土空间规划工作的通知》的指导下，2019 年各省、市、县相继发布了国土空间总体规划编制工作方案。例如，2019 年 7 月广东省自然资源厅发布了“关于印发《广东省国土空间规划(2020—2035 年）编制工作方案》的通知”；2019 年 6 月山东省人民政府办公厅发布了“关于印发《山东省国土空间规划编制工作方案》的通知”；2019 年 7 月山东省菏泽市人民政府办公室发布了“关于印发《菏泽市国土空间规划编制工作方案》的通知”；2019 年 7 月，浙江省龙游县人民政府办公室发布了“关于印发《龙游县国土空间总体规划编制工作方案》的通知”。

各省、市、县发布的“国土空间总体规划编制工作方案”一般包括如下几个方面。

### 一、总体要求

#### （一）《广东省国土空间规划编制工作方案》的工作目标和基本要求

1. 坚持习近平生态文明思想，统筹全省国土空间开发与保护“一盘棋”。认真落实习近平生态文明思想，坚持节约优先、保护优先、自然恢复为主的方针，在资源环境承载能力和国土空间开发适宜性评价的基础上，强化底线约束，推动经济高质量发展。坚持山水林田湖草生命共同体理念，统筹陆海、城乡空间以及流域上下游，明确生态修复的目标任务、重点区域和重大工程，系统研究解决部分地区河段水污染严重的问题，实现国土空间生态整体保护、系统修复和综合治理。

2. 落实国家重大战略，高站位宽视野谋划粤港澳大湾区建设。深入研究粤港澳大湾区背景下珠三角空间发展面临的新责任和新机遇，落实《粤港澳大湾区发展规划纲要》提出的“构建极点带动、轴带支撑网络化空间格局”的部署，提出粤港澳合作共赢的空间发展思路，高站位宽视野谋划粤港澳大湾区建设，全力推动建设国际一流湾区和世界级城市群。

3. 落实省委省政府决策部署，推动形成“一核一带一区”区域发展新格局。落实省委“1+1+9”工作部署，从国土空间布局及结构调整、优化自然资源配置等角度研究加快形成“一核一带一区”区域发展新格局，提出构建“一核一带一区”区域发展新格局的国土空间政策，重点研究解决粤东西北地区与珠三角地区发展差距大的突出问题，提高发展的平衡性和协调性。突破行政区划局限，明确以主体功能区战略为主导的区域发展新战略，制定差异化、精细化的区域空间政策，科学有序布局生态、农业、城镇等功能空间。

4. 塑造高品质国土空间，支撑美丽广东建设。坚持以人民为中心的发展思想，围绕人的需要塑造高品质国土空间，注重人居环境改善，重视历史文化保护与传承。加快推进城市更新，提升城市特色与空间品质，坚持民生福祉优先，着力完善各类基础设施和基本公共服务设施，指导加快村庄规划编制，助推解决农房建设无序、村居环境脏乱差的问题。坚持历史文化和特色风貌保护，研究不同区域不同尺度景观风貌规划建议和管控要求，延续历史文脉，加强风貌管控，突出地域特色，支撑美丽广东建设。

5. 推动国土空间治理体系和治理能力现代化。强化规划权威性，实现“多规合一”，有效解决以往规划科学性不强、衔接不够、执行刚性约束不足等问题。加快建立国土空间规划体系，形成全省国土空间开发保护“一张图”，统筹和平衡各相关专项领域的空间需求。加快构建以国土空间规划为基础，以统一用途管制为手段的国土空间开发保护制度，依托国土空间基础信息平台实施国土空间监测预警和绩效考核机制，明确向市县国土空间总体规划传导的主要管控要求，全面提升国土空间治理体系和治理能力现代化水平。

**（二）《山东省国土空间规划编制工作方案》的总体要求**

以习近平新时代中国特色社会主义思想为指导，全面贯彻党的十九大和十九届二中、三中全会精神，认真落实习近平总书记视察山东重要讲话、重要指示批示精神，牢牢把握“走在前列、全面开创”总要求，聚焦聚力新旧动能转换、乡村振兴、海洋强省等战略，坚持生态优先、绿色发展，坚持全域统筹、突出特色，坚持以人为本、提升品质，坚持上下联动、协同推进，坚持权责一致、分类指导，建立健全国土空间规划体系，提升国土空间治理能力，为我省创新发展、持续发展、领先发展提供有力支撑。

确保 2019 年年底完成省级和试点市县国土空间规划编制任务，2020 年年底完成其他市县国土空间规划编制任务，形成全省国土空间开发保护“一张图”，建设国土空间规划监测评估预警管理系统，为全省自然资源保护、各类开发建设、国土空间用途管制、各层次专项规划和详细规划编制提供基本依据。

省、市、县（市）、乡（镇）级国土空间规划的规划范围为相应行政辖区全部陆域和海域国土空间。规划目标年为 2035 年，近期目标年为 2025 年，远景可展望至 2050 年。

**（三）《菏泽市国土空间规划编制工作方案》的总体要求**

以习近平新时代中国特色社会主义思想为指导，全面贯彻党的十九大和十九届二中、三中全会精神，紧紧围绕“五位一体”总体布局和“四个全面”战略布局，聚焦聚力新旧动能转换、乡村振兴和省委省政府“突破菏泽、鲁西崛起”决策部署，坚持生态优先、绿色发展，坚持全域统筹、突出特色，坚持以人为本、提升品质，坚持上下联动、协同推进，坚持权责一致、分类指导，建立健全国土空间规划体系，提升国土空间治理能力，为推动菏泽“科学赶超、后来居上”提供国土空间保障和有力支撑。

确保 2019 年年底完成菏泽市国土空间总体规划省级试点编制任务，同步完成市辖区试点镇国土空间规划编制任务；2020 年年底完成各县国土空间总体规划编制任务。

对接省级数字化信息系统，形成市、县国土空间开发保护“一张图”，建设市、县国土空间规划监测评估预警管理系统，为自然资源保护、各类开发建设、国土空间用途管制、各层次专项规划和详细规划编制提供基本依据。

**（四）《龙游县国土空间总体规划编制工作方案》的总体要求**

以习近平新时代中国特色社会主义思想为指导，以“八八战略”为统领，统筹推进“五位一体”总体布局和“四个全面”战略布局，统筹协调县域生态、农业、城镇三类空间和生态保护红线、永久基本农田、城镇开发边界三条控制线，合理布局城镇体系、产业平台、公共设施等各类空间要素，走生态优先、绿色发展之路。建立国土空间规划体系，强化国土空间规划的基础性作用和对空间性专项规划的指导约束作用，加快完善规划实施管理机制，有效提升国土空间治理能力，推进市委“1433”发展战略体系和县委“14456”工作布局重重落地。

## 二、工作内容或重点任务

**（一）《广东省国土空间规划编制工作方案》的工作内容**

1. 统一规划基础。以第三次全国国土调查成果为基础，统一采用 2000 国家大地坐标系，开展资源环境承载能力和国土空间开发适宜性评价；充分融合现有省级空间性规划，依托广东省省级大数据中心，整合和挖掘各部门各行业空间数据成果，统一基础数据、搭建信息平台；与规划同步部署、同步建设国土空间基础信息平台，建立健全国土空间规划动态监测评估预警和实施监督机制。

2. 谋划新时代国土空间开发保护格局。落实省域国土空间开发保护总体战略目标，整体谋划新时代国土空间开发保护格局，作为省域内空间开发、资源配置、用途管控的重要依据；统筹优化生态保护红线、永久基本农田、城镇开发边界以及各类海域保护线划定成果，明确省域重点发展地区，统筹各类自然资源要素配置，强化底线约束，为可持续发展预留空间；保护生态屏障，构建生态廊道和生态网络，加强生态环境分区管治，推进国土空间生态整体保护和系统修复；制定切实可行的规划实施保障措施、政策机制，明确相应管控要求。

3. 开展专题研究。围绕省级国土空间规划的主要任务和内容，按照"跨界合作、各尽所长、统分结合"的原则，汇聚国土资源、城乡建设、海洋、林业、生态环境、交通、水利、农业等多领域权威技术团队，开展国土空间规划目标和战略研究、国土空间规划指标体系研究等共 23 个专题研究，提高规划科学性，为规划成果的提炼和政策建议的响应提供扎实基础。

4. 形成规划成果

（1）形成一本规划。即《广东省国土空间规划（2020—2035 年）》文本及规划说明。

（2）编制一套图集。在统一空间规划数据前提下，编制形成包括规划成果图、基础分析图、评价分析图在内的省级国土空间规划图集。

（3）完成一系列专题研究。形成专题研究成果，为规划内容及其实施提供支撑。

（4）建立一个规划数据库。整合梳理现状及规划阶段的各类相关数据，按照统一数据标准，依托广东省省级大数据中心搭建规划数据库，支撑省级国土空间规划实施管理。

（5）建立一个信息平台。建立国土空间基础信息平台，健全国土空间变化监测体系，完善规划监测指标和网络，对规划实施情况进行动态监测和评估，并与粤政图等省统建共享平台加强对接协同。

（6）提出一套政策建议。研究建立适合广东实际的国土空间规划标准规范和规划评估修改、实施监测、绩效考核等方面的规划实施机制。

**（二）《山东省国土空间规划编制工作方案》的重点任务**

1. 省级国土空间规划。省级国土空间规划是全省各类空间性规划的总遵循，是从空间上落实国家和省发展战略以及主体功能区战略的重要载体，是对一定时期内省域国土空间开发、保护、修复的统筹部署，是促进城乡区域协调发展、陆海统筹发展的重要手段，是国土空间用途管制的基本依据，具有战略性、综合性、基础性、约束性和总体性。纵向上，要落实上位规划的目标和战略，明确本级规划的底线和重点，提出下位规划的控制与引导；横向上，要统筹省级有关部门的各类空间性规划，明确各部门的空间使用和管理边界。

2. 市县国土空间总体规划。市县国土空间总体规划是对市县域范围内国土空间开发保护做出的总体安排和综合部署，既是落实省级国土空间规划要求的主平台，也是编制专项规划、详细规划的依据，是从战略性规划到实施性规划的重要节点，在空间规划体系中具有承上启下的作用。规划要提出 2035 年市县域国土空间发展目标，明确各项约束性和引导性指标。确定市县域国土空间保护、开发、利用、修复、治理总体格局，制定全域规划分区，明确准入规则，统筹划定"三条控制线"，明确管控要求，合理控制整体开发强度。统筹市县域交通等基础设施布局和廊道控制要求，提出公共服务设施建设标准和布局要求，构建社区生活圈，提出对城乡风貌塑造、历史文脉传承、绿地水系建设和城市更新的原则要求。安排国土综合整治、海洋生态修复等重点工程的规模、布局和时序。建立健全规划传导机制，明确国土空间分区准入、用途转换等管制规则，严格耕地、自然保护地、生态保护红线、海岸带、生态敏感脆弱区等特殊区域的用途管制。

3. 乡镇（分区）国土空间规划。乡镇（分区）国土空间规划是对市县国土空间总体规划的细化落实，可因地制宜，将乡镇与市县国土空间总体规划合并编制，也可将一个以上乡镇、街道合并成一个分区，编制乡镇级国土空间规划。依据上级国土空间规划，明确乡镇发展战略目标和国土空间发展目标，落实下达的各项约束性指标，对详细规划的编制提出明确管控引导。

**（三）《菏泽市国土空间规划编制工作方案》的任务目标**

全市国土空间规划按市、县和乡镇三级分别编制。市、县编制国土空间总体规划，根据需要编制相关专项规划和详细规划。乡镇根据需要编制乡镇国土空间规划和“多规合一”的实用性村庄规划。

1. 市级国土空间总体规划是市人民政府对一定时期内市域国土空间开发、保护、利用、修复的总体安排和统筹部署，是促进全市城乡区域协调发展的重要手段，是编制下位国土空间规划、实施国土空间用途管制的基本依据。纵向上，市级国土空间总体规划是落实省级国土空间规划目标和战略的主平台，在空间规划体系中具有承上启下的作用，明确市级规划的底线和重点、提出下位规划的控制与引导要求；横向上，市级国土空间总体规划是全市各类空间性规划的总遵循，统筹市级有关部门的各类空间性规划，明确各部门的空间使用和管理边界。

2. 市级国土空间总体规划明确 2025 年、2035 年市域国土空间发展目标和指标体系，确定各项约束性和引导性指标，重要指标展望至 2050 年；落实淮海经济区、中原城市群、“突破菏泽、鲁西崛起”等重大战略，强化区域协同发展和市域空间统筹研究，加快推进区域中心城市建设，统筹推进新型城镇化和乡村振兴战略实施；确定市域国土空间保护、开发、利用、修复、治理总体格局，制定全域规划分区，明确准入规则；合理划定“三条控制线”，明确管控要求和调整规则，适当控制整体开发强度；统筹交通等基础设施布局和廊道控制要求，提出公共服务设施建设标准和布局要求，提出对城乡风貌塑造、历史文脉传承、绿地水系建设和城市更新的原则要求；结合“两新”融合发展，安排市级国土综合整治、生态修复等重点工程项目的规模、布局和时序；建立健全上下位规划要求传导机制，明确市级国土空间分区准入、用途转换等管制规则，严格耕地、自然保护地、生态保护红线、生态敏感脆弱区等特殊区域的用途管制。

3. 编制菏泽市国土空间总体规划，要做好技术创新和制度创新探索工作，力争形成可复制、可推广的经验，高标准完成省级试点任务。县级国土空间总体规划、乡镇（分区）国土空间规划和村庄规划的编制，要符合省、市有关规定和要求。

**（四）《龙游县国土空间总体规划编制工作方案》的具体工作任务**

1. 评估现行规划实施成效

开展深入调研和现状分析，对现行各类规划实施以来龙游县在经济社会发展与生态环境保护、城乡均衡发展、土地利用方式、建设用地结构和布局、用地产出效益、多规融合等各方面进行评估，分析取得的主要成效和面临的突出问题，并有针对性地为龙游县国土空间规划提出目标建议。

2. 开展重点专题研究

针对县市级国土空间总体规划编制的核心内容，突出重点问题、重大布局导向，围绕资源环境承载力、生态环境保护、建设用地结构和布局优化、县域发展战略、主要控制指标、生态环境与耕地保护、乡村振兴、城乡统筹与区域协调等多项重点内容开展专题研究。

3. 编制县域国土空间总体规划

基于现行规划评估、"双评价"及专题研究成果，在县域 1143.5 平方公里范围内落实省、市上位规划确定的主体功能和自然资源利用控制指标，统筹划定"三区三线"。研究优化产业和城镇空间布局，注重基础设施和公共服务设施建设，做好存量土地开发利用和空间品质提升。

4. 编制先行试点乡镇国土空间规划

以乡镇政府为责任主体，先行启动石佛乡等县级乡镇国土空间规划试点工作，重点深化"三区三线"指标控制与具体位置，落实土地整治与生态修复的实施范围、内容和要求，细化基础设施和公共服务设施布局，落实城镇、村庄等建设用地内部布局及构成，为全省乡镇地区国土空间规划编制提供龙游经验。

5. 建立国土空间规划数据库

按国家、省自然资源主管部门要求，建立国土空间规划数据库，并纳入县政府政务信息平台。

## 三、进度安排

### （一）《广东省国土空间规划编制工作方案》的进度安排

1. 前期研究筹备阶段（2019 年 3 月—6 月）。根据开展省级国土空间规划相关工作要求，制定工作方案，成立省国土空间规划编制工作领导小组，适时召开编制工作动员部署会，确定技术团队和合作单位，保障专项经费，总结评估现有空间性规划，开展相关调研工作等。

2. 规划方案编制阶段（2019 年 7 月—9 月）。完成支撑规划成果内容的主要专题研究报告，同步开展规划方案编制，开展专家咨询，征求部门和地市意见，向省政府分管领导汇报，并同步启动国土空间规划"一张图"实施监督信息平台研究建设。

3. 规划成果编制阶段（2019 年 10 月—12 月）。统筹衔接省发展规划，细化落实省发展规划提出的国土空间开发保护要求。结合各方意见修改完善，提炼编制规划文本内容和成果体系，向自然资源部汇报对接，召开专家评审会，继续推进相关专题研究并及时反馈吸纳，形成规划的送审成果。

4. 规划报批阶段（2020 年 1 月—3 月）。规划成果上报省政府，并按程序报批。

### （二）《山东省国土空间规划编制工作方案》的进度安排

按照 2020 年年底前完成所有市县国土空间规划编制的要求，倒排工作计划，紧扣启动部署、规划编制、审查审批三个阶段工作，确保各项任务如期完成。

1. 启动部署阶段（2019 年 1 月—6 月）。组建规划编制工作专班，制定印发工作方案，建立组织领导机构，组建规划编制工作组、专家组，制定议事规则和相关制度，开展规划编制调研等活动。召开部署动员会议，指导试点市县启动试点工作。调整省城乡规划委员会名称和人员，行使国土空间规划编制统筹协调职责。编制经费预算报告，确定规划编制承担单位。综合考虑地域代表性、工作基础和地方意愿，确定烟台、泰安、威海、菏泽等 4 个市以及利津、寿光、曲阜、新泰、荣成、沂水、高唐、博兴、郓城等 9 个县（市）为市县规划编制试点单位。鼓励其他市县同步启动规划编制工作。根据需要，开展乡镇、村庄规划编制。

2. 规划编制阶段（2019 年 3 月—12 月）。收集梳理有关基础资料，同步开展有关部门和市县调研，全面推进评估评价、专题研究、规划编制和技术规程制定等工作，形成省和试点市县国土空间规划成果。具体安排如下：

2019 年 3 月—6 月，启动空间类规划实施评估和“双评价”工作，开展重大专题和支撑专题研究，形成研究报告；启动市县规划编制工作。

2019 年 6 月—10 月，完成省级国土空间规划编制，形成规划文本、图集和数据库；指导试点市县编制规划。

2019 年 11 月—12 月，省级国土空间规划征求意见、论证修改完善；建设省级规划信息系统；试点市县完成国土空间规划编制，形成规划文本、图集和数据库；完成技术规程制订。

3. 审查审批阶段（2020 年 1 月—12 月）。2020 年 1—8 月，省级规划成果经社会公示、省国土空间规划委员会审查，按程序提请省人大常委会审议通过后，由省政府报国务院审批；完成试点市县国土空间总体规划审查报批。2020 年年底前，完成所有市县国土空间规划编制，部分市县国土空间总体规划完成审查报批。结合实际情况，2021 年完成乡镇和村庄规划编制。

**（三）《菏泽市国土空间规划编制工作方案》的进度安排**

1. 菏泽市国土空间总体规划编制

在前期工作基础上，紧扣《山东省国土空间规划编制工作方案》要求，按照“启动部署、规划编制、审查审批”三个阶段加快推进。

（1）启动部署阶段（2019 年 7 月）

成立菏泽市国土空间规划委员会，行使本级国土空间规划编制统筹协调职责。建立规划编制组织领导机构，印发工作方案，召开工作部署动员会，组建工作专班，保障规划编制经费，全面展开国土空间总体规划编制工作。

（2）规划编制阶段（2019 年 7 月—12 月）

2019 年 7 月—8 月，开展城市总体规划、土地利用总体规划实施“双评估”和资源环境承载能力、国土空间开发适宜性“双评价”工作，启动开展重大专题研究。

2019 年 9 月—10 月，完成专题研究报告，形成国土空间规划初步方案和基础资料数据库。

2019 年 11 月—12 月，形成规划文本、图集和数据库。

（3）审查审批阶段（2020 年 1 月—8 月）

完成规划征求意见、论证修改完善，履行社会公示、国土空间规划委员会审查、人大常委会审议等程序后，按规定程序审查报批；建立规划信息系统和监测评估预警系统。

2. 各县国土空间总体规划编制

为确保完成国土空间总体规划编制任务，各县要遵循自上而下、上下联动、压茬推进的原则，全面启动国土空间总体规划编制工作。2019 年 8 月—12 月，制定规划编制工作方案，成立组织领导机构，启动规划编制工作；2020 年 1 月—8 月，形成国土空间总体规划文本、图集和数据库；2020 年 12 月完成县级国土空间总体规划的编制任务和审查报批工作。

郓城县要按照《山东省国土空间规划编制工作方案》（鲁政办字〔2019〕105 号）文件要求，提前完成规划编制试点任务。

3. 乡镇和村庄规划编制。

鼓励开展乡镇国土空间规划和村庄规划编制试点工作。2019 年 7 月—8 月，启动试点镇国土空间规划编制工作；2019 年 12 月，完成试点镇国土空间规划编制任务，形成可复制、可推广的经验。

**（四）《龙游县国土空间规划编制工作方案》的进度安排**

1. 第一阶段：前期启动。4 月底前启动“双评估”、“双评价”、县域发展战略等专题研究工作，进行现场调研、收集基础数据；7 月制定印发《龙游县国土空间总体规划编制工作方案》，成立国土空间规划编制工作领导小组及工作小组，完成人员部署和工作安排，明确各成员单位的工作任务和职责分工；意向设计单位现场调研与座谈交流。

2. 第二阶段：方案编制。8 月底前，在现行规划实施评估的基础上，完成“双评价”、县域发展战略等核心专题研究方案，并形成国土空间总体规划思路和草案；先行启动石佛乡等乡镇国土空间规划编制试点工作。

3. 第三阶段：成果汇总。12 月底前，完成县级国土空间总体规划成果汇总和试点乡镇国土空间规划编制，基本达到上报审批要求。适时启动基础数据库和国土空间规划信息平台建设。

4. 第四阶段：上报审批。2020 年将修改完善的国土空间总体规划成果文件上报审批，并做好规划编制工作经验总结。

## 四、工作保障

**（一）《广东省国土空间规划编制工作方案》的工作保障**

在省政府的领导下，构建上下结合、部门协作、多方参与的工作机制，统筹协调推进省级国土空间规划编制工作。

1. 加强工作组织协调。成立广东省国土空间规划编制工作领导小组，由省长担任组长，副省长担任副组长，省公安厅常务副厅长和省发展改革委等 19 个单位主要负责同志为成员，统筹推进规划编制工作，研究审议规划编制重要工作，协调解决工作中遇到的重大问题。领导小组办公室设在省自然资源厅，由省自然资源厅领导兼任办公室主任，领导小组各成员单位确定一名处级干部作为联络员，具体参与规划编制相关工作。

2. 建立规划编制技术团队。坚持开门编规划，按程序通过公开招标或委托具有国土空间规划编制经验、科研技术实力雄厚的技术单位联合承担具体编制工作，负责规划文本、说明、图集以及相关专题研究，分别以技术统筹组、技术支撑组和专家咨询组等形式开展编制和研究工作。

3. 探索省市县联动编制。根据规划工作基础，将珠海、惠州、肇庆、揭阳市和佛山南海区、韶关南雄市、肇庆四会市作为我省市县国土空间规划编制试点，探索符合我省实际的市县国土空间规划编制方法，研究省级与市县国土空间规划之间的传导机制，为我省全面推进市县国土空间规划编制提供经验。

**（二）《山东省国土空间规划编制工作方案》的工作保障**

省级国土空间规划编制主体为省政府，由省自然资源部门牵头，各相关部门联动配合编制。

1. 加强组织领导和工作督导。将“山东省城乡规划委员会”调整为“山东省国土空间规划委员会”，同步调整成员和工作规则。委员会主任由省长担任，副主任由常务副省长、分管副省长担任，行使省国土空间规划编制统筹协调职责，对规划编制工作中的重大事项进行协调和决策；委员会办公室调整为设在省自然资源厅。同时，组建山东省国土空间规划编制工作专班，协调推进省级国土空间规划编制工作，指导试点市县国土空间总体规划编制技术把关和审核验收等工作。

2. 加强经费和技术保障。规划编制经费预算和规划评估监测预警管理系统建设经费预算应纳入同级财政预算。选择高水平的技术团队，承担规划编制及信息系统建设有关工作，市县级（含）以上规划编制承担单位原则上应具有甲级城乡规划编制资质和甲级土地规划资质。鼓励联合团队承担规划编制。同时，成立国土空间规划专家咨询组，全程参与专题研究、规划编制、技术审查、咨询论证等工作。加强培训指导，定期组织开展工作交流与技术研讨，提高规划工作队伍的业务水平和综合能力。根据国家有关标准规范，研究制定我省相关技术规程，会同有关部门研究规划目标和指标，提出相关政策措施。

3. 建立协同联动工作机制。主动对接自然资源部及国家国土空间规划编制团队，及时将专题研究、技术规程、规划编制、信息系统建设、政策制定等工作重要环节的阶段性成果向自然资源部报告。加强部门协调沟通，建立省市县联动机制，全面做好各级国土空间规划编制工作。

4. 确保数据资料安全。建立健全档案管理和数据安全等制度，规划编制和信息系统建设涉及的相关数据、图件、报告及技术资料等，非经许可不得复制、转让或者转借，确保重要数据资料安全。

**（三）《菏泽市国土空间规划编制工作方案》的工作保障**

市、县国土空间总体规划编制主体为市、县人民政府，由市、县自然资源和规划主管部门牵头，各相关部门联动配合编制。专项规划由相应主管部门根据需要组织编制，自然资源和规划主管部门参与审核。试点镇和试点村庄的规划编制，由市、县政府组织，市、县自然资源和规划主管部门与乡镇政府共同实施；其他乡镇国土空间规划和村庄规划的编制主体为乡镇政府，市、县自然资源和规划部门要加强指导。

1. 加强组织领导和工作督导。成立菏泽市国土空间规划委员会，委员会主任由市长担任，副主任由常务副市长、分管副市长担任，行使市国土空间规划编制统筹协调职责，对规划编制工作中的重大事项进行协调和决策；委员会办公室设在市自然资源和规划局。同时，由市自然资源和规划局牵头，从发改、生态环境、住建、交通、水务、农业农村、林业等部门抽调人员组建菏泽市国土空间总体规划编制工作专班，协调推进市级国土空间总体规划编制工作，指导和监督各县国土空间总体规划编制工作。各县也要成立相应领导机构、建立相应工作机制。

2. 加强经费和技术保障。规划编制经费预算和规划评估监测预警管理系统建设经费预算纳入同级财政预算。选择高水平的技术团队，承担规划编制及信息系统建设有关工作。同时，邀请国内知名的国土、规划、林业、环保、交通、水利、产业经济等领域的专家，组建专家团队，参与专题研究、规划编制、技术审查、咨询论证等工作。加强培训学习和指导，定期组织开展工作交流与技术研讨，提高市县规划工作队伍的业务水平和综合能力。根据国家、省有关标准规范规程，根据实际需要研究制定我市相关技术导则。市、县自然资源和规划部门要会同有关部门研究规划目标和指标，提出相关政策措施。

3. 建立协同联动工作机制。市、县牵头部门要主动对接上级主管部门及上级国土空间规划编制团队，及时将专题研究、规划编制、信息系统建设、政策制定等工作重要环节的阶段性成果向上级主管部门报告。按照省市县联动机制，加强纵向、横向部门协调沟通，全面做好我市各级各类国土空间规划编制工作。

4. 确保数据资料安全。建立健全市、县国土空间规划编制工作的档案管理和数据安全等制度，规划编制和信息系统建设涉及的相关数据、图件、报告及技术资料等，非经许可不得复制、转让或者转借，确保重要数据资料安全。

**（四）《龙游县国土空间规划编制工作方案》的工作保障**

1. 技术支撑

（1）统一规划基础数据和标准。以2019年为规划基期，以第三次国土调查数据作为龙游县国土空间规划编制的现状基础数据。统一采用2000国家大地坐标系作为空间基准。按照自然资源部“多规合一”信息平台技术标准体系开展规划编制。

（2）以“双评估”和“双评价”为基础支撑。对现版“两规”的实施情况进行评估，总结规划实施成效，找出自然资源利用和国土空间布局等方面存在的问题。对国土空间进行资源环境承载能力评价和国土空间开发适宜性评价，为空间规划提供基础支撑。

（3）同步搭建“多规合一”的国土空间规划信息平台。确保“发展目标、用地指标、空间坐标”一致，建立我县国土空间总体规划编制、审批、实施、监督、评估、预警新方法、新模式，构建可感知、能学习、善治理、自适应的智慧型规划。

2. 经费保障

（1）经费来源：在规划编制专项经费中列支，由县财政局予以保障。

（2）委托方式：原则上采用单一来源采购、公开招标、竞争性磋商等公开方式确定编制单位。

3. 机制完善

县人民政府为国土空间总体规划编制的责任主体，由主要领导亲自负责，组建编制专班，确保编制工作顺利开展。

(1) 成立领导小组。由县长担任组长，2 位副县长担任副组长。

(2) 组建工作小组。由县府办副主任担任小组组长，县自然资源和规划局领导担任专职副组长。

(3) 工作例会制度。由专职副组长负责召开周例会，工作小组成员参加。由工作小组组长负责召开月例会，决定提交需领导小组研究的重大问题以及其他重要事项。领导小组成员在关键时间节点听取工作汇报。

(4) 公众参与机制。秉承开门编规划理念，提高规划编制的透明度和社会参与度，广泛开展调研和专题研究，发挥各级、各方面积极性，为形成共谋、共建、共治、共享的县域国土空间治理模式奠定良好的社会基础。

(5) 专家咨询机制。组建规划咨询专家库，在编制过程中定期对总体规划及相关专题的阶段成果进行咨询指导，开展专题培训并参与方案审查、论证等工作。

从上述广东省、山东省、菏泽市、龙游县的《国土空间规划编制实施方案》可以看出，国土空间总体规划的组织编制有如下几项任务：①明确编制要求；②制定编制计划；③成立编制工作领导小组和工作小组，并明确各职能部门的任务；④确定编制经费来源；⑤明确工作机制。在此基础上，确定规划编制单位并启动规划编制后，还要组织好以下编制工作：①研究地区发展的重大专题；②协调规划编制过程中的重大问题；③组织召开专家咨询会和审查会；④组织规划方案的公示和公众参与；⑤组织规划成果的技术审查和行政报批。

## 第二节　城镇详细规划的编制管理[2]

### 一、控制性详细规划的编制管理

在市场经济的背景下，总体规划应发挥宏观调控职能和体现公共政策属性，具有综合性、战略性和前瞻性的特征。而控制性详细规划则要具有实施性和可操作性，是城乡规划主管部门作出建设项目规划许可的依据。

控制性详细规划是进一步落实城市总体规划，协调各专项规划，针对城镇土地使用和开发建设提出的控制指标与控制导则，是地方规划行政主管部门依法行政的依据，并指导修建性详细规划和建筑设计方案。

**（一）控制性详细规划的地位与作用**

在我国的规划编制体系中，控制性详细规划是连接总体规划与建设实施之间（包括修建性详细规划和具体建筑设计）的具有承上启下作用的关键性编制层次。控制性详细规划的编制是为了实现总体规划意图，对建设实施起具体指导作用，并成为城市规划主管部门依法行政的依据。

(1) 控制性详细规划是衔接规划与管理、规划与实施之间的重要环节控制性详细规划将城镇建设的规划控制要点，用简练、明确、适合操作的方式表达出来，作为控制土地出让和开发的基本依据，规范土地的使用行为。

控制性详细规划作为规划行政许可的直接依据主要体现在以下《城乡规划法》的有关规定：①城乡规划主管部门依据控制性详细规划核发建设用地规划许可证；②依据控制性详细规划，提出规划条件，作为国有土地使用权出让合同的组成部分；③在规划区内进行建设，城乡规划主管部门要依据控制性详细规划和规划条件，核发建设工程规划许可证；④建设过程中对规划条件提出变更的，变更内容必须符合控制性详细规划。

（2）控制性详细规划是宏观与微观、整体与局部有机衔接的关键层次

控制性详细规划向上衔接总体规划和分区规划，向下衔接修建性详细规划、具体设计与开发建设行为。它以量化指标和控制要求将总体规划的宏观的控制转化为对城市建设的微观控制，将总体规划中的定性、定量、二维与三维的控制要求与控制指标进一步深化、细化、分解、落实，并作为具体指导地段修建性详细规划、建筑设计、土地出让的规划设计条件和控制要求。

（3）控制性详细规划是城市设计控制与管理的重要手段

控制性详细规划将宏观城市设计、中观城市设计到微观城市设计的内容，通过具体的设计要求、设计导则以及设计标准与准则的方式体现在规划成果之中，借助其在地方法规和行政管理方面的权威地位使城市设计要求在实施建设中得以贯彻落实。

（4）控制性详细规划是协调各利益主体的公共政策平台

控制性详细规划由于直接涉及城市建设中各个方面的利益，是城镇政府意图、公众利益和个体利益平衡协调的平台，体现着在城镇建设中各方角色的责、权、利关系，是实现政府规划意图、保证公共利益、保护个体权利的重要手段。

（5）规划行业廉政建设的重要保障

针对近年来城市规划领域出现的随意调整规划、违规调整容积率等违法、违规行为，2009 年 7 月《中共中央办公厅国务院办公厅印发〈关于开展工程建设领域突出问题专项治理工作的意见〉的通知》（中办发［2009］27 号）明确提出要“着重加强控制性详细规划制定和实施监管，严格控制性详细规划的制定和修改程序”，要求“制定控制性详细规划编制审批管理办法，规范自由裁量权行使”。

**（二）控制性详细规划的基本特征**

控制性详细规划，是介乎于土地管理与建筑管理之间的技术手段和控制要求。它不但对土地使用、建筑建造等方面提出具体的控制要求，还包括了基础设施规划、道路交通组织、竖向规划以及大量的城市设计的内容，是具有丰富内涵的一种规划类型。

（1）通过抽象的表达方式落实规划意图

控制性详细规划通过一系列抽象的指标、图表、图则等表达方式，将城市总体规划宏观的控制内容、定性的内容、粗略的三维控制和体量控制内容等深化、细化、分解为微观层面的具体控制内容。该内容是一种建设控制、设计控

制和开发建设指导，为具体的设计与实施提供深化、细化的个性空间，而非取代具体的个性设计内容。

（2）具有很大程度上的综合性

控制性详细规划中包括城市建设或规划管理中的各纵向系统和各专项规划内容，如土地利用规划、公共设施与市政设施规划、道路交通规划、保护规划、景观规划、城市设计以及其他必要的非法定规划等内容，并将这些内容在控制性详细规划的控制尺度上进行横向综合，相互协调并分别落实相关规划控制要求，具有小而全的综合控制特征。

（3）刚性与弹性相结合的控制方式

控制性详细规划的控制内容分为规定性和引导性两部分。规定性内容一般为刚性内容，主要规定“不许做什么”“必须做什么”“至少应该做什么”等，引导性内容一般为弹性内容，主要规定“可以做什么”“最好做什么”“怎么做更好”等，具有一定的适应性与灵活性。刚性与弹性相结合的控制方式适应我国的开发申请的审批方式为通则式与判例式相结合的特点。

另一方面，控制性详细规划在实施规划控制与管理期间也具有动态适应城市建设的特征，随着建设背景、前提和相关条件的变化，控制性详细规划需要进行不断地调整与修正。刚性的内容与弹性的内容之间也会在不同的条件下发生转变。

**（三）城市、镇控制性详细规划编制审批办法** [3]

2010 年 12 月，《城市、镇控制性详细规划编制审批办法》（下文简称《办法》）颁布。

1. 控规的地位和作用

控制性详细规划是城乡规划主管部门作出规划行政许可、实施规划管理的依据。国有土地使用权的划拨、出让应当符合控制性详细规划。

1）“行政许可的直接依据”指作为建设用地规划许可证、建设工程规划许可证核发的依据；作为批准临时建设的依据。

2）国有土地使用权的划拨、出让，应当符合控制性详细规划：依据控规，提出规划设计条件，并纳入土地出让合同；规划条件是否可以变更，要依据控规进行审核。

3）城市规划实施管理的依据：项目建设实施、规划执法检查、违法违规项目的查处，都要依据控规。控规是判断项目建设是否符合城市规划要求的最直接依据。

2. 控规的编制

（1）编制主体

城市、县人民政府城乡规划主管部门组织编制城市、县人民政府所在地镇的控制性详细规划。

其他镇的控制性详细规划由镇人民政府组织编制。

（2）编制原则

编制控制性详细规划，应当综合考虑当地资源条件、环境状况、历史文化遗产、公共安全以及土地权属等因素，满足城市地下空间利用的需要，妥善处理近期与长远、局部与整体、发展与保护的关系。

（3）编制依据

编制控制性详细规划，应当依据经批准的城市、镇总体规划，遵守国家有关标准和技术规范，采用符合国家有关规定的基础资料。

1）依据经批准的城市、镇总体规划：总体规划是控规的“上位规划”。

2）遵守国家有关标准和技术规范：包括城市规划领域的标准规范，也包括相关行业标准和规范。

（4）编制基本内容

控制性详细规划应当包括下列基本内容：

1）土地使用性质及其兼容性等用地功能控制要求；

2）容积率、建筑高度、建筑密度、绿地率等用地指标；

3）基础设施、公共服务设施、公共安全设施的用地规模、范围及具体控制要求，地下管线控制要求；

4）基础设施用地的控制界线（黄线）、各类绿地范围的控制线（绿线）、历史文化街区和历史建筑的保护范围界线（紫线）、地表水体保护和控制的地域界线（蓝线）等“四线”及控制要求。

由于各地对编制内容的要求存在差异。《办法》作为指导全国控制性详细规划编制内容的统一要求，只对必要的、普适的内容要求作出规定，而对带有地方性、特殊性的内容要求，由地方政府在制定具体实施细则和相关管理办法、技术规定时，再予以明确。因此，《办法》只将功能控制、用地指标、城市运行基本保障设施、“四线”作为控规的基本内容。

（5）单元规划

编制大城市和特大城市的控制性详细规划，可以根据本地实际情况，结合城市空间布局、规划管理要求，以及社区边界、城乡建设要求等，将建设地区划分为若干规划控制单元，组织编制单元规划。

大城市和特大城市地域范围大，空间层次复杂，地块的控规很难在总规批准后，一次性编制完成。但城市基础设施、公共服务设施、安全设施等保障城市运行的生命线工程，在总体规划层面又受规划编制深度的限制，很难落地，需要通过控规尽快落实相关控制要求，保证建设实施。

针对这一矛盾，上海、北京等市开展了单元规划的编制工作，作为承接“总规”和“控规”的一个中间层次的规划。在总规批准后，将总规确定的建设用地划分为若干规划控制单元，组织编制单元规划，然后在单元规划的基础上，有计划地推进地块层面控规的编制工作。但是单元规划只是工作层次，不能代替控规。

作为控规编制的一个工作层次，单元规划的具体编制内容和要求，以及审定的程序和形式，由城市人民政府根据实际管理要求确定。

（6）公众参与

控制性详细规划草案编制完成后，控制性详细规划组织编制机关应当依法将控制性详细规划草案予以公告，并采取论证会、听证会或者其他方式征求专家和公众的意见。

公告的时间不得少于30日。公告的时间、地点及公众提交意见的期限、方式，应当在政府信息网站以及当地主要新闻媒体上公告。

（7）编制时序

控制性详细规划组织编制机关应当制订控制性详细规划编制工作计划，分期、分批地编制控制性详细规划。

中心区、旧城改造地区、近期建设地区，以及拟进行土地储备或者土地出让的地区，应当优先编制控制性详细规划。

总规确定的建设用地，有近期就要开发的，也有中远期要开发的，从对土地开发规划控制要求上，客观上并不需要在总规批准后就立即制定所有地块的控规，可以根据地块开发时序，有计划、分批次地制定地块层面的控规。

（8）成果要求

控制性详细规划编制成果由文本、图表、说明书以及各种必要的技术研究资料构成。文本和图表的内容应当一致，并作为规划管理的法定依据。

3. 控规的审批

（1）审批主体

城市的控制性详细规划经本级人民政府批准后，报本级人民代表大会常务委员会和上一级人民政府备案。

县人民政府所在地镇的控制性详细规划，经县人民政府批准后，报本级人民代表大会常务委员会和上一级人民政府备案。其他镇的控制性详细规划由镇人民政府报上一级人民政府审批。

城市的控制性详细规划成果应当采用纸质及电子文档形式备案。

（2）审查要求

控制性详细规划组织编制机关应当组织召开由有关部门和专家参加的审查会。审查通过后，组织编制机关应当将控制性详细规划草案、审查意见、公众意见及处理结果报审批机关。

（3）批后公布

控制性详细规划应当自批准之日起 20 个工作日内，通过政府信息网站以及当地主要新闻媒体等便于公众知晓的方式公布。

4. 批后的维护和管理

（1）信息化建设

控制性详细规划组织编制机关应当建立控制性详细规划档案管理制度，逐步建立控制性详细规划数字化信息管理平台。

（2）动态维护

控制性详细规划组织编制机关应当建立规划动态维护制度，有计划、有组织地对控制性详细规划进行评估和维护。

5. 控规的修改

经批准后的控制性详细规划具有法定效力，任何单位和个人不得随意修改；确需修改的，应当按照下列程序进行：

控制性详细规划组织编制机关应当组织对控制性详细规划修改的必要性进行专题论证。

控制性详细规划组织编制机关应当采用多种方式征求规划地段内利害关系人的意见，必要时应当组织听证。

控制性详细规划组织编制机关提出修改控制性详细规划的建议，并向原审批机关提出专题报告，经原审批机关同意后，方可组织编制修改方案。

修改后应当按法定程序审查报批。报批材料中应当附具规划地段内利害关系人意见及处理结果。

控制性详细规划修改涉及城市总体规划、镇总体规划强制性内容的，应当先修改总体规划。

**（四）控制性详细规划创新做法**

近十年来，许多城市也都针对其体实际情况相继颁布了控规编制引导或技术规定。对控规编制的内容、成果形式等做了明确规定，形成了一整套具有地方特色的控规编制和管理办法。其中有不少创新做法，归纳有以下几点：

1. 承上启下，分层控制

控规作为法定规划管理文件，要起到承上启下的作用。向上，要深化和落实上位规划的意图。控规需要在总规和地块控制之间细化规划层次，针对每一个规划层次明确控制内容，将总规意图逐层分解、层层落实。

（1）北京市

北京（新城）在总体规划中包含了片区规划的内容，即将新城总规中的主要控制指标分至各片区以片区为单位进行控规编制。控规主要由街区地块两个层面组成。街区层面的工作以片区为单位进行。主要包括两部分内容，首先是以片区为单位划分街区边界（由一个以上的街坊组成），并将片区的指标（建筑量、人口规模）分解至街区。在此基础上对配套设施、绿化等公益性建设项目在用地规模与位置布局上进行协调明确。街区层面的控制指标作为强制性控制指标，是地块层面指标落实的依据。在管理方面，街区层面作为控规的公示内容，同时也是地块指标修改的最小编制范围。

（2）上海市

上海市以“控规编制单元”划分指导全市控规编制。“控规编制单元”是分解总体规划目标、指导控规编制的基本单位。单元划分以集中建设区为基础，落实以下工作要求：

控规编制单元的划分、编号和统计与城市总体规划确定的城镇体系紧密衔接，将控规单元分为中心城、中心城拓展区、新城、新市镇和其他功能区5种类型，体现市域范围内单元划分的层次性与系统性。

全市控规单元的划分做到统一编号。目前全市共划分998个控规编制单元，合计面积约3445km$^2$。其中：中心城273个单元，面积约663km$^2$，控规已经基本覆盖。郊区725个单元，面积约2781km$^2$。

（3）成都市

成都市控规由大纲图则与详细图则组成。以标准大区为单位进行控规编制，大纲图则主要从一定范围内协调分配各类设施，重在定量与定性。详细图则将各类用地落实至地块，从管理方面来看大纲图则是控规的公示内容，作为刚性控制指标，调整程序较详细图则复杂。

（4）济南市

济南市控规包括片区、街坊与地块三个层面，片区的边界在城市总体范围进行划分，并有用地规模方面的指标分解。片区层面的控制内容以片区为单位进行．主要在于片区内部相关设施及城市设计内容的协调，其最后的控制指标由地块层面的指标汇总而得，并作为强制性指标，在数值上与总体分配的指标有一定出入。街坊的概念类似北京的街区概念，由一个以上由道路围合而成的街坊组成，其指标由地块指标汇总而成，其中大部分内容（人口规模、总建筑面积、公共绿地面积、配套设施）作为强制性指标。地块层面的指标作为引导性指标，在调整程序上相对简单。

2. 成果表达形式

(1) 上海市——区分法定文件和技术文件，区分普适图则和附加图则(图 4-1)。

通过普适图则和附加图则的编制，将城市设计成果纳入控详，使城市设计具有相应的法律地位（图 4-1)。

法定文件：《普适图则》以单元为单位出图，《文本》是以条文的方式对图则的解释和应用说明。

技术文件：完善前期研究，整理一手资料形成《基础资料汇编》。阐述规划研究的过程和结论，解释法定文件，形成《规划说明书》。保留和沉淀规划编制协调过程中的行政文件、各方书面意见及处理建议，形成《编制文件》。

按照既定的编制单元（单元一般 3 ～ 5$km^2$）编制整单元普适图则。优化整单元普适图则的指标体系。

保留：地块面积、用地性质、容积率、建筑高度、设施控制要求；

弱化：地块内部的建筑密度和绿地率指标；

增加：混合用地比例，以提高土地使用灵活性，增强城市活力；

增加：住宅套数指标，以落实住房政策；

增加：建筑控制线和贴线率，以强化空间管制，使规划管理立体化。

在普适图则中划分：一般发展地区、重点地区和发展预留区三种编制地区类型，规定不同的规划深度。一般地区：普适图则全要素。重点地区：须编制附加图则，比普适图则中增加划示建筑界面控制线和贴线率等。发展预留区：须编制增补图则，在首份普适图则中，仅表达功能、强度分区和配套设施。

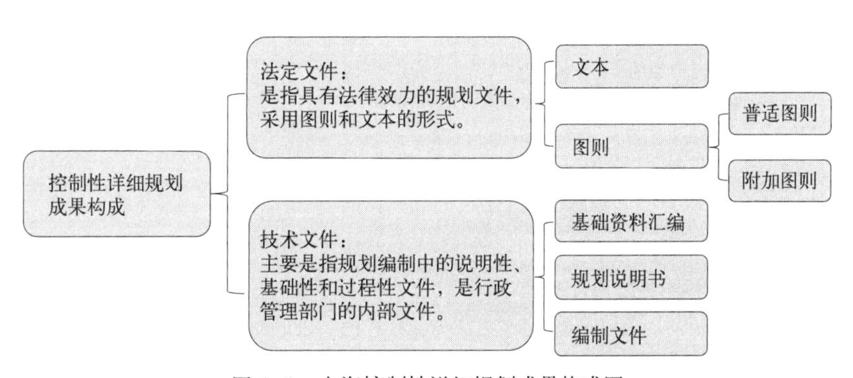


图 4-1 上海控制性详细规划成果构成图

资料来源：根据相关资料整理。

附加图则是在普适图则基础上，将城市设计的内容转译为具有一定法定效力的控制要素，包括建筑形态、公共空间、道路交通、地下空间、生态环境等几个方面（表 4–1）。

**上海控制性详细规划附加图则控制指标一览表** 表 4–1

| 分类 | | 公共活动中心区 | | | 历史风貌地区 | | | 重要滨水区和风景区 | | 交通枢纽地区 | | |
|---|---|---|---|---|---|---|---|---|---|---|---|---|
| 控制指标 | 分级 | 一级 | 二级 | 三级 | 一级 | 二级 | 三级 | 一级 | 三级 | 一级 | 二级 | 三级 |
| 建筑形态 | 建筑高度 | ● | ● | ● | ● | ● | ● | ● | ● | ● | ● | ● |
| | 屋顶形式 | ○ | ○ | ○ | ● | ● | ● | ○ | ○ | ○ | ○ | ○ |
| | 建筑材质 | ○ | ○ | ○ | ● | ● | ● | ○ | ○ | ○ | ○ | ○ |
| | 建筑色彩 | ○ | ○ | ○ | ● | ● | ● | ○ | ○ | ○ | ○ | ○ |
| | 连廊 | ● | ● | ● | ○ | ○ | ○ | ○ | ○ | ● | ● | ● |
| | 骑楼 | ● | ● | ● | ● | ● | ● | ○ | ○ | ○ | ○ | ○ |
| | 地标建筑位置 | ● | ● | ● | ○ | ○ | ○ | ○ | ○ | ○ | ○ | ○ |
| | 建筑保护与更新 | ○ | ○ | ○ | ● | ● | ● | ○ | ○ | ○ | ○ | ○ |
| 公共空间 | 建筑界面控制线 | ● | ● | ● | ● | ● | ● | ● | ● | ● | ● | ● |
| | 贴线率 | ● | ● | ● | ● | ● | ● | ● | ● | ● | ● | ● |
| | 公共步行通道 | ● | ● | ● | ● | ● | ● | ● | ● | ● | ● | ● |
| | 地块内部广场范围 | ● | ● | ● | ● | ● | ● | ● | ○ | ● | ● | ● |
| | 地块内部绿化范围 | ● | ● | ● | ● | ● | ● | ● | ○ | ○ | ○ | ○ |
| | 建筑密度 | ○ | ○ | ○ | ● | ● | ● | ● | ○ | ○ | ○ | ○ |
| | 滨水岸线形式 | ○ | ○ | ○ | ○ | ○ | ○ | ● | ● | | | |
| 道路交通 | 出入口 | ● | ● | ● | ● | ● | ● | ● | ● | ● | ● | ● |
| | 公共停车位 | ● | ● | ● | ● | ● | ● | ● | ● | ● | ● | ● |
| | 特殊道路断面形式 | ● | ● | ● | ● | ● | ● | ● | ○ | ● | ● | ● |
| | 慢性交通优先区 | ● | ● | ● | ○ | ○ | ○ | ○ | ○ | ● | ● | ● |
| 地下空间 | 地下空间建设范围 | ● | ● | ● | ○ | ○ | ○ | ○ | ○ | ● | ● | ● |
| | 开发深度与分层 | ● | ● | ● | ○ | ○ | ○ | ○ | ○ | ● | ● | ● |
| | 地下建筑主导功能 | ● | ● | ● | ○ | ○ | ○ | ○ | ○ | ● | ● | ● |
| | 地下建筑量 | ● | ● | | ○ | ○ | ○ | ○ | ○ | ● | ● | ● |
| | 地下通道 | ● | ● | ● | ○ | ○ | ○ | ● | ○ | ● | ● | ● |
| | 下沉广场位置 | ● | | | ○ | ○ | ○ | ○ | ○ | ● | ● | ● |
| 生态环境 | 绿地率 | ○ | ○ | ○ | ○ | ○ | ○ | ● | ● | ○ | ○ | ○ |
| | 生态廊道 | ○ | ○ | ○ | ○ | ○ | ○ | ● | | ○ | ○ | ○ |
| | 地块水面率 | ○ | ○ | ○ | ○ | ○ | ○ | ● | ● | ○ | ○ | ○ |
| | 植物配置 | ○ | ○ | ○ | ○ | ○ | ○ | ○ | ○ | ○ | ○ | ○ |

注：●——必选控制指标；○——可选控制指标。

资料来源：《上海市控制性详细规划成果规范》。

（2）天津市——一个控规、两个导则

天津市控制性详细规划编制现已形成“一个控规、两个导则”的规划编制体系，即控制性详细规划、土地细分导则和城市设计导则。

成果内容包括文本、图则和附件。其中图则包括区位索引图、现状图则（现状主要单位用地情况一览表）、规划图则（规划控制要求）、交通规划图则、工程规划图则和风貌建筑分布图。

土地细分导则依据控规的控制要求，分解控规单元的总体控制指标，制定更为细致的地块层面的技术指标。成果内容包括文本、图则和附件，其中图则包括用地现状图（现状主要单位用地情况一览表）、土地细分图（地块控制指标一览表）、道路交通规划图、市政设施布局图和风貌建筑分布图。

城市设计导则。依据控规的控制要求，吸纳城市设计的核心内容，形成城市设计导则。

3. 动态式控规管理

广州市在控制性详细规划的编制、管理方面，创立了一套“基于规划管理单元的‘一张图’管理模式”。该模式的基本思路是将规划编制与规划管理作为一个整体，将多年来规划局编制完成的各类规划、规划管理动态信息协调整合到基于城市规划管理单元的“一张图”上（图 4–2）。

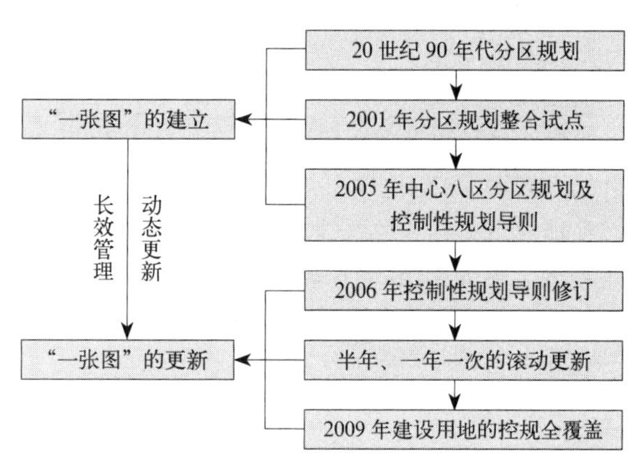


图 4–2 广州控制性详细规划编制“一张图”发展历程图

资料来源：笔者根据相关讲座资料绘制。

## 二、修建性详细规划的编制管理

修建性详细规划以控制性详细规划为依据，制订用以指导各项建筑和工程设施的设计和施工的规划设计。

修建性详细规划包括下列内容：

（1）建设条件分析及综合技术经济论证。

（2）建筑、道路和绿地等的空间布局和景观规划设计，布置总平面图。

（3）对住宅、医院、学校和托幼等建筑进行日照分析。

（4）根据交通影响分析，提出交通组织方案和设计。

（5）市政工程管线规划设计和管线综合。

(6) 竖向规划设计。

(7) 估算工程量、拆迁量和总造价，分析投资效益。

对修建性详细规划的技术审查主要是核实容积率、建筑间距等规划指标是否符合规划设计条件，以及建筑布局是否符合相关技术标准和技术规范的要求。

关于城市修建性详细规划的编制，《城乡规划法》第二十一条规定："城市、县人民政府城乡规划主管部门和镇人民政府可以组织编制重要地块的修建性详细规划。修建性详细规划应当符合控制性详细规划。"

关于城市修建性详细规划的审批，《城乡规划法》第四十条第三款规定："城市、县人民政府城乡规划主管部门或者省、自治区、直辖市人民政府确定的镇人民政府应当依法将经审定的修建性详细规划、建设工程设计方案的总平面图予以公布。"显然，现行城乡规划体系对于修建性详细规划并不像控制性详细规划一样实行严格的"审批"程序，而是在规划管理阶段，由许可主体（城市、县人民政府城乡规划主管部门或者省、自治区、直辖市人民政府确定的镇人民政府）与总平面图一道予以"审定"即可。

在实际操作中，由于地方性法规可以增设审批事项，许多地方的规划条例中都将修建性详细规划作为一个独立层次的规划予以编制、审批。例如，《江苏省城乡规划条例》第十四条规定："城市、县城乡规划主管部门和镇人民政府可以组织编制重要地块的修建性详细规划。修建性详细规划报该重要地块所在地城市、县人民政府审批。对于特别重要地块的修建性详细规划，城市、县人民政府在审批前，应当报经本级人民代表大会常务委员会审议，常务委员会的审议意见交由城市、县人民政府研究处理。"至此，修建性详细规划"报所在地城市、县人民政府审批"，而且重要的还要"报经本级人民代表大会常务委员会审议"。客观上增加了行政审批事项。

作为我国近年来深化行政审批制度改革、简政放权的一项具体决定。中国政府网 2012 年公布了《国务院关于第六批取消和调整行政审批项目的决定》（国发 [2012] 52 号），取消和调整 314 项行政审批项目。其中，其中第 29 项涉及城乡规划部门的"重要地块城市修建性详细规划审批"被明文取消。

## 第三节 非法定规划的编制管理

### 一、非法定规划的概念与任务

这里所说的"非法定规划"是指在国家和地方的法规文件中尚未明确编制要求的规划。

非法定规划既包括一些综合性的规划，如发展战略规划、概念规划等，也包括一些专项性规划，如产业布局规划、商业设施规划、广告设施布局规划等。

非法定规划一方面避免了法定规划程序复杂、编制时间长等弊端，能够更及时、更有针对性地分析城市发展面临的问题，提供多种解决思路；另一方面由于不受特定格式的限制，可以更加灵活地设定规划内容，更加有的放矢地深入分析问题和进行专题研究。可以这样认为，非法定规划的编制是为了应对城市发展的现实需要，试图解决法定规划未能涵盖或者未能及时解决的问题。实践证明，同法定规划一样，大量的非法定规划在我国城市规划管理中发挥着十分重要的作用。

非法定规划成为在城乡规划管理上有约束力的规划主要有两种途径，一种途径是转化成法定规划的内容，例如，城市设计的成果内容转化成控制性详细规划的地块开发控制要点，便通过控制性详细规划具有了约束力。另一种途径是转换成地方政府的法规文件内容，通过地方人大或政府审定并发布实施。

因此，非法定规划的主要任务应该是为了弥补法定规划的不足。非法定规划和法定规划可以看作城市规划编制体系中并行的两条线，一条线是稳定的、带有全局指导意义的，另一条线是灵活的、更多地考虑地方发展现实的需要。对城市规划管理而言，两者都是十分重要的。

### 二、非法定规划的编制和审查

非法定规划既有政府部门组织编制的，也有社会企事业单位组织编制的。政府部门组织编制，既有城乡规划部门独立组织编制的，也有规划部门和其他部门联合组织编制的。社会企事业单位组织编制非法定规划的情况也广泛存在，例如大型的开发企业在尚未获得土地使用权之前组织的规划方案咨询活动。

由于不受编制规范的约束，非法定规划的审查一般不需要经过像法定规划一样的严格程序。政府部门组织编制的非法定规划大多需要经过特定的专家审查程序，审查后的规划成为政府部门管理工作的参照。社会企事业单位组织编制的非法定规划有些需要经过政府部门的审查，有些则并不需要经过特定的审查程序。

## 第四节 大城市规划编制体系

### 一、上海市规划编制体系 [4]

#### （一）上海市纵向规划编制层次

《上海市城乡规划条例》第十二条、第十七条作出了上海规划编制体系（表 4–2）的有关规定：

第十二条 城乡规划按照以下规定组织编制：

（1）本市行政区域内编制城市总体规划；

（2）在城市总体规划的基础上，中心城区域内编制分区规划，郊区区域内编制郊区区县总体规划；

上海市城乡规划编制体系　　表 4–2

| 规划层次 | 中心城区 | 郊　区 |
| --- | --- | --- |
| 第一层面 | 全市总体规划 | |
| 第二层面 | 分区规划 | 郊区区县总体规划 |
| 第三层面 | 单元规划 | 新城总体规划、新市镇总体规划 |
| 第四层面 | 详细规划 | 详细规划和村庄规划 |

资料来源：上海市城市规划管理局编著《上海城市规划管理实践——科学发展观统领下的城市规划管理探索》北京：中国建筑工业出版社，2007。

（3）在中心城分区规划的基础上编制单元规划，在郊区区县总体规划的基础上编制新城、新市镇总体规划；

（4）在单元规划的基础上编制控制性详细规划，在新城、新市镇总体规划的基础上编制控制性详细规划和村庄规划；为了实施控制性详细规划，可以编制修建性详细规划。黄浦江沿岸地区、苏州河沿岸地区、佘山国家旅游度假区、淀山湖风景区等市人民政府确定的特定区域，在相关城乡规划的基础上编制单元规划和控制性详细规划。

第十七条　对规划区域内的建筑、公共空间的形态、布局和景观控制要求需要作出特别规定的，在编制或者修改控制性详细规划时，规划行政管理部门应当组织编制城市设计。城市设计的内容应当纳入控制性详细规划。

上海市城乡规划编制体系的调整，一方面适应了《城乡规划法》的新要求，新增加了村庄规划的编制层次，同时，去掉了产业园区总体规划的编制层次，解决了原有《上海市城市规划条例中》与《城乡规划法》的冲突之处[5]；另一方面也从地方层面对《城乡规划法》的内容进行了有益的探索与创新，如对城市设计在控制性详细规划阶段的规定、单元规划层次的保留等。

纵向四层次规划，是结合上海特大型城市特点，从城市规划分级管理的实际出发，对城市规划编制和管理体系进行的纵向梳理和重新构架。其中，控制性编制单元规划是新增设的规划环节，目的是上承总体规划、分区规划，下接控制性详细规划，分解各类规划指标，确保规划落地。规划把 660 平方公里的中心城划分为 242 个规划编制单元。按照编制单元进一步分解人口与建筑的控制总量，确定土地使用性质、建筑总量、建筑密度和高度、公共绿地、地下空间利用、主要市政基础设施和公用设施等内容，明确规划参数，有利于设施优化配置，有利于基础设施和公共设施共享，作为编制控制性详细规划的强制性要求，以及城市设计、规划策略等的指导性原则，指导控制性详细规划的编制。

中心城这条主线上，第一层面是上海市城市总体规划（含中心城总体规划）；第二层面是 6 个分区规划，对总体规划的各项要求进行分解；第三层面是 242 个控制性编制单元规划，进一步明确编制单元的范围，明确建筑总量、用地性质、公共服务设施和市政基础设施等指标；第四层面是控制性详细规划。

控制性编制单元规划的创设为落实城市总体规划、解决规划衔接问题提供了重要依据。一般一个街道分为 2—3 个规划单元，黄浦江两岸和内外环间有所区别，每个编制单元内，明确规划参数，注重设施优化配置，有利于基础设施和公共设施共享。同时，有助于在城市规划分级管理中加强市、区部门协同运作，有利于区域社会、经济的协调发展和可持续发展，也便于各个管理部门的具体操作。

**（二）上海市的产业布局规划、专业系统规划和重点地区规划**

上海市的产业布局规划、专业系统规划和重点地区规划的规划结构见图 4–3。

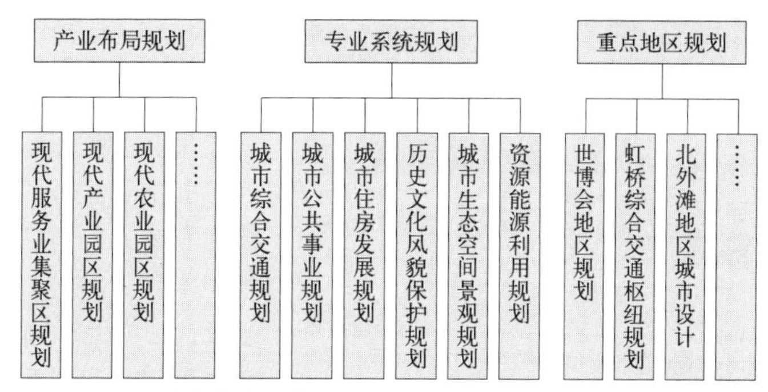


图 4–3　上海市的产业布局规划、专业系统规划和重点地区规划

资料来源：上海市城市规划管理局编著．上海城市规划管理实践——科学发展观统领下的城市规划管理探索．北京：中国建筑工业出版社，2007．

产业布局规划。是城市规划工作的重要组成部分，目的是统筹城市三、二、一产业的功能定位、发展规模和用地布局。按照城市产业发展的整体要求，上海先后编制完成了《临港产业园区规划》《长兴岛造船基地规划》《安亭汽车城整合规划》《空港保税物流区规划》《漕河泾高科技园区规划》《现代服务业集聚区规划方案》《金山廊下现代农业园区规划》等产业布局规划。

专业系统规划。与各相关主管部门组织的专业规划密切联系，又有所区别。目的是统筹城市市政基础、公共服务、生态环境等专业设施的发展能力和用地布局，按照城市总体规划的各项要求，在城市发展的宏观层面进行综合平衡。风貌保护方面，编制完成了衡山路——复兴路、老城厢、外滩等 12 片历史文化风貌区保护规划；公共服务设施方面，先后编制完成了《上海文化设施布局规划》《上海百个博物馆布点规划》《城市文化设施规划》《城市社区公共服务设施规划》《上海市菜市场布局规划纲要》《上海市公共厕所布局规划纲要》等；市政基础设施规划方面，编制完成《上海市轨道交通深化规划》《上海市地下空间概念规划》《城市水源地规划》《城市能源利用规划》《城市应急避难场所规划》等；环境景观方面，编制完成了《上海市绿化系统规划》《上海市中心城公共绿地规划》《中环线（浦西段）景观规划》《上海市中心城部分重点地区户外广告设施规划》《上海市景观水系规划》等。

重点地区规划。重点地区是对城市发展布局、功能提升，环境改善或形象展现有着重要影响的区域。重点地区规划具有战略性和实施性的双重特点。

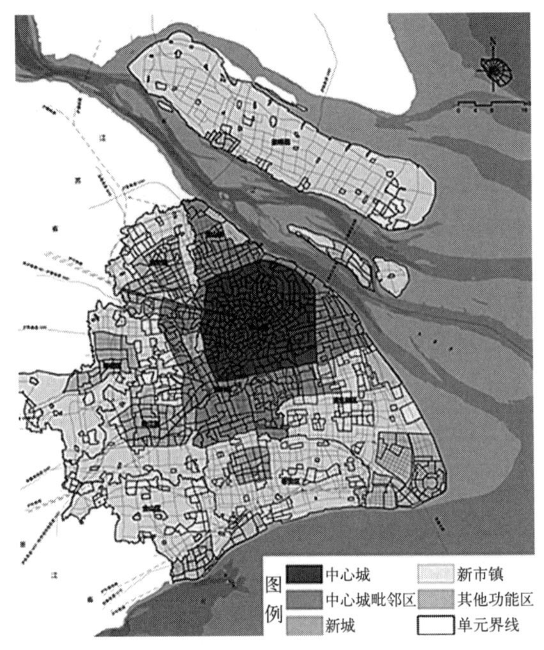


图 4-4 上海市控规编制单元划示图
资料来源：上海市城市规划管理局编著．上海城市规划管理实践．北京：中国建筑工业出版社，2007.

上海先后编制了《世博会地区规划》《黄浦江两岸和苏州河沿线规划》《虹桥综合交通枢纽规划》《杨浦知识创新区规划》《崇明生态岛规划》等重点地区规划。同时，结合城市重点地区的实施推进，针对项目管理与详细规划的衔接，开展了重点地区城市设计等工作，如北外滩地区、静安寺地区、董家渡地区等。

**（三）控制性详细规划** [6]

1. 以“控规编制单元”划分指导全市控规编制

“控规编制单元”是分解总体规划目标、指导控规编制的基本单位，落实以下工作要求：

上下衔接、突出系统——单元的划分、编号和统计与城市总体规划确定的城镇体系紧密衔接，将控规单元分为中心城、中心城毗邻区、新城、新市镇和其他功能区 5 种类型，体现市域范围内单元划分的层次性与系统性（图 4-4）。

覆盖全域、无缝衔接——根据市域城镇结构功能，明确控规单元的划分边界，实现控规编制单元在市域城镇建设用地上全覆盖，实现与郊野单元的无缝衔接。全市控规单元的划分做到统一编号，并明确“四个一”，即一个规划编制和管理团队、一个技术准则、一个成果规范、一个管理规程。

2. “四位一体”的管理制度

根据信息化管理顶层设计的要求，为实现“全覆盖、全要素、全过程、全关联”的规划管理目标，逐步建立了一套全面、系统的控规管理制度体系。目前上海市控制性详细规划《管理规定》《技术准则》《成果规范》《管理操作规程》“四位一体”的控详规划管理体系已经基本形成（图 4-5）。

《上海市城乡规划条例》

《上海市控制性详细规划管理规定》

《上海市总体规划技术准则》

《上海市控制性详细规划技术准则》

《上海市建筑管理技术规定》

《上海市控制性详细规划操作规程》

《上海市控制性详细规划成果规范》

图 4-5 上海控规管理制度体系
资料来源：根据相关资料整理。

(1)《上海市控制性详细规划管理规定》

落实《上海市城乡规划条例》的要求，《上海市控制性详细规则管理规定》明确强化了控详规划管理基本制度。确保控详规划的法定地位，明确了控详规划三分开（决策、执行、监督分开），规定了控详规划基本管理制度、管理主体、管理程序、技术标准、成果规范等基本要求。

包括以下六个方面：

1）统一管理制度

按照“编制、审批、实施”三分开的原则，实行市规划管理部门组织编制、市规划委员会审议、市人民政府审批、区县人民政府组织实施的基本制度（图 4-6）。

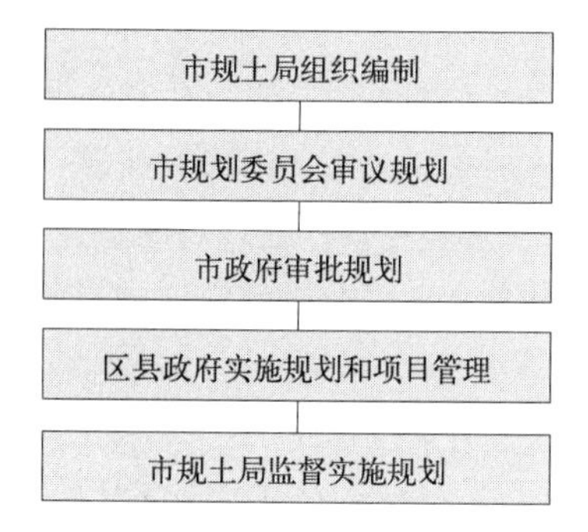


图 4-6 上海控详规划管理制度
资料来源：根据相关资料整理。

并将批准的控详规划纳入全市统一的规划国土资源电子信息平台，通过统一的网上比对和网上审批，实现规划管理的透明公开。

2）技术标准制度

通过《技术准则》建立一套控详规划编制的基本准则与方法，强化规划的导向和统筹作用，明确规划原则和标准，为控详规划编制、审批和实施提供技术指导。

3）法定图则制度

提出"以一张法定图则为主、单元全覆盖"的控详规划管理模式。按照重点地区、一般地区、远郊地区，制定不同的成果要求；区分刚性要素和弹性要素，指导项目建设。

4）程序保障制度

控详规划的编制是一个公共政策的制定过程，具有开放性的特点。按照程序完善、公开、透明的原则，坚持全过程管理的总体要求，把握关键环节，细化规划管理操作规程，保证规划制定的科学性和操作性。

5）专家审议制度

充分发挥专家在规划制定和实施过程中，对重大事项的审议、咨询、协调作用。在法定程序上，进一步明确控详规划的市规委会专家审议。在技术支持上，加强前期研究的专家论证、重大问题的专家咨询和地区规划师工作。

6）技术审查制度

确立统一的技术审查制度，按照技术审查规程和规范，对控详规划的成果内容和技术标准等进行审查，确保报审成果符合相关规划、标准和规范要求，保障规划成果质量。

（2）《上海市控制性详细规划管理操作规程》

1）操作规程的总体要求

为保持控规的科学性、权威性和可操作性，建立了以前期准备、规划编制和规划审批三个阶段为核心、由若干环节构成的控规全过程管理规程体系（图 4-7）。

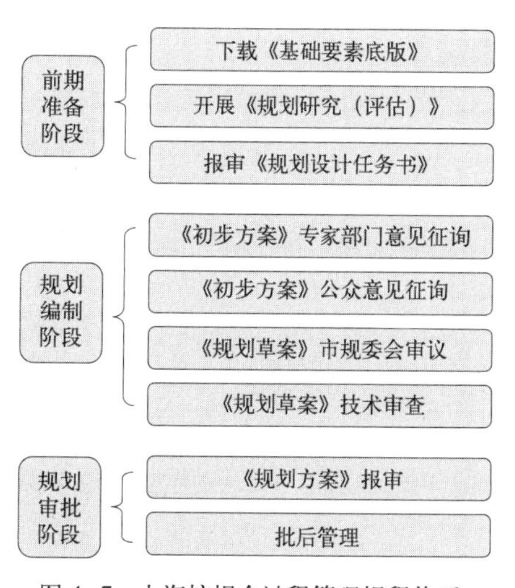


图 4-7 上海控规全过程管理规程体系
资料来源：根据相关资料整理。

《操作规程》中重点环节有："任务书"、"规划草案"和"成果入库"。以下是这三个环节要求：

①任务书：明确四方面内容，一是规划编制必须执行的刚性内容，二是需重点研究的问题，三是推进的时间计划，四是任务书的有效期限和罚则措施。

②规划草案：严格落实任务书相关要求，并依照上位规划、技术准则、成果规范等规定，科学组织规划草案编制，确保成果质量。

③成果入库：依据成果规范制作入库文件，符合电子数据的精度、图层等要求，批准的控规成果按照统一要求进入局大机平台，确保管控数据的唯一性、准确性。

2）市区联动、分类指导

根据不同的规划类型和情况，按照“分类处理，区别对待，有利实施，便于操作”的原则。在内容深度上，区分重点地区、一般地区（中心城、新城）、远郊新市镇和产业园区。在规划编制上，区分整单元和整街坊。在规划调整上，区分经营性和公益性，区分出让前和后。在操作执行上，区分控详规划层次和项目层面。

①分区管制，合理确定市区审批分工操作方案

在全市控详规划统一标准、统一管理的前提下，对具体的实施操作方案，根据不同的区域功能和规划要求，结合市、区工作特点，分为三类分区操作方案。一类地区包括重点地区等特定区域、中心城浦西地区；二类地区包括浦东中心城地区、新城、外环外侧敏感区、试点城镇等特色城镇；三类地区包括远郊新市镇、外环外工业区。

②分类处理，明晰控详规划实施管理工作界面

在控详规划统一规程和技术规范管理的前提下，结合规划实施中的情况和特点，对规划实施中的各类审批管理行为进行分类指导，既要保证规划的科学性、权威性，又要结合实施特点，精简有关程序环节，提高行政效率，强化操作性。

针对控详规划实施管理中涉及规划调整的不同情况，根据规划区位、调整性质、幅度和影响等不同，规划管理分为A、B、C三类，即：

A类：局部调整（完全程序），严格按照局部调整管理规程要求进行编制和审批。

B类：实施深化（简易程序），是指因公共利益引起的，在一定幅度范畴内，对地块控制要素和指标进行符合规划导向的深化。在局部调整管理规程的基础上，根据项目特点适当精简有关程序环节，提高行政效率。

C类：规划执行（项目程序），主要针对项目规划管理，对控制性详细规划的实施要求，维持一定弹性和幅度，强化操作性。按照规划适用规定的内容和程序要求进行审批。

(3)《上海市控制性详细规划技术准则》

《上海市控制性详细规划技术准则》的研究、制订，明确了控详规划概念、方法、标准设置和实施对策，明确各类刚性控制要求，统筹衔接城市规划和相关专项规划标准的关系。主要规定了土地使用、强度分区、城市设计和空间管制、住宅规划、公共服务设施、生态环境、综合交通、市政防灾等八个方面的编制控制要求。

## 二、天津市规划编制体系

### （一）规划编制体系构架

天津市规划编制基本形成“两个阶段、三个层次、三种类型”的体系（图4–8）。

两个阶段：与《城乡规划法》相对应，分为总体规划阶段和详细规划阶段；三个层次：按照“一级政府、一级规划、一级事权”的原则，形成“市、

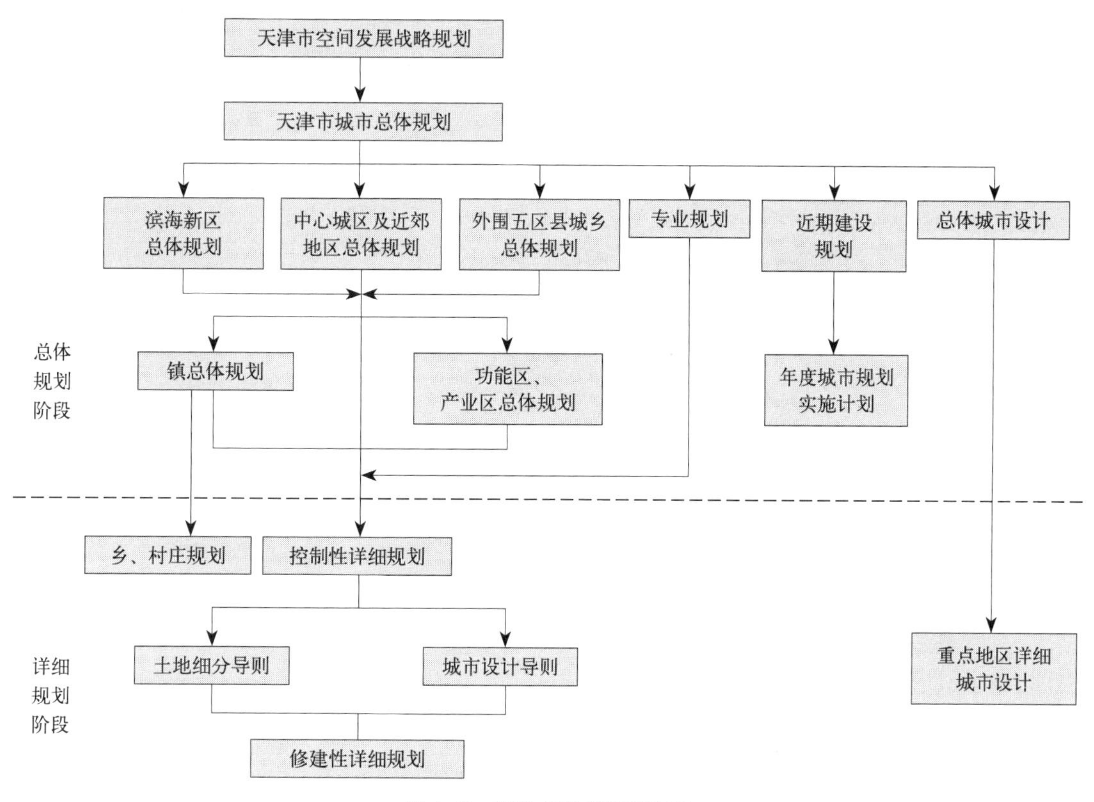


图 4-8 天津市规划编制体系
资料来源：根据相关资料整理。

滨海新区和各区县、镇（功能区）”三个层次的总体规划；

三种类型：控制性详细规划、修建性详细规划、乡、村规划。

**（二）控制性详细规划编制体系**

天津市控制性详细规划编制现已形成“一个控规、两个导则”的规划编制体系，即控制性详细规划、土地细分导则和城市设计导则。并根据中心城区、环城四区、滨海新区、近郊区县的不同特点，形成了一套控规编制技术标准，具体包括：《天津市控制性详细规划管理暂行规定》《天津市控制性详细规划编制规程（试行）》《天津市土地细分导则编制规程（试行）》《天津市土地细分导则管理规定》《天津市近郊地区控制性详细规划成果要求（试行）》《天津市近郊地区土地细分导则技术要求（试行）》。

1. 控制性详细规划

以控规单元作为控规编制和规划管理的基本单位，对建设总量、配套设施总量、绿地总量等指标进行总量控制。其中建成区单元规模 1—2km$^2$，新建区单元规模控制在 2—4km$^2$。目前，中心城区共分为 176 个单元，已完成控详编制全覆盖。

成果内容包括文本、图则和附件。其中图则包括区位索引图、现状图则（现状主要单位用地情况一览表）、规划图则（规划控制要求）、交通规划图则、工程规划图则和风貌建筑分布图（图 4-9、图 4-10）。

规划控制要求

| | | |
|---|---|---|
| 性质规模 | 主导类型 | 提升改造区 |
| | 单元主导功能 | 以居住、商业金融为主导功能。 |
| | 街坊主导功能 | 01、02、04街坊为居住，03街坊为商业金融。 |
| | 单元总体规模 | 建设用地面积242.88公顷，建筑容量400万平方米，可容纳人口17.3万人。 |
| | 街坊建筑规模 | 01街坊150万平方米，02街坊120万平方米、03街坊40万平方米、04街坊90万平方米 |
| | 开发强度控制 | 居住用地（不包括中、小学、托幼）规划容积率不大于2.5。 |
| 绿地 | 公共绿地 | 沿北运河、新开河及居住区规划6处集中公共绿地，用地面积控制在14公顷。 |
| | 防护绿地 | 志成道快速路绿化带从辅道北侧红线计算，其控制宽度不小于20米，主干路绿化控制宽度不小于10米，次干路绿化控制宽度不小于5米；京沪、津秦高速铁路沿外股铁路中心线两侧分别保留40米，其12米以外的28米作为绿化带用地。津浦铁路沿外股铁路中心线两侧分别留32米，其12米以外的20米作为绿化带用地。粮食局仓库铁路专用线沿外股铁路中心线两侧分别留15米，其12米以外的3米作为绿化带用地；北运河、新开河滨河道路绿化控制宽度不小于25米。 |
| 公共设施 | 城市、地区级公建设施 | 保留现状天津外国语学院附属外国语学校。启智学校在原址基础上扩建，用地规模控制在0.54公顷；在04街坊规划刑侦队一处，用地面积控制在0.30公顷；在01、04街坊内规划为地区服务的商业金融设施。 |
| | 居住配套公建设施 | 在04街坊异地扩建中学一所，用地面积控制在2公顷。在01、02、04街坊扩建小学三所，总用地面积控制在3.90公顷。在01、02街坊规划托幼二所、在04街坊异地扩建托幼一所，总用地面积控制在1.06公顷，必须独立建设；在03街坊规划综合文化活动中心一处，其建筑面积控制在10000平方米。在01、02、04街坊规划文化活动站五处，其建筑面积控制在2100平方米；在01、02、04街坊规划五所社区卫生服务站，总建筑面积控制在750平方米；在04街坊异地扩建敬老院一处，用地面积控制在0.26公顷；在02街坊原址基础上扩建街道办事一处，用地面积控制在0.15公顷。在02街坊保留现状派出所一处；居委会每3000人规划一处，每处建筑面积控制在100平方米；保留02街坊现状菜市场，在01、03街坊各规划一处菜市场，总建筑面积控制在3000平方米。 |
| 交通 | 交通设施 | 在01街坊规划公交首末站一处，用地面积控制在0.54公顷；在01、02街坊各规划社会公共停车场一处，用地面积控制在0.45公顷，150个停车泊位；保留01街坊现状加油站二处；在04街坊规划交通管理队一处，用地面积控制在0.20公顷。 |
| 工程 | 市政设施 | 在04街坊规划污水泵站、地道泵站和雨污水合建泵站各一处，废除04街坊现状杨柳大街合流泵站，总用地面积控制在0.50公顷；在02、03、04街坊规划35千伏变电站各一座；保留04街坊现状天泰路邮政支局一处；在02、04街坊规划垃圾转运站各一处，总建筑面积控制在600平方米；在02街坊预留市政设施用地一处，用地面积控制在0.30公顷；规划公共厕所包括各类实施配建对社会开放的厕所。 |
| 安全 | 城市安全设施 | 在04街坊规划消防站一处，用地面积控制在0.30公顷；气象、水文、地震等监测站的数量、规模及防护距离。 |
| 城市设计 | 整体特色 | 北运河是海河经济发展轴的一部分，新开河是自然生态景观带，规划将北运河与新开河的水域空间引入规划区，形成相互渗透，内外交融的城市生态景观。 |
| | 重要地段 | 北运河与新开河交口的节点，以天津近代城市历史文化脉络为核心，以水为特色，引进展示、博览、娱乐、休闲等大型项目，强化文化、商业功能；北运河沿岸以居住为主、生活气息浓郁的景观特征；新开河沿岸以文化、休闲为主的景观特征。 |
| 地下空间 | 功能 | 结合商业、轨道交通场站设施合理布局地下空间，其主要功能为商业金融、文化娱乐、停车场库；战时作为人防设施。 |
| | 控制要求 | 地下空间以上地表作为绿地，覆土深度大于1.5米；单一公共地下通道宽度不小于6米，含商业的地下通道宽度不小于8米，其净空不小于3.5米，单一地下通道长度不小于30米，其净空不小于3米。地下街的地下出入口，每个出入口服务面积300～500平方米，室内到出入口最大距离控制在30～50米，出入口宽度不小于4米。 |
| 其他要求 | | 地铁场站须与公共建筑结建，必须独立建设的，其建筑风格应与周边环境相协调；单元内规划的总体规模包括人口和建筑总量以及公共绿地的总量，作为强制性内容在土地细分导则中落实。市政设施的位置允许在专业单元分区内调整，其它规划各类公益性配套设施的位置，只在本单元近期可建设用地范围的规划街坊内调整。 |

图 4-9 天津市控制性详细规划单元规划图则示例

资料来源：相关讲座资料。

现状主要单位情况一览表

单位：平方米

| 序号 | 性质 | 单位名称 | 用地面积 | 建筑面积 | 序号 | 性质 | 单位名称 | 用地面积 | 建筑面积 |
|---|---|---|---|---|---|---|---|---|---|
| 1 | S49 | 北洋桥加油站 | 21982 | 10000 | 28 | M3 | 橡胶制品十一厂 | 5147 | 1989 |
| 2 | C11 | 电力局供电综合公司 | 14667 | 7689 | 29 | M3 | 纺织纤维检验所 | 10270 | 10264 |
| 3 | M2 | 第二染纱厂 | 3811 | 2387 | 30 | S49 | 加油站 | 2114 | 960 |
| 4 | M1 | 六0九厂 | 3898 | 516 | 31 | R22 | 床厂旅店 | 1293 | 657 |
| 5 | M2 | 天津市弹橡制品厂 | 1956 | 906 | 32 | U14 | 广场地区供热中心 | 32754 | 9730 |
| 6 | S41 | 公共汽车站 | 8109 | 2000 | 33 | C35 | 京津影院 | 733 | 602 |
| 7 | M3 | 钢绞线厂 | 9234 | 11927 | 34 | S49 | 加油站 | 3790 | 120 |
| 8 | M3 | 摄影材料化工厂 | 34777 | 9344 | 35 | Rs | 河北区育婴里小学分校 | 1704 | 621 |
| 9 | Rs | 河北区十一幼 | 4968 | 2291 | 36 | C21 | 东于庄农工商总公司 | 8969 | 19800 |
| 10 | M2 | 利达油粉厂 | 6152 | 338 | 37 | Rs | 天津市移山中学 | 3109 | 2620 |
| 11 | Rs | 堤头前街小学 | 5850 | 5916 | 38 | Rs | 天津市移山中学 | 5121 | 2904 |
| 12 | M2 | 机床电器总厂 | 12149 | 1800 | 39 | M3 | 天津市钢带厂 | 8944 | 5437 |
| 13 | U41 | 排水管理所李庄班 | 881 | 546 | 40 | R22 | 南口路综合市场 | 6790 | 4347 |
| 14 | M2 | 提花织物厂 | 49201 | 4700 | 41 | M1 | 天津市台扇厂 | 8754 | 5000 |
| 15 | C64 | 启智学校 | 3806 | 3006 | 42 | U41 | 泵站 | 2945 | 352 |
| 16 | C9 | 小王庄清真寺 | 622 | 207 | 43 | M1 | 天津市家具七厂 | 6880 | 3940 |
| 17 | M2 | 色织八厂 | 2132 | 567 | 44 | M2 | 天津市民族乐器厂 | 19387 | 7120 |
| 18 | C24 | 聚富盛会侠沿俱乐部 | 2132 | 6668 | 45 | M1 | 天津市京津陶瓷厂 | 2116 | 2172 |
| 19 | C51 | 京津医院 | 6335 | 7418 | 46 | U5 | 二建二分公司 | 12469 | 12443 |
| 20 | M3 | 油漆厂综合加工厂 | 36940 | 19647 | 47 | C9 | 朝阳老年公寓 | 1605 | 57 |
| 21 | U41 | 排水管理所 | 24773 | 18570 | 48 | M3 | 六0九厂 | 153125 | 117438 |
| 22 | Rs | 李庄二幼 | 911 | 437 | 49 | M3 | 第一染整厂 | 65770 | 44000 |
| 23 | M3 | 天津市锻造厂 | 6831 | 6624 | 50 | Rs | 十一幼 | 3147 | 938 |
| 24 | M2 | 天津市电焊机总厂 | 1984 | 210 | 51 | Rs | 河北区金星里小学 | 2707 | 2203 |
| 25 | C23 | 禅群市场 | 1197 | 244 | 52 | M3 | 钢绞线厂 | 7113 | 4694 |
| 26 | Rs | 天泰小学 | 6710 | 2441 | 53 | C62 | 天津市外国语学院附小 | 36557 | 43258 |
| 27 | M2 | 信达有色金属公司 | 4257 | 1380 | | | | | |

图 4-10 天津市控制性详细规划单元现状图则示例

资料来源：相关讲座资料。

2. 土地细分导则

依据控规的控制要求，分解控规单元的总体控制指标，制定更为细致的地块层面的技术指标。成果内容包括文本、图则和附件，其中图则包括用地现状图（现状主要单位用地情况一览表）、土地细分图（地块控制指标一览表）、道路交通规划图、市政设施布局图和风貌建筑分布图。

3. 城市设计导则

依据控规的控制要求，吸纳城市设计的核心内容，形成城市设计导则。

## 三、深圳市规划编制体系

### （一）规划编制体系架构

深圳毗邻香港，其城市规划编制体系深受香港影响，分为五个层次，分别是城市战略规划、城市总体规划、分区规划、法定图则和详细蓝图。这五个层次的法定规划又按宏观、中观和微观三个层次进行管理。总规处负责宏观层面规划的组织编制，包括城市战略规划、城市总体规划和土地利用总体规划。地区处负责中观层面规划的组织编制，包括分区规划／组团规划和法定图则。城市与建筑设计处负责微观层面规划的组织编制，包括重点地区城市设计、详细蓝图（方案）、公共景观规划和城市雕塑审批等（图 4–11）。

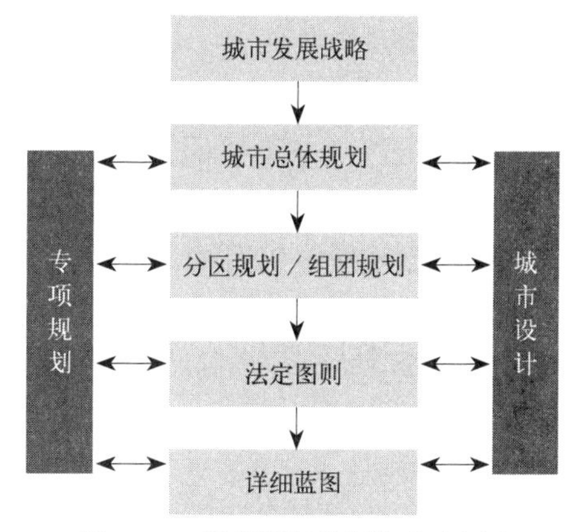


图 4–11　深圳规划编制体系示意图

资料来源：根据相关资料整理。

### （二）深圳 2030 城市发展策略

“深圳 2030 城市发展策略”是一个战略规划，是一个全面、渐进、转型的策略。针对深圳存在的问题，从更侧重经济增长转向全面协调、可持续的科学发展，提出了建设“可持续发展全球先锋城市”发展目标（图 4–12）。

“深圳 2030 城市发展策略”可概括为三个特点：

第一，转型的思路贯穿在整个“2030”城市发展策略当中，并且策略把产业和空间有机地结合起来，提出产业渐进式转型的思路。

第二，从深港高度复合区域职能出发，把深港合作和深港双城的构建作为“深圳 2030 城市发展策略”逻辑的起点，使合作从原来相对比较低端迈向高端领域。

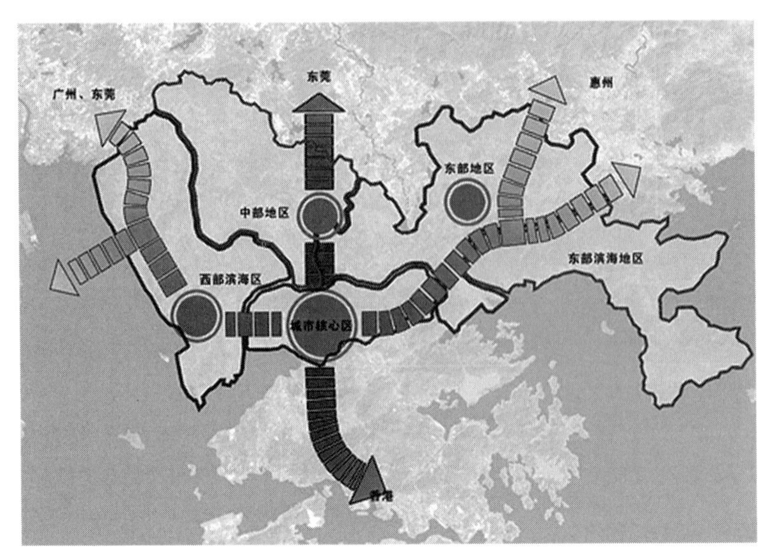


图 4-12 《深圳城市战略规划 2030》——市域空间发展示意图
资料来源：《深圳城市战略规划 2030》。

第三，“深圳 2030 城市发展策略”比较注重远景目标和近期发展的组织协调，也就是分阶段渐进式发展的思想，无论从发展的时序上、空间上、包括深港战略构想上，都体现了分阶段、渐进式发展思路。

**（三）城市总体规划**

深圳市总体规划进行了 20 个专题研究，对应城市问题与挑战、城市发展目标与性质等方面，在此基础上，对总目标进行分解，形成分目标公共政策指引，并与空间结构重构及用地调整、环境及基础设施支撑相呼应（图 4-13）。

**（四）分区规划／组团规划**

深圳市的分区规划和组团规划已覆盖了整个深圳市辖区。其中关内南山区、福田区、罗湖区和盐田区分别制定分区规划；关外宝安区和龙岗区又划分为八大组团，分别制定组团规划。

落实总体规划。分区规划和组团规划的核心功能之一是落实总体规划，分解总体规划确定的城市发展规模和人口，根据总体规的要求，划定建设控制区域，分别制定不同的规划政策。一般将水源保护区、自然生态用地、耕地等列为禁建区。将旅游休闲用地、郊野公园等列为限建区。其余则作为城市建设用地和城市发展备用地。

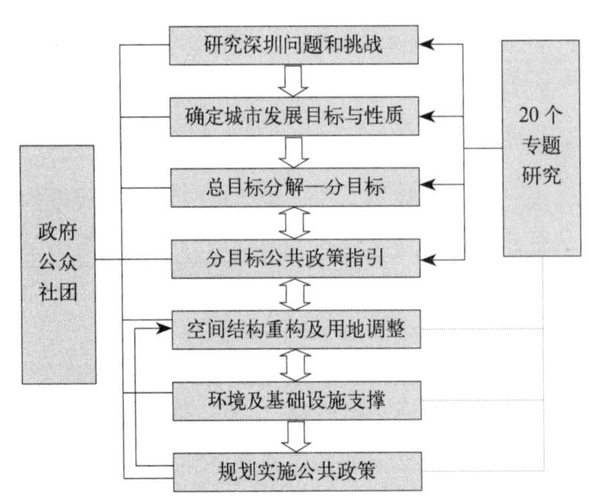


图 4-13 深圳总体规划技术路线图
资料来源：根据相关资料整理。

指导法定图则编制。分区规划和组团规划的核心功能之二是指导下层次法定图则的制定。分区规划按功能区位不同，将区内土地划分为若干片区，每个片区又划分为若干街坊和特殊区。如福田分区划分为 6 个片区，其下再分为 29 个街坊和多个特殊区（指城市组团绿化带、自然保护区、保税区、口岸及山体等)，并提出相应的土地开发强度控制等指标（图 4–14)。

**（五）法定图则**

法定图则（图 4–15）是依据城市总体规划、分区规划，通过法定程序批准后指导实施的法定规划文件，是深圳城市规划管理的主要手段，是规划管理

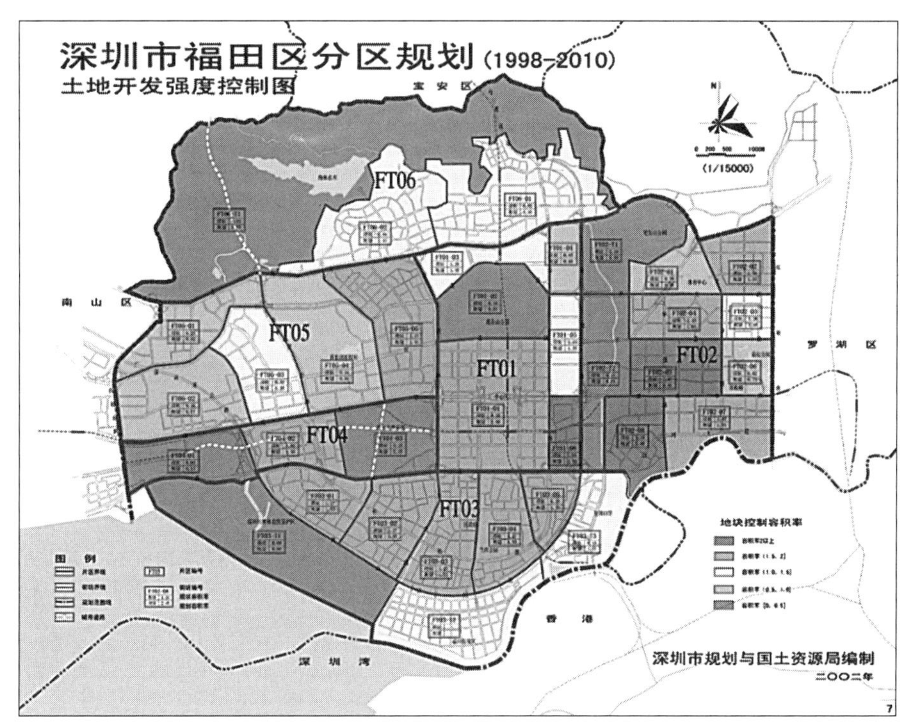


图 4–14　深圳市福田区分区规划（1998—2010）土地开发强度控制图

资料来源：《深圳市福田区分区规划（1998—2010)》。

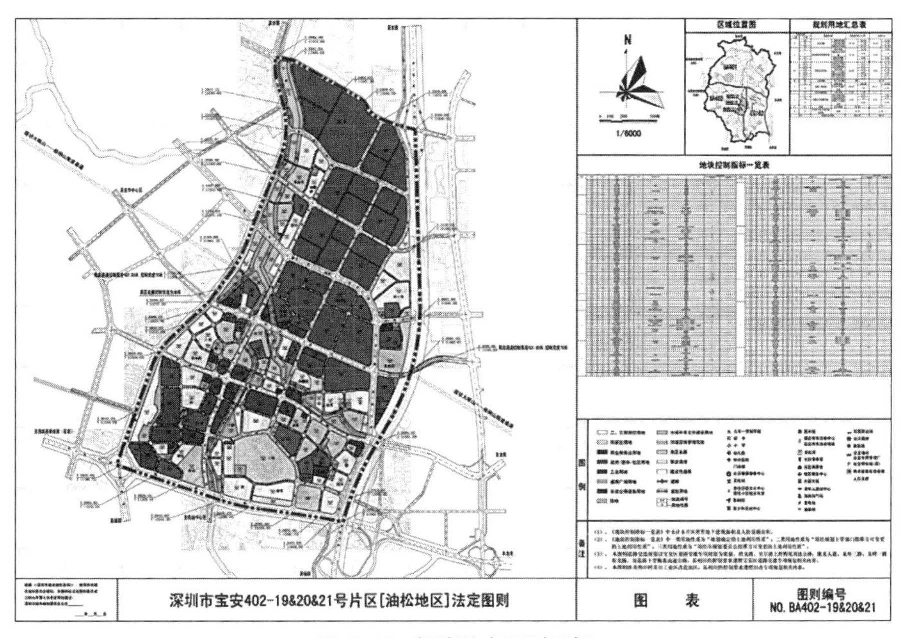


图 4–15　深圳法定图则示例

资料来源：深圳市规划和国土资源委员会。

的核心，是核发“一书三证”（选址意见书、建设用地规划许可证、建设工程规划许可证、建设工程规划验收合格证）的直接依据。同时法定图则也是作为公共政策协调社会利益的主要手段，是市场条件下开发和管理的共同技术约束和行为规则。

**（六）城市设计和详细蓝图**

为城市的重要地区或重要项目编制城市设计和详细蓝图，可以提出非常详尽细致的空间管制要求，并据此管理城市空间，核发行政许可。

《深圳市城市设计标准与准则》，对绿色步行通廊、视觉通廊、小街坊、高密度支路系统等均作出了规定。

深圳市虽然规定城市设计成果必须经过公示、技术会议和规委会建筑与环境委员会的审查，但法律上并不要求大规委审批、主任委员（市长）签发。

## 注　释

[1] 本节内容源自：中华人民共和国中央人民政府网站 http://www.gov.cn/xinwen/2019-06/02/content_5396857.htm；http://www.gov.cn/xinwen/2019-05/23/content_5394187.htm；坪山区人民政府网站 http://www.szpsq.gov.cn/gbmxxgk/tdzbj/zcfg9/gfxwjxx/201907/t20190715_18054787.htm；山东省人民政府网站 http://www.shandong.gov.cn/art/2019/6/20/art_2259_33912.html?tdsourcetag=s_pctim_aiomsg；菏泽市人民政府网站 http://www.shandong.gov.cn/art/2019/6/20/art_2259_33912.html?tdsourcetag=s_pctim_aiomsg；龙游县人民政府网站 http://www.longyou.gov.cn/art/2019/7/16/art_1243632_35707320.html

[2] 本节大部分内容源自全国城市规划执业制度管理委员会《全国注册城市规划师职业资格考试参考用书之一——城市规划原理（2011 版）》，第七章：城市详细规划，执笔人：蔡震、张播；全国城市规划执业制度管理委员会全国注册规划师继续教育必修课程教学指定用书编写组《科学发展观与城市规划》，北京：中国计划出版社，2007，第 160-173 页。

[3] 本部分内容主要参考《城市、镇控制性详细规划编制审批办法》（2010 年）。

[4] 本部分内容主要源自上海市城市规划管理局编著《上海城市规划管理实践——科学发展观统领下的城市规划管理探索》，北京：中国建筑工业出版社，2007，第 33-37 页；邹叶枫，《上海市城乡规划法规的演变研究》，同济大学硕士论文，2013，导师：耿慧志。

[5] 《城乡规划法》第三十条规定“在城市总体规划、镇总体规划确定的城市建设用地范围以外，不得设立各类开发区和城市新区”，因此，产业园区必须纳入城市总体规划。

[6] 本部分内容主要参考姚凯讲座资料《控制性详细规划管理的制度、理念和实践》，上海市规划和国土资源管理局。

## 复习思考题

1. 国土空间总体规划的组织编制有哪些要求？
2. 国土空间总体规划分为几个层级？
3. 国土空间总体规划的主要任务有哪些？

4. 国土空间总体规划的编制保障机制是怎样的？
5. 控制性详细规划在规划编制体系中的地位是怎样的？
6. 编制修建性详细规划的目的是什么？
7. 非法定规划与法定规划的关系是怎样的？
8. 如何看待“战略规划”“概念规划”等非法定规划的作用？
9. 为什么我国大城市规划编制体系需要进行创新性的探索？
10. 上海市城市规划编制体系有什么特点？

## 深度思考题

1. 国土空间总体规划与早先的城镇体系规划和城市总体规划的关系是怎样的？有哪些新的要求？

2. 城市新区和旧区、城市生活区和工业区的控制性详细规划的编织技术特点的差异在哪里？

3. 如何理解城市详细规划和城市设计的关系？开发企业能否作为城市修建性详细规划的委托主体？

4. 你所熟悉的大城市规划编制体系有哪些创新性做法？

# 第五章

# 城镇建设项目的规划许可管理[1]

## 本章要点

①城市建设项目规划许可管理的程序和工作内容；

②城市建设项目选址许可的程序和工作内容；

③城市建设项目规划设计条件核定的依据、内容和程序；

④土地所有权制度和土地使用权制度；

⑤土地使用权的出让年限和出让方式；

⑥城市建设用地规划许可管理的审核内容和程序；

⑦城市建设项目的规划设计方案审核的程序和要点；

⑧城市建设工程规划许可的审核内容和程序；

⑨规划许可变更的情况和变更的程序；

⑩临时建设和临时用地的规划管理要点。

城市、镇的建设项目的规划许可管理相类似，均以“一书两证”的发放为核心，本章主要对城市建设项目的规划许可管理进行介绍。

城市建设项目审核许可的整个流程之中，规划管理部门是其中的关键环节，但规划管理部门并不是唯一的行政管理部门，其他的行政管理部门（土地、环保、计划等部门）也发挥至关重要的作用。

城市建设项目可分为两种情况[2]。一种情况为公益性建设项目，建设项目属于政府提供的社会公共产品，基本采用划拨用地方式供地。适用于城市基础设施和公益事业，国家重点扶持的能源、交通、水利等基础设施，国家机关和军事部门等社会公益性项目的建设；另一种情况为经营性建设项目，政府按规划提出建设条件，基本以出让、租赁国有土地使用权等方式供应土地。适用于企业等市场化主体投资建设的居住、商业、办公、工业、仓储等经营性建设项目。这两类建设项目的审核许可流程有所不同（表5-1、表5-2）

**公益性建设项目的审核许可流程** **表5-1**

| 步骤 | 主管部门 | 主要内容 | 规划管理部门的职责 |
|---|---|---|---|
| 1 | 计划管理部门 | 项目建议书审批或项目预审核 | 被征求意见，提出建议 |
| 2 | 规划管理部门 | 建设项目规划选址 | 核发建设项目选址意见书，核实和提出规划条件 |
| 3 | 土地管理部门 | 土地预审 | |
| 4 | 环保管理部门 | 环境影响评价 | |
| 5 | 规划管理部门 | 审核建设工程规划设计方案 | 对拟建项目的设计方案进行审核，并综合环保、绿化、市容环卫、交通、消防、民防等各相关专业部门的管理要求，为确定建设项目的用地范围，建设项目的经济可行性研究提供依据 |
| 6 | 计划管理部门 | 可行性研究报告核准 | |
| 7 | 规划管理部门 | 核发建设用地规划许可证 | 核定建设用地位置和界线，核发建设用地规划许可证 |
| 8 | 土地管理部门 | 建设用地批准 | |
| 9 | 建设管理部门 | 审核初步设计方案 | |
| 10 | 建设管理部门 | 委托审图公司审核施工图 | |
| 11 | 规划管理部门 | 核发建设工程规划许可证 | 审核建设工程施工图的各项规划技术指标，综合各专业部门的管理要求，核发建设工程规划许可证 |
| 12 | 建设管理部门 | 核发建设工程施工许可证 | |

资料来源：上海市城市规划管理局．《上海城市规划管理实践——科学发展观统领下的城市规划管理探索》．北京：中国建筑工业出版社，2007，第249-251页。

**经营性建设项目的审核许可流程** **表5-2**

| 步骤 | 主管部门 | 主要内容 | 规划管理部门的职责 |
|---|---|---|---|
| 1 | 土地管理部门 | 向规划、计划、环保、绿化、市容环卫、交通、消防、民防、卫生监督、管线管理等部门征询项目开发的有关技术参数，完成环境影响评价，将有关要求纳入出让合同 | 根据批准的详细规划提供出让地块的位置、范围、规划用地性质、建筑容积率、建筑密度、绿地率、停车场地等各项规划条件，提供建设用地范围附图 |
| 2 | 规划管理部门 | 审核建设工程规划设计方案<br>核发建设用地规划许可证 | 对拟建项目的设计方案进行审核，并综合环保、绿化、市容环卫、交通、消防、民防等相关专业部门的意见，核发建设用地规划许可证 |
| 3 | 环保管理部门 | 环境影响评价 | |
| 4 | 计划管理部门 | 可行性研究报告核准 | |
| 5 | 建设管理部门 | 审核初步设计方案 | 参与初步设计方案会审 |
| 6 | 建设管理部门 | 委托审图公司审核施工图 | |
| 7 | 规划管理部门 | 核发建设工程规划许可证 | 审核建设工程施工图的各项规划技术指标，综合各专业部门的管理要求，核发建设工程规划许可证 |
| 8 | 建设管理部门 | 核发建设工程施工许可证 | |

资料来源：上海市城市规划管理局．《上海城市规划管理实践——科学发展观统领下的城市规划管理探索》．北京：中国建筑工业出版社，2007，第249-251页。

# 第一节 建设项目规划许可管理概述

## 一、建设项目规划许可管理的含义

1. 建设项目规划许可管理的概念

建设项目规划许可管理是指城市规划管理部门依据法律规范和依法制定的城市规划，对规划区内建设用地和建设项目进行审核，并核发规划许可的行政管理工作。

所谓城市规划区，是指城市建成区以及因城乡建设和发展需要，必须实行规划控制的区域。城市规划区的具体范围，由城市人民政府在编制的城市总体规划中划定，或在最新编制的国土空间总体规划中划定。划定城市规划区，是为了满足城市建设和长远发展的需要，保障城市规划的实施，有必要对城市市区、近郊区以及外围地区规划确定的机场、水源、重要的交通设施、基础设施、风景旅游设施等用地进行统一的规划控制，特别是要对城乡结合部分的土地利用和各项建设进行严格的规划管理。

建设项目规划许可管理的对象是城市规划区内的各项建设用地和建设活动。按照城市规划实施的要求，建设用地主要审核建设用地选址定点和建设用地性质、范围及土地使用的城市规划要求等。城市规划行政主管部门分别通过建设项目选址规划许可管理和建设用地规划许可管理进行审核。而建设活动种类繁多，按建设工程形态划分，主要分为建筑物和构筑物（如防洪工程、人防工程、户外广告、城市雕塑等），市政交通工程（如道路、公路及其相关的桥梁、隧道、地铁工程、高架工程等），市政管线工程（如给水排水、电力、电信、燃气等管线以及其他特征管线等）。在建设工程规划管理中，需要区别上述对象特点的不同，有的放矢地进行审核。

《城乡规划法》第二条规定："制定和实施城乡规划，在规划区内进行建设活动，必须遵守本法。"其中所称的"建设活动"是指在城市规划区内所从事的一切与城市规划有关的建设活动。具体地说，它由以下几方面组成：

（1）任何部门、单位、集体和个人在城市规划区内，以新建、扩建、改建的方式进行的各类房屋建设，以及房屋建筑附属或单独使用的各类构筑物的建设。

（2）市政建设部门及有关部门在城市规划区内，以新建、扩建、改建的方式进行的城市道路、桥梁、地铁、广场、停车场及附属设施，对外公路、铁路、港口、机场及附属设施等的建设。

（3）市政建设部门及有关部门在城市规划区内，以新建、扩建、改建的方式进行的给水管道及水源地设施、排水管道及污水处理设施、燃气输送管道及各类调压设施、热力输送管道及集中供热设施、电力输送线路及供变电设施、通信线路及附属设施等的建设。

（4）市政建设部门及有关部门在城市规划区内所进行的防灾工程（包括抗震防震工程、防洪工程、人防工程等），绿化美化工程（包括公园、风景旅游区、公共绿地、雕塑等），以及其他工程（如河湖水系的整治、农贸市场摊点、广告牌等）的建设。

（5）为了完成上述各项建设工程或因其他需要而进行的各类结构简易的临时性建筑物、构筑物、工程管线或其他的建设。

进行城市各项建设，实质上就是城市规划逐步实施的过程，为了确保城市各项建设能够按照规划有秩序地协调进行，就要求各项建设工程必须符合城市规划，服从城市规划行政主管部门的统一管理。

2. 建设项目规划许可管理的特征

（1）就管理的职能而言，建设项目规划许可管理具有服务和制约的双重属性。

这是由国家管理部门职能所确定的，也是城市合理发展和建设的要求所决定的。社会主义国家管理部门的职能是建设和完善社会主义制度，是促进经济和社会的协调发展，不断改善和满足人民物质生活和文化生活日益增长的需要，是为人民服务。规划管理作为一项城市政府职能，其管理目标也是为社会主义建设服务，为人民服务。规划管理实施城市规划的最终目的，也是为了促进经济和社会的协调发展。所以规划管理根本目标是服务，在管理活动中为城市的公共利益和长远利益需要而采取的控制措施，也是一种积极的制约，其目的是使之纳入人民根本的和长远的利益轨道。

城市是经济和社会发展的产物。只有生产发展了，经济繁荣了，文化和科学技术进步了，城市本身才将得以不断发展。因此，规划管理必须适应经济和社会发展的需要。城市作为一个物质实体，它的发展总要受到土地、交通、能源、供水、环境、农副产品供应等诸多因素的制约。在城市范围内安排建设项目，会受到空间容量、生态环境要求、交通运输条件、城市基础设施供应、相关方面的权益和有关方面的管理要求等多方面因素的制约。同时各项建设的比例问题及速度问题也需要相互协调，这就要求规划管理既要为之服务又要加以制约。

基于规划管理具有服务和制约的双重属性，规划管理人员必须树立服务的思想，把服务放在首位，制约也是为了更好的服务。强调服务当先，管在其中。

（2）就管理的对象而言，它具有宏观管理和微观管理的双重属性。

城市规划是着眼于城市的合理发展，规划管理的目标是实施城市规划。规划管理的对象，面向的是城市，面对的是具体建设工程，既有宏观的对象，又有微观的对象。对城市的发展要放到整个经济和社会发展的大范围内考察，城市的发展必然受到政治、经济因素和政府决策的影响。宏观管理的重点就是要遵循党和政府的路线、方针、政策和一系列的原则。城市的布局是具体建设工程的分布，规划管理所审核的每一项建设工程都或多或少地对城市的布局产生一定的影响，因此必须把每项建设工程放在城市的大范围内考察，不能就事论事地处理问题。

认识规划管理宏观管理和微观管理的双重属性，其目的是规划管理人员要增强政策观念和全局观念。正确处理局部与整体、需要与可能的辩证关系，要大处着眼，小处入手。

（3）就管理的内容而言，它具有专业和综合的双重属性。

这是城市作为一个有机综合体，具有多功能、多层次、多因素、错综复杂、动态关联的本质所决定的。

城市管理包括户籍管理、交通管理、市容卫生管理、环境保护管理、消防管理、绿化管理、文物保护管理、土地管理、房屋管理及规划管理等。城市规划管理只是其中的一个方面，是一项专业的技术行政管理，有它特定的职能和管理内容。但它又和上述其他管理相互联系，相互交织在一起，大量的管理中的实际问题都是综合性问题。高度分工必然要高度综合。一项建设工程设计除了涉及城市规划的技术规定外，因其区位和性质还会涉及环境保护、环境卫生、卫生防疫、绿化、国防、人防、消防、气象、抗震、防汛、排水、河港、铁路、航空、交通、邮电、工程管线、地下工程、测量标志、文物保护、农田水利等管理的要求。这就要求规划管理部门作为一个综合部门来进行系统分析，综合平衡，协调有关问题。

认识规划管理具有专业和综合的双重属性，要求规划管理人员运用科学的系统方法进行综合管理，重视整体功能效益，并在相互作用因素中探索有效的运行规律，更好地进行综合协调，提高管理工作效率和效益。

（4）就管理的过程而言，规划管理具有管理阶段性和发展长期性的双重属性。

城市的布局结构和形态是长期的历史发展所形成的。通过城市的建设和改造来改变城市的布局结构和形态不是一蹴而就，也需要一个历史发展过程。它的速度总要和经济、社会发展的速度相适应，与当时能够提供的财力、物力、人力相适应，因此实施规划管理具有一定的历史阶段性。同时经济和社会的发展是不断变化的，规划管理在一定历史条件下确定的建设用地和建设工程，随着时间的推移和数量的积累，必然对城市的未来发展产生影响。规划管理的实施必须体现城市发展的持续性和长期性要求。例如，住宅建筑由于科学技术的进步，住宅建筑的物质寿命得以延长，另一方面随着经济社会发展，人们对住宅舒适水平要求日益提高，住宅建筑的精神寿命趋于缩短，这种不平衡的矛盾，在管理上应探索灵活应变的方法。

认识规划管理是具有管理阶段性和发展持续性的双重属性，目的是要规划管理人员重视古今中外城市建设的经验，即城市建设管理的正确决策产生的成就，可以成为城市发展的里程碑，而在这方面的决策失误，则会造成千古遗憾，难以挽回。要树立立足当前，放眼长远，远近结合，慎重决策的思想。

（5）就管理的方法而言，规划管理具有规律性和创造性的双重属性。

任何管理都是一项社会实践活动。只有遵循客观规律的实践活动才能获得成功，而客观规律又是实践经验的总结和概括。这就要求规划管理工作既要遵循客观规律又要充分发挥主观能动性，研究新问题，创造性地探求管理的思路、方法和途径。城市规划管理在实际工作中要遵循城市规划理论和批准的城市规划的各项原则和要求，这是最基本的。同时又必须看到，经济、社会的发展和城市中各种因素的变化又是错综复杂的，在城市规划管理活动中对具体问题的处理，需要进行创造性的工作。

认识城市规划管理规律性和创造性的双重属性其目的在于，城市规划管理人员要敢于和善于坚持原则，要不断研究新情况、新问题，实事求是地处理问题，使原则性和灵活性相结合，重视工作范例的积累，不断总结经验、探索工作规律，创造性地进行工作。

3. 建设项目规划许可管理的组织

（1）建设项目规划许可管理的行政主体及权限

《城乡规划法》第十一条规定："国务院城乡规划主管部门负责全国的城乡规划管理工作。县级以上地方人民政府城乡规划主管部门负责本行政区域内的城乡规划管理工作。"因此，城市规划行政主管部门是规划许可行为的行政主体。它享有《城乡规划法》赋予的城市规划行政权，能以自己的名义行使行政权，并能独立地承担因此而产生的相应法律责任。

建设项目规划许可管理是城市规划工作的重要内容，而且带有较强的地域性特征，根据法律授权，属于本行政区域内的建设项目规划许可管理，由管辖该行政区域的地方人民政府城市规划行政主管部门负责，属于跨行政区域的建设项目规划许可管理，则由其共同的上级人民政府城市规划行政主管部门负责。

（2）建设项目规划许可管理的程序

建设项目规划许可管理的程序是指城市规划主管部门核发规划许可的步骤、顺序、方式和时限，是城市规划行政主管部门必须遵循的准则。许可管理行为直接影响到建设单位或个人权益的得失，城市规划行政主管部门对对方的申请批准或不批准，关系到建设单位或个人能否取得建设的权利或资格，能否从事建设活动；而且它还涉及第三方的合法权益是否受到侵害，因此，规划许可管理程序应该规范化，其基本程序包括申请、审核和决定三个步骤。

1）申请与受理

建设单位或个人的申请是城市规划行政主管部门核发规划许可的前提。申请人要获得规划许可必须先向城市规划行政主管部门提出书面申请。申请条件如下：①被申请的机关，必须是法律规定有权办理城市规划许可的机关；②申请人必须在法定规划许可范围内申请许可；③申请人必须具有从事建设活动的行为能力；④申请人要有明确的申请规划许可的表示并提交完备的申请材料。

根据相关规定与申请单位提供的资料决定是否受理规划许可申请。对于依法不需要申请许可的，告知其不予受理；对于材料不齐全或不符合法定形式的，告知其进行补正。

2）审核

城市规划行政主管部门收到建设单位或个人的规划许可申请后，应在法定期限内对申请人的申请及所附材料、图纸等进行审核。对规划许可的审核包括程序性审核和实质性审核两个方面。

程序性审核。即审核申请人是否符合法定资格，申请事项是否符合法定程序和法定形式，申请材料、图纸是否完备等。

实质性审核。针对申请事项的内容，依据法律规范和按法定程序批准的城市规划，提出审核意见。

3）决定

根据规划分类、分步申请的情况，城市规划行政主管部门经过审核后，应作出是否同意或是否给予规划许可的决定。

颁发规划许可应做到：①颁发规划许可要有时限。对于符合条件的规划许可申请，城市规划行政主管部门要及时予以审核批准，并在法定的期限内颁发规划许可；②经审核认为不合格并决定不予许可的，应当说明原因理由，给予书面答复，并允许申请人补充材料或通过修改方案达到条件后再次申请。同时告知申请人，对不予发证不服的有提出行政复议或行政诉讼的权利，允许其依法提出行政复议或行政诉讼。

4. 建设项目规划许可管理的意义

（1）建设项目规划许可管理是城市规划的具体化

以实施城市规划为基本任务的规划许可管理工作，在宏观和微观两个层面上都具有重要作用。

在宏观层面上，城市规划的实施是一项在空间和时间上浩大的系统工程，是政府意志的体现。党的领导和政治、经济因素起着主导的作用。规划管理必须遵循党和政府制定的路线、方针、政策和一系列原则。例如：生态文明、节能减排、环境保护、保护历史文化遗产等，合理用地、节约用地的原则，适用、经济的原则，经济、社会和环境效益相统一的原则，统一规划、合理布局、综合开发、配套建设的原则等，这些原则是编制城市规划和实施城市规划都必须遵循的。

在微观层面上，规划管理是正确地指导城市土地使用和各项建设活动。建设用地的选址，市政管线工程的选线，必须符合城市规划布局的要求，必须符合城市规划对各项建设的统筹安排。不论地区开发建设还是单项工程建设，必须符合详细规划确定的用地性质和用地指标、建筑容量、建筑密度等各项技术指标要求以及道路红线控制要求，使各项建设按照城市规划要求实施。

城市规划实施同时也受到各种因素和条件的制约，因此必须协调处理好各种各样的问题。由于各种因素和条件的发展、变化，在实施城市规划过程中，通过管理还要对城市规划在允许范围内进行调整、补充、优化。规划管理的实践过程也是规划不断完善、深化的过程，规划管理既是实施规划，也对规划作必要的信息反馈，使新一轮规划的编制日趋完善。

（2）建设项目规划许可管理是城市政府职能的体现

政府代表了公众的意志，具有维护公共利益、保障法人和公民的合法权益、促进建设发展的职能。各项建设涉及方方面面的问题和要求。城市规划管理是一项综合性很强的工作。在管理活动中涉及的不仅是城市规划的问题，还有土地、房屋产权、其他城市管理方面的要求、相邻单位和居民的权益等。这就要求在规划管理中依法妥善处理相关问题，综合消防、环保、卫生防疫、交通管理、园林绿化等有关管理部门的要求，维护社会的公共安全、公共卫生、公共交通，改善市容景观，防止个人和集体利益损害公众利益。城市政府通过规划管理对各项建设给予必要的制约和监督，促进各项建设协调地发展。

## 二、建设项目规划许可管理的工作内容

建设项目规划许可管理的工作内容是由城市规划实施要求所决定的。主要包括三个方面：①建设项目选址规划许可管理；②建设用地规划许可管理；③建设工程规划许可管理。

1. 建设项目选址规划许可管理

建设项目选址规划许可管理，是指城乡规划主管部门根据城乡规划及有关法律法规对于按照国家规定需要有关部门进行批准或核准，以划拨方式取得国有土地使用权的建设项目，进行确认或选择，保证各项建设能够符合城乡规划的布局安排，核发建设项目选址意见书的行政管理工作。

《城乡规划法》第三十六条规定："按照国家规定需要有关部门批准或者核准的建设项目，以划拨方式提供国有土地使用权的，建设单位在报送有关部门批准或者核准前，应当向城乡规划主管部门申请核发选址意见书。"建设项目选址意见书反映了规划管理部门对建设项目选址的意见并对建设工程提出规划要求。在建设项目可行性研究阶段，征求规划管理部门对建设项目选址的意见，就能保证各项建设工程按照城市规划进行建设，从而取得良好的经济效益、社会效益和环境效益。建设项目选址意见书还可以对建设项目选址发挥引导作用，为投资决策者提供建设项目决策的城市规划依据，避免产生投资决策的失误。

2. 建设用地规划许可管理

建设用地规划许可管理，是指城乡规划主管部门根据城乡规划及有关法律法规对于在城市、镇规划区内建设项目用地核定规划条件，确定建设用地定点位置、面积、范围，审核设计方案，核发建设用地规划许可证等规划管理工作的统称。

《城乡规划法》第三十七条规定："在城市、镇规划区内以划拨方式提供国有土地使用权的建设项目，经有关部门批准、核准、备案后，建设单位应当向城市、县人民政府城乡规划主管部门提出建设用地规划许可申请，由城市、县人民政府城乡规划主管部门依据控制性详细规划核定建设用地的位置、面积、允许建设的范围，核发建设用地规划许可证。建设单位在取得建设用地规划许可证后，方可向县级以上地方人民政府土地主管部门申请用地，经县级以上人民政府审批后，由土地主管部门划拨土地。"第三十八条规定："在城市、镇规划区内以出让方式提供国有土地使用权的，在国有土地使用权出让前，城市、县人民政府城乡规划主管部门应当依据控制性详细规划，提出出让地块的位置、使用性质、开发强度等规划条件，作为国有土地使用权出让合同的组成部分。未确定规划条件的地块，不得出让国有土地使用权。以出让方式取得国有土地使用权的建设项目，建设单位在取得建设项目的批准、核准、备案文件和签订国有土地使用权出让合同后，向城市、县人民政府城乡规划主管部门领取建设用地规划许可证。城市、县人民政府城乡规划主管部门不得在建设用地规划许可证中，擅自改变作为国有土地使用权出让合同组成部分的规划条件。"第三十九条规定："规划条件未纳入国有土地使用权出让合同的，该国有土地使用权出让合同无效；对未取得建设用地规划许可证的建设单位批准用地的，由

县级以上人民政府撤销有关批准文件；占用土地的，应当及时退回；给当事人造成损失的，应当依法给予赔偿。”

新建、迁建、扩建、改建的建设工程需要使用土地或者改变原址土地使用性质时，必须根据规定向规划管理部门申请建设用地规划许可证，并送审规划设计方案。规划管理部门审核其规划设计方案，在满足建设项目用地要求的前提下，保证经济合理使用土地，继而核发建设用地规划许可证。如果说建设项目选址意见书对建设项目使用土地给以“定性”“定点”“定要求”，那么建设用地规划许可证则给建设项目使用土地“定范围”“定数量”。主要工作内容包括控制土地使用性质，核定土地开发强度，核定其他土地使用规划管理的要求（例如，建筑退让、建筑间距、建筑高度、绿地率、基地标高等），审核建设工程总平面，确定建设用地定点、位置和范围，调整城市用地布局等。核发建设用地规划许可证的目的，在于确保土地利用符合城市规划，维护建设单位按照城市规划使用土地的合法权益，为土地管理部门审批土地提供必要的法律依据。

3. 建设工程规划许可管理

建设工程规划许可管理是指城市（或县）的城乡规划主管部门和省、自治区、直辖市人民政府确定的镇人民政府，根据城乡规划及有关法律法规对于在城市、镇规划区内各项建设工程进行组织、控制、引导和协调，审核设计方案，核发建设工程规划许可证等规划管理工作的统称。

《城乡规划法》第四十条规定：“在城市、镇规划区内进行建筑物、构筑物、道路、管线和其他工程建设的，建设单位或者个人应当向城市、县人民政府城乡规划主管部门或者省、自治区、直辖市人民政府确定的镇人民政府申请办理建设工程规划许可证。申请办理建设工程规划许可证，应当提交使用土地的有关证明文件、建设工程设计方案等材料。需要建设单位编制修建性详细规划的建设项目，还应当提交修建性详细规划。对符合控制性详细规划和规划条件的，由城市、县人民政府城乡规划主管部门或者省、自治区、直辖市人民政府确定的镇人民政府核发建设工程规划许可证。城市、县人民政府城乡规划主管部门或者省、自治区、直辖市人民政府确定的镇人民政府应当依法将经审定的修建性详细规划、建设工程设计方案的总平面图予以公布。”

规划管理是一个连续过程，如果建设工程申请建设用地规划许可证后连续申请建设工程规划许可证，凡是设计方案在核发建设用地规划许可证时已经审定的，在核发建设工程规划许可证前，仅审核施工图，不再审核设计方案。如果原址改建工程，则必须审核设计方案。由于建设工程表现形态不一，具有不同的特点，规划管理的具体目标也不尽一样，采取的管理方式也应该因事而异。建设工程规划许可管理分三类建设工程进行：

（1）建筑工程规划许可管理

它是根据城市规划要求和有关法规规定，对建筑工程的性质、规模、位置、标高、高度、朝向、建筑密度、容积率、建筑体量、体型、风格等进行审核和规划控制，综合协调环保、消防、卫生防疫、园林绿化等有关方面的管理要求。

（2）道路（桥梁）工程的规划许可管理

它是根据城市规划要求对各类城市道路的走向、坐标、标高、道路等级、道路宽度、交叉口设计、横断面设计、道路附属设施以及桥梁梁底标高等进行审核和规划控制，并综合协调管线、绿化、航运等有关方面管理要求。

（3）管线工程的规划许可管理

它是根据城市规划要求和管线工程的技术要求对各类城市管线工程的性质、断面、走向、坐标、标高、埋设方式、架设高度、埋置深度、管线相互间的水平距离与垂直距离以及交叉点的处理等进行审核和规划控制。综合协调管线与地面建筑物、构筑物、道路、行道树和地下各类建筑工程以及各类管线之间的矛盾。

## 三、城市规划许可的特征、依据、效力和作用

城市规划主管部门依申请发放城市规划许可，包括：选址意见书、建设用地规划许可证和建设工程规划许可证。

1. 城市规划许可的特征

（1）规划许可是城市规划行政主管部门赋予建设单位或个人进行工程建设的法律资格或法律权利的行政行为。城市规划许可的审批是一个连续递进的过程，不论是建设项目选址意见书，还是建设用地规划许可证和建设工程规划许可证，都分别赋予建设工程的选址、用地和建设的权利以及相应的义务。

（2）规划许可是一种采用颁发规划许可证等形式的要式行政行为。规划许可是赋予建设单位或个人进行工程建设的法律资格或法律权利，并在一定时期内有效。建设单位或个人获得规划许可的某项工程建设，其他单位或个人则不能再提出该项申请和获得该项权利。因此，规划许可行为必须有特定的形式要件，这种特定的形式要件就是规划许可证书。

（3）规划许可是一种依申请的具体行政行为。没有建设单位或个人的申请，城市规划主管部门不能主动予以许可。因为，作为规划许可相对方的建设单位或个人，要获得某项工程建设资格或行使建设的权利，就必须具备相应法律规范规定的条件，并向行政主体申请。

2. 审批城市规划许可的依据

审批城市规划许可的依据主要包括两个方面：法律规范依据和城市规划依据。

（1）法律规范依据

依法行政是各级国家行政机关工作的基本要求。城市规划管理部门审批城市规划许可，既要遵循国家层面的法律规范，也要遵循地方层面的法律规范，包括城市规划专门法律规范和城市规划相关法律规范。审批城市规划许可是一项具体行政行为，必须依法审批，一旦违法审批，就会引发行政诉讼，甚至造成严重后果。依法审批，就要本着“法有授权必须行，法无授权不得行”的精神，尤其注意在审批主体和权限、审核内容和程序以及形式等几个方面必须做到合法。

（2）城市规划依据

依法制定的城市规划是审批城市规划许可的重要依据，城市规划许可的最直接依据是城市控制性详细规划。而一些非法定规划（如战略规划、城市设计等）的规划内容，只有转化为法定规划的内容，才能作为建设项目规划许可管理的依据。

3. 城市规划许可的效力

（1）证明力

城市规划许可具有法律文件的作用。城市规划许可持有人可用城市规划许可证明自己的权利是依法取得的，所取得的资格或所进行的建设活动是法律所允许的。城市规划许可不仅是对持有人的权利的证明，而且是对其行为能力的证明。不具备从事建设活动的行为能力的申请人不得被授予城市规划许可。

（2）确定力

城市规划许可颁发以后，对许可规定的内容，任何个人和机关都要遵守，不能任意变更。城市规划许可持有人对许可确定的事项，未经城市规划管理部门通过法定程序不得更改。城市规划管理部门如果要撤销、变更许可证或宣布其无效，应当按照法律、法规所规定的程序才可为之。

（3）约束力

城市规划许可规定的许可项目、许可范围、许可规模、许可要求和核定的图纸等内容，对城市规划许可持有人和城市规划管理部门都有约束力。持有人必须按许可规定的内容实施。否则，就要承担法律责任。如若违反便可能受到法律制裁。

4. 城市规划许可在建设项目规划许可管理中的作用

（1）城市规划许可是城市政府对城市建设进行调控的重要手段

随着经济体制的改革和市场经济的建立，城市政府的管理模式从直接管理逐渐向间接调控过渡。在计划经济条件下，城市政府主要是通过计划管理的投资走向调控经济、社会和城市建设的发展，城市规划只是国民经济的继续和具体化。在市场经济条件下，各项建设投资主体呈现多元化，除国家和城市政府投资建设的项目外，大量的项目是社会和境外建设单位的投资。在这种情况下，城市政府仅靠计划管理调控经济、社会和城市的发展是不够的，需要通过城市规划管理中的城市规划许可的手段来进行调控。通过城市规划许可，政府可以有效地控制土地和空间资源的配置，保护自然生态环境和历史文化遗产，保证城市建设健康有序的发展。

（2）促进城市各项建设纳入城市规划的轨道，保障城市规划的实施

城市规划作为一个实践过程，它包括编制、审批和实施三个环节。有了城市规划不等于城市自然而然就可建设好，还必须通过建设项目规划许可管理，对各项建设实行城市规划许可制度，使各项建设遵循城市规划的要求组织实施。不断改善和优化人们的工作环境、生活环境和自然生态环境，保护好有历史文化价值的历史建筑和历史街区，促进经济、社会和环境在城市空间上协调、可持续发展，不断地完善和拓展城市功能，满足人们日益增长的物质、文化和环境的需求。

（3）维护公共利益和相关方面的合法权益

城市各项建设必须促进城市发展的整体的、长远的利益，体现经济效益、社会效益和环境效益相统一的原则。通过实行城市规划许可制度，对于各项建设侵犯公共利益和相关权益的建设行为予以制约、协调和监督，保障公共利益和相关方面的权益不受侵犯，正确行使政府管理职能。

(4) 保护建设单位或个人的合法权益

城市规划管理的相对方是指获得城市规划许可的建设单位或个人。相对方一旦获得城市规划许可，则可依法行使相应的权利，从事城市规划许可的有关活动，任何个人或组织不得非法干预。

## 四、建设项目规划许可管理的手段

1. 建设项目规划许可管理的法制手段

建设项目规划许可管理首先要依法行政，要加强立法、执法、守法和司法工作，它们相互联系，共同构成城市规划法制建设。

建设项目规划许可管理的法律规范可分为两个层面：国家层面和地方层面。国家层面的法律规范包括《城乡规划法》《土地管理法》《城市房地产管理法》《建设项目选址规划管理办法》《城市国有土地使用权出让转让规划管理办法》《城市用地分类与规划建设用地标准》《城市居住区规划设计标准》《城市综合交通体系规划标准》《城市工程管线综合规划规范》《文物保护法》《环境保护法》等。各地方政府在国家法律规范的基础上也相应地编制了适合本地区的地方性法规、规章和规范性文件，《城乡规划条例》(或称《〈城乡规划法〉实施办法》)、《城市规划管理技术规定》、《城市规划标准与准则》等。

城市规划许可证作为城市政府对城市建设进行调控的重要手段，对促进城市各项建设纳入城市规划的轨道，保障城市规划的实施，维护公共利益和相关方面的合法权益，保护建设单位或个人的合法权益等方面发挥着日益重要的作用，它是建设项目规划许可管理的主要法律手段和法定形式。因此，城市规划管理要严格执法，并认真贯彻执行“法无授权不得行，法有授权必须行，行政行为程序化，违法行政必追究”的原则。

2. 建设项目规划许可管理的行政手段

建设项目规划许可管理的行政手段，是指城市规划行政主管部门依靠行政组织被授予的权力，运用权威性的命令、指示、工作程序等行政方式来规范城市建设使用土地和各类建设活动。主要表现为建设项目规划许可管理中的管理流程和决策机制。

3. 建设项目规划许可管理的经济手段

经济手段就是通过经济杠杆，运用价格、税收、奖金等经济手段，按照客观经济规律的要求来进行规划管理。通过各种经济手段，从物质利益上来处理政府、企事业或集体、个人等各种经济关系。例如《城乡规划法》在“法律责任”一章中对于违法建设的罚款与竣工验收资料逾期不补报的罚款处罚的规定，就是建设项目规划许可管理中经济手段的运用。

4. 建设项目规划许可管理的咨询手段

咨询的手段是指城市规划管理部门采用社会咨询与公共参与的方法，吸取智囊团或各类现代化咨询研究机构中专家们的集体智慧，加强城市规划在市民中的普及宣传并倾听其规划述求，以帮助政府领导对城市的建设和发展，或帮助开发建设单位对各项开发建设活动进行决策。

5. 建设项目规划许可管理的技术手段

《城乡规划法》第十条规定："国家鼓励采用先进的科学技术，增强城乡规划的科学性，提高城乡规划实施监督管理的效能。"城乡规划许可管理中应当积极采用当代的先进科学方法、先进技术、先进设备来加强规划管理工作。采用科学技术的方法是一种辅助管理的方法，它能够提高城乡规划许可管理的效能，把管理工作提升到一个新的水平。

## 第二节 建设项目的选址许可

### 一、建设项目选址许可的工作内容和意义

1. 建设项目选址许可的工作内容

建设项目选址规划许可管理，是城乡规划行政主管部门根据城乡规划及有关法律规范，按照实地现状和条件，对建设项目地址进行确认或选择，决定建设工程可以使用哪些土地，不可以使用哪些土地，从而保证各项建设按照城乡规划安排，促进建设协调发展的行政管理工作。建设项目选址规划许可管理核发的法律性文件为建设项目选址意见书。

建设项目选址规划许可管理的工作内容存在两种情况：一是对大型建设项目组织联合选址，并进行选址论证，这是一项专业性、综合性很强的工作。常常需要聘请相应资质的城乡规划设计单位，以及专业针对性强的技术部门，进行充分的调研和论证，城乡规划管理部门参与其中，并最终核发建设项目选址意见书。二是对一般建设项目的拟建地址进行规划审核，经审核可行的，核发建设项目选址意见书。前者仅仅依靠城乡规划管理部门是无法完成的，后者则主要归属于城乡规划管理部门的职责范围。

2. 建设项目选址许可的意义

（1）城乡规划实施的首要环节

建设用地布局是城乡规划实施的关键。城乡各项建设的选址、定点要符合城乡规划，不得妨碍城乡的发展，危害城乡的安全，污染和破坏城乡的环境，影响城乡各项功能的协调。合理地选择建设项目的建设地址是城乡规划实施管理的重要内容。建设项目使用土地的情况比较复杂：第一种是建设单位使用自有土地，但建设不涉及土地使用规划性质的改变；第二种是建设单位使用自有土地，且建设涉及土地使用规划性质的改变；第三种是建设单位除使用自有土地外，尚需扩大使用土地（含拆迁其他单位和居民房屋）；第四种是建设项目完全按需要安排用地。从实施城乡规划的要求看，在城乡规划管理工作中，首先对上述四种用地情况按照批准的城乡规划进行确认或选择，然后才能办理有关规划审批手续。随着城市国有土地使用制度的改革，除了传统的征用、划拨、调换和临时使用土地情况外，城市国有土地有偿使用（即土地出让）越来越普遍，从规划管理程序上，土地出让地块不需要进行规划选址许可。但是，要对出让地块是否符合城乡规划进行确认，规划管理部门需要提出规划条件并函复土地管理部门。像这种答复土地管理部门的书面意见，实际上也起到建设项目

选址意见书的作用。

(2) 建设项目是否可行的必要条件

建设项目规划选址是在该项目可行性研究阶段进行的，城乡规划选址的可行性是该项目是否可行的重要依据之一。建设项目规划选址有两种基本情况：一是该项目尚无确定的选址意向，二是建设项目已有比较明确的建设地点。不论哪一种情况，都需要城乡规划管理部门根据批准的城乡规划进行选择或予以确认（可行或不可行）。对于情况复杂、规模较大的大中型项目，还必须委托有相应资格的城乡规划设计单位进行选址方案的比选、论证，供城乡规划管理部门抉择。计划部门审批建设项目可行性报告，必须以城乡规划管理部门核发的建设项目选址意见书为依据。对于建设项目选址不符合城乡规划的，计划部门不得审批该项目可行性研究报告。对于其中有选址意向的，应该建议其另行选址并提出规划选址建议，以促进建设项目的落实，将规划管理与计划管理有机地结合起来。

## 二、建设项目选址规划许可的审核内容和程序

1. 申请建设项目选址意见书的范围

《城乡规划法》第三十六条规定："按照国家规定需要有关部门批准或者核准的建设项目，以划拨方式提供国有土地使用权的，建设单位在报送有关部门批准或者核准前，应当向城乡规划主管部门申请核发选址意见书。前款规定以外的建设项目不需要申请选址意见书。"

根据《国务院办公厅关于加强和规范新开工项目管理的通知》(国办发〔2007〕64号)，实行审批制的政府投资项目及实行核准制的企业投资项目都需向城乡规划部门申请办理规划选址审批手续。

2017年，国家发展和改革委员会颁布了《企业投资项目核准和备案管理办法》。实行核准制的企业投资项目是指列入《政府核准的投资项目目录》(2016年版）之中的项目，主要包括指企业不使用政府性资金投资建设的重大和限制类固定资产投资项目，分为农林水利、能源、交通运输、信息产业、原材料等12个类别。

根据2001年颁布的《划拨用地目录》，共有包括石油、天然气、电力、水利以及党政机关用地等十九类土地属于划拨用地。2014年6月颁布的《节约集约利用土地规定》(国土资源部第61号令，2019年修正）提出扩大国有土地有偿使用范围，减少非公益性用地划拨。除军事、保障性住房和涉及国家安全和公共秩序的特殊用地可以以划拨方式供应外，国家机关办公和交通、能源、水利等基础设施（产业)、城乡基础设施以及各类社会事业用地中的经营性用地，实行有偿使用。

2. 建设项目选址意见书的审核内容

建设项目选址意见书首先需要依申请对建设项目牵涉的各方面条件进行审核。审核的主要内容如下：

(1) 经批准的项目建议书以及规定的其他申请条件。如填报《建设项目选址申请表》，必备的图纸、资料。大中型建设项目，应当事先委托有相应资质

的规划设计单位提出选址论证等。

(2) 建设项目的基本情况。主要是根据经批准的建设项目建议书，了解建设项目的名称、性质、用地及建设规模，供水、能源的需求量，采取的运输方式和运输量，污水的排放方式和排放量等，以便掌握建设项目选址的要求。

(3) 建设项目与城乡规划布局的协调。建设项目的选址必须按照批准的城乡规划进行。建设项目的性质大多数是比较单一的，但是，随着经济、社会的发展和科学技术的进步，出现了土地使用的多元化，也深化了土地使用的综合性和相容性。按照土地使用相符和相容的原则安排建设项目的选址才能保证城乡布局的合理。同时，建设项目选址特别要注意避开与建设项目性质不符或不相容的城乡公益设施现有或规划的用地，例如公共绿地、生产绿地、防护绿地、专用绿地、基本农田保护区用地、蔬菜保护区用地、公共活动场地、对外交通用地、市政公用设施用地、医疗机构用地、体育场地、学校用地等。对这类公益设施用地必须妥善保护。未经法定程序调整规划，不得改变用途。

(4) 建设项目与城乡交通、通信、能源、市政、防灾规划的衔接与协调。建设项目一般都有一定的交通运输要求、能源供应要求和市政公用设施配套要求等。在选址时，要充分考虑拟使用土地是否具备这些条件，以及能否按照城乡规划配合建设的可能性，这是保证建设项目发挥效益的前提。没有这些条件的，则不予安排选址。

(5) 建设项目配套的生活设施与城乡居住区及公共服务设施规划的衔接与协调。一般建设项目特别是大中型建设项目都有生活设施配套的要求。使用农村土地或宅基地的建设项目还有安排被动迁的农民、居民的安置问题。这些生活设施，不论是依托旧区还是另行安排，都有交通配合和公共生活设施的衔接与协调问题。建设项目选址时必须考虑周到，使之有利于生产，方便生活。

(6) 建设项目对于城乡环境可能造成的污染或破坏，以及与城乡环境保护规划和风景名胜、文物古迹保护规划、城乡历史文化区保护规划等相协调。建设项目的选址不能造成对城乡环境的污染和破坏，而要与城乡环境保护规划相协调。生产或存储易燃、易爆、剧毒物的工厂、仓库等建设项目，以及严重影响环境卫生的建设项目，应当避开居民密集的城乡市区，以免影响城乡安全和损害居民健康。产生有毒有害物质的建设项目，应当避开城乡的水源保护地和城乡主导风向的上风向，避开文物古迹和风景名胜保护区。建设产生放射性危害的设施，必须避开城乡市区和其他居民密集区，并必须设置防护工程，妥善考虑事故处理措施和废弃物处理措施。

(7) 其他规划要求。例如，珍惜土地资源、节约使用土地。建设项目尽量不占、少占近郊的良田和菜地，尽可能挖掘现有城乡用地的潜力，合理调整使用土地。又如，港口设施的建设必须综合考虑城乡岸线的合理分配和利用，保证留有足够的城乡生活岸线。城乡铁路货运干线、编组站、过境公路、机场、供电高压走廊及重要的军事设施应当避开居民密集的城乡市区，以免割裂城乡，妨碍城乡的发展，造成城乡有关功能的相互干扰。再如，根据建设项目的性质和规模以及所处区位，对涉及的环境保护、卫生防疫、消防、交通、绿化、河港、铁路、航空、气象、防汛、军事、国家安全、文物保护、建筑保护、农田水利等方面的管理要求必须符合有关规定并征求有关管理部门的意见，作为建设项目选址的依据。

3. 用地范围和规划设计条件的核定和提出

《建设项目选址规划管理办法》第六条规定，城乡规划管理部门在审核建设项目的用地选择并同意后，应核定用地设计范围并提出具体规划设计条件。

《城市国有土地使用权出让转让规划管理办法》第五条规定，出让城市国有土地使用权，出让前应当制定控制性详细规划。出让的地块，必须具有城市规划行政主管部门提出的规划设计条件及附图。

4. 建设项目选址意见书审核的程序

重大建设项目的选址工作，在申请建设项目选址意见书之前，应做好项目选址的方案比选和论证，必要时要编制建设项目规划选址论证报告。

申请建设项目选址意见书程序（图 5–1）。

（1）申请与受理

建设单位向城乡规划管理部门提出核发建设项目选址意见书的书面申请。

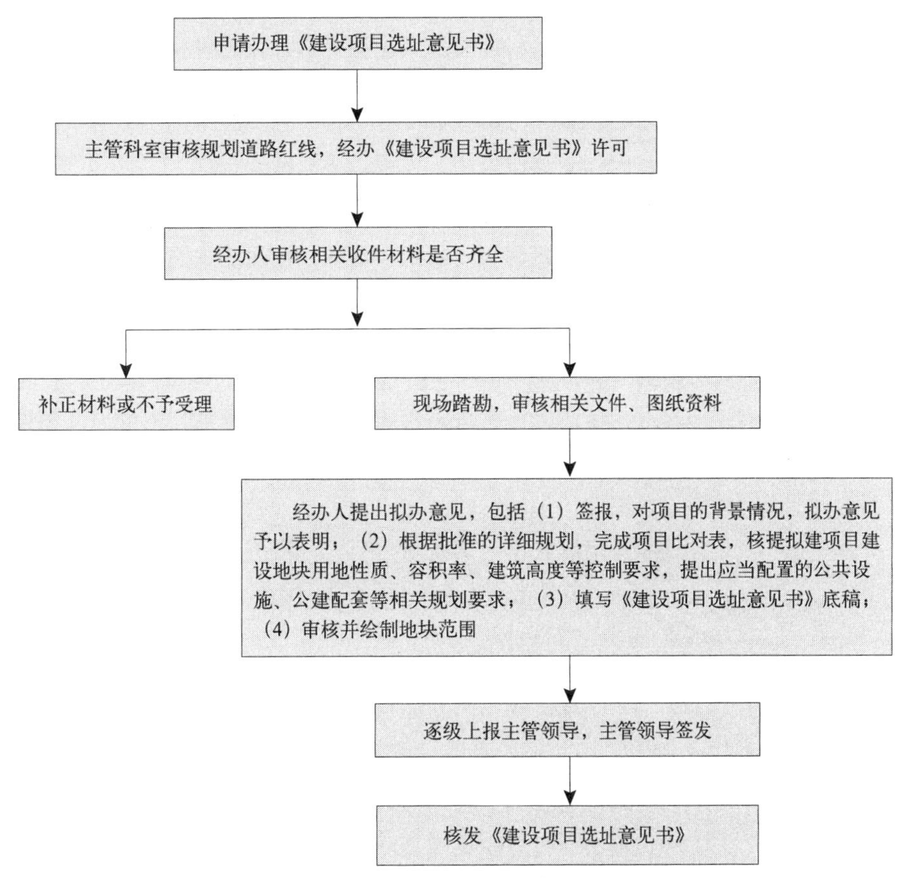


图 5–1　申请办理《建设项目选址意见书》流程图

资料来源：根据上海市虹口区规划与土地管理局相关操作流程整理。

建设项目选址意见书的申请需要提供一系列相关材料，具体材料清单根据各地规定各有不同，一般包括以下材料[3]：

①建设项目选址意见书申请表（各地规划部门提供的标准格式文书）；

②地形图（一般为 1 ： 500 或 1 ： 1000）；

③批准的建设项目建议书或其他有关计划文件；

④土地、房产权属证件（原址改建或需要扩大用地的项目）；

⑤土地使用相关证明（使用其他单位土地）；

⑥规划选址论证报告（规定的大、中型建设项目）；

⑦因建设项目的特殊性需要提交的其他相关材料（如处于历史风貌保护区或风景名胜区内）；

⑧法律、法规、规章规定的其他材料。

根据相关规定与申请单位提供的资料决定是否受理规划选址意见书申请。对于依法不需要规划选址审批的，告知其不予受理；对于材料不齐全或不符合法定形式的，告知其进行补正。

（2）公告与听证

①法律、法规、规章规定应当听证的事项，或者城乡规划主管部门认为需要听证的涉及公共利益的重大建设项目选址，应当向社会公告，并举行听证。

②直接涉及申请人与他人之间重大利益关系的，在作出选址意见以前，应当告知申请人、利害关系人享有要求听证的权利；申请人、利害关系人在被告知听证权利之日起五日内提出听证申请的，城乡规划主管部门在二十日内组织听证会。

③听证笔录应当作为选址决定的重要依据。

（3）审核

城乡规划管理部门收到申请后，应在法定的时限内根据有关部门法律规范和依法制定的城乡规划对所申请的选址进行审核，并提出审核意见。

根据城乡规划主管部门内部审核与决定的程序进行。一般情况下，先经过业务科（处）室初审，提出初步意见，报分管领导复审，重大项目再经局（委）业务会审核决定，最后由行政负责人签字颁发。根据规定须报上级行政机关决定的应上报。

①程序性审核。即审核申请人是否符合法定资格，申请事项是否符合法定程序和法定形式，申请所附图纸、资料是否完备等。

②实质性审核。应根据有关部门法律规范和依法制定的城乡规划所申请的选址提出审核意见。

（4）决定与公开

城乡规划管理部门应在规定的时限内，对选址申请给予答复。有以下几种情况：

①对于符合城乡规划的选址，应当颁发建设项目选址意见书。

②对于不符合城乡规划的选址，应当说明理由，给予书面答复。

③对于重大项目选址应要求作出选址比较论证后，重新申请建设项目选址意见书。

关于建设项目选址意见书的审批时限，地方性法规一般都有明确规定，如《上海市城乡规划条例》规定，市或者区、县规划管理部门受理申请后，应当在法定工作日 40 天内审批完毕。

城乡规划主管部门在作出选址决定以后，应当将选址决定通过报纸、网站、行政许可窗口等渠道予以公开，公众有权查阅。

## 三、审批中各部门协调

1. 环保部门

根据《中华人民共和国环境影响评价法》，国家对建设项目实行环境影响分类评价制度。根据建设项目对环境影响的大小，分别编制《环境影响报告书》《环境影响报告表》和《环境影响登记表》。对于纳入环境保护部门环境影响评价范围的建设项目，城乡规划主管部门应当将经过环保部门审批通过的环境影响评价文件作为申请建设项目选址意见书的报建必备材料。

2. 文物部门

《文物保护法》第二十条规定，"建设工程选址，应当尽可能避开不可移动文物；因特殊情况不能避开的，对文物保护单位应当尽可能实施原址保护。实施原址保护的，建设单位应当事先确定保护措施，根据文物保护单位的级别报相应的文物行政部门批准，并将保护措施列入可行性研究报告或者设计任务书。无法实施原址保护，必须迁移异地保护或者拆除的，应当报省、自治区、直辖市人民政府批准；迁移或者拆除省级文物保护单位的，批准前须征得国务院文物行政部门同意。全国重点文物保护单位不得拆除；需要迁移的，须由省、自治区、直辖市人民政府报国务院批准。"

《文物保护法》第二十九条规定，"进行大型基本建设工程，建设单位应当事先报请省、自治区、直辖市人民政府文物行政部门组织从事考古发掘的单位在工程范围内有可能埋藏文物的地方进行考古调查、勘探。考古调查、勘探中发现文物的，由省、自治区、直辖市人民政府文物行政部门根据文物保护的要求会同建设单位共同商定保护措施；遇有重要发现的，由省、自治区、直辖市人民政府文物行政部门及时报国务院文物行政部门处理。"

《历史文化名城名镇名村保护条例》第三十四条规定，"建设工程选址，应当尽可能避开历史建筑；因特殊情况不能避开的，应当尽可能实施原址保护。对历史建筑实施原址保护的，建设单位应当事先确定保护措施，报城市、县人民政府城乡规划主管部门会同同级文物主管部门批准。因公共利益需要进行建设活动，对历史建筑无法实施原址保护、必须迁移异地保护或者拆除的，应当由城市、县人民政府城乡规划主管部门会同同级文物主管部门，报省、自治区、直辖市人民政府确定的保护主管部门会同同级文物主管部门批准。"

对于拟规划建设用地范围内有文物保护单位或位于文物保护单位建设控制地带的，规划主管部门应当及早征求文物部门意见，将文物部门批准的保护措施和要求作为控制性详细规划编制和规划条件拟订的依据，尚未明确保护措施和要求的，在核发建设项目选址意见书前应征求文物部门意见并纳入规划条件；对于拟规划建设用地范围内可能埋藏有地下文物的，规划主管部门应通知文物部门及早组织全面的考古调查、勘探，作为控制性详细规划编制和规划条件拟订的依据，尚未完成勘探的，在核发建设项目选址意见书前应征得文物部门同意，将"规划与设计方案审核前须完成文物勘探，发现文物的须采取相关保护措施等"纳入规划条件，并将文物部门批准的《地下文物勘探报告》作为规划与设计方案审核的必备条件。

3. 卫生部门

对于位于自然疫源地或可能是自然疫源地的建设工程，应当将卫生防疫行政主管部门的意见作为申请建设项目选址意见书的必备条件。

有的项目还涉及如航空、铁路、交通、水利、林业、民政、国土、建设、市政、消防、驻军部队等主要有关部门，应根据项目实际情况组织综合论证和协调。

## 第三节 建设项目的规划设计条件核定

### 一、规划条件核定的阶段

以出让方式提供国有土地使用权的，在国有土地使用权出让前，一般由土地行政主管部门向规划行政主管部门提出书面申请，标明拟出让的地块、范围以及提供规定需要的其他材料，规划部门依据控制性详细规划拟定规划条件并作为国有土地使用权出让合同的组成部分。建设单位签订国有土地使用权出让合同以后，到规划部门申请领取建设用地规划许可证，规划部门将规划条件作为建设用地规划许可证的附件颁发给建设单位。

以划拨方式提供国有土地使用权的，建设单位取得规划选址意见书，签订国有土地使用权划拨合同以后，到规划部门申请领取建设用地规划许可证，规划部门依据控制性详细规划拟订规划条件，并将其作为建设用地规划许可证的附件颁发给建设单位。

除前述规定以外的建设项目，在申请核发建设工程规划许可证前，建设单位或者个人应当向规划行政管理部门申请核定规划条件。以上海市为例，此类建设项目一般包括：

①不需要用地的管线工程；

②需要变动主体承重结构的建筑物或者构筑物的大修工程；

③地方政府确定的区域内的房屋立面改造工程；

④在已取得土地使用权的划拨国有土地上新建、改建、扩建工程等。

### 二、规划条件的地位与作用

规划条件既是建设工程设计的规划依据，也是建设用地的规划要求。为了合理配置城市土地空间资源，在建设项目选址定点确认后，城市规划管理部门应当根据城市规划对建设项目的用地、建设工程设计提出规定性和指导性的意见，按照城市规划对建设用地和建设工程的实施有效地加以引导和控制。

《城乡规划法》第三十八条规定："在城市、镇规划区内以出让方式提供国有土地使用权的，在国有土地使用权出让前，城市、县人民政府城乡规划主管部门应当依据控制性详细规划，提出出让地块的位置、使用性质、开发强度等规划条件，作为国有土地使用权出让合同的组成部分。未确定规划条件的地块，不得出让国有土地使用权。”“城市、县人民政府城乡规划主管部门不得在建设用地规划许可证中，擅自改变作为国有土地使用权出让合同组成部分的规划条件。”

第三十九条进一步规定：“规划条件未纳入国有土地使用权出让合同的，该国有土地使用权出让合同无效；对未取得建设用地规划许可证的建设单位批准用地的，由县级以上人民政府撤销有关批准文件；占用土地的，应当及时退回；给当事人造成损失的，应当依法给予赔偿。”

第四十三条对规划条件的变更作出规定：“建设单位应当按照规划条件进行建设；确需变更的，必须向城市、县人民政府城乡规划主管部门提出申请。变更内容不符合控制性详细规划的，城乡规划主管部门不得批准。城市、县人民政府城乡规划主管部门应当及时将依法变更后的规划条件通报同级土地主管部门并公示。建设单位应当及时将依法变更后的规划条件报有关人民政府土地主管部门备案。”

第四十条对核发建设工程规划许可证的前提提出：“对符合控制性详细规划和规划条件的，由城市、县人民政府城乡规划主管部门或者省、自治区、直辖市人民政府确定的镇人民政府核发建设工程规划许可证。”

第四十五条规定：“县级以上地方人民政府城乡规划主管部门按照国务院规定对建设工程是否符合规划条件予以核实。未经核实或者经核实不符合规划条件的，建设单位不得组织竣工验收。”

由此可见，规划条件是建设用地规划许可、修建性详细规划和建筑设计方案审核、建设工程规划许可和建设项目竣工规划验收的重要依据，是贯穿规划实施管理全过程的重要线索，是落实城市总体规划、控制性详细规划，对建设行为有效实施控制引导的核心手段。

## 三、规划条件核定的依据与内容

（1）规划条件核定依据和参照

①建设项目所在区域的控制性详细规划。

②城市总体规划。

③国家技术标准规范和地方相关技术规定。

④各类专项规划和相关主管部门要求。

（2）规划条件核定内容

《城市国有土地使用权出让转让规划管理办法》第六条规定，规划条件应当包括：地块面积、土地使用性质、容积率、建筑密度、建筑高度、停车泊位、主要出入口、绿地比例、须配置的公共设施和工程设施、建筑界线、开发期限以及其他要求。附图应当包括地块区位和现状，地块坐标、标高，道路红线坐标、标高，出入口位置，建筑界线以及地块周围地区环境与基础设施条件。

建设用地规划许可管理主要核定以下规划条件：

①用地情况：包括用地性质、边界范围（包括代征道路及绿地的范围）和用地面积。

②开发强度（规划控制指标）：包括总建筑面积、人口容量（指导性指标）、容积率、建筑密度、绿地率、建筑高度控制等。

③建筑退让与间距：建筑退让“四线”，即道路红线、城市绿线、河道蓝线、历史街区和历史建筑保护紫线，建筑间距、日照标准、与周边用地和建筑的关系协调。

④交通组织：包括道路开口位置、交通线路组织、主要出入口、与城市交通设施的衔接、地面和地下停车场（库）的配置及停车位数量和比例。

⑤配套设施：包括文化、教育、卫生、体育、市场、管理等公共服务设施和给水排水、燃气、热力、电力、电信等市政基础设施。

⑥城市设计：建筑形态、尺度、色彩、风貌、景观、绿化以及公共开放空间和城市雕塑环境景观等要求。

## 四、规划条件核定程序

申请核定规划条件的程序（图 5–2）[4]如下：

（1）申请与受理

核定规划条件所需申请材料[5]：

①建设工程规划设计要求申请表；

②建设项目承诺书；

③地形图（一般为 1/500 或 1/1000）；

④建设项目建议书批复文件（审批制）或建设项目备案文件（备案制）；

⑤房屋土地权属证明及附图；

⑥应拆房屋的权属证明及附图（原有基地拆房的）；

⑦土地使用权属共有人的同意证明（涉及土地使用权属共有的）；

⑧产权单位（人）同意建设的书面意见（涉及非自有产权房屋的）；

⑨危房鉴定报告（属危房翻建的）；

⑩文管、房地等有关行政管理部门的批准文件，反映建筑及周围环境风貌特色的照片或图片资料（涉及文物保护单位或优秀历史建筑的装修工程）；

⑪因建设项目的特殊性需要提交的其他相关材料。

根据相关规定与申请单位提供的资料决定是否受理核定规划条件申请。对于依法不需要规划选址审批的，告知其不予受理；对于材料不齐全或不符合法定形式的，告知其进行补正。

（2）公告与听证

①涉及公共利益的重大建设项目选址，应当向社会公告，并举行听证。

②直接涉及申请人与他人之间重大利益关系的，在核定规划条件以前，应当告知申请人、利害关系人享有要求听证的权利；申请人、利害关系人在被告知听证权利之日起五日内提出听证申请的，城乡规划主管部门在二十日内组织听证会。

③听证笔录应当作为规划条件核定的重要依据。

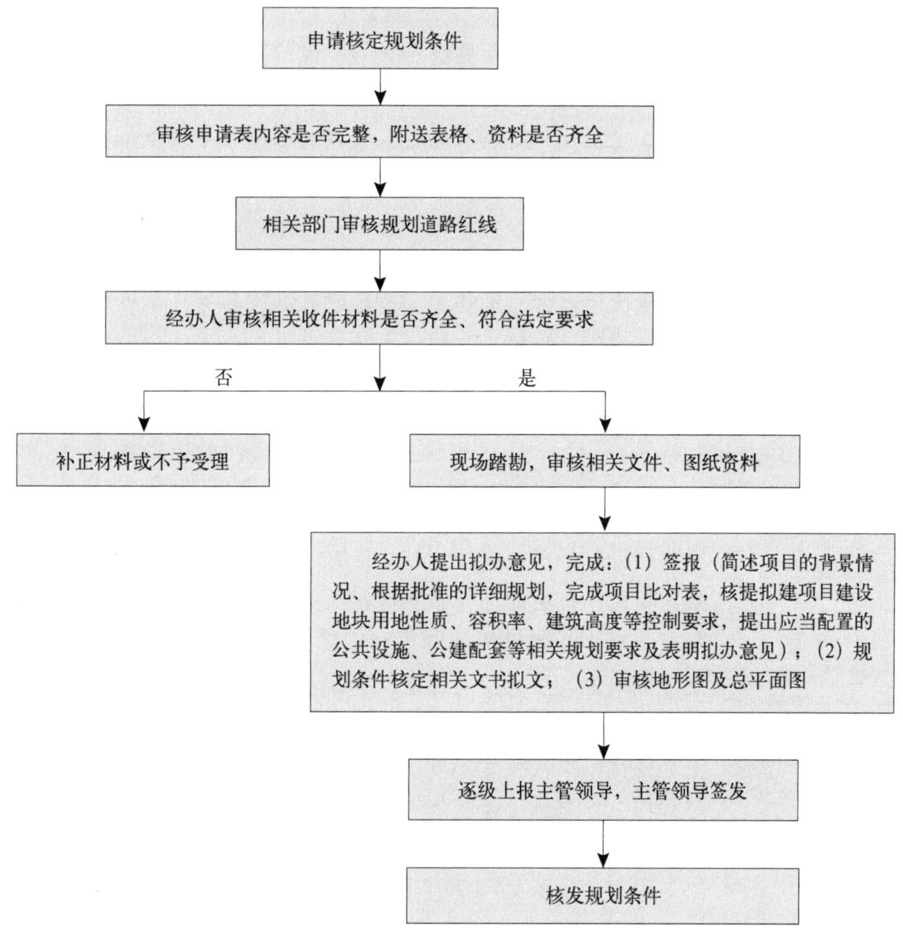


图 5–2　申请建设项目规划条件核定流程图

资料来源：根据上海市虹口区规划与土地管理局相关操作流程整理。

(3) 核定

城市规划管理部门核定包括地块面积、土地使用性质、容积率、建筑密度、建筑高度等各项规划条件。

(4) 核发程序

城市规划管理部门批准核发规划条件并附图。

## 第四节　建设用地规划许可

### 一、我国的土地制度简介[6]

1. 土地所有权制度

我国土地所有制形式为社会主义公有制，其法律表现形式为国家土地所有权和农民集体土地所有权。法律规定，我国城市市区的土地以及部分农村的土地属于国家所有；农村和城市郊区的土地，除法律规定属于国家所有外，属于农民集体所有。

《宪法》第十条规定，国家为了公共利益的需要，可以依照法律规定对土地实行征收或者征用并给予补偿。这就赋予了国家土地征用权，确立了土地征用制度。

土地征用是指国家为社会公共或公益事业发展的需要，依法将农民集体所有的土地转为国家所有的制度，具有法律上的强制性和经济上的补偿性的特征。在我国，各项公共或公益事业的发展所需要的土地，主要来源于对国有土地的分配调整，但由于国有土地不足或其他原因需要使用集体土地时，就需要有一种使集体所有的土地转为国有的特殊取得制度，并使其合法化。《土地管理法》对土地征用的程序、补偿的办法等具体问题做出了明确的规定。同时为了维护集体土地所有权人的合法权益，国家的土地征用权不得滥用，必须依法定的条件和程序行使。

2. 土地使用权制度

土地所有权属于国家和农民集体所有，但一般来说，土地不是直接由国家和农村集体经济组织使用的，而是依法确定给单位或个人使用的，即国家机关、事业单位、社会团体、各种经济组织和个人（自然人）等可以依法取得土地使用权，成为土地使用权的权利主体。同时，《土地管理法》第十条规定，使用土地的单位和个人，有保护、管理和合理利用土地的义务。

土地使用权可以分为多种。按所有权的不同，分为国有土地使用权和集体土地使用权；按用途不同，可分为工业用地使用权、商业用地使用权、农用地使用权、宅基地使用权等；按取得方式不同，可分为划拨土地使用权、出让土地使用权、租赁土地使用权、土地承包经营权等。

（1）土地有偿使用制度

1988 年，我国的《宪法修正案》在有关土地的条文中，增加了“土地使用权可以依照法律的规定转让”的内容。同年，《中华人民共和国土地管理法》也规定“国家土地和集体所有土地的使用权可以依法转让”。1990 年，国务院颁布了《中华人民共和国城镇国有土地使用权出让和转让暂行条例》和《外商投资开发经营成片土地暂行管理办法》，土地的有偿使用有了更为可靠的法律依据。

我国通过土地使用制度的改革希望达到三个目标：“①政府得到一笔收入，以满足城市建设和其他支出的需要；②使土地使用者明确感受到用地是要付出代价的，从而激发起它们节约使用土地的内在动力；③提供一个明确地反映土地资源稀缺程度的信号，借以引导土地资源在全社会范围内进行有效配置。”

土地有偿使用制度是指土地所有者（国家和农民集体）将一定期限内的土地使用权提供给单位和个人使用，而土地使用者按照土地有偿使用合同的规定，一次或分年度向土地所有者支付土地有偿使用费的制度。土地有偿使用，对于切实管好土地资产、合理配置土地资源、促进经济发展和对外开放等，都具有十分重大的意义。

2001 年以后，国务院和国土资源部相继颁布《关于加强国有土地资产管理的通知》和《招标拍卖挂牌出让国有土地使用权规定》等政策法规，明确市场对国有土地使用权进行配置的主导地位。自此，土地有偿出让比例大幅度提升，土地市场机制逐步健全，土地使用权的市场价值得到充分释放。

土地有偿使用的形式主要有：

①土地使用权出让。目前已经建立了国有土地使用权出让制度。所谓国有土地使用权出让，是指国家将一定期限内的土地使用权提供给单位和个人使用，而土地使用者一次性地向国家支付土地使用权出让金和其他费用的行为。

②土地使用权租赁和作价入股。目前，国有土地使用权的租赁和作价入股正在试点和探索的过程中。所谓国有土地使用权租赁，是指国家将一定期限内的土地使用权让与土地使用者使用，而土地使用者按年度向国家缴纳租金的行为；所谓国有土地使用权作价入股，是指将一定时期的国有土地使用权出让金作价，作为国家的投资计为国家的股份。

③土地承包经营。土地承包经营是指公民个人、农户、法人或者其他经济组织依照法律规定和合同约定对集体所有或国家所有的土地承包一定期限，使用土地并向土地所有者支付承包金的行为。这种形式多应用于农用地。

（2）国有土地使用权划拨制度

土地的划拨是指县级以上政府依照土地法的有关规定，在土地使用者缴纳有关补偿、安置等费用后，将一定数量的国有土地交付其使用，或者为了社会公共利益的需要，直接将一定数量的国有土地无偿、无期限交付给土地使用者使用的制度。

深化国有土地使用制度改革的主要目标就是要逐步增加国有土地使用权有偿出让在建设用地供应总量中的比重，相应减少无偿划拨国有土地使用权的供应数量。但从我国的实际情况出发，国家建设用地还不宜都采用土地使用权出让的方式。因此《土地管理法》将土地有偿使用规定为国有土地使用的基本制度，将划拨国有土地使用权作为一种补充，同时明确规定，划拨国有土地使用权必须限于法律规定的范围内。

根据2001年颁布的《划拨用地目录》，共有包括石油、天然气、电力、水利以及党政机关用地等十九类土地属于划拨用地。2014年6月颁布的《节约集约利用土地规定》（国土资源部第61号令，2019年修正）提出扩大国有土地有偿使用范围，减少非公益性用地划拨。除军事、保障性住房和涉及国家安全和公共秩序的特殊用地可以以划拨方式供应外，国家机关办公和交通、能源、水利等基础设施（产业）、城乡基础设施以及各类社会事业用地中的经营性用地，实行有偿使用。

3. 土地用途管制制度

土地用途管制是指依据法律、法规，对土地利用总体规划确定的土地用途实行强制性管理的制度。具体讲是指国家为了保证土地资源的合理利用，促进经济、社会和环境的协调发展，通过编制土地利用总体规划，划定土地用途区，确定土地利用限制条件，土地的所有者、使用者都必须严格按照规划确定的用途使用土地的制度。

根据法律规定，我国土地用途分为农业用地、建设用地、未利用土地三大类，土地用途管制的内容也主要包括这三方面。

（1）农业用地管制

农业用地管制包括农地非农化的管制和农地农业内部的管制。农业用地包括耕地和非耕地；耕地又包括基本农田和一般农田。基本农田就是根据《基本农田保护条例》而划定的基本农田保护区内的耕地，是确保人口高峰时期对粮食需求量的耕地面积；一般农田则是除基本农田外的耕地和新增加的耕地。

耕地管制的规则为：本地区的耕地在规划期内不得擅自占用和转用；鼓励划入本区内的非耕地资源向耕地转化，严禁占用基本农田进行非农业建设。一般农田在规划期内视为基本农田保护。国家重点建设项目确需占用耕地的，应经法定程序修改规划后办理耕地转用手续。除生态保护需要外，限制占用本区的耕地发展园林、牧业，严禁用于发展水产养殖业和建窑、建房、建坟以及堆放固定废弃物等。

农用非耕地主要用于园林生产和生态环境保护、畜牧业生产等建设。其管制规则为：各类土地不得擅自改变用途，农业内部结构调整应符合规划；本区的耕地转变用途应与本区外的非耕地转为耕地面积大致相平衡，否则不得改变耕地用途；严禁非农建设占用名、特、优、新种植园地和水土保持林、防风固沙林等防护林用地及优良草场；鼓励通过水土综合整治，治理水土流失、荒漠化、盐渍化，扩大园林牧业用地面积。

（2）建设用地管制

按不同分类标准，建设用地可为城镇用地、乡村居民居住用地和独立工矿用地，也可分为建成区土地和规划区土地。对建成区内的土地，管制的主要内容应是土地利用结构的调整和功能定位，注重对现有建设用地和闲置废弃地的挖潜，同时满足公益事业对一部分土地的需要等，对规划区内的土地管制是建设用地区土地管制的重点，主要是合理确定建设规划区内的界限和用地数量，确保人均占地或总规模符合规定标准；分阶段保护建设规划区内的耕地，未经合法批准，不得擅自改变耕地及其他农用地用途，耕地被改变用途前必须在本区外开发复垦不低于将被占耕地的数量且质量相当的土地，以保证本地区耕地总量的动态平衡。

（3）未利用土地管制

未利用土地管制的主要内容有：禁止任何不符合规划、破坏自然生态环境的取土或堆放废弃物行为；不得擅自围湖造田；鼓励单位、集体、个人开发利用"四荒地"，但应在取得开发许可前提下，根据土地适宜性，保证一定的耕地开垦率；鼓励对废弃渠道、公路、零星坑塘水面、盐碱地的利用，利用各种方式进行土地整理。

4. 国有土地使用权的出让年限和出让方式

（1）出让年限

根据《城镇国有土地使用权出让和转让暂行条例》的规定，土地使用权出让的最高年限按下列用途规定：

①居住用地七十年；

②工业用地五十年；

③教育、科技、文化、卫生、体育用地五十年；

④商业、旅游、娱乐用地四十年；

⑤综合或者其他用地五十年。

最高年限并不是出让的唯一年限，具体项目的实际出让年限是由国家根据产业政策和用地项目情况确定，或与用地者协商后综合确定的。土地使用权出让的实际年限可以低于或等于法律规定的最高年限，但不得高于最高年限。例如，商业用地的出让年限可以是40年、38年，也可以是35年，但不能超过40年。

（2）出让方式

土地使用权的出让方式主要有四种：协议、招标、拍卖和挂牌，其中，协议出让的运用范围受到严格限制，广泛采用的是挂牌出让。相关文件如下：国土资源部令第11号《招标拍卖挂牌出让国有土地使用权规定》，自2002年7月1日起实施、国土资源部关于印发《招标拍卖挂牌出让国有土地使用权规范（试行）》国土资发[2006]114号，自2006年8月1日起实施、国土资源部令第39号《招标拍卖挂牌出让国有建设用地使用权规定》，2007年11月1日起实施。

国有土地使用权招标、拍卖或者挂牌出让活动是有计划地进行的。国土资源管理部门根据社会经济发展计划、产业政策、土地利用总体规划、土地利用年度计划、城市规划和土地市场状况，编制国有土地使用权出让计划，报经当地政府批准后向社会公开发布。

继2002年建立了经营性土地使用权的招标拍卖挂牌出让制度后，2007年又将工业用地的出让纳入招标拍卖挂牌的范围。2007年4月国土资源部、监察部出台《关于落实工业用地招标拍卖挂牌出让制度有关问题的通知》要求，“政府供应工业用地，必须采取招标拍卖挂牌方式公开出让或租赁，必须严格执行《招标拍卖挂牌出让国有土地使用权规定》和《招标拍卖挂牌出让国有土地使用权规范》规定的程序和方法。”2007年11月的《招标拍卖挂牌出让国有建设用地使用权规定》，工业、商业、旅游、娱乐和商品住宅等经营性用地以及同一宗地有两个以上意向用地者的，应当以招标、拍卖或者挂牌方式出让。

1）协议出让

协议出让，是指土地使用权的有意受让人直接向国有土地的代表提出有偿使用土地的愿望，由国有土地的代表与有意受让人进行谈判和切磋，协商出让土地使用的有关事宜的一种出让方式。它主要适用于市政公益事业项目、非盈利项目及政府为调整经济结构、实施产业政策而需要给予扶持、优惠的项目。根据2006年8月起试行的《协议出让国有土地使用权规范（试行）》，可以采取协议方式出让的主要包括以下情况：

①供应商业、旅游、娱乐和商品住宅等各类经营性用地以外用途的土地，其供地计划公布后同一宗地只有一个意向用地者的；

②原划拨、承租土地使用权人申请办理协议出让，经依法批准，可以采取协议方式，但《国有土地划拨决定书》、《国有土地租赁合同》、法律、法规、行政规定等明确应当收回土地使用权重新公开出让的除外；

③划拨土地使用权转让申请办理协议出让，经依法批准，可以采取协议方式，但《国有土地划拨决定书》、法律、法规、行政规定等明确应当收回土地使用权重新公开出让的除外；

④出让土地使用权人申请续期，经审查准予续期的，可以采用协议方式；

⑤法律、法规、行政规定明确可以协议出让的其他情形。

根据规定，采取此方式出让土地使用权的出让金不得低于国家规定所确定的最低价，协议出让方案应当按规定报有批准权的人民政府批准，且必须在当地土地有形市场等指定场所以及中国土地市场网进行公示。

以协议方式出让土地使用权，因为没有引入竞争机制，不具有公开性，人为因素较多，因此对这种方式有必要加以限制，以免造成不公平竞争、以权谋私及国有资产流失等。

2）招标出让

招标出让国有建设用地使用权，是指市、县人民政府国土资源行政主管部门发布招标公告，邀请特定或者不特定的自然人、法人和其他组织参加国有建设用地使用权投标，根据投标结果确定国有建设用地使用权人行为。

土地使用权通过招标方式出让的，其主要程序为：

①出让人根据出让地块的具体条件发布招标公告或者投标邀请书；

②投标人按招标公告或者投标邀请书的规定获取招标文件，并在出让人组织下踏勘出让地块；

③投标人支付保证金，并将投标文件密封后投入指定的标箱；

④出让人在招标文件确定的投标截止时间主持开标；

⑤由出让人组建的评标委员会对投标文件进行评审，提出评标报告和推荐的中标候选人；

⑥由出让人在评标委员会推荐的中标候选人中确定中标人，并向中标人发出中标通知书；

⑦中标人在规定期限内，持中标通知书与出让人签订出让合同，并支付定金。

3）拍卖出让国有土地使用权

拍卖出让国有建设用地使用权，是指出让人发布拍卖公告，由竞买人在指定时间、地点进行公开竞价，根据出价结果确定国有建设用地使用权人的行为。

土地使用权通过拍卖方式出让的，其主要程序为：

①由出让人委托的拍卖人发布拍卖公告；

②竞买人按拍卖公告确定的时间踏勘出让地块，并支付保证金；

③拍卖人按拍卖公告确定的时间、地点进行拍卖，通过公开竞价，应价最高的竞买人为买受人；

④买受人与拍卖人签订成交确认书；

⑤买受人持成交确认书与出让人签订出让合同，并支付定金。

4）挂牌出让国有土地使用权

挂牌出让国有建设用地使用权，是指出让人发布挂牌公告，按公告规定的期限将拟出让宗地的交易条件在指定的土地交易场所挂牌公布，接受竞买人的报价申请并更新挂牌价格，根据挂牌期限截止时的出价结果或者现场竞价结果确定国有建设用地使用权人的行为。

挂牌依照以下程序进行：

①在挂牌公告规定的挂牌起始日，出让人将挂牌宗地的位置、面积、用途、使用年期、规划要求、起始价、增价规则及增价幅度等，在挂牌公告规定的土

地交易场所挂牌公布；

②符合条件的竞买人填写报价单报价；

③出让人确认该报价后，更新显示挂牌价格；

④出让人继续接受新的报价，挂牌时间不少于10个工作日，挂牌期间可根据竞买人竞价情况调整增价幅度；

⑤出让人在挂牌公告规定的挂牌截止时间确定竞得人。

在挂牌期限截止时仍有两个或者两个以上的竞买人要求报价的，出让人应当对挂牌宗地进行现场竞价，出价最高者为竞得人。没有竞买人表示愿意继续竞价的，按照下列规定确定是否成交：如果在挂牌期限内只有1个竞买人报价，且报价不低于底价，并符合其他条件的，挂牌成交；如果在挂牌期限内有2个或者2个以上的竞买人报价的，出价最高者为竞得人；报价相同的，先提交报价单者为竞得人，但报价低于底价者除外；如果在挂牌期限内无应价者或者竞买人的报价均低于底价或者均不符合其他条件的，挂牌不成交。

⑥签订《成交确认书》。确定竞得人后，挂牌人与竞得人当场签订《成交确认书》；

⑦签订《国有土地使用权出让合同》，公布出让结果；

⑧核发《建设用地批准书》，交付土地，办理土地登记。

## 二、建设用地规划许可管理

1. 建设用地规划许可管理的内容

建设用地规划许可管理是城市规划行政主管部门根据城市规划法律规范及依法制定的城市规划，确定建设用地定点、位置和范围，审核建设工程总平面，提供土地使用规划设计条件，并核发建设用地规划许可证的行政管理工作。

核发建设用地规划许可证的目的在于，确保土地使用符合城市规划，维护建设单位按照规划使用土地的合法权益，为土地管理部门在城市规划区内行使权属管理职能提供必要的法律依据。土地管理部门在办理用地过程中，若确需改变建设用地规划许可证核定的用地位置和界限，必须与城市规划管理部门商议并取得一致意见，保证修改后的用地位置和范围符合城市规划的要求。

需要指出的是，随着我国社会主义市场经济的建立和发展，建设项目的投资多元化，除国家和地方政府投资的建设项目外，大量的是社会投资建设项目，因此，国家批准建设项目的有关文件，不再是所有建设项目的必要条件。

同时，与建设项目选址规划许可管理相类似，城市建设用地出让转让的受让人持土地出让转让合同和附具的用地图纸和规划设计条件，即可申请核发建设用地规划许可证。

2. 建设用地规划许可管理和土地管理的关系

建设用地规划许可管理和土地管理既有联系又有区别。其区别在于管理职责和内容。建设用地规划许可管理负有实施城市规划的责任，它按照城市规划对建设工程使用土地进行选址，根据建设用地要求确定建设用地范围，协调有关矛盾，综合提出土地使用规划设计条件，保证城市各项建设用地按照城市规划实施。而土地管理有维护国家土地管理制度，调整土地使用关系，保护土地使用者的权益，节约、合理利用土地和保护耕地的责任。它负责土地的征用、划拨和出让；受理土地使用权的申报登记；进行土地清查、勘查、发放土地使用权证；制定土地使用费标准，向土地使用者收取土地使用费；调解土地使用纠纷；处理非法占用、出租和转让土地等。建设用地规划许可管理与土地管理的联系在于管理的过程，城市规划行政主管部门依法核发的建设用地规划许可证，是土地行政主管部门在城市规划区内审批土地的重要依据。在城市规划区内，未取得建设用地规划许可证而取得建设用地批准文件、占用土地的，批准文件无效，占用的土地由县级以上人民政府责令退回。因此，建设用地规划许可管理和土地管理是相辅相成的，需要密切配合。

3. 建设用地规划许可管理其他方面的内容

（1）临时用地的规划审核

任何单位和个人需要在城市规划区内临时使用土地的，都应当征得城市规划管理部门同意，使用期限一般不得超过两年，到期后收回土地，不得影响城市规划的实施。对于临时用地要严格控制。例如，建设工程施工临时用地，尽可能在规划核准的工程建设用地内统筹安排。这是因为，一是建设工程施工临时使用耕地，工程完工后返耕很困难；二是临时用地管理不善会长期占用，造成土地的浪费，影响城市规划的实施。

（2）城市用地的调整

为适应城市经济、社会和环境建设的发展，在城市建设过程中，需要对相关用地进行调整，这是城市规划实施的必要措施。城市用地调整也是合理配置土地资源的需要，例如，为充分利用现有的土地，在某些单位之间互通有无进行用地调整，以满足各自的发展需要。这对于节约使用土地是有积极意义的，城市规划管理部门应该积极推动并促成这项工作。城市用地调整包括土地使用性质和土地使用权的调整，涉及城市规划的实施和多方利益的统筹。城市规划管理部门要在保障城市规划实施的前提下加强组织协调和综合平衡。

（3）对改变地形、地貌活动的控制

在城市建设发展过程中，一些建设工程需要大量的填土、弃土，建材生产需要大量挖取砂石、土方，城市还有大量的基建渣土、工业废渣、生活垃圾等需要堆放和填埋。在城市规划区内擅自进行改变地形、地貌的活动，有可能堵塞行洪河道，破坏绿化、文物古迹、市政工程设施、地下管线设施以及人防设施等，影响城市环境和安全，影响城市规划的实施。这就要求城市规划管理对在城市规划区内进行改变地形、地貌的活动，进行必要监督和控制。

## 三、建设用地规划许可的审核内容和程序

1. 建设用地规划许可的审核内容

（1）核定建设用地位置和界限

建设项目选址规划许可管理与建设用地规划许可管理是前后联系的两个管理阶段。建设项目选址意见书认定的建设项目选址是建设的地点，需通过核发建设用地规划许可证，对建设用地的具体位置和界限加以明确。确定建设用地范围和界限，一般是通过审核建设工程总平面设计来确定。根据《城市国有

土地使用权出让转让规划管理办法》的规定，国有土地使用权有偿出让的建设用地位置和界限，是在土地管理部门征询城市规划管理部门对出让地块规划意见时，通过城市规划管理部门的书面答复予以确定，并连同答复的土地使用规划设计条件，在土地出让合同中一并加以明确。

(2) 核定建设用地规划设计条件

对于以出让方式或划拨方式提供国有土地使用权的建设项目，建设用地规划设计条件应作为建设用地规划许可证的附件颁发给建设单位，此时需核定建设用地规划设计条件。

2. 建设用地规划许可的程序

申请建设用地规划许可证的一般程序（图 5-3）：

(1) 申请与受理

建设项目有下列情形之一的，应当按照规定申请建设用地规划许可证：①新建、迁建单位需要使用土地的；②原址扩建需要使用本单位以外的土地的；③需要改变本单位土地使用性质的。

根据土地使用权的取得方式，申请程序分为两种情况：①以行政划拨方式取得土地使用权的，建设单位在取得城市规划管理部门核发的建设项目选址意见书后规定时间内，如建设项目可行性研究报告获得批准，建设单位可向城市

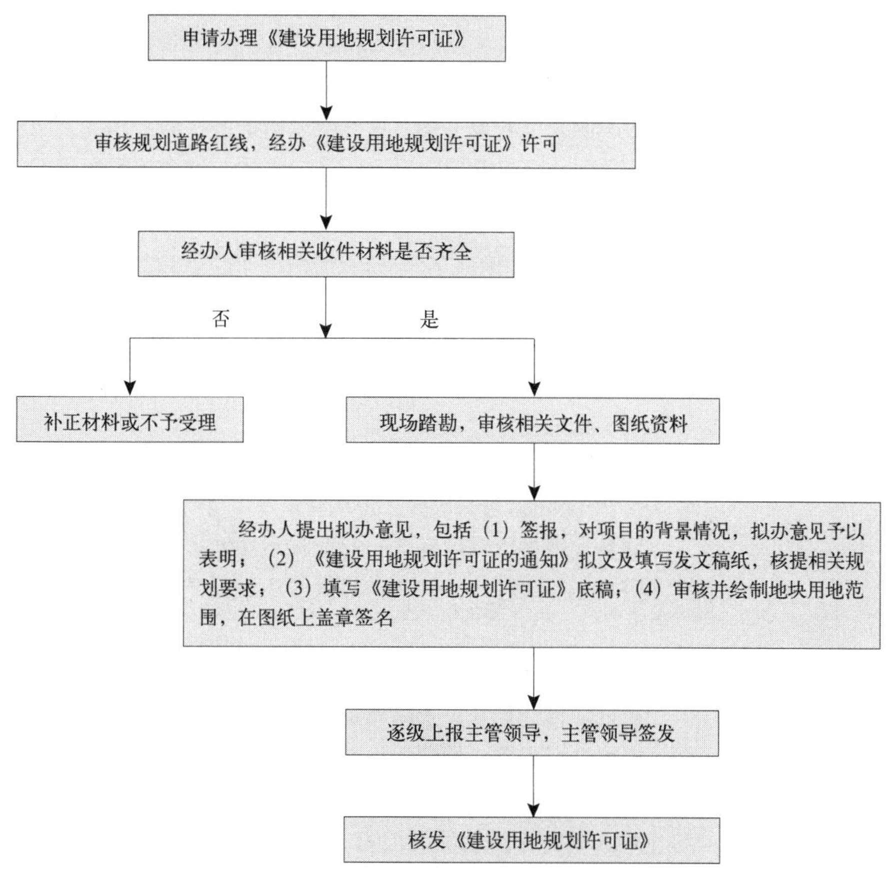


图 5-3 申请办理《建设用地规划许可证》流程图

资料来源：根据上海市虹口区规划与土地管理局相关操作流程整理。

政府的城市规划管理部门，送审建设工程设计方案，申请建设用地规划许可证。②以国有土地使用权有偿出让转让方式取得土地的，土地使用权受让人在签订土地使用权出让转让合同、申请办理法人的登记注册手续、申领企业批准证书后，可向城市规划管理部门申请建设用地规划许可证。

申请一般需要提供以下材料[7]：

①建设用地规划许可证申请表（各地规划部门提供的标准格式文书）；

②建设项目承诺书；

③地形图（一般为1/500或1/1000）；

④可行性研究报告批准文件（审批制）或建设项目核准文件（核准制）；

⑤《建设项目选址意见书》的通知及附图或《国有土地使用权出让（转让）合同》文本及附图；

⑥《建设工程设计方案》决定书及附图（方案已批复的）；

⑦因建设项目的特殊性需要提交的其他材料。

根据相关规定与申请单位提供的资料决定是否受理用地规划许可申请。对于依法不需要用地规划许可的，告知其不予受理；对于材料不齐全或不符合法定形式的，告知其进行补正。

（2）公告与听证

①法律、法规、规章规定应当听证的事项，或者城乡规划主管部门认为需要听证的涉及公共利益的重大行政许可，应当向社会公告，并举行听证。

②直接涉及申请人与他人之间重大利益关系的，在作出行政许可以前，应当告知申请人、利害关系人享有要求听证的权利；申请人、利害关系人在被告知听证权利之日起五日内提出听证申请的，城乡规划主管部门在二十日内组织听证会。

③听证笔录应当作为选址决定的重要依据。

（3）审核

城市规划管理部门确定建设用地范围，审核规划设计方案，核定规划设计条件。

（4）决定与公开

经城市规划管理部门审核同意的向建设单位核发建设用地规划许可证及其附件。不予同意的应告知申请单位享有依法申请行政复议或者提起行政诉讼的权利。

城乡规划主管部门在作出行政许可决定以后，应当将行政许可决定通过报纸、网站、行政许可“窗口”等渠道予以公开，公众有权查阅。

## 四、建设项目选址许可和建设用地规划许可的关系

建设项目选址意见书审核通过后需要提供用地范围图纸和规划条件，建设用地规划许可也需要核定用地范围和规划设计条件，两者存在怎样的差异？两者的关系是怎样的？

对土地出让建设项目而言，用地范围和规划条件是出让合同内容的一部分，建设单位获得土地出让合同后，用地范围和规划条件便已经确定了，除非特殊情况，基本不再会发生变动。建设单位办理建设项目用地规划许可证只是

补办手续而已，同时规划设计条件进一步充实、完善，但涉及商业开发利益的关键参数（如FAR）不会改变。

《城市规划法》时期（1989—2007年）。对划拨土地的建设项目而言，建设项目选址阶段的审核内容与建设用地规划许可阶段不同。建设项目选址阶段主要是审核建设项目的类型是否可行，而建设用地规划许可阶段主要是审核建设项目的规划方案和建设计划是否可行。因此，两个阶段的工作内容有着明显的差异，相应的，用地范围图纸的成熟程度和规划条件的广度和深度也不尽相同。

《城乡规划法》时期（2008年至今）。《城乡规划法》第五十条规定，"在选址意见书、建设用地规划许可证、建设工程规划许可证或者乡村建设规划许可证发放后，因依法修改城乡规划给被许可人合法权益造成损失的，应当依法给予补偿。""选址意见书"所确定的用地边界与规划条件，在核发"建设用地规划许可证"时发生了变化，如果给被许可人的合法权益造成损失的，应当承担行政补偿的责任。"选址意见书"确定的用地范围和主要规划条件在核发"建设用地规划许可证"阶段不应该发生变化。

### 五、审批中各部门协调

1. 环保部门

对于以有偿出让方式获得国有土地使用权、不须核发建设项目选址意见书，而又纳入环境保护部门环境影响评价范围的建设项目，城乡规划主管部门应当将经过环保部门审批通过的环境影响评价文件作为申请建设用地规划许可证的报建必备材料。

2. 文物保护部门

对于拟规划建设用地范围内有文物保护单位，或位于文物保护单位建设控制地带的，将文物部门批准的保护措施和要求纳入规划条件；对于拟规划建设用地范围内可能埋藏有地下文物尚未完成勘探的，应征得文物部门同意，将"规划与设计方案审核前须完成文物勘探，发现文物的须采取相关保护措施等"纳入规划条件，并将文物部门批准的《地下文物勘探报告》作为规划与设计方案审核的必备条件。

3. 卫生部门

对于位于自然疫源地或可能是自然疫源地的建设项目，城乡规划部门应当将卫生防疫行政主管部门的意见及结论作为用地规划许可的必备条件。

4. 绿化部门

规划用地范围内有古树名木的，规划主管部门应当征求绿化主管部门意见，将需保留和保护的古树名木，纳入控制性详细规划和规划条件。

## 第五节　建设项目的规划设计方案审核[8]

《城乡规划法》第四十条，申请办理建设工程规划许可证，应当提交使用土地的有关证明文件、建设工程设计方案等材料。需要建设单位编制修建性详细规划的建设项目，还应当提交修建性详细规划。对符合控制性详细规划和规划条件的，由城市、县人民政府城乡规划主管部门或者省、自治区、直辖市人民政府确定的镇人民政府核定建设工程规划许可证。

规划设计方案审核既不属于行政许可，也不属于行政审批，而是建设工程规划许可之前必须进行的技术审核。将其视作建设工程规划的前置阶段，既可以减少建设单位项目工程设计中的反复修改和重大调整，又有利于提高规划行政许可效率。

规划方案一般指建设单位编制的修建性详细规划，是在控制性详细规划的指导下，依据规划主管部门拟定的规划条件而作出的建设项目的具体布局安排，可以根据具体建设项目的规模和性质确定是否需要编制修建性详细规划。对于用地规模不大的建设项目和单体建筑项目，为提高工作效率可以将修建性详细规划（或建设工程设计方案总平面图）与工程设计方案合并审核；对于用地规模较大的建设项目，或城镇中的历史文化街区、重要的景观风貌区、重点发展建设区等城市重要地段，或可能涉及周边单位公众切身利益，必须严格控制的成片建设地段，应先编制修建性详细方案，经人民政府（或规划主管部门）审核同意后再进行建设工程方案设计，工程设计方案根据实际情况可以一次或分期报送规划主管部门审核；对于在建设用地规划许可阶段修建性详细规划方案已审核通过的，本阶段可直接审核工程设计方案。

根据上海市的规定，下列建设项目，建设单位或者个人应当按规定申请办理建设工程规划许可证的，应当审核建设项目规划与设计方案：

（一）新建、改建、扩建建筑物、构筑物、道路或者管线工程；

（二）需要变动主体承重结构的建筑物或者构筑物的大修工程；

（三）市人民政府确定的区域内的房屋立面改造工程。

下列建设项目免予建设工程设计方案审核：

（一）建筑面积 500m$^2$ 以下建设项目，可能严重影响居民生活的建设项目除外；

（二）工业园区内的标准厂房，普通仓库工程；

（三）不需要变动主体承重结构的建筑物或者构筑物大修工程，文物保护单位和优秀历史建筑除外；

（四）法律、法规、规章规定可以免予建设工程设计方案审核的其他建设项目。

## 一、审核程序

参照《行政许可法》对行政许可项目的程序要求，建设项目规划与设计方案审核包括申请与受理、公告与听证、审核与决定、颁发与公开四个步骤（图 5–4）。

（1）申请与受理

重要地段项目根据地方规定需要进行专家咨询论证的，建设项目规划与设计方案应当组织专家咨询论证，并根据咨询意见要求建设单位加以修改完善，然后方能向规划主管部门申请规划与设计方案审核。

1）申请

建设单位或个人（委托代理人）应当到城乡规划主管部门行政许可“窗口”

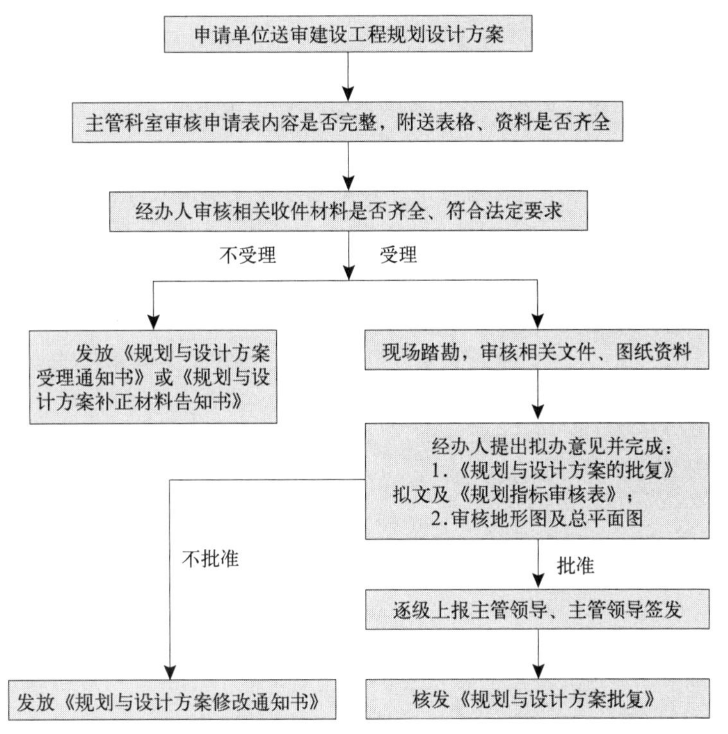


图 5-4　建设项目规划与设计方案审核流程图

资料来源：根据上海市虹口区规划与土地管理局相关操作流程整理得出。

以书面方式提出申请，或者通过城乡规划公众信息网以电子邮件等方式提出申请。申请一般应当具备以下材料：

①《规划与设计方案批复》申请表（规划部门提供的标准格式文书）；

②建设单位或个人（委托代理人）合法身份证明材料和委托授权书；

③《建设用地规划许可证》及其附件附图；

④规划与建筑设计方案专家咨询（评审）意见（根据地方规定需要的）；

⑤日照分析报告（根据地方具体规定需要的）；

⑥交通影响评价报告（根据地方具体规定需要的）；

⑦经文物部门审批通过的文物勘察报告（根据规划条件要求的）；

⑧规划与工程设计方案（须加盖建设单位印章、设计单位出图章和注册规划师或注册建筑师资格章，份数、规格符合规划主管部门要求）；

⑨法律法规规定的其他材料。

2）受理

①申报规划与设计方案及相关材料不齐全或不符合法定形式的，应当即或五日内一次性告知申请单位或个人需要补正的全部内容并发放《建设项目规划与设计方案补正材料告知书》，逾期不告知的自收到申请材料之日起即为受理；

②申请材料齐全符合法定形式的，受理规划设计方案，发放《建设项目规划与设计方案受理通知书》；

受理后由“窗口”负责人将申请材料录入办公自动化系统，发送至相关业务科室。

（2）公告与听证

1）规划与设计方案在经过初步审核后，涉及重大公共利益或城市规划行政主管部门认为需要听证的重大建设项目规划设计方案，应当向社会公告，并举行听证。

2）规划与设计方案直接涉及申请人与他人之间重大利益关系的，在作出审核决定以前，应当告知申请人、利害关系人享有要求听证的权利；申请人、利害关系人在被告知听证权利之日起五日内提出听证申请的，城乡规划行政主管部门在二十日内组织听证会；

3）听证笔录应当作为规划与设计方案审核的重要依据。

（3）审核与决定

1）审核依据

①建设项目所在区域控制性详细规划其他各类专项规划；

②建设项目规划条件；

③国家相关技术标准规范和地方相关技术规定；

2）审核与决定程序

根据城乡规划行政主管部门内部审核与决定的程序进行。一般情况下先经过业务科（处）室初审，提出初步意见报分管领导复审，重大项目提交局（委）业务会审核通过后，最后由规划部门行政负责人签字颁发。根据相关规定，重要地段修建性详细规划需要人民政府或城市规划委员会审批的应上报。

（4）颁发与公开

1）证件颁发

①对于需要进一步修改完善的规划与设计方案，发放《建设项目规划与设计方案修改通知书》；

②对于通过审核的规划与设计方案，颁发《建设项目规划与设计方案批复》。

2）批后公开

城乡规划主管部门在作出规划与设计方案审核批复以后，应当将批复方案通过报纸、网站、行政许可“窗口”等渠道予以公开，公众有权查阅。

（5）时限

建设项目规划与设计方案并不属于行政许可或审批事项，而是建设工程规划许可必备的技术审核，其审核时限可参照《行政许可法》的要求，行政机关应当自受理申请之日起二十日内作出决定。二十日内不能作出决定的，经本行政机关负责人批准，可以延长十日，并应当将延长期限的理由告知申请人。重要地段项目须进行专家咨询委员会论证的，其时间一般不计入时限。根据地方规定须上报人民政府或城市规划委员会审批的，其时间一般不计入时限。规划与设计方案审核时间不计入建设工程规划许可的时限。但是，法律、法规另有规定的，依照其规定。

（6）变更

建设单位要求变更规划与设计方案的，应当向城乡规划主管部门提出申请；符合法定条件、标准的，城乡规划主管部门应当依法办理变更手续。

## 二、审核要点和操作要求

建设项目规划与设计方案包括修建性详细规划和建筑、市政管线、市政交通等单项工程，其内容和要求，根据不同情况有不同要求。

（1）修建性详细规划方案的送审要求和审核要点

1）送审要求

①提供建设项目可行性研究报告的批复、修建性详细规划方案编制单位的规划编制说明和交通影响评价报告、环境影响评价报告等；

②旧城区内的危房改造项目，应提供现状树木情况调查及名木古树的保护说明，文物部门对文物保护措施的批复等文件；

③如果方案是经过设计招标或者是方案征集的，应该提供设计招标文件或方案评标或评审的会议纪要等文件；

④应包括图纸目录、总平面图、交通组织图、绿化系统图、沿街单体建筑标准层平面图、单体建筑立面图剖面图、彩色效果图；

⑤总平面图的要求：以现状 1：500 地形图为底图，按照国家制度、技术规范绘制总平面图；标注用地边界折点的坐标，相邻道路红线和道路名称、宽度，申报项目与周边现状建筑、规划建筑的相对关系和建筑间距；申报项目和周边现状建筑、规划建筑的层数、性质及高度；拆迁范围和应拆除的建筑；列出用地平衡表、配套设施明细表、建筑面积明细表和其他技术指标；标注指北针和比例尺；

⑥立面图的要求：建筑总高度，建筑外立面的材料及色彩；

⑦模型的要求：环境关系模型，修建性详细规划模型。

2）审核要点

①方案编制单位是否具备相应的规划设计资质；

②方案的图件是否符合出图手续，方案的说明是否与图件一致；

③规划方案的各项指标是否符合规划设计条件的要求；

④居住区的配套设施是否符合有关规定，布局是否合理；

⑤建筑间距、绿地率、停车位等方面是否符合有关法规的要求。

（2）建筑工程规划设计方案的送审要求和审核要点

1）送审要求

建设单位送审设计方案应向城市规划主管部门提供建筑用地位置图，建筑布置的总平图，建筑平面图、立面图、剖面图、透视图，重要建筑还应有周围环境图及其模型，设计说明书以及有关资料等。

2）审核要点

①方案的设计单位是否具备相应的设计资质；

②方案的图件是否符合出图手续，方案的说明和图件是否统一；

③方案的总平面布置是否符合红线规定的范围及建筑物后退红线的要求，是否符合建筑间距和消防要求，交通出入口、绿地和室外停车场的布置是否合理；

④设计方案是否符合规划设计条件提出的有关容积率、建筑密度、建筑规模、建筑层数、建筑高度、室内外停车数量、绿地率、安全卫生等技术指标的要求；

⑤建筑和地下停车场的出、入口布置是否符合合理交通组织的要求；

⑥建筑与城市市政工程接口是否符合规划要求；

⑦建筑的艺术性以及和周围空间环境的协调。

(3) 市政管线工程规划设计方案的送审要求和审核要点

1) 送审要求

建设单位送审设计方案应向城乡规划主管部门提供管线建设范围内的地形图，比例为1：500—1：2000；管线用地图；管线平面布置图、竖向位置图；管线的相关设施的布置图；设计说明书以及有关资料。

2) 审核要点

①方案的设计单位是否具备相应的设计资质；

②方案的图件是否符合出图手续，方案的说明和图件是否统一；

③方案的平面布置是否符合规划设计条件要求，需要进行房屋拆迁的地段能否得到彻底解决；

④各管线之间的竖向位置的协调情况；

⑤方案对市政管线穿越道路、桥梁、地铁、河流等采取的技术措施是否得当；

⑥市政管线的有沟敷设和直埋敷设的标高、深度、坡度、覆土厚度等是否符合技术要求；

⑦市政管线的相关设施设置是否得当；

⑧市政管线对城市发展特别是对近期发展的地区，是否根据规划设计条件作了预留接口位置设计和预埋管线的安排；

⑨其他需要审核的有关要求，如为了敷设管线是否需要中断交通及其临时措施等。

(4) 市政交通工程规划设计方案的送审要求和审核要点

1) 送审要求

建设单位送审设计方案应向城乡规划主管部门提供市政交通工程建设范围的地形图(比例为1：500—1：2000)，工程设计总平面图，道路工程的纵断面、横断面图，其他交通设施的平面、立面和剖面图(一般比例为1：500—1：2000)，设计说明书和有关资料（如专家论证报告等)。

2) 审核要点

①方案的设计单位是否具备相应的设计资质，验证其设计资质证明；

②方案的图件是否符合出图手续，方案的说明和图件是否一致；

③方案的总平面图是否符合规划设计条件要求，如果涉及拆迁，确定拆迁方案是否落实；

④纵断面、横断面是否符合规划设计条件提出的要求，各种管线的位置能否得到合理的保障；

⑤道路通过的地段及其相邻地面对文物保护单位有无影响，对有影响的采取什么措施加以保护，对名木古树有无影响，如何保护；

⑥与道路关联的桥梁、立交、隧道、人行天桥等设施，其高度、宽度、净空、坡度、照明、保护措施等是否与道路相衔接，是否符合有关技术规范和技术标准；

⑦道路建设是否考虑分期建设，是否为以后拓宽留有余地；

⑧道路绿化如何考虑；

⑨对有些城市道路的改造、扩建是否需要进行城市设计，对道路两侧的建筑有什么要求；

⑩其他需要审核的有关要求，如中断交通后如何采取临时交通措施等。

（5）操作要求

规划部门可以根据建设项目的规模和性质，决定是否要求建设单位编制修建性详细规划。根据地方规划管理规定已在用地许可阶段审核规划方案或规划总平面图的，此阶段仅需审核工程设计方案。

目前很多城市成立了城市规划委员会及其建筑与环境专家咨询委员会，并规定重要和特殊地段的规划与工程设计方案应有两个以上比较方案提交专家委员会咨询，应组织环保、消防、人防、文物、园林、市政、建设、航空、铁路、交通、水利、驻军部队等主要有关部门进行综合论证协调，作为规划部门审批的重要参考和依据。城镇中的历史文化街区、重要的景观风貌区、重点发展建设区等城市重要地段修建性详细规划应报人民政府或者城市规划委员会审定，其他情况的建设项目规划与工程设计方案由规划主管部门审定。

### 三、审批中各部门协调

（1）园林部门

《城市绿化条例》第十一条规定，“工程建设项目的附属绿化工程设计方案，按照基本建设程序审批时，必须有城市人民政府城市绿化行政主管部门参加审查。建设单位必须按照批准的设计方案进行施工。设计方案需改变时，须经原批准机关审批。”

（2）人防部门

《人民防空工程建设管理规定》（国人防办字［2003］第18号）第五十三条规定，“在对应建防空地下室的民用建筑设计文件组织审核时，应当由人民防空主管部门参加，负责防空地下室的防护设计审核。未经审核批准或者审核不合格的，规划部门不得发给建设工程规划许可证，建设行政主管部门不得发给施工许可证，建设单位不得组织开工。”

（3）文物部门

《文物保护法》第十八条规定，“在文物保护单位的建设控制地带内进行建设工程，不得破坏文物保护单位的历史风貌；工程设计方案应当根据文物保护单位的级别，经相应的文物行政部门同意后，报城乡建设规划部门批准。”

为此，重要和特殊地段的规划与工程设计方案应根据项目特点和操作要求组织主要有关部门综合论证，由规划主管部门综合协调后对建设单位提出方案修改完善意见。

## 第六节　建设工程规划许可

### 一、建设工程规划许可的内容

建设工程规划许可，是城市规划行政主管部门根据城市规划法律规范和依法制定的城市规划，对各类建设工程进行组织、控制、引导和协调，使其纳入城市规划的轨道的行政许可项目。

建设工程规划许可证是建设工程符合规划要求的法律凭证，是建设单位向建设行政主管部门申请施工许可的前提。

《城乡规划法》第四十条规定："在城市、镇规划区内进行建筑物、构筑物、道路、管线和其他工程建设的，建设单位或者个人应当向城市、县人民政府城乡规划主管部门或者省、自治区、直辖市人民政府确定的镇人民政府申请办理建设工程规划许可证。"

"申请办理建设工程规划许可证，应当提交使用土地的有关证明文件、建设工程设计方案等材料。需要建设单位编制修建性详细规划的建设项目，还应当提交修建性详细规划。对符合控制性详细规划和规划条件的，由城市、县人民政府城乡规划主管部门或者省、自治区、直辖市人民政府确定的镇人民政府核发建设工程规划许可证。"

"城市、县人民政府城乡规划主管部门或者省、自治区、直辖市人民政府确定的镇人民政府应当依法将经审定的修建性详细规划、建设工程设计方案的总平面图予以公布。"

建设工程的概念比较广，各种建设工程的形态、规模、特点也不一样，归纳起来主要包括地区开发建设工程、建筑工程、市政交通工程和市政管线工程四大类。

（1）地区开发建设工程

较之一般的建筑工程，地区开发建设工程的用地规模较大，小的几十公顷，大的几平方公里，甚至十几平方公里。由于其用地规模大、涉及面广，地区开发建设对城市规划布局影响很大，也对规划实施管理带来诸多复杂的因素。首先应审核其修建性详细规划，然后按照工程进度，分别对施工地块的建筑工程逐项进行审核。

（2）建筑工程

建筑工程的规划管理，是根据城市规划要求和有关法规规定，对建筑工程的性质、规模、位置、标高、高度、朝向、建筑密度、容积率、建筑体量、体型、风格等进行审核和规划控制，综合协调环保、消防、卫生防疫、园林绿化等有关方面的管理要求。

（3）市政交通工程

市政交通工程的规划管理，是根据城市规划要求对各类城市道路的走向、坐标、标高、道路等级、道路宽度、交叉口设计、横断面设计、道路附属设施以及桥梁梁底标高等进行审核和规划控制，并综合协调管线、绿化、航运等有关方面管理要求。

（4）市政管线工程

市政管线工程的规划管理，是根据城市规划要求和管线工程的技术要求对各类城市管线工程的性质、断面、走向、坐标、标高、埋设方式、架设高度、埋置深度、管线相互间的水平距离与垂直距离以及交叉点的处理等进行审核和规划控制。综合协调管线与地面建筑物、构筑物、道路、行道树和地下各类建筑工程以及各类管线之间的矛盾。

## 二、地区开发建设工程规划许可

### （一）地区开发建设工程的特点

用地规模大是地区开发建设工程区别于建筑工程的主要特点，由于用地规模大，其开发的综合程度相对较高，开发的时序控制要求更加严格。

开发综合程度高。地区开发建设工程涉及的内容多，就土地开发讲，涉及道路和各种管线工程的综合协调。就房产开发讲，涉及各种配套建设。如居住区开发，除了建设住宅外，还需要根据其规模相应配置幼托、中小学、商业设施、公共服务设施等。需要统筹安排，综合开发，配套建设。在城市规划实施管理中，需要审核的内容包括了建筑工程、市政交通工程和市政管线工程等方面的内容。

建设的时序性强。地区开发建设工程包括土地开发和房地产开发两个阶段。因此，开发建设必须贯彻“先地下、后地上”的建设顺序，先要建设道路和各类管线工程，即所谓“七通一平”。由于地区开发用地规模大，在建设时必须安排分期开发的顺序，逐步展开施工，不能一哄而上。

### （二）地区开发建设工程规划许可的审核内容

对于地区开发建设工程，首先应审核其修建性详细规划，然后按照工程进度，分别对施工地块的建筑工程进行审核，其施工地块的建筑工程规划许可证审核与建筑工程规划许可证的审核相同。本部分以居住区开发为例，主要介绍如何依法审核地区开发修建性详细规划。

（1）遵循的基本原则

①符合城市总体规划和控制性详细规划的要求；

②符合统一规划、合理布局、因地制宜、综合开发、配套建设的原则；

③综合考虑所在城市的性质、气候、民族、习俗和传统风貌等地方特点和规划用地周围的环境条件，充分利用规划用地内有保留价值的河湖水域、地形地物、植被、道路、建筑物与构筑物等，并将其纳入规划；

④适应居民的活动规律，综合考虑日照、采光、通风、防灾、配建设施及管理要求，创造方便、舒适、安全、优美的居住生活环境；

⑤为老年人、残疾人的生活和社会活动提供条件；

⑥为工业化生产、机械化施工和建筑群体、空间环境多样化创造条件；

⑦为商品化经营、社会化管理及分期实施创造条件；

⑧充分考虑社会、经济和环境等方面的综合效益。

（2）居住区用地平衡指标

审核居住区用地平衡指标，主要是审核其建设用地的经济性和合理性。居住区用地平衡指标，新区开发和旧区改建有差异。在社会主义市场经济条件下，商品住宅建设的销售对象不同，在建设用地安排上也不同，应本着节约使用土地、完善开发地区的功能，因地制宜地审核其用地平衡指标。

（3）规划布局

居住区的规划布局，应综合考虑路网结构、公建与住宅布局群体组合、绿地系统及空间环境等的内在联系，构成一个完善的、相对独立的有机整体，并应遵循下列原则：

①方便居民生活，有利于组织管理；

②组织与居住人口规模相对应的公共活动中心，方便经营、使用和社会化服务；

③合理组织人流、车流，有利于安全防卫；

④构思新颖，体现地方特色。

（4）空间环境

居住区的空间与环境设计，应遵循下列原则：

①建筑应体现地方风格、突出个性，群体建筑与空间层次应在协调中求变化；

②合理设置公共服务设施，避免烟、气（味）、尘及噪声对居民的污染和干扰；

③精心设置建筑小品，丰富与美化环境；

④注重景观和空间的完整性，市政公用站点、停车库等小建筑宜与住宅或公建结合安排；供电、电讯、路灯等管线宜地下埋设；

⑤公共活动空间的环境设计，应处理好建筑、道路、广场、院落、绿地和建筑小品之间及其与人的活动之间的相互关系。

（5）住宅

居住区住宅规划布局审核应注意：一是根据城市规划要求和综合经济效益，确定住宅层数和合理的层数结构；二是根据按法定程序批准的城市规划审核其建筑容积率；三是根据规定的日照标准，审核其建筑间距；四是根据规定审核其侧面间距。

（6）公共服务设施

居住区公共服务设施配建水平，必须与居住人口规模相对应，并与住宅同步规划、同步建设和同时投入使用。在审核时应注意：一是区别新区开发与旧区改建不同情况；二是应方便居民满足服务半径的要求；三是确保居住区各类服务设施的用地指标，不得挤占。

（7）绿地

居住区内各级公共绿地的审核应注意：一是绿地率是否符合规定；二是小区级公共绿地应不小于规定的最小面积；三是绿地规划及绿化配置应注意生态要求，应以植树为主，不宜搞大的硬地及过多的建筑小品，有条件的应提供环境设计。

（8）道路系统

居住区的道路规划，应遵循下列原则：

①根据地形、气候、用地规模和用地四周的环境条件，以及居民的出行方式，应选择经济、便捷的道路系统和道路断面形式；

②使居住区内外联系通而不畅、安全，避免往返迂回，并适于消防车、救护车、商店货车和垃圾车等的通行；

③有利于居住区内各类用地的划分和有机联系，以及建筑物布置的多样化；

④小区内应避免过境车辆地穿行。当公共交通线路引入居住区级道路时，

应减少交通噪声对居民的干扰；

⑤在地震烈度不低于六度的地区，应考虑防灾救灾要求；

⑥满足居住区的日照通风和地下工程管线的埋设要求；

⑦城市旧城区改造，其道路系统应充分考虑原有道路特点，保留和利用有历史文化价值的街道；

⑧考虑居民小汽车的通行；

⑨便于寻访、识别；

⑩道路的设置和宽度应符合《城市居住区规划设计标准》GB 50180—2018 的规定。

## 三、建筑工程规划许可

建筑工程是指单幢建筑物、构筑物或其组成一定规模的群体。建筑物、构筑物是城市物质构成的主要组成部分。因其处在城市复杂的环境中，在使用功能、社会属性、经济效益、整体环境、文化艺术等诸多方面表现出其显著的特点。建筑工程规划管理应该在认真分析管理对象特点的基础上，通过管理的手段，使建筑物、构筑物满足其功能要求，发挥其社会、经济、环境的综合效益，促进城市健康、有序地发展。

### （一）建筑工程的特点

（1）建筑物使用功能的多样性

建筑物功能的多样性主要表现在两个方面：第一，在宏观层面上，建筑物的功能要求和城市土地的功能要求是有机联系、相互协调的。建筑物的不同类型，如厂房建筑、居住建筑、公共建筑、仓库建筑、市政建筑物等，都有其不同的功能要求。城市用地规划管理的重要任务之一，就是根据城市规划，协调各类建筑物用地之间的矛盾，满足各类建筑物在用地上的功能需求，避免干扰、冲突。第二，在微观层面上，不同使用性质的建筑，功能各异，千差万别，要求不一。同一类型的建筑物的不同个体及其所处具体位置的不同，表现出对使用功能的特殊要求。例如，同是工业建筑，因产品、工艺的不同，有着不同的市政配套要求。建筑因所处环境的差异也会引起特殊的功能要求，例如，在城市快速干道边新建居住建筑，居住建筑的布局单体设计应满足防噪声及废气污染的功能要求；而在城市绿地和景观地区附近新建居住建筑，则要更多地考虑如何使居住建筑主要朝向更多地获得优美的视觉效果等。

满足建筑物的使用功能是建筑工程规划管理的基本目的之一。在规划管理中，应注意在满足建筑物某一功能的同时，应避免对其他建筑物的功能产生影响、干扰和阻碍。这种影响可能产生于同一基地内部，也可能产生于相邻基地之间。如在同一基地内，工厂生活区“静”的功能要求与生产区“闹”的矛盾，必须在厂区总体布局上进行研究处理，避免干扰；相邻基地如有噪声污染源的，学校教学楼等建筑应远离污染源布局，或采取一定的改善隔离措施。

城市是一个有机综合体，功能复杂。城市规划中对城市的各类用地进行一定的分类，在相对独立的基地上进行建设，使不同功能的建筑互不干扰，各得其所。但是过分强调功能分区，如CBD地区只允许建办公楼，不准建公寓，则忽视了城市功能综合的一面，会造成城市景观单调，城市缺乏活力，甚至产生中心区衰退，形成钟摆式交通等后果，反过来，影响了城市整体功能。因此，在城市发展过程中，城市土地的混合使用，在理论上和实践上均有发展。特别是在旧城改造和城市开发实践中，集商业、办公、居住、娱乐、餐饮、会议、展示等多种功能于一体的建筑综合体已经出现，这就要求我们在城市规划管理中，花更多的精力去研究基地内部各种不同功能关系，使其发挥整体功能。

(2) 建筑环境的关联性

建筑工程处于城市这一有机综合体中，除了应满足建筑物本身的使用功能外，还必须考虑建筑物对其周围外部环境的作用及外部环境对建筑物本身的作用，即建筑工程的规划管理不能孤立地研究建筑物本身，而是应该置建筑于整体环境中，全方位地考虑环境关联因素。建筑工程规划管理中环境关联性问题有两个方面的内涵：第一，在建筑设计方案审核中，建筑工程必须符合有关环境的法定性要求。如法规明确规定的后退道路红线、后退基地边界及建筑物之间的间距、日照要求、高度要求及文物建筑之间的协调要求等。第二，法规未明确规定或在法规规定的目的自由裁量度之间，建筑方案的审核应全面考虑环境因素，使建筑物的实施是优化而不是破坏环境的整体性。相对而言，第一方面的内涵较易掌握，而第二方面的内涵则要求城市规划管理者具有较高的素质，用更加专业的眼光去分析问题、解决问题，作出正确的、最优的决策。

(3) 建筑实体的不可移动性和使用功能的可变性

建筑工程一旦付诸实施，投资少则几十万、几百万，多则几千万甚至上亿元，它不像其他商品和设备，除极个别采取技术措施移位或拆卸、异地安置外(如需保护的特殊文物建筑)，一般来讲建筑物具有实体不可移动的特性，一旦建成，长期存在。但其内部使用功能又是可变的，这种变化会对城市交通、环境状况产生新的要求。对于这种动态变化，亦应加强城市规划管理。由于建筑工程的建设对于城市规划的实施和城市环境的影响至关重要，规划管理的科学决策，将会推动城市规划的实施、优化城市环境。如果管理决策失误，则会产生相反的后果，造成巨大的损失。

(4) 建筑管理要求的综合性

由于建筑工程矛盾的复杂性与多样性，除了城市规划管理部门外，还有其他相关部门根据各自的管理要求参与管理。如建筑的防火安全，需请消防部门会审；建筑的卫生、通风、日照、采光等要求，需请卫生防疫部门审核；建筑的环境污染问题，需由环保部门共同管理；基地内外的交通组织及停车泊位、停放方式、停车场库的设计等，需由交通管理部门提出专业审核意见；绿地率及绿地规划设计还需征求园林部门意见等。除上述提到的部门外，由于建筑物的区位和性质不同，还会涉及其他管理部门，如民防、文物、气象、水利、防洪、抗震、港政、铁路、机场、测绘等。而保证建筑工程的正常使用还涉及水、电、燃气、通信等市政公用部门。因此，建筑工程规划管理是一项综合性很强的管理。除了需根据城市规划及城市规划法律规范的规定对建筑方案进行审核外，还需协调好各专业管理部门的特殊管理要求，当专业部门之间的管理要求相互矛盾时，城市规划管理部门必须进行综合协调，通过方案调整或采取必要的技术措施，保证建筑工程设计方案满足各专业部门的管理要求，促进建筑工程顺利实施。

(5) 建筑形象的艺术性

建筑物是城市物质环境的主要组成部分，是城市历史、文化的载体。建筑形象反映城市在一定经济发展阶段的艺术水平。建筑设计是一种创作。因此，在建筑工程规划管理中，应充分注意建筑形象问题。对建筑形象的处理固然是建筑师的职责，但建筑形象又是城市视觉环境的组成部分，所以城市规划管理不能忽视建筑形象的审核。规划管理工作者应该提高建筑艺术素养，倾听有关方面意见，注意从环境角度提出要求，重视专家评审及多方案比较，为创造优美的城市风貌作出贡献。

(6) 建筑工程的商品性

随着计划经济体制向社会主义市场经济体制的转变，建筑工程逐渐走向市场，成为商品。开发商追求经济效益，忽视社会和环境效益的情况日益显现出来。城市规划管理应跟上建设活动的这种转变，跳出计划经济模式下的旧的管理理念，尽快适应市场经济体制下城市规划管理的新情况。诚然，城市规划工作应重视社会效益及环境效益，但在市场经济体制下，完全无视经济效益的存在，停留于计划经济模式下的理想状态，城市规划就缺乏实施可能性。

**(二) 建筑工程规划许可的审核内容**

根据相关城市规划法律规范的规定和城市规划实施的要求，建筑工程规划许可主要审核以下内容：

(1) 建筑物使用性质

建筑物使用性质与土地使用性质是相关联的。在管理工作中，要根据详细规划对建筑物使用性质进行审核，保证建筑物使用性质符合土地使用性质或与其相容的原则，保证城市规划布局的合理。

(2) 建筑容积率、建筑密度和建筑高度

对建筑的容积率、密度和高度的审核，主要依据详细规划核定的规划设计条件进行控制。规划设计条件中核定的建筑容积率、密度和高度是最高极限值。由于建设情况和建设基地周围环境的复杂性，最终核定的建筑容积率、密度和高度，应在符合法律规范和城市规划的前提下，综合分析现状情况、区位特点，以不损害公众利益为原则进行审定。

(3) 建筑间距

建筑间距是建筑物与建筑物之间的平面距离。建筑物之间因消防、卫生防疫、日照、交通、空间关系以及工程管线布置和施工安全等要求，必须控制一定的间距，确保城市的公共安全、公共卫生、公共交通以及相关方面的合法权益。

（4）建筑退让

建筑退让是指建筑物、构筑物与毗邻规划控制线之间的距离。例如，拟建建筑物后退道路红线、河道蓝线、铁路线、高压电线及建设基地界线的距离。建筑退让不仅是为了保证有关设施的正常运营，而且也是维护公共安全、公共卫生、道路交通和有关单位、个人的合法权益的重要方面。建筑退让距离应符合城市规划和有关管理规定。

（5）无障碍设施

对于办公、商业、文化娱乐等公共建筑的相关部位，应当按规定设置无障碍设施。

（6）建设基地内其他相关要素

建设基地内其他相关要素涉及绿地率、基地主要出入口、停车泊位、交通组织和建设基地标高等。审核这些内容要符合有关规定并符合核定的规划设计条件要求。

（7）建筑外部空间环境

建筑工程规划许可，除对建筑物本身是否符合城市规划及有关规定进行审核外，还必须考虑与周围空间环境的关系。城市设计是帮助规划管理对建筑环境进行审核的途径。对于文物保护单位、需要保护的历史建筑周围或历史街区等重要地区的建设，应当按照规定和要求编制城市设计，借以对建筑物高度、体量、造型、立面、色彩进行审核。在没有编制城市设计的地区，对于较大或较重要的建筑与周围环境的关系，应当组织专家进行评审，从地区环境出发，使其在更大的空间内达到最佳景观效果。同时，基地内部空间环境亦应根据基地所处的区位，合理地设置广场、绿地、户外雕塑并同步实施。

（8）综合有关专业管理部门的意见

建筑工程规划许可涉及有关的专业管理部门较多，应根据工程性质、规模、内容以及其所在地区环境，确定需征求相关专业管理部门的意见。作为规划管理人员，对相关专业知识的主要内容，亦应有一定的了解，不断积累经验，以便及早发现问题，避免方案反复，达到提高办事效率的目的。

（9）临时建设的控制

临时建设是指必须限期拆除、结构简易、临时性的建筑物、构筑物或其他设施。临时建设使用期限，一般不超过两年。临时建设如不按时拆除将对城市规划实施产生影响，必须严格控制。

## 四、市政交通工程规划许可

### （一）市政交通工程的特点

交通，就一个城市来讲，分为市内交通、市域交通和对外交通，三者联系极为密切。交通工程的物质形态又有建筑物、构筑物和线路网络之别。前者如车站、航站、港口、码头等属于建筑工程规划许可范围；后者如城市道路、公路、地下铁道等是本部分介绍的内容。市政交通工程具有以下特点：

(1) 布局结构的系统性

城市道路是城市的基本骨架。每条城市道路在城市中处于不同的区位，担负着不同的功能，形成网络，把城市有机地联系起来。城市道路系统中的组成部分，具有鲜明的层次性。在交通的功能上，分为快速道路、主干道、次干道、主要道路和一般道路。在使用性质上，又分为城市交通性道路、商业性道路、街坊道路、步行街、游览性道路等。因此，在城市道路系统规划中，按其使用性质和交通量大小，分别确定其道路红线宽度和横断面形式。在市政道路规划管理工作中，面对的虽然是某一条道路的辟筑、拓宽，但必须从城市道路系统着眼审核。对城市规划确定的道路红线宽度和横断面形式不能轻易改动。即使因为投资等方面原因分期拓筑，也要妥善处理近期与远期的关系，保证远期道路规划红线的实施。同时，在市政道路工程规划管理工作中，要妥善处理拟辟筑、拟改建道路与相交道路的关系，按照城市规划要求确定交叉口形式，保证城市交通的顺畅，重视城市道路系统功能的发挥。

(2) 使用功能的关联性

城市道路是城市交通的载体，又是城市管线的载体。就交通功能而言，又涉及机动车、非机动车和人行交通等不同要求。这就要求城市道路的实施在路面坡度、横断面形式及其布置尺寸、排水等方面满足不同交通的要求。同时必须兼顾地面、地下管线敷设的需要，在空间安排、施工时间上进行协调。例如，市政道路的拓筑、改建计划与市政管线工程的建设计划能够相协调，力求结合道路施工，地下管线一次埋设到位，避免反复挖路造成浪费。路面结构的选择，是采用黑色路面还是白色路面，需要综合考虑道路养护和地下管线埋设的需要等。这就要求市政道路规划管理与市政管线工程规划管理密切协同，互相协调。

(3) 社会属性的公益性

市政道路工程是为社会公共交通服务的，历来是一项公益事业，一般情况下，都是由政府投资建设的。市政道路的这一特性，一方面给城市规划管理带来有利的条件，遇到矛盾相对比较容易协调解决。另一方面也给城市规划管理提出了更高的要求，要求城市规划管理人员增强责任感，主动帮助协调矛盾，提高工作质量和效率。在市政道路工程规划管理中，重视残疾人无障碍设施的审核和建设。

**(二) 市政交通工程规划许可的审核内容**

1. 地面道路（公路）工程规划审核的内容

(1) 道路走向及坐标

道路的走向能否准确有效地控制，取决于道路规划红线能否有效地控制。因此，必须按照道路规划红线控制道路建设的有效空间。如果道路是分期建设，对红线范围内近期未建部分，也应该严格控制建设。当旧区道路改造时，在满足道路交通的情况下，应兼顾旧城的历史文化、地方特色和原有道路网形成的历史，对有历史文化价值的建筑和街区应当加以保护。

坐标控制就是把道路的走向和平面位置加以量化，用直角平面坐标系来表示道路在区域内的平面位置。要注意的是，这个坐标系不是各建设部门自己假设原点的相对坐标系。道路的正确坐标，应按测绘管理规定，一律由城市测绘部门统一测量提供。

（2）道路横断面

影响城市道路横断面形式与组成部分的因素很多。例如，交通量、车辆类型、设计行车速度、道路性质等。城市道路横断面主要包括机动车道、非机动车道、人行道及绿化带等。在核定道路横断面时，要把握道路系统规划所确定的道路性质、功能，考虑交通发展要求。例如，快速道路上的机动车道须设置中央隔离带。在未按道路规划红线一次建设的情况时，要考虑近期道路横断面布置向远期道路横断面的顺利过渡。

（3）城市道路标高

城市道路的竖向标高应当按照城市详细规划标高控制，适应临街建筑布置及沿路地区内地面水的排除。道路纵坡宜平顺，坡度不宜过大，起伏不宜频繁。要综合考虑土方平衡和汽车运营的经济效益等因素，合理控制路面标高。城市道路改建时，不应在旧路面上铺建结构层，以免因提高路面标高影响沿路街坊的排水。

（4）路面结构类型

近年来，由于沥青价格的上涨，又由于水泥混凝土路面平时养护费用低，市政工程部门往往希望采用水泥混凝土路面。水泥混凝土路面对地下管线的改建、加建造成很大困难。这样就提出了一个如何合理控制路面结构类型问题。凡是地下管线按规划一次就位的，应支持采用水泥混凝土路面。反之，如果管线未能按规划一次到位的，应控制水泥混凝土路面的实施。对于人行道，要考虑残疾人使用，路侧石部位设置轮椅坡道，人行路面设置“盲道”。人行路面选材应平坦，透水性要好，不宜过多使用釉面彩色路面板。

（5）道路交叉口

道路交叉口的通行能力应与路段通行能力相协调。城市规划明确设置立体交叉的，既要控制立体交叉用地范围，又要根据交通要求合理选择立体交叉形式。城市道路立体交叉口形式的选择，应符合下列规定：一是在整个道路网中，立体交叉口的形式应力求统一，其结构形式应简单，占地面积要少；二是交通主流方向应走捷径，少爬坡和少绕行，非机动车应行驶在地面层上或路堑内；三是当机动车与非机动车分开行驶时，不同的交通层面应相互套叠组合在一起，减少立体交叉口的层数和用地。

（6）道路附属设施

道路的附属设施包括隧道、桥梁、人行天桥（地道）、收费口、广场、停车场、公交车站等。应根据城市规划和交通管理要求合理设置。

2. 高架市政交通工程规划审核的内容

高架市政交通工程是近年来我国大城市出现的市政交通工程的新形式。它是一种构筑物，应参照建筑工程规划许可的要求进行审核。例如，高架道路对相邻住宅的日照影响、环境影响等。所以无论是城市高架道路工程，还是城市高架轨道交通工程，都必须严格按照批准的专业系统规划和工程规划进行控制。在审核中，特别要注意与地区道路相协调。它们的结构立柱的布置，要与地面道路及横向道路的交通组织相协调，并要满足地下市政管线工程的敷设要求。高架道路的上、下匝道的设置，要考虑与地面道路及横向道路的交通组织相协调。高架轨道交通工程的车站设置，要留出足够的换乘停车场面积，方便乘客换乘。高架市政交通工程应设置有效地防止噪声、废气的设施，以满足环境保护的要求。高架路的设计还要考虑城市景观的要求。

3. 地下轨道交通工程规划审核的内容

地下轨道交通工程，也必须按照批准的城市轨道交通系统规划及其工程规划进行控制。其线路走向除需满足轨道交通工程的相关技术规范要求外，尚应考虑保证其上部和两侧现有建筑物的结构安全；当地下轨道交通工程在城市道路下穿越时，须满足市政管线工程敷设空间的需要。地铁车站的设置与安排，必须严格按照车站地区的详细规划进行规划控制。先期建设的地铁车站工程，必须考虑系统中后期建设的换乘车站的建设要求。地铁车站与相邻公共建筑的地下通道、出入口须同步实施或预留衔接构造口。地铁车站的建设应与详细规划中确定的地下人防设施、地下空间的综合开发工程同步实施。地铁车站附属的通风设施、变配电设施的设置，除满足其功能要求外，尚应考虑城市景观要求，体量宜小不宜大，并妥善处理好外形与环境的关系。地铁车站附近的地面公交换乘站点，公共停车场等交通设施应当与车站同步实施。

与城市道路规划红线的控制一样，城市轨道交通系统规划确定的走向线路及其两侧一定控制范围的用地（包括车站控制范围），必须严格地进行规划控制，以保证今后地铁工程的顺利实施。

此外，市政交通工程的施工，往往会影响一定范围的城市交通的正常通行，因此在其工程规划管理中还需要考虑工程建设期间的临时交通设施建设和交通管理措施的安排，以保证城市交通的正常通行。

## 五、市政管线工程规划许可

### （一）市政管线工程的特点

市政管线工程是城市运行的基本物质保障之一，具有以下特点：

（1）整体运转的系统性

市政管线工程整体运转的系统性很强。不论供水、燃气、供电、电信、排水等都具有一个共同点，都是由点（厂、站、局、所）、线（输配管线）、面（服务供应地区）三个方面组成供应服务网络，和由面（排水收集范围）、线（管线）、点（泵站和厂）三个方面组成的排放网络。虽然功能各异，但都需要通过网络才能完成各自系统的使用功能。各类管线是构成系统网络的基本要素。它是由生产源输配到千家万户的经脉通道。通过市政工程管线把生产出来的自来水、电能、燃气源源不断地送往用户；把各种信息迅速传递，沟通全市、全国以及国外信息网；把从一定地区范围内收集的雨水或污水，汇集至出口泵站排放或污水处理厂进行处理。市政管线系统是工程管线与其相对应厂、站、局、所和用户结合在一起的整体系统。它把生产、运行、供应汇为一体。只有这样才能充分发挥它的系统功能。

（2）经营管理的相对垄断性

市政管线各专业管理部门是一个完整、统一协调并独立运转的系统。它的经营管理是垄断的。整个系统的生产、输配、储存、使用都置于一个调度中心，由调度中心协调并确定各生产源的瞬时生产能力。在输配过程中只能使用一套与供应水平相匹配的管道网络。各类管线同样置于各该专业单位的统一经营、统一管理、统一调度之下。这在经营上也是必要的。随着社会主义市场经济的发展，在某些城市中已出现经营同样内容的燃气、给水、电信、电力等专业管理部门，这些部门是有限的，其经营是相对垄断的。正是由于市政管线经营管理的相对垄断性，才有了能在城市规划管理中对管线工程计划进行综合平衡。

（3）供应、敷设的综合性

市政公用设施各专业系统的厂址布局、网络安排、供应内容都具有独立的格局，其产、供、销都建立在自我平衡的基点上。然而这些设施又共同面对居民、企业、其他社会组织等同一供应对象，所以各个不同系统的设施形成的独立网络必然会汇聚在一起，处于同一地区、同一道路的空间内。城市若要保证有足够的能源、水源、信息、排涝及清污等设施，就必须在城市用地的综合安排中为市政管理提供合理恰当的位置，并要保证能够建立通畅的管廊通道。

市政公用设施的厂、站进出管线，各类用户终端的进出管线，通过市政管线网络连成一个系统，占用一定的空间。为了确保管线及站点的综合安排的合理，需要对所有现状、拟建、规划的管道走向、平面位置及竖向高程上进行综合平衡。城市规划管理部门就要研究、探讨、评价城市基础设施综合布局的可行性、合理性，综合协调各方面的关系。如管线与管线之间的关系；管线与掘路的关系；管线与交通的关系；管线与绿化的关系；管线与建筑的关系以及近期与远期、局部与整体、经济与合理等方面的因素，市政管线工程的综合性就是要协调各方面的矛盾，使各得其所，发挥综合效益。

（4）建设的超前性

市政公用设施的完善服务是创造人们高质量生活的必要条件。因此市政公用设施先于一般项目的建设，亦即所谓的市政公用设施超前建设。在近期没有市政公用设施的地区，也就不能去建造住宅、工厂等，否则建成了也无法使用。建设工地开工前必须做到“七通一平”亦即“电通”“燃气通”“上水通”“电话通”“污水管通”“道路通”“热力通”以及“场地平整”，任何项目的建设就意味着对市政公用设施新的增长要求。通常在建设工程项目可行性研究阶段就要向市政公用设施部门办理申请手续，落实电源、水源、气源、通信源、燃气源，落实雨水、污水的排放去向。城市建设要实行“统一规划、合理布局、综合开发、配套建设”，要把市政、公用等设施作为城市建设的重点，使之与各项建设事业的发展相适应。

**（二）市政管线工程规划许可的审核内容**

市政管线工程规划管理主要控制市政管线工程的平面布置及其水平、

竖向间距，并处理好与相关道路、建筑物、树木等关系。主要审核以下几个方面：

(1) 管线的平面布置

所有管线的位置均应采取城市统一的坐标系统和工程系统，都应沿道路规划红线平行敷设，其规划位置相对固定，并具有独立的敷设宽度。

①埋设管线的排列次序。应根据管线的性质和埋设深度等确定。其布置次序，依次从道路规划红线向道路中心排列，即电力、通信、给水（配水）、燃气（配气）、热力、燃气（输气）、给水（输水）、再生水、污水、雨水。

②埋设管线的水平间距。各类管线之间及其与建筑物、构筑物基础之间的最小水平间距，应符合《城市工程管线综合规划规范》的规定（表 5-3）。在规划管理工作中，因为道路断面、现有管线的位置的因素，不能满足上述表格内的规定尺寸时，可在采取保护措施的前提下，适当缩小。

③架空管线之间及其与建（构）筑物之间的水平净距，应符合《城市工程管综合规划规范》的规定（表 5-4）。

(2) 管线的竖向布置

各种市政管线不应在垂直方向上重叠直埋敷设。当交叉敷设时，自路面向下的排列顺序一般为：通信、电力、燃气、热力、给水、再生水、雨水、污水。

①埋设管线的垂直净距。市政管线交叉时的最小垂直净距，应符合《城市工程管线综合规划规范》的规定（表 5-5）。

当市政管线竖向位置发生矛盾时，应按下列规定处理：压力管让重力管；可弯管让不易弯曲管；支管让干管；小口径管让大口径管线。

②埋设管线的覆土深度。市政管线的最小覆土深度应符合《城市工程管线综合规划规范》的规定（表 5-6）。

③架空管线的竖向间距。架空管线交叉的最小垂直净距应符合《城市工程管线综合规划规范》的规定（表 5-7）。

(3) 管线敷设与行道树、绿化的关系

沿路架空线设置，应充分考虑行道树的生长与修剪需要。地下燃气管敷设要考虑燃气管损坏漏气对行道树的影响。

(4) 管线敷设与市容景观的关系

各类电杆形式力求简洁，管线附属设施的安排应满足市容景观的要求，旧区架空管线应创造条件入地；同类架空管线尽可能合并设置，减少立杆数量。

(5) 综合相关管理部门的意见

市政管线工程穿越市区道路、郊区道路、铁路、地下铁道、隧道、河流、桥梁、绿化地带、人防设施以及涉及消防安全、净空控制等方面要求的，应征得有关管理部门同意。对于不同意见，城市规划行政主管部门应予协调。

(6) 其他管理内容

例如，雨、污水管排水口的设置、管线施工期间过渡使用的临时管线的安排以及管线共同沟等，都需要城市规划行政主管部门协调、控制。

工程管线之间及其与建（构）筑物之间的最小水平净距（m）　　表 5-3

<table>
<tr><th rowspan="4">序号</th><th rowspan="4" colspan="4">管线及建（构）筑物名称</th><th>1</th><th colspan="2">2</th><th>3</th><th>4</th><th colspan="5">5</th><th>6</th><th colspan="2">7</th><th colspan="2">8</th><th>9</th><th>10</th><th>11</th><th colspan="3">12</th><th>13</th><th>14</th><th>15</th></tr>
<tr><th rowspan="3">建（构）筑物</th><th colspan="2">给水管线</th><th rowspan="3">污水、雨水管线</th><th rowspan="3">再生水管线</th><th colspan="5">燃气管</th><th rowspan="3">直埋热力管线</th><th colspan="2">电力管线</th><th colspan="2">通信管线</th><th rowspan="3">管沟</th><th rowspan="3">乔木</th><th rowspan="3">灌木</th><th colspan="3">地上杆柱</th><th rowspan="3">道路侧石边缘</th><th rowspan="3">有轨电车钢轨</th><th rowspan="3">铁路钢轨（或坡脚）</th></tr>
<tr><th rowspan="2">$d \leqslant 200$mm</th><th rowspan="2">$d>200$mm</th><th rowspan="2">低压</th><th colspan="2">中压</th><th colspan="2">次高压</th><th rowspan="2">直埋</th><th rowspan="2">保护管</th><th rowspan="2">直埋</th><th rowspan="2">管道、通道</th><th rowspan="2">通信照明及 $<10$kV</th><th colspan="2">高压铁塔基础边</th></tr>
<tr><th>B</th><th>A</th><th>B</th><th>A</th><th>$\leqslant$ 35kV</th><th>$>$ 35kV</th></tr>
<tr><td>1</td><td colspan="4">建筑（构）物</td><td>—</td><td>1.0</td><td>3.0</td><td>2.5</td><td>1.0</td><td>0.7</td><td>1.0</td><td>1.5</td><td>5.0</td><td>13.5</td><td>3.0</td><td colspan="2">0.6</td><td>1.0</td><td>1.5</td><td>0.5</td><td colspan="2">—</td><td colspan="3">—</td><td>—</td><td>—</td><td>—</td></tr>
<tr><td rowspan="2">2</td><td rowspan="2" colspan="3">给水管线</td><td>$d>200$mm</td><td>1.0</td><td rowspan="2" colspan="2">—</td><td>1.0</td><td rowspan="2">0.5</td><td rowspan="2" colspan="3">0.5</td><td rowspan="2">1.0</td><td rowspan="2">1.5</td><td rowspan="2">1.5</td><td rowspan="2" colspan="2">0.5</td><td rowspan="2" colspan="2">1.0</td><td rowspan="2">1.5</td><td rowspan="2">1.5</td><td rowspan="2">1.0</td><td rowspan="2">0.5</td><td rowspan="2" colspan="2">3.0</td><td rowspan="2">1.5</td><td rowspan="2">2.0</td><td rowspan="2">5.0</td></tr>
<tr><td>$d \leqslant 200$mm</td><td>3.0</td><td>1.5</td></tr>
<tr><td>3</td><td colspan="4">污水、雨水管线</td><td>2.5</td><td>1.0</td><td>1.5</td><td>—</td><td>0.5</td><td>1.0</td><td colspan="2">1.2</td><td>1.5</td><td>2.0</td><td>1.5</td><td colspan="2">0.5</td><td colspan="2">1.0</td><td>1.5</td><td>1.5</td><td>1.0</td><td>0.5</td><td colspan="2">1.5</td><td>1.5</td><td>2.0</td><td>5.0</td></tr>
<tr><td>4</td><td colspan="4">再生水管线</td><td>1.0</td><td colspan="2">0.5</td><td>0.5</td><td>—</td><td colspan="3">0.5</td><td>1.0</td><td>1.5</td><td>1.0</td><td colspan="2">0.5</td><td colspan="2">1.0</td><td>1.5</td><td colspan="2">1.0</td><td>0.5</td><td colspan="2">3.0</td><td>1.5</td><td>2.0</td><td>5.0</td></tr>
<tr><td rowspan="5">5</td><td rowspan="5">燃气管线</td><td colspan="2">低压</td><td>$P<0.01$MPa</td><td>0.7</td><td rowspan="3" colspan="2">0.5</td><td>1.0</td><td rowspan="3">0.5</td><td rowspan="5" colspan="5">$DN \leqslant 300$mm 0.4<br>$DN > 300$mm 0.5</td><td rowspan="3">1.0</td><td rowspan="3">0.5</td><td rowspan="3">1.0</td><td rowspan="3">0.5</td><td rowspan="3">1.0</td><td>1.0</td><td rowspan="3" colspan="2">0.75</td><td rowspan="5">1.0</td><td rowspan="5">1.0</td><td rowspan="3">2.0</td><td rowspan="3">1.5</td><td rowspan="5">2.0</td><td rowspan="5">5.0</td></tr>
<tr><td rowspan="2">中压</td><td>B</td><td>$0.001\text{MPa} \leqslant p \leqslant 0.2\text{MPa}$</td><td>1.0</td><td rowspan="2">1.2</td><td rowspan="2">1.5</td></tr>
<tr><td>A</td><td>$0.2\text{MPa}<p \leqslant 0.4\text{MPa}$</td><td>1.5</td></tr>
<tr><td rowspan="2">次高压</td><td>B</td><td>$0.4\text{MPa}<p \leqslant 0.8\text{MPa}$</td><td>5.0</td><td colspan="2">1.0</td><td>1.5</td><td>1.0</td><td>1.5</td><td colspan="2">1.0</td><td colspan="2">1.0</td><td>2.0</td><td rowspan="2" colspan="2">1.2</td><td>5.0</td><td>2.5</td></tr>
<tr><td>A</td><td>$0.8\text{MPa}<p \leqslant 1.6\text{MPa}$</td><td>13.5</td><td colspan="2">1.5</td><td>2.0</td><td>1.5</td><td>2.0</td><td colspan="2">1.5</td><td colspan="2">1.5</td><td>4.0</td><td></td><td></td></tr>
<tr><td>6</td><td colspan="4">直埋热力管线</td><td>3.0</td><td colspan="2">1.5</td><td>1.5</td><td>1.0</td><td colspan="3">1.0</td><td>1.5</td><td>2.0</td><td>—</td><td colspan="2">2.0</td><td colspan="2">1.0</td><td>1.5</td><td colspan="2">1.5</td><td>1.0</td><td colspan="2">(3.0>330kV>5.0)</td><td>1.5</td><td>2.0</td><td>5.0</td></tr>
<tr><td rowspan="2">7</td><td rowspan="2" colspan="3">电力管线</td><td>直埋</td><td rowspan="2">0.6</td><td rowspan="2" colspan="2">0.5</td><td rowspan="2">0.5</td><td rowspan="2">0.5</td><td colspan="3">0.5</td><td rowspan="2">1.0</td><td rowspan="2">1.5</td><td rowspan="2">2.0</td><td>0.25</td><td>0.1</td><td rowspan="2" colspan="2"><35kV 0.5<br>$\geqslant$ 35kV 2.0</td><td rowspan="2">1.0</td><td rowspan="2" colspan="2">0.7</td><td rowspan="2">1.0</td><td rowspan="2" colspan="2">2.0</td><td rowspan="2">1.5</td><td rowspan="2">2.0</td><td rowspan="2">10.0（非电气化3.0）</td></tr>
<tr><td>保护管</td><td colspan="3">1.0</td><td>0.1</td><td>1.0</td></tr>
<tr><td rowspan="2">8</td><td rowspan="2" colspan="3">通信管线</td><td>直埋</td><td>1.0</td><td rowspan="2" colspan="2">1.0</td><td rowspan="2">1.0</td><td rowspan="2">1.0</td><td colspan="3">0.5</td><td rowspan="2">1.0</td><td rowspan="2">1.5</td><td rowspan="2">1.0</td><td rowspan="2" colspan="2"><35kV 0.5<br>$\geqslant$ 35kV 2.0</td><td rowspan="2" colspan="2">0.5</td><td rowspan="2">1.0</td><td rowspan="2">1.5</td><td rowspan="2">1.0</td><td rowspan="2">0.5</td><td rowspan="2">0.5</td><td rowspan="2">2.5</td><td rowspan="2">1.5</td><td rowspan="2">2.0</td><td rowspan="2">2.0</td></tr>
<tr><td>管道、通道</td><td>1.5</td><td colspan="3">1.0</td></tr>
</table>

续表

| 序号 | 管线及建（构）筑物名称 | 1 | 2 | | 3 | 4 | 5 | | | | | 6 | 7 | | 8 | | 9 | 10 | 11 | 12 | | | 13 | 14 | 15 |
|---|---|---|---|---|---|---|---|---|---|---|---|---|---|---|---|---|---|---|---|---|---|---|---|---|---|
| | | 建（构）筑物 | 给水管线 | | 污水、雨水管线 | 再生水管线 | 燃气管 | | | | | 直埋热力管线 | 电力管线 | | 通信管线 | | 管沟 | 乔木 | 灌木 | 地上杆柱 | | | 道路侧石边缘 | 有轨电车钢轨 | 铁路钢轨（或坡脚） |
| | | | $d \leqslant 200$ mm | $d>200$ mm | | | 低压 | 中压 | | 次高压 | | | 直埋 | 保护管 | 直埋 | 管道、通道 | | | | 通信照明及<10 kV | 高压铁塔基础边 | | | | |
| | | | | | | | | B | A | B | A | | | | | | | | | | ≤ 35kV | > 35kV | | | |
| 9 | 管沟 | 0.5 | 1.5 | | 1.5 | 1.5 | 1.0 | 1.5 | | 2.0 | 4.0 | 1.5 | 1.0 | | 1.0 | | — | 1.5 | 1.0 | 1.0 | 3.0 | | 1.5 | 2.0 | 5.0 |
| 10 | 乔木 | — | 1.5 | | 1.5 | 1.0 | 0.75 | | | 1.2 | | 1.5 | 0.7 | | 1.5 | | 1.5 | — | | — | — | | 0.5 | — | — |
| 11 | 灌木 | | 1.0 | | 1.0 | | | | | | | | | | 1.0 | | 1.0 | | | | | | | | |
| 12 | 地上杆柱 通信照明及＜10kV | — | 0.5 | | 0.5 | 0.5 | 1.0 | | | | | 1.0 | 1.0 | | 0.5 | | 1.0 | — | | — | | | 0.5 | — | — |
| | 地上杆柱 高压铁塔基础边 ≤ 35 kV | | 3.0 | | 1.5 | 1.5 | 1.0 | | | | | 3.0（>330kV >5.0） | 2.0 | | 0.5 | | 3.0 | — | | | | | | | |
| | 地上杆柱 高压铁塔基础边 >35 kV | | | | | | 2.0 | 5.0 | | | | | | | 2.5 | | | | | | | | | | |
| 13 | 道路侧石边缘 | — | 1.5 | | 1.5 | 1.5 | 1.5 | 2.5 | | | | 1.5 | 1.5 | | 1.5 | | 1.5 | 0.5 | | 0.5 | | | — | — | — |
| 14 | 有轨电车钢轨 | — | 2.0 | | 2.0 | 2.0 | 2.0 | | | | | 2.0 | 2.0 | | 2.0 | | 2.0 | — | | — | | | — | — | — |
| 15 | 铁路钢轨（或坡脚） | — | 5.0 | | 5.0 | 5.0 | 5.0 | | | | | 5.0 | 10.0（非电气化3.0） | | 2.0 | | 3.0 | — | | — | | | — | — | — |

注：1. 地上杆柱与建（构）筑物最小水平净距应符合本规范表 5.0.8 的规定；

2. 管线距建筑物距离，除次高压燃气管道为其至外墙面外均为其至建筑物基础，当次高压燃气管道采取有效的安全防护措施或增加管壁厚度时，管道距建筑物外墙面不应小于 3.0m；

3. 地下燃气管线与铁塔基础边的水平净距，还应符合现行国家标准《城镇燃气设计规范》GB50028 地下燃气管线和交流电力线接地体净距的规定；

4. 燃气管线采用聚乙烯管材时，燃气管线与热力管线的最小水平净距应按现行行业标准《聚乙烯燃气管道工程技术规程》CJJ63 执行；

5. 直埋蒸汽管道与乔木最小水平间距为 2.0m。

资料来源：《城市工程管线综合规划规范》中的表 4.1.9。

**架空管线之间及其与建（构）筑物之间的最小水平净距（m）　　表 5–4**

| 名称 | | 建（构）筑物（凸出部分） | 通信线 | 电力线 | 燃气管道 | 其他管道 |
|---|---|---|---|---|---|---|
| 电力线 | 3kV 以下边导线 | 1.0 | 1.0 | 2.5 | 1.5 | 1.5 |
| | 3kV ~ 10kV 边导线 | 1.5 | 2.0 | 2.5 | 2.0 | 2.0 |
| | 35kV ~ 66kV 边导线 | 3.0 | 4.0 | 5.0 | 4.0 | 4.0 |
| | 110kV 边导线 | 4.0 | 4.0 | 5.0 | 4.0 | 4.0 |
| | 220kV 边导线 | 5.0 | 5.0 | 7.0 | 5.0 | 5.0 |
| | 330kV 边导线 | 6.0 | 6.0 | 9.0 | 6.0 | 6.0 |
| | 500kV 边导线 | 8.5 | 8.0 | 13.0 | 7.5 | 6.5 |
| | 750kV 边导线 | 11.0 | 10.0 | 16.0 | 9.5 | 9.5 |
| 通信线 | | 2.0 | — | — | — | — |

注：架空电力线与其他管线及建（构）筑物的最小水平净距为最大计算风偏情况下的净距。

资料来源：《城市工程管线综合规划规范》中的表 5.0.8。

**工程管线交叉时的最小垂直净距（m）　　表 5–5**

| 序号 | 管线名称 | | 给水管线 | 污水、雨水管线 | 热力管线 | 燃气管线 | 通信管线 | | 电力管线 | | 再生水管线 |
|---|---|---|---|---|---|---|---|---|---|---|---|
| | | | | | | | 直埋 | 保护管及通道 | 直埋 | 保护管 | |
| 1 | 给水管线 | | 0.15 | | | | | | | | |
| 2 | 污水、雨水管线 | | 0.40 | 0.15 | | | | | | | |
| 3 | 热力管线 | | 0.15 | 0.15 | 0.15 | | | | | | |
| 4 | 燃气管线 | | 0.15 | 0.15 | 0.15 | 0.15 | | | | | |
| 5 | 通信管线 | 直埋 | 0.50 | 0.50 | 0.25 | 0.50 | 0.25 | 0.25 | | | |
| | | 保护管、通道 | 0.15 | 0.15 | 0.25 | 0.15 | 0.25 | 0.25 | | | |
| 6 | 电力管线 | 直埋 | 0.50* | 0.50* | 0.50* | 0.50* | 0.50* | 0.50* | 0.50* | 0.25 | |
| | | 保护管 | 0.25 | 0.25 | 0.25 | 0.15 | 0.25 | 0.25 | 0.25 | 0.25 | |
| 7 | 再生水管线 | | 0.50 | 0.40 | 0.15 | 0.15 | 0.15 | 0.15 | 0.50* | 0.25 | 0.15 |
| 8 | 管沟 | | 0.15 | 0.15 | 0.15 | 0.15 | 0.25 | 0.25 | 0.50* | 0.25 | 0.15 |
| 9 | 涵洞（基底） | | 0.15 | 0.15 | 0.15 | 0.15 | 0.25 | 0.25 | 0.50* | 0.25 | 0.15 |
| 10 | 电车（轨底） | | 1.00 | 1.00 | 1.00 | 1.00 | 1.00 | 1.00 | 1.00 | 1.00 | 1.00 |
| 11 | 铁路（轨底） | | 1.00 | 1.20 | 1. 20 | 1.20 | 1.50 | 1.50 | 1.00 | 1.00 | 1.00 |

注：1.* 用隔板分隔时不得小于 0.25m；

2. 燃气管线采用聚乙烯管材时，燃气管线与热力管线的最小垂直净距应按现行行业标准《聚乙烯燃气管道工程技术规程》CJJ 63 执行；

3. 铁路为时速大于等于 200km/h 客运专线时，铁路（轨底）与其他管线最小垂直净距为 1.50m。

资料来源：《城市工程管线综合规划规范》中的表 4.1.14。

**工程管线的最小覆土深度（m）　　表 5–6**

| 管线名称 | | 给水管线 | 排水管线 | 再生水管线 | 电力管线 | | 通信管线 | | 直埋热力管线 | 燃气管线 | 管沟 |
|---|---|---|---|---|---|---|---|---|---|---|---|
| | | | | | 直埋 | 保护管 | 直埋及塑料、混凝土保护管 | 钢保护管 | | | |
| 最小覆土深度 | 非机动车道（含人行道） | 0.60 | 0.60 | 0.60 | 0.70 | 0.50 | 0.60 | 0.50 | 0.70 | 0.60 | — |
| | 机动车道 | 0.70 | 0.70 | 0.70 | 1.00 | 0.50 | 0.90 | 0.60 | 1.00 | 0.90 | 0.50 |

注：聚乙烯给水管线机动车道下的覆土深度不宜小于 1.00m。

资料来源：《城市工程管线综合规划规范》中的表 4.1.1。

**架空管线营统之间及其与建（构）筑物之间的最小垂直净距（m）　表 5–7**

| 名称 | | 建（构）筑物 | 地面 | 公路 | 电车道（路面） | 铁路（单顶）标准电气软机 | | 通信线 | 燃气管道 $P \leqslant 1.6$MPa | 其他管道 |
|---|---|---|---|---|---|---|---|---|---|---|
| | | | | | | 标准轨 | 电气轨 | | | |
| 电力线 | 3kV 以下 | 3.0 | 6.0 | 6.0 | 9.0 | 7.5 | 11.5 | 1.0 | 1.5 | 1.5 |
| | 3kV ~ 10kV | 3.0 | 6.5 | 7.0 | 9.0 | 7.5 | 11.5 | 2.0 | 3.0 | 2.0 |
| | 35kV | 4.0 | 7.0 | 7.0 | 10.0 | 7.5 | 11.5 | 3.0 | 4.0 | 3.0 |
| | 66kV | 5.0 | 7.0 | 7.0 | 10.0 | 7.5 | 11.5 | 3.0 | 4.0 | 3.0 |
| | 110kV | 5.0 | 7.0 | 7.0 | 10.0 | 7.5 | 11.5 | 3.0 | 4.0 | 3.0 |
| | 220kV | 6.0 | 7.5 | 8.0 | 11.0 | 8.5 | 12.5 | 4.0 | 5.0 | 4.0 |
| 电力线 | 330kV | 7.0 | 8.5 | 9.0 | 12.0 | 9.5 | 13.5 | 5.0 | 6.0 | 5.0 |
| | 500kV | 9.0 | 14.0 | 14.0 | 16.0 | 14.0 | 16.0 | 8.5 | 7.5 | 6.5 |
| | 750kV | 11.5 | 19.5 | 19.5 | 21.5 | 19.5 | 21.5 | 12.0 | 9.5 | 8.5 |
| 通信线 | | 1.5 | (4.5) 5.5 | (3.0) 5.5 | 9.0 | 7.5 | 11.5 | 0.6 | 1.5 | 1.0 |
| 燃气管道 $P \leqslant 1.6$MPa | | 0.6 | 5.5 | 5.5 | 9.0 | 6.0 | 10.5 | 1.5 | 0.3 | 0.3 |
| 其他管道 | | 0.6 | 4.5 | 4.5 | 9.0 | 6.0 | 10.5 | 1.0 | 0.3 | 0.25 |

注：1. 架空电力线及架空通信线与建（构）筑物及其他管线的最小垂直净距为最大计算弧垂情况下的净距；

2. 括号内为特指与道路平行，但不跨越道路时的高度。

资料来源：《城市工程管线综合规划规范》中的表 5.0.9。

## 六、建设工程规划许可的程序

### （一）申请程序

建设单位或个人的申请是城市规划行政主管部门核发规划许可的前提。申请人要获得规划许可必须先向城市规划管理部门提出书面申请，或者通过城乡规划公众信息网以电子邮件等方式提出申请。

（1）申请建设工程规划许可证的范围

以上海为例，根据《上海市城乡规划条例》规定，下列建设工程，应当按照规定申请建设工程规划许可证：

①新建、改建、扩建建筑物、构筑物、道路或者管线工程；

②需要变动主体承重结构的建筑物或者构筑物的大修工程；

③市人民政府确定的区域内的房屋立面改造工程。

（2）申请事项

一般包括以下事项的申请：①建设工程规划设计要求的申请（如规划设计要求在建设项目选址或建设用地规划管理阶段已经办理，则不另申请）；②建设工程设计方案的送审（如设计方案在建设用地规划管理阶段结合总平面审核一并审定的，则不另申请）；③建设工程规划许可证的申请。

（3）申请的提出

具备申请条件的申请人须以书面的方式提出申请，或者通过城乡规划公众信息网以电子邮件等方式提出申请，并说明申请规划许可证的理由。并按照城市规划管理部门的规定，填写申请表格，附送有关文件、图纸、资料。

### （二）审核程序

城市规划管理部门收到建设单位或个人的规划许可申请后，应在法定期限内对申请人的申请及所附材料、图纸进行审核。审核包括程序性审核和实质性审核两个方面：

（1）程序性审核。即审核申请人是否符合法定资格，申请事项是否符合法定程序和法定形式，申请材料、图纸是否完备等。

（2）实质性审核。针对申请事项的内容，依据城市规划法律规范和按法定程序批准的城市规划，提出审核意见。

### （三）颁发程序

颁发机关应该做到：

（1）颁发规划许可要有时限。对于符合条件的规划许可证的申请，城市规划管理部门要及时予以审核批准，并在法定的期限内颁发规划许可证。对于申请人请求的无故拖延不予答复，是明显违反行政程序的。

（2）经审核认为不合格并决定不予许可的，应说明理由，并给予书面答复。

建设工程规划许可的管理程序（图5-5）。

### （四）变更程序

在市场经济条件下，土地转让、投资主体的变化是经常发生的，由此也经常引起建设工程规划许可证的变更，只要其土地转让、投资行为合法，且又遵守城市规划及其法律规范，应该允许其变更。

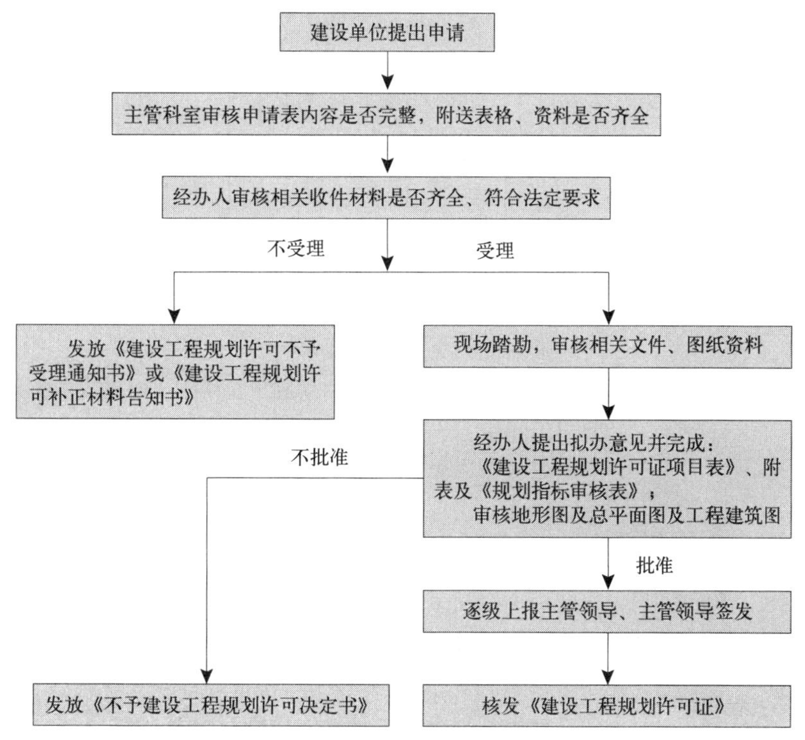


图 5-5　建设工程规划管理的流程

资料来源：根据上海市虹口区规划与土地管理局相关操作流程整理。

## 第七节　临时建设和临时用地规划管理[9]

### 一、临时建设和临时用地的概念

临时建设，是指经城市、县人民政府城乡规划主管部门批准，临时建设并临时性使用，必须在批准的使用期限内自行拆除的建筑物、构筑物、道路、管线或者其他设施等建设工程。

临时用地，是指由于建设工程施工、堆料、安全等需要和其他原因，需要在城市、镇规划区内经批准后临时使用的土地。

临时建设和临时用地的使用期限一般不超过 2 年，不得建设永久性建筑物、构筑物和其他设施，批准证件到期后自行失效，如要继续使用需要重新申请批准。

### 二、临时建设和临时用地规划管理的行政主体和审核内容

1. 临时建设和临时用地规划管理的行政主体

城市、县人民政府城乡规划主管部门是施行临时建设和临时用地规划管理职能的行政主体，依法对临时建设和临时用地的申请进行审核批准。

2. 城乡规划主管部门对临时建设和临时用地的审核内容

以近期建设规划和控制性详细规划为依据，临时建设和临时用地不能影响

近期建设规划和控制性详细规划的实施。

审核该临时建设和临时用地项目是否对城镇道路正常交通运行、消防通道、公共安全、市容市貌和环境卫生等构成干扰和影响。

审核该临时建设和临时用地项目是否对周边环境，尤其是历史文化保护、风景名胜保护、医院、学校、住宅、商场、科研、易燃易爆设施等造成干扰和影响。

必须明确规定临时建设和临时用地的使用期限，临时建设须在批准的使用期限内自行拆除。

（1）临时建设工程审核要求

临时建设工程中最常见的是临时建筑。对于临时建筑的审核，一般应当遵守下列使用要求：

①临时建筑不得超过规定的层数和高度。

②临时建筑应当采用简易结构。

③临时建筑不得改变使用性质。

④城镇道路交叉口范围内不得修建临时建筑。

⑤临时建筑使用期限一般不超过 2 年。

⑥车行道、人行道、街巷和绿化带上不应当修建居住或营业用的临时建筑。

⑦在临时用地范围内只能修建临时建筑。

⑧临时占用道路、街巷的施工材料堆放场和工棚，当建筑的主体建筑工程第三层楼顶完工后，应当拆除，可利用建筑的主体工程建筑物的首层堆放材料和作为施工用房。

⑨屋顶平台、阳台上不得擅自搭建临时建筑。

⑩临时建筑应当在批准的使用期限内自行拆除。

（2）临时管线的审核内容

①临时管线的埋设，必须首先申请临时用地，然后进行临时建设。管线埋设后，必须恢复原来的地形地貌。

②临时管线的埋设，不得影响，更不能破坏原有的地下管线和地面道路、建筑物、构筑物和其他设施。

③临时管线的架设，必须符合管线架设技术要求，不能随意走线和零乱设置，不能影响城镇观瞻和环境卫生。

④临时管线的架设，必须符合规划的高度要求，不能影响城镇道路交通运输的通畅和安全。

⑤易燃易爆的临时管线，必须考虑设防措施，并有明显标志。

⑥施工现场的临时管线，主体建筑竣工验收前必须拆除干净，不能留下后遗症。

⑦临时管线的使用期限一般不超过 2 年。

⑧临时管线应当在批准的使用期限内自行拆除。

3. 临时建设和临时用地规划管理的程序

一般来讲，临时建筑和临时用地规划管理的程序，应当包括临时建设和临时用地的申请、规划审核、核发批准证件等。

（1）申请

建设单位或者个人在城市、镇规划区内从事临时建设活动，应向城乡规划行政主管部门提交临时建设申请报告，阐明建设依据、理由、建设地点、建筑层数、建筑面积、建设用途、使用期限、主要结构方式、建筑材料和拆除承诺等内容，以及临时建设场地权属证件或临时用地批准证件，同时还应提交临时建筑设计图纸等。

临时用地的申请，同样应当提交临时用地申请报告以及有关文件、资料、图纸（临时用地范围示意图，包括临时用地上的临时设施布置方案）等。

（2）审核

城乡规划主管部门受理临时建设申请后，可到拟建临时建设的场地进行现场踏勘，并依据近期建设规划或者控制性详细规划对其审核。审核期临时建设工程是否影响近期建设规划或者控制性详细规划的实施；是否影响道路交通正常运行、消防通道、公共安全、历史文化保护和风景名胜保护、市容市貌、环境卫生以及周边环境等；同时要对临时建筑设计图纸进行审查，主要审查临时建筑布置与周边建筑的关系，建筑层数、高度、结构、材料以及使用性质、用途、建筑面积、外部装修等是否符合临时建筑的使用要求等。如果是临时管线工程，则以临时管线的使用要求进行审核。

临时用地的审核，同样应当审核其是否影响近期建设规划或者控制性详细规划的实施以及交通、市容、安全等，审核临时用地的必要性和可行性，并审核临时用地范围示意图，包括临时用地上的临时设施布置方案等。

（3）批准

城乡规划主管部门对临时建设的申请报告、有关文件、材料和设计图纸经过审核同意后，核发临时建设批准证件，说明临时建设的位置、性质、用途、层数、高度、面积、结构形式、有效使用时间，以及规划要求和到期必须自行拆除的规定等，实施规划行政许可。如果该临时建设影响近期建设规划或者控制性详细规划实施以及交通、市容、安全等，不得批准。但应说明理由，给予书面答复。

临时用地的批准，同样是经审核同意后，核发临时用地批准证件，在临时用地范围示意图上明确划定批准的临时用地红线范围的具体尺寸。如果不予批准，说明理由，给予书面答复。

## 第八节　规划许可的变更

《行政许可法》第四十九条规定，"被许可人要求变更行政许可事项的，应当向作出行政许可决定的行政机关提出申请；符合法定条件、标准的，行政机关应当依法办理变更手续。"

城乡规划行政许可一经作出，便具有法律的严肃性，规划主管部门不得擅自改变已经生效的行政许可，建设单位也必须严格执行。但是建设项目在实施过程中可能会由于各种客观情况发生了重大变化，或出于公共利益的需要，需要对已经做出的行政许可进行变更。

## 一、城市规划许可变更的情况

1. 建设项目选址意见书的变更

建设单位要求变更选址意见书的，应当向城乡规划主管部门提出申请；符合法定条件、标准的，城乡规划主管部门应当依法办理变更手续。

其审核要点、操作要求与变更中各部门协调的相关要求与新申请的要求基本一致。

2. 规划条件与建设用地规划许可的变更

规划条件作为用地规划许可的核心内容和国有土地使用权出让合同的重要组成部分，涉及建设项目开发强度等多项规划指标，一般情况不得变更。确需变更的，必须由相关单位向城乡规划主管部门提出申请并说明变更理由，由规划主管部门依法按程序办理。

《城乡规划法》第四十三条规定，"建设单位应当按照规划条件进行建设；确需变更的，必须向城市、县人民政府城乡规划主管部门提出申请。变更内容不符合控制性详细规划的，城乡规划主管部门不得批准。城市、县人民政府城乡规划主管部门应当及时将依法变更后的规划条件通报同级土地主管部门并公示。"

由于规划条件作为建设用地规划许可的重要附件，因此规划条件的变更必然涉及建设用地规划许可的变更。

城乡规划主管部门应当及时将依法变更后的规划条件进行公示并通报同级土地主管部门。土地主管部门依据新的规划条件与建设单位重新签订国有土地使用权出让合同，依法依规须组织招标、拍卖、挂牌出让等手续的（如非经营性用地改变为经营性用地）应组织，需补交土地出让金差额的应足额补交。

3. 建设项目规划设计方案与建设工程规划许可的变更

建设项目规划与设计方案（包括修建详细规划方案或建设工程设计方案总平面图、建设工程设计方案等）经城乡规划行政主管部门审核通过并批复后，不得随意修改或变更。确需修改或变更的，必须由相关单位或个人向城乡规划主管部门提出申请并说明理由，规划主管部门依法按程序办理。

《城乡规划法》第五十条规定，"经依法审定的修建性详细规划建设工程设计方案的总平面图不得随意修改；确需修改的，城乡规划主管部门应当采取听证会等形式，听取联系人的意见；因修改给利害关系人合法权益造成损失的，应当依法给予补偿。"

对于涉及改变规划条件的变更申请，应当首先申请变更规划条件。

需要变更规划与设计方案的几种情况：

1）规划条件已批准变更。

2）批准的规划与设计方案受地质条件限制，或影响地下管线、受高压线影响等无法实施，或根据文物、消防、环保、建设等相关部门的要求必须进行变更的。

3）原规划方案实施前或实施中引发重大争议和纠纷，经协商后需要变更方案的。

4）容积率等规定性技术指标不变，建筑布局、造型或立面等需要修改的。

5）其他出于公共利益的需要。

## 二、规划许可变更的程序

根据地方规定需要进行专家咨询论证的，行政许可的变更应当组织专家咨询论证后方能向规划主管部门申请变更。

1. 申请与受理

建设单位应当到城乡规划主管部门以书面方式提出申请，或者通过城乡规划公众信息网以电子邮件等方式提出申请。申请除需要提供与新申请一致的材料以外，一般还应当具备以下材料：

①城市规划行政许可或规划条件变更申请表（规划部门提供的标准格式文书）；

②原有城市规划行政许可及其附件；

③行政许可变更的专题报告或专家咨询（评审）意见等（说明变更的目的、理由及依据）；

④法律、法规规定的其他材料。

根据相关规定与申请单位提供的资料决定是否受理规划许可变更申请。对于依法不予变更的，告知其不予受理；对于材料不齐全或不符合法定形式的，告知其进行补正。

2. 公开与听证

1）涉及公共利益的城市规划行政许可变更须向社会公告，并举行听证会。

2）涉及申请人与他人之间重大利益关系的行政许可变更，在作出变更前，应当告知申请人、利害关系人享有要求听证的权利；申请人、利害关系人在被告知听证权利之日起五日内提出听证申请的，城乡规划行政主管部门在二十日内组织听证会。

3）听证笔录应该作为城市规划行政许可变更决定的重要依据。

3. 审核、决定与公开

城市规划主管部门应依据各项行政许可或规划条件的审核要求进行审核。

经城市规划管理部门审核同意的向建设单位发放准予变更决定书及相应行政许可。不予同意的应告知申请单位享有依法申请行政复议或者提起行政诉讼的权利。

城乡规划主管部门在作出行政许可决定以后，应当将行政许可决定通过报纸、网站、行政许可“窗口”等渠道予以公开，公众有权查阅。

## 三、容积率变更的相关要求

容积率是规划条件的关键参数，也是控制用地开发与工程建设的重要强制性指标，其变更需要经过严格的论证与程序。

住房和城乡建设部颁布的《关于印发〈建设用地容积率管理办法〉的通知（建规［2012］22号）》，对容积率调整的情况、程序等进行了严格规定。

国有土地使用权一经出让或划拨，任何建设单位或个人都不得擅自更改确定的容积率。符合下列情形之一的，方可进行调整：

（一）因城乡规划修改造成地块开发条件变化的；

（二）因城乡基础设施、公共服务设施和公共安全设施建设需要导致已出让或划拨地块的大小及相关建设条件发生变化的；

（三）国家和省、自治区、直辖市的有关政策发生变化的；

（四）法律、法规规定的其他条件。

国有土地使用权划拨或出让后，拟调整的容积率不符合划拨或出让地块控制性详细规划要求的，应当符合以下程序要求：

（一）建设单位或个人向控制性详细规划组织编制机关提出书面申请并说明变更理由；

（二）控制性详细规划组织编制机关应就是否需要收回国有土地使用权征求有关部门意见，并组织技术人员、相关部门、专家等对容积率修改的必要性进行专题论证；

（三）控制性详细规划组织编制机关应当通过本地主要媒体和现场进行公示等方式征求规划地段内利害关系人的意见，必要时应进行走访、座谈或组织听证；

（四）控制性详细规划组织编制机关提出修改或不修改控制性详细规划的建议，向原审批机关专题报告，并附有关部门意见及论证、公示等情况。经原审批机关同意修改的，方可组织编制修改方案；

（五）修改后的控制性详细规划应当按法定程序报城市、县人民政府批准。报批材料中应当附有规划地段内利害关系人意见及处理结果；

（六）经城市、县人民政府批准后，城乡规划主管部门方可办理后续的规划审批，并及时将变更后的容积率抄告土地主管部门。

国有土地使用权划拨或出让后，拟调整的容积率符合划拨或出让地块控制性详细规划要求的，应当符合以下程序要求：

（一）建设单位或个人向城市、县城乡规划主管部门提出书面申请报告，说明调整的理由并附拟调整方案，调整方案应表明调整前后的用地总平面布局方案、主要经济技术指标、建筑空间环境、与周围用地和建筑的关系、交通影响评价等内容；

（二）城乡规划主管部门应就是否需要收回国有土地使用权征求有关部门意见，并组织技术人员、相关部门、专家对容积率修改的必要性进行专题论证；

专家论证应根据项目情况确定专家的专业构成和数量，从建立的专家库中随机抽取有关专家，论证意见应当附专家名单和本人签名，保证专家论证的公正性、科学性。专家与申请调整容积率的单位或个人有利害关系的，应当回避；

（三）城乡规划主管部门应当通过本地主要媒体和现场进行公示等方式征求规划地段内利害关系人的意见，必要时应进行走访、座谈或组织听证；

（四）城乡规划主管部门依法提出修改或不修改建议并附有关部门意见、

论证、公示等情况报城市、县人民政府批准；

（五）经城市、县人民政府批准后，城乡规划主管部门方可办理后续的规划审批，并及时将变更后的容积率抄告土地主管部门。

## 注　释

[1] 本章主要内容源自如下参考文献：①全国城市规划执业制度管理委员会．《城市规划管理与法规》第十章城乡规划实施管理执笔人：任致远，北京：中国计划出版社，2011；②耿毓修主编．《城市规划管理》，上海：上海科学技术文献出版社，1997；③耿毓修编著．《城市规划管理与法规》，南京：东南大学出版社，2004；④耿毓修，黄均德主编．《城市规划行政与法制》，上海：上海科学技术文献出版社，2002；⑤耿毓修编著《城市规划管理》，北京：中国建筑工业出版社，2007。

[2] 内容及图表源自上海市城市规划管理局编著的《上海城市规划管理实践——科学发展观统领下的城市规划管理探索》，北京：中国建筑工业出版社，2007，第 249–251 页。

[3] 根据上海市、北京市、杭州市等地的相关规定整理得出。

[4] 根据上海市虹口区规划与土地管理局相关操作流程整理得出。

[5] 根据上海市相关规定整理得出。

[6] 本部分内容源自张军连主编．《土地法学》，北京：中国农业大学出版社，2007，第 22–26 页。

[7] 根据上海市、北京市、杭州市等地的相关规定整理得出。

[8] 本节大部分内容源自全国城市规划执业制度管理委员会《全国注册城市规划师职业资格考试参考用书之一——城市规划实务》(2011 版)，第 80–90 页，执笔人：卢华翔、贺旺、曹珊，北京：中国计划出版社，2011。

[9] 本部分内容源自尹强，苏原，李浩编著《城市规划管理与法规》(第 2 版)，天津大学出版社，2009.9，第 72–75 页。

## 复习思考题

1. 城市建设项目的审核许可过程中，进行行政管理的政府部门主要有哪些？
2. 公益性建设项目和经营性建设项目的审核许可流程的差异在哪里？
3. 城市建设项目的规划许可管理主要包括哪三个方面的工作内容？
4. “一书两证”是指什么？
5. 审批城市规划许可的依据是什么？
6. 建设项目选址规划管理的工作内容是什么？
7. 我国土地所有权的主体是什么？何为土地所有权征用制度？
8. 何为土地使用权有偿使用制度？土地有偿使用的形式有哪些？
9. 土地用途管制的主要内容是什么？
10. 建设用地规划许可的审核内容是什么？
11. 建设工程规划许可的审核内容是什么？
12. 市政管线工程规划管理的审核内容是什么？

13. 城市规划许可变更分为几种情况？其具体规划变更的程序是什么？

14. 容积率是规划条件的关键参数，国有土地使用权出让或划拨后容积率不得轻易变更，需满足什么条件才能申请变更容积率？

15. 临时建设和临时用地的规划管理要求是什么？

## 深度思考题

1. 自然资源部成立，规划管理和土地管理划归同一个部门，为提高审批效率，"多审合一"有哪些工作可做？

2. 建设项目选址规划许可和建设用地规划许可都涉及规划条件的核定和提出，两者有怎样的区别？

3. 土地使用权流转未来的发展前景如何？

4. 建设工程规划许可管理要求管理者具备怎样的专业知识？

5. 建设用地规划管理中制定的规划设计条件在何种情况下可以变更？

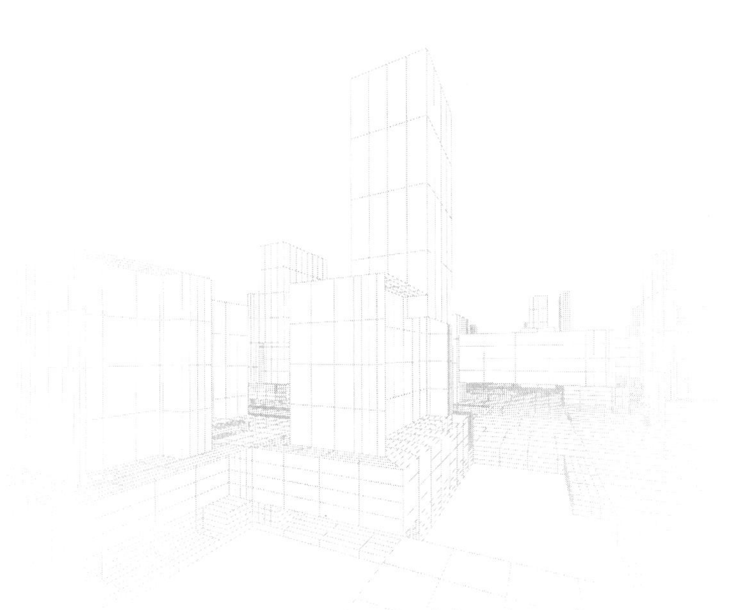

# 第六章

# 城乡规划的监督检查管理

**本章要点**

①规划编制监督检查的主要内容；

②规划审批程序监督检查的主要内容；

③规划执行情况监督检查的主要内容；

④建设工程开工放样复验程序及内容；

⑤建设工程竣工规划验收程序及内容；

⑥违法建设的类别和特点；

⑦违法建设的处罚措施和处罚程序。

《城乡规划法》第五十一条规定“县级以上人民政府及其城乡主管部门应当加强对城乡规划编制、审批、实施、修改的监督检查”；第五十二条规定“地方各级人民政府应当向本级人民代表大会常务委员会或者乡、镇人民代表大会报告城乡规划的实施情况，并接受监督”；这两条规定明确了各级人民政府及其城乡规划行政主管部门进行监督检查的责任与义务。

《城乡规划法》第五十三条、第五十四条规定了城乡规划监督检查的权力与方法。

第五十三条规定，“县级以上人民政府城乡规划主管部门对城乡规划的实施情况进行监督检查，有权采取以下措施：①要求有关单位和人员提供与监督事项有关的文件、资料，并进行复制；②要求有关单位和人员就监督事项涉及的问题作出解释和说明，并根据需要进入现场进行勘测；③责令有关单位和人员停止违反有关城乡规划的法律、法规的行为。城乡规划主管部门的工作人员履行前款规定的监督检查职责，应当出示执法证件。被监督检查的单位和人员应当予以配合，不得妨碍和阻挠依法进行的监督检查活动。”

第五十四条规定：“监督检查情况和处理结果应当依法公开，供公众查阅和监督。”

## 第一节　城乡规划监督检查的主要内容[1]

### 一、城乡规划编制的监督检查

《自然资源部关于全面开展国土空间规划工作的通知》明确指出：“各地不再新编和报批主体功能区规划、土地利用总体规划、城镇体系规划、城市（镇）总体规划、海洋功能区划等。已批准的规划期至2020年后的省级国土规划、城镇体系规划、主体功能区规划，城市（镇）总体规划，以及原省级空间规划试点和市县“多规合一”试点等，要按照新的规划编制要求，将既有规划成果融入新编制的同级国土空间规划中。”

因此，新的城乡规划编制体系包括如下几个层级：全国国土空间总体规划、省级国土空间总体规划、市（县）级国土空间总体规划、镇（乡）级国土空间总体规划，以及市（县）级、镇（乡）级的详细规划，包括控制性详细规划和村庄规划。

国家城镇体系规划、省级城镇体系规划、城市（镇）总体规划已经被同层级的国土空间规划所取代。

城乡规划编制的监督检查包括以下3个方面：

**（一）城乡规划的编制主体是否符合法律的规定**

各类、各层次规划的编制主体，基本可划分为两类：

由各级人民政府组织编制的城乡规划：包括省、自治区人民政府组织编制的省级国土空间总体规划；城市人民政府组织编制市国土空间总体规划，县人民政府组织编制的县人民政府所在地镇的国土空间总体规划；镇人民政府组织编制的镇国土空间总体规划、控制性详细规划、村庄规划。

由各级人民政府的城乡规划主管部门编制的城乡规划：由国务院城乡规划主管部门会同国务院有关部门组织编制全国国土空间总体规划；城市、县人民政府城乡规划主管部门根据城市、镇国土空间总体规划的要求，组织编制城市、县人民政府所在地镇的控制性详细规划、重要地块的修建性详细规划。

**（二）城乡规划的编制单位是否具备相应资质**

《城乡规划法》第二十四条规定："城乡规划组织编制机关应当委托具有相应资质等级的单位承担城乡规划的具体编制工作。从事城乡规划编制工作应当具备下列条件，并经国务院城乡规划主管部门或者省、自治区、直辖市人民政府城乡规划主管部门依法审查合格，取得相应等级的资质证书后，方可在资质等级许可的范围内从事城乡规划编制工作：①有法人资格；②有规定数量的经国务院城乡规划主管部门注册的规划师；③有规定数量的相关专业技术人员；④有相应的技术装备；⑤有健全的技术、质量、财务管理制度。规划师执业资格管理办法，由国务院城乡规划主管部门会同国务院人事行政部门制定。"

**（三）城乡规划的编制是否拥有准确的规划基础资料**

《城乡规划法》第二十五条规定："编制城乡规划，应当具备国家规定的勘察、测绘、气象、地震、水文、环境等基础资料。"是否拥有相应准确的规划基础资料，是能否编制出科学的城乡规划的前提和保障。

## 二、规划审批程序的监督检查

城乡规划编制完成后，需要经过相应的上报审批程序，方可进入城乡规划的实施阶段，审批程序的监督检查包括以下几个方面：

**（一）城乡规划上报、审批主体是否符合法律的规定**

由国务院审批的城乡规划：由国务院国土空间规划主管部门上报的全国国土空间总体规划；省、自治区人民政府上报的省级国土空间总体规划；直辖市人民政府上报的直辖市的国土空间总体规划；由省、自治区人民政府审查同意后，上报的省、自治区人民政府所在地的城市以及国务院确定的城市国土空间总体规划。

由上级人民政府进行审批的城乡规划：除省、自治区人民政府所在地的城市以及国务院确定的城市之外的其他城市的国土空间总体规划，由城市人民政府报省、自治区人民政府审批；县人民政府上报的县人民政府所在地镇的国土空间总体规划，由镇人民政府上报的镇的国土空间总体规划、控制性详细规划；乡、镇人民政府组织编制的村庄规划。

经本级人民政府批准后，报本级人民代表大会常务委员会和上一级人民政府备案的城乡规划：城市人民政府城乡规划主管部门组织编制的控制性详细规划；由县人民政府城乡规划主管部门组织编制的县人民政府所在地镇的控制性详细规划。

另外，专项规划按有关规定要求单独上报审批，或纳入城市总体规划进行审批。

**（二）城乡规划上报前是否经过相应程序的审议**

省、自治区人民政府组织编制的省级国土空间规划，城市、县人民政府组织编制的城镇国土空间总体规划，在报上一级人民政府审批前，应当先经本级人民代表大会常务委员会审议，常务委员会组成人员的审议意见交由本级人民政府研究处理。

镇人民政府组织编制的镇国土空间总体规划，在报上一级人民政府审批前，应当先经镇人民代表大会审议，代表的审议意见交由本级人民政府研究处理。

规划的组织编制机关报送审批省级国土空间规划、市国土空间总体规划或镇国土空间总体规划，应当将本级人民代表大会常务委员会组成人员或者镇人民代表大会代表的审议意见和根据审议意见修改规划的情况一并报送。

村庄规划在报送审批前，应当经村民会议或者村民代表会议讨论同意。

**（三）城乡规划上报前是否经过公告，公告时间是否符合规定**

城乡规划报送审批前，组织编制机关应当依法将城乡规划草案予以公告，并采取论证会、听证会或者其他方式征求专家和公众的意见。公告的时间不得少于三十日。

组织编制机关应当充分考虑专家和公众的意见，并在报送审批的材料中附具意见采纳情况及理由。

**（四）审批机关是否组织专家和有关部门进行审查**

《菏泽市国土空间规划编制工作方案》明确指出："由市自然资源和规划局牵头，从发改、生态环境、住建、交通、水务、农业农村、林业等部门抽调人员组建菏泽市国土空间总体规划编制工作专班，协调推进市级国土空间总体规划编制工作""邀请国内知名的国土、规划、林业、环保、交通、水利、产业经济等领域的专家，组建专家团队，参与专题研究、规划编制、技术审查、咨询论证等工作。"因此，组织专家和有关部门进行审查时组织编制的工作职责。

## 三、规划执行情况的监督检查

城乡规划监督的内容包括以下几个主要方面：

**（一）城镇建设严格控制在规划确定的建设用地范围之内**

在国土空间总体规划确定的建设用地范围以外，不得设立各类开发区和城市新区。

《城乡规划法》第四十二条规定："城乡规划主管部门不得在城乡规划确定的建设用地范围以外作出规划许可。"

**（二）是否有计划地实施城乡规划**

地方各级人民政府应当根据当地经济社会发展水平，量力而行，尊重群众意愿，有计划分步骤地组织实施城乡规划。

城市的建设和发展，应当优先安排基础设施以及公共服务设施的建设，妥善处理新区开发与旧区改建的关系，统筹兼顾进城务工人员生活和周边农村经济社会发展、村民生产与生活的需要。

镇的建设和发展，应当结合农村经济社会发展和产业结构调整，优先安排供水、排水、供电、供气、道路、通信、广播电视等基础设施和学校、卫生院、文化站、幼儿园、福利院等公共服务设施的建设，为周边农村提供服务。

乡、村庄的建设和发展，应当因地制宜节约用地，发挥村民自治组织的作用，引导村民合理进行建设，改善农村生产、生活条件。

**（三）在严格保护自然资源和历史环境的前提下，开展城镇建设活动**

城市新区的开发和建设，应当合理确定建设规模和时序，充分利用现有市政基础设施和公共服务设施，严格保护自然资源和生态环境，体现地方特色。

保护历史文化遗产和传统风貌，旧城区的改建要合理确定拆迁和建设规模，有计划地对危房集中、基础设施落后等地段进行改建。

历史文化名城、名镇名村的保护以及受保护建筑物的维护和使用，应当遵守有关法律、法规和相关规定。

城乡建设和发展，应当依法保护和合理利用风景名胜等资源，统筹安排风景名胜区、自然保护区及周边乡、镇、村庄的建设。风景名胜区的规划、建设和管理，应当遵守有关法律、法规和相关规定。

城乡规划确定的铁路、公路、港口、机场、道路、绿地、输配电设施及输电线路走廊、通信设施、广播电视设施、管道设施、河道、水库、水源地、自然保护区、防汛通道、消防通道、核电站、垃圾填埋场及焚烧厂、污水处理厂和公共服务设施的用地以及其他需要依法保护的用地，禁止擅自改变用途。

**（四）地下空间的开发与利用**

城市地下空间的开发和利用，应当与经济和技术发展水平相适应，遵循统筹安排、综合开发、合理利用的原则，充分考虑防灾减灾、人民防空和通信等需要，并符合城市规划，履行规划审批手续。

除上述四项内容之外，城市规划的监督检查管理还包括：⑤规划许可证书的核发是否符合规定；⑥规划行政许可的变更是否符合规定；⑦城市规划的批后管理（开工放样复验、建设工程竣工规划验收）；⑧违法建设的查处。下文从城市规划的批后管理和违法建设的查处两个方面进行更详细的解析。

## 第二节　建设工程开工放样复验[2]

本节以上海市为例，从上海市建设项目的规划管理流程（图 6–1）可以看出，对建设项目进行开工复验灰线和竣工规划验收是规划许可管理后的必备阶段。

《上海市城乡规划条例》第四十二条规定：新建、改建、扩建建设项目现场放样后，建设单位或者个人应当按照规定通知规划行政管理部门复验，并报告开工日期。规划行政管理部门应当进行现场检查，经复验无误后方可准予开工。规划行政管理部门应当在接到通知后的五个工作日内复验完毕。

新建、改建、扩建建设项目现场放样后，建设单位或者个人应当按照规定通知规划行政管理部门复验，并报告开工日期。

### 一、申请材料

建筑工程、市政交通工程应提供下列资料：

（1）《上海市建设工程放样复验申请表》（建筑工程、市政管线工程、市政交通工程）；

（2）涉及道路规划红线、河道规划蓝线等规划控制线的相关定界报告资料；

（3）《上海市建设工程开工放样复验检测成果报告书》；

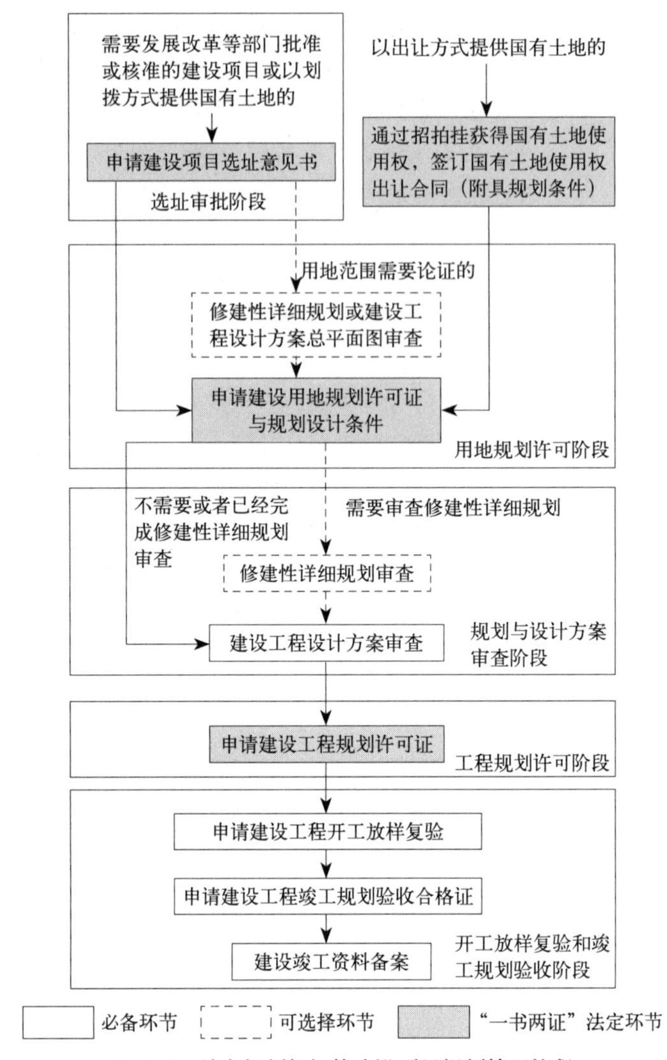


图 6-1　城市规划部门的建设项目规划管理流程

资料来源：上海市城市规划管理局编著《上海城市规划管理实践——科学发展观统领下的城市规划管理探索》北京：中国建筑工业出版社，2007，第 249-251 页。

（4）地质资料汇交凭证。

市政管线工程应提供下列资料：

（1）《上海市建设工程放样复验申请表》（管线工程）；

（2）涉及道路规划红线、河道规划蓝线等规划控制线的相关定界报告资料；

（3）建设单位签订的《依法建设责任书》；

（4）施工单位签订的《依法施工责任书》。

## 二、检查内容

（1）检查建筑工程施工现场是否悬挂建设工程规划许可证；

（2）检查建筑工程总平面放样是否符合建设工程规划许可证核准的图纸；

（3）检查建筑工程基础的外沿与道路规划红线、与相邻建筑物外墙、与建设用地边界的距离；

（4）检查建筑工程外墙长、宽尺寸；

（5）查看基地周围环境及有无架空高压电线等对建筑工程施工有相应要求的情况。

沿路建筑工程或基地内有规划城市道路的建筑工程，城市规划管理部门先委托城市测绘部门订立道路红线界桩，再检查上述内容。

市政管线或市政交通工程复验灰线。城市规划管理部门先委托城市测绘部门订立城市道路红线界桩，然后检查新埋设的管线或新辟筑道路的中心线位置。

## 三、检查程序

按照《上海市城乡规划条例》的规定，对新建、改建、扩建建设项目，建设单位或者个人在取得《建设工程规划许可证》后六个月内，经现场放样并委托具备相应资质的测绘单位检测后，应当按照规定通知规划行政管理部门复验（图 6–2），并报告开工日期。

（1）验线的受理

建设单位持验线申请单及所需要的全部图件，向城乡规划主管部门行政许可收件窗口申报验线。对图件资料合格的，受理申报并在一个工作日内将材料转送验线组。

（2）现场测量

验线经办人在收到申报材料之日起 3 个工作日内安排城乡规划主管部门指定的测绘单位组织现场核验。

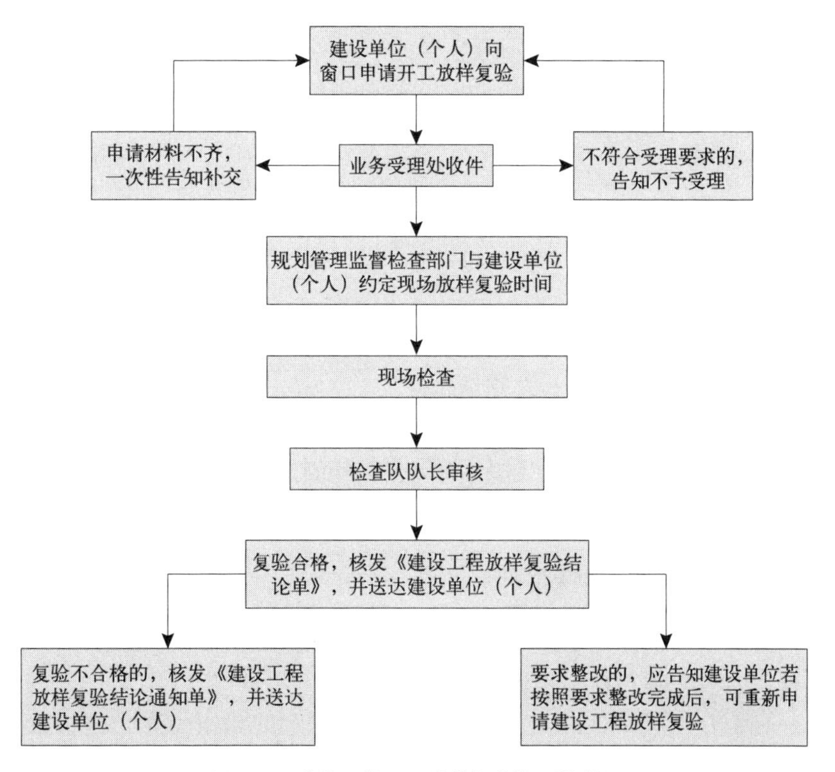


图 6–2　建设工程开工放样复验许可流程图

资料来源：上海市《开工放样复验办事指南》。

（3）审核与签发

验线经办人在现场核验后5个工作日内提交初审意见（同期验线10幢以上的，每超过5幢增加1个工作日）。根据验线成果的审核意见，验线负责人在2日内提出验线审定意见。

本审批事项准予批准的条件：

①建设单位应完成道路规划红线、河道规划蓝线等规划控制线的现场定界，并委托具备相应资质的测绘单位对现场放样的灰线进行检测；

②放样灰线应当符合批准的建设工程规划许可证及附图要求；

③放样灰线应当符合规划管理技术规范和标准的要求；

④建设单位应完成地质资料汇缴。

不予批准的情形：

建设单位未完成道路规划红线、河道规划蓝线等规划控制线的现场定界，未进行现场灰线放样和委托具备相应资质的测绘单位对灰线进行检测；

放样检测建筑间距、退界距离不符合批准的建设工程规划许可证及附图要求。

（4）发件

根据验线审定意见，验线经办人制作《建设工程验线合格通知单》或《建设工程验线整改意见通知单》，并转发件窗口。

## 第三节 建设工程竣工规划验收[3]

《城乡规划法》第四十五条，县级以上地方人民政府城乡规划主管部门按照国务院规定对建设工程是否符合规划条件予以核实。未经核实或者经核实不符合规划条件的，建设单位不得组织竣工验收。

本节以上海为例进行介绍，《上海市城乡规划条例》第四十三条规定：建设单位或者个人完成基地内建筑、道路、绿化、公共设施等建设后，应当向规划行政管理部门提交竣工图和竣工测绘报告等资料，申请竣工规划验收。

下列建设项目，建设单位或者个人按照建设工程规划许可证及附图的要求，完成基地内建筑、道路、绿化、公共设施等建设后，应当向规划行政主管部门申请竣工规划验收。

①新建、改建、扩建建筑物、构筑物、道路或者管线工程；

②需要变动主体承重结构的建筑物或者构筑物的大修工程；

③市人民政府确定的区域内的房屋立面改造工程。

### 一、申请材料

建设单位（个人）申请建筑工程竣工规划验收时，应当填写、报送下列相关材料：

（1）《上海市建设工程竣工规划验收申请表（建筑工程）》；

（2）《建设项目选址意见书》（或土地出让合同）、《建设用地规划许可证》、《建设工程规划设计要求》、《建设工程方案审核意见单》等原件和复印件各1份；

(3)《建设工程规划许可证》及附表和附图：建筑工程项目表、地形图、图纸目录、总平面图、建筑施工图（平、立、剖面图）、绿化布置图和建筑分层面积表等原件和复印件各1份；

(4)《上海市建设工程放样复验结论单（建筑工程）》原件和复印件各1份；

(5)《上海市建设工程竣工测量成果报告书》原件1份并附更新后的地形图和电子文档资料盘片各1张；

(6) 城建档案管理部门核发的《上海市建设项目（工程）档案验收合格证》或出具的相关意见单原件和复印件各1份；

(7) 民防工程验收合格意见单原件和复印件各1份；

(8) 其他材料。

建设单位（个人）申请市政管线工程竣工规划验收时，应当填写、报送下列相关材料：

(1)《上海市建设工程竣工规划验收申请表（管线工程）》；

(2)《建设工程规划许可证》原件和复印件各1份；

(3)《上海市建设工程放样复验结论单（管线工程）》原件和复印件各1份；

(4) 测绘部门的《上海市建设工程竣工规划验收测量成果报告书》或现场跟测的《上海市管线工程跟踪测量成果资料》原件1份并附更新后的地形图和电子文档资料盘片各1张；

(5) 其他材料。

建设单位（个人）申请市政交通工程竣工规划验收时，应当填写、报送下列相关材料：

(1)《上海市建设工程竣工规划验收申请表（交通工程）》；

(2)《建设项目选址意见书》（按照有关规定无需办理的除外）、《建设用地规划许可证》（按照有关规定无需办理的除外）、《建设工程规划许可证》等原件和复印件各1份；

(3)《上海市建设工程放样复验结论单（交通工程）》原件和复印件各1份；

(4)《上海市建设工程竣工规划验收测量成果报告书》原件1份并附更新后的地形图和电子文档资料盘片各1张；

(5) 城建档案管理部门核发的《上海市建设项目（工程）档案验收合格证》或出具的相关意见单原件和复印件各1份；

(6) 其他材料。

## 二、验收内容

(1) 建筑工程竣工规划验收的内容

①建设用地的规划性质、地域位置、四至范围等；

②各单幢建筑工程的性质、平面位置、面积、高度、结构等；

③总平面图中配置的绿地、停车场面积和室外地面标高等；

④建筑物或构筑物的风格、色彩等其他规划要求内容。

(2) 市政管线工程竣工规划验收的内容

①管线工程的位置、长度、规格、导管孔数、材料质量、管顶标高及对地

距离等；

②其他规划要求。

（3）市政交通工程竣工规划验收的内容

①交通工程位置、长度、宽度、路面标高、桥梁纵坡、梁底标高、涵管顶部标高等；

②道路横断面布置；

③其他规划要求。

## 三、验收程序

市规划局受理的建设工程竣工规划验收项目，受理窗口应当在1天内，填写《建设工程竣工规划验收工作联系单》转送验收小组。

验收小组应当赴现场进行验收检查，并在5个工作日内，提出处理意见，报主管领导审批；主管领导应当在3个工作日内完成审批，涉及重大问题的须报局领导审批。

区、县规划局受理的建设工程竣工规划验收项目，受理窗口应当在1天内，填写《建设工程竣工规划验收工作联系单》转送验收小组。

验收小组应当在2个工作日内，赴现场进行验收检查，提出处理意见，报主管领导审核；主管领导应当在2个工作日内，提出审核意见，报市规划局审批；市规划局监督检查处应当对区、县规划局报送的验收资料进行复核，并在2个工作日内，提出处理意见，报主管领导审批；主管领导应当在2个工作日内完成审批，涉及重大问题须经市规划局局领导审批（图6–3）。

### （一）本审批事项准予批准的条件

建设项目应当符合《建设工程规划许可证》批准的要求；

建设单位或者个人应按照规划许可的要求全面完成建设，并已拆除基地内临时建筑和不准予保留的旧建筑；

建设项目应符合《上海市国有土地使用权出让合同》或《国有土地划拨决定书》约定的条款的要求；

建设项目应按照《地名批准书》的要求使用和设置地名；

建设项目档案资料的编制和归档情况应符合档案管理要求；

建设项目应当完成地质勘探资料汇交及落实地质灾害防治措施。

### （二）本审批事项不予批准的情形

建设项目不符合《建设工程规划许可证》批准的要求；

建设单位或者个人未按照规划许可的要求全面完成建设，未拆除基地内临时建筑和不准予保留的旧建筑；

建设项目应不符合《上海市国有土地使用权出让合同》或《国有土地划拨决定书》约定的条款的要求；

建设项目未按照《地名批准书》的要求使用和设置地名；

建设项目档案资料的编制和归档情况不符合档案管理要求；

建设项目未完成地质勘探资料汇交及落实地质灾害防治措施。

经验收符合规划要求的，市规划局应当核发《上海市建设工程竣工规划验

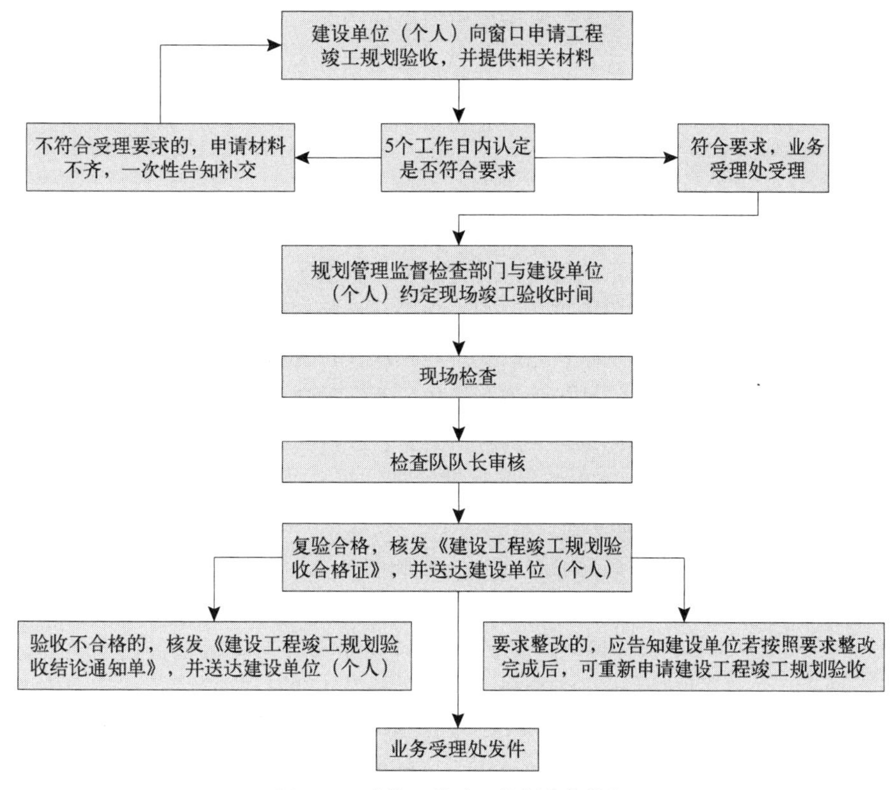


图 6–3 建设工程竣工规划验收流程

资料来源：《上海市建设工程竣工规划验收暂行规定》。

收合格证》，送交建设单位（个人）；或者经区、县规划局通知建设单位（个人）领取《上海市建设工程竣工规划验收合格证》。

经验收不符合规划要求的，市或者区、县规划局应当填写《上海市建设工程竣工规划验收结论通知单》，送达建设单位（个人），告知要求整改的理由和处理意见。建设单位（个人）整改后，应重新按照本规定提出竣工规划验收申请。

验收中发现违法建设时，市或者区、县规划局应当按照《上海市城乡规划条例》等法律法规的有关规定依法处理后，再进行竣工规划验收。

## 第四节 违法建设的行政处罚

违法建设的行政处罚，主要是对违反城市规划法律和法规、违反依法制定的城市规划、违反城市规划管理部门依法核发的建设用地规划许可证和建设工程规划许可证的违法行为的处罚。

### 一、违法建设的种类和特点

#### （一）违法建设的类别

1. 改变特定土地用途的违法建设行为

《城乡规划法》第三十五条规定，“城乡规划确定的铁路、公路、港口、机场、道路、绿地、输配电设施及输电线路走廊、通信设施、广播电视设施、管道设施、河道、水库、水源地、自然保护区、防汛通道、消防通道、核电站、垃圾填埋场及焚烧厂、污水处理厂和公共服务设施用地以及其他需要依法保护的用地，禁止擅自改变用途。”上述用地是城乡建设和发展的重要保障，法律规定严格保护，违法占用道路、广场、绿地、高压输电线走廊等进行建设要坚决进行打击。

2. 违反城乡规划实施管理制度的违法建设行为

未根据相关法定程序和要求办理规划行政审批或行政许可的，或者未按照规划许可的规定进行建设的，都属于违法建设行为。包括违法占地，以及未取得或者以欺骗手段骗取建设用地规划许可证的行为；擅自变更建设用地规划许可证规定事项，改变用地性质、位置和界限的行为；未取得或者以欺骗手段骗取建设工程规划许可证的行为；擅自变更建设工程规划许可证规定事项，改变批准的图纸、文件等行为。

3. 违反各类临时建设规划行政许可的违法建设行为

《城乡规划法》规定，“在城市、镇规划区内进行临时建设的，应当经城市、县人民政府城乡规划主管部门批准”“临时建设应当在批准的使用期限内自行拆除”。

临时建设是指单位和个人因生产、生活需要而搭建的结构简易并在规定期限内必须拆除的建筑物、构筑物或其他设施。违反各类临时建设规划行政许可的违法建设行为包括未经批准进行临时建设或者未按照批准内容进行临时建设，以及临时建筑物、构筑物超过批准期限不拆除等行为。

违法建设根据违法建设的方式例举如下：

（1）少批多建。建设单位依法取得一书两证，但在施工建设时，随意改变尺寸，往往表现在竣工验收面积超出规划工程许可证核定的准建面积；

（2）未批先建。这类违法建设主要是指未取得《建设用地规划许可证》而占用土地的，或者是未取得《建设工程规划许可证》而施工建设的；

（3）批东建西。建设单位报批与实际建设地点不相符合，这类违法建设往往以私人建房居多；

（4）批后违建。建设单位未按已经审定的图纸施工，改变建筑的外部形态（如建筑立面、色彩、朝向等）与使用功能。

违法建设根据违反的审批程序可以分为：

（1）未取得建设工程规划许可证进行建设的；

（2）未按照批准的建设工程规划许可证及其图纸进行建设的；

（3）建设工程规划许可证逾期又未经批准延期进行建设的；

（4）临时建筑和建设基地内的临时设施逾期未拆除的；

（5）建设基地内的建筑物、构筑物，按规划管理要求应当拆除而未拆除；

（6）被撤销建设工程规划许可证后仍进行建设的；

（7）违法审批的建设工程；

（8）违反有关法律、法规规定，应当拆除的其他违法建设工程。

**（二）违法建设的特点**

（1）突击施工

一般情况下，利用双休日、节假日突击施工进行违法建设的居多。

（2）屡拆屡建

常常是由于缺乏有效的打击举措，拆后又建的违法建设明显增多。

（3）集体违法

缺乏法律意识、一哄而起搞违法建设，甚至是集体单位进行违法建设。

（4）公然对抗

肆意阻挠行政人员进行执法，甚至对行政人员进行人身攻击，暴力抗法。

（5）仿效蔓延

居民个体违法建设的特点是规模小、形成快、分散隐蔽，如果执法打击力度不够，极易被仿效，形成区域性、多发性蔓延趋势。

**（三）违法建设的负面影响**

首先，违法建设影响了规划实施。一般情况下，违法建设都是与城市规划相矛盾的，常常加大了规划实施的难度。

其次，违法建设破坏了城市的建成环境。违法建设由于未经规划部门审批或违反审批进行建设，因此大都没有综合考虑建筑高度、建筑密度、容积率、绿地面积等强制性指标，以及街景立面等指导性指标，破坏了城市的建成环境。

第三，违法建设存在着诸多安全隐患。例如，违章搭建往往造成相邻建筑物不符合建筑防火间距，防火安全问题严重。

## 二、违法建设的制度规定

**（一）违法建设的普适规定**

《城乡规划法》与《国有土地上房屋征收与补偿条例》（国务院 2011 年 1 月 21 日公布实施）对于城市违法建设查处具有普遍的适用性。《城乡规划法》对城市违法建设的界定、处罚等作出原则规定；《国有土地上房屋征收与补偿条例》对违法建筑的征收明确规定了“不予补偿”。

《城乡规划法》第六十四条规定：“未取得建设工程规划许可证或者未按照建设工程规划许可证的规定进行建设的，由县级以上地方人民政府城乡规划主管部门责令停止建设；尚可采取改正措施消除对规划实施的影响的，限期改正，处建设工程造价百分之五以上百分之十以下的罚款；无法采取改正措施消除影响的，限期拆除，不能拆除的，没收实物或者违法收入，可以并处建设工程造价百分之十以下的罚款。”六十六条规定：“建设单位或者个人有下列行为之一的，由所在地城市、县人民政府城乡规划主管部门责令限期拆除，可以并处临时建设工程造价一倍以下的罚款：（一）未经批准进行临时建设的；（二）未按照批准内容进行临时建设的；（三）临时建筑物、构筑物超过批准期限不拆除的。”六十八条还规定：“城乡规划主管部门做出责令停止建设或者限期拆除的决定后，当事人不停止建设或者逾期不拆除的，建设工程所在地县级以上地方人民政府可以责成有关部门采取查封施工现场、强制拆除等措施。”

《国有土地上房屋征收与补偿条例》第二十四条规定：“市、县级人民政府及其有关部门应当依法加强对建设活动的监督管理，对违反城乡规划进行建设的，依法予以处置。市、县级人民政府作出房屋征收决定前，应当组织有关部门依法对征收范围内未经登记的建筑进行调查、认定和处置。对认定为合法建筑和未超过批准期限的临时建筑的，应当给予补偿；对认定为违法建筑和超过批准期限的临时建筑的，不予补偿。”

### （二）特定领域违法建设的规定[4]

城市建设是一个系统工程，涉及多个行政管理部门，相应地城市违法建设的查处也触及多个部门的权责范围。城市违法建设通常在违反城乡规划法的同时，还可能触犯特定行政部门的法律法规，如非法占用土地、消防抗震设施不达标、侵占行洪通道、挤占绿化用地、破坏道路市政设施等，现行逾10部法律法规涉及特定领域违法建设的查处。

《中华人民共和国防洪法》第五十三条规定：“未经水行政主管部门签署规划同意书，擅自在江河、湖泊上建设防洪工程和其他水工程、水电站的，责令停止违法行为，补办规划同意书手续；违反规划同意书的要求，严重影响防洪的，责令限期拆除；违反规划同意书的要求，影响防洪但尚可采取补救措施的，责令限期采取补救措施，可以处一万元以上十万元以下的罚款。”第五十四条规定：“未按照规划治导线整治河道和修建控制引导河水流向、保护堤岸等工程，影响防洪的，责令停止违法行为，恢复原状或者采取其他补救措施，可以处一万元以上十万元以下的罚款。”第五十五条规定：“在河道、湖泊管理范围内建设妨碍行洪的建筑物、构筑物的，责令停止违法行为，排除阻碍或者采取其他补救措施，可以处五万元以下的罚款。”第五十六条规定：“围海造地、围湖造地、围垦河道的，责令停止违法行为，恢复原状或者采取其他补救措施，可以处五万元以下的罚款；既不恢复原状也不采取其他补救措施的，代为恢复原状或者采取其他补救措施，所需费用由违法者承担。”第五十七条规定：“未经水行政主管部门对其工程建设方案审查同意或者未按照有关水行政主管部门审查批准的位置、界限，在河道、湖泊管理范围内从事工程设施建设活动的，责令停止违法行为，补办审查同意或者审查批准手续；工程设施建设严重影响防洪的，责令限期拆除，逾期不拆除的，强行拆除，所需费用由建设单位承担；影响行洪但尚可采取补救措施的，责令限期采取补救措施，可以处一万元以上十万元以下的罚款。”第五十八条规定：“在洪泛区、蓄滞洪区内建设非防洪建设项目，未编制洪水影响评价报告或者洪水影响评价报告未经审查批准开工建设的，责令限期改正；逾期不改正的，处五万元以下的罚款。”

《中华人民共和国防震减灾法》第二十四条规定：“新建、扩建、改建建设工程，应当避免对地震监测设施和地震观测环境造成危害。对地震观测环境保护范围内的建设工程项目，城乡规划主管部门在依法核发选址意见书时，应当征求负责管理地震工作的部门或者机构的意见；不需要核发选址意见书的，城乡规划主管部门在依法核发建设用地规划许可证或者乡村建设规划许可证时，应当征求负责管理地震工作的部门或者机构的意见。”第八十三条规定：“未按照法律、法规和国家有关标准进行地震监测台网建设的，由国务院地震工作主管部门或者县级以上地方人民政府负责管理地震工作的部门或者机构责令改正，采取相应的补救措施；对直接负责的主管人员和其他直接责任人员，依法给予处分。”第八十四条规定：“侵占、毁损、拆除或者擅自移动地震监测设施的；危害地震观测环境的；破坏典型地震遗址、遗迹的，由国务院地震工作主管部门或者县级以上地方人民政府负责管理地震工作的部门或者机构责令停止违法行为，恢复原状或者采取其他补救措施；造成损失的，依法承担赔偿责任。单位有前款所列违法行为，情节严重的，处二万元以上二十万元以下的罚款；个人有前款所列违法行为，情节严重的，处二千元以下的罚款。构成违反治安管理行为的，由公安机关依法给予处罚。”第八十五条规定：“未按照要求增建抗干扰设施或者新建地震监测设施的，由国务院地震工作主管部门或者县级以上地方人民政府负责管理地震工作的部门或者机构责令限期改正；逾期不改正的，处二万元以上二十万元以下的罚款；造成损失的，依法承担赔偿责任。”

《风景名胜区条例》第四十条规定：“在核心景区内建设宾馆、招待所、培训中心、疗养院以及与风景名胜资源保护无关的其他建筑物的。由风景名胜区管理机构责令停止违法行为、恢复原状或者限期拆除，没收违法所得，并处 50 万元以上 100 万元以下的罚款。”第四十一条规定：“在风景名胜区内从事禁止范围以外的建设活动，未经风景名胜区管理机构审核的，由风景名胜区管理机构责令停止建设、限期拆除，对个人处 2 万元以上 5 万元以下的罚款，对单位处 20 万元以上 50 万元以下的罚款。”

《中华人民共和国水法》第六十五条规定：“在河道管理范围内建设妨碍行洪的建筑物、构筑物，或者从事影响河势稳定、危害河岸堤防安全和其他妨碍河道行洪的活动的，由县级以上人民政府水行政主管部门或者流域管理机构依据职权，责令停止违法行为，限期拆除违法建筑物、构筑物，恢复原状；逾期不拆除、不恢复原状的，强行拆除，所需费用由违法单位或者个人负担，并处一万元以上十万元以下的罚款。未经水行政主管部门或者流域管理机构同意，擅自修建水工程，或者建设桥梁、码头和其他拦河、跨河、临河建筑物、构筑物，铺设跨河管道、电缆，且防洪法未作规定的，由县级以上人民政府水行政主管部门或者流域管理机构依据职权，责令停止违法行为，限期补办有关手续；逾期不补办或者补办未被批准的，责令限期拆除违法建筑物、构筑物；逾期不拆除的，强行拆除，所需费用由违法单位或者个人负担，并处一万元以上十万元以下的罚款。虽经水行政主管部门或者流域管理机构同意，但未按照要求修建前款所列工程设施的，由县级以上人民政府水行政主管部门或者流域管理机构依据职权，责令限期改正，按照情节轻重，处一万元以上十万元以下的罚款。”

《中华人民共和国公路法》第五十六条规定：“除公路防护、养护需要的以外，禁止在公路两侧的建筑控制区内修建建筑物和地面构筑物；需要在建筑控制区内埋设管线、电缆等设施的，应当事先经县级以上地方人民政府交通主管部门批准。”第八十一条规定：“在公路建筑控制区内修建建筑物、地面构筑物或者擅自埋设管线、电缆等设施的，由交通主管部门责令限期拆除，并可以处五万元以下的罚款。逾期不拆除的，由交通主管部门拆除，有关费用由建筑者、构筑者承担。”

《中华人民共和国电力法》第六十一条规定："非法占用变电设施用地、输电线路走廊或者电缆通道的，由县级以上地方人民政府责令限期改正；逾期不改正的，强制拆除障碍。"第六十九条规定："在依法划定的电力设施保护区内修建建筑物、构筑物或者种植植物、堆放物品，危及电力设施安全的，由当地人民政府责令强制拆除、砍伐或者清除。"

《中华人民共和国文物保护法》第六十六条规定："擅自在文物保护单位的保护范围内进行建设工程或者爆破、钻探、挖掘等作业的；在文物保护单位的建设控制地带内进行建设工程，其工程设计方案未经文物行政部门同意、报城乡建设规划部门批准，对文物保护单位的历史风貌造成破坏的，尚不构成犯罪的，由县级以上人民政府文物主管部门责令改正，造成严重后果的，处五万元以上五十万元以下的罚款；情节严重的，由原发证机关吊销资质证书。"第六十七条规定："在文物保护单位的保护范围内或者建设控制地带内建设污染文物保护单位及其环境的设施的，或者对已有的污染文物保护单位及其环境的设施未在规定的期限内完成治理的，由环境保护行政部门依照有关法律、法规的规定给予处罚。"

《广播电视设施保护条例》第二十条规定："违反本条例规定，在广播电视设施保护范围内进行建筑施工、兴建设施或者爆破作业、烧荒等活动的，由县级以上人民政府广播电视行政管理部门或者其授权的广播电视设施管理单位责令改正，限期拆除违章建筑、设施，对个人处一千元以上一万元以下的罚款，对单位处二万元以上十万元以下的罚款；对其直接负责的主管人员及其他直接责任人员依法给予行政处分；违反治安管理规定的，由公安机关依法给予治安管理处罚；构成犯罪的，依法追究刑事责任。"

《中华人民共和国人民防空法》第四十八条规定："城市新建民用建筑，违反国家有关规定不修建战时用于防空的地下室的，由县级以上人民政府人民防空主管部门对当事给予警告，并责令限其修建，可以并处十万元以下的罚款。"第四十九条规定："侵占人民防空工程的、不按照国家规定的防护标准和质量标准修建人民防空工程的，由县级以上人民政府经民防空管部门对当事人给予警告，并责令限期改正违法行为，可以对个人并处五千元以下的罚款，对单位并处一万元至五万元的罚款；造成损失的，应依法赔偿损失。"

特定领域城市违法建设查处法律法规文件见表6–1。

**特定领域城市违法建设查处法律法规文件　　表6–1**

| 法规名称 | 施行时间 | 效力层级 | 条款 |
|---|---|---|---|
| 城市市容和环境卫生管理条例 | 1992年施行<br>2017年修订 | 行政法规 | 三十六条、三十七条 |
| 中华人民共和国土地管理法 | 1987年施行<br>2019年修订 | 法律 | 六十六条、八十三条 |
| 城市绿化条例 | 1992年施行<br>2017年修订 | 行政法规 | 二十八条 |

续表

| 法规名称 | 施行时间 | 效力层级 | 条款 |
|---|---|---|---|
| 中华人民共和国建筑法 | 1998 年施行<br>2019 年修订 | 法律 | 六十四条 |
| 中华人民共和国消防法 | 1998 年施行<br>2019 年修订 | 法律 | 五十八条 |
| 中华人民共和国防洪法 | 1998 年施行<br>2016 年修订 | 法律 | 五十三条、五十四条、五十五条、五十六条、五十七条、五十八条、五十九条 |
| 中华人民共和国防震减灾法 | 1998 年施行<br>2008 年修订 | 法律 | 二十四条、八十三条、八十四条、八十五条 |
| 风景名胜区条例 | 2006 年施行<br>2016 年修订 | 行政法规 | 四十条、四十一条 |
| 中华人民共和国水法 | 1988 年施行<br>2016 年修订 | 法律 | 六十五条 |
| 中华人民共和国公路法 | 1998 年施行<br>2017 年修订 | 法律 | 五十六条、八十一条 |
| 中华人民共和国电力法 | 1996 年施行<br>2018 年修订 | 法律 | 六十一条、六十九条 |
| 中华人民共和国文物保护法 | 1982 年施行<br>2017 年修订 | 法律 | 十七条、十八条、六十六条、六十七条 |
| 广播电视设施保护条例 | 2000 年施行 | 行政法规 | 二十条 |
| 中华人民共和国人民防空法 | 1997 年施行<br>2009 年修订 | 法律 | 四十八条、四十九条 |

资料来源：笔者整理。

### （三）行政处罚主体的规定

城市违法建设查处主体是违法建设查处制度的重要组成，《行政处罚法》和《国务院关于进一步推进相对集中行政处罚权工作的决定》对现行城市违法建设查处组织制度的形成具有重要意义。

相对集中行政处罚权，是指将若干行政机关的行政处罚权集中起来，交由一个行政机关统一行使。行政处罚权相对集中后，有关行政机关不再行使已经统一由一个行政机关行使的行政处罚权。

《行政处罚法》第十六条规定："国务院或者经国务院授权的省、自治区、直辖市人民政府可以决定一个行政机关行使有关行政机关的行政处罚权，但限制人身自由的行政处罚权只能由公安机关行使。"

《国务院关于进一步推进相对集中行政处罚权工作的决定》对行政处罚法第十六条作了具体部署："实行相对集中行政处罚权的领域，是多头执法、职责交叉、重复处罚、执法扰民等问题比较突出，严重影响执法效率和政府形象的领域，目前主要是城市管理领域。""省、自治区、直辖市人民政府在城市管理领域可以集中行政处罚权的范围，主要包括：市容环境卫生管理方面法律、法规、规章规定的行政处罚权，强制拆除不符合城市容貌标准、环境卫生标准的建筑物或者设施；城市规划管理方面法律、法规、规章规定的全部或者部分行政处罚权；城市绿化管理方面法律、法规、规章规定的行政处罚权；市政管理方面法律、法规、规章规定的行政处罚权；环境保护管理方面法律、法规、规章规定的部分行政处罚权；工商行政管理方面法律、法规、规章规定的对无照商贩的行政处罚权；公安交通管理方面法律、法规、规章规定的对侵占城市道路行为的行政处罚权。”

因此，在推行相对集中处罚权地区，城市管理执法部门可代替规划管理部门对城市违法建设实施查处。

## 三、违法建设的查处分工

以上海市为例，违法建设的查处在物业管理区和非物业管理区具有不同的查处分工。物业管理区的违法建设由房管部门与城管部门分别按相关职责执法。

非物业管理区的违法建设根据建设类型的不同分别由规划部门和城管部门查处，其中属于“妨碍公共安全、公共卫生、城市交通和市容景观”的建筑物和构筑物由城管部门执法。包括：

（1）位于现有城市道路、公路两侧和隔离绿带内的；

（2）位于现有的铁路、地铁、轻轨、隧道两侧安全保护区内的；

（3）位于高压走廊保护区的；

（4）压占地下管线和位于管线保护范围内的；

（5）位于河道、海塘范围内的；

（6）影响消防、救护、环卫车等特种车辆通行的；

（7）阻塞消防、地下防空通道的；

（8）位于广场、公共活动场地及经规划核定为向社会公众提供开放空间区域的；

（9）位于城市高架道路桥孔桥梁和桥面投影下的；

（10）位于城市公共绿地、生产绿地、防护绿地、专用绿地的；

（11）旧房简屋地区的违法建设。

规划部门负责查处城管部门执法权限范围之外的违法建设。

## 四、违法建设的行政处罚措施

《城乡规划法》第六章“法律责任”规定了违法建设的各项处罚措施。主要内容如下：

未取得建设工程规划许可证或者未按照建设工程规划许可证的规定进行建设的，由县级以上地方人民政府城乡规划主管部门责令停止建设；尚可采取改正措施消除对规划实施的影响的，限期改正，处建设工程造价百分之五以上百分之十以下的罚款；无法采取改正措施消除影响的，限期拆除，不能拆除的，没收实物或者违法收入，可以并处建设工程造价百分之十以下的罚款。（第六十四条）

在乡、村庄规划区内未依法取得乡村建设规划许可证或者未按照乡村建设规划许可证的规定进行建设的，由乡、镇人民政府责令停止建设、限期改正；逾期不改正的，可以拆除。（第六十五条）

建设单位或者个人有下列行为之一的，由所在地城市、县人民政府城乡规划主管部门责令限期拆除，可以并处临时建设工程造价一倍以下的罚款：（一）未经批准进行临时建设的；（二）未按照批准内容进行临时建设的；（三）临时建筑物、构筑物超过批准期限不拆除的。（第六十六条）

建设单位未在建设工程竣工验收后六个月内向城乡规划主管部门报送有关竣工验收资料的，由所在地城市、县人民政府城乡规划主管部门责令限期补报；逾期不补报的，处一万元以上五万元以下的罚款。（第六十七条）

城乡规划主管部门作出责令停止建设或者限期拆除的决定后，当事人不停止建设或者逾期不拆除的，建设工程所在地县级以上地方人民政府可以责成有关部门采取查封施工现场、强制拆除等措施。（第六十八条）

## 五、违法建设的行政处罚程序

城市规划行政处罚是在行政检查中发现违法用地或违法建设，并进一步调查、取证的基础上进行的。根据我国《行政处罚法》规定，城市规划行政处罚适用于一般程序和听证程序。

**（一）一般程序**

（1）立案。立案是在行政检查中发现违法情况，认为有调查处理的必要，决定进行查处的活动。

（2）调查。调查是获得行政处罚所需的证据或事实依据的主要手段，是行政处罚的第一步，没有调查就没有证据，没有证据就不能处罚。调查应遵循全面、客观、公正的原则。通过现场查勘，询问当事人、证人，以及其他方式收集证据，制作笔录。与处罚案件有利害关系的行政执法人员应当回避。

（3）告知与申辩。我国《行政处罚法》第三十一条规定："行政机关在作出行政处罚决定之前，应当告知当事人作出行政处罚决定的事实、理由及依据，并告知当事人依法享有的权利。"这是行政权力与公民权利平衡的要求，是城市规划管理部门行使行政权力应当承担的义务之一。一方面，行政处罚涉及当事人的权利，当事人有权知道实情，知道原因；另一方面，作为行政权力的行政处罚行为，其合法、有效的前提是事实清楚、理由充分、依据明确，应当是公开的，经得起各方面的检验。另外，合法、有效的行政处罚在决定之前，将有关事项告知当事人，也容易得到当事人的理解和支持，有利于行政处罚决定的执行和行政处罚目的的实现。

（4）作出处罚决定。我国《行政处罚法》第三十八条规定："调查终结，行政机关负责人应当对调查结果进行审查""确有应受行政处罚的违法行为的，根据情节轻重及具体情况，作出行政处罚决定。"

（5）处罚决定书的送达。行政处罚书的送达是指城市规划管理部门依照法定的时间和方式，将行政处罚决定书交付当事人的一种法律行为。其意义在于它是行政处罚决定发生法律效力的基本前提，未经送达行政处罚决定书，对当事人没有约束力。我国《行政处罚法》第四十条规定："行政处罚决定书应当在宣告后当场交付当事人；当事人不在场的，行政机关应当在七日内依照民事诉讼法的有关规定，将行政处罚决定书送达当事人。"

### （二）听证程序

设置听证程序的目的有两个：一是要保证行政处罚的合法、公正、公开；二是赋予行政相对方的申诉权。根据我国《行政处罚法》规定，听证依照下列程序组织：

（1）当事人要求听证的，应当在城市规划管理部门告知后三日内提出；

（2）城市规划管理部门应当在听证的七日前，通知当事人举行听证的时间、地点；

（3）除涉及国家秘密、商业秘密或者个人隐私外，听证公开举行；

（4）听证由城市规划管理部门指定的非本案调查人员主持。当事人认为主持人与本案有直接利害关系，有权申请回避；

（5）当事人可以亲自参加听证，也可以委托一至二人代理；

（6）举行听证时，调查人员提出当事人违法的事实、证据和行政处罚建议；当事人进行申辩和质证；

（7）听证应当制作笔录；笔录应当交当事人审核无误后签字或者盖章；

（8）听证结束后，城市规划管理部门依法作出决定。

## 六、行政处罚决定书的内容

对于决定给予行政处罚的案件，应制作行政处罚决定书。制作这一重要的法律文书应当规范化，根据我国《行政处罚法》第三十九条的规定，"行政处罚决定书"应当载明以下事项：

（1）当事人的姓名或者名称、地址；

（2）违反法律、法规或者规章的事实和证据；

（3）行政处罚种类和依据；

（4）行政处罚的履行方式和期限；

（5）不服行政处罚决定，申请行政复议或者提起行政诉讼的途径和期限；

（6）作出行政处罚决定的城市规划管理部门的名称和作出决定的日期；

（7）行政处罚决定书必须盖有作出行政处罚决定的城市规划管理部门的印章。

# 注　释

[1] 此部分主要参考全国城市规划执业制度管理委员会主编的《城市规划实务》（2011版）第三章城乡规划的监督检查与法律责任，执笔人：靳东晓，北京：中国计划出版社，2011。

[2] 此部分参考上海市《开工放样复验办事指南》。

[3] 此部分主要参考《上海市建设工程竣工规划验收暂行规定》《上海市竣工规划验收办事指南》。

[4] 本部分内容源自王正海《城市违法建设查处制度研究》2011年同济大学硕士学位论文，导师：耿慧志。以及：范德虎，谢谟文．城乡规划违法建设的法律界定及其要素分析[J]．规划师，2012，28（12）：61－65．

## 复习思考题

1. 规划编制的监督检查包括哪几个方面？
2. 规划审批程序的监督检查包括哪几个方面？
3. 规划执行情况的监督检查包括哪几个方面？
4. 建设工程开工放样复验的检查内容有哪些？
5. 建设工程开工放样复验的检查程序是怎样的？
6. 建设工程竣工规划的检查内容有哪些？
7. 建设工程竣工规划的验收程序是怎样的？
8. 违法建设有哪些类型？
9. 违法建设的行政处罚措施有哪些？

## 深度思考题

1. 各级城乡规划上报审批的主体有哪些？
2. 如何理解城乡规划监督检查的必要性？
3. 违法建设产生的深层次原因有哪些？

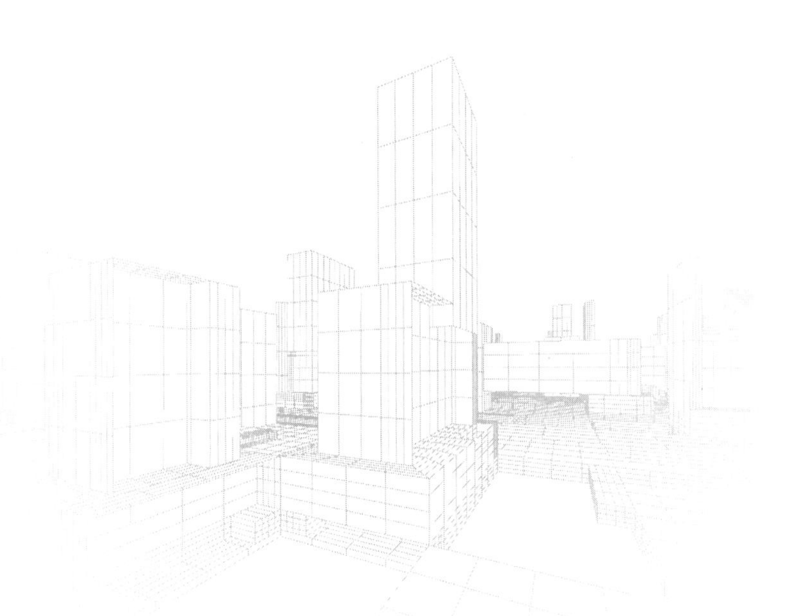

# 第七章

# 乡村规划管理与法规[1]

本章要点

①乡村规划法规的演变历程和文件构成；

②乡村规划的编制组织和内容要求；

③历史文化名村的保护规定；

④乡村规划实施管理的审核内容；

⑤地方层面乡村规划法规文件的构成；

⑥乡村土地管理的主要内容。

## 第一节 乡村规划法规概述

乡村规划法规是规范乡村发展及规划行为的准绳，是乡村规划行政主管部门行政的法律依据，也是乡村规划编制和各项建设必须遵守的行为准则。乡村规划法规对乡村的健康良性发展具有重要意义。

乡村规划涉及内容与领域众多，相关的法律法规涉及自然与历史资源保护利用、市政建设、建设工程与管理及行政执法与法制监督等多个方面内容。

**（一）乡村规划法规演变历程** [2]

为了规范农村房屋建设工作，解决农村房屋建设中的一系列问题，由原国家建委等部委牵头，分别于 1979 年、1981 年召开了两次全国性质的农村房屋建设工作会议。其中，第二次全国农村房屋建设工作会议纪要中一些内容在今天看来也很有借鉴意义，例如："形势的发展，要求把农房建设工作扩大到有规划的建设村庄和集镇上来""在农业区划的基础上，对山、水、林、田、路、村进行全面规划，并按照有利生产、方便生活和缩小城乡差别的要求，使村镇的住房建设同生产、文教、卫生、商业、服务等设施的建设相结合，做到布局合理，交通方便，环境优美，各具特色""抓紧制定村镇建设法规，做到有章可循，有法可依""搞好建筑设计、施工，为广大农民服务""要编制一些通用设计，供农村选用"等。

1990 年，我国施行了第一部城市规划领域的法律《城市规划法》，与之对应，建设部于 1993 年颁布了一系列相关的乡村规划法规及标准文件，包括行政法规《村庄和集镇建设管理条例》、国家标准《村镇建设标准》GB 50188—1993 及规范性文件《村镇规划编制办法（试行）》。

1993 年，《村庄和集镇规划建设管理条例》的颁布，标志着村庄规划开始进入规范发展和法治化建设阶段。该条例作为我国村庄建设的基本法规，初步明确了村庄规划的编制原则、方法和内容，同时对审批程序、管理要求和实施办法做了原则性规定。

2007 年 10 月 28 日，第十届全国人大常委会通过了《中华人民共和国城乡规划法》，从此结束了城市规划和乡村规划分别立法的体制，城市规划与乡村规划开始被纳入同一法律中进行统筹考虑。

与之对应，住房和城乡建设部颁布了一系列法规规范以指导新时期下的乡村发展与规划，包括《镇乡域规划导则（试行）》（2010）、《村庄整治技术规范》GB 50445—2008 及《村庄整治规划编制办法》（2013）、《乡村规划许可实施意见》（2014）等。这些文件对乡村发展与规划起到了重要的指导作用，但总体而言，部分乡村发展与规划相关的法律规范仍存在一定程度的滞后性及相互间的不一致性，有待进一步修订与完善。

**（二）乡村规划法规主要文件**

现行国家层面的乡村规划法规文件主要包括主干法《城乡规划法》；行政法规《村庄和集镇建设管理条例》；国家标准《镇规划标准》GB 50188—2007 与《村庄整治技术标准》GB/T 50445—2019，以及一系列规范性文件（图 7-1）。

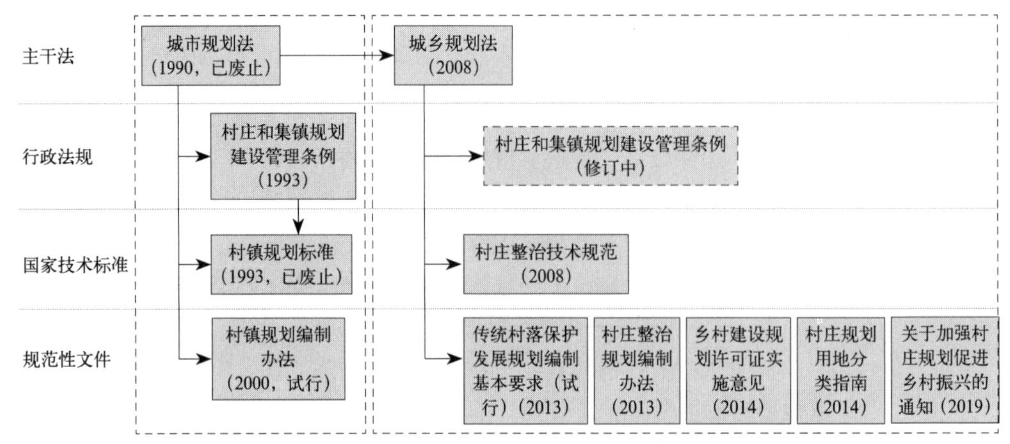


图 7–1　乡村规划法规演变脉络图

资料来源：笔者绘制。

# 第二节　乡村规划的编制管理

### （一）乡村规划编制组织与编制要求

1. 乡村规划的编制程序

乡规划由乡政府组织编制，乡规划成果报送审批前应当依法将规划草案予以公告，并采取座谈会、论证会等多种形式广泛征求村民、社会公众和有关专家的意见。公告的时间不得少于三十日，对有关意见的采纳结果应当公布。乡规划成果经乡人民代表大会审核同意后由乡人民政府报县、市级人民政府批准。乡规划成果批准后，乡人民政府应按法定程序向公众公布、展示规划成果，并接受公众对规划实施的监督。

《山东省国土空间规划编制工作方案》指出，"乡镇国土空间规划是对市县国土空间总体规划的细化落实，可因地制宜，将乡镇与市县国土空间总体规划合并编制，也可将一个以上乡镇、街道合并成一个分区，编制乡镇级国土空间规划。依据上级国土空间规划，明确乡镇发展战略目标和国土空间发展目标，落实下达的各项约束性指标，对详细规划的编制提出明确管控引导。"可以看出，乡国土空间总体规划是乡规划的主要形式。

村庄规划以乡（或镇）国土空间总体规划为依据，属于详细规划层面的法定规划。《自然资源部办公厅关于加强村庄规划促进乡村振兴的通知》指出，"村庄规划是法定规划，是国土空间规划体系中乡村地区的详细规划，是开展国土空间开发保护活动、实施国土空间用途管制、核发乡村建设项目规划许可、进行各项建设等的法定依据。要整合村土地利用规划、村庄建设规划等乡村规划，实现土地利用规划、城乡规划等有机融合，编制'多规合一'的实用性村庄规划。村庄规划范围为村域全部国土空间，可以一个或几个行政村为单元编制。"

村庄规划由村庄所在乡、镇人民政府组织编制，村庄规划在报送审批前，应当经村民会议或者村民代表会议讨论同意（图 7–2）。

2. 村庄规划的编制要求

《城乡规划法》中第三条规定，"县级以上地方人民政府根据本地农村经济

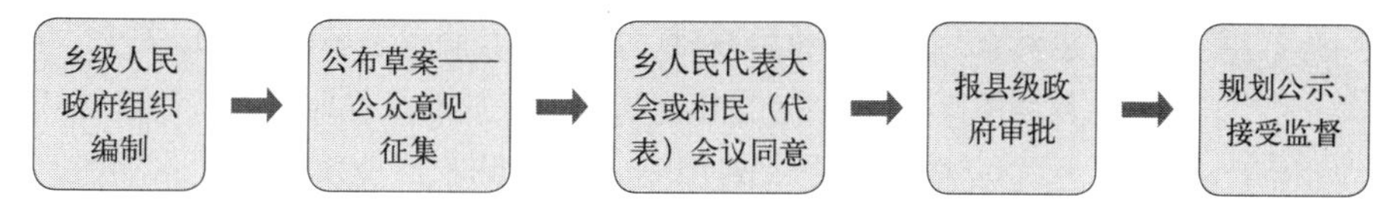


图 7-2　规划制定程序示意图

资料来源：笔者绘制。

社会发展水平，按照因地制宜、切实可行的原则，确定应当制定乡规划、村庄．规划的区域。在确定区域内的乡、村庄，应当依照本法制定规划，规划区内的乡、村庄建设应当符合规划要求。”“县级以上地方人民政府鼓励、指导前款规定以外的区域的乡、村庄制定和实施乡规划、村庄规划。”考虑到全国乡村发展地域差异性较大，《城乡规划法》对于乡村规划的编制范围要求具有相当的弹性，具体各地乡村是否需要编制规划由各地政府根据情况确定。

《自然资源部办公厅关于加强村庄规划促进乡村振兴的通知》指出，“根据村庄定位和国土空间开发保护的实际需要，编制能用、管用、好用的实用性村庄规划。要抓住主要问题，聚焦重点，内容深度详略得当，不贪大求全。对于重点发展或需要进行较多开发建设、修复整治的村庄，编制实用的综合性规划。对于不进行开发建设或只进行简单的人居环境整治的村庄，可只规定国土空间用途管制规则、建设管控和人居环境整治要求作为村庄规划。对于综合性的村庄规划，可以分步编制，分步报批，先编制近期急需的人居环境整治等内容，后期逐步补充完善。对于紧邻城镇开发边界的村庄，可与城镇开发边界内的城镇建设用地统一编制详细规划。各地可结合实际，合理划分村庄类型，探索符合地方实际的规划方法。”

可以看出，结合村庄发展的实际情况，编制务实的村庄规划是基本要求。

### （二）村庄规划编制的内容要求

《自然资源部办公厅关于加强村庄规划促进乡村振兴的通知》提出了村庄规划编制的主要任务，如下：

1. 统筹村庄发展目标。落实上位规划要求，充分考虑人口资源环境条件和经济社会发展、人居环境整治等要求，研究制定村庄发展、国土空间开发保护、人居环境整治目标，明确各项约束性指标。

2. 统筹生态保护修复。落实生态保护红线划定成果，明确森林、河湖、草原等生态空间，尽可能多的保留乡村原有的地貌、自然形态等，系统保护好乡村自然风光和田园景观。加强生态环境系统修复和整治，慎砍树、禁挖山、不填湖，优化乡村水系、林网、绿道等生态空间格局。

3. 统筹耕地和永久基本农田保护。落实永久基本农田和永久基本农田储备区划定成果，落实补充耕地任务，守好耕地红线。统筹安排农、林、牧、副、渔等农业发展空间，推动循环农业、生态农业发展。完善农田水利配套设施布局，保障设施农业和农业产业园发展合理空间，促进农业转型升级。

4. 统筹历史文化传承与保护。深入挖掘乡村历史文化资源，划定乡村历史文化保护线，提出历史文化景观整体保护措施，保护好历史遗存的真实性。防止大拆大建，做到应保尽保。加强各类建设的风貌规划和引导，保护好村庄的特色风貌。

5. 统筹基础设施和基本公共服务设施布局。在县域、乡镇域范围内统筹考虑村庄发展布局以及基础设施和公共服务设施用地布局，规划建立全域覆盖、普惠共享、城乡一体的基础设施和公共服务设施网络。以安全、经济、方便群众使用为原则，因地制宜提出村域基础设施和公共服务设施的选址、规模、标准等要求。

6. 统筹产业发展空间。统筹城乡产业发展，优化城乡产业用地布局，引导工业向城镇产业空间集聚，合理保障农村新产业新业态发展用地，明确产业用地用途、强度等要求。除少量必需的农产品生产加工外，一般不在农村地区安排新增工业用地。

7. 统筹农村住房布局。按照上位规划确定的农村居民点布局和建设用地管控要求，合理确定宅基地规模，划定宅基地建设范围，严格落实"一户一宅"。充分考虑当地建筑文化特色和居民生活习惯，因地制宜提出住宅的规划设计要求。

8. 统筹村庄安全和防灾减灾。分析村域内地质灾害、洪涝等隐患，划定灾害影响范围和安全防护范围，提出综合防灾减灾的目标以及预防和应对各类灾害危害的措施。

9. 明确规划近期实施项目。研究提出近期急需推进的生态修复整治、农田整理、补充耕地、产业发展、基础设施和公共服务设施建设、人居环境整治、历史文化保护等项目，明确资金规模及筹措方式、建设主体和方式等。

**（三）乡村规划与建设的标准与技术规范**

乡村规划的标准与技术规范总体数量不多，现行综合性标准及其主要内容详见（表 7–1）。

**乡村规划的主要标准与技术规范一览表** **表 7–1**

| 标准名称 | 文件类型 | 主要内容 |
| --- | --- | --- |
| 《镇规划标准》GB 50188—2007 | 国家标准 | 对镇村体系与人口预测、镇区用地分类、公共服务设施规划、生产设施与仓储规划、道路规划、环境规划、历史文化保护规划及各项公用设施规划等进行了技术上的规定 |
| 《村庄整治技术标准》GB/T 50445—2019 | 国家标准 | 从环境整治角度出发，对安全与防灾各类公用设施、道路与交通设施、景观环境、历史文化与特色资源保护、能源供应等方面进行了技术上的规定 |
| 《村镇规划卫生规范》GB 18055—2012 | 国家标准 | 从农村的健康卫生角度出发，对村镇规划的用地选择、空间布局及各类用地的规划及设计要求进行规定 |
| 村庄规划用地分类指南（建村［2014］98 号） | 规范性文件 | 对村庄的用地根据其功能与土地权属进行分类划分，以指导村庄规划 |

资料来源：笔者整理。

其他专业性标准及技术规范有《农村户厕卫生规范》GB 19379—2012、《农村住宅卫生规范》GB 9981—2012 等。《农村住宅卫生规范》GB 9981—2012 主要对农村住宅卫生方面进行了规定，包括农村住宅的用地选择、日照、小微气候、卫生监督检测等方面。

可以看出，乡村规划的国家标准还需要进一步充实和完善。

**（四）历史文化名村的保护规定**

对于历史悠久、有一定历史遗存、传统风貌特色突出的村庄，符合历史文化名村的申报要求的村庄，在符合一般村庄法律规范要求的基础上，还需符合《历史文化名城名镇名村保护条例》的相关规定。

1. 申请与审批

根据《历史文化名城名镇名村保护条例》第七条，具备下列条件的村庄，可以申报历史文化名村：

（1）保存文物特别丰富；

（2）历史建筑集中成片；

（3）保留着传统格局和历史风貌；

（4）历史上曾经作为政治、经济、文化、交通中心或者军事要地，或者发生过重要历史事件，或者其传统产业、历史上建设的重大工程对本地区的发展产生过重要影响，或者能够集中反映本地区建筑的文化特色、民族特色。

申报历史文化名镇、名村，由所在地县级人民政府提出申请，经省、自治区、直辖市人民政府确定的保护主管部门会同同级文物主管部门组织有关部门、专家进行论证，提出审核意见，报省、自治区、直辖市人民政府批准公布。

2. 保护规划编制组织

历史文化名村批准公布后，所在地县级人民政府应当组织编制历史文化名村保护规划。保护规划应当自历史文化名村批准公布之日起 1 年内编制完成。历史文化名村保护规划的规划期限应当与村庄规划的规划期限相一致。

保护规划由省、自治区、直辖市人民政府审批。

保护规划的组织编制机关应当将经依法批准的历史文化名村保护规划，报国务院建设主管部门和国务院文物主管部门备案。

保护规划应当包括下列内容：

（1）保护原则、保护内容和保护范围；

（2）保护措施、开发强度和建设控制要求；

（3）传统格局和历史风貌保护要求；

（4）历史文化名村的核心保护范围和建设控制地带；

（5）保护规划分期实施方案。

经依法批准的保护规划，不得擅自修改；确需修改的，保护规划的组织编制机关应当向原审批机关提出专题报告，经同意后，方可编制修改方案。修改后的保护规划，应当按照原审批程序报送审批。

3. 保护措施

历史文化名村应当整体保护，保持传统格局、历史风貌和空间尺度，不得改变与其相互依存的自然景观和环境。

历史文化名村所在地县级以上地方人民政府应当根据当地经济社会发展水平，按照保护规划，控制历史文化名村的人口数量，改善历史文化名村的基础设施、公共服务设施和居住环境。

历史文化名村保护范围内从事建设活动，应当符合保护规划的要求，不得损害历史文化遗产的真实性和完整性，不得对其传统格局和历史风貌构成破坏性影响。

历史文化名村建设控制地带内的新建建筑物、构筑物，应当符合保护规划确定的建设控制要求。

对历史文化名村核心保护范围内的建筑物、构筑物，应当区分不同情况，采取相应措施，实行分类保护。

## 第三节　乡村规划的实施管理[3]

### （一）乡村规划实施管理的概念与任务

1. 乡村规划实施管理的概念

乡村规划实施管理，是指乡、镇人民政府负责在乡、村庄规划区内进行乡镇企业、乡村公共设施和公益事业建设的申请，报送城市、县人民政府城乡规划主管部门，根据城乡规划及其有关法律法规以及技术规范进行规划审查，核发乡村建设规划许可证的管理工作。

乡镇企业，指农村集体经济组织或者农民投资为主，在乡镇（包括所辖村）举办的承担支援农业义务的各类企业。所谓投资为主，是指农村集体经济组织或者农民投资超过 50%，或者虽未超过 50%但能起到控股或者实际支配作用。乡镇企业应当符合企业法人条件，依法取得企业法人资格。乡镇企业的主要任务是，根据市场需要发展商品生产，提供社会服务，增加社会有效供给，吸收农村剩余劳动力，调高农民收入，支援农业，推动农业和农村现代化建设，促进国民经济和社会事业的发展。

乡村公共设施，指由人民政府、村民委员会、乡镇企业及其他企业事业单位、社会组织建设的用于乡村社会公众使用的或享用的公共服务设施。比如乡村文化教育设施、乡村医疗卫生防疫设施、乡村文艺娱乐设施、乡村体育设施、乡村社会福利与保障设施、乡村商业金融服务设施、乡村行政管理与社会服务设施等。也就是为乡村人口和社会服务的公共建筑设施。

乡村公益事业，指直接或者间接地为乡村经济、社会活动和乡村居民生产、生活服务的公益公用事业建设。比如乡村公路与道路交通设施建设、乡村自来水生产建设、乡村电力供应系统建设、乡村信息与通信设施建设、乡村防灾减灾设施建设、乡村生产与生活供应系统建设等。也就是支持和维持乡村健康发展的基础设施建设。

此外，乡村中还有大量的村民住宅建设。《城乡规划法》第四十一条规定："在乡、村庄规划区内使用原有宅基地进行农村村民住宅建设的规划管理办法，由省、自治区、直辖市制定。"这就强调了对于农村村民使用原有宅基地进行住宅建设同样需要加强规划管理，授权省、自治区、直辖市根据本直辖区的实际情况和客观要求制定符合当地实际的地方性法规和地方政府规章，来具体规定村民住宅建设的规划管理办法。

2. 乡村规划实施管理的任务

我国有数量众多的乡和村庄，分布在广袤的土地上，是保障农业生产和农产品及农副产品供应的重要基地。遵循城乡统筹、合理布局、节约土地、集约发展和先规划后建设的原则，《城乡规划法》规定了乡和村庄建设实施规划管理的内容和要求，它的主要任务是：

①有效控制乡和村庄规划区内各项建设遵循先规划后建设原则进行；

②切实保护农用地、节约土地，为确保国家粮食安全做出贡献；

③合理安排乡镇企业、乡村公共设施和公益事业建设，提升农村发展建设水平；

④结合实际，因地制宜地引导农村村民住宅建设合理进行。

### （二）乡村规划实施管理的行政主体[4]

根据《城乡规划法》第四十一条的规定，乡村建设规划管理的行政主体是乡、镇人民政府和城市、县人民政府城乡规划主管部门。《城乡规划法》明确规定，乡、镇人民政府负责乡村建设项目的申请审核，城市、县人民政府城乡规划主管部门负责对乡村建设项目申请的核定和核发乡村建设规划许可证。

1. 乡、镇人民政府

乡、镇人民政府是直接管辖乡、村庄的政府机构，《城乡规划法》第二十二条规定："乡、镇人民政府组织编制乡规划、村庄规划，报上一级人民政府审批。"乡、镇人民政府通过对乡规划、村庄规划的组织编制，就具有乡规划、村庄规划实施的行政责任和主动权，以及负责乡村建设规划管理的依据，同时对在乡、村庄规划区内的农用地保护，以及乡镇企业、乡村公共设施、乡村公益事业建设、农村村民住宅建设情况充分了解，因此，《城乡规划法》第四十一条规定由乡、镇人民政府行使乡村建设规划管理的对乡村建设项目申请的审核权限，《乡村建设规划许可证实施意见》规定城市、县人民政府城乡规划主管部门在其法定职责范围内，依照法律、法规、规章的规定，可以委托乡、镇人民政府实施乡村建设规划许可。

2. 市、县城乡规划主管部门

《城乡规划法》第十一条规定："县级以上地方人民政府城乡规划主管部门负责本行政区域内的城乡规划管理工作。"对于城乡规划的管理实施权限，除《城乡规划法》第四十条规定省、自治区、直辖市确定的镇人民政府可以核发镇行政区域内建设工程规划许可证，行使部分规划许可职权外，关于选址意见书、建设用地规划许可证、乡村建设规划许可证的核发，都由城乡规划主管部门行使规划许可的行政职权。《城乡规划法》第四十一条明确规定了由城市、县人民政府城县规划主管部门核发乡村建设规划许可证，行使行政许可权限。

《城乡规划法》第四十二条规定："城乡规划主管部门不得在城乡规划确定的建设用地范围以外作出规划许可。"市、县城乡规划主管部门在核发乡村建设规划许可证，行使行政许可职能的过程中，应当注意，必须在乡规划、村庄规划所确定的建设用地范围内行使规划许可权限，依法核发乡村建设规划许可证。

市、县城乡规划主管部门接受由乡、镇人民政府报送的乡村建设项目的申请材料后，一方面要尊重乡、镇人民政府的审核意见，另一方面要依法对申报材料进行规划复核，对建设活动的内容进行核定，并审定建设工程总平面设计方案，以确定其性质、规模、位置和范围，如果是涉及占用农用地的，还应依法办理农用地转用审批手续，然后才能核发乡村建设规划许可证。

《城乡规划法》第四十一条规定："建设单位或者个人在取得乡村建设规划许可证后，方可办理用地审批手续。"这就进一步强调和明确规定了市、县城乡规划主管部门核发乡村建设规划许可证后，建设单位或者个人须持乡村建设规划许可证才可以向县级以上地方人民政府土地管理部门提出申请，依法办理乡村建设用地的审批手续。

### （三）乡村规划实施管理的主要审核内容[5]

根据《城乡规划法》第四十一条规定，建设单位或者个人在乡、村庄规划区内进行乡镇企业、乡村公共设施和公益事业建设的，首先向乡、镇人民政府提出申请，然后由乡、镇人民政府报城市、县人民政府城乡规划主管部门核发乡村建设规划许可证。对于在乡、村庄规划区内使用原有宅基地进行农村村民住宅建设的具体规划办理办法则另行规定，即由省、自治区、直辖市制定。不论《城乡规划法》的规定还是地方制定的农村村民住宅建设规划管理办法，规划管理审核的内容都应当是审核乡村建设项目的申请条件，审核建设项目是否占用农用地，审核建设项目是否符合乡和村庄规划，核定建设项目是否符合有关方面的要求，审定建设工程总平面设计方案等。

1. 审核乡村建设项目的申请条件

建设单位或者个人，应当乡、镇人民政府提交关于进行乡镇企业、乡村公共设施和公益事业建设，以及村民住宅建设的申请报告，并附建设项目的建设工程总平面设计方案等，填写乡村建设项目申请表。乡、镇人民政府应根据已经批准的乡规划、村庄规划，审核该建设项目的性质、规模、位置和范围是否符合相关的乡规划、村庄规划，并审核是否占用农用地，如果是占用农用地的，应提出是否同意办理农用地转用审核手续的审核意见。乡、镇人民政府确认报送的有关文件、资料、图纸、表格完备，符合申请乡村建设规划许可证的应有条件和要求后，签注初审意见，一并报城市、县人民政府城乡规划主管部门。

2. 审定乡村建设的规划设计方案

城市、县人民政府城乡规划主管部门接到乡、镇人民政府报送的乡村建设项目的申请材料后，首先应根据乡规划、村庄规划复核该建设项目的性质、规模、位置和范围是否符合相关的乡规划、村庄规划的要求，核定该建设项目是否符合交通、环保、文物保护、防灾（消防、抗震、防洪防涝、防山体滑坡、防泥石流、防海啸、防台风等）和保护耕地等方面的要求，是否符合关于乡村规划建设的法规和技术标准、规范的要求，然后，审定该乡村建设工程总平面设计方案。

3. 审核农用地转用审批文件

城市、县人民政府城乡规划主管部门接到乡、镇人民政府报送的乡村建设项目的申请材料后，经审核，如果该建设项目确需占用农用地，根据乡、镇人民政府的初审同意意见，该建设项目应依照《土地管理法》的有关规定办理农用地转用审批手续。如果该建设项目所占用的农用地是在已批准的农用地转用范围内，该具体建设项目用地可以由市、县人民政府批准。建设单位或者个人向城市、县人民政府城乡规划主管部门提交农用地转用审批文件后，经审核无误，才能核发乡村建设规划许可证。

**（四）乡村建设规划许可管理**

关于乡村规划许可管理的相关文件主要有《城乡规划法》《乡村建设规划许可证实施意见》及《村庄和集镇规划建设管理条例》（表 7-2）。《城乡规划法》增设了关于乡村建设规划许可的规定，《乡村建设规划许可证实施意见》对其申请程序、许可内容等进行了细化。而《村庄和集镇规划建设管理条例》由于推出较早，尚无乡村建设规划许可证的概念，部分内容也与《城乡规划法》存在不一致的情况，需要进行相应调整。

乡村规划管理相关规定一览表　表 7-2

| | |
|---|---|
| 城乡规划法 | 在乡、村庄规划区内进行乡镇企业、乡村公共设施和公益事业建设的，建设单位或者个人应当向乡、镇人民政府提出申请，由乡、镇人民政府报城市、县人民政府城乡规划主管部门核发乡村建设规划许可证。<br>在乡、村庄规划区内使用原有宅基地进行农村村民住宅建设的规划管理办法，由省、自治区、直辖市制定。<br>在乡、村庄规划区内进行乡镇企业、乡村公共设施和公益事业建设以及农村村民住宅建设，不得占用农用地；确需占用农用地的，应当依照《中华人民共和国土地管理法》有关规定办理农用地转用审批手续后，由城市、县人民政府城乡规划主管部门核发乡村建设规划许可证。<br>建设单位或者个人在取得乡村建设规划许可证后，方可办理用地审批手续 |
| 村庄和集镇规划建设管理条例 | 农村村民在村庄、集镇规划区内建住宅的，应当先向村集体经济组织或者村民委员会提出建房申请，经村民会议讨论通过后，按照下列审批程序办理：<br>（一）需要使用耕地的，经乡级人民政府审核、县级人民政府建设行政主管部门审核同意并出具选址意见书后，方可依照《土地管理法》向县级人民政府土地管理部门申请用地，经县级人民政府批准后，由县级人民政府土地管理部门划拨土地；<br>（二）使用原有宅基地、村内空闲地和其他土地的，由乡级人民政府根据村庄、集镇规划和土地利用规划批准。<br>城镇非农业户口居民在村庄、集镇规划区内需要使用集体所有的土地建住宅的，应当经其所在单位或者居民委员会同意后，依照前款第（一）项规定的审批程序办理。<br>回原籍村庄、集镇落户的职工、退伍军人和离休、退休干部以及回乡定居的华侨、港澳台同胞，在村庄、集镇规划区需要使用集体所有的土地建住宅的，依照本条第一款第（一）项规定的审批程序办理。<br>兴建乡（镇）村企业，必须持县级以上地方人民政府批准的设计任务书或者其他批准文件，向县级人民政府建设行政主管部门申请选址定点，县级人民政府建设行政主管部门审核同意并出具选址意见书后，建设单位方可依法向县级人民政府土地管理部门申请用地，经县级以上人民政府批准后，由土地管理部门划拨土地。<br>乡（镇）村公共设施、公益事业建设，须经乡级人民政府审核、县级人民政府建设行政主管部门审核同意并出具选址意见书后，同第十九条相关规定 |

资料来源：笔者整理。

1. 许可管理对象与程序

乡村中的建设可分为两大类，一类是乡镇企业、乡村公共设施和公益事业建设，此类建设采取乡村建设规划许可证的管理方式；另一类是农民住宅建设，采用原有宅基地的住宅建设，其管理办法由省、自治区、直辖市自行制定。各类建设的许可管理程序如图 7-3 所示。

2. 许可流程（图 7-4）[6]

3. 许可申请所需材料

根据《乡村建设规划许可证实施意见》，申请乡村建设规划许可证的个人或建设单位提供以下材料：①国土部门书面意见；②相关现状及设计图纸；③经村民会议讨论同意、村委会签署的意见；④其他应当提供的材料。

乡、镇人民政府应自申请材料齐全之日起十个工作日内将申请材料报送城

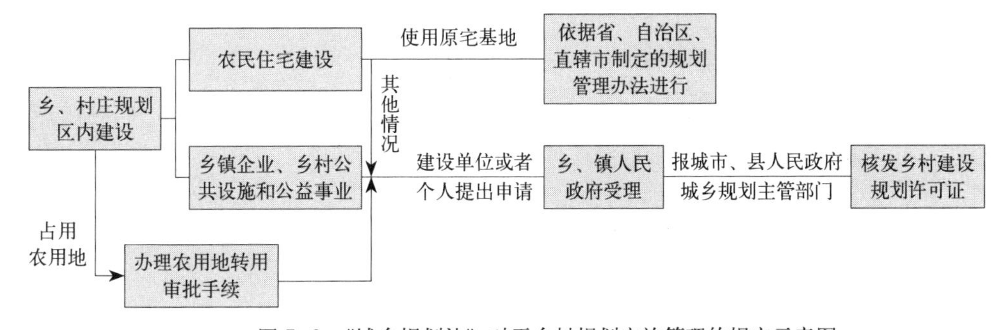


图 7-3 《城乡规划法》对于乡村规划实施管理的规定示意图

资料来源：笔者绘制。

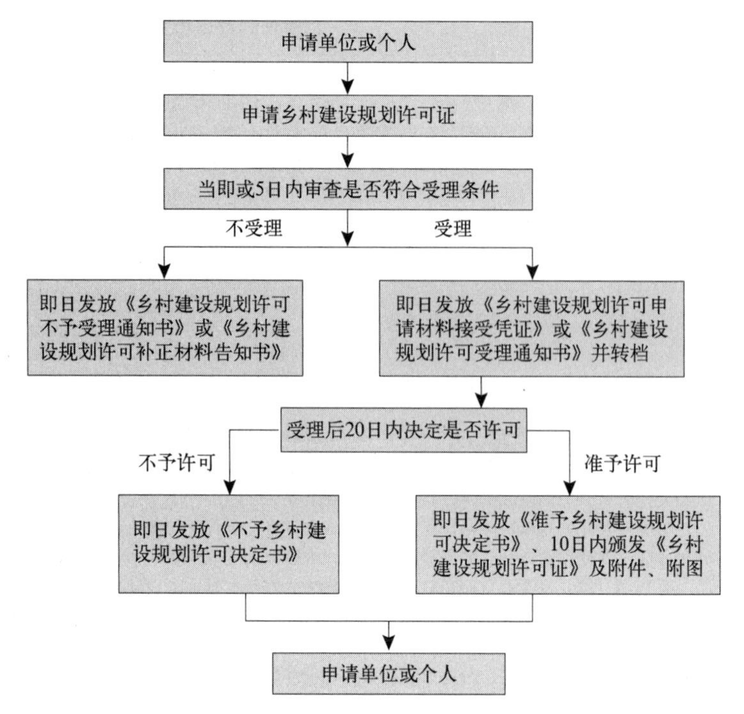


图 7–4　乡村建设项目规划许可流程示意图

资料来源：全国城市规划执业制度管理委员会《城市规划实务》第二章城乡规划的实施管理，执笔人：卢华翔、贺旺、曹珊，北京：中国计划出版社，2011。

市、县人民政府城乡规划主管部门。

4. 许可内容

乡村建设规划许可的内容应包括对地块位置、用地范围、用地性质、建筑面积、建筑高度等的要求。根据管理实际需要，乡村建设规划许可的内容也可以包括对建筑风格、外观形象、色彩、建筑安全等的要求。

各地可根据实际情况，对不同类型乡村建设的规划许可内容和深度提出具体要求。要重点加强对建设活动较多、位于城郊及公路沿线、需要加强保护的乡村地区的乡村建设规划许可管理。

5. 许可变更

个人或建设单位应按照乡村建设规划许可证的规定进行建设，不得随意变更。确需变更的，被许可人应向作出乡村建设规划许可决定的行政机关提出申请，依法办理变更手续。

因乡村建设规划许可所依据的法律、法规、规章修改或废止，或准予乡村建设规划许可所依据的客观情况发生重大变化的，为了公共利益的需要，可依法变更或撤回已经生效的乡村建设规划许可证。由此给被许可人造成财产损失的，应依法给予补偿。

**（五）设计施工管理与监督检查管理**

1. 设计施工管理

针对乡村规划中设计施工的问题，《村庄和集镇规划建设管理条例》对设计资质、施工资质、施工要求、质量及相关审批及监督检查要求进行了规定，具体如下：

在村庄、集镇规划区内，凡建筑跨度、跨径或者高度超出规定范围的乡（镇）村企业、乡（镇）村公共设施和公益事业的建筑工程，以及2层（含2层）以上的住宅，必须由取得相应的设计资质证书的单位进行设计，或者选用通用设计、标准设计。跨度、跨径和高度的限定，由省、自治区、直辖市人民政府或者其授权的部门规定。

承担村庄、集镇规划区内建筑工程施工任务的单位，必须具有相应的施工资质等级证书或者资质审核证明，并按照规定的经营范围承担施工任务。在村庄、集镇规划区内从事建筑施工的个体工匠，除承担房屋修缮外，须按有关规定办理施工资质审批手续。

施工单位应当按照设计图纸施工。任何单位和个人不得擅自修改设计图纸；确需修改的，须经设计单位同意，并出具变更设计通知单或者图纸。

施工单位应当确保施工质量，按照有关的技术规定施工，不得使用不符合工程质量要求的建筑材料和建筑构件。

乡（镇）村企业、乡（镇）村公共设施、公益事业等建设，在开工前，建设单位和个人应当向县级以上人民政府建设主管部门提出开工申请，经县级以上人民政府建设行政主管部门对设计、施工条件予以审核批准后，方可开工。

农村居民住宅建设开工的审批程序，由省、自治区、直辖市人民政府规定。

县级人民政府建设行政主管部门，应当对村庄、集镇建设的施工质量进行监督检查。村庄、集镇的建设工程竣工后，应当按照国家的有关规定，经有关部门竣工验收合格后，方可交付使用。

2. 监督检查管理

1）竣工验收管理

根据《城乡规划法》，县级以上地方人民政府城乡规划主管部门按照国务院规定对建设工程是否符合规划条件予以核实。未经核实或者经核实不符合规划条件的，建设单位不得组织竣工验收。建设单位应当在竣工验收后六个月内向城乡规划主管部门报送有关竣工验收资料。

2）违法建设查处

在乡、村庄规划区内进行违法建设的行为，应进行查处、处罚（表7–3）。

**监督检查管理相关内容一览表** **表 7–3**

| 法规文件 | 相关规定 |
| --- | --- |
| 城乡规划法 | 第六十五条　在乡、村庄规划区内未依法取得乡村建设规划许可证或者未按照乡村建设规划许可证的规定进行建设的，由乡、镇人民政府责令停止建设、限期改正；逾期不改正的，可以拆除。<br>第六十六条　建设单位或者个人有下列行为之一的，由所在地城市、县人民政府城乡规划主管部门责令限期拆除，可以并处临时建设工程造价一倍以下的罚款：<br>（一）未经批准进行临时建设的；<br>（二）未按照批准内容进行临时建设的；<br>（三）临时建筑物、构筑物超过批准期限不拆除的。<br>第六十八条　城乡规划主管部门作出责令停止建设或者限期拆除的决定后，当事人不停止建设或者逾期不拆除的，建设工程所在地县级以上地方人民政府可以责成有关部门采取查封施工现场、强制拆除等措施 |

续表

| 法规文件 | 相关规定 |
|---|---|
| 村庄与集镇建设管理条例 | 第三十六条　在村庄、集镇规划区内，未按规划审批程序批准而取得建设用地批准文件，占用土地的，批准文件无效，占用的土地由乡级以上人民政府责令退回。<br>第三十七条　在村庄、集镇规划区内，未按规划审批程序批准或者违反规划的规定进行建设，严重影响村庄、集镇规划的，由县级人民政府建设行政主管部门责令停止建设，限期拆除或者没收违法建筑物、构筑物和其他设施；影响村庄、集镇规划，尚可采取改正措施的，由县级人民政府建设行政主管部门责令限期改正，处以罚款。农村居民未经批准或者违反规划的规定建住宅的，乡级人民政府可以依照前款规定处罚。<br>第三十八条　有下列行为之一的，由县级人民政府建设行政主管部门责令停止设计或者施工、限期改正，并可处以罚款：<br>（一）未取得设计资质证书，承担建筑跨度、跨径和高度超出规定范围的工程以及 2 层以上住宅的设计任务或者未按设计资质证书规定的经营范围，承担设计任务的；<br>（二）未取得施工资质等级证书或者资质审核证书或者未按规定的经营范围，承担施工任务的；<br>（三）不按有关技术规定施工或者使用不符合工程质量要求的建筑材料和建筑构件的；<br>（四）未按设计图纸施工或者擅自修改设计图纸的。<br>取得设计或者施工资质证书的勘察设计、施工单位，为无证单位提供资质证书，超过规定的经营范围，承担设计、施工任务或者设计、施工的质量不符合要求，情节严重的，由原发证机关吊销设计或者施工的资质证书。<br>第三十九条　有下列行为之一的，由乡级人民政府责令停止侵害，可以处以罚款；造成损失的，并应当赔偿：<br>（一）损坏村庄和集镇的房屋、公共设施的；<br>（二）乱堆粪便、垃圾、柴草，破坏村容镇貌和环境卫生的。<br>第四十条　擅自在村庄、集镇规划区内的街道、广场、市场和车站等场所修建临时建筑物、构筑物和其他设施的，由乡级人民政府责令限期拆除，并可处以罚款。<br>第四十一条　损坏村庄，集镇内的文物古迹、古树名木和风景名胜、军事设施、防汛设施，以及国家邮电、通信、输变电、输油管道等设施的，依照有关法律、法规的规定处罚。<br>第四十二条　违反本条例，构成违反治安管理行为的，依照治安管理处罚条例的规定处罚；构成犯罪的，依法追究刑事责任。<br>第四十三条　村庄、集镇建设管理人员玩忽职守、滥用职权、徇私舞弊的，由所在单位或者上级主管部门给予行政处分；构成犯罪的，依法追究刑事责任 |

资料来源：笔者整理。

## 第四节　地方乡村规划管理与法规

### （一）地方乡村规划法规的总体状况

我国国土幅员广大，且各地乡村发展情况差异较大，乡村规划的地域性较强，乡村规划法规须结合地方实际情况制定。对全国 27 个省（自治区）进行了乡村规划法规文件的检索，共获取文件 125 份[7]（表 7–4）。

省（自治区）层面乡村规划法规统计表　　表 7–4

| 地区 | 地方性法规 | 地方政府规章 | 行政规范性文件 | 总计 |
|---|---|---|---|---|
| **东北地区** | **3** | **3** | **7** | **13** |
| 黑龙江省 | 1 | 1 | 5 | 7 |
| 吉林省 | 1 | 1 | 2 | 4 |
| 辽宁省 | 1 | 1 | 0 | 2 |
| **东部地区** | **12** | **1** | **23** | **36** |
| 福建省 | 2 | 0 | 2 | 4 |
| 广东省 | 1 | 0 | 1 | 2 |
| 海南省 | 2 | 0 | 4 | 6 |

续表

| 地区 | 地方性法规 | 地方政府规章 | 行政规范性文件 | 总计 |
|---|---|---|---|---|
| 河北省 | 2 | 0 | 4 | 6 |
| 江苏省 | 2 | 0 | 5 | 7 |
| 山东省 | 1 | 1 | 4 | 6 |
| 浙江省 | 2 | 0 | 3 | 5 |
| **西部地区** | **13** | **6** | **19** | **38** |
| 甘肃省 | 1 | 1 | 1 | 3 |
| 广西壮族自治区 | 1 | 1 | 2 | 4 |
| 贵州省 | 1 | 1 | 1 | 3 |
| 内蒙古自治区 | 1 | 1 | 1 | 3 |
| 宁夏回族自治区 | 1 | 1 | 1 | 3 |
| 青海省 | 1 | 0 | 2 | 3 |
| 陕西省 | 2 | 0 | 2 | 4 |
| 四川省 | 2 | 0 | 3 | 5 |
| 西藏自治区 | 1 | 0 | 0 | 1 |
| 新疆维吾尔自治区 | 1 | 0 | 2 | 3 |
| 云南省 | 1 | 1 | 4 | 6 |
| **中部地区** | **8** | **3** | **28** | **39** |
| 安徽省 | 1 | 1 | 1 | 3 |
| 河南省 | 2 | 0 | 5 | 7 |
| 湖北省 | 1 | 1 | 7 | 9 |
| 湖南省 | 1 | 0 | 7 | 8 |
| 江西省 | 2 | 0 | 2 | 4 |
| 山西省 | 1 | 1 | 6 | 8 |
| **总计** | **36** | **13** | **76** | **125** |

资料来源：笔者 2015 年统计。

总体而言，各地区对乡村规划的编制组织、修改、实施管理等要求基本是在国家层面法律规范的框架之下进行了一定细化，起到了承接与落实上位法律规范的作用。各地对于乡村规划法规的创设主要在于规划编制方面，包括乡村规划的层次划分、各层次规划内容设定以及乡村建设与规划的技术规定等。例如，上海市对乡村规划的编制层次作出了进一步划分，且提出了集体建设用地土地流转规划，并制定了《上海市村庄规划编制导则》，对村庄规划编制方面进行了详细的技术性规定；四川省则进一步细化了乡村规划的内容体系，强调了乡村的近期建设规划，并对村庄建设（治理）规划编制办法进行了进一步规定，成都市还创设了极具特色的乡村规划师制度；江苏省则主要针对各类乡村规划的编制办法及技术规定方面进行了细致安排，以对乡村规划编制进行了详细的规定。

从法规文件的层级上分析，行政规范性文件占据了总量的大多数[8]，其次是地方性法规，地方政府规章数量较少。

从发布时间[9]（图 7–5）来看，可以分为三个阶段：

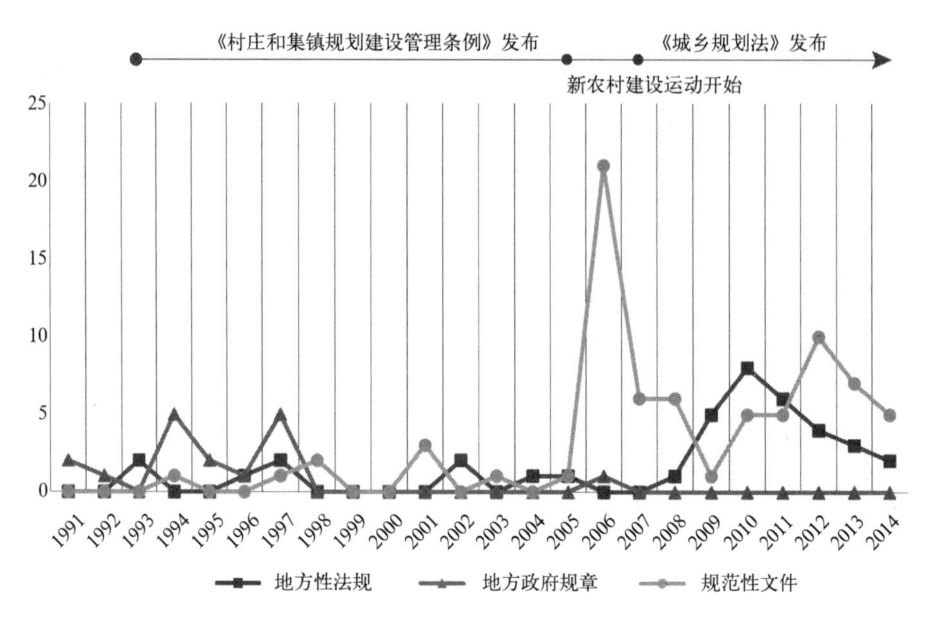


图 7-5 乡村规划法规文件发布时间统计图

资料来源：笔者绘制。

（1）地方乡村规划法规建设的起步期（1993—2005 年）

1993 年《村庄和集镇规划建设管理条例》的出台，地方乡村规划法规的制定随之展开。这一阶段，各地的法规形式上多为地方性法规与地方政府规章，内容上则主要是《村庄和集镇规划建设管理条例》的实施办法与细化规定。

（2）"新农村建设"推动下的乡村规划法规发展期（2006—2007 年）

2005 年 10 月，党的十六届五中全会通过的《十一五规划纲要建议》中指出，"建设社会主义新农村是我国现代化进程中的重大历史任务"，并对新农村建设的目标、任务和措施提出了要求。同年，《关于村庄整治工作的指导意见》（建村 [2005] 174 号）发布，要求推进村庄整治工作。2006 年中共中央 1 号文件《关于推进社会主义新农村建设的若干意见》指出应加强农村基础设施建设，加强村庄规划和人居环境治理，改善社会主义新农村建设的物质条件。

在"新农村建设"与"村庄整治"的推动下，乡村规划法规的制定与发布达到了一个高峰，大量的乡村规划编制与技术导则发布，其中与村庄整治相关的内容尤多，并有大量冠以"新农村建设"名称的法规文件发布，其文件位阶上则大多为行政规范性文件。

（3）《城乡规划法》推动下的乡村规划法规探索期（2008 年至今）

2007 年末《城乡规划法》发布，各地的乡村规划法规建设掀起了新的一波高潮。首先是以地方性法规的形式发布了各地的城乡规划条例或《城乡规划法》的实施办法，其次是发布了大量关于规划制定与规划实施的规范性文件。

这一阶段，大多数省（自治区）对各自的《村庄和集镇规划建设管理条例》实施办法进行了修正。但总体而言，进行大幅度修改的不多，内容上变动较少。

主要包括用词的修改，如改“征用”为“征收”，同时删去了部分不再适用的条款。

下面选取几个具有一定代表性的省（市、自治区）对地方乡村规划管理进行介绍。

**（二）上海市乡村规划管理**

上海市对乡村发展与规划的管理法规主要包括《上海市城乡规划条例》及《上海市村庄规划编制导则》等。

1. 乡村规划的编制

（1）编制组织与编制范围

《上海市城乡规划条例》规定，上海市村庄规划由乡、镇人民政府组织编制，经区、县人民政府批准后，报市规划行政管理部门备案。村庄规划在报送审批前，应当经村民会议或者村民代表会议讨论同意。

编制范围则主要由郊区区县总体规划进行明确，同时确定编制要求。

（2）规划层次及内容

依据《上海市村庄规划编制导则》，上海市乡村规划主要包括村庄布点规划及村庄规划，其中村庄规划主要包括村域规划以及居住点和集中居住点规划两部分。

要求村庄规划编制之前，应确定村庄布点规划，村庄布点规划要与区域总体规划、镇域总体规划等上位规划做好衔接。

鼓励各村在编制村庄规划时，结合自身实际需求，增加集体建设用地土地流转规划的相关内容。

村庄布点规划主要对镇域居民点进行整体规划，对镇域内行政建制村分类提出处理原则，原则性划分为保留改造型、置换搬迁型、适当发展型三种类型，对各村庄的功能定位、产业职能、建设用地规模等提出控制要求，制定村庄规划的时序计划。村庄布点规划的成果应以能指导镇居民点布局、指导村庄建设和规划管理为目标。

村域规划主要内容包括确定村庄主要功能导向及人口规模；各类建设用地和农用地的布局及规模；各村民居住点的建设用地范围；人口规模及村民居住点的建设类型；公益性公共服务设施布局及规模；村庄道路等级、宽度及相应交通设施的布局；市政基础设施配置；河道水系梳理；产业分类和农用地布局。

居住点及集中居住点规划主要包括集中居住点选择；居住点现状梳理；公共服务设施的位置和占地规模；道路宽度、停车配套指标；市政配套标准，主要管线走向，保留、改造和拆除的建筑；需要保护的建筑、古迹、名木等，以保护和利用结合为原则，明确保护要求；绿化和景观规划策略；编制整治工程一览表，制订实施计划，对近期项目进行资金估算。

集体建设用地土地流转规划主要包括农村集体建设用地流转的村民意愿征集、策略和步骤、经济测算、分期实施等内容。

文件还对村庄规划进行了一系列具体技术规定，包括建设用地分类、建设用地指标；村域用地布局；集中居住点选址；住宅建筑、公共服务设施、产业设施的规划设计要求；绿化景观及村容村貌规划要求；道路交通设施规划要求；

市政公用设施规划要求；河道水系规划要求；村庄历史文化保护规划要求；防灾减灾规划要求等方面。

2. 乡村建设的管理

（1）规划许可管理

在集体土地上进行农村村民个人住房建设的，村民应当向村民委员会提出个人建房申请。村民委员会受理后，应当在本村公示三十日。村民委员会同意建设的，应当将建房申请报乡、镇人民政府，由区、县规划行政管理部门委托乡、镇人民政府核发乡村建设规划许可证。

在集体土地上进行前款规定外建设的，建设单位或者个人应当向乡、镇人民政府提出申请，由乡、镇人民政府报区、县规划行政管理部门核发乡村建设规划许可证。

乡村建设规划许可的实施程序，按照如下规定执行：

在国有土地上进行建设的，建设单位或者个人应当向规划行政管理部门申请办理建设工程规划许可证。申请办理建设工程规划许可证，应当提交使用土地的有关证明文件、建设工程设计方案等材料；规划行政管理部门应当在三十个工作日内提出建设工程设计方案审核意见。经审定的建设工程设计方案的总平面图，规划行政管理部门应当予以公布。建设单位或者个人应当根据经审定的建设工程设计方案编制建设项目施工图设计文件，并在建设工程设计方案审定后六个月内，将施工图设计文件的规划部分提交规划行政管理部门。符合经审定的建设工程设计方案的，规划行政管理部门应当在收到施工图设计文件规划部分后的二十个工作日内，核发建设工程规划许可证。建设单位或者个人在建设工程规划许可证核发后满六个月仍未开工的，可以向规划行政管理部门申请延期，由规划行政管理部门决定是否准予延续。未申请延期的，建设工程规划许可证自行失效。国有土地使用权出让合同对开工时间另有约定的，从其约定。

（2）设计施工管理

设计单位必须按照城乡规划、规划管理技术规范和标准以及规划行政管理部门提出的规划条件进行建设工程设计。

施工单位必须按照建设工程规划许可证、乡村建设规划许可证及其附图、附件的内容施工。

建设单位、个人应当按照规划许可进行建设；确需变更的，必须向规划行政管理部门提出申请。规划行政管理部门受理后，应当会同相关部门进行审核。变更的内容不符合控制性详细规划或者村庄规划的，规划行政管理部门不得批准。

建筑物的使用应当符合建设工程规划许可证、乡村建设规划许可证或者房地产权证书载明的用途，不得擅自改变。

（3）监督检查管理

《上海市城乡规划条例》对乡村规划的监督检查规定与对城市规划的要求是一致的，主要包括如下规定：

未取得建设工程规划许可证或者未按照建设工程规划许可证的规定进行

建设的，由规划行政管理部门责令停止建设；尚可采取改正措施消除对规划实施的影响的，限期改正，处建设工程造价百分之五以上百分之十以下的罚款；无法采取改正措施消除影响的，限期拆除，不能拆除的，没收实物或者违法收入，可以并处建设工程造价百分之十以下的罚款。

未按规定通知规划行政管理部门复验而擅自开工建设的，由规划行政管理部门处二千元以下的罚款。

经复验不合格擅自开工建设或者未按放样复验要求施工，并造成后果的，按照规定予以处罚。

未按规定在建设工程竣工验收后六个月内向市或者区、县规划行政管理部门报送有关竣工资料的，由规划行政管理部门责令限期补报；逾期不补报的，处一万元以上五万元以下的罚款。

规划行政管理部门作出责令停止建设或者限期拆除的决定后，当事人不停止建设或者逾期不拆除的，由项目所在地区、县人民政府责令有关部门采取查封施工现场、强制拆除等措施。

**（三）四川省乡村规划管理与法规**

四川省乡村规划法规主要包括《四川省城乡规划条例》《四川省村镇规划建设管理条例》《四川省村庄建设（治理）规划编制试行办法》等，此外还有成都市极具地方特色的《成都市乡村规划师制度实施方案》。

1. 乡村规划的编制

(1) 编制组织与编制范围

乡人民政府组织编制乡规划，镇、乡人民政府组织编制村规划，报上一级人民政府审批。村规划在报送审批前，应当经村民会议或者村民代表会议讨论同意。

乡应当制定乡规划。民族自治地方编制乡规划的区域由县级人民政府确定。

县人民政府在县域村镇体系规划中，根据需要确定村规划编制的区域。

(2) 规划层次及内容

《四川省城乡规划条例》在《城乡规划法》基础上对乡规划与村庄规划的的内容要求进行了深化，具体如下：

乡规划应当包括以下基本内容：

①经济社会发展目标与产业布局；

②空间利用布局与管制；

③居民点布局；

④交通系统；

⑤供水及能源工程；

⑥环境卫生治理；

⑦公共设施；

⑧防灾减灾；

⑨历史文化和特色景观资源保护。

村规划应当包括以下基本内容：

①性质、规模、发展方向、空间布局和风貌控制要求；

②主导产业布局；

③规模种养殖业用地布局及配套设施；

④公共服务、道路交通等基础设施建设标准、用地布局；

⑤给水、排水、供电、通信等工程设施及其管线走向、敷设方式；

⑥垃圾、污水处理，垃圾收集点、公厕等环境卫生设施布局；

⑦防洪、抗震、避险、地质灾害防护设施布局，适建、限建、禁建区域；

⑧基础设施与公共服务设施配建标准，建设用地标准、宅基地标准、用地规模；

⑨分期建设时序，近期建设的基础设施与公共服务设施投资估算。

《四川省城乡规划条例》还强调了近期建设规划的编制，镇、乡人民政府制定近期建设规划，应当与国民经济和社会发展规划同步编制，以重要基础设施、公共服务设施和居民保障性住房建设及生态环境保护为重点内容，明确近期建设的时序、发展方向和空间布局，报总体规划审批机关备案。近期建设规划期限为五年。

《四川省村庄建设（治理）规划编制试行办法》则对村庄建设（治理）规划的编制提出了一系列要求，其规划期限应与当地的经济社会发展目标一致，近期 3—5 年，远期 10 年。并对村庄近期建设规划进行了强调，村庄近期建设规划应根据自身的经济发展水平和农民意愿，以农村人居环境治理为主要内容，重点安排好近期要开展的“两建、三清、四改、五通”建设项目（即：建庭院经济、建沼气池，清垃圾、清污水、清乱建，改厨、改厕、改圈、改危房，通水、通电、通路、通电话、通电视），提出建设项目的实施方案和投资概算。

2. 乡村建设的管理

（1）规划许可管理

1）规划许可管理要求

乡村建设应当坚持村民自治的原则。在乡村集体建设用地上进行乡镇企业、乡村公共设施和公益事业建设，以及农村统一规划、统一建设或者统一规划、自行建设村民住宅社区建设，应当提请村民会议或者村民代表会议讨论通过。

在城市、镇规划区内的集体建设用地上进行乡镇企业、乡村公共设施和公益事业建设，以及农村社区住宅建设，应当符合城市规划或者镇规划，建设单位或者个人应当向城市、县人民政府城乡规划主管部门申请核定规划条件，并按规定办理建设工程规划许可证。

在乡、村规划区内国有土地上，按照国家和省规定需要有关部门批准、核准的建设项目，以划拨方式取得国有建设用地使用权的，建设单位应当按照规定办理选址意见书和建设用地规划许可证；以出让方式取得国有建设用地使用权的建设项目，建设单位或者个人应当按照规定办理建设用地规划许可证。

在乡、村规划区内国有土地上进行建（构）筑物、道路、管线、管沟和其他工程建设的，建设单位或者个人应当按照规定办理建设工程规划许可证。

2）规划许可证办理程序

在乡、村规划区内使用现有集体建设用地进行乡镇企业、乡村公共建筑、公共设施和公益事业建设的，建设单位或者个人应当持建设工程设计方案、村民委员会书面意见等相关材料向镇、乡人民政府提出申请，由镇、乡人民政府报城市、县人民政府城乡规划主管部门核发乡村建设规划许可证。

在乡、村规划区内使用原有宅基地进行农村村民住宅建设的，申请人应当持原有宅基地批准文件或者宅基地使用证明、户籍证明、住宅建设方案或者政府提供的通用设计图、村民委员会书面意见等材料向镇、乡人民政府提出申请，由镇、乡人民政府依据乡、村规划审批，核发乡村建设规划许可证。

在乡、村规划区内进行上述建设确需占用农用地和未利用地的，建设单位或者个人应当依法办理农用地转用审批手续，由城市、县级人民政府城乡规划主管部门核发乡村建设规划许可证后，再依法办理用地审批手续。乡村建设规划许可证自核发之日起二年内，建设单位或者个人未办理用地审批手续和开工手续的，乡村建设规划许可证自行失效。

（2）设计施工管理

下列建设项目须由具有相应资质等级的设计单位设计，或者选用省和市、地、州级以上建设行政主管部门批准的通用设计图或标准设计图。

集镇建设项目和乡（镇）村企业、乡（镇）村公共设施、公益事业等建设，在开工前，建设单位和个人应当向县级以上人民政府建设行政主管部门提出开工申请，经县级以上人民政府建设行政主管部门对设计、施工条件予以审核批准后，方可开工。

建设单位、施工单位必须按照村镇规划主管部门批准的设计图纸进行施工。任何单位和个人均不得擅自更改设计图纸；确需变更的，须征得原设计单位和村镇规划主管部门同意。

（3）监督检查管理

镇、乡人民政府应当加强镇、乡、村规划区和控制建设区域的监督检查。

居民委员会、村民委员会和物业服务企业发现本区域内违法建设行为的，应当予以劝阻，并及时向城乡规划主管部门或者镇、乡人民政府报告。

村镇建设实行监察制度，由村镇建设行政管理人员依法对村镇规划、建设、管理进行监督检查。

3. 其他规定

四川省成都市在乡村规划的制定上，针对乡村发展较强的地域性及乡村规划技术力量薄弱的情况，作出了创设性制度安排，其中最具特色的是颁布了《成都市乡村规划师制度实施方案》，设立了乡村规划师制度，对其他地区的乡村规划有一定指导与借鉴意义。

文件从总体上对乡村规划师的数量及覆盖范围做出了规定，并阐述了乡村规划师的定位和职责。

文件具体规定了乡村规划师的选择条件及配备方式。乡村规划师主要通过社会招聘、机构志愿者、个人志愿者、选调任职和选派挂职等途径选择，原则上任期（聘用期）不少于 2 年。

在此基础上，对乡村规划师的待遇、管理、专项经费的设立及实施步骤都进行了一定安排，形成了极具地方特色且较为系统完善的乡村规划师制度。

### （四）江苏省乡村规划管理

江苏省在乡村规划法规的建立上做出了一系列探索，推出了一系列相关文件，主要集中在规划编制技术层面，对各类乡村规划进行了细致的规定。

1. 乡村规划的编制

（1）编制组织与编制范围

《江苏省城乡规划条例》规定，江苏省行政区域内的乡和村庄，应当制定乡规划和村庄规划。乡规划由乡人民政府组织编制，报城市、县人民政府审批。村庄规划由乡、镇人民政府组织编制，报城市、县人民政府审批。村庄规划在报送审批前，应当经村民会议或者村民代表会议讨论同意。

（2）规划编制层次与内容

根据《江苏省村镇规划建设管理条例》，村镇规划包括乡（镇）域规划，建制镇、集镇总体规划和详细规划，村庄建设规划。

其中乡（镇）域规划的主要内容包括：乡（镇）行政区域内村镇布点，村镇的位置、性质、规模和发展方向，村镇规划建设用地范围，村镇基础设施以及其他各项生产和生活服务设施的配置。

建制镇、集镇总体规划的主要内容包括：建制镇、集镇的性质和发展方向，人口和建设用地发展规模，住宅、乡镇企业、公共设施和公益事业等各项建设的用地布局和功能分区，有关的技术经济指标。

村庄建设规划应当以乡（镇）域规划为依据，其主要内容包括：人口和建设用地发展规模，建设用地范围，住宅、公共设施和公益事业等各项建设用地的布局，有关技术经济指标。

（3）规划编制技术规定

此外，江苏省颁布了一系列乡村规划技术规定，对各类乡村规划的技术要求进行了规定，主要包括以下文件：

1）《江苏省镇村布局规划技术要点》

文件规定了镇村布局规划以设区市市区、县（市）域为规划范围，或以需要优化村庄布点的乡镇（包括林场、农场）为规划范围。

文件提出镇村布局规划技术要点包括镇村布局、产业布局规划引导及配套设施规划三方面。

镇村布局部分包括规划的指导原则、上轮规划实施评估的要求、村庄布点规划要求、土地整理及村庄特色等内容。其中村庄布点规划内容应包括现状村庄特色价值评估、人口迁移与村庄集聚趋势分析、村庄人口规模及布点规划。

产业布局规划应综合考虑现代农业规划、工业规划及乡村旅游规划。

配套设施规划应综合考虑各类公共设施及基础设施的规划原则及布局要求。

文件还规定了镇村布局规划的基础资料收集及规划成果要求。

2）《村庄规划导则》

文件将城镇规划建设用地范围外的村庄，根据所处区位分为城郊型和乡村型两大类，并将乡村型村庄细分为养殖型村庄、旅游型村庄、工业型村庄及保护型村庄，在此基础上对村庄建设及规划进行分类指导。

文件主要针对村域规划及村庄（居民点）建设规划进行了编制内容及技术上的规定。

其中村域规划主要对村庄（居民点）布点及规模、产业及配套设施的空间布局、耕地等自然资源的保护等提出规划要求，村域范围内的各项建设活动应当在村域规划指导下进行。

村庄（居民点）建设规划主要包括村庄（居民点）布局、公共服务设施、住宅、道路交通、基础设施、绿化景观、防灾减灾及竖向规划等内容，并对各部分内容的规划与设计提出了原则要求及定性定量的各类技术要求及指标规定。

此外，村庄规划还应包括村庄（居民点）近期（3年以内）建设所实施的内容，并对所实施的内容中居住以外投资部分进行投资估算。

3）《江苏省村庄建设整治工作要点》

文件主要针对村庄建设整治，在区位基础上对村庄进行分类之后对各类村庄提出了建设整治原则，并详细规定了各项建设整治内容及技术要求。主要包括基础设施、公共服务设施、农民房屋、环境卫生、绿化景观、防灾减灾及传统文化保护等方面。

文件提出了政府主导、农民主体、部门整合、社会帮扶的实施原则，并提出以整治扩建为主，环境整治先行，以及应建立长效管理机制。

4）《江苏省村庄平面布局规划编制技术要点（试行）》

文件明确了省村庄平面布局规划编制的基本任务、规划依据、技术要点、成果要求及验收和审批要求。

2. 乡村建设的管理

（1）规划许可管理

乡、镇人民政府对建设单位或者个人的申请材料提出审核意见，报城市、县城乡规划主管部门核发乡村建设规划许可证。

乡村建设规划许可证应当载明建设项目位置、建设规模和主要功能等内容，并附规划设计图纸。

建设单位或者个人在取得乡村建设规划许可证后，方可办理用地审批手续和开工建设。

农村村民在乡、村庄规划区内农村集体土地上自建住房的，应当向乡、镇人民政府提交宅基地使用证明或者房屋权属证明、村民委员会意见、新建住宅相关图件等有效证明文件，由城市、县城乡规划主管部门核发乡村建设规划许可证。

农村村民在城市、镇规划区内农村集体土地上自建住房的，应当由城市、县城乡规划主管部门核发建设工程规划许可证，其需要提供的材料和办理程序，按照前款的规定执行。

乡村建设规划许可证的办理，城乡规划主管部门应当自受理之日起二十个工作日内作出许可决定。

建设用地规划许可证、建设工程规划许可证的办理，城乡规划主管部门应当自受理之日起三十个工作日内作出许可决定。在三十个工作日内不能作出决定的，经城乡规划主管部门负责人批准，可以延长十个工作日，并应当将延长期限的理由告知申请人。

（2）设计施工管理

根据《江苏省村镇规划建设管理条例》，村镇的各种房屋建筑（单层个人住宅除外）和各类基础设施等建设工程，必须由取得相应的设计资格证书的单位或者个人进行设计，或者选用通用设计、标准设计。严禁无证设计和无设计施工。

施工企业和个体工匠应当按照设计图纸施工。任何单位和个人不得擅自修改设计图纸；确需修改的，须经原设计单位或者个人同意并出具变更设计通知单。涉及重大设计变更的，应当经原批准机关批准。

县级人民政府建设行政主管部门应当对村镇建设工程的施工质量进行监督检查。工程质量不合格的建设项目不得交付使用。

县级人民政府建设行政主管部门应当建立、健全村镇建设档案管理制度。对建设中形成的规划、设计、施工等具有保存价值的各种资料，应当及时整理归档。新建工程竣工后，建设单位和个人必须在竣工验收后三个月内向县级人民政府建设行政主管部门报送工程资料。

（3）监督检查管理

建设工程竣工后，建设单位或者个人应当就建设工程是否符合规划条件和规划许可内容，向城乡规划主管部门申请核实。城乡规划主管部门应当及时组织核实。未申请核实或者经核实不符合规划条件和规划许可内容的，建设单位或者个人不得组织竣工验收，产权登记机关不予办理产权登记手续。

农村集体土地上的农村村民自建住房，城乡规划主管部门可以委托乡、镇人民政府进行核实。

在取得乡村建设规划许可证一年内未办理施工许可证，且未申请延期或者申请延期未获批准的，相应的选址意见书、建设用地规划许可证、建设工程规划许可证和乡村建设规划许可证失效，城乡规划主管部门应当予以注销。

房屋产权登记机关核发的房屋权属证件上记载的用途，应当与乡村建设规划许可证确定的用途一致。

业主不得违反法律、法规以及管理规约，擅自将住宅改变为经营性用房。确需改变的，应当满足建筑安全、居住环境、景观、交通、邻里等方面的要求，征得利害关系人同意，报经城乡规划主管部门批准，到房屋产权登记机关办理相关变更手续；涉及改变土地用途的，应当依法办理审批手续。

违反前款规定，擅自将住宅改变为经营性用房的，工商、文化等有关部门不得核发相关证件。

## 第五节　乡村的土地管理

土地是乡村规划的空间载体，农村的发展更是与土地息息相关，土地方面相关法律法规主要以《土地管理法》为主干法，结合相关行政法规、部门规章及其他行政规范性文件，对乡村土地使用及管理进行了一系列规定，主要包括土地用途管理、耕地保护、建设用地管理及土地权属管理等方面（图 7–6）。

## （一）土地用途管理

《土地管理法》规定国家通过编制土地利用总体规划，规定土地用途，将土地分为农用地、建设用地和未利用地。严格限制农用地转为建设用地，控制建设用地总量，对耕地实行特殊保护。

乡（镇）土地利用总体规划，由乡（镇）人民政府编制，逐级上报省、自治区、直辖市人民政府或者省、自治区、直辖市人民政府授权的设区的市、自治州人民政府批准。

土地利用总体规划以自上而下的土地指标逐层分解的方式，对建设用地及耕地指标进行严格管控。乡（镇）人民政府编制的土地利用总体规划中的建设用地总量不得超过上一级土地利用总体规划确定的控制指标，耕地保有量不得低于上一级土地利用总体规划确定的控制指标。

乡（镇）土地利用总体规划应当划分土地利用区，根据土地使用条件，确定每一块土地的用途，并予以公告。土地利用总体规划的规划期限一般为 15 年。

村庄和集镇规划，应当与土地利用总体规划相衔接，村庄和集镇规划中

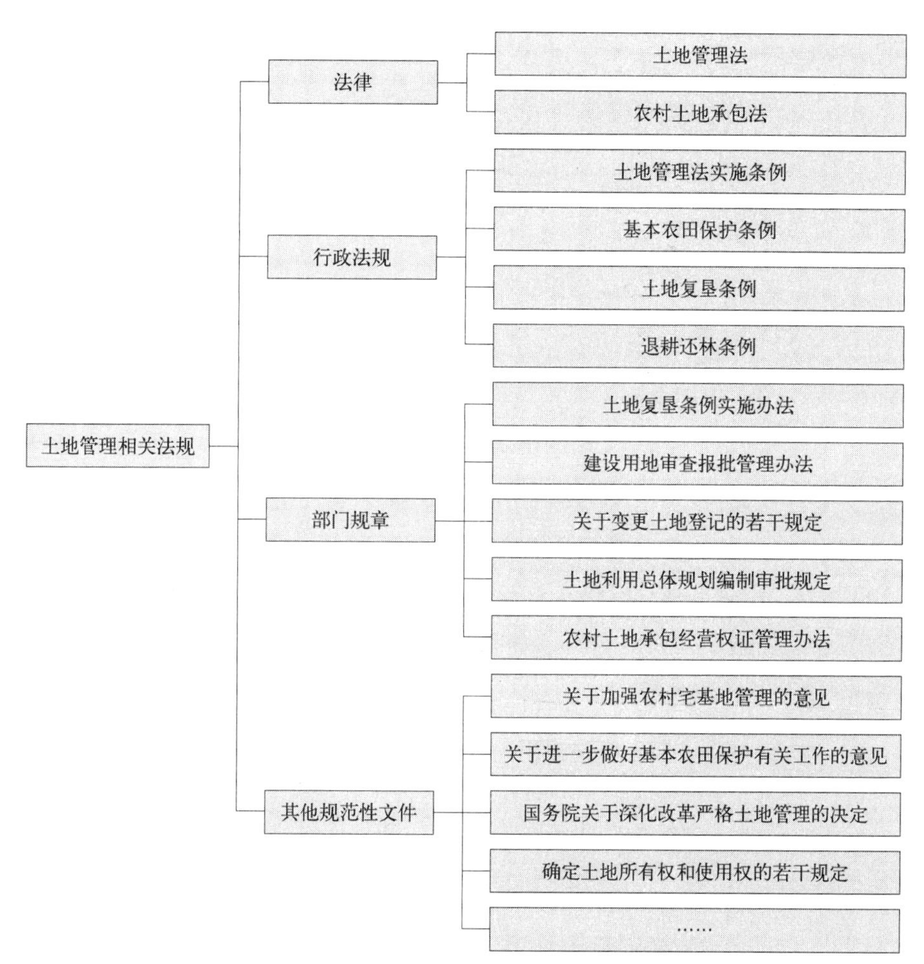


图 7–6 现行主要土地管理相关法规构成示意图

资料来源：笔者绘制。

建设用地规模不得超过土地利用总体规划确定的城市和村庄、集镇建设用地规模。

在此基础上，《土地利用总体规划编制审查办法》对各级土地利用总体规划编制的组织、内容、成果及评审报批进行了进一步规定。

### （二）耕地保护

1. 耕地补偿制度

《土地管理法》规定国家实行占用耕地补偿制度。非农业建设经批准占用耕地的，按照“占多少，垦多少”的原则，由占用耕地的单位负责开垦与所占用耕地的数量和质量相当的耕地；没有条件开垦或者开垦的耕地不符合要求的，应当按照省、自治区、直辖市的规定缴纳耕地开垦费，专款用于开垦新的耕地。

2. 基本农田保护

依据《土地管理法》，国家实行基本农田保护制度。下列耕地应当根据土地利用总体规划划入基本农田保护区，严格管理：

①经国务院有关主管部门或者县级以上地方人民政府批准确定的粮、棉、油生产基地内的耕地；

②有良好的水利与水土保持设施的耕地，正在实施改造计划以及可以改造的中、低产田；

③蔬菜生产基地；

④农业科研、教学试验田；

⑤国务院规定应当划入基本农田保护区的其他耕地。

基本农田保护区以乡（镇）为单位进行划区定界，由县级人民政府土地行政主管部门会同同级农业行政主管部门组织实施。

基本农田应予以严格保护，非农业建设必须节约使用土地，可以利用荒地的，不得占用耕地；可以利用劣地的，不得占用好地。禁止占用耕地建窑、建坟或者擅自在耕地上建房、挖砂、采石、采矿、取土等。禁止占用基本农田发展林果业和挖塘养鱼。

《基本农田保护条例》则对我国基本农田保护的任务、基本原则和适用范围；基本农田的划定和保护要求；监督管理及法律责任进行了进一步规定。

3. 耕地复垦管理

为落实合理利用土地和切实保护耕地的基本国策，规范土地复垦活动，加强土地复垦管理，提高土地利用的社会效益、经济效益和生态效益，国土部颁布了《土地复垦条例》，对土地复垦要求、土地复垦验收原则及程序、土地复垦的激励措施进行了具体规定。

### （三）建设用地管理

1. 农用地转建设用地管理

建设占用土地，涉及农用地转为建设用地的，应当办理农用地转用审批手续。省、自治区、直辖市人民政府批准的道路、管线工程和大型基础设施建设项目、国务院批准的建设项目占用土地，涉及农用地转为建设用地的，由国务院批准。

在土地利用总体规划确定的城市和村庄、集镇建设用地规模范围内，为实施该规划而将农用地转为建设用地的，按土地利用年度计划分批次由原批准土地利用总体规划的机关批准。在已批准的农用地转用范围内，具体建设项目用地可以由市、县人民政府批准。其他建设项目占用土地，涉及农用地转为建设用地的，由省、自治区、直辖市人民政府批准。

征收基本农田、基本农田以外的耕地超过三十五公顷或其他土地超过七十公顷的，由国务院批准，其他情况下由省、自治区、直辖市人民政府批准，并报国务院备案。国家征收土地的，依照法定程序批准后，由县级以上地方人民政府予以公告并组织实施。征收土地的，按照被征收土地的原用途给予补偿。

2. 宅基地建设管理

《土地管理法》对宅基地建设管理进行了规定，农村村民一户只能拥有一处宅基地，其宅基地的面积不得超过省、自治区、直辖市规定的标准。

农村村民建住宅，应当符合乡（镇）土地利用总体规划，并尽量使用原有的宅基地和村内空闲地。

农村村民住宅用地，经乡（镇）人民政府审核，由县级人民政府批准；其中，涉及占用农用地的，依照本法第四十四条的规定办理审批手续。

农村村民出卖、出租住房后，再申请宅基地的，不予批准。

3. 集体所有土地建设管理

在土地利用总体规划制定前已建的不符合土地利用总体规划确定的用途的建筑物、构筑物，不得重建、扩建。

有下列情形之一的，农村集体经济组织报经原批准用地的人民政府批准，可以收回土地使用权：

①为乡（镇）村公共设施和公益事业建设，需要使用土地的；

②不按照批准的用途使用土地的；

③因撤销、迁移等原因而停止使用土地的。

**（四）土地权属管理**

《土地管理法》规定农村和城市郊区的土地，除由法律规定属于国家所有的以外，属于农民集体所有；宅基地和自留地、自留山，属于农民集体所有。

农民集体所有的土地依法属于村农民集体所有的，由村集体经济组织或者村民委员会经营、管理。并应依法对土地使用权进行登记确认，依法登记的土地的所有权和使用权受法律保护，任何单位和个人不得侵犯。

农民集体所有的土地由本集体经济组织的成员承包经营，从事种植业、林业、畜牧业、渔业生产。承包期限为三十年，农民的土地承包经营权受法律保护。

在土地承包经营期限内，对个别承包经营者之间承包的土地进行适当调整或将农民集体所有的土地交由本集体经济组织以外的单位或者个人承包经营的，必须经村民会议 2/3 以上成员或者 2/3 以上村民代表的同意，并报乡（镇）人民政府和县级人民政府农业行政主管部门批准。

## 注　释

[1] 本章除第四节外，主要内容源自孙文勇《乡村规划法规的特征解析与建构策略》2015

年同济大学硕士学位论文，导师：耿慧志。

[2] 本部分内容参考曹春华．村庄规划的困境及发展趋向——以统筹城乡发展背景下村庄规划的法制化建设为视角[J]. 宁夏大学学报（人文社会科学版），2012（06）：48-57.

[3] 本部分内容主要源自全国城市规划执业制度管理委员会《城市规划与法规》第十章城乡规划实施管理，执笔人：任致远，中国计划出版社，2011。

[4] 本部分内容主要源自全国城市规划执业制度管理委员会《城市规划与法规》第十章城乡规划实施管理，执笔人：任致远，中国计划出版社，2011。

[5] 本部分内容主要源自全国城市规划执业制度管理委员会《城市规划与法规》第十章城乡规划实施管理，执笔人：任致远，中国计划出版社，2011。

[6] 本部分内容主要源自全国城市规划执业制度管理委员会《城市规划实务》第二章城乡规划的实施管理，执笔人：卢华翔、贺旺、曹珊，北京：中国计划出版社，2011。

[7] 乡村规划法规文件检索主要以各地政府及规划主管部门官方网站及中国法律法规信息系统（http://law.npc.gov.cn/）等网站为平台，力求反映各地乡村规划法规的实际情况，但由于各地区的乡村规划法规文件网络公示有所差异，可能有所遗漏。

[8] 从文件获取难易程度上看，规范性文件的电子化与网上公布普及程度均有限，因此其数量相对于更高阶的法规文件更有可能被低估。

[9] 此处的发布时间统计，既包括法规文件首次发布的时间，也包括历次发生较大修改的时间。

## 复习思考题

1. 对比城市规划法规，乡村规划法规有何特点？

2. 我国现行乡村规划法规有哪些文件？涉及哪些内容？

3. 根据现行乡村规划法规，简述我国的乡村规划编制体系？

4. 依据乡村建设规划许可的相关规定，简述乡村规划实施的要求与程序？

5. 选择一个省、自治区或直辖市，对其乡村规划法规进行梳理与分析？

6. 寻找具有地方特色的乡村规划法规文件，对其进行分析与解读，研究其是否体现了乡村的特色？

## 深度思考题

1. 乡村规划的法规建设应如何平衡乡村发展的多样性与法规的普适性？

2. 乡村规划法规应如何体现村民在规划中的主体地位？

3. 乡村规划法规与其他部门（环境保护主管部门、农业农村主管部门等）法规的关系应如何理解？

# 第八章

# 国外城乡规划管理与法规[1]

本章要点

①城市规划立法体制的类型；

②城市规划的行政管理的内容和机制；

③城市规划编制体系和审批方式；

④城市规划的实施机制；

⑤城市规划的行政复议；

⑥英国和美国城乡规划法规与管理体系的主要特点。

# 第一节 城市规划行政立法

## 一、城市规划法的立法伦理

现代城市规划法的诞生与公共政策、公共干预密切相关。最直接相关的是土地权力中公共权高于所有权的意识。如英国制定第一部城市规划法：《住房、城镇规划诸法》(Housing, Town Planning etc.Act, 1909)，其直接原因为城市住房及卫生问题，尤其是针对住宅区内的卫生和消防状况。城市规划法是在对城市卫生、消防等公共事务进行干预时确立的公共权力。从美国的发展历史看，政府对私人财产权利实行控制的权力演变是城市规划立法最为关键的因素。当时各国规划法导向的目标是城市空间的有序性。

之后，城市规划立法明显导入了社会公正的理念，城市空间的有序性有了社会公正的内涵。空间的有序性作为一种手段而不再是核心目标。

经历了第二次世界大战的重建，城市规划法开始重视对文物古迹保护、环境保护的法律、法规及对私有土地赔偿问题的变革等。如1969年美国联邦政府出台的《国家环境政策法案》(National Environmental Policy Act)，该法案把环境规划的概念引入传统的城市规划中。

进入21世纪，"可持续发展"成为世界各国的共识，也逐渐成为城市规划法立法的核心理念。同时，一方面要坚持必要的根本性的原则，排除城市发展的无序；另一方面则希望具有灵活性，不放弃短期城市发展中稍纵即逝的发展机遇。这成为城市规划法不可避免的矛盾的两个方面。

## 二、城市规划行政立法体制

纵观世界各发达国家，其城市规划立法体制大体上分三类：

### （一）中央集权的立法体制

国家拥有统一的城市规划法和其他城市规划法辅助性的法律、法规制定权。国家在整个城市规划工作中主要负责立法，地方城市政府主要负责城市规划的编制与实施，地方城镇社区负责规划管理的具体行政工作。

以英格兰为例，地方政府按照英格兰统一制定的城市规划法规编制各自城市的城市规划，最终由中央政府行政机构的专门部门按照国家城市规划法律、法规进行审批。在具体的开发控制过程中，国家行政主管部门可以否决任何方式的开发和建设。城市规划法和城市规划的解释权在城市政府和城市规划职能机构。

### （二）中央立法与地方立法相结合的立法体制

以德国为例，德国的行政管理机构由三个层面构成：联邦级、联邦州级、市镇社区级。德国的城市规划法规有：联邦制定的法律、法规，联邦州制定的法律、法规以及各种市镇社区制定的相关的法规等三个层面构成。下一级制定的有关城市规划建设和管理的法律、法规必须符合上一级制定的城市规划建设和管理的法律、法规。

日本实行全国统一的立法制度，国会是全国唯一的立法机构。地方政府可以根据宪法所赋予的地方自治权，在与国家法令不发生抵触的前提下，通过地方议会制定地方性法规。这种法规通常被称为“条例”。法国也属于这种类型的立法体制。

**（三）地方立法体制**

这种类型的城市规划立法体制以美国、澳大利亚和加拿大为代表。国家没有统一的城市规划法，由地方政府按各自情况制定城市规划法律、法规。

美国的宪法在本质上是州与州之间的契约，州与州之间在立法方面有着巨大的差别。许多州的法律只允许地方政府从事特定的规划行为，其他州则要求履行相当全面的规划行为。州的授权法（State Enabling Legislation）往往确定了地方政府在规划方面的职能。

在澳大利亚，除直接置于联邦管理的地区（如堪培拉）外，关于地方政府事务及城市规划问题均由州立法，联邦政府主要负责外交、国际、外贸和移民事务。严格地讲，澳大利亚各州都有自己的规划立法和规划行政体系，但是它们主要的特征是有相似性的。

加拿大城市规划的法律框架主要是由省的法律来确定的，联邦政府没有规划方面的直接权力，但是它可以从许多方面间接地影响市镇规划，比如通过加拿大住房和住房贷款机构对住房政策和住房贷款利率施加影响。城市是由省来创置的，包括城市规划在内的城市行政事务一般在省的市政法中规定。省以下的城市政府（Municipality）有权制定地方法规（by-law），涉及城市规划实施的种种问题由地方法规加以规定。城市制定地方法规不需省的立法授权，这一点与英国的地方立法相似。

## 第二节　城市规划管理体制

### 一、城市规划管理体制

城市规划行政管理体制分为中央集权和地方自治两种型制，大多数国家都在两者之间寻求适当的行政管理体系。

**（一）国家与区域的分级管理体制**

20 世纪 90 年代之前的英国政府的行政管理主要实行三级体系，分别是中央政府、郡政府和区政府，总体趋势为影响范围较大的项目的规划设计与管理权力上移，由中央规划执行部门负责。在 1997 年之前，城市规划事务是由环境部（Department of the Environment）负责的；1997 至 2001 年间，由环境、运输和区域部（Department of Environment, Transport and Regions, DETR）负责；2001 和 2002 年间由运输、地方政府和区域部（Department of Transport, Local Government and the Regions, DTLR）负责；2002 年 5 月开始则由副首相办公室（Office of Deputy Prime Minister）负责。2006 年，这一部门的规划职责被现在的社区与地方政府部（Department for Community and Local Government）所取代。其职能包括制定有关的法规和政策，以确保城市规划法的实施和指导地方政府的规划工作，并有权干预地方政府的发展规划和开发控制（一般为影响较大的开发项目）。另一方面，具体的规划管理监督等权力是逐步下放的一个过程。“通过认可苏格兰，威尔士和其他带有自身特色的地区对权力的要求，英国的国家联盟会得到加强。通过满足它们的渴望，英国中央政府下放权力的提案将不仅会保护而且会加强国家的联盟。”[2] 2011 年取消了区域层级的规划，中央政策直接落实到地方（郡、区级），并且给予地方规划机构更大的管理权力。例如 2004 年《规划与强制性收购法》中通过“地方开发法令”（Local Development Order）加强了地方原有的规划管理权利，加快规划申请批准的速度。

美国是一个联邦制国家，政府的行政管理实行三级体系，分别是联邦政府、州政府和地方政府。联邦政府并不具有法定的规划职能，联邦政府参与城市规划相关活动的手段主要就是一些间接性的财政方式，如联邦补助金等。地方政府没有固定的自治权力，只有由州授予的权力，也就是说，地方政府权力的来源只能是州宪法和法律的授权以及州宪法和法律所规定的自治权。因此，各州地方政府的城市规划职能（包括发展规划和开发控制）也就有所差别。例如，并不是所有州的立法都要求地方政府编制综合规划作为区划条例的依据。即编制综合规划并不是所有地方政府的法定职能。

德国也是一个联邦制国家，其行政体系分为联邦政府、州政府和社区政府三级。联邦德国在立法方面是中央集权为主的国家，而行政管理方面则是以联邦分治为主。联邦政府由联邦总理和联邦部部长组成，联邦区域规划、建筑和城市发展部代表联邦政府全权负责有关土地利用方面的开发控制工作，其主要职责为协调、监督州政府和地方政府执行联邦规划法规，并且负责综合有关专项规划，包括分项计划规划，例如全国的铁路网规划、机场选址、高速公路网规划。州政府的权力相当大，可全面负责执法工作，监督属于州政府管辖范围的各级地方政府。地方社区政府在土地利用规划和开发控制工作中是具体执行部门。其职责为制定物质环境规划，主要内容为土地利用分配，同时负责全面的开发实施工作，上述工作必须在联邦政府和州政府的监督下进行。

英国、美国与德国代表了三种不同类型的规划行政体制。英国体制具有明显的中央集权特征，中央政府可以进行有效的干预。美国和德国虽都属联邦制，但也存在明显差异。美国联邦没有规划立法权，也不存在国家层面上的规划体系。德国联邦有规划立法权，各州规划立法必须与联邦立法相符合，因而地方政府的规划职能在内容和形式上差别不大，而且州政府在协调地方土地利用规划中起着十分积极的作用。

日本的行政管理体系虽与英国相类似，包括中央政府、都道府县（相当于英国的郡政府）和区市町村（相当于英国的区政府）。但是中央政府对于地方政府的影响是以立法和财政为主，并不直接干预地方政府的发展规划和开发控制。

**（二）大都市的分级管理体制**

由于行政体制不同，各国大都市的城市规划管理体制也是不一样的。大都市区的管理模式有以下三种组成：

（1）大都市政府（单中心体制）

单中心体制，即在大都市地区具有唯一的决策中心，有“一个统一的大城市机构”。它可以是内部有若干小单位相互包容或相互平行的一个政府体系；或者更可能是一个双层结构体系，即一个大都市地区范围的正式组织和大量的地方单位并存，它们之间有多种服务职能的分工，如多伦多、日本的大都市政府模式。

日本的各大城市都有统一的大都市政府，具有集中的行政体制，城市政府下设区政府或区市政局，区政府不是独立的政府，行政管理权有限。

（2）都市联合委员会（即一系列松散的职能单一的政府联合委员会，多中心体制）

多中心体制，指在大都市地区存在相互独立的多个决策中心，包括正式的综合的政府单位（州、城市、镇等）和大量重叠的特殊区域（学区和非学区）。美国、加拿大、英国、澳大利亚的大都市以众多市政区组成，市政区设独立的城市政府，每一个城市政府管辖的范围为一个市政社区，与选区和政府的税收相联系，彼此之间又是相连的。

大温哥华地区的规划及实施管理是通过大温哥华地区政府（简称 GVRD）进行的。GVRD 是一种灵活的政府形式，是一种由区内政府选派有关代表组成的联合政府形式。其组织包括董事会及下属各部门，并设有区域长官管理下属各部门的运转。根据经济、有效和平等的原则，各市通过 GVRD 联合起来提供上述服务，但在这个体制下，GVRD 对各市、区的事务没有直接的干预权，各市、区仍保持自己的独立性。

（3）纽约大都市区松散、单一组织的管理模式，在这个地区虽然没有形成统一而具有权威的大都市区政府，但仍然存在着一些有限度的区域合作。在纽约大都市区展现的是一种松散而无统一的行政主体，以专门问题性的协调组织运行为主的管理模式。

以上三种模式都存在分级管理的问题，第一种模式由于集中管理对市场反应慢，导致机构臃肿、效率低下，需要发挥区一级政府的作用。第二及第三种模式由于分散管理不利于平衡地方利益与整体利益的关系，需要高一级政府进行协调。城市政府共同的上级政府是省或州政府，往往难以协调大都市区内部事务。由国家直接管辖下的大都市地区，地方政府仍发挥积极的作用，属于特殊的分级管理方式。大都市的分级管理有以下几种方式：

（1）以市政社区政府为主管理，同时建立区域协调机制。即由市长联席会议、区域政府或委员会一类准政府机构，通过一事一议的方式进行协调。这些法定组织是一个办事机构，被赋予一部分政府职能，拥有一定的行政、财政权力来协调大都市区的各项事务。加拿大的区域政府组建区域银行，大都市区内各个城市政府都投入一定数额的资本而成为股东。区域银行为各城市的大型基础设施建设和私人投资提供贷款或者贷款担保，使跨不同行政区的基础设施建设成为可能。

（2）在统一的规划管理框架下实行有条件分级管理。如澳大利亚墨尔本大都会工务局被赋予广泛的权利来编制和实施墨尔本大都会区的规划。位于大都会区内的地方政府可以申请编制自己的法定规划，地方政府编制的规划必须与大都会区规划相符合，且不涉及全局性的问题，经大都会工务局批准的规划生效后即成为开发控制的依据，相应的开发审批权也就转移到了地方政府。

（3）按管理的对象不同进行分级管理。澳大利亚堪培拉建设之初，于 1957 年成立国家首都发展委员会，它是一个集规划、开发、建设管理为一体的行政主体。1988年堪培拉市政府成立以后，规划编制与管理体制也有了调整。首都规划由联邦政府的首都规划署负责，在首都规划的指导下，首都规划署亦负责组织编制指定地区的实施性规划。首都直接处于联邦国会和政府的控制之下，集中体现国家首都功能并形成特色区域。而反映地方利益的一般地区的具体规划管理则由首都地方规划署负责。

大都市的分级管理需要一定的条件。首先应具备操作的规范性，集权与分权都是为了平衡局部利益与整体利益，提高行政的效率。但只有制定了完善的法律法规，在规范的操作框架内才能实现规划的根本目标。其次，城市管理是一个系统工程，事权与财权应同时考虑。如加拿大的大都会区准政府的经费由大都会区内的各市政社区政府分摊，并享有一定的税收权。澳大利亚大都市区政府与地方政府之间通过税收分成来实现大都市区政府的职能。

#### （三）城市规划管理机构

各国城市规划管理机构的设置与其政治体制密切相关，显示出一定的差异性；但由于其管理对象均为城市与区域空间发展规划与建设，因此又具有一定的共同性和借鉴意义。

从纵向看，管理机构分中央政府城市规划主管部门、省级城市规划主管部门、市级城市规划主管部门。依据国家体制的不同，中央对城市规划的管理分为强管理和弱管理两种模式。在中央集权的国家，如英、法采用强管理模式，中央政府的城市规划管理机构具有很强的管理和协调职能；美国是联邦制国家，其中央政府城市规划管理采用弱管理模式，但仍需用经济和技术手段支持地方的建设和城市规划工作。无论是强管理或是弱管理模式，国外省级城市规划管理部门一般为实体，具有比较强的管理职能。各国城市政府都设有城市规划管理机构，具有很强的综合管理职能，如统计、规划监督、土地批租等。

从横向看，城市规划管理机构涉及立法机构、行政机构和法定组织。立法机构主要职能是制定城市规划法律、法规，批准城市规划，质询城市规划的政策和实施等。行政机构包括政府与规划建设主管部门，它们是城市规划与建设的直接管理者。规划管理法定组织是按法律规定组成的，相对独立于政府的规划管理专业机构，负责城市规划的立法、审批和复议等工作，依法或受委托独立行使职权。法定组织的形式包括规划委员会、区划委员会、规划复议委员会以及区域性准政府机构等。此外，规划管理法定组织也包括政府依法组建的为实现某一规划政策，参与公共开发的开发公司和开发区管理委员会，如英国的新城开发公司和新加坡的裕廊工业局都被赋予一定的规划管理职能。

国外规划管理的组织形式是多种多样的（在美国甚至不同城市存在不同形式）：有市长—议会制，委员会制和议会—行政长官制等。几乎没有一个国家是由单一的规划管理主体统揽规划立法和规划行政，特别是规划立法（编制和批准规划）与规划实施管理（开发控制）一般是分开的。这种体制有利于避免权大于法、行政越权等问题，而且体制本身就体现了公众参与的精神。

### 二、城市规划管理内容

一些国家城市规划管理范围较广，包括城市发展需求管理、城市规划实施管理、建成后的使用管理和城市规划行业管理等内容。规划管理的内容与行政层级有关，中央和省级政府主要负责国家城市发展政策、区域资源使用与环境控制等内容，地方政府负责地方的城市规划管理事务。

发展需求管理是通过制定城市规划政策、编制城市规划和推进公共开发等方式，满足市场需求，从而引导城市发展。引导城市的发展具有“计划”的性质，是为制定和实现城市发展目标而采取的措施，体现在一定的“超前量”上，因而发展需求管理也是规划管理的重要内容。战后各国的住房政策、日本城市化促进地区和城市化控制地区的划分等都是发展需求管理的实践。

规划的实施管理包括公共工程的建设、开发控制和监督检查等内容，这是狭义的城市规划管理的基本任务，其目的在于按照规划实施，控制建成环境的质量。

建成后的使用管理是依据城市规划，对建成后的建筑物用途进行管制，使之符合城市（社区）发展的需要。使用管理既是维护社区建成环境质量的重要手段，在一些国家也是维护土地市场价值、保障地税收入的重要手段。

## 三、城市规划管理机制

各国一般通过土地用途管制、开发控制、建筑物用途管制和建成环境控制达到空间发展的目标。管理机制的设计在保证原则性、法定性的同时，还要保证一定的效率，实现原则性与灵活性的统一。

### （一）土地用途管制

土地用途管制主要是在规划的层面，对城市最重要的空间资源——土地的用途进行控制，以符合长远发展的需要，并且作为制定实施性规划的依据。日本的土地使用管制体系比较完备，城市土地使用分为地域划分、分区制度和街区规划三个基本层面，每个层面的土地使用规划都包括发展政策和土地使用管制规定两个部分。地域划分明确了城市化地域与农村地域的界限，在宏观层面上控制城市形态和土地配置，有效地阻止了城市蔓延。分区制度规定了城市化地域的12类土地使用分区，在此基础上还规定消防、土地使用充分地区等十多个特别分区。街区规划则保证了街区发展的整体性和个性，有利于提高空间环境质量的目标。

### （二）开发控制

开发控制是各国城市规划管理的主要内容之一，其控制方式与法定规划相关。开发控制可分为“通则式”和“判例式”两种方式。“通则式”以法定规划作为开发控制的唯一依据，规划人员在审理开发个案时享有有限的自由量裁权，只要开发活动符合这些规定，就能获得规划许可，具有透明和确定的优点，但缺乏灵活性和适应性。美国、德国和日本等一些国家采用这种方式。“判例式”将法定规划仅作为开发控制的主要依据，规划部门有权在审理开发申请个案时附加特定的规划条件，以至必要时修改法定规划的某些规定，具有灵活性和针对性，但存在不透明和不确定的问题。英国、新加坡等国家或地区采用这种方式。

鉴于两种方式各有利弊，很多国家正在寻求两者相结合的更为完善的开发控制体系，使开发控制体系分为两个控制层面。在第一层面上，针对整个城市地区，制定一般的规划要求，采用区划方式，进行通则式控制。在第二层面上，则针对各类重点地区，加强城市设计研究，制定特别的规划要求，采用审批方式，进行判例式控制。美国的一些城市在传统区划的基础上，增加了个案审理环节，如有条件的用途许可、基地规划和环境设计评审。尽管德国和日本都采用通则式的开发控制，却比较注重地区发展的整体性和个性。1980 年以来，英国在企业特区进行了通则式开发控制的试验，把简化规划控制作为改善投资环境的一项措施。

从规划行政来讲，开发控制有许可制和赋权制两种形式。开发规划本身不决定规划必然许可，即使是区划（Zoning）所管辖地区的许多开发项目也要审批。许可制是依申请的行政行为，开发商依照规划提出规划申请，规划人员依法给予许可或不许可。个案审理的过程依据法定规划的不同，可以是羁束性的，也可以是自由量裁的。赋权制可以看作是一种特殊许可，包括两种类型：一种是北美国家依据区划条例规定，法定无需审批的开发项目不必获得规划许可；一种是在新加坡等国家，政府的公共工程无需规划许可，而是刊登公告，在没有公众反对的情况下即获得了许可。

**（三）建筑物用途管制**

建筑物用途变更会影响城市的各个方面，因而许多国家对建筑物的用途管制也有相应的规定。其法理基础是公共利益高于个人利益的规划价值理念。在英国和新加坡，建筑物用途管制被包括在开发控制的范围内，开发定义不仅指建造、工程、采掘等物质性的作业，还包括土地和建筑物的用途变更。如新加坡 1981 年的用途分类条例划分了 6 类用途，同一个类别之中的用途变更并不构成开发，如果建筑物的用途变更超出原有的类别构成开发行为，则必须获得规划许可。加拿大的规划管理还与工商执照管理相结合，发出工商执照之前必须确认拟议中的工商活动符合土地使用的规划控制条件。

**（四）建成环境控制**

对建成环境的控制是要控制环境的污染和达到一定的建成环境质量。西方国家一般都有严格的环保法律，也体现在规划管理的过程之中。概括国外对环境控制的方式，主要有以下几种：

（1）建设前的环境评估报告。要求对环境有重要影响的项目，必须通过环境评估的审查。

（2）区域协调方法。日本、澳大利亚法规规定，在规划编制过程中，重大问题必须征求周边地区的意见，事先避免跨区域的矛盾。

（3）设计审查。美国在原有区划基础上，对城市重要地段要求增加设计审查，通过设计审查委员会或地标委员会对建成环境、城市景观进行控制。在英国，设计导则也是规划人员审查规划的重要依据。

（4）用途管制。设施建成使用以后对环境进行维护的管理措施。

## 第三节 城市规划的编制管理

### 一、城市规划编制体系

各国的城市规划编制体系存在差别（表 8–1）。每个国家的城市规划编制体系，

英、美、德、日城市规划编制体系略表 表 8–1

| 国别 | 英国 | 美国 | 德国 | 日本 |
| --- | --- | --- | --- | --- |
| 城市规划法律依据 | 1900 年《城乡规划法》(Town and Country Planning Act 1990) | 1928 年《标准城市规划授权法》(The Standard City Planning Enabling Act of 1928) 1924 年《标准州区划授权法》(Standard State Zoning Enabling Act 1924) 等 | 1997 年《建设法典》(Baugesetzbuch 1997) 1990 年《建筑利用命令》(Baunutzungsverordnung 1990) 等 | 2000 年《城市规划法》 2000 年《建筑基准法》 |
| 体系类型 | 总体规划——开发许可类 | 总体规划——核对许可类 | 总体规划——详细规划类 | 总体规划——核对许可类 |
| 宏观层次城市规划技术 | 开发规划（结构规划、地方规划和单一发展规划）(Development Plan [Structure Plan，Local Plau & Unitary Development Plan]) | 城市总体（综合）规划 (Comprehensive Plan [Master Plan，General Plan]) | 土地利用规划 (Flächennutzungsplan) | 城市规划区总体规划 市町村总体规划 |
| 微观层次城市规划技术 | 规划许可(规划标准、规划利益) (Planning permission [Planning Standard，Planning Advantage]) | 区划控制 (Zoning Regulations) 土地细分控制 (Subdivision Control) | 详细规划 (Bebauungsplan) | 城市化区及城市化控制区、开发许可 地域地区、地区规划 |
| 其他城市规划技术 | 规划纲要（Planning Brief） 设计导则（Design Guide） | 城市设计（Urban Design） | 部门开发规划（STEP） 中间地区规划（BEP） 非正式规划及开发概要 (Stadtebauliche Rahmen-planung) | 城市再开发、土地区划整理等各种开发规划 |

资料来源：谭纵波．城市规划．北京：清华大学出版社．2005，第 466 页。

伴随着经济发展，都在不断地加以完善。为了适应全球经济一体化，及其给城市带来的变化，提高城市的竞争能力已成为世界许多国家进行城市规划改革的目标。

城市规划编制体系一般与行政管理层次相联系。按空间层次可以划分为区域规划和城市（社区）规划两个层面。区域一级的规划包括：国家一级的国土规划、区域规划，跨省或跨州的空间规划、流域规划等，以及一个城市或一个城市群为主体的城镇体系规划等。城市（社区）包括：城市发展战略规划、市政区土地利用总体规划、城市综合规划和城市建设管理规划、开发控制规划、建设引导条例、区划等。

上述规划项目按其内容和作用划分，大体上可分为两个层面，即战略性规划和实施性规划。此外，某些国家还有非法定的补充性规划。

**（一）战略性规划**

战略性规划主要涉及制定城市发展的中长期战略目标，包括土地利用、交通管理、环境保护、基础设施等方面的发展准则和空间策略，为城市各分区和各系统的实施性规划提供指导框架，但因其内容比较宏观，不足以作为开发控制的依据。这一类规划如美国的综合规划、日本的地域区划、英国的区域空间战略、新加坡的概念规划等都是战略层面的空间发展规划。

**（二）实施性规划**

实施性规划以战略性发展规划为依据，针对城市中的各个分区制定实施性的空间发展规划，是开发控制的法定依据。如美国的区划、德国的分区建造规划、英国的行动规划、日本的土地利用分区规划、新加坡的开发指导规划等都是作为开发控制的依据而制定的实施性规划。

美国的区划包括了大部分的规划控制要求。在德国和日本，除了一般的区划控制外，还通过地区规划（一般为几公顷）确定每个分区的发展原则和建造控制要求。相比之下，英国、新加坡的实施性规划是比较原则性的，有待于在规划审批时针对开发个案提出更为具体的要求。

### （三）非法定的补充性规划

非法定规划有多种形式，如各类规划研究报告、区域规划、城市设计、开发区规划、各种专项规划、各类规划导则及开发要点等，通过政府的通告形式发布。非法定规划的地位和作用由专项法和从属法规来加以具体规定，其法律效力与其内容的羁束性程度有关。规划中羁束性内容具有法律效力，引导性的内容没有法律效力，只作为规划编制和开发控制的参考依据。

如德国的框架规划，它由一系列针对专门领域的规划设想组成，这种设想一般与特定的具体规划内容相联系，比如建筑利用、交通体系和城市形式。这样在一个综合的框架之内可以很直观、很详细地表现出所希望的空间发展。也正因如此，框架规划不具有法律的约束效应，然而这些规划可以在有关将来规划措施的意见讨论中，在参与规划的有关部门的协调方面，以及为将来有可能进行投资者的咨询方面起到引导作用。美国的城市设计导则也是设计审查应该考虑的因素。

## 二、城市规划的编制组织

### （一）编制组织的主体

组织编制城市规划的法定主体是政府及其规划部门或者准政府组织。一般情况下，政府组织编制的规划与其负责管辖的区域空间一致。中央政府组织编制国家与区域层面的发展规划；省级政府或大都市区政府组织编制省域、大都市区域发展规划（大都市区政府一般都是准政府组织）；地方（社区）政府组织编制城市（社区）发展规划。除美国外，编制城市规划是城市政府的法定职能。

### （二）规划编制内容

各国城市规划的内容及深度并不相同，这与其规划法律体系和规划行政制度有关。

英国的城市规划编制内容近几年来发生较大变动。2001 年底，英国政府出台了“绿皮书”，并在 2004 年《规划和强制性收购法》以及 2011 年的《地方政府法》中将这些基本设想通过立法的方式予以了确认，提出取消区域一级的规划编制，也就是不在制定区域空间策略（Regional Spatial Strategy），而地方层面取消现有的三种规划模式，即“结构规划”“地方规划”和“单一发展规划”，用“地方发展文件”（Local Development Document）取代，主要内容包括：核心战略（core strategy）、特定场地选址（site specific allocations）和建议方案图（proposals maps）。根据《规划和强制性收购法》，新的规划控制和编制的体系将在最近的 10 年中不断地引入和完善，2004—2007 年为过渡时期。现今，英国各地区已经基本编制了地方发展文件（LDD）。

德国的城市规划分为两个层面，分别是概略的土地利用规划（简称 F–Plan）和具有法定约束力的建造规划（简称 B–Plan）。大比例的 F–Plan 作为设计思考的战略性基础，确定整个市镇的未来土地利用格局、提供交通设施投资的确切线路、公共和私人设施的区位、绿地系统、自然保护区，以及由于自然危害和污染等原因而限制开发的地区。如同区划条例那样，小比例的 B–Plan 为管制各个地块的用途和开发容量提供了依据。它包括建筑密度、建筑体量、附属建筑和停车空间、公共设施、住宅数量、限制开发或配置特定设施的空间、自然环境保护措施、公共通行权和游憩空间、种植区域、树木和水体的保护等。

法国的城市规划编制体系大致可分为国土协调纲要和地方城市规划、市镇地图两个层次。国土协调纲要是综合性空间规划文件，属于区域性城市规划的范畴；地方城市规划、市镇地图提出建筑和土地利用的区划指标，作为实施城市规划管理的重要依据。地方城市规划和市镇地图的内容必须和国土协调发展大纲的原则相适应。对于特殊战略地区或需要保护的地区则需要编制"空间规划指令"规划，以促进发展与保护之间的平衡，保护自然空间，保持社会混合和城市功能的多样性等。

日本的规划编制内容包括三方面：土地使用规划、城市公共设施规划和城市开发计划。城市土地使用规划分为地域划分、分区制度和街区规划三个基本层面。每个层面的土地使用规划都包括发展政策和土地使用管制规定两部分。发展政策制定发展目标及其实施策略，不具有直接管制开发活动的法律效力，但作为制定管制规定的依据。

美国的区划（Zoning）包括条例文本和区划地图两部分内容。条例文本包含规划及稳定性的样板；区划地图确定地块边界及条例的应用。区划（Zoning）是美国城市中进行开发控制的重要依据，因此，对于规划实施而言，区划法与城市规划之间的关系就成为一个重要的问题。只有将城市规划的内容全面而具体地转译为区划法的内容，城市规划才有可能得到实施。

澳大利亚的土地利用规划，有详细的土地开发控制图则，以小比例尺地形图为工作底图。

## 三、城市规划的成果审批

### （一）审批方式

综合各国城市规划成果的审批方式，大体上可分为以下四类：一是通过行政渠道上报审批，如日本重要的城市规划和规划区范围内的划线工作是由管理部门上级审批。二是由立法机构审批，如美国区划法规需经地方立法机构的审查批准，并作为地方法规而对土地使用的管理起作用。三是由法定组织审批，如在美国有些州，综合规划是不必经立法机构审批，而由规划委员会来承担这一职能，在州的授权法中一般都规定了规划委员会审批综合规划的过程和程序；日本地方规划由审议会审议通过。四是通告生效，澳大利亚经部长批准的城市规划须提交议会审查，地方议会在规定的时间内不反对即为生效。

城市规划的法定组织是依法成立的专业机构，负责审批规划、开发控制的审查或受理行政复议等职能。法定组织一般依附在行政机构或者立法机构内。

有些法定组织依法律规定或受委托独立行使职权，如美国的区划委员会、英国的城市规划复议委员会等；有些仅仅作为行政或者立法机构的咨询机构。成立城市规划法定组织是改变城市规划行政中单一主体模式的有效办法。

在城市规划审批过程中，越来越多地融入了公众参与。如在新加坡，无论是编制战略性的概念规划还是实施性的开发指导规划，都要通过公众评议，并将公众意见呈报国家发展部部长，作出妥善处理。在澳大利亚，法律规定规划方案完成后，需呈送给规划部长，部长必须在 3 个月内作出正式答复。如果部长同意了该规划，就进入分开展示程序。展示不少于 3 个月，如根据公众意见对规划方案作了重大修改，则需再次展示不少于 1 个月的时间。期间要经历公众提交书面意见，举行听证会等法定程序。经展示后的规划方案由州政府批准，通过政府公报（Government Gazette）公布生效。

**（二）分级审批**

各国的城市规划一般都采取分级审批制度。除新加坡、瑞典等少数国家外，城市战略规划与开发控制规划一般是分开审批的。战略规划由中央、省级的机构审批，与地方居民的利益密切相关的开发控制规划一般都由地方机构审批。在分级审批的制度中，中央或者上一级政府主要审查对区域有影响的资源开发利用、环境问题，城市规划是否依照法定的程序，是否符合城市的政策，与上一层面的规划是否衔接，以及公众意见的处置等，一般不审查实施层面的开发控制规定。在发展模式、规模等方面尊重地方的选择。

日本的分级审批制度比较完善，建设大臣负责审批重要的规划以及城市规划区范围内的城市化促进地域、城市化控制地域的划分；地方政府（都道府县）审批城市规划区范围的城市化促进地域、城市化控制地域的划线和 25 万以上人口的区划；区市町村负责审批 25 万以下人口的区划和地区规划。

与一般城市规划分级审批制度不同，瑞典城市政府具有规划“垄断权”（Municipal Monopoly），也就是无论是总体规划、详细规划还是其他各项规划，虽然须提交县级行政管理部门进行咨询，但最终都由城市政府自行审批，具有权威性，具体说来，城市规划的审批机关为城市委员会（Municipal Council）。而县级行政管理部门的主要职责在于审查以下几方面的内容：①规划是否损害了国家利益；②规划是否影响了城市间的平衡；③公共健康和安全是否将受到威胁；④规划过程中是否有漏洞。

## 第四节 城市规划的实施

### 一、城市规划实施的机制

城市规划的实施需要有一定的手段和作用力，称为城市规划的实施机制。从国外城市规划实施的经验看，城市规划实施机制具有多方位、多层面、作用相互补充的特征。

**（一）行政管理机制**

纵观世界各国城市的规划、建设和管理都是城市政府的一项主要职能，城市规划主要是政府行为，在城市规划的实施中，行政机制具有最基本的作用。要很好地发挥规划实施的行政机制，规划行政机构就要获得充分的法律授权。只有在行政权限和行政程序有明确的授权，有国家强制力为后盾，公民、法人和社会团体支持和服从国家行政机关的管理等条件下，行政机制才能发挥作用，产生应有的效力。

**（二）财政支持机制**

财政在城市规划实施中有重要作用。政府可以按城市规划的要求，通过公共财政的预算拨款，直接投资兴建某些重要的城市设施，特别是城市重大基础工程设施和大型公共建筑设施；或者通过资助的方式促进公共工程建设，如日本中央政府通过财政影响地方的城市规划；美国联邦政府也曾通过财政资助计划（Urban Program）来引导城市的建设活动。政府还可以发行财政债券来筹集城市建设资金，加强城市建设。通过税收杠杆来促进和限制某些投资和建设活动，实现城市规划的目标。

**（三）法律保障机制**

法律在城市规划实施过程中的保障作用体现为：

（1）通过行政法律、法规，为城市规划行政行为授权，并为行政行为提供实体性、程序性依据，从而为调节社会利益关系，维护经济、社会、环境的健全发展提供法定依据。如英国战后的住房法案和后来的旧城法案，为采用财政等措施促进战后住房建设和旧城复兴提供了法律依据。在日本，城市规划在确定了公共设施的位置之后，所在地块的建造活动就会受到相应的限制，对规划管理机关和公众都具有相同的约束力。公共设施的实施机构被依法授予强制征地的权利，当设施所在地块的建造要求得不到土地业主同意时，可要求实施机构征购所在地块。

（2）公民、法人和社会团体为了维护自己的合法权利，可以依法对城市规划行政机关作出的具体行政行为提出行政诉讼。

**（四）社会监督机制**

城市规划实施的社会监督机制是指公民、法人和社会团体参与城市规划的制定，监督城市规划的实施。城市规划行政的公众参与制度和规划复议制度为社会公众提供了了解情况、反映意见的正常渠道。

## 二、城市规划实施的程序

纵观发达国家城市规划实施状况，其程序大体上由以下几部分组成：

**（一）确定开发定义和控制范围**

各国因具体情况不同，开发定义也有所差别，同时在法律、法规中对开发控制范围进行各种界定。如在英国和新加坡，根据规划法，开发定义不仅指建造工程和采掘等物质性作业，还包括土地和建筑物的用途变更；英国的《用途分类法令》（Use Classes Order）中规定了其开发建设的控制范围。

**（二）规划申请**

对于是否申请规划许可，各国亦有着不同规定，主要分为三种情况：一是需要开发许可的开发活动必须申请开发许可。如英国，对于较大型的开发项目，可以先提出概要规划申请，包括开发类型和规模等主要方面，开发商必须在获得概要规划许可的3年内提出详细规划申请，包括建筑物的平面和外观、基地布置、车辆通道、绿化和围墙等具体细节；二是在国家授权范围内的开发活动不需要规划申请。如新加坡，国家发展部有权制定各种开发授权通告，这些被授权的开发活动往往是政府部门为执行法定职能而进行的建设活动。三是规划和开发控制是同时进行的，若土地利用规划得到批准，则规划范围内的大部分开发申请项目即获得开发许可。如德国，土地利用规划是开发控制的法律文件，开发控制是土地开发的具体化，申请开发许可，一般情况下只需获得建筑开发许可，土地拥有者不需要申请土地开发许可。

#### （三）规划许可

城市规划主管部门必须在收到规划申请后的规定期限内作出决定，包括无条件许可、有条件许可和否决三种可能结果，规划部门在审理开发申请时或依通则式或依判例式而裁定。不同国家签发开发许可的机构不同，即使同一国家，也因项目大小差别而不同。如在英国，一般的规划申请由规划人员来处理，比较重大的规划申请则要呈报规划委员会来处理。在德国，签发开发申请的最终决定权在市（镇）政府，政府签发一项开发申请许可，既要与土地规划一致，又要与建筑规则不矛盾，还要与相关的法律、法规一致。

#### （四）行政复议和诉讼

当一项开发申请在规定期限内未得到明确答复，或申请者对开发申请有条件的批准、拒绝或要求提供更多的信息等决定不满时，开发申请者有权在一定时日内提出行政诉讼。在澳大利亚，对开发申请持反对态度的市民也可就项目的批准提出异议，并在规划机构作出决定后的14天内提请复议。德国法律规定，不能起诉批准的土地利用规划。

#### （五）开发活动的实施

一旦开发申请被批准后，开发活动可以在任何时间内进行。开发活动如果违反法律，政府机构有权中止其开发活动。

### 三、公共开发和公共设施的建设

国外许多国家的政府在城市规划中的重要作用，除了开发控制以外，还体现在通过公共开发引导商业开发和提供公共配套设施、市政设施等，满足居民的需求，促进城市规划目标的实现。各国通过立法、制定城市政策和计划等促进公共开发和公共工程的建设。如战后各国为复兴旧城制定的复兴法案和进行的一系列公共开发项目。

#### （一）公共开发

通过公共开发引导商业开发，其实施的方式有：政府组建开发公司直接开发、财政拨款、贷款担保、开发经营权出让等多种方式。英国一直有政府通过公共开发来实施城市规划的传统，原来的住房开发公司、新城建设公司和后来的城市开发公司，其任务都是执行国家某一项城市政策而进行的公共开发活动。这些公司皆是政策性的开发公司，可以获得财政拨款或财政担保贷款。1980年以后，英国政府为刺激经济发展，在伦敦等城市进行了许多公共开发项目，并在开发区内实行较为宽松的开发控制政策以吸引投资。日本政府除了编制国土利用规划和审批城市规划外，还通过财政拨款促进各个地区之间的均衡发展。同时，中央政府还设置了各种公共开发公司，如大都会地区高速公路开发公司等，直接参与大型基础设施和大规模的城市开发计划。城市政府的公共开发活动往往成为吸引外来投资，促进经济和城市发展的重要手段。

**（二）公共设施建设**

城市规划实施中的公共设施的建设，一般都是由政府承担。政府通过设定教育税、汽油税等专门的税种来支付公共设施建设和维护的费用。为促进跨区域的基础设施建设和转移支付的需要，有些收入则在中央和地方之间分成使用。加拿大大都会区政府则通过区域银行为地方政府和私人提供贷款担保，来实现跨区域的基础设施建设。在低税制的国家和地区，往往通过出让经营权的方式，鼓励私人提供公共设施和服务。

## 第五节 城市规划的公众参与和行政复议

### 一、城市规划的公众参与

公众参与城市规划，其本质是要通过公众对规划制定和实施全过程的主动参与，更好地保证规划行为的公平、公正与公开性，使规划能切实体现广大公众的利益要求，并确保规划工作的成功实施。

20世纪60年代以来，西方国家为适应城市经济、政治、社会、文化发展的新情况，纷纷开始建立城市规划公众参与（Public Participation）制度。越来越多的学者逐渐认识到城市规划中的决策应是政府、专业人员、公众三者互相协调、配合的结果，它必须能反映"公众意愿"。近年来，在许多欧美发达国家中，公众参与工作已逐步走上法制化、程序化、全面化的道路。各国的规划法中都有关于规划编制、公布、审批及诉讼等程序中公众参与的相关条款。如1968年，日本的《城市规划法》中新增了公众参与的条款。

各国的公众参与过程不尽相同，但一般都分为信息公开、听取公众意见、仲裁处理、处理决定生效等几个环节。归纳起来，公众参与有三个要点：一是必须规范政府的规划信息发布的方式；二是规范公众反映意见的方式和途径；三是规范对公众意见的处理方式。

**（一）规划信息的公布**

1. 公布的内容

在城市规划行政和规划编制中，要做到真正的民主、公开，需要从程序上保证公众对各个层次城市规划信息的充分了解。从国外经验来看，有关城市规划信息发布的内容和方式都有具体的规定，公布的内容涉及城市规划工作的各个环节，包括规划立法、城市规划的制定、开发申请、公众意见处理结果等，确保公众有足够的信息来参与城市规划事务。

城市规划立法和审批机关批准城市规划都要遵循相应的程序，在批准之前广泛征求意见和批准之后公布都是法定的程序。城市规划草图的公布也是规划编制过程的重要环节，在各个国家城市规划法或者专项法中也有详细的规定。在规划各阶段的公众意见处理结果也要求公布，规划部门要说明采纳或不采纳公众意见的理由。

在许多国家，开发申请也有相应的公告程序。在英国，对周边环境有显著影响的项目，规划申请者必须在地方报纸上刊登和在现场张贴告示，使公众可以了解开发项目的有关情况和提出意见。与一般的规划申请相比，进行环境影响评价的开发项目必须进行更为广泛的告示，规划部门也需要更多的时间来考虑这类开发申请。

2. 公布的方式

公布的方式主要有公开展示、公众媒体发布、社区公告、规划通知、手册与资料备查等多种形式。不同的国家对不同的规划事务采用不同的公布方式，一般来说，规划或开发申请的可能影响与信息的公布方式相对应，影响大的信息公布更加广泛。

3. 信息公布的时机

公布的时机可以分为事前信息公布、规划编制或批准过程中的信息公布和审批后的公布。在德国，社区议会编制规划的决定在规划开始之前要通知到社区每个家庭。在英国和澳大利亚，规划信息的公布成为批准规划和开发申请生效程序的一部分，在法定的公布时间内，社会公众可以提出各种不同意见。

**（二）公众参与的方式和范围**

1. 公众参与的方式

公众参与的方式，在不同国家及规划编制、实施不同阶段有所不同。主要方式分为书面提交意见（Written Representations）、公众质询（Public Question）、公众审议（Public Examination）、公众听证（Public Inquire）和公民大会等。公众听证分为非正式听证会（Informal Inquiry）、正式的公众听证会（Formal Public Inquiry）和质询会程序（The Inquiry Procedure）。各种方式的参与范围、程度和结果的法律效力各不相同。

在战略规划和法定规划的编制环节中，有不同程度和不同方式的公众参与的法定环节。一般来说，法定规划直接影响公众的利益，因而公众享有在程度和方式上更为完善的参与机会。在美国，审理有条件的用途许可和规划设计方案时，都要举行公众征询会。在德国的社区规划过程中，往往通过召开公民大会来征求社区居民对规划的意见。日本则规定市民通过书面方式提交意见。

2. 公众参与的范围

公众参与的范围分为社区居民参与、精英参与、专家参与和立法机关的监督参与等几个层次，在不同的国家、不同的规划事务中参与的范围亦不同。采用公众评议、公众听证的形式强调的是社区居民的自愿参与，需要有较好的市民基础。德国的社区规划要求有广泛的公众参与，要召开社区成员全体大会。在新加坡更多体现的是精英参与管理社会事务的精神。一般而言，如果居民的参与范围比较广泛，则效率比较低，而专家和精英的参与有较强的针对性。

3. 公众参与的时机

公众参与的时机分为立法过程中的公众参与、规划编制过程中的公众参与、规划实施与监督过程中的公众参与。其中，实施与监督过程中的公众参与又可细化为开发控制审批过程中的参与、规划执法过程中的参与、规划复议与司法程序中的参与。针对具体的规划事务来讲，又可分为事前、事中、事后的参与。在一些发达国家，除了适用于应急性原则工程和公共工程外，城市规划事务的全过程都体现了公众参与。

城市规划编制过程分前期调查、中期编制和后期反馈 3 个时期，在这 3 个阶段中都存在公众参与。从制约城市规划行政方面而言，要求规划编制的文本应注重法律上的可实施性，注重规范性文件的编制，以作为规划管理的法律依据。同时规划应当有一定的弹性，但这种弹性也是应当有规范可依的。如规划人员在规划管理中遇到何种情况能对规划方案做何种调整；何种条件下经有关部门的同意，某些部分能做一定的修改；哪些部分是在规划管理中必须要保持不变的，这些都要以法规的形式予以规定。克服规划管理中的主观性，强化客观性，这是公众参与的基本前提。

由于前一阶段规划编制的过程中引入了公众的意见，更加符合社会发展的公共利益，同时也使公众对规划有了深切的认识，这样可以使公众自觉遵守规划所制定的规范，减少规划推行的阻力。同时还能调动起他们的积极性，参与到规划管理中来，从消极的被动接受者转变为积极的自愿行动者。当他们在实际建设中发现有违反规划的建设活动时，就可以向有关部门反映，及早对此种行为加以制止，减少给社会和个人带来的损失，同时对有关部门的规划管理也起到有效的监督作用。

**（三）公众意见的处理**

1. 处理公众意见的主体

由谁来处理公众意见，在各国规划法中有明确的规定，主要有法定组织、政府的规划主管部门和立法机构等。具体由谁来处理，与各国的行政体制和规划法规体系有关。在新加坡，公众意见交由国家发展部处理；德国由于采用国家立法和地方自治的体制，公众意见由社区规划管理部门登记和处理，并将处理结果反馈给提交建议和方案的市民，如达不成统一的意见则由社区代表机构裁决；而在美国，公众的意见可以向地方规划委员会、上诉委员会和立法机构提交并处理；在日本，则明确规定公众的意见由上一级仲裁机构处理。

2. 处理意见的生效

一些国家的公众意见处理程序具有准司法的性质，其裁定的结果具有法律的效力。当然，在公众意见的处理上双方是平等的。公众意见处理生效之后，规划部门将不受理相同的意见。如果公众对管理部门的处理结果不满意时，还可向法院上诉。

3. 公众意见报备

对获得的公众意见一般都要求记录在案并按程序上报。英国、日本、德国等许多国家都将公众意见作为规划上报文件的组成部门。

### （四）健全公众参与的法律保障

健全公众参与的法律保障主要需从以下几方面予以加强：

（1）城市规划法律中明确公众参与的主体。公众参与主体即公众，既可以以团体组织的形式存在，也可以以个人的形式存在。而现阶段公众参与的重点是专业人员的参与，各个部门的专业人员积极参与到城市规划中来，积极发表自己的意见，这样可以协调各部门之间的关系，避免领导听从一家之言而造成城市整体利益的损失。

（2）明确公众参与的权利。要明确公众的权利，当公众发现违反规划建设的情况时，可以采取何种措施来制止；当有关部门接到反映却不作为时，应受到何种处罚。当规划管理中有渎职的现象而造成城市的巨大损失时，要承担何种责任，受到何种处罚。

（3）建立规划的法律援助机构。对那些在城市建设活动中，由于违反规划法规而对当事人造成了经济或生活上的损害的，应赋予其法律上的申诉权。在任何法治国家，无论怎样的立法和监督，行政主体在进行管理活动时都不能完全避免出现不当或违法的情况，从而侵害管理对象的合法权益，要建立城市规划的法律援助机构，受理城市建设中利益受到损害的团体或个人的申诉。当法律健全以后，城市规划的法律咨询就成了律师事务所的工作之一。法律援助机构可以帮助他们了解规划法，同时在事实基础上给受害者以法律上的支持。

## 二、城市规划的行政复议

行政复议制度是近代民主政治的产物，各国行政复议制度在概念和内容等诸多方面并不一致，不仅有大陆法系和英美法系区别，即使是同属一个法系，英国和美国不一样，法国和德国也不一样。由于城市规划专业性很强，一般司法官员行使裁决权很难保证结果的合理性。在许多国家，都是通过规划复议委员会或者专门法庭来处理规划复议案件。规划复议的机构设置和法定程序是规划法的重要组成部分。在美国，州和地方的城市规划复议委员会受理针对规划委员会和区划管理机构作出的决定而提出的复议上诉，并且制定有专门的条例。1981年新加坡《关于开发申请的规划条例》包括了规划上诉的有关规定。澳大利亚各州的法律不同，以维多利亚州为例，制定了《规划复议委员会法》和《规划复议委员会条例》。

### （一）行政复议概念界定

德国的行政复议称为异议审查，它由“声明异议”和“诉愿”两部分组成。

在日本，行政复议称为行政不服审查，又叫行政不服申诉。日本的不服审查制度包括“异议申诉”、“审查请求”和“再审查请求”。韩国的行政复议称为行政诉愿，公民因行政机关违法或不当的行政行为损害其合法权益时，都可以依法向原处分行政机关的直接上级行政机关提出请求撤销或变更原行政处分。

在法国，行政复议称为行政救济，包括善意救济和层级救济。善意救济是当事人向做出行政处分的原行政机关申请的救济；层级救济是当事人向做出行政处分的原行政机关的上级机关申请的救济。在美国，行政复议是请求司法救济的前置程序。英国的行政复议包括部长救济和裁判所救济。

**（二）行政复议体制**

各国的复议体制并不相同，有的实行一级复议制，有的实行两级复议制。一级复议制是当事人对复议机关的复议决定不服的，只能向司法机关申请司法救济，不能再向上一级行政机关申请复议。目前，多数国家都采用一级复议制，如美国、法国、韩国、奥地利等。二级复议制是指当事人对复议机关的复议决定不服的，还可以向上一级行政机关或者法律规定的其他行政机关申请再复议。实行二级复议制的国家有德国、日本、西班牙等。

**（三）行政复议受理机关**

规划复议的受理机关在各国有所不同，与行政体制有关。在英联邦国家中，一般由中央规划行政主管部门受理，由主管部门依法成立复议委员会对案件进行审理。日本则规定由上一级的专门仲裁机构处理。在美国，可以向立法机构和法定组织（如规划复议委员会、区划复议委员会）提出复议申诉。规划、区划复议委员会等法定组织是由议会批准任命的独立的城市规划监察部门。在美国，也可以直接向法院提出诉讼请求。

**（四）规划行政复议受理范围**

复议的范围有有限主体和不限主体之分。一般情况下，行政复议是针对具体行政行为，对立法行为、国家行为不服的可以通过其他途径获得救济。如英国规划复议委员会受理因规划许可申请不受理、被否决、许可条件不合理或违反行政程序的案件。根据美国的规定，当事人只能对行政机关做出的行政裁决提起行政复议；涉及区划法规或者对区划（Zoning）调整的案件，可以附带提审其合理性，但一般不能对综合规划的合理性提出复议。日本行政不服审查的范围包括：行政机关的处分、其他相当于行使公权力的行为、不作为行为以及国家公务员对违反其意志给予的降薪、降职、休职、免职或其他明显的不利处分或惩罚处分。在韩国，公民对因中央或地方行政机关的违法、不当或消极的行政行为损害其合法权益时，除法律另有规定外，都可以提出行政诉愿。但对总统做出的行政行为不得提出诉愿请求。法国行政复议的范围比较宽，它包括所有能够产生行政法律效果的行政行为，既包括行政机关制定普遍性规则的行为即抽象行政行为，也包括行政机关对具体事件进行处理的行为，即具体行政行为。

**（五）行政复议审理过程**

1. 申请方式

规划行政复议申请的方式有书面申请、在正式或者非正式的听证会上提出申请等形式。一般情况下要求采用书面形式，要提供相关资料和说明申请行政复议的理由。当行政复议申请文件除了提交受理机关外，还要递交一份给被复议的行政机关和相关的当事人。

2. 审理程序

在英国，行政复议的审理程序有书面处理程序、听证会程序、质询会程序的区别，只有复杂的、牵涉多方利益的案件才采用后两种程序。申请方和被申请方都有要求举行听证会的权力，但只有受理方才有权决定是否举行听证会。

多数国家在审理方式上一般以采用书面审理为原则，以开庭审理为例外。采用书面审理的国家有日本、韩国、奥地利等。在韩国，诉愿裁决应当依据书面材料做出，必要时也可以依据当事人口头陈述做出。但是英国和美国等普通法法系国家没有书面审查原则的限制，复议机关可以进行调查。如英国行政裁判所在当事人的参加下可以进行现场调查，全部证据应当向当事人显示，听取当事人的意见等。

3. 公众意见的表达

在规划行政复议的案件中，申请方（开发商）与被申请方（规划局）具有完全平等的民事权利，双方都有表达意见的权利，而且双方都必须把涉及案件的有关资料申诉理由的书面材料提交给对方。在英国，非当事人的相关人员和公共团体不管在何种行政复议程序中都有机会发表他们对案件的意见，并要求他们提前四周（限于书面程序）或提前三周（限于听证会程序）向规划复议委员会提交他们的意见。在质询会上，案件涉及的任何人都可以请律师或其他专业人员来陈述他们的事实。对于公共团体，复议委员会还可以安排有关机构派一名代表参加。监察员对所有的争论都一视同仁，保证复议的过程及报告的公平性。

4. 裁定与生效

在英国的规划行政复议制度中，监察员作出复议决定后，会将其裁定结果以信函的方式告知开发商、地方规划人员以及相关人员，并报告环境事务大臣。按规定，环境事务大臣可以接管任何案件，而且不一定采纳监察员的意见，有关各方在作出决定之前仍有表达意见的机会。在美国，有些委员会作出的裁定具有法律效力，有些委员会只是作为法院、立法机构的咨询机构而提交他们的报告作为裁决的参考。一般情况下，复议委员会的裁定是终审裁决，若仍不服裁决，还可以向法院提出诉讼，但前提是案件的复议审理存在明显失误或违反法定程序。

## 三、行政复议后的救济措施

在行政复议作出裁决之后，如果申请人对规划复议的案件的裁决不服时，还可以寻求其他的救济措施，主要有司法救济、行政审查和信访等。

### （一）司法救济

司法程序是城市规划事务中维护公民、法人和社会团体利益的最后保障。如在英国，高等法院可以推翻复议委员会的决定或发回重审，但法院一般只对程序性问题进行审查。

### （二）行政审查

在英国，对行政复议的方式有疑问或不满的，还可以向政府投诉办公室或者向国会议员要求对监察员进行调查。对规划当局不满的，可以要求地方政府的廉政官员来调查。如果认为行政复议的程序有问题，也可以向行政裁判委员会提出。但这些调查只能局限于行政行为和程序本身，无权质询规划内容及规划决定的合理性，也无权改变规划当局的决定。

# 第六节　英国城乡规划管理与法规[3]

## 一、行政制度及规划管理机构

大不列颠及北爱尔兰联合王国（The United Kingdom of Great Britan and Northern Ireland），通称“英国”。英国由英格兰、苏格兰、威尔士和北爱尔兰共同组成，各个王国都有较为独立的权力。

英国于 2011 年在《地方主义法》（the Localism Act）中用法律的形式废除了区域层面的规划，其 109 条“废除区域策略”规定了这一变化。将规划体系的层次从国家、区域、地方三级变为国家、地方两级，使国家的政策可以直接在地方的规划层面实施。

### （一）中央政府

英国并无全国通用的行政系统，在这种制度下，城乡规划涉及一大批政府部门及其相关分支机构。对规划法负有主要责任的部门是：英格兰的社区与地方政府部（Department for Community and Local Government），威尔士国民议会下属部门负责，主要集中在环境部（Department of the Envioronment）以及区域部（Department for Regional Development），苏格兰环境食品农村事务执行部（Department for Environment，Food，Rural affairs，Scoftish Executive，SEED），北爱尔兰环境部（Department of Environment for North Ireland，Dof ENI）下属的规划服务执行局（Planning Service Executive Agency）等。许多规划职能归属于负责农业、交通、乡村、贸易、人类和国家遗产、自然保护等各种部门。另外，许多职能不断从部门移交到独立机构和公众团体，图 8-1 显示了主要的机构设置，十分复杂。中央政府部门、执行部门和非政府公共机构在英国国家层面的规划管理中均发挥不同的作用。

中央政府机构——以英格兰为例，2001 年新成立的副首相办公室（Office of the Deputy Prime Minister，简称 ODPM）取代原有的环境、交通与区域部（Department of Environment，Transport and the Regions，简称 DETR）来主管规划事务。之后不久，2006 年，这一部门被现在的社区与地方政府部（Department for Community and Local Government）所取代，这一部门的最高行政长官也就是国务大臣（Secretary of State）[4]。根据 2004 年规划法的规定，国务大臣负责规划政策决定、规划申述判定、规划审查人员的指派、重要规划许可的审批等，同时也负责新规定的区域空间战略（Regional Spatial Strategy，简称 RSS）的审批。现今在英国中央部门中社区与地方政府部是处理规划事务的主要部门，还有一些相关部分也涉及规划管理工作，并且每个相关部门也有其对应的执行机构和非政府公共机构给予支持。

执行机构是其所属的政府各部门的分支机构，职员是公务员，但其管理具有很大的自由度。执行机构享有被赋予对金融、薪酬和个人事务的管理职责，在政府大臣们批准的工作目标、资源框架内发挥作用。它们向大臣们负责，而大臣们则向议会负责。

相对于前两种机构而言，非政府公共机构（Non-Department Public Body）

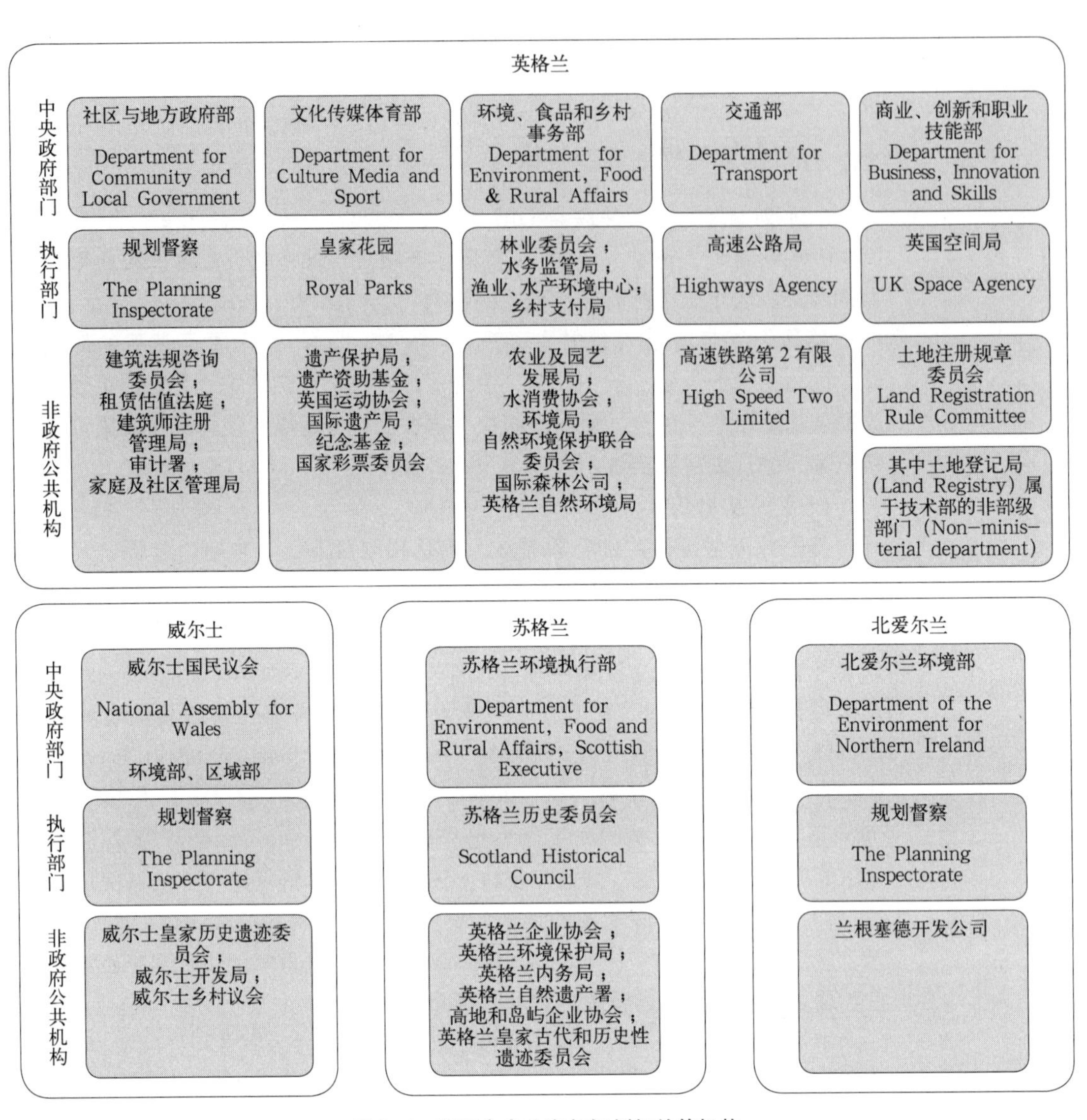


图 8-1　英国中央政府与规划相关的机构

资料来源：笔者自绘。

在规模、职能、重要性等方面有很大差异，但不属于政府部门或分支机构（图 8-1）。

### （二）地方政府

1. 地方政府重组

地方政府的职能和组织结构面临不断地变化。自 20 世纪 60 年代以来，地方政府就经过了几次变革。总的来说，通过立法（1963 年对伦敦，1972 年对苏格兰，1973 年对英格兰的其他地区和威尔士）建立起了统一的两级地方政府体系——郡级和区级。1986 年撒切尔政府为“提高城市效率（streamlining the cities）”，将伦敦和都市郡的郡一级政府取消，因而这些地区只剩下了单级的政府体系。1992 年的《地方政府法》将英格兰包含较少区的二级管理地区（实际是原来的部分非大都会郡）废除了郡一级的管理，直接成为区一级的管理机构，称为单一管理机构（Unitary Authority）。1973 年在北爱尔兰建立了单级的地方政府。1996 年苏格兰和威尔士进行了单级政府重组。因而，北爱尔兰、苏格兰和威尔士的地方政府为单级管理时，英格兰的地方政府结构是单级和双级共存的体系。

2. 英格兰地方政府

英格兰地方层面，规划相关的管理部门较为简单，虽然经过多次改革，不过一直都是地方规划局（Local Planning Authority，简称 LPA）负责地方规划事务，实质就是通过选举产生的各级地方议会（Council）进行规划管理。根据 1990 年规划法的第一条以及后续一些法律规定，地方规划局（LPA）在不同的行政类型区是不同的：郡一级的规划局为非都市郡的郡议会（County Council）；区一级规划局为非都市郡、都市郡及单一管理机构的区议会（District Council）、大伦敦地区的自治区委员会（London Borough Council），详见图 8-2。在 2004 年的《规划与强制性收购法（Planning and Compulsory Purchase Act）》规定下，地方规划局（LPA）全面负责地方规划的编制和审批，以及开发申请的审批等城乡规划事务，是英格兰地区最主要的规划事务管理机构。在实际运作过程中，地方规划局（LPA）是通过任命某些议员组成规划部门或小组具体负责规划的编制（例如伯明翰市（Birmingham）由城市议会议员领导的“规划战略”（Planning Strategy）部门编制发展计划），而审批则是由地方规划局本身（即所有议会成员）负责。

3. 苏格兰地方政府

1996 年，苏格兰重新调整为 32 个单一管理区（Unitary District）。在人口密集的苏格兰谷地，相当程度上恢复了 1974 年以前的传统，而在南北两侧人口过疏地区，则大体继承了 1974 年以来的建制。每个政府都对本地区具有完全的规划权。在这些单一管理区，根据地方政府提供的方案和实际需要，苏格兰通过立法成立了社区议会（Community Councils）。社区是苏格兰最低级行政区，每一千二百个社区可透过民选产生的社区议会（Community Council）为沟通途径，向上级本地政府反映意见。

4. 威尔士地方政府

威尔士地方为单一层级（single-tier）的行政区，类似单一管理区，政府

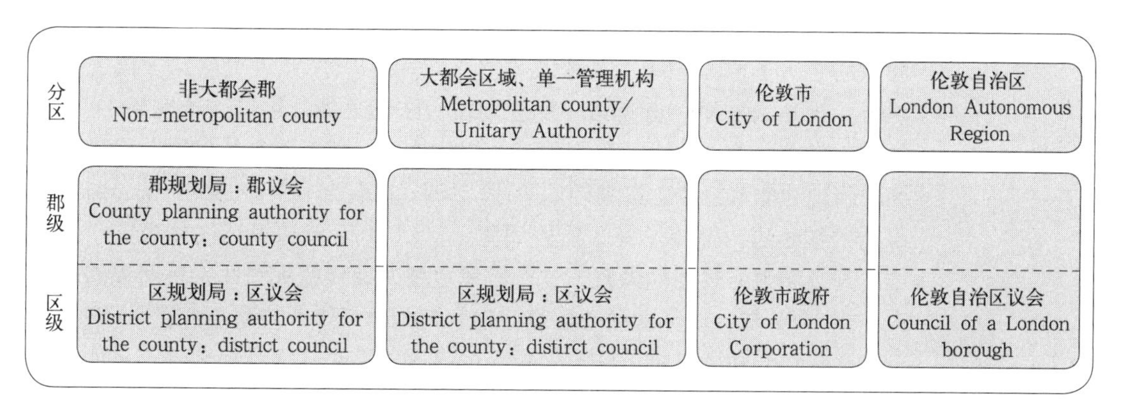


图 8-2 英格兰地方政府主管规划事务的相关部门

资料来源：笔者绘制。

有原先的县和区 2 级行政区的权限。基于 1994 年(威尔士)地方政府法案(Local Government (Wales) Act 1994)，自 1996 年 4 月 1 日至今，威尔士原先的县和区 2 级区划被合并，行政区重新组建成新的主要地区，为单一层级的行政区，政府有原先县和区 2 级行政区的权限。此行政区划一直维持到现今。主要地区依种类可分为县（county）、都市县（city and county）、县级市（city）和县级镇（county borough），共有 22 个行政区。

5. 北爱尔兰地方政府

北爱尔兰地方政府在 1973 年最后一个被进行重组的，当时由 38 个郡、自治市镇和城市区所组成的政府被由 26 个区所组成的单级议会所取代。因受北爱尔兰政治因素影响，每一个区（District）拥有康乐文化、市政卫生、本地经济、屋宇管理等事务权利之外，其余（包括教育、规划）一律由高层次机关负责，要接受北爱尔兰规划事务大臣的“直接管理”。

## 二、规划法规演变

### （一）核心法的演变

1. 核心法定义

一个国家的某个领域的核心法主要指在这个领域有主干作用的立法文件。规划核心法的基本特征是“在一个国家的城市规划法律法规体系中发挥着核心主干作用”[5]。本文讨论的规划核心法是在英国的法律条文中准确出现的概念，称为 Principle Act[6]。某个政府职能领域的核心法通常是在一个时间段内最开始制定的一部法律，一段时间（一般 1 年或 2 年）后会在该部核心法的基础上不断做出修改，给出补充或修改法案，只有下一部核心法出台才会完全替代上一部（核心法的变更一般十年左右）。这与英国的动态法律体系也是相关的，规划法几乎每年都在不断完善与调整。

2. 核心法的演变

如果说公共卫生法和住房法是 19 世纪现实社会的产物，那么城乡规划法就是顺应 20 世纪的社会需要而诞生的。第一部试图解决土地之间关系的法律在 1909 年诞生，但由于这部法律与住房直接相关，因而称为“住房与城镇规划诸法”(Housing, Town Planning etc. Act)。这部法律中第一部分聚焦“工人阶级住房”问题，第二部分就是“城镇规划”(town planning)。从此以后经历了两部法律[7]的修改与完善，直到 1932 年才诞生第一部完全针对城乡规划的法律，也是第一部规划核心法。之后几经修改，直到 1947 年的第二部核心法，构建了英国现代的规划体系，使规划法从发展阶段进入了为现代规划体系打造立法基础的阶段。1962 年废除了原有的规划法，成为一部新的核心法，但并没有做大的调整，直到 1971 年的规划法才稳定了新的结构规划和地方规划的体系，这个阶段主要对现代的规划体系进行调整与修改。到 1990 年，现今的核心法诞生后，规划体系进一步更新，进入 2000 年后更是在核心法的基础上作出了较大的修改与调整。城乡规划法涉及的法律文件（表 8-2）所列。

**英国城乡规划法列表（1909—2015 年）** **表 8-2**

| 发展阶段 | 规划核心法 | 补充与修改法 |
|---|---|---|
| 规划法诞生<br>（1909—1931 年） | 《住房与城镇规划诸法》（1909 年）Housing，Town Planning etc. Act 1909，这部法也可认为是《住房法》（Housing Act）的补充与修改法 | 《住房与城镇规划诸法》（1919 年）<br>Housing，Town Planning etc.Act 1919<br>《城乡规划法》（1925 年）<br>Town and Country Planning Act 1925 |
| 规划法发展<br>（1932—1946 年） | 《城乡规划法》（1932 年）<br>Town and Country Planning Act 1932 | 《城乡规划（过渡时期的开发）法》（1943 年）<br>Town and Country Planning (Interim) Act 1943<br>《城乡规划法》（1944 年）<br>Town and Country Planning Act 1944 |
| 现代规划体系立法基础确定<br>（1947—1961 年） | 《城乡规划法》（1947 年）<br>Town and Country Planning Act 1947 | 《城乡规划法（修改案）》（1951 年）<br>Town and Country Planning (Amendment) Act 1925<br>《城乡规划法》（1953 年）<br>Town and Country Planning Act 1953<br>《城乡规划法》（1954 年）<br>Town and Country Planning Act 1954<br>《城乡规划法》（1959 年）<br>Town and Country Planning Act 1959 |
| 现代规划体系调整<br>（1962—1989 年） | 《城乡规划法》（1962 年）<br>Town and Country Planning Act 1962 | 《城乡规划法》（1963 年）<br>Town and Country Planning Act 1963<br>《城乡规划法》（1968 年）<br>Town and Country Planning Act 1968 |
| | 《城乡规划法》（1971 年）<br>Town and Country Planning Act 1971 | 《城乡规划（修正）法》（1972 年）<br>Town and Country Planning (Amendment) Act 1972<br>《城乡规划（修正）法》（1974 年）<br>Town and Country Planning (Amendment) Act 1974<br>《城乡规划（修正）法》（1977 年）<br>Town and Country Planning (Amendment) Act 1977<br>《地方政府、规划和土地法》（1980 年）<br>Local Government，Planning and Land Act 1980<br>《城市规划（赔偿）法》（1985 年）<br>Town and Country Planning (Compensation) Act 1985<br>《住房与规划法》（1986 年）<br>The Housing and Planning Act 1986 |
| 现代规划体系完善<br>（1990 年至今） | 《规划法》（1990 年）<br>Planning Act 1990 | 《规划与赔偿法》（1991 年）<br>The Planning and Compensation Act 1991<br>《城乡规划（调查成本等）法》（1995 年）<br>Town and Country Planning (Costs of Inquiries etc.) Act 1995<br>《规划和强制性收购法》（2004 年）<br>Planning and Compulsory Purchase Act 2004<br>《规划法》（2008 年）Planning Act 2008 |

资料来源：笔者绘制。

### （二）主要规划法律简介

1. 1909 年的《住房与城镇规划诸法》

18 世纪后期，英国成为工业革命的发源地。在 19 世纪初期，伴随着工业化进程，产业和人口的大规模集中导致城市急剧膨胀，引发了系列城市问题，公共卫生和住宅问题引起社会各界的普遍不满。

1848 年，英国颁布了第一部公共卫生法，授权地方政府制定有关建筑物和街道的公共卫生法规，标志着英国政府开始对于城市物质环境实施公共管理。然而，公共卫生法只是涉及建筑物自身的卫生标准，并不能管制建筑物之间的相邻关系和城市用地布局的混杂状况，因而难以控制城市物质环境的继续恶化。

1890 年，英国颁布了第一部住宅法，政府的公共干预职能扩展到消除不符合卫生标准的贫民区和建设新型的劳工住宅。然而，住宅法仍然无法解决城市中工业和住宅用地的混杂状况。

1909 年，英国颁布了第一部涉及城乡规划的法律，称为《住房与城镇规划诸法》（The Housing，Town Planning，ect Act 1909），授权（但不是强制）地方政府对于城市中将要或者可能开发地区编制城市规划方案，以确保基地布局和土地使用符合卫生、舒适和方便要求，这标志着城市规划作为政府管理职能的开端，因此具有划时代的意义。

2．1933 年的《城乡规划法》

在不断地探索中，英国于 1932 年颁布了第一部内容完全是规划领域的核心法《城乡规划法》（Town and Country Planning Act 1932）。在这部法律的规定下，土地与发展规划才具有了合法性。这部法律对原有的整个规划体系作出了最重要的修改，并于 1933 年 4 月 1 日开始实施。具体内容如下：

（1）规划范围：这部法律第一条规定，"规划方案（Planning Scheme）的范围是任何用地，不管其上有没有建筑。"也就是规划涉及的范围不只是建成区或是可能建设的地区，包括不会建设的区域都是规划范围。这是地方政府城市规划权力扩展的表现。

（2）规划机构：本部法律明确规定了规划的责任部门。"地方权力机构为郡自治委员会（Council of county borough）和区委员会（Council of county districts）；对于伦敦市来说，是伦敦市议会（Common Council），在伦敦下属郡的层次是伦敦郡议会。"并且在区域层次上也规定了何种情况下应该设置联合委员会（Joint committees）。

（3）方案的制定过程：涉及方案的准备、内容、修改、法律效益及一些没有计划但有权处理的事项。本部分实际上就包括了规划的制定和实施，规划方案是刚性的。并且将规划审批权提升到中央议会，使中央可以更好控制各地区发展。至于实施上则基本规定按照刚性的规划方案进行建设管理。

（4）土地的中期开发：因为规划方案的制定是需要时间的，而土地开发活动却经常进行，因而 1932 年的法律采用了中期开发法令（Interim Development Order）这一方法控制规划方案还没有制定好的地区。获得中期开发法令后土地也可以开发，并且如果后期制定的规划方案导致其开发停止施工时，开发商应得到补偿。

（5）此外，还涉及建筑保护、花园城市建设等方面的内容。

3．1947 年的《城乡规划法》

1947 年的《城乡规划法》（Town and Country Planning Act 1947）为英国

现代规划体系奠定了基础。表现在如下几个方面：第一，城乡规划成为地方政府的法定义务，几乎所有的开发活动都必须申请规划许可；第二，城乡规划职能从消极的开发控制扩展到积极的发展规划；第三，实行土地开发权（而不是所有权）的国有化，这意味着土地业主只是拥有既成（指1947年）土地用途的相应开发价值，而不是最高的市场价值，如果规划控制造成土地开发价值的变化（升值或者贬值），则由中央政府进行补偿或者征收土地开发费，并为此设立了3亿英镑的土地基金，从而使地方政府能够根据合理目标来编制规划和实施控制；第四，成立了中央政府的规划主管部门（当时是城乡规划部）来统筹地方发展规划之间的区域协调。

4. 1968年的《城乡规划法》

1968年的《城乡规划法》(Town and Country Planning Act 1968）可以说是规划体系调整期内最重要的一部法律，虽然只是核心法的修订，但改变了规划编制体系，将原有的发展规划改为结构规划和地方规划。确立了英国发展规划的二级体系，分为战略性的结构规划和实施性的地方规划。这两个规划都是由郡一级的地方规划机构制定。

5. 1990年的《规划法》

1990年颁布了《规划法》(Planning Act 1990)，作为现今仍在使用的规划核心法。其法律的内容最为重要的三个核心部分是：规划机构、发展规划（也就是新的规划编制）和开发控制，如以下总结：

(1) 规划机构：一般情况下，非大都市地区的地方规划机构分为两级，上一级为郡一级的郡议会，下一级为区一级的区议会；而大都市区则是只有都市区的区一级议会，而大伦敦区的地方规划机构则是伦敦自治镇议会（Council of a London Borough）

(2) 规划编制（发展规划）：规划编制规定是在当时的"两轨制"行政体制的基础上制定的。主要指在大都市区（包括伦敦区）制定单一发展规划；而在非大都市区制定结构规划和地方规划的二级体系。并从法律上更好地保证了公众参与，不仅采取公告模式，并且要在方案递交国务大臣前上交在公告期间获得公众意见的报告。

(3) 开发控制：本法明确了开发控制的过程，任何土地开发首先要申请规划许可（Planning Permission），规划许可有三种方式可以获得：通过申请程序，地方政府授予；如果开发属于国务大臣制定的开发法令（Development Order）中的类型，可以不通过申请，直接授予许可；简化规划区（Simplified Planning Zones）中某些规定开发项目只要符合规划方案，就直接获得许可。

6. 2004年的《规划与强制性收购法》

2004年颁布了《规划与强制性收购法》(Planning and Compulsory Purchase Act 2004)，较原来的规划体系上有很大变化，涉及规划编制与开发控制两个主要方面：

规划编制方面将原有的非法定区域规划指导（Regional Planning Guidance，简称RPG）更改为法定区域空间策略（Regional Spatial Strategy，简称RSS），但是由于2011年将区域层级的行政机构取消，因而RSS也随之取消。地方层面用地方发展文件（Local Development Document，简称LDD）代替了1990年制定的：结构规划与地方规划（“双轨”规划编制）。并且为了方便制定LDD，在文件正式编制前会制定类似计划案的文件——地方发展计划（Local Development Scheme，简称LDS）。并且为了给LDD的制定提供公众参考意见，要制定社区参与声明（Community Involvement Statement）。LDS和LDD是新的法定地方规划。

开发控制方面，新增加地方开发法令（Local Development Order，简称LDO）作为获得规划许可的第四种方式。增加了地方政府的管理权力。地方开发法令（LDO）是为了特定的开发活动或某一类开发活动而颁布的文件，使地方规划局（LPA）扩大了自己已经得到批准的开发权，加快规划许可颁发的速度。并且增加关于重大基础设施的条款。

7. 2008年的《规划法》

2008年的《规划法》（Planning Act 2008）主要关于重大基础设施而制定的，规定了重大基础设施项目的内容。其第14条规定：

“普遍情况下，国家基础设施工程包括：发电站的建设和扩建；地面以上电线的安装；地下储油设施的建设；液化天然气设施的建设或改建；天然气接收设施的建设或改建；天然气运输线路的建造；公路相关的开发项目；机场有关的开发项目；港口设施的建造或改建；铁路设施的建造或改建；铁路运输交汇处的建设或改建；大坝或水库的建造或改建；水资源调运有关的开发建设；污水厂的建设或改造；危险废弃物处理设施建设或改建。”

从以上内容中可以看出，这些国家基础设施项目主要涉及五个领域的：

（1）能源：发电站、电缆、地下储油设备、液态天然气设施、天然气接收网络、天然气运输网络；

（2）交通：高速公路、飞机场、港口设施、铁路、铁路运输交汇处；

（3）水资源：大坝和水库、水资源调运；

（4）污水：污水处理厂；

（5）废弃物：危险废弃物处理设施。

重大基础设施的管理由重大基础设施专委会（Major Infrastructure Planning Unit）来统筹，并且不再单独申请规划许可（Permission），而是申请开发同意书（Development Consent）。开发同意书不同于原来的规划许可，而是针对重大基础设施项目的新的法定形式的许可证书。第33条中规定开发同意书将包括重大基础设施项目需要的所有其他形式的意见或许可证。也就是说，如果开发同意书通过，将不必要再申请规划许可、保护建筑开发意见、保护区域开发意见、文物古迹开发意见、管道建设许可、天然气存储许可、发电站建设许可等一系列许可证书。

## 三、规划法规体系

1. 城乡规划法

1990年以来的英国城乡规划法规体系包括核心法及其从属法规、专项法和相关法。1990年的《城乡规划法》共计15部分和337条款。除了规划机构、发展规划和开发控制 3 个核心方面，还涉及执法、征地和财务等其他内容。规划法的从属法规是明确核心法有关部分的实施细则。《城乡规划（发展规划）条例》（1991 年）明确了发展规划的内容以及编制和审批程序。规划专项法是针对规划中某些特定议题的立法。由于规划核心法应具有普遍的适用性，这些特定议题往往不宜纳入规划核心法。在各个时期，英国曾颁布过不少规划专项法，包括《新城法》（1946 年）、《国家公园和乡村公共通道法》（1949 年）、《城镇发展法》（1952 年）、《办公和工业发展控制法》（1965 年）、《内城法》（1978 年）等。1995 年的《环境法》作为城乡规划主要的相关法。

从 20 世纪 90 年代末开始，随着经济全球化的进一步推进和可持续发展原则成为社会发展的核心，英国的政府机构、社会团体和城乡规划界对城乡规划的进一步发展进行了广泛的探讨，期望能够适应变化了的社会经济发展的需要更好地引导和促进城市的发展。在这样的背景下，以 2004 年的《规划和强制性收购法》（Planning and Compulsory Purchase Act）的颁布为标志英国的城乡规划体系发生了重大的改变。

新的城乡规划体系改革的核心主题是使规划体系更加开放、公正和更少官僚主义。这将加快对规划许可申请进行处理的速度，将减少向选举出来的规划委员会递交申请进行审查的数量，政府主张在所有申请中只有不超过 10% 需要递交给规划委员会进行审批，绝大部分的申请应当由政府部门进行审批，以提高审批的工作效率。同时，作为利益相关者的公众可以更多地在项目开发建议形成的阶段参与，而不是在最后对项目审批的阶段。

新的城乡规划体系意图减少国家和地方制定的规划政策的总量，创设了"地方发展框架和文件"(Local Development Frameworks and Documents)的流程，包括一个对战略和长期规划目标的简短陈述，更为详细的具体场址和专题的"行动规划"（Action Plan）。这将替代原有的结构规划（郡政府制定）、地方规划（区政府制定）和单一发展规划（单一政府机构制定）的规划体系。新的规划控制和编制的体系将在最近的十年中不断地引入和完善。[8]

2. 城市规划法令

英国的规划主干法具有纲领性和原则性的特征，实施细则是由中央政府的规划主管部门所制定的各项从属法规，主要包括：《用途分类法令》（Use Classes Order）、《一般开发法令》（General Development Order）和《特别开发法令》（Special Development Order）。

《用途分类法令》界定土地和建筑物的基本用途类别（见表 8-3），土地和建筑物按基本用途分为 4 大类，16 小类（每一小类还列举了若干具体功能）；但这些地类并不是用于编制用地规划，而是通过在 UCO 中以列举的方式，定义不同类别中的具体功能变更是否构成"开发"；如不构成"开发"则无需申请规划许可。

《一般开发法令》界定不需要申请规划许可的小型开发活动，并提出相应的基本规划要求，因为这些开发活动对于周围环境没有显著影响，可以采用通则式管理方式。《特别开发法令》界定特别开发地区（如新城、国家公园和城市复兴地区）由特定机构来管理，不受地方规划部门的开发控制。

英格兰《用途分类法令 1987》（修正稿） 表 8–3

| 用途分类 | 使用描述 | 允许的转变 |
|---|---|---|
| A1 商店 | 零售物品和冷藏食品店，零售仓库，理发店，旅行和售票代理处，邮局，家庭雇佣点，葬礼指导，干洗店 | A1 在底层至二层平面可以允许 150m$^2$ 之内的 A1，A2，A3 和 B1 的弹性改变 |
| A2 金融和专业服务 | 专业（除健康和医疗服务外）和金融服务，房地产，人力资源中介，其他服务适宜在为公众服务的购物区内。 | 可以再底层设置 A1 的橱窗。<br>A2 在底层至二层平面可以允许 150m$^2$ 之内的 A1，A2，A3 和 B1 的弹性改变 |
| A3 食品和饮料 | 以店内消费为前提的餐饮，包括餐厅，小吃店和咖啡馆 | 可转变为 A1，A2<br>允许 150m$^2$ 之内的 A1，A2，A3 和 B1 的弹性改 |
| A4 酒吧 | 固定营业点的酒吧或酒类销售点 | 同上 |
| A5 熟食外卖 | 销售外卖熟热食品的商店 | 同上 |
| B1 商业 | a）除金融和专业（A2）以外的办公 | 面积不超过 500m$^2$ 内可转变成 B8；<br>C3；<br>D1（限公立学校）<br>允许 150m$^2$ 之内的 A1，A2，A3 和 B1 的弹性改变 |
| | b）研发 | 面积不超过 500m$^2$ 内可转变成 B8；<br>允许 150m$^2$ 之内的 A1，A2，A3 和 B1 的弹性改变 |
| | c）适合在居住区内的工业 | 同上 |
| B2 普通工业 | 普通工业 | B1<br>面积不超过 500m$^2$ 内可转变成 B8 |
| B8 仓储和配给 | 仓储，配给中心和库房 | 面积不超过 500m$^2$ 内可转变成 B1 |
| C1 旅馆 | 旅馆、寄膳宿舍和招待所 | |
| C2 居住区机构 | 公益住房以及为残疾人和老年人服务的住所 | D1（限公立） |
| C2A 安全住宅机构 | 包括监狱，少管所，拘留所，安全培训中心，托管中心，当局安保住宅和军营 | D1（限公立） |
| C3 住宅 | a）单身住宅 | C4 |
| | b）不超过六人的家庭住宅，需提供服务 | C4 |
| | c）不超过六人的家庭住宅，不提供服务 | C4 |
| C4 多人占有的房屋 | 3—6 个无关系的个人共有的房屋，如共享厨房或卫生间 | C3 |
| D1 非居住区机构 | 诊所，卫生中心，托儿所，日间托儿所，教育，博物馆，文化馆，图书馆，艺术美术馆，公共会堂，法院，宗教场所 | 公立学校符合 GPDO Part 3 Class K 条件的可以转变为之前的使用用途。<br>允许 150m$^2$ 之内的 A1，A2，A3 和 B1 的弹性改变 |
| D2 集会和娱乐 | 电影院，音乐和音乐厅。舞蹈和体育场馆，游泳浴场，溜冰场，体育馆。其他室内和户外运动及休闲用途，宾果游戏大厅 | D1（限公立学校）<br>允许 150m$^2$ 之内的 A1，A2，A3 和 B1 的弹性改变 |
| 其他 | 剧院，夜总会，旅馆，汽车出售和展示商店，零售仓储俱乐部，洗衣店，出租车或汽车租赁业务，娱乐中心，加油站，垃圾焚烧炉 | 不允许转变 |
| | 赌场 | D2 |
| 农业建筑 | 仅用于农业用途 | 允许 500m$^2$ 之内的 A1，A2，A3，B1，B8，C1 和 D2 的弹性改变 |

资料来源：笔者绘制。

3. 城市规划政策

除了规划主干法及其从属法规，中央政府关于城市发展和城市规划的政策性文件也是地方政府的发展规划和开发控制所应遵循的依据。其中，由中央政府负责规划事务的部门所制定的“规划指引”类文件，是关于城市发展和城市规划的最主要的政策性文件。

英国的“规划指引”主要由《国家规划政策指引》(NPPGs：National Planning Policy Guidelines)、《规划建议要点》(PANs：Planning Advice Notes) 和《告示文件》(Circulars) 所组成。

这些“规划指引”根据需要被制定，并且随时间发展不断对之进行增补或修改，修改后的政策文件以告示文件（Circulars）的形式向地方政府、规划从业人员、开发商及公众公布。使规划工作既有宏观的国家规划主干法、从属法及相关法律法规的规范与控制，又有具体明确的要求用于指导实施。值得注意的是，英国的“规划指引”不属于国家的规划主干法及其从属法体系，不具有羁束力，但仍是地方政府在制定发展规划和实施开发控制中应尊重的依据之一。

## 四、规划编制体系

2000 年以前，英国的法定规划（Statutory Plans）包括：结构规划（Structure Plans）、地方规划（Local Plans）和单一发展规划（Unitary Development Plans）。结构规划的任务是为未来 15 年或以上时期的地区发展提供战略框架，作为地方规划的依据，解决发展和保护之间的平衡，确保地区发展与国家和区域政策相符合。地方规划的任务是为未来 10 年的地区发展制定详细政策，包括土地、交通和环境等方面，为开发控制提供主要依据。在大都市区，区一级议会制定单一发展规划，实质上是结构规划和地方规划的综合。

2001 年 12 月，当时主管城市规划的交通、地方政府和区域的国务大臣发表了有关规划体系的绿皮书，首先提出了具体的改革方案。根据该方案，新的城市规划体系不应该有过于详尽的结构，它最好由不是太综合性的、较少数量的文件构成。2004 年《规划和强制性收购法》将这些基本设想通过立法的方式予以了确认，提出取消现有的三种规划模式，即“结构规划”“地方规划”和“单一发展规划”，并以“地方发展框架”（Local Development Framework）代替。将原来的非法定规划“区域规划纲要”与“结构规划”的内容合并，形成新的规划形式——“区域空间战略”（Region Spatial Strategy），该战略由选举出来的区域委员会（Regional Assemblies）制定，但 2011 年“区域空间战略”被取消，仅保留国家和地方两个层面的规划（图 8–3）。

### （一）国家层面

1. 国家空间规划

从为整个国家编制政策或规划的意义上说，英国没有国家层面的土地利用规划。所以，英国就没有全国的空间规划或任何特定的国家规划政策，尽管其他的国家政策文件，如《英国可持续发展战略》《英国生物多样性行动规划》都对规划有着重要的指导作用。

北爱尔兰率先开展了区域空间规划。北爱尔兰第一部区域规划是在 1964

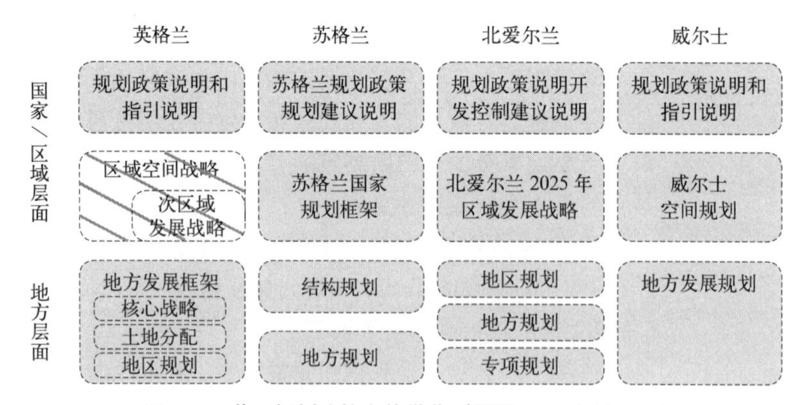


图 8-3　英国规划政策文件纵览（▨ 2011 年被取消）

资料来源：笔者绘制。

年发布的《贝尔法斯特区域规划》。最新的区域发展战略是 2002 年出版的《2002—2020 年爱尔兰国家空间战略》。它把自己描述为"不是一成不变的图或总体规划，而是在于社区密切磋商下编制出来的框架，明确了本地区的愿景，并设计出一个议事日程以获得成功"。

类似的有苏格兰 2004 年出版了《苏格兰国家规划框架》，威尔士 2004 年底出版的《人民、场所、未来：威尔士空间规划》。

2. 国家政策说明

通过各种形式的规划政策说明，英国的规划体系已更多地关注与规划事物的一般性政策条款。在这个层面上，英格兰、苏格兰、威尔士、北爱尔兰 4 个规划体系都在使用政策说明。

在苏格兰，由于需要应对前所未遇的由北海石油和天然气所引发的问题，1974 年颁布了《北海石油和天然气沿海规划指引》，紧接着又为其他专题颁布了国家规划指引（NPGs），出台这些规划指引的意图就是填补规划通告、一般规划指令留下的政策空白。为了对大家所关心的问题有个交代，苏格兰事务部与 1993 年通过一系列的国家规划政策指引（NPPGs），与同时还在继续使用的规划建议说明（PANs）和各类通告一起，推行了一个优化了的国家政策和指令的结构体系。国家规划政策指引的作用是"针对全国重要的土地利用和其他规划事务，阐释政府政策，支持符合规划布局框架的开发活动"。它所涉及的范围更广，更综合地涵盖了国家所关心的各类专题。

尽管英格兰和威尔士国家规划指引的内容和形式为苏格兰规划体系最近的变化提供了一个参照的范本，但它们直到 1988 年才有了自己的国家规划指引。英格兰原有的国家规划政策是规划政策说明（PPSs）和规划政策指引说明（PPGs）。但目前，国家规划政策框架（National Planning Policy Framework，简称 NPPF）正逐步代替 PPS 和 PPG，NPPF 主要强化整理了在英格兰地区适用的国家规划引导（PPG）和国家规划说明（PPS），将其整合为一个文件。2011 年 3 月，只有 65 页的文件 NPPF，将逐步代替原来高达 1300 多页的各种指导文件。地方规划部门被给予 12 个月的缓冲时间保证将地方规划与新的 NPPF 一致。另外还有矿产政策指引说明（MPGs）和海洋矿产指引说明（MMGs）。像苏格兰一样，规划通告主要运用于完善程序性事物。

规划政策指引对规划实践产生了巨大影响，这是由于规划政策指引是对开发控制的重要的实质性思考，对开发规划的内容有决定性影响。通过区域事务部对开发规划的细致审查，规划政策指引保证了规划与国家政策的一致性。

尽管地方规划当局被要求关注国家政策，但它们并不受其约束。在一些特殊情况下，其他实质性的需要考虑的因素可能更重要，规划当局或许采取一条不同的路线，只要它们有足够的理由。不过，国家政策统领着许多方面的问题，在开发控制和发展规划中需要严格地遵循，在决策过程中被大量地引用，尤其是在质询中。

### （二）地方层面

地方发展框架（Local Development Framework）为一个完整的“文件包”，包含了地方发展文件（LDD）、地方发展计划（LDS）、社区参与声明（CIS）以及与其相关的信息或文件。这些文件中地方发展计划（LDS）、社区参与声明（CIS）以及地方发展文件（LDD）中必须包含的发展规划文件（Development Planning Documents，DPD）是法定规划文件。同时，地方根据地方实际需要编制的、具体内容有所差别的文件称为补充规划文件（Supplementary Planning Document，简称 SPD），SPD 是非法定规划文件（图 8–4）。

发展规划文件（DPD）的一些内容是强制性必须编制的，其他的内容可由地方政府决定是否编制。强制性必须编制的内容包括：核心战略、特定场地选址和建议方案图。“核心战略”（Core Strategy）包括一个长期的空间愿景，应表达实现这个愿景的宏观政策，并提供一个监督和实施框架以衡量进展情况。

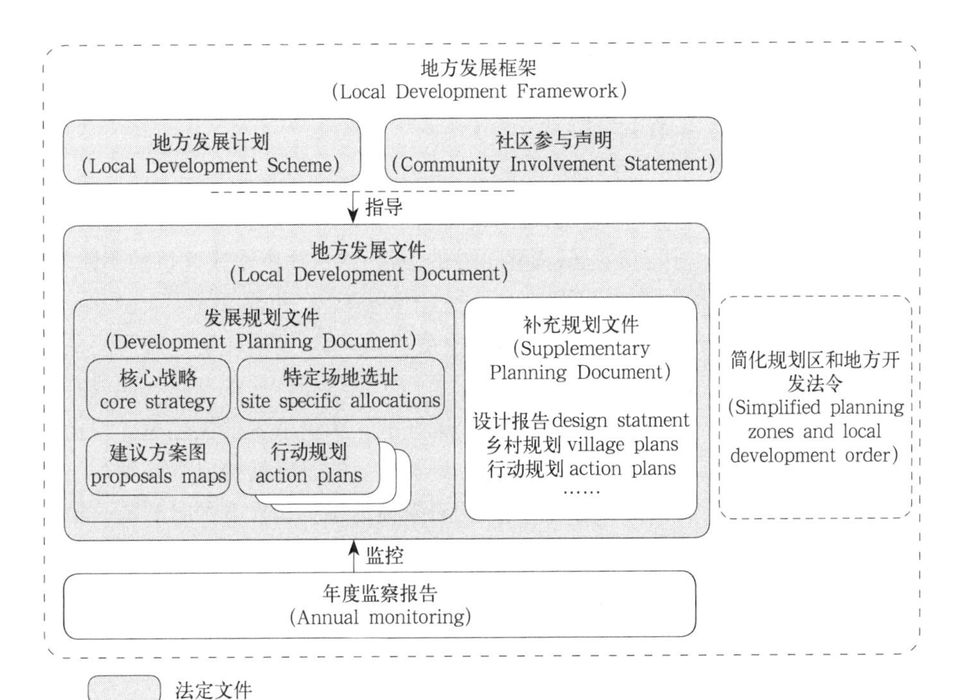


图 8–4 地方发展框架（LDF）及其相关文件

资料来源：笔者绘制。

核心战略有一个很长的规划期（以政府的视角至少十年），综合表述本地区及其周边地区规划战略是如何与其他战略相互协调的，还应明确政策规定的大致用地规划布局。"特定场地选址"（Site Specific Allocations）是对特定场地在建议方案图上明确选址所在，"建议方案图"表达在一张图纸上，明确与政策和建议有关的准确地理界限，这张图在每次颁布一个新批准的政策和建议时都要进行更新。在需要重大变化或需要进行细致保护的地方，可以编制地区行动规划（Action Plans）。

"地方发展框架"的一个重要特征，也是规划体系变革的一个重点，就是在法律上明确并形成了规划能够对不确定的世界和发展做出快速反应的机制。宗旨在于提高每个城市和地区的竞争能力。当发展出现预期之外的情况，需要修改或调整规划时，可以仅仅修正"地方发展框架"所需要调整或修正的段落或部分，或编制一项"行动规划"，而无须对整个规划进行修编。这就是"框架"的含义。因此"地方发展框架"可以在不进行整体重新修编的情况下，在整体框架的架构内随时根据具体的需要，有针对性地修编和调整。

## 五、开发控制

### （一）"开发"定义

英国在1947年的城乡规划法中对"开发"的定义是在地面、地上、地底所开展的建设、工程、采矿等活动；或对建筑和土地进行用途的实质性转变。只有建设活动符合对"开发"的定义时，才需要规划许可。

"开发"包括以下行为：

（1）建筑行为（如改变结构，新建，重建，大部分的拆迁）；

（2）用途的实质性改变；

（3）工程行为（如地下开发）；

（4）采矿；

（5）其他作为建造者进行的开发行为；

（6）把建筑物内的一套住宅细分成两套甚至更多的划分行为。

开发不仅仅指建设性的工程，还包括土地或建筑的用途改变。若构成开发，这种改变必须是实质性的（material）。种类（kind）上的转变是实质性的（例如一个住宅变成商店）；程度（degree）上的转变也有可能是实质性的，例如某个家庭的私人住所里收留了一个流浪者，这本身并不构成实质上的改变，但是当一个私人住所变成一个公开的，为流浪者提供住宿、饮食服务的地方，或者变成私人旅馆时，那么这种实质上的改变就构成了开发。一些是否属于开发的行为，需要地方规划当局对事情的事实和程度做出判断，地方当局不合理地做出决定时，法院可以干涉。

### （二）规划许可获得方式

在英国，通过以下途径批准或者直接授予规划许可：第一是通过一般开发法令（General Development Order），法令中包括的开发项目不需要申请程序，可以直接授予开发许可；第二是通过申请程序，地方规划机构直接批准规划申请，给予规划许可；第三，简化规划区（Simplified Planning Zones）中的部分项目，简化规划区方案通过就相当于获得规划许可；第四，地方开发法令（Local Development Order），符合法令中规定的开发项目直接授予开发许可。

1. 一般开发法令

《一般开发法令》（General Development Order）规定了允许开发权范围。对一些特定类别的开发行为（尤其是较小的项目）事先就给予了规划许可，为开发商提供了更大的自由度。如果一个计划的开发项目属于这些类型，就不需要申请规划许可——因为一般开发法令本身就是规划许可。

一般开发法令和用途分类法令所提供的自由度受到如此大的制约，常常令人难以理解，在这个问题上，申请人可以让地方规划局提供一份“计划用途或开发的合法性证明”（CLOPUD），以证明规划意向中的土地利用和开发是合法的，这有助于开发商弄清楚他们的开发是否需要规划许可。

英格兰《1995 年一般开发法令》对下面特定的小规模开发活动授予规划许可，但可依据第 4 款收回规划许可或给规划许可附加条件。

- 在住宅建筑框架内的建设，规模不超过联排住宅建筑量的 10%、独立式住宅的 15%，同时总的建筑量不超过 115$m^3$。
- 如涂刷油漆，建造高度在 2m 以下的围墙、篱笆等小规模的施工。
- 与建设有关的临时性建筑及其使用，以及临时的探矿工程。
- 季节性、农业用大篷车的停放场地。
- 农业、林业的建筑及其使用（尽管在特定条件下需要告知地方规划当局）。
- 工业厂房、仓库的扩建，其规模不超过原有建筑量的 25%。
- 私有车道的整修；法定团体或地方当局所提供的设施（包括排污设施、排水设施、邮箱等）；路政部门对高速公路的维护和修缮。
- 地方当局负责的一些小规模的建设项目，如公共汽车候车亭、街道小品等。
- 某些高度不超过 15m 的通信设施，以及受限制的闭路电子摄像机。
- 历史建筑和遗迹的修复工程。
- 有限的拆除工程。

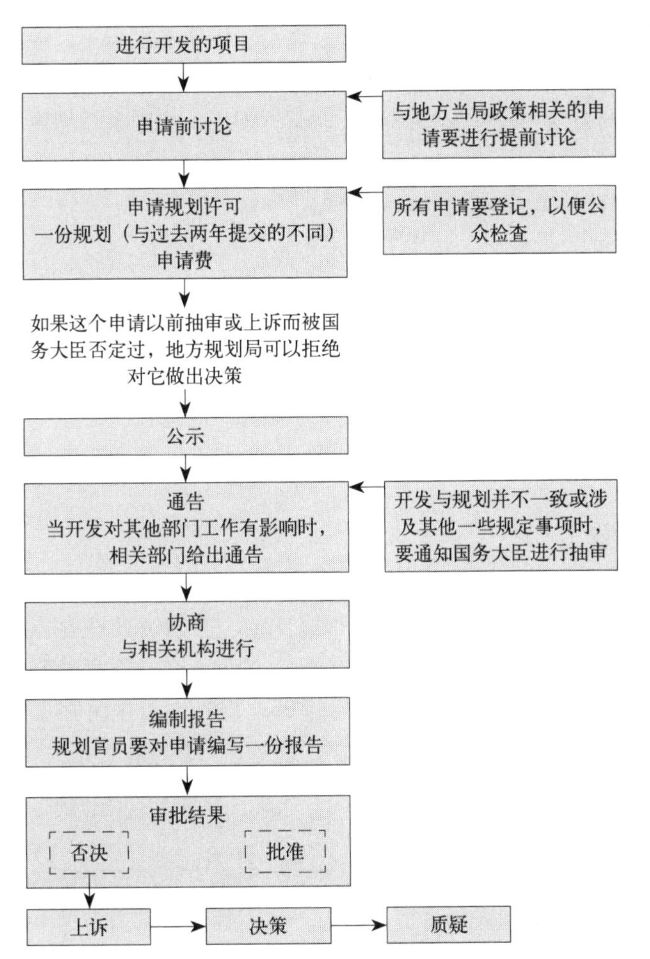

图 8-5　规划申请的程序
资料来源：笔者自绘。

2. 通过申请程序

这是一般开发项目普通使用的流程（图 8-5），除了特殊规定可以不申请开发许可的项目，其余的开发项目均要通过这种形式获得许可后，开工建设。英国开发控制过程中，“决策者在批准开发申请时的自由裁量权是英国规划的标志性特点”[9]。整个管理过程也就是规划控制，是从开始的提交申请到批准或否决，上诉等一系列过程。这种标准化流程以及清晰责任分工，可以保证决策者自由裁量权的公平合理使用。所有的规划当局对规划申请的程序都提供指导，一般的开发申请过程是简单直接的，但有些情况中，申请也会变得复杂，耗费大量时间。

3. 简化规划区（Simplified Planning Zones）

简化规划区（SPZ）作为刺激和鼓励经济增长，吸引投资以及创造就业机会而设立的特别管理区。在这个管理区，如果简化规划区的方案（Simplified Planning Zones Scheme）被批准，那么方案本身就相当于一些特殊规定项目的许可，开发商可以知道在简化规划区内哪些开发项目是可以直接实施，而不必要通过繁杂的申请流程以及上交部分申请费用。这种方式保证了开发活动不会因为准备申请、讨论协商、申请通过等一系列程序而延迟。

4. 地方开发法令（Local Development Order）

《2004 年规划与强制收购法》设立了地方开发法令的条款。设立地方开发法令的目的是让地方规划当局针对特定的开发类别，将“国家”的规划许可扩展到其整个或部分行政区域。

实施地方开发法令的地区意味着事先就批准规划许可，以便在发展规划中加快实施已批准了的开发活动。像简化规划区一样，它从欧洲大陆国家对开发的规章中借鉴了处理问题的方法——在那些国家“控制性规划”决定着规划许可的批准。

**（三）特别开发法令（Special Development Order）**

与普遍适用的一般开发法令相比，特别开发法令应用于特殊地块以及特殊类型的开发活动。特别开发法令（与其他法令一样）要经过议会辩论，也会被上下议院中任何一方的决议所否决。特别开发法令为那些引起争议的议案提供了一个测试各方意见的机会，如在温兹凯尔重新加工核燃料。英格兰和威尔士 19 项特别开发法令中大多数是为促进城市开发公司的运作。在这些情形中，特别开发法令为那些由企业提出并得到规划事务大臣批准的开发给予规划许可。

**（四）有条件的规划许可**

地方规划局可以在给予规划许可时附加条件，而且几乎所有的规划许可都是有条件的。在规划许可中附加条件的权力是很宽泛的，立法上允许地方规划局依据“它们认为合适的条件”来给出规划许可。然而，这并不意味着它们可以“随意”处置，在环境部的《规划通告 11/95：规划许可中附加条件的运用》中明确了附加条件的六条标准，包括：①必要的，②与规划相关，③与获得批准的开发相关，④具有强制力，⑤以及在其他各方面都是准确的，⑥合情合理的。

合理性“检验”要求附加条件的约束性不能过度，特别是它不能取消规划许可的收益。当附加条件超过了申请人的可执行能力，我们也可以认为它是不合理的。附加条件常常会限制开发项目必须开工的时限，这项条款的目的是防止一些“批而不建”的案件累积起来，并消除土地投机隐患。

### （五）规划申诉[10]

英国采取的是有着大量自由裁量权、指导型的规划体系，将规划作为一种政策的框架，而将具体的决策留给了规划官员和政治家。具体而言，规划仅明确了发展的目标和政策，用于指导发展的意向，具体的控制和管理工作通过发展控制进行。此外，法定规划仅是规划审批考虑的因素之一。（还需要考虑其他一些“需要考虑的因素”，这些因素包括其他的法律、欧盟的规章制度、中央政府的规划政策文件（NPPS），以及开发项目是否对本地区的发展有促进作用。）由于这种自由裁量权的存在，规划审批中可能会出现许多随意性，因此英国的规划十分强调规划上诉的权力。

负责审理规划上诉的机构是规划督察署。规划督察署根据有关“框架协议”（Framework Agreement），对副首相办公室的第一国务大臣（即副首相）和威尔士议会政府负责。规划督察依据规划法规、住宅法规、环境法规，处理有关开发与建设项目规划许可申请的上诉案件。规划督察还代表副首相办公室和威尔士议会政府“介入”城市开发与建设项目的规划许可审批。规划督察同时还为其他中央政府部门，例如环境、食品和农村事务部，交通部等处理相关的上诉案件。

规划督察对规划上诉的审理形式包括：

· 书面审理上诉案件（简单上诉案件）；

· 非正式听证会；

· 正式听证会（重要项目），并做出裁决。

### （六）规划控制的强制执行

要使规划控制机制真正有效，一定的强制执行手段是必需的。在第二次世界大战前的临时开发控制中是没有这种有效手段的。开发商可以不经规划许可就开工建设，甚至可以无视规划许可被驳回的情况。战后，强制性条款的加强修正了战前规划体制上的这种缺陷。

《1991 年规划与赔偿法》对强制性条款进行了根本性的变革。

没有规划许可的开发项目其本身不构成犯罪，但无视“强制性通告”或“停工通告”就构成犯罪，而且最高罚款可达 2 万英镑（金额考虑其已经获得的所有经济收益）。开发商对于强制性通告有上诉的权力。上诉也包括已认可的开发申请，为获准该申请，开发商须向规划当局支付费用。进行上诉可以有几种理由：例如应当给予规划许可，已经给予规划许可（如通告一般开发许可导则）和不需要规划许可等情况。

《1991 年规划与赔偿法》还制定了“违反附加条件通告”，作为对违反规划附加条件的补救措施。

当紧急情况下需要制止那些正在进行的违反规划控制的行为时，地方规划当局可以出具“停工通知”。从 2004 年开始，只要建筑工程开工了或未经批准的土地使用开始了，就可以发出“停工通知”，并且无法延缓其生效。违反停工通知而继续进行的开发行为构成了犯罪。

# 第七节 美国城乡规划管理与法规[11]

## 一、政府层次和地方政府组织形式[12]

### （一）政府层次

美国从最初的13个州建立联邦开始，随后不断有州加入，直至形成现在由50个州和一个特区组成的合众国，其公共权力结构是多中心、分散化的（图8-6）。就现在的美国政府层次而言，一方面，美国是联邦政府（Federal Government），各州（State）分权而治的政体；另一方面，美国各州政府都在其属下设置了各种地方政府（Local Government）。

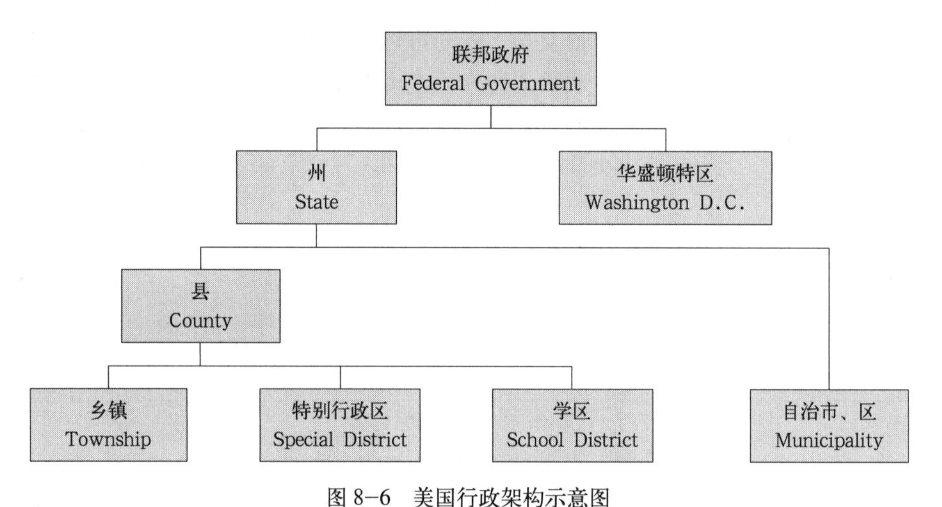


图8-6 美国行政架构示意图

资料来源：张光，美国地方政府的设置[J]. 政治学研究，2004（01）：92-102.

在美国，地方政府（Local Government）是指除了联邦政府（Federal Government）和州政府（State Government）以外的所有政府类型，无论是地方政府之间，还是地方政府和州政府、联邦政府之间，均无行政隶属关系，实行自主治理。

美国地方政府大致分为两大类型：一类是综合职能的常规性地方政府（General-Purpose Governments），即县、市、镇，它们在本行政区域内行使一般的普遍的管理职能；另一类是单一职能的特殊性地方政府（Special-Purpose Governments），即学区和特区，它们只管辖本辖区内某一特定方面的事物，如教育、消防、供水等。

除学区和特别政区外，剩下的大部分镇、自治市都有自己的立法机构。对于县（County）而言，有些州的县是没有什么权力的，只是一个行政建制；而有些州的县权力又很大，其中还包括制定区划。

截至2003年6月30日，在美国50个州的不同法律体系下，存在着87849个地方政府，其中有县政府3034个，市政府19431个，镇政府16506个，学区政府13522个，特别区政府35356个。

### （二）地方政府类型

1. 常规性地方政府（General—Purpose Governments）

常规性地方政府包括县（Counties）政府和次县级（Subcounties）政府，其中次县级政府包括镇和自治市。

（1）县（Counties）

除了康涅狄格、罗得岛两州以外，均设有县或类似的单位。在阿拉斯加，类似县的地方政府叫“区”（Borough），在路易斯安那则称为“教区”（Parish），纽约、旧金山等大城市则没有县的设置，因为那些地方实现了市县合并。

县的主要功能是：一方面，作为州的行政管理分支和延伸，如出生、死亡、婚姻登记和组织选举、法院设置、法律执行等；另一方面是满足地方公民的公共需求，如大部分县设立自己的治安、交通、文化、环卫等服务部门。

（2）镇（或称乡镇、市镇，Towns，Townships）

镇的职能在不同的州各有不同。在美国东北部的新英格兰六州里，镇是基本的地方政府单位，除司法功能以外的一切公共服务都由它提供；而在中西部地区，镇是县内部的次级单位，提供的公共服务和行政管理职能却很有限。

（3）自治市（市，Municipalities）

美国基层一般政府基本上是镇和自治市两类，而且以自治市为主。从历史起源上来看，前者是适应农业社会的基层政府组织，后者则是工商业发展过程中出现的政治治理机构。市除了提供县和镇政府提供的服务外，主要为集中的人口创造和提供城市类型的特殊服务。

自治市由地方制定城市宪章，决定赋税，为行政官员规定责任等，其地方政府的管辖范围要更多些。比如说，自治市政府有权制定自己的区划管理制度来规范区划管理，而镇则必须依照州的区划授权法进行区划管理。

2. 特殊性地方政府（Special—Purpose Governments）

特殊性政府，包括学区和特别政区两种，这是明显有别于世界上其他国家的独特的地方政府形式。其特点是职能单一，以服务性功能为主，所服务的地域范围与常规性政府有交叉，且不依附于常规性政府，有很强的独立性。

（1）学区

学区是以学校为中心设立的管理机构，覆盖美国绝大多数地区的公立中小学，其管理模式和结构在美国各地差别不大。学区主要负责辖区内的公共义务教育，为本区内的基础教育筹集资金，维持公立学校系统的正常运转。

（2）特别政区

除公立中小学教育外，美国还就资源管理和开发、消防和救护、公立医院、水陆空交通、警察、自来水供应、图书馆、废水废物处理甚至灭蚊等成立特别政区。大多数特别政区只提供一项公共服务，少数提供有关联的两项或是多项的公共服务，其中以自来水供应及污水处理、消防最多。

特别政区虽然没有地方自治的权力，但却具有独立预算的权力。其收入主要来自于自身的服务收费，还有联邦援助、地方财产税、州援助等。在过去的半个多世纪里，特别政区是数量增长最多的一类地方政府。

对于美国而言，它的行政集权是不存在的，宪法中很明确地规定了联邦政府的权力在于管理全国性事务，而地方性事务就交由州政府和各地方政府进行管理。同样，州政府和地方政府之间也有很明确的权力分配。反过来说，即美国有着十分彻底的地方自治，像城市规划特别是区划这样的事务基本上只是地方政府的职权了。

3. 地方政府治理模式

美国地方政府主要有三种类型，即县（市、镇）长议会制、议会经理制和委员会制（图 8-7）。最近几年的一个发展趋势是地方政府依照公司的模式，由议会雇佣一名经理（行政长官），经理行使政府的管家职能，并提供专业管理。目前，全美国约有近一半的县、市、镇采用这种体制。

美国的新英格兰地区还存在开放镇民大会制和镇民代表大会制，但这两种治理模式通常被乡镇采用，不具有普遍意义。

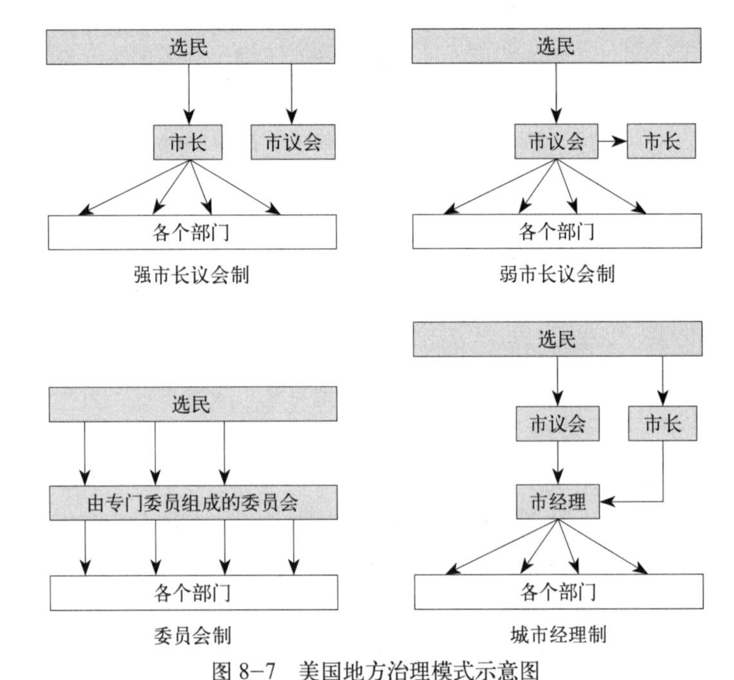


图 8-7　美国地方治理模式示意图

资料来源：张智新．美国地方政府的结构及其政治哲学基础[J]. 理论与改革，2005（01）：26-28。

4. 县（市、镇）长议会制

传统的“县（市、镇）长——议会制”是美国大城市采用最为广泛的形式，如纽约、芝加哥等，市长的权力随城市宪章的不同而不同。一般这种体制又可以分为两类，即强县（市、镇）长——议会制和弱县（市、镇）长——议会制。前者其县（市、镇）长由公民大选选出，权力较大，所以一经选出便有权任命行政官员。后者的县（市、镇）长是由市议会当选的议员中选出，权力小，任命权通常会受到限制，一般由议会作为一个整体掌握立法权和行政权。实行弱市长议会制的城市往往也允许其选民直接选举出许多部门的领导人，而且这种形式的政体一般不存在单一的行政首长，权力相当分散。

（1）议会——经理制

议会——经理制是美国重要的一种政治革新。议会——经理制的城市通常会进行超党派选举市议会议员，市议会聘请一名经理并监督其活动，还通过经理来监督市政府。通常还有一名市长主持市议会，并在礼仪场合代表该市。经理监督全市的行政管理工作。议会——经理制是一项很成功的制度。

(2) 委员会制

委员会制是指城市的管理权归于由专门委员组成的委员会，委员通常为五人，集体组成市议会。委员会指派市行政部门人员。由于这种一切权力归于5人的观念公开违背了传统的分权学说，因此又新增了创制权、公民复选权、罢免权，以及在预选和选举中实行超党派投票等手段，作为对这种制度的补充。但是这种制度还是被人们批评，因为委员有可能是各城市主要利益集团的代表，而且委员身兼各部门行政长官往往存在缺陷。许多城市后来都放弃了这种制度。

## 二、规划法规体系

美国采用的是联邦政府与各州分权而治的政体，与其他西方民主国家相比，美国各州政府对地方的影响比联邦政府相对要强。各州在政治、经济和法律等方面相对自治，各州有自己的宪法、法律和税收体系等。地方政府是各州自己通过立法产生的，其权力（如征税、发行债券、法庭系统及规划法规等）也是由州立法赋予的；同时，地方政府也必须履行州立法所规定的责任和义务。因此，地方城市的规划法规基本上是建立在州立法框架之内的，这是我们理解美国各级规划法规体系的重要前提。

### （一）联邦规划法规

从1900年到1920年之间，美国一些城市和州自发地开展了总体规划和区划。其中芝加哥市规划（1909）、洛杉矶区划法令（1909）、纽约区划法令（1916）和威斯康星州的《城市规划授权法案》是早期比较著名的，这些规划引发了不少城市和州效仿。

20世纪20年代，从有利于经济发展的角度出发，美国的商业部（Department of Commerce）推动了2部法案的出台：即1922年的《州区划授权法案标准》（Standard State Zoning Enabling Act）和1928年的《城市规划授权法案标准》（Standard City Planning Enabling Act）。这2个法案为各州在授予地方政府规划的权力时，提供了可参考的立法模式。法案肯定了区划和总体规划的合法地位，并在全国范围内加以鼓励和提倡。事实上，美国所有的州都相继采纳了这些模式。这些年来，这2个法案成为美国城市规划的法律依据和基础。但是，它们也存在很多缺陷。例如：没有强制要求地方政府进行规划，总体规划的定义模糊，总体规划与区划的关系不明，没有考虑分阶段通过，使得一次性的工作量过大，规划制定的过程没有考虑政府官员和议会的积极参与和支持等。1975年，美国法律协会（American Law Institute）颁布了《土地开发规范》（A Model Land Development Code），一定程度上改进了联邦政府这2个规划授权法案的模式。

从20世纪30年代大萧条时期开始，联邦政府才开始真正介入州和地方的规划活动。联邦政府设立专项基金，资助州和地方政府建设相应的规划部门（包括人员、设备、规划经费等）。到了20世纪50—60年代，联邦政府颁布了一系列住房政策，并为公共住房的建设提供大量的资金。

《1949年住房法案》（The Housing Act of 1949）要求州和地方政府在申请联邦政府的城市再开发基金时，必须有总体规划作参考。《1957年住房法案》对申请联邦的城市更新基金（Urban Renewal Fund）也提出了类似的附加条件。在争取联邦住房基金的利益驱使下，各地方城市掀起了制定总体规划的浪潮。

城市更新计划是由《1949年住房法案》发起的。简单地说，其内容就是地方政府通过申请联邦政府基金，加上相应的地方配套基金，以及行使州立法所赋予的土地征用权，在市区中心大规模地购买和清理土地，然后低价卖给开发商，吸引他们回中心区投资，搞再开发项目。截至1973年，城市更新计划已经在全国范围内拆掉了约60万个住宅单元，搬迁了200万居民（多数为中低收入），使成千上万的小型商业和企业倒闭，破坏了社区经济和社区肌理，遭到公众的强烈反对。因此国会终止了该计划，又出台了《1974年住房与社区建设法案》（The Housing and Community Development Act of 1974）和社区建设计划（Community Development Program），旨在加强对城市肌理的保护和改善，并通过各种附加条件强调中低收入居民的公众参与。

除了住房政策以外，联邦政府还出台了一系列环境政策法规，其中对城市规划影响最大的是1969年的《国家环境政策法案》（National Environmental Policy Act，简称NEPA）。该法案把环境规划（Environmental Planning）的概念引入到传统的规划活动中。一方面，法案要求各州政府根据NEPA制定自己的环境控制法案，并为此设立了鼓励环境研究和环境立法的联邦基金；另一方面，法案要求联邦政府在决策中要强调环境问题：凡是申请联邦基金资助的建设项目，一律要先做环境影响评估，提交“环境影响报告”（Environmental Impact Statement，简称EIS）。为确定EIS的具体范畴，政府部门要公开登出通知，召集相关的各政府部门、下属部门、准政府机构、社会团体、公众代表开会，对项目进行商讨。其报告内容繁杂，对建设项目可能产生的环境影响要做出全面科学的论证。报告的初稿和正式稿都要分发给各有关单位和团体，征求意见后再由政府部门做出否决或批准的决议。

对区域结构、城市形态和城市规划发生重要影响的联邦政策和举措还有：《1785年法令》（The Ordinance of 1785）将土地进行标准化的划分，廉价卖地，鼓励移民；国会从1862年起为修建铁路设立的土地基金（出卖铁路沿线的国有土地以筹集铁路建设基金）；美国垦荒局（The Bureau of Reclamation）从20世纪20年代到70年代在西部兴建大规模的水利灌溉工程；联邦政府在1933年组建了唯一的区域规划机构—田纳西河谷局（The Tennessee Valley Authority），进行区域规划至今；国会从1956年起设立专项税收基金，统一修建全国高速公路网（共4万多英里，投资1290亿美元）；从1935年开始，联邦政府为购房者提供住房贷款抵押保险（促成美国城市的郊区化）。国会出台的这些法案大都有一个共同的特点：均根据法案的目的和精神，颁布了一套相应的经济机制来进行调控；经济机制明确合理且操作性强，这是法案能得以有效实施的关键。

**（二）州规划法规**

美国早期的州政府规划只侧重对州内自然资源的管理。到了20世纪30年代，国家规划委员会（简称NPB）通过联邦基金的支持和调控，大大推动了州规划活动的发展。20 世纪 40 年代初，随着 NPB 的解体，各州的规划委员会纷纷解散。主要是因为规划委员会既不挂靠州议会，也不归州长管辖，在日趋完善的州长—议会的政治体制下，无法进入决策的主流，最后自身难保。到了 20 世纪 60 年代，在夏威夷州总体规划的带动下，各州的规划活动又蓬勃发展起来。联邦政府在 1968 年的政府间合作法案中（The Intergovernmental Cooperation Act）规定：各地申请联邦基金，要有州和区域规划部门的审核和推荐，以保证项目符合全州或区域的总体规划目标。州规划部门的权利和地位由此得到进一步的加强。与此同时，城市蔓延带来的压力使许多州集中精力从事全州的发展控制规划。20 世纪 90 年代，州总体规划开始脱离单纯的自然资源和物质环境规划，逐渐向远期战略型规划（Strategic Planning）靠拢，侧重政策分析研究，提交预算报告，制定立法议程等。目前，大多数州规划部系州政府的一个分支，为州长及内阁提供政策咨询和建议。

美国各州总体规划的名称、内容、形式、制定程序差异很大。在 50 个州中，大约只有 1/4 真正制定了全州的用地规划和政策。有的州是提出一套规划目标和远景，指导州下属机构和地方政府的规划政策（马里兰）；有的是把规划发展目标作为本州的法令通过，强制要求地方政府在各自的总体规划中贯彻体现（夏威夷）；有的是通过复杂的公众参与和听证程序，由专门的委员会出台一套州规划目标，要求各区域和地方规划予以贯彻体现（俄勒冈）；有的是州政府要求各地方政府首先制定发展规划，然后总结和综合所有的地方规划，形成全州的总体规划（佐治亚）。在总体规划的审批上也各有不同：有的是州长直接批准，有的是由州长递交州议会表决，有的是由专门成立的规划委员会审批通过，有的则由州专门机构的部长批准（专业技术性较强的规划）。

一般来说，各州的总体规划都是根据自己的具体问题，在不同时期，各有侧重地制定一系列的目标和政策。比较常见的内容包括：用地、经济发展、住房、公用服务及公共设施、交通、自然资源保护、空气质量、能源、农田和林地保护、政府区域合作、都市化、公众参与及其他（敏感区控制、市中心区振兴、教育、家庭、历史保护、自然灾害等）。在总体规划之外，有的州还要制订专项规划，如交通规划，经济发展规划，电信和信息技术规划，住房规划等。结合总体规划，州政府要有公共项目的“投资建设计划”（Capital Improvement Program），投资建设计划为期 5 年，但每 2—3 年一做，以利调整。投资建设计划由州长签字后呈交议会批准。通过后，对于未列入年度计划内的项目，州政府一律不得进行投资。

各州通过规划授权法案对地方政府的规划活动进行界定和授权。许多州都颁布了多个授权法案，由地方政府任选一个，作为地方规划的法律依据。此类法案名称不一，如：“规划授权法案”（Planning Enabling Act）、“规划委员会法案”（Planning Commissions Act）、“区划法案”（Zoning Act）等。依据州规划授权法制定的地方总体规划，在原则上只要经过当地市长签署，市议会批准通过，即可作为法律开始生效。在授权法案中州政府对地方总体规划的控制可以通过以下几点要求来体现：①强制地方政府做总体规划（违反者将受到州政府的经济制裁）；②制定全州的规划政策并要求地方在总体规划中贯彻体现；③要求地方的总体规划与相邻市镇、县域、区域保持和谐统一；④对地方的总体规划进行审批和认可。事实上，在目前50个州的规划授权法案中，只有11个州对地方规划有较强的控制（规定了以上4条中的2条），有22个州对地方的控制极为薄弱（以上4条内容1条都没有）。

由于将近一半的州规划授权法案还是沿袭20世纪20年代联邦政府颁布的规划授权法案的老模式，一些重要的规划内容没有得到应有的重视和强制要求，不能适应目前的新形式。因此，美国规划师协会（APA）为了促进州规划法规的更新和改革，对各州进行了大量的调研和分析，并参考一些州的新法规和尝试，于1998年出版了一套精明增长立法指南（Growing Smart Legislative Guidebook），旨在为各州规划立法提供标准的模式和语言。在书中，州规划授权法案的新模式提出了更明确细致的规划内容，引入了区域的观念，强化了公众参与过程，强调了对规划的定期评估和修编，提倡对土地市场机制的认识与理解，关注政府对地产所有者的侵权赔偿问题，建议强制地方政府进行总体规划，加强州对地方规划的控制。

由于美国州政府在规划立法方面具有一定的独立性，所以各州还相继出台了一系列的专项法规，强调环境保护、历史保护、建设发展的控制、各地方政府之间的协调发展以及中低收入住房等区域性问题，加强对地方用地建设的控制。州政府对全州的用地控制主要有5种形式：①进行全州的用地和分区规划，由州政府直接颁发建设许可（只有夏威夷州采用了这种模式）；②针对州内的特殊地区（如环保敏感区、发展控制区、历史风景区），制定强制性的专项法规，控制地方政府在这些区域内的建设（如：佛罗里达州、华盛顿州）；③针对州内的特殊地区，制定鼓励性的建设指南，以实惠刺激地方政府的规划建设（如佐治亚州）；④根据州环境政策法案，某些地方建设项目要向州政府提交环境影响报告，由州政府审查是否符合法案的要求（如：加利福尼亚州、马萨诸塞州）；⑤在州内的特定地区，由州政府直接颁发建设许可，地方政府不得擅自开发建设（如佛蒙特州）。

除了以上的直接控制，有的州还采取了间接的控制办法：对地方建设项目的审批程序提出特别的要求。例如，一些州在其环境政策法规中规定：对环境有重要影响的建设项目，地方政府在审批程序中必须增加研究报告或公开听证等环节。这些环节所要耗费的人力、物力和可能遇到的公众阻力，往往使开发商对此类建设望而却步。如果地方政府违反州规定的审批程序要求，任何个人或利益团体（如：环境保护组织）都可以将地方政府诉诸法庭。州规划立法的最终解释权在州最高法庭。

**（三）地方规划法规**

(1) 区域规划

几个邻近的地方辖区往往会在社会、经济、政治、交通、环境和自然资源等方面互为依托，因此有必要进行区域规划，以协调矛盾和共同发展。区域规划一方面可以指导各地方政府的规划，一方面可促进州、区域、地方在政策上的协调统一。在美国，区域规划机构主要有2种形式：一是由地方政府自愿联合并达成管理协议的“联合政府”（Council of Governments）；二是由州立法授权或强制地方联合组建的“区域规划委员会”（Regional Planning Commission）。

此外，有少量机构是由几个州之间签约成立的。这几种机构的组建均要由相应的立法机构批准或选民投票通过。不同区域规划机构的资金来源不同：可能是联邦基金、州政府资助、联合政府分摊或私人赞助。区域规划机构的主要任务是：制定区域规划，向地方分配联邦基金，为下属地方政府提供信息技术服务，联系沟通地方政府与州和联邦政府，帮助各地方政府协商矛盾。有些权力较大的区域规划机构也要介入地方用地的日常审批管理，审查对区域环境有影响的建设项目，审批和认可地方总体规划等。

（2）总体规划

1909年的"芝加哥规划"(The Plan of Chicago)建立了美国总体规划的雏形，"芝加哥规划"标志着现代城市规划的开始，美国后来的总体规划就在这一模式之上逐渐发展和完善的。到了20世纪50—60年代，由于联邦基金政策的引导，大大小小的地方政府竞相出台总体规划。20世纪70年代以后，法庭对土地纠纷案的审判态度也发生了转变，没有总体规划的地方政府在土地纠纷中往往遭到败诉。于是，许多州纷纷改变了过去"授权"的做法，而是变成了"强制要求"地方政府进行总体规划。

总体规划（The Comprehensive Plan，The Master Plan，or The City Development Plan）主要是由地方政府发起的，由规划局或规划委员会负责指导总体规划的编制工作。参加者包括：制定和实施分项规划的部门领导，市政府各局负责人，分区规划的审批管理者，市长班子，私人投资商，公众和社会团体代表等。总体规划是由各地方政府自己制定和批准通过的，虽然没有编制程序和时间上的统一要求，但是，它一定要在州立法所规定的截止日期以前出台，并且要制定详尽的公众参与计划，形式包括公民咨询指导委员会、公众听证会、访谈、问卷调查、媒体讨论、互联网、刊物、社区讲座以及社区规划的分组讨论及汇总等。有些州还要求地方政府利用最后一次公开听证会，同时征集相邻市镇、县、区域、州等规划部门的意见。总体规划经过多方面的辩论和修改以后，如能获得地方立法机构的批准，即作为法律开始生效。总体规划有效期一般为10年。总体规划的文本没有统一的标准，就其组成部分及格式要求而言，各州、各地方在不同时期都有一定差异。

配合总体规划的制定或修编，规划部门一般会同时修编分区规划和土地细分规划，与总体规划一起呈交当地立法机构审批通过。许多州（如佛罗里达、弗吉尼亚）把制定配套的"投资建设计划"（Capital Improvement Program，简称CIP）作为总体规划的一个组成部分。有的州（如内华达）则规定没有CIP的城市不得对私人开发项目征收建设费。地方做的CIP与州政府的内容类似，也是公共投资项目（如市政中心、图书馆、博物馆、消防站、公园、道路管线、污水处理厂等）的5年财政计划。为实施总体规划，各政府机构之间、政府与社区团体、非盈利组织、私人公司之间往往会签订"开发协议"。

（3）区划

区划（Zoning）是地方政府对土地用途和开发强度进行控制的最为常用的规划立法。它由2部分组成：首先是一套按各类用途划分城市土地的区界地图（详细到每个地块的分类都可查询），其次是文本，对每一种土地分类的用途和允许的建设做出统一的、标准化的规定。区划是由各市、镇或郡自行制定和通过的，各地方可以根据自己城市土地使用的特点，灵活掌握分类的原则和数量，因此不仅在全国，即使在全州之内也没有统一的区划分类。但是，因为区划立法由州政府授权，区划法所引起的土地纠纷应当按照州法律进行审判裁决，所以，同一州内各个地方的区划法在内容和权限上具有一定的相似性。总的来说，区划法的文本内容应当包括以下 4 个方面：①地段的规划设计要求（如地块的最小面积和面宽、后退红线距离、容积率、停车位数量与位置、招牌大小等）；②建筑物的设计要求（如限制高度与层数、建筑面积、建筑占地面积等）；③允许的建筑用途；④审批程序（如何判定建筑项目是否符合区划法的要求，以及必要的申诉程序等）。

区划一旦由立法机构通过后，就成为法令，必须严格执行。如果开发项目需要修改或调整区划，则必须依照法定程序进行，其中最关键的一环是公开听证会。如果有人对区划审批机构在听证会上的决议（否决或批准）不满，可向独立的区划上诉委员会（Board of Zoning Appeals）提出上诉。对于符合现有区划的开发申请，则不需启动该程序，可直接申请建筑许可证。

区划对土地的控制牵涉到每个土地所有者的经济利益，在很多情况下，与宪法对公民私有财产利益的保护存在着明显的矛盾，因此，围绕区划的法律纠纷自始至终都没有间断过。区划法是在几十年的立法、诉讼和法庭判决中不断探索、完善、发展的，并找到每一个时期的矛盾平衡点。有的时期法庭倾向于保护个人权益，有的时期倾向于鼓励政府控制。总之，地方政府在区划中可以享有的权限，是通过法庭的判案结果来把握和界定的。

区划存在着局限性。比如说，它对地块严格统一的规定，限制了建筑师在地段设计上的自由和创造性；强制分离的用地造成工作生活环境的单调和不安全感；区划只能控制用地，而不能促成开发建设；对用地的控制为地区保护主义创造了条件等。因此，一些新的区划形式出现了，如奖励式区划（Incentive Zoning），开发权转让（Transfer of Development Rights），规划单元整体开发（Planned Unit Development），组团式区划（Cluster Zoning），包容式区划（Inclusionary Zoning），达标式区划（Performance Zoning），开发协议（Development Agreements），等。

（4）土地细分法

土地细分法一般用于将大块农业用地或空地细分成小地块，变为城市的开发用地。细分法在地段的布局，街区及地块的大小和形状，设计和提供配套的公用设施（道路、给水排水等），保持水土与防洪，以及如何保持与相邻地段的开发建设一致性等方面规定了比较具体的设计标准。细分土地的目的之一是为了促使开发后的每一块房地产价格合理，能顺利出卖，因此该法规的一个重要职能是为地籍过户提供简便而统一的管理和记录办法。在保护环境和控制发展的压力下，一些州政府要求地方政府修改土地细分法的内容和审批程序，例如增加 EIS（Environment Impact Statement）报告，要求开发项目尊重现有的环境。对于涉及土地细分的开发项目，一切地段内的公用设施的铺设费用，以及因冲击现有城市资源和环境所造成的损失和经济负担，全部要由开发商自己承担。

(5) 其他控制办法

其他的控制手段还包括城市设计、历史保护和特殊覆盖区等设计导则。设计导则是在区划的基础上，对特定地区和地段提出更进一步的具体设计要求；它们不是立法，而是建议鼓励性的原则。实施设计指导原则依靠 2 个办法：首先，市政府在做投资建设时，以设计导则为依据，通过公共项目的选点示范来带动和引导周围的私人建设。其次，在特定地区和地段的项目审批程序中再增加一个层面的审查。例如，在历史保护区内的翻建或新建项目，必须要经过历史保护委员会的审批。因为地价主是要由区划中的用地分类决定的，建筑外观方面的问题不会对地价和开发商的投资回报有太大影响，所以只要城市设计导则不干涉区划的内容，开发商的经济利益就不会有损失。在这种情况下，开发商般都乐于采纳地方政府的意见，创造良好的合作气氛，尊重（乃至取悦）当地社区，节省审批时间。因此，双方以设计导则为标准，再加上审批中的沟通和协调，一般都能达成共识。

**（四）规划法规体系的特点**

(1) 以经济机制为主导的联邦规划法规调控

为了充分调动地方的积极性，有效地达到控制的目的，联邦政府的规划法规采取了以基金引导为主、以法规控制为辅的原则。基金引导就是通过发放联邦基金的附加条件（如：某类基金的使用必须有当地居民的公众参与，某类基金的审批必须有区域规划部门的推荐等），或直接设立专项基金（如：1959 年的总体规划基金，1972 年的水处理和水质量规划管理基金）来调控地方的规划工作。1990 年，美国地方政府从联邦和州得到的基金达到 1500 亿美元，约占地方总收入的 1/3。地方政府只有积极迎合基金的附加条件，提出具体的项目和措施，才能申请到基金。联邦政府有时也出台一些强制性法规，其特点是要在规定时间内取得某种定性和定量的目标，例如：1970 年的《空气净化法案》就对空气质量提出了一系列量化指标，并要求各州制订"州实施计划"(State Implementation Plan)，在规定期限内达到目标。未达标者今后将得不到联邦基金的资助，经济损失会很大。

(2) 以州为单位、地方高度自治的规划法规体系

各州的城市总体规划内容没有统一的标准，不同州的用地的控制思路、控制手段、控制程序差异很大。

州规划立法对地方进行调控的总体原则是：制止或修正地方政府想要（允许）进行的建设，而不强迫地方政府进行某一类建设。

大多数州规划法案是针对特殊地区而制订的专项法规（如：环保脆弱区、历史风景区、增长发展区），往往不是全覆盖的，实际上是在地方政府的规划法规之外，增加了一个控制层面，两者在内容上一般不重叠，具有各自独立的法律效力。因此，特殊地区、特殊类型的地方建设项目要遵守州相关法案的规定，但同时，州各下属机构的建设项目也要受地方规划法规的约束。

(3) 以强大的法庭系统为支撑的规划监督体系

法庭对政府规划权限进行监督和制约，联邦政府一般不对获得某项基金的地方政府或机构进行监督，因为如果出现滥用基金的不合法现象，立刻就会有

个人或社会团体提出诉讼。这样，有了各级法庭的监督和公开裁决，联邦法规就能得到良好的贯彻，无需进行额外的行政监督。

## 三、管理内容

在美国谈到土地利用规划，如果不是全部，也是绝大部分都是指区划。所以，说区划是美国土地利用管理的核心技术是不为过的。

在区划管理中，一般有区划法的制定（Establishing）、变更（Zoning Changes）、建设或开发许可（Building or Developing Permits）、特别许可（Special Permits）、对区划条例的变通（Variances）或调整（Adjustments）等内容。标准州区划授权法案对以上内容都有涉及（除了发放建设或开发许可，因为这种行为不需要使用自由裁量权，故没写入该标准中）。

### （一）制定（Establishing）

要对土地实施管理，必然首先要制定区划条例。

在标准州区划授权法案中，区划法的制定是指“管理开发建设的规定（区划）以及各个分区的界线的确定、建立、执行”。区划制定一般由区划委员会发起。编制完成后，城市议会负责审批通过。区划的制定是一个立法过程。

### （二）变更（Zoning Changes）

城市在发展，区划条例在管理过程中会出现不足，因此区划条例需要不断地进行变更。

在标准州区划授权法案中，区划变更是指“管理开发建设的规定、限制以及分区界线可以不时地作出修订（Amend）、补充（Supplement）、改变（Change）、改良（Modify）甚至撤销（Repeal）。”从这个定义来看，区划的变更包括小的修订（Amendment）到大的变动（Change），甚至是撤销（Repeal），而这些变更总称 Changes。不同城市的区划管理规则中，有时 Amendment 指无论大小的所有区划变更；而有些地方如纽约市又把大的变动叫作 Rezoning，而把小的区划变更叫 Amendment。总的说来这几个词之间的界定比较模糊。

小范围的修订（Amendments）是区划条例变更中最常见的内容。比如，将一个不大的地块的用地功能从工业转换为商业，或者是更改一个地块上的停车要求，再或者是变更一块用地上的特别许可规定（如纽约市 Sunnyside 花园的特别许可条例变更，见纽约市规划委员会第 N 080253 ZRQ 号报告）等。也就是说，修订一般应用于影响范围不大（一般小于一个 Parcel）的变动，或者不改变地块整体特征的行为。各方申请人都可以发起修订申请，申请由专管区划的规划委员会或区划委员会负责受理。

变动（Changes），不同城市叫法不同，如纽约市叫作（Rezoning）一般指那些改动幅度大，影响范围广的变更行为。以纽约市皇后区阿斯托里亚大街的区划变更为例（Astoria Boulevard Rezoning），该区划变更范围为由 24 大道、85 街、阿斯托里亚大街和 84 街的延长端围合起来形成的一个完整的街区，变更内容是在这整个街区（原来包含工业 M1–1、住宅 R3–2 等内容）之上，叠加一个商业 C2–2 的叠加区。变动也可以由各方申请人发起，由专管区划的规划委员会、区划委员会受理。

更新（Update）则是区划条例整体修改或者重新制定。区划的更新非常少见，一般在面临区划技术革新的时候才会出现，例如纽约市只有 1961 年唯一一次区划更新。更新一般只能由专管区划的规划委员会、区划委员会或者城市立法机构发起。

**（三）发放建设或开发许可（Building or Developing Permits）**

区划管理中另外一个最基本的内容就是发放建设或开发许可。这种许可一般只需要对照区划条例，符合标准的就发放，不符合标准的则否决，不涉及“自由裁量权”的使用。建设或开发许可工作通常由规划局或者建筑局负责。

**（四）发放特别许可（Special Permits）**

在标准州区划授权法案中发放区划的特别许可是指“依照区划条例中的规定，批准有关特别例外的申请”，这些特别例外需要在区划条例中明确写出。

区划特别许可（Special Permit）是为了应对那些土地利用的自身特性很难在现有区划下正当操作的情况而设计的。特别许可的具体含义是指在区划范围内安置一些与用地性质不符或不定性的特殊用地，这些用地的使用性质经过特殊审定后决定。简单说，因为区划条例一般将城市用地分为住宅、商业、产业三种用地。但是城市中还需要许多特别例外的功能设施，例如长途车站、城市铁路等交通设施，影剧院、游乐园等娱乐设施；另外还有如福利院、污水站等公共事业设施。许多城市的区划条例只允许其在特殊情况下被许可建设，而不是在任何分区中都被许可。特别许可就是专门针对这些设施发放的。

标准州区划授权法案规定，对特别许可申请的审定通常由区划的调整上诉机构负责，在特别许可证颁发之前必须召开公众听证会。

**（五）调整或变通（Adjustments or Variances）**

区划的调整或变通（Adjustments or Variance）是一种管理上的授权，即允许申请者在相关用地上使用不被区划条例许可的性质和用途。标准州区划授权法案将管理此授权的权力交给区划调整理事会。许多州依据标准州区划授权法案制定了其相应的规则，而有些州则在授权法案中的“不必要的困难”的基础上，增加了“实践上的困难”这个含义，从而扩大了“变通”的管辖范围。

1．“不必要的困难”原则

标准州区划授权法案的规定中使用了不必要的困难（Unnecessary Hardship）这个含义，这个含义比较难以理解。举例来说，如果区划条例规定了在一个片区内所有临街地块的退线（一般是 Front Yard）距离要求，但是如果有一个由两条道路夹着的三角地块，当按照要求后退后，剩下的地块面积已经不足以进行建设，这就形成了不必要的困难。故此时可以申请变通降低后退距离标准。

2．“实践上的困难”原则

在区划随后的发展中，大部分城市对变通的标准又增加了“实践上的困难（Practical Difficulties）”这一含义，该含义是指在实际土地使用过程中遇到的困难。

例如，在纽约皇后区 73 大道和 172 街的一处用地，该用地原本是居住 R2 类用地，容积率 0.5，前院（Front Yards）尺寸和停车也都有要求。现申请人提出变通申请，希望建设犹太教会堂，同时包括地下层的混合用途和夹层的女性住房。根据以前的法院判例，如果不产生负面影响，在居住区建设宗教设施是被许可的。但是该申请进一步突破了容积率（达到0.67）、院子、和停车的规定。申请人的理由是：1. 需要满足会众人数增加产生的额外面积需求；2. 在宗教活动的过程中，根据教义，男人和女人应该分开。纽约市标准和上诉理事会对该申请举办了听证会等一系列程序，最后发放了变通许可。这个案例体现了变通许可发放的另一个原则——实践上的困难。

**（六）上诉（Appeal）**

区划管理还有一个很重要的内容就是上诉（Appeal）。标准州区划授权法案中对上诉的规定是："任何受到不公平待遇的个人或是受到区划影响的城市官员、部门、委员会或办公署都可以向调整理事会（Board of Adjustment）提出上诉（Appeal）。"

也就是说，除了调整理事会的审批决议外，所有其他程序，包括建设许可，区划变更申请等，如果申请人实质上受到了不公平待遇，都可以向调整理事会提出上诉。区划制度中这种上诉制度的目的是提供区划管理的弹性，同时尽量在地方政府内部解决问题，以避免法律诉讼。

而如果申请人认为受到了调整理事会不公平待遇（变通、特别许可、上诉等决议），则可以向法院提出上诉。

## 四、程序要求

**（一）立法程序（Legislative Procedures）**

标准州区划授权法案中对立法机关做出的规定是："然而，在这样的规定、限制以及分区界线生效之前，地方立法机构必须举行适当的公众听证会，使对此感兴趣的个人或团体有机会参加。公众听证会的时间和地点必须以官方文件的形式进行15天以上的公示。"

另外，标准州区划授权法案中对规划委员会编制区划的程序也做出了规定："区划委员会必须在提交最终报告之前，准备一个初步报告（Preliminary Report），并举行相应的公众听证会。"

从上述可知，区划立法程序需要经过两次听证会，第一次由规划委员会举办，第二次由城市议会举办。另外，程序上还有公告的要求，以保证人民的知情权。

值得注意的是，标准州区划授权法案中写道，"前文第四节（区划立法程序）中的关于公众听证会以及官方公示的规定同样适用于所有的区划的修正或改变"。可见，标准州区划授权法案将区划制定和区划变更都划归为立法程序的范畴。即区划修订（Amend）、变动（Change）和更新（Update），无论程度，都属于立法行为（Legislative Acts）。

另外，标准州区划授权法对区划的变更还有一个特别的规定，即："如果有20%以上的被改变区域内的业主，或与被改变区域相邻一定英尺范围内的业主，或与被改变区域相对一定英尺范围内的业主签名反对这项改变，则这项修正将不能得到通过，除非其得到了整个立法机构3/4以上的多数赞成。前文第四节中的关于公众听证会以及官方公示的规定同样适用于所有的区划的修正或改变。”这个规定提供给了利益相关人一个强有力的手段去争取利益，同时也限制了立法机构的权力，并进一步增加了区划立法和变更的难度。

**（二）行政或准司法程序（Administrative or Quasi-judicial Procedures）**

标准州区划授权法案规定了区划的另一种程序，即关于上诉、发放特别许可或者变通许可的行政程序，或者被称为准司法程序（Quasi-judicial Procedures），标准州区划授权法案中并没有提出这个术语，但这个术语在不少地方政府制定的区划条例中都有使用，如波特兰市的区划条例。这种程序要求管理机构（调整理事会）使用自由裁量权。

1. 普通行政程序（Administrative Procedures）和准司法程序（Quasi-judicial Procedures）

从广义上讲，区划相关行政部门管辖的程序都被称作行政程序。即区划的审批、特别许可发放、变通许可发放以及上诉等程序，由于属于区划行政部门的职能，因此都可以称作行政程序。

从狭义上讲，由于对自由裁量权的使用有所不同，行政程序中又可以细分为普通行政程序（Administrative Procedures）和准司法程序（Quasi-judicial Procedures）。

行政程序和准司法程序的划分标准是执行部门是否使用自由裁量权进行审查（Discretionary Review）。行政程序一般指不使用自由裁量权（自行决定权）的，只用依照区划核准颁发开发许可、进行建设管理等内容。这种程序相对很简单。准司法程序一般指那些使用自由裁量权，以审查与现有区划条例不一致的土地使用的程序，如变通（Variances）、特别许可（Special Permits），上诉（Appeals）等。

按照美国宪法第十四修正案中的程序正义原则，准司法程序需要由规划管理部门（通常是规划委员会和调整理事会）针对申请进行一系列的公众参与及审查程序，并投票裁决申请，准司法程序十分注重程序保护和公众参与。换言之，准司法程序是行政部门行使一定司法权力的程序，但又不构成正式的司法行为，因此被称作准司法程序。

2. SZEA 中对行政或准司法程序的要求

对于调整理事会管理的上诉、特别许可和变通许可的程序，标准州区划授权法案中规定：“调整理事会必须在适当的时间内举行对上诉申请的公众听证会，并公之于众（包括对此感兴趣的个人、团体）；然后在适当的时间内，根据公众听证会上得到的个人或团体的意见做出裁决。”

从上述可知，这种使用自由裁量权的行政程序或准司法程序需要公告和听证会的过程，以使公众知情，并提出利益诉求。

并且，宪法中对于行政程序有明确的程序正义（Procedural Due Process）要求，即在行政抉择过程中要有合宪的、可行的程序。其中听证会和公告就是最基本的要求。

在发起于 1970 年的程序正义革命之后，区划立法和行政程序中的程序保护原则有了很大的加强，特别是对行政程序。其中一点就是，听证会制度逐渐被用作提升立法与行政的民主化程度以及广泛获取相关信息的有益方法。

**（三）司法程序**

标准州区划授权法案中对区划的司法程序也做出了一定的规定，而标准州区划授权法案的司法程序主要针对调整理事会。

标准州区划授权法案中写道，“任何个人或团体，如果其认为其利益受到调整理事会的裁决的损害，或者是任何纳税人、任何城市的任何部门、委员会，认为其利益受到调整理事会的裁决的损害，都可以向法庭提出诉讼，并附带详细介绍以说明这种裁决是部分或全部非法的。这种诉讼申请必须在调整理事会做出决定并发出后的30天内提交给法院。”

“在接到上述诉讼申请后，法院可能会向调整理事会直接下达诉讼文件移送令（A Writ of Certiorari），以复审调整理事会做出的裁决。法院应该规定给上诉人律师回复的时间，这个时间一般是10天，但可以依照法院的实际情况延长。诉讼文件移送令的下达不能延缓（Stay Proceedings）调整理事会原决议的进程，但是当法院收到要求限制令（Restraining Order）的申请后，在通知调整理事会的情况下，通过正当程序，可以下达一个限制令，以限制原决议的进程。”

“调整理事会在接到法院的移送令后，可以将决议文件的复印件递交法院作为回应；同时，回应还应包括相关裁决的理由和事实背景。”

“如果根据公众听证会的情况，法院认为在庭审时需要呈递证据，那么法院可以直接取证，或是指派仲裁人取证。证据可以直接在法院上陈述或者通过报告的形式呈递，呈递同时还应该包括事实依据与法律结论。这些信息和证据将成为法院决议的依据。法院可以部分或全部的否定或支持或修正一项被要求复审的裁决。”

区划是法律，所以明确其司法程序是十分必要的，标准州区划授权法案对司法程序规定得很详细，并且规定了诉讼有效的时间为30天。当然，不同的地方政府规定的上诉有效时间是不一样的，一般情况是15天到60天左右。此外，因为区划机构中设计了一个具有准司法权力的部门——调整理事会，调整理事会已经行使了司法权，所以标准州区划授权法案中规定法院对区划的上诉采用诉讼文件移送令的形式。

**（四）区划变更的立法与行政之争**

标准州区划授权法案认为区划的变更无论大小都是立法行为，而一直以来各地方政府和法院也都是这么执行的。由于立法机构有一个特殊的权力：通过的法律具有预计的有效性（Presumptive Validity），即其通过的法律被认为是有效的，直到有足够多的证据证明其无效；而且大多数法院不把程序正义（Procedural Due Process）的要求应用到对立法程序的诉讼中，所以法律通过时不需要特别注重程序安全保护特征（Procedure Safeguard Characteristics）。因此，对于区划条例的变更来说，立法程序受到的监督相对要少些，并且只要立法通过了就被认为生效。

但是这样的情况在1973年FASANO et al, Respondents, v.Board of County Commissioners of Washington County的判例中发生了转变。

在该案例中，原告伐萨诺是俄勒冈州华盛顿县的私房屋主所有人，被告是华盛顿县立法委员会（相当于议会）和 A.G.S. 开发公司。A.G.S. 开发公司在华盛顿县有一块土地，原规划用途是 R-7——单户家庭住宅。该公司申请将用地变更为 R-P（Planned Residential），即可以用来建造停放房车的场地。该申请在华盛顿县规划委员会处没有获得多数投票，但是在立法委员会处得到了通过。原告在立法委员会决议前提出反对，但是无效，因此就向当地审判法院提出上诉。审判法院支持原告的观点，反对县立法委员会的决议。被告上诉到上诉法院，上诉法院维持原判，而被告则继续上诉到州最高法院。

被告申诉：①被告通过的区划法具有预先的有效性，因此原告必须举证被告在批准区划变更时做出了专断的裁决；②作为立法程序，在区划变更完成之前，不必对外显示出场地中的变更；③土地性质变更的行为符合华盛顿县的总体规划。

但是俄勒冈州最高法院称：华盛顿县立法委员会采取了一些简化的立法手法，避免了对立法程序的严格审查。同时，在一些特殊情况下，对区划变更的裁断实际上可看做行政或准司法行为；而对于某些案例，特别是一些范围较小的案例而言更应如此。作为行政或准司法行为，应该按照宪法的程序正义要求，进行更严格的审查。

因此，俄勒冈州最高法院驳回了被告的上诉，维持原判决。

FASANO 案例判决后，“区划变更（特别是小地块）裁决属于准司法行为”的观点影响逐渐扩大。到 1989 年，大约 10 个州采用了 FASANO 准司法标准。

而在 1993 年的 Board of County Commissioners v.Snyder 一案中，法院否定了一项准司法区划变更。法院认为“影响了大比例的公众的综合区划变更是一种立法行为。”但另一方面，法院总结道，当区划变更只影响了有限的一部分人，或财产所有者以及不多利益群体和政党，进行区划变更决策时是基于在听证会上提供的一些不同方案中选出来，且区划变更决策过程实际上可以被看作是对政策的执行时，这种区划变更是一种准司法行为。

以上两个主要的判例划分了区划变更在立法行为和准司法行为之间的界限，这两个判例也一直被各大小法院援引，作为评判类似案件的依据。总的说来，区划变更的立法与行政（准司法属于行政）之争的主要原因是为了增加变更审查的程序保护严格度（作为行政行为的话严格度要更高），以减少立法机构的权力滥用（Abuses）或者违背公共利益（Conflicts of Interest）的行为。

## 五、相关组织机构与权力

### （一）立法机构

1. 州立法机关

在美国，非自治地方政府（Township、School District 等）的权力由州政府授予，只有在州立法机关的许可或要求下，它们才有权力开展土地利用规划的编制和管理工作。州区划授权法授权大部分的地方政府开展区划工作。然而，自治地方政府（一般是 Municipality）可以根据州宪法中的有关规定，自行制定地方规章来获取土地规划和管理的权限。有时他们拥有的管理权限是像乡镇（Township）这种行政单位所没有的。美国基本所有的州都已经通过议会颁布

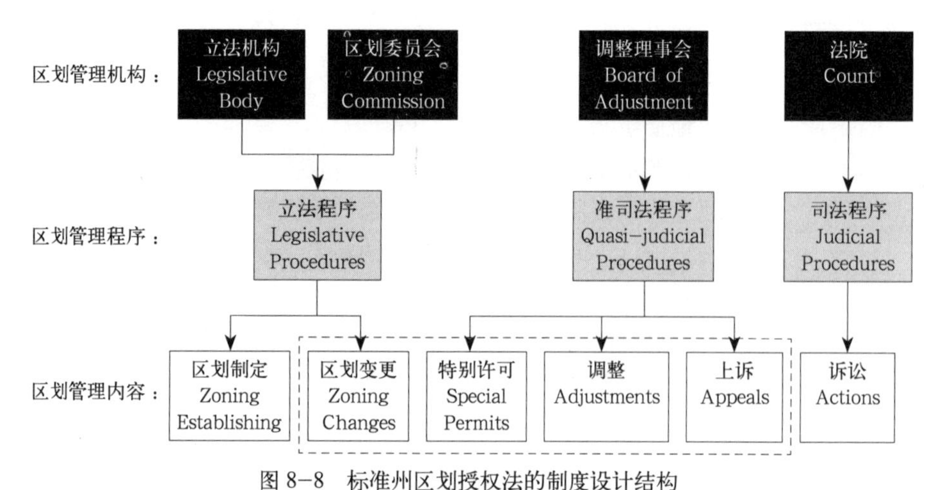


图 8-8　标准州区划授权法的制度设计结构

资料来源：徐旭，美国区划的制度设计[D]，2009，清华大学硕士论文．第 164 页，导师：谭纵波。

了相关的区划授权法案，一般而言，地方政府由州授权编制区划条例，不过有些自治市（如纽约）也会自己制定区划管理规章（图 8-8）。

2. 地方立法部门

地方政府的立法机构是区划直接相关部门，包括市议会、县议会、督察委员会、托管委员会、镇委员会、不动产管理委员会等。这些立法部门拥有区划的大部分职责（包括颁布区划条例、区划图；对有关区划条例和区划图纸的修订的最终决定权；对于大多数有关区划事务的最终决定权等）；但是，在标准和准则允许的条件下，他们可以将一些非立法的管理职能授予具体的管理部门。在有些地区，这些立法部门可能会充当在上诉理事会之后、法院之前的第二层地方上诉机构。

**（二）行政机构**

由于区划是地方政府事务，因此行政机构主要以县、镇和市的行政机构为主。这些行政机构包括规划委员会，区划上诉与调整理事会，听证督察委员会，规划部门（建筑局，规划局等）。这些机构可以简单地分为两种：委员会（Committee；Board）与部门（Department；Bureau）。一般来说委员会都不是由个人领导，而是由五至十一人的小组组成，每个成员具有平等的权利。部门则是由单独的个人负责，这些人最终只对城市的最高长官，或者议会（委员会制或者弱市长议会制的城市）负责。这些委员会具有制定规章的权力，如区划条例就是由规划委员会负责制定，而部门一般没有权力制定规章。

1. 规划委员会

美国大多数地方政府都有规划委员会，大多数由 7 到 9 名委员组成，委员由行政长官从政府机构中任命。规划委员会代表的是整个地方的利益；向规划专业人员反映地方的意愿；充当规划师、地方政治利益和立法机构之间的“桥梁”。

标准州区划授权法案中对区划委员会的定义是：“地方立法机构可以指定一个委员会（区划委员会），来建议一系列分区的界线以及在各个分区内将要强制执行的规定。如果一个城市已经有城市规划委员会（Planning Commission）存在，那么其可替代这样的区划委员会”。事实上，各地方对该委员会的确有不同的叫法，有的地方叫区划委员会，有的地方叫作规划委员会，但是其主要职能都差不多，即为地方立法机构制定具有法律效力的区划条例，也就是组织编制区划并初审（立法机构复审）。

规划委员会的职责主要是组织研讨和制订社区规划、区划图则以及区划条例等。多数地方政府要求规划委员会在区划文本和图纸得到立法机构颁布之前，对它们进行审查并提出建议。同时，规划委员会在有条件使用的决定、总图方案的审查、规划单元开发（PUD）等方面既可以充当顾问，也可以作为决策者。

标准州区划授权法案规定的区划委员会职能是编制区划条例。但因为市议会授权区划委员会编制区划，实际上是将一部分立法权力授予该部门；并且，所有的区划条例先必须在该部门决定，再由该部门递交至城市议会立法，而城市议会较少驳回该部门制定的区划条例，因此实际上该部门的权力相当于立法权。

2. 区划上诉与调整理事会

美国的区划法是法律，法律有其严格的约束力。但是如果法律过于严格、缺少弹性，则可能无法应对现实中的各种情况。由于城市的发展和变化十分迅速，所以区划这种管理土地利用（特别是城市土地利用）的法规更需要保持一定的弹性。为此，标准州区划授权法案中特别设定了一个调整理事会，并且详细规定了该部门的职能。可以说调整理事会是标准州区划授权法案制度设计中的一个核心部门，其主要作用就是赋予区划法以弹性。

标准州区划授权法案对调整理事会的人员构成做了规定：“调整理事会由5名成员组成，每名成员的任期为3年。任何一名委员会成员的辞退都必须由上级部门（地方立法机构）书面指出其辞退原因，并召开相应的公众听证会”。实际情况下，每个地方政府对人员的构成都有不同规定，但总的说来调整理事会基本设置都是5人制。

标准州区划授权法案对调整理事会职权的规定为：“①听取并裁定任何声称地方主管部门在强制执行依据本法案制订的区划法规中的任意法令、要求、决定有错误的上诉申请。②听取并裁定关于区划法律条款中的特殊例外的申请（特别许可 Special Permits）。③如果在执行预先制定出来的区划条例的过程中带来不必要的困难，在这种特殊情况下，调整理事会可以授权与法令（区划）的条款不一致的变通许可，授权的前提是该许可与公众利益不冲突，以保证法令（区划）的公平精神。”

可见，调整理事会负责的工作很多，包括对区划法做出解释、受理特别许可申请（Special Permits）、变通或者调整申请（Variances or Adjustments）、并提供上诉（Appeals）的平台。在标准州区划授权法案中，基本上所有需要使用自由裁量权（Discretionary Power）的区划管理工作都由调整理事会负责。因此，调整理事会负责的审批程序通常又被称作准司法程序（Quasi–Judicial Procedures）。不过在不少地方政府的制度设计中，调整理事会的部分职能会被分配给其他的部门，例如纽约市就将一部分特别许可批准权交给了规划委员会。

上诉与调整理事会在决策时必须对周边业主开展听证和公示。在业主提出调整申请时，必须要证明这种调整是由于地块自身的特性所造成的，而不是由于业主自己的原因；必须要说服上诉理事会同意，要说明这种调整既满足了有关标准的要求，同时也符合或至少不会伤害到周边为主的利益。委员会可以在批准修改申请时附加条件，以减轻调整所造成的影响。此外，前文中也谈到调整申请的原则在“不必要的困难”基础上增加了“实践上的困难”，扩大了调整的范围。

3. 听证督察委员会

为规范上诉程序，美国有些地方政府用听证督察委员会取代了大多由志愿律师组成的上诉与调整理事会。听证督察委员会和上诉和调整理事会一样受理修改申请，并拟定批复书。和上诉理事会的决策一样，公众可就听证督察委员会的决策向立法机关或法院提出上诉。

4. 规划部门（建筑局、规划局等）

规划部门在土地用途的管理中承担四项基本职能。首先，配合有关部门编制或修订区划；或监督承担这些职责的顾问们。其二，提供不同类别的开发许可的实施方案。其三，与其他地方部门一起，通过建筑和构筑物的申请和许可程序，不断推进区划和土地细分规定制度的执行。规划部门可以对获得许可的地盘进行监管，发出传票或停工令，并寻求法院的禁令以禁止非法的建设行为，但这些职责可能要在其他部门的协同下共同完成。最后，规划部门可以以不同形式来协助立法机关、规划委员会和上诉理事会的工作；例如，规划部门可以为在制订的区划起草报告，承担重要的区划图则和文本的专项研究工作，并提交有关区划实施情况的报告。

### （三）司法机构

1. 法院的重要作用

司法机构是区划制度设计中的重要一环，其重要性在于司法复审权，即提供利益受侵害方以起诉行政主管部门的权利。司法机构在区划制度中起着十分重要的监督作用。

美国法官的权力范围和行动手段和其他国家的法官都差不多，因为美国人保留了司法权的共性：①司法权只是对案件进行裁判；②司法权是审理私人案件，不能对全国的一般原则进行宣判；③司法权是被动的，它只有在审理案件的时候，才采取行动。

但是法官在美国却有着巨大的政治权力，他们的权力产生的原因在于：美国人认为法官之所以有权对公民进行判决是根据宪法，而不是根据法律。换句话说，美国人允许法官可以不应用在他看来是违宪的法律。而美国的宪法不是立法者随便可以修改的，它是一部与众不同的法典，代表全体人民的意志，立法者和普通公民均需遵守。宪法可以按照规定的程序，在预先规定的条件下，根据人民的意志加以修改。

所以说，司法机构在区划制度中起着最终的、最权威的裁断权。

2. 整体结构

美国拥有一个由州和联邦法院组成的双重司法系统，其结构和内容（见表8–4、图8–9）。

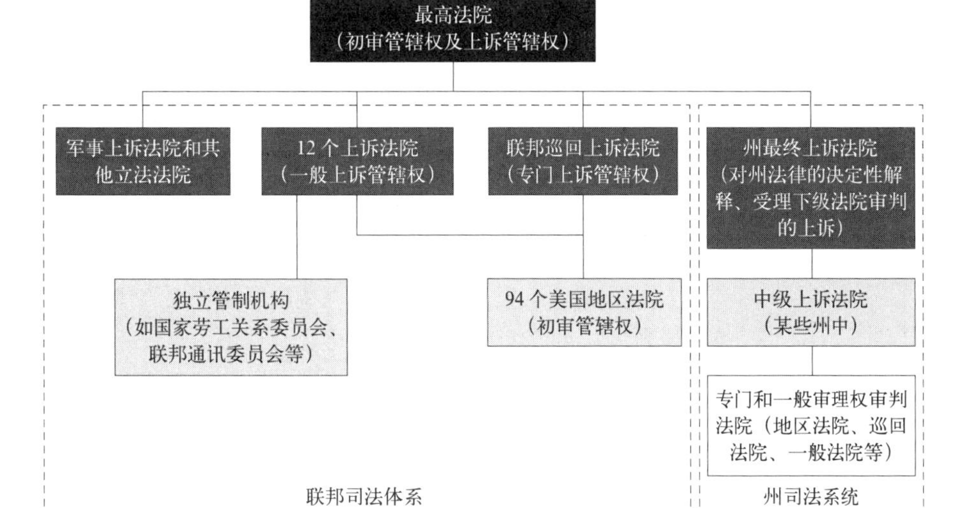


图 8–9 美国法院的结构

资料来源：徐旭，美国区划的制度设计 [D]，2009，清华大学硕士论文，导师：谭纵波。

**美国司法组织机构表** **表 8–4**

| 名称 | | 作用 |
|---|---|---|
| 联邦法院系统 | 联邦最高法院 | 全国最高司法机关，对关于大使、公使和领事的案件以及一州为当事人的案件具有初审权，对很多案件具有上诉裁判权，还有司法审查权 |
| | 联邦巡回法院 | 受理对联邦地区法院判决不服的上诉案件，以及后来出现的联邦系统专门法院或具有司法权的行政机构判决不服的上诉 |
| | 联邦地区法院 | 包括刑事和民事，符合下列条件之一：合众国为当事人的一方，涉及对联邦宪法或法律的解释，州际公民之间的诉讼 |
| 州法院系统 | 最高法院 | 又称最高审判法院、最高上诉法院或上诉法院，受理对州中级法院判决不服的上诉案件等 |
| | 中级法院 | 受理对基层法院判决不服的上诉，某些州规定中级法院对某类案件具有初审管辖权 |
| | 基层法院 | 又称地区法院、巡回法院、一般法院，对州内的刑事和民事案件进行初审 |

资料来源：徐旭，美国区划的制度设计 [D]，2009，清华大学硕士论文。

（1）联邦法院系统

联邦法院是三级系统，即最高法院（也受理对州最高法院的上诉）——上诉法院——地区法院（94 个）。联邦法院系统主要受理与国家相关的，或者涉及对联邦宪法或法律的解释的，或者州际公民之间的诉讼案。

（2）州法院系统

美国每个州都有自己的司法系统，正如各州的政治结构一样，各州司法系统也不尽相同。不过，一般来说州司法系统可以分为四级：州最高上诉法院——中级上诉法院（有些州不设）——专门和一般管理权审判法院——有限和特别管理权法院。其中，有限和特别管理权法院属于最低级别法院（一般每县设一法院或者治安官），管辖权极小，或者只有专属管辖权（如交通法院、小的索赔法院等）。这种法院一般只受理最轻微的案件，如金额小于 1000 美金的民事诉讼等，很少涉及区划诉讼，因此本文未将其列入上图中。

州司法权所包括的案件有关于普通法的一切案件，有在州宪法、法规和法令下产生的案件，有由特许状和地方政府法令产生的案件，有由一州公民与本州公民之间或一州与他州公民之间产生的案件等。区划相关诉讼主要在州法院系统内受理。

3. 区划诉讼的管辖权

与区划有关的诉讼案一般是由州法院受理。在联邦法院与州法院管辖权的关系上，自美国内战结束以来，联邦法院系统管辖的范围不断扩大，州法院管辖权受到限制并相对缩小，但绝大多数案件仍由州法院处理。

但是依美国国会法案，州法院和联邦法院对于拥有不同州公民权的当事人之间的民事诉讼，或者是由联邦法律产生的民事诉讼，当涉及金额大于 3000 美元时，享有共同的管辖权。此时，由争执的当事人选择向州法院或者联邦法院起诉。因此，当区划诉讼符合以上情况时，就有可能在联邦法院系统受理。

司法诉讼程序是区划制度"民主"形式的一个重要方面。虽然低级法院的判决受到更高级别法院判决先例的约束，但在遵循先例的过程中，低级法院有相当大的自主权。

如果公众对低级法院的判决不服，可以进一步上诉至上诉法院（中级和高级）并由其复审。上诉法院是有上诉管辖权的法院，它们受理下级法院判决产生的上诉。上诉法院是权力很大的政策制定者。由上诉法院判决的案件只有不到 1% 的需转给联邦最高法院认真审理。上诉法院对上诉案件的判例直接形成地方法院的判决先例。

不是所有希望上诉至联邦最高法院的案件都有资格的。案件上诉到最高法院的规则是最高法院和国会制定的，只有当三名以上（共九名）的联邦大法官同意该案例是一个足够重要的联邦层面的公共问题时，案件才有可能在最高法院受理，否则将发回下级法院。最高法院决定是否复审一个案件的至关重要的因素是案件对政府制度设计整体运行的重要性。只有当某一诉讼涉及对公众有广泛影响的重要联邦法律问题才会由最高法院复审，如区划的基本概念管辖权（Police Power）与财产取得（Taking）之间的界定。

### （四）举例——不同城市中的区划相关机构

1. 纽约市

纽约市区划决议的管理主要涉及四个部门：城市议会、建筑局、标准和上诉委员会、规划委员会。其主要职能见表 8–5。

纽约市区划条令的主要管理机构列表　　表 8–5

| 部门 | 职责 |
| --- | --- |
| 城市议会 | 立法机构，通过区划决议的部门 |
| 建筑局 | 区划决议的管理和执行机构，负责具体执行和实施该区划决议 |
| 标准和上诉委员会 | 处理所有有关区划决议的上诉，同时有权颁发某些特别许可，以放松区划决议规则的严格程度 |
| 规划委员会 | 咨询机构，负责向其他部门提供研究报告和咨询意见，并有权颁发一定的特别许可 |

资料来源：杨军．美国若干城市区划法规内容的比较研究，2009，清华大学硕士论文，导师：谭纵波。

2. 芝加哥市

芝加哥区划条令的管理主要涉及四个部门：城市议会、区划局、区划上诉委员会、规划和发展局。其主要职能见表 8–6。

芝加哥区划条令的主要管理部门列表 表 8–6

| 部门 | 职责 |
|---|---|
| 城市议会 | 立法部门，通过区划条令的机构，对修改区划条令文本和图则有最终裁决权 |
| 区划局 | 区划条令的管理和执行部门，同时负责向其他部门提供详尽和完整的资料 |
| 规划和发展局 | 咨询机构，负责从区划局处获得有关特别用途、规划后开发、修正案等申请的副本，进行调查并提出相关建议，再通过区划局主管把这些建议提交至城市议会的区划委员会 |
| 区划上诉委员会 | 负责处理对该区划条令做出的要求或决策的上诉，并根据区划条令的条件和标准审理并通过变化、特别用途的申请 |

资料来源：杨军．美国若干城市区划法规内容的比较研究，2009，清华大学硕士论文，导师：谭纵波。

3. 旧金山市

旧金山分区规则的管理主要涉及四个部门：市议会、区划局主管、城市规划委员会和上诉委员会。其主要职能见表 8–7。

旧金山分区规则的主要管理部门列表 表 8–7

| 部门 | 职责 |
|---|---|
| 城市议会 | 对分区规划的制定和修正有最终裁决权，但任何提议的地块重新分类或其他修正案均由城市规划委员会首先予以考虑，且其判定即为最终决定，除非被市议会驳回。市议会可以审理对城市规划委员会或区划局主管在某案例中判定的上诉 |
| 区划局主管 | 负责管理并执行分区规则，同时负责监管该法规的效力，以对立法机构提出适当的改进意见，通过变通或行政审查来放松该法规规则的限制 |
| 城市规划委员会 | 执行区划，负责根据相关审批程序，确定是否批准某些特定用途的申请 |
| 上诉委员会 | 负责处理对该区划条令作出的要求或决策的上诉，并根据区划条令的条件和标准，审理并通过变化、特别用途的申请 |

资料来源：杨军．美国若干城市区划法规内容的比较研究，2009，清华大学硕士论文，导师：谭纵波。

4. 哥伦比亚市

哥伦比亚特区区划规则的管理主要涉及三个部门：区划委员会、区划调整委员会和市长。其主要职能见表 8–8。

哥伦比亚特区区划规则的主要管理部门列表 表 8–8

| 部门 | 职责 |
|---|---|
| 市长 | 管理并执行该区划规则 |
| 区划委员会 | 独立的准司法机构，其作用是制定、采用并随后修订区划规则和区划地图 |
| 区划调整委员会 | 独立的准司法机构，其作用是通过颁发“变通”以减轻区划规则的限制，通过颁发“特别许可”以批准某些土地用途，并可以审理对区划局主管的决议的上诉 |

资料来源：杨军．美国若干城市区划法规内容的比较研究，2009，清华大学硕士论文，导师：谭纵波。

# 第八节　法国城乡规划管理与法规[13]

## 一、法国规划法规体系演变过程

### （一）从“一战”到1940年代中期：城市规划法规体系初步建立

尽管早在19世纪法国就出现了有关空间开发的法令法规但它们并非以城市规划为目的，并且大多集中在道路建设和卫生健康两个方面，因此直至第一次世界大战，法国的城市发展主要是以有关地产的法令法规和关于私有权的特殊政策为法律依据。

进入20世纪，在工业革命的推动下，法国城市化发展不断加快无政府主义的城市建设愈演愈烈，在此背景下，1909年以后有关城市规划立法的法律提案陆续出现。1915年议员Cornudet提出：人口超过1万的所有市镇都应在3年期限内编制完成“城市规划、美化和扩展计划”。第一次世界大战结束后，迫于人口大量涌向城市化密集区[14]，以及重建被毁城市的现实压力，Cornudet的法案于1919年3月14日获得通过，成为法国有史以来有关城市规划的首部法律文件，被称为《Cornudet法》。1924年7月19日，法国再次颁布有关城市规划的法律，首次提出通过事先许可制度对土地划分行为进行规范管理。根据上述两项法律，市镇政府需承担组织编制城市规划的职能，中央政府则主要发挥调控作用。

之后，为解决跨越数个市镇的城市密集发展所引发的诸多问题，法国于1932年5月14日颁布了有关城市规划的第三部法律，提出编制“巴黎地区规划整治计划”，以涵盖巴黎地区所辖656个市镇的“城市规划、美化和扩展计划”，随后将其推广到整个国土。

第二次世界大战爆发以后，法国城市遭到严重破坏，为了使公共机构更加直接地介入城市重建，法国先后于1940年10月和1941年2月颁布法律，成立了有关房屋重建的专业行政机构。随后又于1943年6月颁布了关于城市规划的另一部重要法律，赋予中央政府组织编制城市规划的职能。根据此项法律的规定，法国中央政府成立了国家设施委员会，下设城市规划和房屋建设局，并在各省设立了分支机构，负责组织编制和实施跨越市镇的以及市镇自身的“规划整治计划”。

至此，法国已基本建成了依据城市规划控制个体土地利用行为的主要机制，特别是土地划分和房屋建设的许可制度，近代城市规划法规体系初步形成。

### （二）从“二战”结束至1970年代初期：城市规划法规体系不断完善

“二战”结束后，面对战争造成的严重破坏，法国采取了积极的城市化政策，对城市开发进行更加直接和广泛的干预，实施所谓的“修建性（或称实施性）规划”[15]。1950年7月21日颁布的法律提出实施房屋建设的财政资助制度，以应对战后住宅匮乏的难题。1953年8月6日颁布的有关地产的法律则提出，允许公共机构在特定的地域范围内，以征用方式获取土地并进行设施配套，然后销售给国营或私有的建造商。以便对新建建筑群体的选址与布局进行直接干预。1957年1月7日颁布的有关房屋建设的法律以及1958年12月31日颁布的两项法令对修建性城市规划的管理制度进行了详细解释，并且确定了“优先城市化地区”（简称 ZUP）和“城市更新”这两个重要的修建性城市规划制度的法律地位，1962 年 8 月 4 日颁布的《马尔罗法》又进一步提出了房屋修复的规定，成为对上述两个制度的重要补充。

同一时期，法国的“规范性城市规划”[16]亦不断完善，一方面，法国政府于 1955 年 8 月 29 日颁布法令，建立《城市规划国家条例》（简称 RNU），以确保即使在尚未编制“规划整治计划”的市镇，行政管理机构依然可以对房屋建设行为进行规范。另一方面，鉴于以 1943 年法律为依据的“规划整治计划”内容过多、面面俱到，在城市快速发展的现实背景下，常常面临刚刚编制完成既已过时的尴尬境地。法国政府于 1955 年 5 月 20 日和 1958 年 12 月 31 日先后两次颁布法令，将城市规划编制体系调整为“指导性城市规划”和“详细城市规划”[17]两部分，从而使城市规划更具灵活性。

进入 1960 年代，由于法国城市化进程不断加快，公共机构开始编制能够预见未来 20 甚至 30 年城市发展的“指导纲要”（简称 SD）。此类规划具有展望未来的特点因此被称为“展望性城市规划”。从理论上讲，“指导纲要”不能作为申请土地利用许可的依据，不具备完全的法律效力，但现实中，它不仅是确定城市发展密集地区开发整治总体框架的展望性文件，同时还是管理者必须遵循的规范性文件。

法国于 1967 年 12 月 30 日颁布《土地指导法》，将城市规划编制体系划分为“城市规划整治指导纲要”和“土地利用规划”两个阶段，并且提出后者要以前者为依据。其中，“城市规划整治指导纲要”（简称 SDAU）以展望未来城市发展为主，覆盖地域范围较大，规划期限较长，不可作为申请土地利用许可的依据，属展望性城市规划。“土地利用规划”（简称 POS）以规范土地利用为主，覆盖地域范围较小，规划期限较短，是申请土地利用许可的重要依据，属规范性城市规划。此外，为了削弱 1943 年法律赋予城市规划的过于浓厚的国家色彩，新的法律文件还规定中央政府和地方政府需联合组织编制上述规划文件，从而将城市规划编制权限从中央政府部分地转移到地方政府手中。并且提出了建立在自愿协商原则基础上的“协议开发区”（简称 ZAC）制度，作为修建性城市规划的主要手段，以取代原有的“优先城市化地区”和“城市更新”制度，从而为实施协议性城市规划奠定了法律基础。

这样至 20 世纪 70 年代初，在“二战”以后的近三十年时间里，以土地利用许可、城市规划编制或者修建性城市规划为主要制度手段的法国城市规划法规体系得到了进一步完善。

#### （三）20 世纪 70 年代中期以来：城市规划法规体系重新调整

法国城市规划法规体系的目标范围不断扩大，越来越关注环境保护社会发展以及国土开发的可持续发展等问题。关于环境保护，根据 1976 年 7 月 10 日颁布的有关环境保护的法律，法国于同年 12 月 31 日颁布了对城市规划进行改革的法律文件，提出在编制城市规划文件时必须进行环境影响分析，以避免农业用地被城市建设蚕食。同时，法国还颁布了旨在保护海滨、山区、机场周边等敏感地区的“国家规划整治指令”。1993 年 1 月 8 日，法国再次颁布法律将景观资源的保护与利用纳入城市规划法规体系的管理范畴。关于社会发展，从 1970 年代中期开始有关城市的社会发展政策即成为城市规划法规体系关注的内容，1995 年 7 月 13 日法国颁布《城市指导法》，随后作为补充又先后于 1995 年 1 月 12 日和 1996 年 11 月 14 日颁布有关住宅多样性和重新推动城市发展的法律文件，鼓励在每个城市化密集区、市镇乃至街区、住宅发展多样化，以扭转社会住宅不断集中的趋势，避免居住空间的社会分化。关于国土开发的可持续发展法国于 1995 年 2 月 4 日颁布《规划整治与国土开发指导法》，随后又于 1999 年 6 月 25 日颁布《可持续的规划整治与国土开发指导法》，试图通过有关土地开发的国家指令和指导纲要，确保城市规划法规体系对国土开发政策的实施进行干预，以避免城市空间规模不断扩大并侵占周边的农村地区。

其次，随着法国行政管理的民主化进程不断深化，城市规划权限逐渐从国家向地方转移，1975 年，有关城市规划权力下放的问题被首次正式提出。1979 年，法国参议院出现了有关城市规划权力下放的法律提案，建议在已编制土地利用规划的所有市镇，赋予地方长官发放建设许可证的真实权力。1983 年 1 月 7 日和 1985 年 7 月 18 日，法国先后两次颁布法律，将原先主要由国家掌控的城市规划权限，特别是城市规划的编制和实施权限，部分下放到市镇和市镇联合体，以便后者更加自由地在所辖地域内进行土地开发。当然这种自由并非不受任何限制的绝对自由：任何市镇的空间开发首先必须与周边市镇的空间开发相协调，同时还必须符合所在省份、大区乃至国家的利益。由此导致的结果是，国家和地方在城市规划领域形成了新的职能划分。其中，市镇主要负责“土地利用规划”“指导纲要”等城市规划文件的编制和实施，建设许可管理，参与地产开发和修建性城市规划等。国家主要负责制订有关城市规划权限和程序的规则，参与编制城市规划文件，依法实施行政管理，通过向地方市镇派驻技术服务机构发挥城市规划职能，以及在尚未编制土地利用规划的市镇发放土地占用许可证，实施城市规划等（图 8–10）。

2000 年 12 月 13 日，法国颁布了《社会团结与城市更新法》（简称 SRU），以更加开阔的视野看待土地开发与城市发展问题。在探讨城市规划的同时，还涉及了城市政策、社会住宅以及交通等内容，意在对不同领域的公共政策进行整合。它像 1967 年颁布的《土地指导法》一样，标志着法国城市规划法制建设进入一个新的阶段。根据此项法律，未来的城市政策将主要致力于推动城市更新、协调发展和社会团结。其中，所谓城市更新是指推广以节约利用空间和能源、复兴衰败城市地域、提高社会混合特性为特点的新型城市发展模式，这

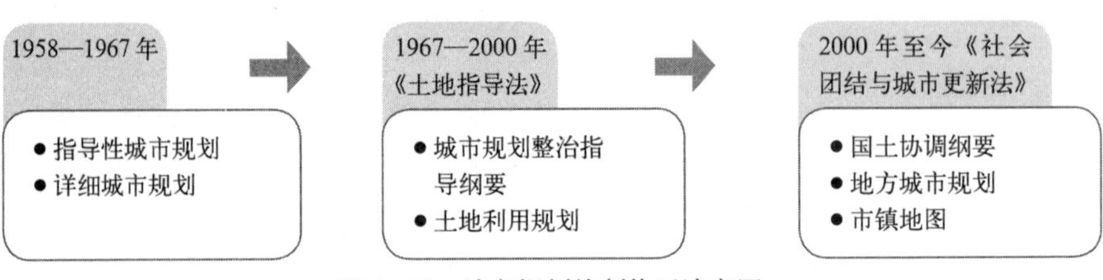


图 8–10　城市规划编制体系演变图

资料来源：笔者绘制。

与 1960 年代盛行的城市扩张发展模式截然不同。所谓协调发展是指鼓励各种城市政策的协调与整合，一是将城市规划政策落实在切中时弊的城市化密集区或城市化地区等地域层面上，二是促进住宅、交通、商业等不同领域的行业政策与城市规划政策的有机结合。所谓社会团结是指通过对市镇建设社会住宅的强制规定，促进住宅在城市化密集区、市镇、街区等不同地域的多样化发展，以抵制社会分化现象。这些内容在不同程度上对城市规划法规体系产生了影响，其中最直接的影响莫过于城市规划编制体系的改变，原有的“指导纲要”、“土地利用规划”等城市规划文件分别被“国土协调纲要”（简称 SCOT）、“地方城市规划”（简称 PLU）、“市镇地图”等规划文件所取代。至今《社会团结与城市更新法》在城市规划领域带来的深刻变化仍在继续。

## 二、规划法规体系

法国是城市规划立法较早的国家之一，自 1919 年颁布第一部与城市规划相关的法律以来，其规划法律体系不断充实和完善。20 世纪 50 年代，法国的城市规划工作开展地如火如荼，在先后颁布了几部重要的城市规划法令之后，于 1954 年，将于国土开发、城市规划等相关法律法规融合在一起，组成了城市规划法典。随后，又颁布了诸如《SRU 法》《Grenelle 法》等对城市规划体系具有重要影响的法律。

### （一）三部重要的法律文件

在法国城市规划法规体系发展过程中，有三部重要的法律文件，即《Cornudet 法》、《土地指导法》和《SRU 法》，它们对法国规划体系变革和规划重心的调整起到了深远的影响。

（1）《Cornudet 法》

1919 年 3 月 14 日颁布的《Cornudet 法》是法国第一部针对全境的城市规划法律文件，其主要内容关于用地细分和“三通一平”（水通、电通、路通和场地平整），以保证在土地购买者所购土地的可用性（即通水、通电、排污等）。同时这部法律还规定在塞纳省（现在的法兰西岛、大巴黎地区）编制《城市开发、美化和扩张规划》（Plan d'aménagement，d'embellissement et d'extension），这部规划是后来城市规划法规文件的前身，后面的与国土开发、城市规划相关的法规文件都是从这个规划发展而来的。《Cornudet 法》虽然其不是一部完整意义上的城市规划法，但作为首部指导城市开发的法律，开启了法国城市规划法制建设的大门，其意义不言而喻。

（2）《土地指导法》

1967 年 12 月 30 日，《土地指导法》（Loi d'orientation fonciére），它被认为是法国城市规划体系形成的标志，将规划编制体系分为《城市规划指导纲要》（SDAU）和《土地利用规划》（POS）两个阶段，将城市规划领域扩大到城市外围或城市连绵区等更大的尺度。这部法律基本奠定了法国现代城市规划编制体系的基础。

（3）《SRU 法》

《城市规划指导纲要》（SDAU）和《土地利用规划》（POS）在实践中暴露出

很多问题，越来越不能适应新的社会发展需求。于是，2000 年 12 月 13 日颁布了《社会团结与城市更新法》(Loi relative à la Solidarité et au Renouvellement Urbains，简称 SRU 法)，与《土地指导法》一样，它标志着法国国土开发和城市规划领域进入一个新的阶段，它要求编制《国土协调纲要》和《地方城市规划》文件，来替换之前的《总体规划纲要》和《土地利用规划》，并对规划编制内容做出改革和调整。

除了这三部代表性法律外，1982 年的《地方分权法》对城市规划领域的影响也极为深刻，它将不同规划文件的规划编制权重新划分给不同行政单位的政府和议会，使规划编制和管理体系发生变革。此外，2010 年的《Grenelle 法》和 2012 年的《ALUR 法》也都对《地方城市规划》的编制做出了一定的调整和突破，使城市规划编制内容和体系不断充实和完善。

### （二）城市规划法及其典籍化

在法国，"城市规划法"(Droit de l'urbanisme) 是指与国土开发、城市建设发展有关的而所有法律法规的总和，其并不是一个单独成文的文件，而是"法律合集"，除国土开发和城市规划本身的内容外，主要还涉及建设、审批程序、住房、公共卫生、环境、财政税收等方面的专项法律文件。城市规划法既是法国公共法 (Droit public) 的分支，也是行政法的重要组成部分。

从空间范围来看，法国的城市规划法并不局限于"城市"地区，还适用于郊区、乡村等全部国土空间范围。从约束行为来看，城市规划法适用于全部土地使用和占用行为，涉及所有与土地相关的活动，既包括城市建设开发、农业生产等，也包括建筑拆除、矿产开发、树木砍伐、设备安装等。

1954 年 7 月 26 日，法国将城市规划（法）的法律法规整合在一起，形成《城市规划和居住法典》(Code de l'urbanisme et de l'habitation)。随后于 1972 年 6 月 20 日，将部法典拆分成《城市规划法典》(Code de l'urbanisme) 和《建筑与住宅法典》。1973 年 11 月 8 日，法国正式颁布《城市规划法典》。现行的法典包括四部分：法律部分 (Partie législative)、法规部分—国家议会法令 (Partie réglementaire—Décrets en Conseil d'Etat)、法规部分—决议 (Partie réglementaire—Arrêtés) 和附录，每部分又分为卷、篇、章、节等不同层次的内容。

《城市规划法典》包含了与国土开发和城市规划相关的所有法律法规，因此每一项法律条文的更改都会引起法典的变动，几乎每年都要对其进行若干次修订和完善。由于法典的改版和出版较复杂且周期较长，可能一版法典刚出版，其中的法律条文就有了新的变动。因此现在较多的是通过名为"法国法律"[18] 的网站进行查询，网上的信息会实时更新，并注明版本的日期，便于查找。

## 三、规划编制体系

法国的国土开发文件按编制主体的不同可分为中央政府和地方政府 2 个层面，按地域范围的不同可分为全国、大区、省、跨市镇和市镇 4 个层次。

法国规划编制体系 表 8–9

| 地域范围 | 编制主体 | |
|---|---|---|
| | 中央政府 | 地方政府 |
| 全国 | ●《公共服务纲要》SSC<br>●《国土开发和水管理总体纲要》SDAGE | |
| 大区 | ●《国土开发指令》DTA 和《国土开发和可持续发展指令》DTADD<br>●《国土开发和水管理纲要》SAGE<br>●《大区自然公园规划》PNR | |
| | | ●《大区国土开发、可持续发展和领土均衡纲要》SRADDET |
| 省或跨市镇 | | ●《国土协调纲要》SCoT<br>●《城市出行规划》PDU<br>●《地方居住计划》PLH |
| 市镇 | | ●《市镇间城市规划》PLUi<br>●《地方城市规划》PLU<br>●《市镇地图》 |

通过表 8–9 可以看出，在大区行政级别之下，中央对国土开发和城市规划领域的涉足就很少了，主要以咨询参与方和监督方的角色出现。

各个规划文件之间虽然没有从属和强制的遵从关系，尤其是国家与地方层面的规划文件之间，但仍存在一定的等级和层次秩序（图 8–11）。

### （一）国家层面的规划文件

国家层面的规划主要指的是由中央体系（中央政府、各部门以及在地方的下派机构）编制的综合性规划：《国土开发指令》和《国土开发和可持续发展指令》，以及一系列专项规划:《公共服务纲要》《国土开发和水管理总体纲要》、《国土开发和水管理纲要》《大区自然公园宪章》等。

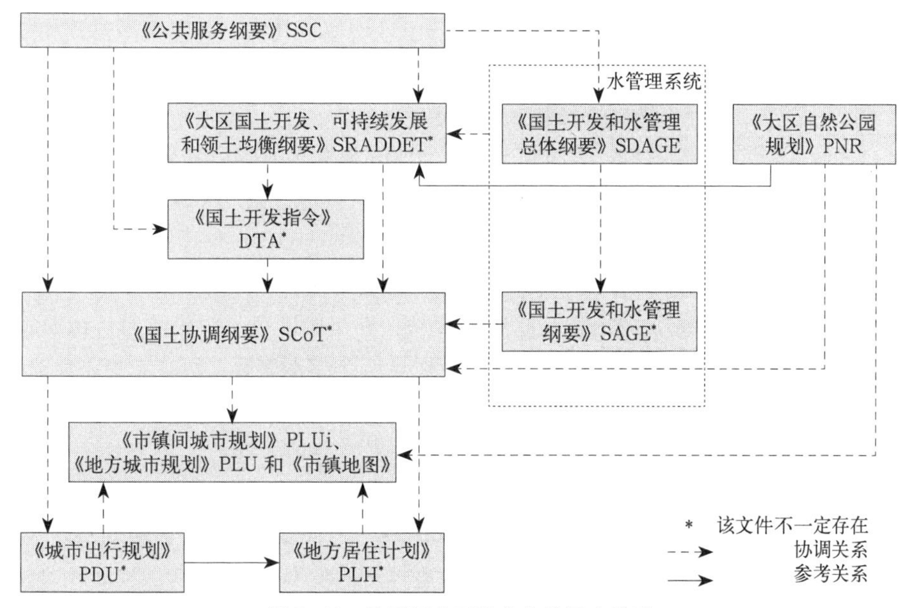


图 8–11 法国国土开发文件的层次关系

（1）《国土开发指令》DTA

1995 年 4 月 2 日颁布的《Pasqua 法》，提出编制《国土开发指令》（Directive Territoriale d'Aménagement，简称 DTA），目的在于协调和统一国家不同的国土开发政策，通过城市规划工具的方式来约束和控制地方集体的行为活动，保护国家整体利益。2010 年 7 月 12 日颁布的《团结和城市更新法》中，将原来的《国土开发指令》改为《国土开发和可持续发展指令》（Directive Territoriale d'Aménagement de Développement Durables，简称 DTADD），更加强调该文件在可持续发展方面的作用。

就空间范围来说，DTA 并不是一个针对全部领土的空间开发和布局规划，而是以大区、跨省或特殊地区为编制单元，尤其针对某些特殊的"战略地区"，比如重要基础设施或公共服务设施布局有困难的地区（如地形因素限制），环境敏感度高、生态环境脆弱地区以及山区和滨海地区等，通常为跨省域。

DTA 的设立主要为了确立国家在国土开发方面的优先权并对重点发展问题提出构想（如城市功能的均衡和多样性、社会混合、环境保护、出行管理和机动车交通）。此外它能在较大的空间（相比地方规划文件所涉及的空间尺度）和时间尺度（20 年）下，整合国家政策，提出相关地区的未来发展的总体目标和原则。由于它的宏观引导及空间规划作用，我们可以将其理解成为介于国土开发政策和城市规划文件之间的"规划工具"。

DTA 的编制属于国家（中央政府）的职权范围内，作为 DTA 的编制主体和组织者，中央可与地方集体和相关的市镇组织组成编制小组，相互沟通协调，最后规划提交国家议会审议批准。由于 DTA 是由中央在大区或跨省域地区编制的国土开发指导方针，因此它体现了在地方分权改革之后，中央重新寻求在国土开发方面主导地位的意图。

DTA 文件的编制内容并没有一个固定模式和强制性要求，但通常需要包含以下三方面的内容：首先，通过规划手段确定国家发展的基本方向、平衡产业结构和地区发展并提升土地价值。其次，确定大型市政和交通设施、自然保护地区和风景名胜的定位目标和原则。最后，对个别地区（如山区、滨水地区等）提出特殊要求和规定。

目前，法国已在 7 个地区编制了 DTA，主要位于环境和可持续发展矛盾较为突出的洛林矿区、卢瓦尔河谷地区以及阿尔卑斯山地区等。

（2）《公共服务纲要》SSC

2002 年，编制《公共服务纲要》（Schéma de Services Collectifs，简称 SSC）的提议被批准并实施，它是由国家（中央政府）组织编制的专项规划文件，其规划年限为 20 年，以全国为编制单元。SSC 本身不具有直接的法律意义，而是在国家尺度上对全国性国土开发政策的表达，作为其他"下位"规划的参考性文件。

SSC 主要关注以下四个方面的内容：落实和深化《欧盟发展计划》（Schéma de Développement de l'Europe Communautaire，简称 SDEC）中确定的重要建设项目；促进知识型和服务型经济的发展；加强环境保护和风险管理（城市防灾）；满足人口老龄化及新时代新兴的生活需求。

SSC 共包括 8 个专项规划，具体为：文化、体育、医疗卫生、信息与通信、客货运交通、能源和自然与乡村地带。每一个专项规划由分管的中央部门组织编制，并与地方集体展开积极的合作，在大区行政长官和中央部门在地方的下派部门的支持下，获得大区议会内部的人力协助和必要的基础资料。

实际上，SSC 是对《全国国土开发和可持续发展纲要》(Schéma National d'Aménagement et de Développement des Territoires，简称 SRADT) [19] 的替代，SSC 将"大而全"综合性规划拆分成各个专项规划的形式，既保证了在国家发展的重要领域中，中央能够对其实施总体控制从而维护整体利益，又避免中央对地方集体全方位调控而影响地方集体开发建设的积极性，并同时保证了中央各部门行政组织与其运作机制的相互协调。

(3) 其他专项规划

除了上文提到的两个全国性的、较为全面的国土开发规划 [20] 之外，在国家层面还有专门针对水务管理的《国土开发和水管理总体纲要》(Schéma Directeur d'Aménagement et de Gestion des Eaux，简称 SDAGE) 和《国土开发和水管理纲要》(Les Schémas d'Aménagement et de Gestion des Eaux，简称 SAGE)，以及关于自然空间规划和保护的《大区自然公园宪章》。SDAGE 是由国家水务处 (Agence de l'eau) [21] 负责编制，确定全国范围内水资源平衡和保护等方面的基本发展方向和管理方法。SAGE 是 SDAGE 的下一层次规划，由地方水务管理部门组织编制，对 SAGE 进行深化并更多的征询地方集体和使用者的意见。PNR 是在大区政府的职权之内，由专门管理机构 (Association de préfiguration de la structure de gestion) 负责编制规划，在听取地方和国家意见后，交由国会审批。这些水务规划、自然公园规划虽然不是完整的、全方位的国土开发计划，但它们对环境保护、可持续发展和环境容量控制等方面都具有重要的作用和意义，其他地方性的城市规划 (如 SCOT、PLU) 都必须与这几个专项规划中的规定相协调。

**(二) 地方层面的规划文件**

"地方层面"指的是非中央体系的行政单位，如大区议会、省议会、市议会等，地方层面的规划文件由地方集体而非中央政府及其下派机构负责，这些国土开发工具可按类型和规划范围的不同再细分为大区和省层面、跨市镇层面和市镇层面的文件。

(1) 大区层面——《大区国土开发、可持续发展和领土均衡纲要》SRADDET

《大区国土开发、可持续发展和领土均衡纲要》(Schéma Régional d'Aménagement，de Développement Durable et d'égalité des Territoires，简称 SRADDET) 于 2016 年 [22] 开始成为法国最新的大区层面的综合性规划文件，具有区域规划的性质。它融合了已有的一些专项规划 (《大区气候能源纲要》《大区交通纲要》和《大区垃圾处理纲要》) 并整合原有的《大区国土开发和可持续发展纲要》(Schéma Régional d'Aménagement et de Développement Durable des Territoires，简称 SRADDT)。根据《NOTRe 法》的规定，强制要求各新划分大区编制 SRADDET。

SRADD 以大区作为编制单元，规划期限为 5 年。大区议会作为 SRADD 的编制主体，在大区政府的支持和监督下，协同大区经济、社会和环境委员会（Conseil économique，Social et Environnemental Régional，简称 CESER）、相关地方政府、社会合作机构、当地居民及各界人士共同商议和编制 SRADD。其规划目的为，确定规划期限内大区总体发展的基本方向和原则，确定大型基础设施、公共服务设施等关系民生问题的重大设施布局。并提出未来 20 年大区可能的改革方向，并能为下一阶段的规划（如 DTA、SCoT、PLU）的编制提供建议。其规划成果内容包括：分析与展望、大区发展宪章和一系列图形文件。

相比 SRADD，SRADDET 更注重大区在中长期的发展目标和方向的制定，在编制内容上增加了更多可持续发展、环境保护和城乡统筹发展方面的内容，如应对气候变化和空气污染、保护生物多样性、乡村闭塞地区的基础设施建设等。

SRADD 和 SRADDET 的编制需要与 SSC、SDAGE 相协调，并适当考虑 PNR 中的要求。同时，其下一层次的 SCoT 和 PLU 也要与之相协调。

（2）省和跨市镇层面——《国土协调纲要》SCoT 及其他专项规划

①《国土协调纲要》SCoT

《国土协调纲要》（Schéma de Cohérence Territoriale，简称 SCoT）根据 2000 年 12 月 13 日颁布的《社会团结与城市更新法》（《SRU 法》）而设立，是一个综合性的区域性城市规划文件。SCoT 由《城市规划指导纲要》（SDAU）和《总体规划纲要》（SD）发展而来，具有区域规划的性质，着眼中长期地区内的均衡发展、城市更新、土地集约利用、社会混合和环境保护等方面的问题。SCoT 的编制内容必须与 DTA、SDAGE、SAGE、PNR 以及滨海地区、山区、环境保护等特殊规定相协调，同时其下一空间层次的规划（如 PLU、PLH、PDU）也同样需要与 SCoT 相协调。

SCoT 的组织形式与其他以既有区划为编制单元的规划（如 SRADDET、PLU）相比较为特殊，它既可以以省为编制单元也可以由多个利益相关市镇组成市镇间公共合作机构 EPCI，由 EPCI 组织规划编制。规划编制过程中，十分注重协商合作及公众参与，中央、大区、省、公众都会参与规划讨论和编制，而且规划编制结束后，其成果不是提交上级部门或同级政府审批，而是通过公共投票（包括相关市镇、机构、居民等）的形式来决定，体现了较强的公众参与和地方自治特征。

SCoT 的规划成果至少包括三部分文件：《引言》（Rapport de présentation，主要涉及地区内各方面的基础分析和发展抉择）、《国土开发和可持续发展规划》（Projet d’Aménagement et de Développement Durable，PADD，涉及各方面的发展原则、目标、布局等）和《引导与目标文件》（Document d’Orientation et d’Objectifs，DOO，是 PADD 的实施文件），每个文件内都要包括诸多图纸和分析图。

SCoT 在法国国土开发编制体系中扮演了十分重要的角色，其上层次的规划（DTA、SRADDET）或涉及的空间尺度较大，规划内容以政策性、指导性为主，难以深入细致地对空间发展和布局进行指导，更接近引导性的政策文件，或只涉及某一方面的专项规划，而非全面的综合性规划。而其下一空间层次的市镇城市规划，则较为详细和具体，通过细致的指标指导城市内部的开发建设活动。

因此，相比之下，SCoT 所涉及的空间尺度更易于把握和指导国土开发和城市协同发展，内容也更为具体，既有指导性的发展方向，也有空间上的设施布局、线路走向等实体形态。同时由于地方对 SCoT 有绝对的自主权，且 SCoT 的编制有利于地方集体在与邻近市镇合作谋取更多的自身或共同发展的机会和利益，这极大地调动了地方集体编制 SCoT 的积极性。因此可以说，SCoT 与市镇层面的 PLU 已成为法国国土开发领域最重要，并获得广泛推广的两个综合性规划文件。

②其他专项规划

在跨市镇层面，还有两个对国土开发和指导下一层面规划较为重要的规划文件：《城市出行规划》(Plan de Déplacements Urbains，简称 PDU) 和《地方居住计划》(Programme local de l'habitat，简称 PLH)。

PDU 是针对城市各种交通方式、客货运组织及站点设置的专项规划，由交通规划机构（Autorité Organisatrice de la Mobilité，简称 AOM）负责编制，其规划期限有五年的短期规划和十五年的长期规划。10 万人口以上的城市聚集区被要求强制编制 PDU，而每个 SCoT 区域内只能有一部 PDU 规划，但它们的规划范围可以不完全吻合。

PLH 是地方级别的住房计划，旨在满足本地区住房需求、提供多样化的居住形式、保证社会住宅及廉租房配置等，规划期限为 5 年。PLH 规划编制以市镇间合作机构 EPCI 为单元，并由其组织编制，相关市镇、机构、当地居民及省住房委员会可参与规划编制，提出意见，中央政府可通过省长对编制过程进行监督。

PDU 和 PLU 均要与 SCoT 相协调，而 PLH 的编制又要考虑 PDU 中的要求。这两个规划虽不是综合性规划，但交通和住房是国土开发和地方发展较为重要的领域，在城市聚居区进行较宏观的总体布局，有利于资源更好的整合和分配，因此也成为下一层次规划（PLU）的重要参照文件。

（3）市镇层面——《地方城市规划》PLU 和《市镇地图》

市镇层面的国土开发文件包括《地方城市规划》和《市镇地图》，它们直接指导城市发展、土地利用等，是市镇层面一切开发活动的管理依据。

①《地方城市规划》PLU

2000 年 12 月 13 日颁布的 SRU 法规定，《地方城市规划》(Plan Local d'urbanisme，简称 PLU）替代原有的《土地利用规划》POS 成为市镇层面指导城市战略发展、开发建设、实施管理的最重要的地方性规划文件。PLU 以单一市镇或多个市镇（如果市镇间协商组成了 EPCI）为编制单元，多个市镇共同编制的地方城市规划称为《市镇间城市规划》(PLU intercommunal，简称 PLUi）[23]，PLU 或 PLUi 由市议会或 EPCI 组织编制，其编制内容需要与 DTA、SCoT、SDAGE、SAGE、PNR、PDU、PLH 相协调。PLU 成果包括四部分：引言（介绍性报告）、国土开发和可持续发展规划及国土开发和规划定位、法规（规划指标和要求及图形文件）和附录，主要涉及用地分类、道路交通、市政基础设施、公共服务设施、景观环境、历史文化保护、划分特殊保护地带及雨洪地带等关系到城市整体发展的各个方面。

由于之前的POS在实施过程中出现很多问题，越来越不适应法国社会的发展需求，并且存在市长短视地从经济利益角度出发，为了吸引投资者而随意修改规划的情况，因此PLU在规划编制、内容、审批等方面都做出了一些调整和改革。其中最重要的是，PLU突破了POS单一的指导土地利用的功能，在宏观上增加了市镇发展方向、发展策略和实施手段等内容，此外PLU取消了容积率这样的抽象的强度控制指标，并取消了按用途划分的用地分类，而是按照土地性质（城市化地区、自然地区等）划分，为实际建设开发提供了更多的弹性和发挥余地。截至2015年，法国已有70%的市镇编制了PLU。

PLU是法国城市开发中极为重要的规划文件，它直接指导城市的开发建设，是实施管理的依据。

②《市镇地图》

《市镇地图》（Carte communale）是另一种与PLU功能较为相似的地方性城市规划，由于在法国很多市镇的规模非常小，没有编制完整PLU的能力，因此这些没有编制PLU的小城市可以通过编制市镇地图来实现城市开发控制和管理。市镇地图最初出现于1970年，是为了避免大量"欠考虑"（inconsidérément）的、"遍布全市"（construire sur tout le territoire communal）的个人住宅建设给市镇带来的影响和负担。

与PLU一样，市镇地图也是由市镇或EPCI负责编制，编制成果只有两部分：引言（介绍性报告）和图纸文件，内容主要涉及市镇建设区域划分、用地分类、已有设施改扩建、市政基础设施和公共服务设施建设、农林业发展及自然环境提升等方面。与PLU不同的是，市镇地图不能制定自己的法规，而只能按照国家已有的城市规划相关法律法规来制定自己的规划方案。因此我们可以将市镇地图看作是简化版的PLU。

## 四、规划管理体制

### （一）城市规划行政体系

基于双重行政管理体制，法国城市规划行政体系亦由国家和地方双重城市规划行政体系组成。

（1）国家体系

在法国，中央政府的城市规划行政主管部门及其在大区和各省的派出机构共同组成了中央城市规划行政体系，后两者分别向前者负责。与国土开发和城市规划直接相关的部门有：内政部（Ministère de l'Intérieur）、国土开发部（Ministère de l'Aménagement du territoire, de la Ruralité et des Collectivités territoriales）、住房部（Ministère du Logement et de l'habitat durable）、文化部（Ministère de la Culture）、环境与能源部（Ministère de l'environnement, de l'énergie et de la mer）。内政部和国土开发部负责全国或大尺度的国土开发政策和规划文件的制定，住房部负责人居和社会住宅，文化部负责历史文化遗产和工业遗产保护，环境与能源部负责防灾、海洋、能源、环境保护等。

（2）地方体系

各级地方议会（大区议会、省议会和市镇议会）是该地区国土开发和城市规划文件编制主体，独立享有规划编制权，其他行政单位无权干涉。需要指出的是市镇层面的城市规划行政主管部门的组织结构因市镇规模不同而有所变化，当市镇人口规模为2万–3万时，一般在技术服务总局下设城市规划处，负责该市镇的城市规划管理工作；当市镇人口规模大于3万时，一般在城市发展总局下设若干城市规划部门，例如规划研究处、规划整治处、土地法规处等分别负责该市镇的城市规划管理工作。此外在跨市镇层面，多个利益相关、发展目标相似的市镇可自行组成"市镇公共合作机构"（EPCI），并成立协商委员会，各市镇可将自己的规划编制权移交与该协商委员会，由其代市镇统一组织规划编制工作。

**（二）城市规划管理权限划分**

目前法国中央政府和各级地方政府之间的城市规划管理权限划分大致如下：

（1）市镇地方政府主要负责直接或间接组织编制当地的主要城市规划文件（如《地方城市规划》和《市镇地图》），在审批通过《地方城市规划》和《市镇地图》的前提下发放土地利用许可证书，并参与行政辖区内的修建性城市规划和土地开发活动等。

（2）省级地方政府主要负责编制辖区内的农业用地整治规划和向公众开放的自然空间的规划，省级道路，渔业码头及城际交通和道路的规划和建设。

（3）大区地方政府主要负责编制和实施区域性的国土整治规划，环境保护与整治（如大区自然公园规划PNR），涉及大区利益的机场和港口建设，市际客运铁路规划和建设。

（4）中央政府主要负责制定与城市规划相关的法律法规和方针政策，对地方城市规划行政管理实施监督检查，通过向地方派驻技术服务机构参与编制和实施城市规划。对尚未编制城市规划文件的市镇发放土地利用许可证书。划分保护地带和自然敏感地区，制定防火规划，规划国家级高速公路和铁路网，国家级机场、港口、航运等方面建设。

在实施地方分权政策以后，法国城市规划管理权限主要集中在中央和市镇手中，大区和省级地方政府所掌握的城市规划管理权限非常有限。尽管法国的权力下放进程至今已有20年的时间，但实质上中央政府只是把部分城市规划管理权限，特别是原先由国家派驻各省的管理机构所掌握的城市规划管理权限下放到市镇，而且有权规定如何行使下放以后的城市规划管理权限。因此从总体上看，法国城市规划管理权限的集权程度仍然较高，这样可以确保中央政府能够继续发挥宏观调控能力，协调不同地区的土地开发和城市发展最大限度地维护国家的整体利益。

## 五、规划许可制度

法国现行的规划许可制度由开发许可、建设许可和拆除许可三部分组成。对已编制《地方城市规划》《土地利用规划》[24]和《市镇地图》的市镇，由市长执行审批许可，在没有编制这些规划文件的市镇，则由中央政府直接行使审批权。当这三种许可形式均不适用时，则通过另一种"预先工程申报"的形式来替代许可程序。

**（一）开发许可**

开发许可是针对大型建设工程、配套设施及国土开发活动，主要包括以下开发类型：一是大地块整体开发，即整个街区为同一土地所有者所有，并在地块内部建设城市道路、公共空间或公共设施。二是旅游或娱乐项目开发，涉及容纳 20 人或 6 个帐篷、旅游挂车、移动式房屋以上的露营场地建设，体育训练或器械运动场地建设，超过 2 公顷的娱乐体育用地建设及超过 25 公顷的高尔夫球场建设。三是配套设施开发，如 50 个车位以上的停车场（可容纳小轿车、卡车或移动板房）建设；扩大地上高度或地下深度超过两米，面积大于等于两公顷，且不在建设许可范围内的情况。四是，保护或敏感地区的特殊开发（城市规划法典中规定的特殊规章）。开发许可由市政府城市规划主管部门负责审批，审批后公示两个月（不间断）。批准后的开发许可有效期为两年。

**（二）建设许可**

建设许可是一种针对单体建筑建设的强制性行政审批程序。其主要目的是审核和检验开发行为是否符合城市规划法典以及地方城市规划文件中的要求。它由市政府的城市规划主管部门审核，同时征询和服从地方或省级相关部门或委托单位的意见，如消防部门针对建筑防灾方面提出意见，建筑师协会对古建或名胜保护提出意见，最终，市长根据预审结果给出准许或拒绝的批复。对批准的建设许可证，按要求由市政府进行公示。建设许可证的有效期为三年，逾期作废，必须重新申请。目前，开发许可适用于以下情况的新建、扩建、改建等活动：建筑基底面积在 40 平方米以上的建设项目；调整支撑结构或建筑立面；调整建筑体量或建筑外墙开洞（扩大外墙开放面）。

**（三）拆除许可**

拆除许可主要用于规范全部或部分拆除建筑物的行为，其设立出于两方面的考虑：一是从历史和环境角度，保护建筑遗产、历史街区及历史遗迹，二是从社会的角度，保护建筑和街区内的旧有居民及居住形态和结构。其审批过程如下：由申请者提出拆除申请，然后将该申请录入、登记并公示，之后交由相关部门根据国家和地方规定（收录于城市规划法典中）进行预审，最后市长根据预审意见做出最后的批复。

**（四）预先工程申报**

对于建设许可和开发许可所不涵盖的工程项目，则要申请预先工程申报，它是主要针对小型开发和工程的简化的许可形式，它既是对建设和开发许可的补充，又是对较小项目的审批过程的简化和效率的提升，以缩短整个工程周期。

## 六、城乡规划中的公众参与

在法国当前的城市规划编制与管理中，“公众参与”是通过“公众咨询”和“民意调查”这两个具体的操作程序来实现的。前者是在规划方案编制过程中，从一开始就定期与公众沟通交流，征求他们的意见，从而使确定的规划方案更针对现状情况，更符合居民的需求后者则安排在规划的审批过程中，在规划方案提交给终审职能机关前，公众对是否接受这一规划方案提出意见，“民意调查”最后形成的决议有可能否决已经编制好的城市规划方案。

"民意调查"在法律上是有严格规定的。首先,"民意调查"的时间不得少于1个月也不得超过2个月,必要时可以延长15天。在程序开始前,必须预先在媒体上发布信息,以告知公众这一调查的开始时间和内容。其次,这一程序的整个执行过程,由专门的"民意调查专员"或"调查委员会"负责监督。"民意调查专员"和"民意调查委员会"由行政法院主席直接任命,他们通过组织会议等方式,帮助公众了解项目内容,负责接收他们发表的意见,并在"民意调查"结束后对这些意见进行归纳总结,向地方行政长官提交《民意调查报告》。当然,除非涉及对私有财产的征用,该报告若持反对意见也并不能组织相关的行政决定,但是,行政法院却可以要求公共职能机构取消决定。

"公众咨询"可以有三种组织形式:

(1)信息发布。主管城市规划的公共机构在新规划方案的编制过程中,必须采取必要措施,保证公众的"知情权",应当主动借助合适的宣传方式(大众媒体、因特网等),帮助公众了解项目进展。

(2)意见征询

在规划方案编制过程中,城市规划的主管机构通过开放的讨论会或封闭的工作会议等方式,就一些问题向公众或其代表征求意见。但在这种"公众咨询"方式中,公共机构有组织意见征询的责任,但没有采纳建议的义务,他们完全保留着最后决策的独立性。

(3)共同决策

在这种方式中,公众通常是以"协会"这一集体形式参与讨论。公共机构不提出一个供讨论的既定方案,而是在与公众或其代表的协商过程中共同拟订方案。虽然公共机构仍然保留最后的决定权,但在决策过程中,需要充分考虑公众提出的要求和建议,并通过谈判方式谋求一个折衷的解决办法,最终形成双方都能接受的方案。

从根本上说,"公众咨询"是一个将政策制定过程由封闭转化为开放的程序。在组织上,"公众咨询"由城市规划主管机构(通常为市议会)直接负责,并不像"民意调查"程序中由第三方的"民意调查专员"或"民意调查委员会"独立负责。虽然"公众咨询"并不影响到公共职能机构的规划决策权,但在规划方案编制过程中的这一公共参与程序,为充分了解现状情况和居民需求、检验所选择的对策方案的合理性、帮助"民意调查"程序的顺利实施都具有积极的作用。

## 七、乡村开发建设及其规划管理

由于法国不存在城市和乡村的行政建制之分,因此针对开发建设行为实施怎样的管理制度完全取决于开发建设行为自身的特点。村镇建设具有与城市建设基本相似的属性,因此被认为是城市化现象,且被纳入以《城市规划法典》为法律依据的城市规划管理范畴;而乡村地区特有的农业建设,特别是与农业生产直接相关的土地利用行为,则被纳入以《农村与海洋渔业法典》为法律依据的农业空间管理范畴。

在法国,乡村建设管理和城市建设管理一样,属于地方政府的行政管理范畴，乡村建设也与城市建设一样，遵循同样的城市规划管理规定，其管理机制由两部分组成：一是城市规划编制，二是规划许可制度。在地方政府无力实施城市规划管理的情况下，中央政府将代为行使规划管理职能。

## 注　释

[1] 本章前五节主要内容参照耿毓修黄均德主编，《城市规划行政与法制》，上海科学技术文献出版社，2002 年，第 353–428 页。

[2] The Scotland Bill：Devolution and Scotland's Parliament，1997：21.

[3] 本节内容源自田颖《2000 年以来英国城乡规划法变迁及启示》2015 年同济大学硕士学位论文，导师：耿慧志。

[4] 英格兰中央的每个部门的最高长官都被称为国务大臣，但由于管理规划的部门在是有些变化的，因此，本书中的国务大臣均是管理规划事务那个部的最高行政长官。2006 年后至今为社区与地方政府部的最高行政长官。

[5] 吴志强，城市规划核心法的国际比较研究 [J]，国外城市规划，2000（01）：1–6。

[6] "Principle Act" 翻译为核心法。

[7] 指《住宅与城镇规划诸法》（1919 年）和《城乡规划法》（1925 年）。

[8] 孙施文，英国城市规划近年来的发展动态，《国外城市规划》，2005（06）：11–15。

[9] 引自：Barry Cullingworth.Vicent Nadin，Town and Country Planning in the UK [M]，陈闽齐、周剑云等，译．南京：东南大学出版社，2011：160.

[10] 本部分内容源自于立，控制型规划和指导型规划及未来规划体系的发展趋势——以荷兰与英国为例，《国外城市规划》，2011（05）：56–65.

[11] 本节内容主要内容参照徐旭，美国区划的制度设计，2009，清华大学硕士论文。

[12] 本部分主要内容参照张智新，美国地方政府的结构及其政治哲学基础．理论与改革，2005（01）：第 26–28 页；张光，美国地方政府的设置．政治学研究，2004（01）：第 92–102 页。

[13] 本节内容主要来源于法国城市规划法典、法国行政部门官方网站和法国 CERTU 研究中心出版的《La planification territoriale en France》，并参考刘健、卓健等学者的多篇文章。

[14] 在法国，如果若干市镇围绕某个城市极核形成一片连续的区域，其中 40% 的居民在城市极核工作，那么这片区域就被称为"城市化地区"。如果城市化地区的居住人口超过 20 万，则被称为"城市化密集区"这两个概念只适用于城市规划领域，并不具有行政区划的含义。

[15] 所谓修建性规划是指以满足开发和修建需要为目的的城市规划行为：新区开发、旧区改建等即属此类。

[16] 所谓规范性城市规划是指以满足规划管理需求为目的的城市规划行为，制定技术规范、编制规划文件等即属此类。

[17] 其中，"指导性城市规划"编制周期较短，主要确定城市化密集区开发整治的总体框架以及其中的基本要素；"详细城市规划"主要针对特定的城市分区或街区，是对前者的补充。

[18] https://www.legifrance.gouv.fr/affichCode.do?cidTexte=LEGITEXT00000607407 5&dateTexte=20080409

[19] 由于《全国国土开发和可持续发展纲要》(SNADT) 反映了中央重新加强对地方集体的控制力，而这明显不符合地方集体的利益，因此该规划编制的提议在 1995 年颁布的《国土开发指导法》(Loi d'orientation sur l'aménagement et le développement du territoire，简称 LOADT) 中未被通过。

[20] SSC 作为多个专项规划的总和，也可视作一个全面性的国土开发规划。

[21] 水务处是法国国家公共机构，主要负责水域管理和《国土开发和水管理总体宪章》(SDAGE) 和《国土开发和水管理宪章》(SAGE)(由地方水管理部门编制，是 SDAGE 在地方层面的深化)。

[22] SRADDET 的实施伴随着新的大区区划改革的生效 (2016 年 1 月 1 日开始)。

[23] 2011 年，中央政府提出编制 PLUi，2014 年 3 月 24 日颁布的 ALUR 法(Loi pour l'accés au logement et un urbanisme rénové) 再次提出鼓励市镇间编制 PLUi，以转变之前市镇独立发展、各自为政的局面。为了鼓励 PLUi 的编制，国家还成立了 PLUi 俱乐部 (Club PLUi)。虽然 PLUi 涉及多个市镇，但由于其来源于 PLU，除规划范围不同外，两者的编制方法、内容等均类似，因此将 PLUi 划作市镇层面的规划文件。

[24] 根据 2000 年 12 月 13 日颁布的《社会团结与城市更新法》，将《地方城市规划》替代原有的《土地利用规划》(但并未废除，两个文件同时存在，在随后颁布的法律中规定最晚到 2019 年年末，《土地利用规划》将不复存在)。

## 复习思考题

1. 城市规划编制体系分为哪几个层面？
2. 城市规划行政管理内容有哪些？
3. 城市规划实施的程序是怎样的？
4. 行政复议体制分为哪几种类型？
5. 行政复议后的救济措施有哪些？
6. 英国的城乡规划法规体系是怎样的？
7. 英国的城乡规划编制体系是怎样的？
8. 美国的城乡规划法规和管理体系是怎样的？
9. 法国的城乡规划法规和管理体系是怎样的？

## 深度思考题

1. 城乡规划编制与实施的衔接应注意哪些方面？
2. 如何理解行政复议后的救济措施的必要性？
3. 比较英、美、法三国规划法规体系、编制体系间的异同并分析其原因？

# 附录1　国务院关于深入推进新型城镇化建设的若干意见

（国发〔2016〕8号，2016年2月2日）

新型城镇化是现代化的必由之路，是最大的内需潜力所在，是经济发展的重要动力，也是一项重要的民生工程。《国家新型城镇化规划（2014—2020年）》发布实施以来，各地区、各部门抓紧行动、改革探索，新型城镇化各项工作取得了积极进展，但仍然存在农业转移人口市民化进展缓慢、城镇化质量不高、对扩大内需的主动力作用没有得到充分发挥等问题。

为总结推广各地区行之有效的经验，深入推进新型城镇化建设，现提出如下意见。

## 一、总体要求

全面贯彻党的十八大和十八届二中、三中、四中、五中全会以及中央经济工作会议、中央城镇化工作会议、中央城市工作会议、中央扶贫开发工作会议、中央农村工作会议精神，按照“五位一体”总体布局和“四个全面”战略布局，牢固树立创新、协调、绿色、开放、共享的发展理念，坚持走以人为本、四化同步、优化布局、生态文明、文化传承的中国特色新型城镇化道路，以人的城镇化为核心，以提高质量为关键，以体制机制改革为动力，紧紧围绕新型城镇化目标任务，加快推进户籍制度改革，提升城市综合承载能力，制定完善土地、财政、投融资等配套政策，充分释放新型城镇化蕴藏的巨大内需潜力，为经济持续健康发展提供持久强劲动力。

坚持点面结合、统筹推进。统筹规划、总体布局，促进大中小城市和小城镇协调发展，着力解决好“三个1亿人”城镇化问题，全面提高城镇化质量。充分发挥国家新型城镇化综合试点作用，及时总结提炼可复制经验，带动全国新型城镇化体制机制创新。

坚持纵横联动、协同推进。加强部门间政策制定和实施的协调配合，推动户籍、土地、财政、住房等相关政策和改革举措形成合力。加强部门与地方政策联动，推动地方加快出台一批配套政策，确保改革举措和政策落地生根。

坚持补齐短板、重点突破。加快实施“一融双新”工程，以促进农民工融入城镇为核心，以加快新生中小城市培育发展和新型城市建设为重点，瞄准短板，加快突破，优化政策组合，弥补供需缺口，促进新型城镇化健康有序发展。

## 二、积极推进农业转移人口市民化

（一）加快落实户籍制度改革政策。围绕加快提高户籍人口城镇化率，深化户籍制度改革，促进有能力在城镇稳定就业和生活的农业转移人口举家进城落户，并与城镇居民享有同等权利、履行同等义务。鼓励各地区进一步放宽落户条件，除极少数超大城市外，允许农业转移人口在就业地落户，优先解决农村学生升学和参军进入城镇的人口、在城镇就业居住5年以上和举家迁徙的农业转移人口以及新生代农民工落户问题，全面放开对高校毕业生、技术工人、职业院校毕业生、留学归国人员的落户限制，加快制定公开透明的落户标准和切实可行的落户目标。除超大城市和特大城市外，其他城市不得采取要求购买房屋、投资纳税、积分制等方式设置落户限制。加快调整完善超大城市和特大城市落户政策，根据城市综合承载能力和功能定位，区分主城区、郊区、新区等区域，分类制定落户政策；以具有合法稳定就业和合法稳定住所（含租赁）、参加城镇社会保险年限、连续居住年限等为主要指标，建立完善积分落户制度，重点解决符合条件的普通劳动者的落户问题。加快制定实施推动1亿非户籍人口在城市落户方案，强化地方政府主体责任，确保如期完成。

（二）全面实行居住证制度。推进居住证制度覆盖全部未落户城镇常住人口，保障居住证持有人在居住地享有义务教育、基本公共就业服务、基本公共卫生服务和计划生育服务、公共文化体育服务、法律援助和法律服务以及国家规定的其他基本公共服务；同时，在居住地享有按照国家有关规定办理出入境证件、换领补领居民身份证、机动车登记、申领机动车驾驶证、报名参加职业资格考试和申请授予职业资格以及其他便利。鼓励地方各级人民政府根据本地承载能力不断扩大对居住证持有人的公共服务范围并提高服务标准，缩小与户籍人口基本公共服务的差距。推动居住证持有人享有与当地户籍人口同等的住房保障权利，将符合条件的农业转移人口纳入当地住房保障范围。各城市要根据《居住证暂行条例》，加快制定实施具体管理办法，防止居住证与基本公共服务脱钩。

（三）推进城镇基本公共服务常住人口全覆盖。保障农民工随迁子女以流入地公办学校为主接受义务教育，以公办幼儿园和普惠性民办幼儿园为主接受学前教育。实施义务教育“两免一补”和生均公用经费基准定额资金随学生流动可携带政策，统筹人口流入地与流出地教师编制。组织实施农民工职业技能提升计划，每年培训2000万人次以上。允许在农村参加的养老保险和医疗保险规范接入城镇社保体系，加快建立基本医疗保险异地就医医疗费用结算制度。

（四）加快建立农业转移人口市民化激励机制。切实维护进城落户农民在农村的合法权益。实施财政转移支付同农业转移人口市民化挂钩政策，实施城镇建设用地增加规模与吸纳农业转移人口落户数量挂钩政策，中央预算内投资安排向吸纳农业转移人口落户数量较多的城镇倾斜。各省级人民政府要出台相应配套政策，加快推进农业转移人口市民化进程。

## 三、全面提升城市功能

（五）加快城镇棚户区、城中村和危房改造。围绕实现约1亿人居住的城镇棚户区、城中村和危房改造目标，实施棚户区改造行动计划和城镇旧房改造工程，推动棚户区改造与名城保护、城市更新相结合，加快推进城市棚户区和城中村改造，有序推进旧住宅小区综合整治、危旧住房和非成套住房（包括无上下水、北方地区无供热设施等的住房）改造，将棚户区改造政策支持范围扩大到全国重点镇。加强棚户区改造工程质量监督，严格实施质量责任终身追究制度。

（六）加快城市综合交通网络建设。优化街区路网结构，建设快速路、主次干路和支路级配合理的路网系统，提升城市道路网络密度，优先发展公共交通。大城市要统筹公共汽车、轻轨、地铁等协同发展，推进城市轨道交通系统和自行车等慢行交通系统建设，在有条件的地区规划建设市郊铁路，提高道路的通达性。畅通进出城市通道，加快换乘枢纽、停车场等设施建设，推进充电站、充电桩等新能源汽车充电设施建设，将其纳入城市旧城改造和新城建设规划同步实施。

（七）实施城市地下管网改造工程。统筹城市地上地下设施规划建设，加强城市地下基础设施建设和改造，合理布局电力、通信、广电、给排水、热力、燃气等地下管网，加快实施既有路面城市电网、通信网络架空线入地工程。推动城市新区、各类园区、成片开发区的新建道路同步建设地下综合管廊，老城区要结合地铁建设、河道治理、道路整治、旧城更新、棚户区改造等逐步推进地下综合管廊建设，鼓励社会资本投资运营地下综合管廊。加快城市易涝点改造，推进雨污分流管网改造与排水和防洪排涝设施建设。加强供水管网改造，降低供水管网漏损率。

（八）推进海绵城市建设。在城市新区、各类园区、成片开发区全面推进海绵城市建设。在老城区结合棚户区、危房改造和老旧小区有机更新，妥善解决城市防洪安全、雨水收集利用、黑臭水体治理等问题。加强海绵型建筑与小区、海绵型道路与广场、海绵型公园与绿地、绿色蓄排与净化利用设施等建设。加强自然水系保护与生态修复，切实保护良好水体和饮用水源。

（九）推动新型城市建设。坚持适用、经济、绿色、美观方针，提升规划水平，增强城市规划的科学性和权威性，促进“多规合一”，全面开展城市设计，加快建设绿色城市、智慧城市、人文城市等新型城市，全面提升城市内在品质。实施“宽带中国”战略和“互联网＋”城市计划，加速光纤入户，促进宽带网络提速降费，发展智能交通、智能电网、智能水务、智能管网、智能园区。推动分布式太阳能、风能、生物质能、地热能多元化规模化应用和工业余热供暖，推进既有建筑供热计量和节能改造，对大型公共建筑和政府投资的各类建筑全面执行绿色建筑标准和认证，积极推广应用绿色新型建材、装配式建筑和钢结构建筑。加强垃圾处理设施建设，基本建立建筑垃圾、餐厨废弃物、园林废弃物等回收和再生利用体系，建设循环型城市。划定永久基本农田、生态保护红线和城市开发边界，实施城市生态廊道建设和生态系统修复工程。制定实施城市空气质量达标时间表，努力提高优良天数比例，大幅减少重污染天数。落实最严格水资源管理制度，推广节水新技术和新工艺，积极推进中水回用，全面建设节水型城市。促进国家级新区健康发展，推动符合条件的开发区向城市功能区转型，引导工业集聚区规范发展。

（十）提升城市公共服务水平。根据城镇常住人口增长趋势，加大财政对接收农民工随迁子女较多的城镇中小学校、幼儿园建设的投入力度，吸引企业和社会力量投资建学办学，增加中小学校和幼儿园学位供给。统筹新老城区公共服务资源均衡配置。加强医疗卫生机构、文化设施、体育健身场所设施、公园绿地等公共服务设施以及社区服务综合信息平台规划建设。优化社区生活设施布局，打造包括物流配送、便民超市、银行网点、零售药店、家庭服务中心等在内的便捷生活服务圈。建设以居家为基础、社区为依托、机构为补充的多层次养老服务体系，推动生活照料、康复护理、精神慰藉、紧急援助等服务全覆盖。加快推进住宅、公共建筑等的适老化改造。加强城镇公用设施使用安全管理，健全城市抗震、防洪、排涝、消防、应对地质灾害应急指挥体系，完善城市生命通道系统，加强城市防灾避难场所建设，增强抵御自然灾害、处置突发事件和危机管理能力。

## 四、加快培育中小城市和特色小城镇

（十一）提升县城和重点镇基础设施水平。加强县城和重点镇公共供水、道路交通、燃气供热、信息网络、分布式能源等市政设施和教育、医疗、文化等公共服务设施建设。推进城镇生活污水垃圾处理设施全覆盖和稳定运行，提高县城垃圾资源化、无害化处理能力，加快重点镇垃圾收集和转运设施建设，利用水泥窑协同处理生活垃圾及污泥。推进北方县城和重点镇集中供热全覆盖。加大对中西部地区发展潜力大、吸纳人口多的县城和重点镇的支持力度。

（十二）加快拓展特大镇功能。开展特大镇功能设置试点，以下放事权、扩大财权、改革人事权及强化用地指标保障等为重点，赋予镇区人口 10 万以上的特大镇部分县级管理权限，允许其按照相同人口规模城市市政设施标准进行建设发展。同步推进特大镇行政管理体制改革和设市模式创新改革试点，减少行政管理层级、推行大部门制，降低行政成本、提高行政效率。

（十三）加快特色镇发展。因地制宜、突出特色、创新机制，充分发挥市场主体作用，推动小城镇发展与疏解大城市中心城区功能相结合、与特色产业发展相结合、与服务“三农”相结合。发展具有特色优势的休闲旅游、商贸物流、信息产业、先进制造、民俗文化传承、科技教育等魅力小镇，带动农业现代化和农民就近城镇化。提升边境口岸城镇功能，在人员往来、加工物流、旅游等方面实行差别化政策，提高投资贸易便利化水平和人流物流便利化程度。

（十四）培育发展一批中小城市。完善设市标准和市辖区设置标准，规范审核审批程序，加快启动相关工作，将具备条件的县和特大镇有序设置为市。适当放宽中西部地区中小城市设置标准，加强产业和公共资源布局引导，适度增加中西部地区中小城市数量。

（十五）加快城市群建设。编制实施一批城市群发展规划，优化提升京津冀、长三角、珠三角三大城市群，推动形成东北地区、中原地区、长江中游、成渝地区、关中平原等城市群。推进城市群基础设施一体化建设，构建核心城市 1 小时通勤圈，完善城市群之间快速高效互联互通交通网络，建设以高速铁路、城际铁路、高速公路为骨干的城市群内部交通网络，统筹规划建设高速联通、服务便捷的信息网络，统筹推进重大能源基础设施和能源市场一体化建设，共同建设安全可靠的水利和供水系统。做好城镇发展规划与安全生产规划的统筹衔接。

## 五、辐射带动新农村建设

（十六）推动基础设施和公共服务向农村延伸。推动水电路等基础设施城乡联网。推进城乡配电网建设改造，加快信息进村入户，尽快实现行政村通硬化路、通班车、通邮、通快递，推动有条件地区燃气向农村覆盖。开展农村人居环境整治行动，加强农村垃圾和污水收集处理设施以及防洪排涝设施建设，强化河湖水系整治，加大对传统村落民居和历史文化名村名镇的保护力度，建设美丽宜居乡村。加快农村教育、医疗卫生、文化等事业发展，推进城乡基本公共服务均等化。深化农村社区建设试点。

（十七）带动农村一二三产业融合发展。以县级行政区为基础，以建制镇为支点，搭建多层次、宽领域、广覆盖的农村一二三产业融合发展服务平台，完善利益联结机制，促进农业产业链延伸，推进农业与旅游、教育、文化、健康养老等产业深度融合，大力发展农业新型业态。强化农民合作社和家庭农场基础作用，支持龙头企业引领示范，鼓励社会资本投入，培育多元化农业产业融合主体。推动返乡创业集聚发展。

（十八）带动农村电子商务发展。加快农村宽带网络和快递网络建设，加快农村电子商务发展和“快递下乡”。支持适应乡村特点的电子商务服务平台、商品集散平台和物流中心建设，鼓励电子商务第三方交易平台渠道下沉，带动农村特色产业发展，推进农产品进城、农业生产资料下乡。完善有利于中小网商发展的政策措施，在风险可控、商业可持续的前提下支持发展面向中小网商的融资贷款业务。

（十九）推进易地扶贫搬迁与新型城镇化结合。坚持尊重群众意愿，注重因地制宜，搞好科学规划，在县城、小城镇或工业园区附近建设移民集中安置区，推进转移就业贫困人口在城镇落户。坚持加大中央财政支持和多渠道筹集资金相结合，坚持搬迁和发展两手抓，妥善解决搬迁群众的居住、看病、上学等问题，统筹谋划安置区产业发展与群众就业创业，确保搬迁群众生活有改善、发展有前景。

## 六、完善土地利用机制

（二十）规范推进城乡建设用地增减挂钩。总结完善并推广有关经验模式，全面实行城镇建设用地增加与农村建设用地减少相挂钩的政策。高标准、高质量推进村庄整治，在规范管理、规范操作、规范运行的基础上，扩大城乡建设用地增减挂钩规模和范围。运用现代信息技术手段加强土地利用变更情况监测监管。

（二十一）建立城镇低效用地再开发激励机制。允许存量土地使用权人在不违反法律法规、符合相关规划的前提下，按照有关规定经批准后对土地进行再开发。完善城镇存量土地再开发过程中的供应方式，鼓励原土地使用权人自行改造，涉及原划拨土地使用权转让需补办出让手续的，经依法批准，可采取规定方式办理并按市场价缴纳土地出让价款。在国家、改造者、土地权利人之间合理分配“三旧”（旧城镇、旧厂房、旧村庄）改造的土地收益。

（二十二）因地制宜推进低丘缓坡地开发。在坚持最严格的耕地保护制度、确保生态安全、切实做好地质灾害防治的前提下，在资源环境承载力适宜地区开展低丘缓坡地开发试点。通过创新规划计划方式、开展整体整治、土地分批供应等政策措施，合理确定低丘缓坡地开发用途、规模、布局和项目用地准入门槛。

（二十三）完善土地经营权和宅基地使用权流转机制。加快推进农村土地确权登记颁证工作，鼓励地方建立健全农村产权流转市场体系，探索农户对土地承包权、宅基地使用权、集体收益分配权的自愿有偿退出机制，支持引导其依法自愿有偿转让上述权益，提高资源利用效率，防止闲置和浪费。深入推进农村土地征收、集体经营性建设用地入市、宅基地制度改革试点，稳步开展农村承包土地的经营权和农民住房财产权抵押贷款试点。

## 七、创新投融资机制

（二十四）深化政府和社会资本合作。进一步放宽准入条件，健全价格调整机制和政府补贴、监管机制，广泛吸引社会资本参与城市基础设施和市政公用设施建设和运营。根据经营性、准经营性和非经营性项目不同特点，采取更具针对性的政府和社会资本合作模式，加快城市基础设施和公共服务设施建设。

（二十五）加大政府投入力度。优化政府投资结构，安排专项资金重点支持农业转移人口市民化相关配套设施建设。编制公开透明的政府资产负债表，允许有条件的地区通过发行地方政府债券等多种方式拓宽城市建设融资渠道。省级政府举债使用方向要向新型城镇化倾斜。

（二十六）强化金融支持。专项建设基金要扩大支持新型城镇化建设的覆盖面，安排专门资金定向支持城市基础设施和公共服务设施建设、特色小城镇功能提升等。鼓励开发银行、农业发展银行创新信贷模式和产品，针对新型城镇化项目设计差别化融资模式与偿债机制。鼓励商业银行开发面向新型城镇化的金融服务和产品。鼓励公共基金、保险资金等参与具有稳定收益的城市基础设施项目建设和运营。鼓励地方利用财政资金和社会资金设立城镇化发展基金，鼓励地方整合政府投资平台设立城镇化投资平台。支持城市政府推行基础设施和租赁房资产证券化，提高城市基础设施项目直接融资比重。

## 八、完善城镇住房制度

（二十七）建立购租并举的城镇住房制度。以满足新市民的住房需求为主要出发点，建立购房与租房并举、市场配置与政府保障相结合的住房制度，健全以市场为主满足多层次需求、以政府为主提供基本保障的住房供应体系。对具备购房能力的常住人口，支持其购买商品住房。对不具备购房能力或没有购房意愿的常住人口，支持其通过住房租赁市场租房居住。对符合条件的低收入住房困难家庭，通过提供公共租赁住房或发放租赁补贴保障其基本住房需求。

（二十八）完善城镇住房保障体系。住房保障采取实物与租赁补贴相结合并逐步转向租赁补贴为主。加快推广租赁补贴制度，采取市场提供房源、政府发放补贴的方式，支持符合条件的农业转移人口通过住房租赁市场租房居住。归并实物住房保障种类。完善住房保障申请、审核、公示、轮候、复核制度，严格保障性住房分配和使用管理，健全退出机制，确保住房保障体系公平、公正和健康运行。

（二十九）加快发展专业化住房租赁市场。通过实施土地、规划、金融、税收等相关支持政策，培育专业化市场主体，引导企业投资购房用于租赁经营，支持房地产企业调整资产配置持有住房用于租赁经营，引导住房租赁企业和房地产开发企业经营新建租赁住房。支持专业企业、物业服务企业等通过租赁或购买社会闲置住房开展租赁经营，落实鼓励居民出租住房的税收优惠政策，激活存量住房租赁市场。鼓励商业银行开发适合住房租赁业务发展需要的信贷产品，在风险可控、商业可持续的原则下，对购买商品住房开展租赁业务的企业提供购房信贷支持。

（三十）健全房地产市场调控机制。调整完善差别化住房信贷政策，发展个人住房贷款保险业务，提高对农民工等中低收入群体的住房金融服务水平。完善住房用地供应制度，优化住房供应结构。加强商品房预售管理，推行商品房买卖合同在线签订和备案制度，完善商品房交易资金监管机制。进一步提高城镇棚户区改造以及其他房屋征收项目货币化安置比例。鼓励引导农民在中小城市就近购房。

## 九、加快推进新型城镇化综合试点

（三十一）深化试点内容。在建立农业转移人口市民化成本分担机制、建立多元化可持续城镇化投融资机制、改革完善农村宅基地制度、建立创新行政管理和降低行政成本的设市设区模式等方面加大探索力度，实现重点突破。鼓励试点地区有序建立进城落户农民农村土地承包权、宅基地使用权、集体收益分配权依法自愿有偿退出机制。有可能突破现行法规和政策的改革探索，在履行必要程序后，赋予试点地区相应权限。

（三十二）扩大试点范围。按照向中西部和东北地区倾斜、向中小城市和小城镇倾斜的原则，组织开展第二批国家新型城镇化综合试点。有关部门在组织开展城镇化相关领域的试点时，要向国家新型城镇化综合试点地区倾斜，以形成改革合力。

（三十三）加大支持力度。地方各级人民政府要营造宽松包容环境，支持试点地区发挥首创精神，推动顶层设计与基层探索良性互动、有机结合。国务院有关部门和省级人民政府要强化对试点地区的指导和支持，推动相关改革举措在试点地区先行先试，及时总结推广试点经验。各试点地区要制定实施年度推进计划，明确年度任务，建立健全试点绩效考核评价机制。

## 十、健全新型城镇化工作推进机制

（三十四）强化政策协调。国家发展改革委要依托推进新型城镇化工作部际联席会议制度，加强政策统筹协调，推动相关政策尽快出台实施，强化对地方新型城镇化工作的指导。各地区要进一步完善城镇化工作机制，各级发展改革部门要统筹推进本地区新型城镇化工作，其他部门要积极主动配合，共同推动新型城镇化取得更大成效。

（三十五）加强监督检查。有关部门要对各地区新型城镇化建设进展情况进行跟踪监测和监督检查，对相关配套政策实施效果进行跟踪分析和总结评估，确保政策举措落地生根。

（三十六）强化宣传引导。各地区、各部门要广泛宣传推进新型城镇化的新理念、新政策、新举措，及时报道典型经验和做法，强化示范效应，凝聚社会共识，为推进新型城镇化营造良好的社会环境和舆论氛围。

# 附录2 中共中央 国务院关于进一步加强城市规划建设管理工作的若干意见

（2016年2月6日）

城市是经济社会发展和人民生产生活的重要载体，是现代文明的标志。新中国成立特别是改革开放以来，我国城市规划建设管理工作成就显著，城市规划法律法规和实施机制基本形成，基础设施明显改善，公共服务和管理水平持续提升，在促进经济社会发展、优化城乡布局、完善城市功能、增进民生福祉等方面发挥了重要作用。同时务必清醒地看到，城市规划建设管理中还存在一些突出问题：城市规划前瞻性、严肃性、强制性和公开性不够，城市建筑贪大、媚洋、求怪等乱象丛生，特色缺失，文化传承堪忧；城市建设盲目追求规模扩张，节约集约程度不高；依法治理城市力度不够，违法建设、大拆大建问题突出，公共产品和服务供给不足，环境污染、交通拥堵等"城市病"蔓延加重。

积极适应和引领经济发展新常态，把城市规划好、建设好、管理好，对促进以人为核心的新型城镇化发展，建设美丽中国，实现"两个一百年"奋斗目标和中华民族伟大复兴的中国梦具有重要现实意义和深远历史意义。为进一步加强和改进城市规划建设管理工作，解决制约城市科学发展的突出矛盾和深层次问题，开创城市现代化建设新局面，现提出以下意见。

## 一、总体要求

（一）指导思想。全面贯彻党的十八大和十八届三中、四中、五中全会及中央城镇化工作会议、中央城市工作会议精神，深入贯彻习近平总书记系列重要讲话精神，按照"五位一体"总体布局和"四个全面"战略布局，牢固树立和贯彻落实创新、协调、绿色、开放、共享的发展理念，认识、尊重、顺应城市发展规律，更好发挥法治的引领和规范作用，依法规划、建设和管理城市，贯彻"适用、经济、绿色、美观"的建筑方针，着力转变城市发展方式，着力塑造城市特色风貌，着力提升城市环境质量，着力创新城市管理服务，走出一条中国特色城市发展道路。

（二）总体目标。实现城市有序建设、适度开发、高效运行，努力打造和谐宜居、富有活力、各具特色的现代化城市，让人民生活更美好。

（三）基本原则。坚持依法治理与文明共建相结合，坚持规划先行与建管并重相结合，坚持改革创新与传承保护相结合，坚持统筹布局与分类指导相结合，坚持完善功能与宜居宜业相结合，坚持集约高效与安全便利相结合。

## 二、强化城市规划工作

（四）依法制定城市规划。城市规划在城市发展中起着战略引领和刚性控制的重要作用。依法加强规划编制和审批管理，严格执行城乡规划法规定的原则和程序，认真落实城市总体规划由本级政府编制、社会公众参与、同级人大常委会审议、上级政府审批的有关规定。创新规划理念，改进规划方法，把以人为本、尊重自然、传承历史、绿色低碳等理念融入城市规划全过程，增强规划的前瞻性、严肃性和连续性，实现一张蓝图干到底。坚持协调发展理念，从区域、城乡整体协调的高度确定城市定位、谋划城市发展。加强空间开发管制，划定城市开发边界，根据资源禀赋和环境承载能力，引导调控城市规模，优化城市空间布局和形态功能，确定城市建设约束性指标。按照严控增量、盘活存量、优化结构的思路，逐步调整城市用地结构，把保护基本农田放在优先地位，保证生态用地，合理安排建设用地，推动城市集约发展。改革完善城市规划管理体制，加强城市总体规划和土地利用总体规划的衔接，推进两图合一。在有条件的城市探索城市规划管理和国土资源管理部门合一。

（五）严格依法执行规划。经依法批准的城市规划，是城市建设和管理的依据，必须严格执行。进一步强化规划的强制性，凡是违反规划的行为都要严肃追究责任。城市政府应当定期向同级人大常委会报告城市规划实施情况。城市总体规划的修改，必须经原审批机关同意，并报同级人大常委会审议通过，从制度上防止随意修改规划等现象。控制性详细规划是规划实施的基础，未编制控制性详细规划的区域，不得进行建设。控制性详细规划的编制、实施以及对违规建设的处理结果，都要向社会公开。全面推行城市规划委员会制度。健全国家城乡规划督察员制度，实现规划督察全覆盖。完善社会参与机制，充分发挥专家和公众的力量，加强规划实施的社会监督。建立利用卫星遥感监测等多种手段共同监督规划实施的工作机制。严控各类开发区和城市新区设立，凡不符合城镇体系规划、城市总体规划和土地利用总体规划进行建设的，一律按违法处理。用5年左右时间，全面清查并处理建成区违法建设，坚决遏制新增违法建设。

## 三、塑造城市特色风貌

（六）提高城市设计水平。城市设计是落实城市规划、指导建筑设计、塑造城市特色风貌的有效手段。鼓励开展城市设计工作，通过城市设计，从整体平面和立体空间上统筹城市建筑布局，协调城市景观风貌，体现城市地域特征、民族特色和时代风貌。单体建筑设计方案必须在形体、色彩、体量、高度等方面符合城市设计要求。抓紧制定城市设计管理法规，完善相关技术导则。支持高等学校开设城市设计相关专业，建立和培育城市设计队伍。

（七）加强建筑设计管理。按照“适用、经济、绿色、美观”的建筑方针，突出建筑使用功能以及节能、节水、节地、节材和环保，防止片面追求建筑外观形象。强化公共建筑和超限高层建筑设计管理，建立大型公共建筑工程后评估制度。坚持开放发展理念，完善建筑设计招投标决策机制，规范决策行为，提高决策透明度和科学性。进一步培育和规范建筑设计市场，依法严格实施市场准入和清出。为建筑设计院和建筑师事务所发展创造更加良好的条件，鼓励国内外建筑设计企业充分竞争，使优秀作品脱颖而出。培养既有国际视野又有民族自信的建筑师队伍，进一步明确建筑师的权利和责任，提高建筑师的地位。倡导开展建筑评论，促进建筑设计理念的交融和升华。

（八）保护历史文化风貌。有序实施城市修补和有机更新，解决老城区环境品质下降、空间秩序混乱、历史文化遗产损毁等问题，促进建筑物、街道立面、天际线、色彩和环境更加协调、优美。通过维护加固老建筑、改造利用旧厂房、完善基础设施等措施，恢复老城区功能和活力。加强文化遗产保护传承和合理利用，保护古遗址、古建筑、近现代历史建筑，更好地延续历史文脉，展现城市风貌。用5年左右时间，完成所有城市历史文化街区划定和历史建筑确定工作。

## 四、提升城市建筑水平

（九）落实工程质量责任。完善工程质量安全管理制度，落实建设单位、勘察单位、设计单位、施工单位和工程监理单位等五方主体质量安全责任。强化政府对工程建设全过程的质量监管，特别是强化对工程监理的监管，充分发挥质监站的作用。加强职业道德规范和技能培训，提高从业人员素质。深化建设项目组织实施方式改革，推广工程总承包制，加强建筑市场监管，严厉查处转包和违法分包等行为，推进建筑市场诚信体系建设。实行施工企业银行保函和工程质量责任保险制度。建立大型工程技术风险控制机制，鼓励大型公共建筑、地铁等按市场化原则向保险公司投保重大工程保险。

（十）加强建筑安全监管。实施工程全生命周期风险管理，重点抓好房屋建筑、城市桥梁、建筑幕墙、斜坡（高切坡）、隧道（地铁）、地下管线等工程运行使用的安全监管，做好质量安全鉴定和抗震加固管理，建立安全预警及应急控制机制。加强对既有建筑改扩建、装饰装修、工程加固的质量安全监管。全面排查城市老旧建筑安全隐患，采取有力措施限期整改，严防发生垮塌等重大事故，保障人民群众生命财产安全。

（十一）发展新型建造方式。大力推广装配式建筑，减少建筑垃圾和扬尘污染，缩短建造工期，提升工程质量。制定装配式建筑设计、施工和验收规范。完善部品部件标准，实现建筑部品部件工厂化生产。鼓励建筑企业装配式施工，现场装配。建设国家级装配式建筑生产基地。加大政策支持力度，力争用10年左右时间，使装配式建筑占新建建筑的比例达到30%。积极稳妥推广钢结构建筑。在具备条件的地方，倡导发展现代木结构建筑。

## 五、推进节能城市建设

（十二）推广建筑节能技术。提高建筑节能标准，推广绿色建筑和建材。支持和鼓励各地结合自然气候特点，推广应用地源热泵、水源热泵、太阳能发电等新能源技术，发展被动式房屋等绿色节能建筑。完善绿色节能建筑和建材评价体系，制定分布式能源建筑应用标准。分类制定建筑全生命周期能源消耗标准定额。

（十三）实施城市节能工程。在试点示范的基础上，加大工作力度，全面推进区域热电联产、政府机构节能、绿色照明等节能工程。明确供热采暖系统安全、节能、环保、卫生等技术要求，健全服务质量标准和评估监督办法。进一步加强对城市集中供热系统的技术改造和运行管理，提高热能利用效率。大力推行采暖地区住宅供热分户计量，新建住宅必须全部实现供热分户计量，既有住宅要逐步实施供热分户计量改造。

## 六、完善城市公共服务

（十四）大力推进棚改安居。深化城镇住房制度改革，以政府为主保障困难群体基本住房需求，以市场为主满足居民多层次住房需求。大力推进城镇棚户区改造，稳步实施城中村改造，有序推进老旧住宅小区综合整治、危房和非成套住房改造，加快配套基础设施建设，切实解决群众住房困难。打好棚户区改造三年攻坚战，到 2020 年，基本完成现有的城镇棚户区、城中村和危房改造。完善土地、财政和金融政策，落实税收政策。创新棚户区改造体制机制，推动政府购买棚改服务，推广政府与社会资本合作模式，构建多元化棚改实施主体，发挥开发性金融支持作用。积极推行棚户区改造货币化安置。因地制宜确定住房保障标准，健全准入退出机制。

（十五）建设地下综合管廊。认真总结推广试点城市经验，逐步推开城市地下综合管廊建设，统筹各类管线敷设，综合利用地下空间资源，提高城市综合承载能力。城市新区、各类园区、成片开发区域新建道路必须同步建设地下综合管廊，老城区要结合地铁建设、河道治理、道路整治、旧城更新、棚户区改造等，逐步推进地下综合管廊建设。加快制定地下综合管廊建设标准和技术导则。凡建有地下综合管廊的区域，各类管线必须全部入廊，管廊以外区域不得新建管线。管廊实行有偿使用，建立合理的收费机制。鼓励社会资本投资和运营地下综合管廊。各城市要综合考虑城市发展远景，按照先规划、后建设的原则，编制地下综合管廊建设专项规划，在年度建设计划中优先安排，并预留和控制地下空间。完善管理制度，确保管廊正常运行。

（十六）优化街区路网结构。加强街区的规划和建设，分梯级明确新建街区面积，推动发展开放便捷、尺度适宜、配套完善、邻里和谐的生活街区。新建住宅要推广街区制，原则上不再建设封闭住宅小区。已建成的住宅小区和单位大院要逐步打开，实现内部道路公共化，解决交通路网布局问题，促进土地节约利用。树立“窄马路、密路网”的城市道路布局理念，建设快速路、主次干路和支路级配合理的道路网系统。打通各类“断头路”，形成完整路网，提高道路通达性。科学、规范设置道路交通安全设施和交通管理设施，提高道路安全性。到 2020 年，城市建成区平均路网密度提高到 8 公里/平方公里，道路面积率达到 15%。积极采用单行道路方式组织交通。加强自行车道和步行道系统建设，倡导绿色出行。合理配置停车设施，鼓励社会参与，放宽市场准入，逐步缓解停车难问题。

（十七）优先发展公共交通。以提高公共交通分担率为突破口，缓解城市交通压力。统筹公共汽车、轻轨、地铁等多种类型公共交通协调发展，到 2020 年，超大、特大城市公共交通分担率达到 40% 以上，大城市达到 30% 以上，中小城市达到 20% 以上。加强城市综合交通枢纽建设，促进不同运输方式和城市内外交通之间的顺畅衔接、便捷换乘。扩大公共交通专用道的覆盖范围。实现中心城区公交站点 500 米内全覆盖。引入市场竞争机制，改革公交公司管理体制，鼓励社会资本参与公共交通设施建设和运营，增强公共交通运力。

（十八）健全公共服务设施。坚持共享发展理念，使人民群众在共建共享中有更多获得感。合理确定公共服务设施建设标准，加强社区服务场所建设，形成以社区级设施为基础，市、区级设施衔接配套的公共服务设施网络体系。配套建设中小学、幼儿园、超市、菜市场，以及社区养老、医疗卫生、文化服务等设施，大力推进无障碍设施建设，打造方便快捷生活圈。继续推动公共图书馆、美术馆、文化馆（站）、博物馆、科技馆免费向全社会开放。推动社区内公共设施向居民开放。合理规划建设广场、公园、步行道等公共活动空间，方便居民文体活动，促进居民交流。强化绿地服务居民日常活动的功能，使市民在居家附近能够见到绿地、亲近绿地。城市公园原则上要免费向居民开放。限期清理腾退违规占用的公共空间。顺应新型城镇化的要求，稳步推进城镇基本公共服务常住人口全覆盖，稳定就业和生活的农业转移人口在住房、教育、文化、医疗卫生、计划生育和证照办理服务等方面，与城镇居民有同等权利和义务。

（十九）切实保障城市安全。加强市政基础设施建设，实施地下管网改造工程。提高城市排涝系统建设标准，加快实施改造。提高城市综合防灾和安全设施建设配置标准，加大建设投入力度，加强设施运行管理。建立城市备用饮用水水源地，确保饮水安全。健全城市抗震、防洪、排涝、消防、交通、应对地质灾害应急指挥体系，完善城市生命通道系统，加强城市防灾避难场所建设，增强抵御自然灾害、处置突发事件和危机管理能力。加强城市安全监管，建立专业化、职业化的应急救援队伍，提升社会治安综合治理水平，形成全天候、系统性、现代化的城市安全保障体系。

## 七、营造城市宜居环境

（二十）推进海绵城市建设。充分利用自然山体、河湖湿地、耕地、林地、草地等生态空间，建设海绵城市，提升水源涵养能力，缓解雨洪内涝压力，促进水资源循环利用。鼓励单位、社区和居民家庭安装雨水收集装置。大幅度减少城市硬覆盖地面，推广透水建材铺装，大力建设雨水花园、储水池塘、湿地公园、下沉式绿地等雨水滞留设施，让雨水自然积存、自然渗透、自然净化，不断提高城市雨水就地蓄积、渗透比例。

（二十一）恢复城市自然生态。制定并实施生态修复工作方案，有计划有步骤地修复被破坏的山体、河流、湿地、植被，积极推进采矿废弃地修复和再利用，治理污染土地，恢复城市自然生态。优化城市绿地布局，构建绿道系统，实现城市内外绿地连接贯通，将生态要素引入市区。建设森林城市。推行生态绿化方式，保护古树名木资源，广植当地树种，减少人工干预，让乔灌草合理搭配、自然生长。鼓励发展屋顶绿化、立体绿化。进一步提高城市人均公园绿地面积和城市建成区绿地率，改变城市建设中过分追求高强度开发、高密度建设、大面积硬化的状况，让城市更自然、更生态、更有特色。

（二十二）推进污水大气治理。强化城市污水治理，加快城市污水处理设施建设与改造，全面加强配套管网建设，提高城市污水收集处理能力。整治城市黑臭水体，强化城中村、老旧城区和城乡结合部污水截流、收集，抓紧治理城区污水横流、河湖水系污染严重的现象。到2020年，地级以上城市建成区力争实现污水全收集、全处理，缺水城市再生水利用率达到20%以上。以中水洁厕为突破口，不断提高污水利用率。新建住房和单体建筑面积超过一定规模的新建公共建筑应当安装中水设施，老旧住房也应当逐步实施中水利用改造。培育以经营中水业务为主的水务公司，合理形成中水回用价格，鼓励按市场化方式经营中水。城市工业生产、道路清扫、车辆冲洗、绿化浇灌、生态景观等生产和生态用水要优先使用中水。全面推进大气污染防治工作。加大城市工业源、面源、移动源污染综合治理力度，着力减少多污染物排放。加快调整城市能源结构，增加清洁能源供应。深化京津冀、长三角、珠三角等区域大气污染联防联控，健全重污染天气监测预警体系。提高环境监管能力，加大执法力度，严厉打击各类环境违法行为。倡导文明、节约、绿色的消费方式和生活习惯，动员全社会参与改善环境质量。

（二十三）加强垃圾综合治理。树立垃圾是重要资源和矿产的观念，建立政府、社区、企业和居民协调机制，通过分类投放收集、综合循环利用，促进垃圾减量化、资源化、无害化。到2020年，力争将垃圾回收利用率提高到35%以上。强化城市保洁工作，加强垃圾处理设施建设，统筹城乡垃圾处理处置，大力解决垃圾围城问题。推进垃圾收运处理企业化、市场化，促进垃圾清运体系与再生资源回收体系对接。通过限制过度包装，减少一次性制品使用，推行净菜入城等措施，从源头上减少垃圾产生。利用新技术、新设备，推广厨余垃圾家庭粉碎处理。完善激励机制和政策，力争用5年左右时间，基本建立餐厨废弃物和建筑垃圾回收和再生利用体系。

## 八、创新城市治理方式

（二十四）推进依法治理城市。适应城市规划建设管理新形势和新要求，加强重点领域法律法规的立改废释，形成覆盖城市规划建设管理全过程的法律法规制度。严格执行城市规划建设管理行政决策法定程序，坚决遏制领导干部随意干预城市规划设计和工程建设的现象。研究推动城乡规划法与刑法衔接，严厉惩处规划建设管理违法行为，强化法律责任追究，提高违法违规成本。

（二十五）改革城市管理体制。明确中央和省级政府城市管理主管部门，确定管理范围、权力清单和责任主体，理顺各部门职责分工。推进市县两级政府规划建设管理机构改革，推行跨部门综合执法。在设区的市推行市或区一级执法，推动执法重心下移和执法事项属地化管理。加强城市管理执法机构和队伍建设，提高管理、执法和服务水平。

（二十六）完善城市治理机制。落实市、区、街道、社区的管理服务责任，健全城市基层治理机制。进一步强化街道、社区党组织的领导核心作用，以社区服务型党组织建设带动社区居民自治组织、社区社会组织建设。增强社区服务功能，实现政府治理和社会调节、居民自治良性互动。加强信息公开，推进城市治理阳光运行，开展世界城市日、世界住房日等主题宣传活动。

（二十七）推进城市智慧管理。加强城市管理和服务体系智能化建设，促进大数据、物联网、云计算等现代信息技术与城市管理服务融合，提升城市治理和服务水平。加强市政设施运行管理、交通管理、环境管理、应急管理等城市管理数字化平台建设和功能整合，建设综合性城市管理数据库。推进城市宽带信息基础设施建设，强化网络安全保障。积极发展民生服务智慧应用。到2020年，建成一批特色鲜明的智慧城市。通过智慧城市建设和其他一系列城市规划建设管理措施，不断提高城市运行效率。

（二十八）提高市民文明素质。以加强和改进城市规划建设管理来满足人民群众日益增长的物质文化需要，以提升市民文明素质推动城市治理水平的不断提高。大力开展社会主义核心价值观学习教育实践，促进市民形成良好的道德素养和社会风尚，提高企业、社会组织和市民参与城市治理的意识和能力。从青少年抓起，完善学校、家庭、社会三结合的教育网络，将良好校风、优良家风和社会新风有机融合。建立完善市民行为规范，增强市民法治意识。

## 九、切实加强组织领导

（二十九）加强组织协调。中央和国家机关有关部门要加大对城市规划建设管理工作的指导、协调和支持力度，建立城市工作协调机制，定期研究相关工作。定期召开中央城市工作会议，研究解决城市发展中的重大问题。中央组织部、住房城乡建设部要定期组织新任市委书记、市长培训，不断提高城市主要领导规划建设管理的能力和水平。

（三十）落实工作责任。省级党委和政府要围绕中央提出的总目标，确定本地区城市发展的目标和任务，集中力量突破重点难点问题。城市党委和政府要制定具体目标和工作方案，明确实施步骤和保障措施，加强对城市规划建设管理工作的领导，落实工作经费。实施城市规划建设管理工作监督考核制度，确定考核指标体系，定期通报考核结果，并作为城市党政领导班子和领导干部综合考核评价的重要参考。

各地区各部门要认真贯彻落实本意见精神，明确责任分工和时间要求，确保各项政策措施落到实处。各地区各部门贯彻落实情况要及时向党中央、国务院报告。中央将就贯彻落实情况适时组织开展监督检查。

# 附录3　中共中央 国务院关于建立国土空间规划体系并监督实施的若干意见

（2019 年 5 月 23 日）

国土空间规划是国家空间发展的指南、可持续发展的空间蓝图，是各类开发保护建设活动的基本依据。建立国土空间规划体系并监督实施，将主体功能区规划、土地利用规划、城乡规划等空间规划融合为统一的国土空间规划，实现“多规合一”，强化国土空间规划对各专项规划的指导约束作用，是党中央、国务院作出的重大部署。为建立国土空间规划体系并监督实施，现提出如下意见。

## 一、重大意义

各级各类空间规划在支撑城镇化快速发展、促进国土空间合理利用和有效保护方面发挥了积极作用，但也存在规划类型过多、内容重叠冲突，审批流程复杂、周期过长，地方规划朝令夕改等问题。建立全国统一、责权清晰、科学高效的国土空间规划体系，整体谋划新时代国土空间开发保护格局，综合考虑人口分布、经济布局、国土利用、生态环境保护等因素，科学布局生产空间、生活空间、生态空间，是加快形成绿色生产方式和生活方式、推进生态文明建设、建设美丽中国的关键举措，是坚持以人民为中心、实现高质量发展和高品质生活、建设美好家园的重要手段，是保障国家战略有效实施、促进国家治理体系和治理能力现代化、实现“两个一百年”奋斗目标和中华民族伟大复兴中国梦的必然要求。

## 二、总体要求

（一）指导思想。以习近平新时代中国特色社会主义思想为指导，全面贯彻党的十九大和十九届二中、三中全会精神，紧紧围绕统筹推进“五位一体”总体布局和协调推进“四个全面”战略布局，坚持新发展理念，坚持以人民为中心，坚持一切从实际出发，按照高质量发展要求，做好国土空间规划顶层设计，发挥国土空间规划在国家规划体系中的基础性作用，为国家发展规划落地实施提供空间保障。健全国土空间开发保护制度，体现战略性、提高科学性、强化权威性、加强协调性、注重操作性，实现国土空间开发保护更高质量、更有效率、更加公平、更可持续。

（二）主要目标。到 2020 年，基本建立国土空间规划体系，逐步建立“多规合一”的规划编制审批体系、实施监督体系、法规政策体系和技术标准体系；基本完成市县以上各级国土空间总体规划编制，初步形成全国国土空间开发保护“一张图”。到 2025 年，健全国土空间规划法规政策和技术标准体系；全面实施国土空间监测预警和绩效考核机制；形成以国土空间规划为基础，以统一用途管制为手段的国土空间开发保护制度。到 2035 年，全面提升国土空间治理体系和治理能力现代化水平，基本形成生产空间集约高效、生活空间宜居适度、生态空间山清水秀，安全和谐、富有竞争力和可持续发展的国土空间格局。

## 三、总体框架

（三）分级分类建立国土空间规划。国土空间规划是对一定区域国土空间开发保护在空间和时间上作出的安排，包括总体规划、详细规划和相关专项规划。国家、省、市县编制国土空间总体规划，各地结合实际编制乡镇国土空间规划。相关专项规划是指在特定区域（流域）、特定领域，为体现特定功能，对空间开发保护利用作出的专门安排，是涉及空间利用的专项规划。国土空间总体规划是详细规划的依据、相关专项规划的基础；相关专项规划要相互协同，并与详细规划做好衔接。

（四）明确各级国土空间总体规划编制重点。全国国土空间规划是对全国国土空间作出的全局安排，是全国国土空间保护、开发、利用、修复的政策和总纲，侧重战略性，由自然资源部会同相关部门组织编制，由党中央、国务院审定后印发。省级国土空间规划是对全国国土空间规划的落实，指导市县国土空间规划编制，侧重协调性，由省级政府组织编制，经同级人大常委会审议后报国务院审批。市县和乡镇国土空间规划是本级政府对上级国土空间规划要求的细化落实，是对本行政区域开发保护作出的具体安排，侧重实施性。需报国务院审批的城市国土空间总体规划，由市政府组织编制，经同级人大常委会审议后，由省级政府报国务院审批；其他市县及乡镇国土空间规划由省级政府根据当地实际，明确规划编制审批内容和程序要求。各地可因地制宜，将市县与乡镇国土空间规划合并编制，也可以几个乡镇为单元编制乡镇级国土空间规划。

（五）强化对专项规划的指导约束作用。海岸带、自然保护地等专项规划及跨行政区域或流域的国土空间规划，由所在区域或上一级自然资源主管部门牵头组织编制，报同级政府审批；涉及空间利用的某一领域专项规划，如交通、能源、水利、农业、信息、市政等基础设施，公共服务设施，军事设施，以及生态环境保护、文物保护、林业草原等专项规划，由相关主管部门组织编制。相关专项规划可在国家、省和市县层级编制，不同层级、不同地区的专项规划可结合实际选择编制的类型和精度。

（六）在市县及以下编制详细规划。详细规划是对具体地块用途和开发建设强度等作出的实施性安排，是开展国土空间开发保护活动、实施国土空间用途管制、核发城乡建设项目规划许可、进行各项建设等的法定依据。在城镇开发边界内的详细规划，由市县自然资源主管部门组织编制，报同级政府审批；在城镇开发边界外的乡村地区，以一个或几个行政村为单元，由乡镇政府组织编制“多规合一”的实用性村庄规划，作为详细规划，报上一级政府审批。

## 四、编制要求

（七）体现战略性。全面落实党中央、国务院重大决策部署，体现国家意志和国家发展规划的战略性，自上而下编制各级国土空间规划，对空间发展作出战略性系统性安排。落实国家安全战略、区域协调发展战略和主体功能区战略，明确空间发展目标，优化城镇化格局、农业生产格局、生态保护格局，确定空间发展策略，转变国土空间开发保护方式，提升国土空间开发保护质量和效率。

（八）提高科学性。坚持生态优先、绿色发展，尊重自然规律、经济规律、社会规律和城乡发展规律，因地制宜开展规划编制工作；坚持节约优先、保护优先、自然恢复为主的方针，在资源环境承载能力和国土空间开发适宜性评价的基础上，科学有序统筹布局生态、农业、城镇等功能空间，划定生态保护红线、永久基本农田、城镇开发边界等空间管控边界以及各类海域保护线，强化底线约束，为可持续发展预留空间。坚持山水林田湖草生命共同体理念，加强生态环境分区管治，量水而行，保护生态屏障，构建生态廊道和生态网络，推进生态系统保护和修复，依法开展环境影响评价。坚持陆海统筹、区域协调、城乡融合，优化国土空间结构和布局，统筹地上地下空间综合利用，着力完善交通、水利等基础设施和公共服务设施，延续历史文脉，加强风貌管控，突出地域特色。坚持上下结合、社会协同，完善公众参与制度，发挥不同领域专家的作用。运用城市设计、乡村营造、大数据等手段，改进规划方法，提高规划编制水平。

（九）加强协调性。强化国家发展规划的统领作用，强化国土空间规划的基础作用。国土空间总体规划要统筹和综合平衡各相关专项领域的空间需求。详细规划要依据批准的国土空间总体规划进行编制和修改。相关专项规划要遵循国土空间总体规划，不得违背总体规划强制性内容，其主要内容要纳入详细规划。

（十）注重操作性。按照谁组织编制、谁负责实施的原则，明确各级各类国土空间规划编制和管理的要点。明确规划约束性指标和刚性管控要求，同时提出指导性要求。制定实施规划的政策措施，提出下级国土空间总体规划和相关专项规划、详细规划的分解落实要求，健全规划实施传导机制，确保规划能用、管用、好用。

## 五、实施与监管

（十一）强化规划权威。规划一经批复，任何部门和个人不得随意修改、违规变更，防止出现换一届党委和政府改一次规划。下级国土空间规划要服从上级国土空间规划，相关专项规划、详细规划要服从总体规划；坚持先规划、后实施，不得违反国土空间规划进行各类开发建设活动；坚持“多规合一”，不在国土空间规划体系之外另设其他空间规划。相关专项规划的有关技术标准应与国土空间规划衔接。因国家重大战略调整、重大项目建设或行政区划调整等确需修改规划的，须先经规划审批机关同意后，方可按法定程序进行修改。对国土空间规划编制和实施过程中的违规违纪违法行为，要严肃追究责任。

（十二）改进规划审批。按照谁审批、谁监管的原则，分级建立国土空间规划审查备案制度。精简规划审批内容，管什么就批什么，大幅缩减审批时间。减少需报国务院审批的城市数量，直辖市、计划单列市、省会城市及国务院指定城市的国土空间总体规划由国务院审批。相关专项规划在编制和审查过程中应加强与有关国土空间规划的衔接及“一张图”的核对，批复后纳入同级国土空间基础信息平台，叠加到国土空间规划“一张图”上。

（十三）健全用途管制制度。以国土空间规划为依据，对所有国土空间分区分类实施用途管制。在城镇开发边界内的建设，实行“详细规划＋规划许可”的管制方式；在城镇开发边界外的建设，按照主导用途分区，实行“详细规划＋规划许可”和“约束指标＋分区准入”的管制方式。对以国家公园为主体的自然保护地、重要海域和海岛、重要水源地、文物等实行特殊保护制度。因地制宜制定用途管制制度，为地方管理和创新活动留有空间。

（十四）监督规划实施。依托国土空间基础信息平台，建立健全国土空间规划动态监测评估预警和实施监管机制。上级自然资源主管部门要会同有关部门组织对下级国土空间规划中各类管控边界、约束性指标等管控要求的落实情况进行监督检查，将国土空间规划执行情况纳入自然资源执法督察内容。健全资源环境承载能力监测预警长效机制，建立国土空间规划定期评估制度，结合国民经济社会发展实际和规划定期评估结果，对国土空间规划进行动态调整完善。

（十五）推进“放管服”改革。以“多规合一”为基础，统筹规划、建设、管理三大环节，推动“多审合一”、“多证合一”。优化现行建设项目用地（海）预审、规划选址以及建设用地规划许可、建设工程规划许可等审批流程，提高审批效能和监管服务水平。

## 六、法规政策与技术保障

（十六）完善法规政策体系。研究制定国土空间开发保护法，加快国土空间规划相关法律法规建设。梳理与国土空间规划相关的现行法律法规和部门规章，对“多规合一”改革涉及突破现行法律法规规定的内容和条款，按程序报批，取得授权后施行，并做好过渡时期的法律法规衔接。完善适应主体功能区要求的配套政策，保障国土空间规划有效实施。

（十七）完善技术标准体系。按照“多规合一”要求，由自然资源部会同相关部门负责构建统一的国土空间规划技术标准体系，修订完善国土资源现状调查和国土空间规划用地分类标准，制定各级各类国土空间规划编制办法和技术规程。

（十八）完善国土空间基础信息平台。以自然资源调查监测数据为基础，采用国家统一的测绘基准和测绘系统，整合各类空间关联数据，建立全国统一的国土空间基础信息平台。以国土空间基础信息平台为底板，结合各级各类国土空间规划编制，同步完成县级以上国土空间基础信息平台建设，实现主体功能区战略和各类空间管控要素精准落地，逐步形成全国国土空间规划“一张图”，推进政府部门之间的数据共享以及政府与社会之间的信息交互。

## 七、工作要求

（十九）加强组织领导。各地区各部门要落实国家发展规划提出的国土空间开发保护要求，发挥国土空间规划体系在国土空间开发保护中的战略引领和刚性管控作用，统领各类空间利用，把每一寸土地都规划得清清楚楚。坚持底线思维，立足资源禀赋和环境承载能力，加快构建生态功能保障基线、环境质量安全底线、自然资源利用上线。严格执行规划，以钉钉子精神抓好贯彻落实，久久为功，做到一张蓝图干到底。地方各级党委和政府要充分认识建立国土空间规划体系的重大意义，主要负责人亲自抓，落实政府组织编制和实施国土空间规划的主体责任，明确责任分工，落实工作经费，加强队伍建设，加强监督考核，做好宣传教育。

（二十）落实工作责任。各地区各部门要加大对本行业本领域涉及空间布局相关规划的指导、协调和管理，制定有利于国土空间规划编制实施的政策，明确时间表和路线图，形成合力。组织、人事、审计等部门要研究将国土空间规划执行情况纳入领导干部自然资源资产离任审计，作为党政领导干部综合考核评价的重要参考。纪检监察机关要加强监督。发展改革、财政、金融、税务、自然资源、生态环境、住房城乡建设、农业农村等部门要研究制定完善主体功能区的配套政策。自然资源主管部门要会同相关部门加快推进国土空间规划立法工作。组织部门在对地方党委和政府主要负责人的教育培训中要注重提高其规划意识。教育部门要研究加强国土空间规划相关学科建设。自然资源部要强化统筹协调工作，切实负起责任，会同有关部门按照国土空间规划体系总体框架，不断完善制度设计，抓紧建立规划编制审批体系、实施监督体系、法规政策体系和技术标准体系，加强专业队伍建设和行业管理。自然资源部要定期对本意见贯彻落实情况进行监督检查，重大事项及时向党中央、国务院报告。

# 附录4　建设项目选址意见书

建设项目选址意见书

编号：字第　　号

根据《中华人民共和国城市规划法》第三十条和《建设项目选址规划管理办法》的规定，特制定本建设项目选址意见书，作为审批建设项目设计任务书（可行性研究报告）的法定附件。

| | | |
|---|---|---|
| 建设项目基本情况 | 建设项目名称 | |
| | 建设单位名称 | |
| | 建设项目依据 | |
| | 建设规模 | |
| | 建设单位拟选位置 | |
| 城市规划行政主管部门选址意见 | | |
| 附件附图名称 | | |

说明事项：

一、建设项目基本情况一栏依据建设单位提供的有关材料填写。

二、本书是城市规划行政主管部门审核建设选址的法定凭证。

三、设计任务书（可行性研究报告）报请批准时，必须附有城市规划行政主管部门核发的选址意见书。

四、未经发证机关许可，本书的各项内容不得变更。

五、本书所需的附件和附图，由发证机关确定，与本书具有同等法律效力。

# 附录5 建设用地规划许可证

中华人民共和国

建设用地规划许可证

编号

根据《中华人民共和国城乡规划法》第三十一条规定，经审定，本用地项目符合城市规划要求，准予办理征地划拨土地手续。

特发此证

发证机关

日期

| 用地单位 | |
| --- | --- |
| 用地项目名称 | |
| 用地位置 | |
| 用地面积 | |
| 附图及附件名称 | |

遵守事项：

一、本证是城市规划区内，经城市规划行政主管部门审定，许可用地的法律凭证。

二、凡未取得本证，而取得建设用地批准文件、占用土地的，批准文件无效。

三、未经发证机关审核同意，本证的有关规定不得变更。

四、本证所需附图与附件由发证机关依法确定，与本证具有同等法律效力。

# 附录6　建设工程规划许可证

中华人民共和国

建设工程规划许可证

编号

根据《中华人民共和国城乡规划法》第三十一条规定，经审定，本建设工程符合城市规划要求准予建设。

特发此证

发证机关

日期

| 建设单位 | |
|---|---|
| 建设项目名称 | |
| 建设位置 | |
| 建设规模 | |
| 附图及附件名称 | |

遵守事项：

一、本证是城市规划区内，经城市规划行政主管部门审定，许可建设的法律凭证。

二、凡未取得本证或不按本证规定进行建设，均属违法建设。

三、未经发证机关许可，本证的各项规定均不得变更。

四、建设工程施工期间，根据城市规划行政主管部门的要求，建设单位有义务随时将本证提交查验。

五、本证所需附图与附件由发证机关依法确定，与本证具有同等法律效力。

# 附录7 建设项目规划审批申报表

××市建设项目规划审批申报表

建设单位： 单位地址： 区（县）

联系人： 电话： 邮编： 单位公章

申报项目名称： 申报建设规模：

申报项目地址： 区（县）

设计单位：

联系人： 电话： 单位公章

申报内容： 规划意见书 （ ） 设计方案（ ）
初步设计审查（ ） 建设用地规划许可证（ ）
建设工程规划许可证（ ）

注意事项：

1. 本表由建设单位填写并加盖公章。
2. 建设单位一栏要填写单位全称或法定简称。
3. 申报建设用地规划许可证和建筑工程的规划意见书可不填写设计单位栏。
4. 请在申报内容一栏的（ ）中划✓表明申报内容。每张申报表每次只能申报一项内容。
5. 申报前请仔细阅读本表背面的《申报要求》，按要求备齐文件、图纸装订成册后方可向城市规划行政主管部门申报。
6. 城市规划行政主管部门受理申报后发出立案表，请妥善保存，并凭立案表原件在规定的期限内领取审批文件。
7. 本申报表可按 A4 规格复印或从网站下载。

# 附录8　建设项目竣工规划验收申请表（存档）

**××市建设项目竣工规划验收申请表（存档）**

收件编号字[　　]号

收件日期　　年　月　日

<table>
<tr><td rowspan="4">建设单位：<br>盖章</td><td>验收项目</td><td>批准文件要求</td><td>竣工执行情况</td></tr>
<tr><td></td><td></td><td></td></tr>
<tr><td>地块面积</td><td></td><td></td></tr>
<tr><td>使用性质</td><td></td><td></td></tr>
<tr><td>项目名称：</td><td>容积率</td><td></td><td></td></tr>
<tr><td>工程地址：</td><td>建筑密度</td><td></td><td></td></tr>
<tr><td>承办人：</td><td>停车泊位</td><td></td><td></td></tr>
<tr><td>电话：</td><td>绿地比例</td><td></td><td></td></tr>
<tr><td>住址：</td><td>须配设施</td><td></td><td></td></tr>
<tr><td></td><td>批准文件指标</td><td></td><td></td></tr>
</table>

<table>
<tr><td rowspan="2">工程项目<br>名　称</td><td colspan="4">批准文件指标</td><td colspan="4">竣工执行情况</td></tr>
<tr><td>底层面积（$m^2$）</td><td>层数</td><td>底层面积（$m^2$）</td><td>高度（m）</td><td>底层面积（$m^2$）</td><td>层数</td><td>底层面积（$m^2$）</td><td>高度（m）</td></tr>
<tr><td></td><td></td><td></td><td></td><td></td><td></td><td></td><td></td><td></td></tr>
<tr><td></td><td></td><td></td><td></td><td></td><td></td><td></td><td></td><td></td></tr>
<tr><td></td><td></td><td></td><td></td><td></td><td></td><td></td><td></td><td></td></tr>
<tr><td></td><td></td><td></td><td></td><td></td><td></td><td></td><td></td><td></td></tr>
</table>

说明：

1. 本表须详细填明，申请时连同竣工图纸及文件、证件一并送来。
2. 本表各项数据应真实准确，并应提供数据的计算简式。
3. 收件编号、收件日期，申请单位请勿填写。
4. 申请单位填写后由报建窗口登记。

批准机关

年　　月　　日

# 附录9　建设项目竣工规划验收合格证（存根）

**××市建设项目竣工规划验收合格证（存根）**

××规建验　字［　　］

| 验收意见： | 验收项目 | 批准文件要求 | 竣工执行情况 |
| --- | --- | --- | --- |
| 项目名称： | 拆房情况 | | |
| 工程地址： | 地块面积 | | |
| 验收意见： | 使用性质 | | |
| | 容积率 | | |
| | 建筑密度 | | |
| | 停车泊位 | | |
| | 绿地比例 | | |
| | 须配设施 | | |
| | 批准文件指标 | | |

| 工程项目名　称 | 批准文件指标 | | | | 竣工执行情况 | | | |
| --- | --- | --- | --- | --- | --- | --- | --- | --- |
| | 底层面积($m^2$) | 层数 | 底层面积($m^2$) | 高度(m) | 底层面积($m^2$) | 层数 | 底层面积($m^2$) | 高度(m) |
| | | | | | | | | |
| | | | | | | | | |
| | | | | | | | | |
| | | | | | | | | |
| | | | | | | | | |
| | | | | | | | | |

批准机关

年　月　日

# 附录10　违法建设停用通知书

## 违法建设停用通知书

×____规检停字第______号

______________________：

经查，你单位（个人）在________区（县）________未经城市规划行政主管部门批准，未取得规划许可证件或违反规划许可证的规定，于__________年________月________日，擅自兴建（变更）___________，建筑面积________平方米，于________年________月________日擅自进行其他建设工程及设施：__________________。

根据《××市城市规划条例》第四十三条和《违反[××市城市规划条例]行政处罚办法》第二、三条规定，属违法建设，责令你单位（个人）在接到本通知书后，将已竣工的建设工程及设施停止使用，并写出书面检查，报1/2000或1/500的标有占地位置的地形图和建设总平面图各二份，及有关文件资料等，于________年________月________日送______________规划管理局监督检查部门，听候处理。

（行政机关印章）

年　　月　　日

注：1. 本通知书发违法建设单位或违法建设个人及违法施工单位。

2. 对拒不执行本通知书单位或个人的违法建设，则依据有关法规规定予以查封。

3. 本局地址：

# 参考文献

**书籍与研究报告：**

[1] 耿慧志．城乡规划法规概论 [M]. 上海：同济大学出版社，2008.

[2] 耿慧志．城市规划管理教程 [M]. 南京：东南大学出版社，2008.

[3] 耿慧志，孙文勇．乡村发展及规划的主要法律规范 [M]// 同济大学城市规划系乡村规划教学研究课题组．乡村规划——规划设计方法与 2013 年度同济大学教学实践．北京：中国建筑工业出版社，2014：45-66.

[4] 耿毓修．城市规划管理 [M]. 北京：中国建筑工业出版社，2007.

[5] 陈尧．当代中国政府体制 [M]. 上海：交通大学出版社，2005.

[6] 李季．依法行政案例教程 [M]. 北京：中共中央党校出版社，2005.

[7] 罗豪才，湛中乐．行政法学 [M]. 北京：北京大学出版社，2012.

[8] 全国城市规划执业制度管理委员会．科学发展观与城市规划 [M]. 北京：中国计划出版社，2007.

[9] 耿毓修，黄均德．城市规划行政与法制 [M]. 上海：上海科学技术文献出版社，2002.

[10] 耿毓修．城市规划管理与法规 [M]. 南京：东南大学出版社，2004.

[11] 彭和平．公共行政管理 [M]. 北京：中国人民大学出版社，2004.

[12] 上海市城市规划管理局．上海城市规划管理实践——科学发展观统领下的城市规划管理探索 [M]. 北京：中国建筑工业出版社，2007.

[13] 全国城市规划执业制度管理委员会．城市规划管理与法规 [M]. 北京：中国计划出版社，2011.

[14] 全国城市规划执业制度管理委员会．城市规划实务 [M]. 北京：中国计划出版社，2011.

[15] 李兵弟，编．新时期村镇规划建设管理理论、实践与立法研究 [M]. 北京：中国建筑工业出版社，2010.

[16] Barry Cullingworth.VicentNadin，Town and Country Planning in the UK[M]. 陈闽齐，周剑云等，译．南京：东南大学出版社，2011.

[17] Peter Hall. 城市和区域规划（第四版）[M]. 北京：中国建筑工业出版社，2008.

[18] Coxall Bill，Robin Lynton，Leach Robert. 当代英国政治（第四版）[M]. 北京：北京大学出版社，2009.

[19] Carter S.Features - Update to A Guide to the UK Legal System[EB/OL].

[20] Endicott T.Administrative Law[M]. Oxford University Press, 2011.

[21] Heap D.An Outline of Planning Law（11th Edition）[M]. London: Sweet& Maxwell Ltd of 100Avenue Road，1996.

[22] House Of Commons Transport L G A T.Planing Green Paper[R]. 2001.

[23] Cullingworth B.British Planning-50 Years of Urban and Regional Policy[M]. London and New Brunswick: The Athlone Press，1999.

[24] Roberts P.Regional Planning Guidance in England and Wales: Back to the Future?[J]. The Town Planning Review，1996，67：99-109.

[25] Purdue, Michael V M.A Practical Approach to Planning Law[M]. 12 edition.Oxford University Press，2012.
[26] 英国政府 . Industrial Strategy: government and industry in partnership[R]. 2011.
[27] 英国建筑商小组 . Group U C.Construction in the UK Economy[R]. 2009.
[28] 英国工业联合会 . Making the right connections-CBI/KPMG infrastructure survey 2011[R]. 2011.
[29] Steve Hercé. Le PLU. Edition du Moniteur，2015.
[30] Centre d'Etudes sur les Réseaux, les Transports，l'Urbanisme et les constructions publiques（CERTU 研究中心）. La planification territoriale en France，CERTU，2008.

**期刊文章：**

[1] 吴志强 . 城市规划核心法的国际比较研究 [J]. 国外城市规划，2000（01）：1-6.
[2] 孙施文 . 英国城市规划近年来的发展动态 [J]. 国外城市规划，2005（06）：11-15.
[3] 汪光焘 . 解放思想 开拓创新 编制好新时期的城市规划——在 2006 中国城市规划年会上的讲话 [J]. 城市规划，2006（11）：10-17.
[4] 陈锋主持 . 2005 年城市规划学会自由论坛 非法定规划的现状与走势 [J]. 城市规划，2005，29（11）：45-53.
[5] 赵民 . 城市规划行政与法制建设问题的若干探讨 [J]. 城市规划，2000，8（1）：8-11.
[6] 郑德高 . 城市规划运行过程中的控权论和程序正义 [J]. 城市规划，2000，24（10）：26-29.
[7] 唐子来，姚凯 . 德国城市规划中的设计控制 [J]. 城市规划，2003，27（5）：43-46.
[8] 唐子来，程蓉 . 法国城市规划中的设计控制 [J]. 城市规划，2003（2）：87-91.
[9] 张恺，周俭 . 法国城市规划编制体系对我国的启示——以巴黎为例 [J]. 城市规划，2001，25（8）：36-40.
[10] 于立 . 国外规划体系改革引发的思考 [J]. 城市规划，2003，27（6）：87-89.
[11] 宋迎昌 . 美国的大都市区管治模式及其经验借鉴——以洛杉矶、华盛顿、路易斯维尔为例 [J]. 城市规划，2004，28（5）：86-89+92.
[12] 汤黎明，庞晓媚 . 地方城市规划法规的两种模式 [J]. 规划师，2006，22（02）：65-67.
[13] 王世福 . 建构面向实施的规划编制体系 [J]. 规划师，2003，19（05）：13-16.
[14] 孙施文 . 试析规划编制与规划实施管理的矛盾 [J]. 规划师，2001，17（03）：5-8.
[15] 卓健 . 法国城市规划中的公众参与 [J]. 北京规划建设，2005（6）：46-50.
[16] 孟晓晨，刘旭红 . 从城市规划法看澳大利亚城市规划管理体制的特点 [J]. 国外城市规划，1999（4）：15-18.
[17] 石楠 . 从立法看加拿大的城市规划体系 [J]. 国外城市规划，1990（3）：39-44.
[18] 吴志强 . 德国城市规划的编制过程 [J]. 国外城市规划，1998（2）：30-34.

[19] 吴唯佳 . 德国城市规划核心法的发展、框架与组织 [J]. 国外城市规划，2000（1）：7-9.
[20] 石坚，徐利群 . 对美国城市规划体系的探讨：以圣地亚哥县为例 [J]. 国外城市规划，2004（4）：53-54.
[21] 张京祥，芮富宏，崔功豪 . 国外区域规划的编制与实施管理 [J]. 国外城市规划，2002（2）：30-33.
[22] Jeanne M. Wolfe 著 . 严宁译 . 加拿大规划系统框架 [J]. 国外城市规划，2005（2）：7-10+5.
[23] 孙施文 . 美国城市规划的实施 [J]. 国外城市规划，1999（4）：12-14.
[24] 孙晖，梁江 . 美国的城市规划法规体系 [J]. 国外城市规划，2000（1）：19-25.
[25] 谭纵波 . 日本城市规划行政体制概观 [J]. 国外城市规划，1999（4）：6-11.
[26] 于立，控制型规划和指导型规划及未来规划体系的发展趋势——以荷兰与英国为例 [J]. 国外城市规划，2011（05）：56-65.
[27] 许菁芸，赵民 . 英国的"规划指引"及其对我国城市规划管理的借鉴意义 [J]. 国外城市规划，2005（06）：16-20.
[28] 张智新，美国地方政府的结构及其政治哲学基础 [J]. 理论与改革，2005（01）：26-28.
[29] 张光，美国地方政府的设置 [J]. 政治学研究，2004（01）：92-102.
[30] 马学理，汤晋苏，张永英 . 美国地方政府功能与体制特征 [J]. 乡镇论坛，1996（08）：45-46.
[31] 孙晖，梁江 . 美国的城市规划法规体系 [J]. 国外城市规划，2000（01）：19-25.
[32] 曹春华 . 村庄规划的困境及发展趋向——以统筹城乡发展背景下村庄规划的法制化建设为视角 [J]. 宁夏大学学报（人文社会科学版），2012（06）：48-57.
[33] 刘健 .20 世纪法国城市规划立法及其启发 [J]. 国际城市规划，2004（5）：16-21.
[34] 刘健 . 法国国土开发政策框架及其空间规划体系——特点与启发 [J]. 城市规划，2011（8）：60-65.
[35] 刘健 . 法国城市规划管理体制概况 [J]. 国际城市规划，2004（5）：1-5.
[36] 卓健 . 法国：城市规划中的公众参与 [J]. 北京规划建设，2005（6）：46-50.
[37] 刘健 . 基于城乡统筹的法国乡村开发建设及其规划管理 [J]. 国际城市规划，2010（2）：4-10.
[38] 张尚武 . 乡村规划：特点与难点 [J]. 城市规划，2014（02）：17-21.
[39] 杨君杰，刘学 . 乡村建设规划管理地方立法刍议——《城乡规划法》框架下的乡村建设规划管理 [J]. 小城镇建设，2011（09）：20-24.
[40] 苏腾，曹珊 . 英国城乡规划法的历史演变 [J]. 北京规划建设，2008（02）：86-90.
[41] 戚冬瑾，周剑云 . 英国城乡规划的经验及启示——写在《英国城乡规划》第 14 版中文版出版之前 [J]. 城市问题，2011（07）：83-90.
[42] 章兴泉 . 英国城市规划体制的演变 [J]. 国外城市规划，1996（04）：28-30.
[43] 吴晓松，张莹，吴虑 . 20 世纪以来英格兰城市规划体系的发展演变 [J]. 国际城市规划，2009（05）：45-50.
[44] 顾大治，管早临 . 英国"动态规划"理论及实践 [J]. 城市规划，2013（06）：81-88.
[45] 肖莹光，赵民 . 英国城市规划许可制度及其借鉴 [J]. 国外城市规划，2005，20（4）：49-51.
[46] 张险峰 . 英国城乡规划督察制度的新发展 [J]. 国外城市规划，2006（03）：25-27.
[47] 赵琦 . 规划法之公众参与制度研究——以英国法为比较对象 [D]. 复旦大学法律史，2007.
[48] 石楠，刘剑 . 建立基于要素与程序控制的规划技术标准体系 [J]. 城市规划学刊，2009（02）：1-9.
[49] 刘伊生，付欣，李奕，等 . 发达国家工程建设技术标准国际化实践及其经验启示 [J]. 中国建筑金属结构，2013（05）：38-39.
[50] 郭春英，耿宏兵，袁壮兵 . 新《城乡规划基本术语标准》编制思路与方法：多元与包容——2012 中国城市规划年会，中国云南昆明，2012[C].
[51] 王凯，张菁，徐泽，等 . 立足统筹，面向转型的用地规划技术规章——《城市用地分类与规划建设用地标准（GB 50137—2011)》阐释 [J]. 城市规划，2012（04）：42-48.

[52] 李克平，杨佩昆 .《城市道路交叉口规划规范》的创新点及要点解读 [J]. 城市交通，2012（02）：1-5.

[53] 周劲 . 地方规划标准的法定性与时效性探讨——基于《深圳市城市规划标准与准则》第三轮修订工作的思考：转型与重构——2011 中国城市规划年会，中国江苏南京，2011[C].

[54] 周劲，王承旭，顾新，等 ."五合"·"五分"·"五化"——2013 版《深圳市城市规划标准与准则》修订思路综述 [J]. 规划师，2013（06）：43-46.

[55] 任世英，赵柏年，温静 .《镇规划标准》GB 50188—2007 引读（一）[J]. 小城镇建设，2007（06）：34-36.

[56] 任世英，赵柏年，陈玲 .《镇规划标准》GB 50188—2007 引读（三）[J]. 小城镇建设，2007（08）：31-33.

[57] 任世英，赵柏年，陈玲 .《镇规划标准》GB 50188—2007 引读（二）[J]. 小城镇建设，2007（07）：47-48.

[58] 任世英，赵柏年，陈玲 .《镇规划标准》GB 50188—2007 引读（四）[J]. 小城镇建设，2007（09）：16-18.

[59] 侯成哲 . 杭州市城乡规划技术标准体系研究：规划创新——2010 中国城市规划年会，中国重庆，2010[C].

[60] 王先鹏 . 完善宁波城乡规划法规及标准体系的若干思考 [J]. 宁波经济（三江论坛），2013（10）：18-21.

[61] 周建非，夏丽萍 . 标准引领，规划先行，切实推进城市创新转型和发展模式转变——对上海控制性详细规划技术准则制定的认识和思考 [J]. 上海城市规划，2011（06）：40-47.

[62] 姚亚辉 . 成都市一般镇规划编制技术创新探索——兼述《成都市一般镇规划建设技术导则》[J]. 城市规划，2010（07）：79-82.

[63] 朱宏亮，张君 . 从标准与技术法规的关联区别谈我国技术法规体系的建设 [J]. 标准科学，2010（03）：65-69.

[64] 宋华琳 . 论技术标准的法律性质——从行政法规范体系角度的定位 [J]. 行政法学研究，2008（03）：36-42.

[65] 林庆伟，沈少阳 . 规范性文件的法律效力问题研究 [J]. 行政法学研究，2004（03）：44-51.

[66] 黄金荣 ."规范性文件"的法律界定及其效力 [J]. 法学，2014（07）：10-20.

[67] 方俊，叶炯，付建华 . 工程建设技术标准与技术法规互动关系研究 [J]. 科技进步与对策，2008（10）：158-161.

[68] 耿慧志，赵鹏程，沈丹凤 . 地方城乡规划编制与审批法规完善对策——基于地方城市规划条例的考察 [J]. 规划师，2009（04）：50-55.

[69] 耿慧志，陶松龄 . 政策影响城市空间形态的综述分析和研究对策——基于提升城市生活质量的思考 [J]. 国际城市规划，2013（01）：11-14.

[70] 耿慧志，张乐，杨春侠 .《城市规划管理技术规定》的综述分析和规范建议 [J]. 城市规划学刊，2014（06）：95-101.

[71] 唐静，耿慧志 . 基于委托——代理视角的大城市规划管理体制改进 [J]. 城市规划，2015（6）：51-58.

[72] 卓健，刘玉民 . 法国城市规划的地方分权 1919—2000 年法国城市规划体系发展演变综述 . 国外城市规划，2004（19）：246-255.

## 学位论文：

[1] 徐旭 . 美国区划的制度设计 [D]. 北京：清华大学，2009.

[2] 陈石 . 中英城乡规划法规与区域发展比较研究 [D]. 武汉：华中师范大学，2009.

[3] 张君 . 我国工程建设标准管理制度存在问题及对策研究 [D]. 北京：清华大学，2010.

[4] 孙智．我国工程建设标准体系的构建研究 [D]. 哈尔滨：哈尔滨工业大学，2010.
[5] 王皓．城市规划技术标准的规范性研究 [D]. 上海：上海交通大学，2009.
[6] 许锋．论建设工程技术标准的法律定位 [D]. 上海：上海交通大学，2011.
[7] 张杰．英国 2004 年新体系下发展规划研究 [D]. 北京：清华大学，2010.

**网站：**

[1] http://worldpopulationreview.com/countries/united-kingdom-population/
[2] https://www.gov.uk/government/organisations#departments
[3] http://www.llrx.com/features/uk2.htm#UK%20Legal%20System
[4] http://commons.wikimedia.org/wiki/File：English_administrative_divisions_by_type_2009.svg
[5] https://www.gov.uk/government/organisations
[6] https://www.gov.uk/government/publications/national-planning-policy-framework——2
[7] http://webarchive.nationalarchives.gov.uk/20100528142817/http:/www.gos.gov.uk/gose/planning/regionalplanning/
[8] http://www.manchester.gov.uk/
[9] http://infrastructure.planningportal.gov.uk/application-process/the-process
[10] 自然资源部官网 http://www.mnr.gov.cn/.
[11] 上海市规划和自然资源局官网 http://ghzyj.sh.gov.cn/.
[12] 北京大学法制信息中心．北大法宝网 [EB/OL].[2015-03-01].http://www.pkulaw.cn/.
[13] 全国人大常委会办公厅．中国法律法规信息系统 [EB/OL].[2015-03-01].http://law.npc.gov.cn/home/begin1.cbs.
[14] 法国行政部门官方网站：https://www.service-public.fr/.
[15] 法国城市规划法典：https://www.legifrance.gouv.fr/affichCode.do?cidTexte=LEGITEXT000006074075&dateTexte=20160418.
[16] CEREMA 研究中心：http://www.cerema.fr/.
[17] SRU 法：https://www.legifrance.gouv.fr/affichTexte.do?cidTexte=LEGITEXT000005630252&dateTexte=vig.
[18] Grenelle 法：https://www.legifrance.gouv.fr/affichTexte.do?cidTexte=JORFTEXT000022470434.

# 第一版后记

—— POSTSCRIPT ——

在同济大学城市规划系讲授本科生的“城市规划管理与法规”课程已有 13 个年头，2002 年是孙施文教授把我推上了这门课程的教学讲台，并给予我不断的支持和鼓励，在此首先要感谢他的信任和帮助。2009 年杨帆副教授加入了这门课的讲课，感谢他的努力和贡献。

在同济大学授课期间，得到了工作在上海及其他城市规划管理部门的同学和校友的支持，感谢在以下政府部门工作的同学和校友：上海市规划和国土资源管理局、上海市住房保障和房屋管理局、上海市长宁区规划和土地管理局、上海市卢湾区建设和交通委员会、上海市黄浦区规划和国土资源管理局、深圳市规划和国土资源委员会、南京市规划局。

2009 年，得益于同济大学和上海市虹口区党委组织部的挂职锻炼计划，我有机会到上海市虹口区规划和国土资源管理局挂职副局长一年，这为本书的修编奠定了宝贵的实践基础，感谢期间给予我无私关心和帮助的虹口区领导和规土局的同事。

本书的编写过程中，得到了同济大学建筑与城市规划学院领导和教师们的鼓励和关心，我指导的多位博士和硕士研究生做了大量的资料收集和整理工作：王琦、唐静、孙文勇、郭林、田颖、杨柳、唐倩、马若影、朱笠、徐叶婷、邴燕萍、沈丹凤、赵鹏程、贾晓韡、殷昭昕、张乐、邹叶枫，很多内容源自于他（她）们的学位论文和发表文章，在此一并致谢。

耿慧志

2015 年 6 月于同济大学

# 第二版后记

## —— POSTSCRIPT ——

在同济大学城市规划系讲授本科生的“城乡规划管理与法规”已有 17 年，感谢孙施文老师开设了这门课程，感谢多年来参与课程教学的各位老师：杨帆、宋小冬、颜文涛、钮心毅、肖扬、臧漫丹。感谢支持教学的政府部门校友和专家：上海市规划和自然资源局、上海市住房和城乡建设管理委员会、上海市虹口区规划和自然资源局、上海市长宁区规划和自然资源局、上海市卢湾区住房和城乡建设委员会、上海市黄浦区规划和自然资源局、深圳市规划和自然资源局、南京市规划和自然资源局、杭州市政协城市建设和人口资源环境委员会等。

本教材的修编得到同济大学建筑与城市规划学院领导和教师们的鼓励和关心，我指导的多位研究生参与大量资料收集和整理，在此一并致谢。

耿慧志

2019 年 8 月于同济大学